面向CS2013计算机专业规划教材

数字图像处理

第3版

姚敏 等编著
浙江大学

Digital Image Process

Third Edition

机械工业出版社
China Machine Press

图书在版编目（CIP）数据

数字图像处理 / 姚敏等编著．—3 版．—北京：机械工业出版社，2017.8（2025.1 重印）
（面向 CS2013 计算机专业规划教材）

ISBN 978-7-111-57596-2

I. 数…　II. 姚…　III. 数字图像处理 – 高等学校 – 教材　IV. TN911.73

中国版本图书馆 CIP 数据核字（2017）第 188611 号

本书详细介绍了数字图像处理的基本理论、主要技术和最新进展。全书共分 13 章，内容主要包括图像获取、图像变换、图像增强、图像复原、彩色图像处理、图像编码、图像检测与分割、图像表示与描述、图像特征优化、图像识别、图像语义分析、图像检索等。

本书坚持理论与实际相结合的原则，理论分析深入浅出，方法介绍详细具体，实例演示清晰明了，同时给出了部分关键算法的 Matlab 实现程序。

本书可作为高等院校计算机工程、软件工程、信息工程、电子工程、通信工程、生物医学工程、自动控制以及相关学科的高年级本科生和研究生的教材或参考书，也可作为相关工程技术人员的阅读资料。

出版发行：机械工业出版社（北京市西城区百万庄大街 22 号　邮政编码：100037）

责任编辑：佘　洁　　责任校对：李秋荣

印　　刷：北京建宏印刷有限公司　　版　　次：2025 年 1 月第 3 版第 10 次印刷

开　　本：185mm×260mm　1/16　　印　　张：24.75

书　　号：ISBN 978-7-111-57596-2　　定　　价：59.00 元

客服电话：(010) 88361066　68326294

前言

图像是人类最重要的常用信息之一。数字图像处理就是通过计算机对图像进行去除噪声、增强、复原、分割、提取特征、分类识别等处理的方法和技术。数字图像处理技术的研究内容涉及光学、微电子学、信息学、统计学、数学、计算机科学等领域，是一门综合性很强的交叉学科。随着科学技术的发展，数字图像处理技术受到了高度重视并取得了长足的发展，在科学研究、工农业生产、医疗诊断、航空航天、生物医学工程、交通、通信、气象、军事、公安、媒体、文教等众多领域得到了广泛的应用，取得了巨大的社会效益与经济效益。特别是随着人类进入数字化网络时代，数字图像处理已经成为日常生活中不可缺失的重要部分。

同时，数字图像处理已经成为高等院校电子信息工程、通信工程、信号与信息处理、计算机应用与软件等学科的一门重要的专业课。本书正是作者根据多年来从事数字图像处理的教学与研究工作经验编写而成。本书坚持理论联系实际的编写方针，既注重理论分析，又关注关键算法的 Matlab 实现，力求做到理论分析概念严谨、模型论证简明扼要、实例演示清晰明了。希望通过本书的学习，读者能够全面了解数字图像处理的基本概念、理论与方法，为今后在工作岗位上开展图像处理技术研究与应用奠定良好的理论基础，以适应飞速发展的信息时代。

全书共 13 章，可以分成四个部分。其中第一部分是本书的基础，包括第 1～3 章，简要叙述数字图像处理的基本概念，介绍图像采样、图像量化以及各种图像变换技术；第二部分是基本的图像处理技术，包括第 4～6 章，介绍图像增强、图像复原和彩色图像处理技术；第三部分是图像编码，即第 7 章，主要介绍各种常用图像压缩编码技术，特别是小波图像压缩编码技术；第四部分是图像挖掘，包括第 8～13 章，主要介绍图像检测、图像分割、图像表示、图像描述、图像特征优化、图像识别、图像语义分析和图像检索等。

本书是在第 2 版的基础上修订并增加图像语义分析等内容形成的。其中第 4 章和第 7 章由郁晓红(浙江工商大学)修订，第 8 章和第 10 章由朱蓉(嘉兴学院)修订，其余部分由姚敏修订编写。在本书修订编写过程中参考了大量的图像处理文献，特别是江志伟博士和易文晟博士的学位论文，作者对这些文献的作者表示真诚的谢意。

由于作者水平有限，书中难免有不当之处，敬请读者批评指正。

作　者

2016 年冬于杭州求是园

教学建议

第1章　绪论(2学时)

了解图像的特点与分类、数字图像处理的主要内容及方法、数字图像处理技术的应用领域、数字图像处理系统组成，以及Matlab及其图像处理工具箱的功能与使用方法。

第2章　图像获取(4学时)

正确理解连续图像的若干基本理论，包括连续图像的数学模型、数字特征、频谱等。准确掌握连续图像的数字化过程，包括采样原理、图像采样与重建、图像量化。正确理解数字图像的一些基本概念。

第3章　图像变换(4学时)

理解图像变换的目的和意义，重点掌握二维离散傅里叶变换和二维快速傅里叶变换(FFT)，掌握运用Matlab求解图像傅里叶变换谱的方法。同时，了解其他常用变换的原理及其实现方法，如离散余弦变换、沃尔什变换和哈达玛变换、霍特林变换、拉东变换等。

第4章　图像增强(4学时)

了解图像增强的概念、目的及其主要技术，理解两大类图像增强方法，即空域法和频域法的基本原理及其作用。掌握空域法的图像增强方法，包括基于像素的空域点处理法、直方图法、基于模板的空域滤波器；掌握基于频域的低通滤波、高通滤波和同态滤波的图像增强技术。掌握运用Matlab实现各种图像增强的方法。

第5章　图像复原(4学时)

了解图像复原的目的及其分类方法。准确理解图像退化模型，掌握常用的图像复原方法，包括逆滤波图像复原、维纳滤波图像复原、约束最小二乘方图像复原、几何失真校正等。特别要准确掌握当噪声是图像退化的唯一原因时的复原技术，包括基于均值滤波器、顺序统计滤波器、自适应滤波器的空域滤波复原技术和基于陷波滤波器的频域滤波复原技术。

第6章　彩色图像处理(4学时)

了解常用的颜色模型，包括RGB模型、HSI模型、CMY模型等。掌握全彩色图像处理的常用技术，包括彩色图像增强、彩色图像复原、彩色图像分析等。熟悉给灰度图像着色的伪彩色图像处理技术。

第 7 章　图像编码(6 学时)

了解数字图像编码的可能性和必要性，掌握数字图像编码的基本原理，特别是信息论中的信源编码定理。熟练掌握常用的熵编码方法，包括赫夫曼编码、算术编码和行程编码的基本原理与实现算法。掌握失真编码、预测编码、变换编码和小波编码的基本原理及其实现技巧。

第 8 章　图像检测与分割(4 学时)

正确理解图像检测与分割的基本概念，掌握常用的图像检测方法，包括边缘检测和边界跟踪；掌握常用的图像分割技术，包括阈值分割、区域分割、运动分割。同时，熟悉运用 Matlab 实现各种关键算法的过程。

第 9 章　图像表示与描述(4 学时)

掌握常用的图像表示方法，如链码、多边形近似、标记图与骨架等；掌握基本的图像描述方法，包括边界描述和区域描述方法，特别是数学形态学描述方法。熟悉运用 Matlab 实现各种关键算法的过程。

第 10 章　图像特征优化(4 学时)

准确理解图像特征优化的目的与意义，掌握基于选择的特征优化方法和基于统计分析的特征优化方法及其实现技术，了解基于流形学习的特征优化技术。熟悉运用 Matlab 实现各种关键算法的过程。

第 11 章　图像识别(4～8 学时)

了解常用的图像识别方法，掌握 3 种图像识别方法，即统计方法、句法方法和模糊方法的基本原理、关键技术及其实现步骤，分析实用的图像识别系统——Web 图像过滤系统的体系结构，加深对图像识别方法的理解。

第 12 章　图像语义分析(4 学时)

了解面向图像语义分析的图像表示模型，掌握图像语义分割技术、图像区域语义标注方法和图像语义分类。

第 13 章　图像检索(4 学时)

掌握基于内容的图像检索方法的基本原理及其实现方法。理解图像层次语义模型，掌握基于语义的图像检索系统的系统结构与功能特点。了解基于多示例学习的语义图像检索方法的主要特点及其实现技术。

目　录

CHAPTER 1

第 1 章

绪　　论

1.1 图像及其分类

视觉是人类重要的感知手段之一。视觉信息是人们从自然界获得的主要信息，约占人们由外界获得的信息总量的 80%。“眼见为实”，视觉信息所提供的直观作用是文字和声音无法比拟的。

图像是人类视觉的基础。图像是自然景物的客观反映，是人类认识世界和人类本身的重要源泉。“图”是物体反射或透射光的分布，“像”是人的视觉系统所接收的图在人脑中所形成的印象或认识。照片、绘画、剪贴画、地图、书法作品、手写汉字、传真、卫星云图、影视画面、X 光片、脑电图、心电图等都是图像。图 1.1 给出两幅基本图像的实例。

a) 风景图片

b) 卫星云图

图 1.1　图像实例

1.1.1 图像的特点

图像在人类接收和互通信息中扮演着重要角色。人们在日常生活与生产实践中依赖图像信息的状况比比皆是。图像信息具有如下特点：

(1)直观形象

图像可以将客观事物的原形真实地展现在眼前，供不同目的、不同能力和不同水平的人去观察、理解。如图 1.1a 是一幅莫干山夏景照片。从图上可以清晰地观察到叠翠的山峦、郁郁葱葱的树木，而声音和文字信息则只能通过描述来表达事物。既然是描述，就会受到描述者诸如主观、专业、情绪、心情等因素的限制，甚至使描述偏离客观事物。

(2)易懂

人的视觉系统有瞬间获取图像、分析图像、识别图像与理解图像的能力。只要将一幅图像呈现在人的眼前，其视觉系统就会立即得到关于这幅图像所描述的内容，从而具有一目了然的效果。

(3)信息量大

图像信息量大有两层含义：其一是“一幅图胜似千言万语”，图像本身所携带的信息远比文字、声音信息丰富；其二是图像的数据量大，需要占据较大的存储空间与传输时间。

1.1.2 图像的分类

图像有很多种分类方法。

(1)按灰度分类

按灰度分类有二值图像和多灰度图像。前者是只有黑色与白色两种像素组成的图像，如图文传真、文字、图表、工程图纸等。后者含有从白逐步过渡到黑的一系列中间灰度级。按应用的不同，多灰度图像可以有各种不同的灰度层次。如打印机输出的图片一般为16个灰度级，广播电视图像一般为256个灰度级，医学图像一般为1024个灰度级。

(2)按色彩分类

按色彩分类有单色图像和彩色图像。单色图像指只有某一谱段的图像，一般为黑白灰度图。彩色图像包括真彩色图像、合成彩色图像、伪彩色图像、假彩色图像等。

(3)按运动分类

按运动分类有静态图像和动态图像。静态图像包括静止图像(如照片、X光片、遥感图片、剪贴画等)和凝固图像。凝固图像是动态图像中的一帧，每帧图像本身就是一幅静止的图像。动态图像又称运动图像或活动图像。视频(如电影、电视等)和动画都是动态图像。动态图像实际上是由一组静态图像按时间有序排列所组成的。动态图像的快慢按帧率量度，帧率反映了画面运动的连续性。例如电影是每秒24帧，我国的电视(PAL制式)是每秒25帧。动画与视频的区别就在于视频的采集来源于自然的真实图像，而动画则是利用计算机产生出来的图像或图形，是合成动态图像。动画包括二维动画、三维动画、真实感三维动画等多种形式。必须指出，为了达到某种特殊效果，视频往往也需要一定的合成手法来实现。

(4)按时空分布分类

按时空分布分类有二维图像和三维图像。二维图像是平面图像，可以用平面直角坐标系中二元函数 $f(x,y)$ 来表示。三维图像是立体图像，可以用立体空间中三元函数 $f(x,y,z)$ 来表示。

1.2 数字图像处理技术与应用

数字图像处理(Digital Image Processing)亦称计算机图像处理，指将图像信号转换成数字格式并利用计算机进行处理的过程。这项技术最早出现于20世纪50年代，当时的数字计算机已经发展到一定的水平，人们开始利用计算机来处理图像信息。而数字图像处理作为一门科学则可追溯到20世纪60年代初期。1964年，美国喷气推进实验室(Jet Propulsion Laboratory)利用计算机对太空船发回的月球图像信息进行处理，收到明显的效果。不久，一门称为“数字图像处理”的新学科便从信息处理、自动控制、计算机科学、数据通信、电视技术等学科中脱颖而出，成为专门研究图像信息的崭新学科。

1.2.1 数字图像处理的主要内容

数字图像处理技术涉及数学、计算机科学、模式识别、人工智能、信息论、生物医学等学科，是一门多学科交叉应用技术。图像技术内容十分丰富，如图像获取、图像编码压缩、图像存储与传输、图像变换、图像合成、图像增强、图像复原与重建、图像分割、目标检测、图像表示与描述、图像配准、图像分类与识别、图像理解、场景分析与理解、图像数据库的建立、索引与检索以及综合利用等。

1. 图像获取

就数字图像处理而言，图像获取就是把一幅模拟图像(如照片、画片等)转换成适合计算机或数字设备处理的数字信号。这一过程主要包括摄取图像、光电转换、数字化等步骤。

2. 图像变换

图像变换就是对原始图像执行某种正交变换，如离散傅里叶变换、离散余弦变换、沃尔什变换、哈达玛变换、霍特林变换等，将图像的特征在变换域中表现出来，以便在变换域中对图像进行各种相关处理，特别是那些用空间法无法完成的特殊处理。

3. 图像增强

图像增强主要是突出图像中感兴趣的信息，衰减或去除不需要的信息，从而使有用的信息得到增强，便于目标区分或对象解释。图像增强的主要方法有直方图增强、空域增强、频域增强、伪彩色增强等技术。

4. 图像复原

图像复原的主要目的是去除噪声干扰和消除模糊，恢复图像的本来面目。图像噪声包括随机噪声和相干噪声。随机噪声干扰表现为麻点干扰，相干噪声干扰表现为网纹干扰。模糊来自透镜散焦、相对运动、大气湍流以及云层遮挡等。这些干扰可以用逆滤波、维纳滤波、约束最小二乘方滤波、同态滤波等方法加以去除。

5. 图像编码

图像编码研究属于信息论中的信源编码范畴，其主要宗旨是利用图像信号的统计特性以及人类视觉的生理学及心理学特性对图像信号进行高效压缩，从而减少数据存储量，降低数据率以减小传输带宽，压缩信息量以便于图像分析与识别。图像编码的主要方法有去冗余编码、变换编码、小波变换编码、神经网络编码、模型基编码等。

6. 图像分析

图像分析主要是对图像中感兴趣的目标进行检测和测量，以获得所需的客观信息。图像分析通过边缘检测、区域分割、特征抽取等手段将原来以像素描述的图像变成比较简洁的对目标的描述。

7. 图像识别

图像识别是数字图像处理的重要研究领域。图像识别方法大致可分为统计识别法、句法(结构)识别法和模糊识别法。统计识别法侧重于图像的特征，可以用贝叶斯分类器、人工神经网络、支持向量机来实现；句法识别法侧重于图像模式的结构，可以通过句法分析或对应的自动机来实现；而模糊识别法则主要是将模糊数学方法引入图像识别，从而简化识别系统的结构，提高系统的实用性和可靠性，可更广泛、更深入地模拟人脑认识事物的模糊性。

8. 图像理解

图像理解的重点是在图像分析的基础上进一步研究图像中各目标的性质及其相互之间

的联系，并得出对图像内容含义的理解以及对原来客观场景的解释，从而指导和规划行为。图像理解属于高层操作，操作对象是从描述中抽象出来的符号，其处理过程和方法与人类的思维推理有许多相似之处。

1.2.2 数字图像处理方法

数字图像处理方法大致可以分为两大类，即空域法和变换域法(或称频域法)。

1. 空域法

空域法把图像看作平面中各个像素组成的集合，然后直接对其进行相应的处理。空域法主要有。

1)邻域处理法：如梯度运算、拉普拉斯算子运算、平滑算子运算和卷积运算。

2)点处理法：如灰度处理、面积、周长、体积、重心运算等。

2. 变换域法

变换域法则首先要对图像进行正交变换，得到变换系数阵列，然后再进行各种处理，处理后再逆变换到空间域，得到处理结果。

这类处理主要包括滤波、数据压缩、特征提取等。

1.2.3 数字图像处理技术的应用

近几年来，随着多媒体技术和因特网的迅速发展与普及，数字图像处理技术受到了前所未有的广泛重视，出现了许多新的应用领域。最为显著的是数字图像技术已经从工业领域、实验室走入了商业领域及办公室，甚至走进了人们的日常生活。目前，数字图像处理技术已广泛用于办公自动化、工业机器人、地理数据处理、地球资源监测、遥感、交互式计算机辅助设计等领域。

1. 计算机图像生成

以计算机图形学和“视觉”为基础的计算机图像生成技术在航海航空仿真训练系统、大型模拟军事演习系统中的应用已经卓有成效，在广告制作、动画制作、网络游戏中已有令人叹为观止的杰作，在服装设计、发型设计、歌舞动作设计、外科整容、追忆罪犯造型等诸多方面都有广泛应用。

2. 图像传输与图像通信

以全数字方式进行图像传输的实时编码-压缩-解码等图像传输技术已经取得重大进展。远程多媒体教学已经普及使用；网络视频聊天已经风靡一时；图文声像并茂的网络媒体已经融入百姓日常生活；高清晰度的数字电视开始走进千家万户；可视电话与可视图书资料即将成为普通家庭的必备品。

3. 机器人视觉及图像测量

随着生活水平的日益提高，危、重、繁、杂的体力劳动正在逐渐被智能机器人及机器人生产线所取代。以“三维机器视觉”分析成果为中心，配有环境理解的机器视觉在工业装配、自动化生产线控制、救火、排障、引爆等应用，乃至家庭的辅助劳动、烹饪、清洁、老年人及残障病人的监护方面发挥着巨大的作用。与机器视觉相并行，以三维分析为基础的图像测量传感正得到长足的进展。

4. 办公自动化

以图像识别技术和图像数据库技术为基础的办公自动化开始付诸实用。印刷体汉字识别和手写汉字识别技术已经进入实用化阶段。汉字识别输入将逐步取代打字输入。同时，配以语音识别输入，办公自动化程度正在不断提高。

5. 图像跟踪及光学制导

20 世纪 70 年代以来，图像制导技术在战略战术武器制导中发挥了极大作用，其特点是高精度与智能化。以图像匹配(特别是具有“旋转、放大、平移”不变特征的智能化图像匹配)与定位技术为基础的光学制导正在得到进一步的发展。在测控技术中，光学跟踪测控也是最精密的测控技术之一。

6. 医学图像处理与材料分析中的图像处理技术

以图像重叠技术为中心的医学图像处理技术正在逐步完善。以医用超声成像、X 光造影成像、X 光断影成像、核磁共振断层成像技术为基础的医学图像处理技术已经在疾病诊断中发挥重要作用。以医学图像技术为基础的医疗“微观手术”使用微型外科手术器械进行血管内、脏器内的微观手术。其中特制的图像内窥镜、体外 X 光监视和测量保证了手术的安全和准确。此外，术前图像分析和术后图像监测都是手术成功的保障。

以图像重叠技术进行无损探伤也应用在工业无损探伤和检验中。智能化的材料图像分析系统有助于人类深入了解材料的微观性质，促进新型功能材料的诞生。

7. 遥感图像处理和空间探测

以多光谱图像综合处理和像素区模式分类为基础的遥感图像处理是对地球的整体环境进行监测的强有力手段。其同时可为国家计划部门提供精确、客观的各种农作物的生产情况、收获估计，以及林业资源、矿产资源、地质、水文、海洋等各种宏观调查、监测资料。空间探测和卫星图像侦察技术已经成为搜集情报的常规技术。

8. 图像变形技术

数字图像变形技术是近年来图像处理领域中形成的一个新的分支，它主要研究数字图像的几何变换。该项技术已经引入医学成像及计算机视觉领域。利用数字图像变形技术产生的特技效果在电影、电视、动画和媒体广告中有很多非常成功的应用。

1.3 数字图像处理系统

数字图像处理系统主要由图像采集系统、计算机和图像输出设备组成，如图 1.2 所示。

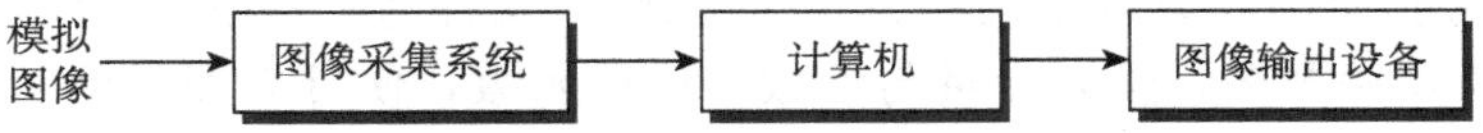

图 1.2 数字图像处理系统

1. 图像采集系统

图像采集系统的功能是将模拟图像转换成适合数字计算机处理的数字图像。因此，图像采集系统又称为图像数字化器。常用的图像数字化器一般有三种。一是数码摄像机，它通过接口电路与计算机连接，在有关软件的控制下将图像数据输入计算机；二是数码照相机，它同数码摄像机的区别就是没有连续获取图像的能力；三是扫描仪，它可以将胶片上的摄影图像或纸质载体上的文字、图形、表格扫描成数字信息直接输入计算机。

2. 计算机

执行数字图像处理的计算机上安装有各种图像处理软件，如 Adobe 公司的 Photoshop、MathWorks 公司的 Matlab 中的图像处理工具箱。图像处理软件接收来自图像采集系统的数字图像，并执行所需的操作，如图像增强、图像复原、图像压缩编码、图像分析、图像识别、图像理解等任务，最后输出处理结果。本书的主要内容就是围绕数字图像软件系统开发所需的理论和技术展开的。

3. 图像输出设备

图像输出设备主要指喷墨打印机、激光打印机、图像监视器、视频拷贝仪等。它们的发展趋势是高速、真彩色。

必须指出，图 1.2 所示的系统可以根据实际应用的不同而有所变化，特别是随着多媒体技术的发展，可以将图 1.2 所示的部件集成在一台计算机上——多媒体计算机已经遍地开花。

1.4 Matlab 简介

Matlab 是 Matrix Laboratory 的缩写。Matlab 开发的最初目的是为软件中的矩阵运算提供方便。Matlab 是一种基于向量的高级程序语言。它将计算、可视化与程序设计集成在一个易用的环境中。换言之，Matlab 采用技术计算语言，几乎与专业领域中所使用的数学表达式相同。Matlab 的典型应用包括：

1)数学与计算；

2)算法开发；

3)数据获取；

4)建模、仿真和原型化；

5)数据分析、数据挖掘和可视化；

6)科学与工程图学；

7)应用开发，包括图形用户接口构造。

Matlab 中的基本数据元素是矩阵，它提供了各种矩阵运算和操作，并有较强的绘图能力。同时，Matlab 的强大功能就在于提供了还在不断扩大的工具箱。Matlab 中的每一个工具箱都以一门专门理论作为背景，并为之服务。它将理论中所涉及的公式运算、方程求解全部编写成了 Matlab 环境下的称为 M 函数或 M 文件的子程序。设计者只需根据自己的需要，直接调用函数名，输入变量与参数，运行函数，便可立即得到结果。Matlab 是广为流传、备受人们喜爱的一种软件环境。目前，Matlab 已经在控制工程、生物医学工程、信号分析、语言处理、图像处理、统计分析、雷达工程、计算机技术和数学等领域得到广泛应用。

图像处理工具箱(Image Processing Toolbox，IPT)正是 Matlab 环境下开发出来的许多工具箱之一。它以数字图像处理理论为基础，用 Matlab 语言构造出一系列用于图像数据显示与处理的 M 函数。这些函数包括：

1)几何运算，包括缩放、旋转和裁剪；

2)分析操作，包括边缘检测、四叉树分解；

3)增强操作，包括亮度调整、直方图均衡化、去噪声；

4)2D FIR 滤波器设计；

5)图像变换，包括离散余弦变换(DCT)和拉东变换；
6)邻域与块处理；
7)感兴趣区域处理；
8)二值图像处理，包括形态学操作；
9)彩色空间变换；
10)彩色地图管理。

此外，Matlab 中的信号处理工具箱(Signal Processing Toolbox)、神经网络工具箱(Neural Networks Toolbox)、模糊逻辑工具箱(Fuzzy Logic Toolbox)和小波工具箱(Wavelet Toolbox)也被用于协助执行图像处理任务。

1.5 本书概要

本书共分为 13 章，着重介绍计算机图像处理的基本理论和主要方法，同时介绍 Matlab 图像处理技巧。其中：

第 2 章首先介绍连续图像模型与连续图像的频谱，然后详细讨论连续图像的数字化过程，包括采样原理、图像采样与重建、图像量化。最后介绍了数字图像的一些基本概念。

第 3 章重点介绍离散傅里叶变换，包括一维和二维离散傅里叶变换与快速傅里叶变换。同时简要介绍离散余弦变换、沃尔什和哈达玛变换、霍特林变换以及拉东变换。

第 4 章以图像处理的两类方法即空域处理与频域处理为线索，介绍图像增强技术，包括空域滤波增强和频域滤波增强。

第 5 章首先介绍图像退化模型，然后介绍几种有效的图像复原方法，包括逆滤波图像复原、维纳滤波图像复原、约束最小二乘方图像复原、从噪声中复原以及几何失真校正等。

第 6 章主要介绍几种常见的颜色模型、伪彩色处理技术，以及全彩色图像处理的常用技术，包括彩色图像增强、彩色图像复原、彩色图像分割等。

第 7 章讨论了各种图像编码技术，详细介绍了熵编码、预测编码、变换编码、小波编码的主要原理和实现技术，给出了基本压缩算法的 Matlab 实现程序。

第 8 章主要介绍边缘检测、边缘跟踪、阈值分割、区域分割以及运动分割技术及其 Matlab 实现技巧。

第 9 章首先介绍几种基本的图像表示方法，然后详细介绍常用的图像描述方法，包括边界描述、区域描述以及形态学描述。

第 10 章主要介绍基于选择的特征优化、基于统计分析的特征优化和基于流形学习的特征优化。

第 11 章主要介绍目前用于图像识别的三种基本方法，即统计法、句法法和模糊法，同时介绍一种实用的图像识别系统——Web 图像过滤系统。

第 12 章首先简要介绍一种面向图像语义分析的图像表示模型，然后分别介绍图像语义分割技术和图像区域语义标注方法，最后介绍图像语义分类。

第 13 章首先介绍基于内容的图像检索系统，然后介绍基于语义的图像检索，最后介绍基于多示例学习的语义图像检索。

本书各章中结合图像处理理论介绍的绝大部分实例都是作者利用 Matlab 实现的。为便于读者学习与理解，书中还给出了绝大部分实例的 Matlab 程序，供读者参考。

习题

1.1 图像有哪些特点？
1.2 图像可以分成哪些类别？
1.3 数字图像处理的主要方法有哪些？
1.4 数字图像处理的主要内容是什么？
1.5 简要叙述数字图像处理系统的结构及其功能。
1.6 结合日常生活谈谈数字图像处理的具体应用。
1.7 图像处理的发展方向是什么？

CHAPTER 2

第 2 章 图像获取

2.1 概述

图像获取是数字图像处理的第一步，它将模拟图像转换成适合数字计算机处理的数字图像。图像获取任务由如图 1.2 所示的数字图像处理系统中的图像采集系统来完成。图像采集系统又称为图像数字化器，主要包括三个基本单元，如图 2.1 所示。

图 2.1 图像采集系统

自然界景物在人眼中呈现的图像一般都是连续的模拟图像 $p(x,y)$。连续的二维光谱图像通过成像系统被转换成 $f(x,y)$：

$$f(x,y) = h(x,y) * p(x,y) \tag{2.1.1}$$

其中 $h(x,y)$ 为成像系统的单位冲激函数。由成像系统输出的连续图像 $f(x,y)$ 进入采样系统产生采样图像 $g_s(x,y)$。采样系统输出的采样图像 $g_s(x,y)$ 仅在 (x,y) 的整数坐标处有值，而 $g_s(x,y)$ 的值域仍然是连续的，因而是定义在离散空间上的连续函数。为了便于计算机处理，必须对每个采样点(称为像素)的值进行量化处理。量化的基本思想是将图像采样值用二进制数表示，因此，量化值 $g_d(x,y)$ 是采样值 $g_s(x,y)$ 的近似表示。采样图像 $g_s(x,y)$ 经过量化器得到最终的数字图像 $g_d(x,y)$。这一过程一般由模数转换器(A/D)来完成。由此可见，采样是空间量化的过程，而量化是对图像样值的离散化过程。采样与量化构成的过程称为数字化。

本章首先简要介绍连续图像模型与连续图像的频谱，包括确定的数学图像表示方法和统计的数学图像表达方法，以及连续图像的傅里叶变换。然后详细讨论连续图像的数字化过程，包括采样原理、图像采样与重建、图像量化。最后介绍了数字图像的一些基本概念。

2.2 连续图像模型

用数学方法表示图像的特征是设计和分析图像处理系统的必要手段。图像特征的数学表示方法一般有两种，即确定性的和统计性的。在确定的图像表示方法中，图像函数是确定的，可用来分析图像的点性质。而统计的图像表示方法则是用统计的平均参数说明图像的特征。下面分别予以简要介绍。

2.2.1 连续图像的表达式

设 $C(x,y,t,\lambda)$ 代表像源的空间辐射能量分布，其中 (x,y) 是空间坐标，t 是时间，λ

是波长。因为光的强度是实正量，所以图像的光函数是实数并且非负。实际上，实际的成像系统中总有少量背景光存在。同时，实际的成像系统也给图像的最大亮度加上某种限制，如胶片的饱和、阴极射线管荧光物质的发热等。因此可设

$$0 \leqslant C(x,y,t,\lambda) \leqslant A \tag{2.2.1}$$

其中 A 是图像的最大亮度。

另一方面，实际图像的幅面必然受到成像系统和录像介质的限制。为了在数学分析上简单起见，设所有图像只在某一矩形区域内非零，即

$$-L_x \leqslant x \leqslant L_x \tag{2.2.2}$$

$$-L_y \leqslant y \leqslant L_y \tag{2.2.3}$$

此外，实际图像也只在有限时间内可观察，因此可令

$$-T \leqslant t \leqslant T \tag{2.2.4}$$

由此可见，图像的光函数 $C(x,y,t,\lambda)$ 是有界独立变量的四维函数。最后一个限制是假设图像函数在定义域内连续。

标准观察者对图像光函数的亮度响应，通常用光场的瞬时光亮度计量，即

$$Y(x,y,t) = \int_0^\infty C(x,y,t,\lambda) V_s(\lambda) \mathrm{d}\lambda \tag{2.2.5}$$

其中 $V_s(\lambda)$ 代表相对光效函数，即人视觉的光谱响应。同样，标准观察者的色光响应可用一组三刺激值计量，它们与匹配某种色光时所需的红、绿、蓝光的数量呈线性比例关系。对于任一红、绿、蓝坐标系，瞬时三刺激值为

$$R(x,y,t) = \int_0^\infty C(x,y,t,\lambda) R_s(\lambda) \mathrm{d}\lambda \tag{2.2.6}$$

$$G(x,y,t) = \int_0^\infty C(x,y,t,\lambda) G_s(\lambda) \mathrm{d}\lambda \tag{2.2.7}$$

$$B(x,y,t) = \int_0^\infty C(x,y,t,\lambda) B_s(\lambda) \mathrm{d}\lambda \tag{2.2.8}$$

其中 $R_s(\lambda)$、$G_s(\lambda)$、$B_s(\lambda)$ 分别是红、绿、蓝基色组的光谱三刺激值。所谓光谱三刺激值是匹配单位谱色光时所要求的三刺激值。在多光谱成像系统中，常将所观察的像场模拟为图像光函数在光谱上的加权积分。因而第 i 个光谱像场可以表示为

$$f_i(x,y,t) = \int_0^\infty C(x,y,t,\lambda) S_i(\lambda) \mathrm{d}\lambda \tag{2.2.9}$$

其中 $S_i(\lambda)$ 是第 i 个传感器的光谱响应。

为了使符号简单起见，选择单一的图像函数 $f(x,y,t)$ 代表实际成像系统中的像场。对于单色图像系统，图像函数 $f(x,y,t)$ 通常指图像光亮度，或者指某些转化了的甚至含义不清的光亮度。在彩色成像系统中，$f(x,y,t)$ 代表三刺激值之一，或者表示三刺激值的某种函数。有时像函数 $f(x,y,t)$ 也表示一般的三维场，如图像扫描仪的时变噪声。

按照一维时间信号的标准定义，图像函数在给定点上的时间平均值为

$$\overline{f(x,y,t)_T} = \lim_{T\to\infty}\left\{\frac{1}{2T}\int_{-T}^{T} f(x,y,t) L(t) \mathrm{d}t\right\} \tag{2.2.10}$$

其中 $L(t)$ 是时间加权函数。同样，在给定时间点上的平均图像亮度由空间平均值求得，即

$$\overline{f(x,y,t)_S} = \lim_{\substack{L_x\to\infty \\ L_y\to\infty}}\left\{\frac{1}{4L_xL_y}\int_{-L_x}^{L_x}\int_{-L_y}^{L_y} f(x,y,t) \mathrm{d}t\right\} \tag{2.2.11}$$

在许多成像系统中，如数码相机，图像不随时间改变，因而时间变量可以从图像函数

中略去，得到 $f(x,y)$。对于另外一些系统，如电影，图像函数是时间抽样的。还有一些系统可以将空间变量转变为时间变量，如电视中的图像扫描过程。在以后的讨论中，除非有特殊要求，时间变量一概从像场符号中略去。

2.2.2 连续图像的随机表征

将图像考虑为随机过程的样本常常是适宜的。对于连续图像，可以认为图像函数 $f(x,y,t)$ 是一种空间变量为 (x,y)、时间变量为 t 的三维连续随机过程。随机过程 $f(x,y,t)$ 完全可以由它的联合概率密度表示出来。对于所有样本点 J，其联合概率密度为

$$p\{f_1,f_2,\cdots,f_J;x_1,y_1,t_1,x_2,y_2,t_2,\cdots,x_J,y_J,t_J\} \tag{2.2.12}$$

式中 (x_J,y_J,t_J) 代表图像函数 $f_J(x_J,y_J,t_J)$ 的空间和时间样本。一般来说，图像的高阶联合概率密度常常是不知道的，也不易模拟。有时一阶概率密度 $p\{f;x,y,t\}$ 可以在过程的物理基础上，或者在直方图测量的基础上成功地模拟出来。由于光亮度是正值，因而光亮度函数的概率密度必须是单边密度。常用的概率密度模型有：

1)均匀密度

$$p\{f;x,y,t\} = \alpha \tag{2.2.13}$$

2)瑞利(Rayleigh)密度

$$p\{f;x,y,t\} = \frac{f(x,y,t)}{\alpha^2}\mathrm{e}^{-\frac{f^2(x,y,t)}{2\alpha^2}} \tag{2.2.14}$$

3)指数密度

$$p\{f;x,y,t\} = \alpha\mathrm{e}^{-\alpha|f(x,y,t)|} \tag{2.2.15}$$

上述各式中 α 是常数。

4)高斯密度

$$p\{f;x,y,t\} = [2\pi\sigma_f^2(x,y,t)]^{-1/2}\mathrm{e}^{-\frac{[f(x,y,t)-\eta_f(x,y,t)]^2}{2\sigma_f^2(x,y,t)}} \tag{2.2.16}$$

其中 $\eta_f(x,y,t)$ 和 σ_f^2 分别是随机过程的均值和方差。对于图像正交变换(如傅里叶变换)系数的幅度概率密度来说，高斯密度模型是相当精确的模型。

5)拉普拉斯密度

$$p\{f;x,y,t\} = \frac{\alpha}{2}\mathrm{e}^{-\alpha|f(x,y,t)|} \tag{2.2.17}$$

其适合于图像样本的差值。

6)条件概率密度

$$p\{f_1;x_1,y_1,t_1 \mid f_2;x_2,y_2,t_2\} = \frac{p\{f_1f_2;x_1,x_2,y_1,y_2,t_1,t_2\}}{p\{f_2;x_2,y_2,t_2\}} \tag{2.2.18}$$

其用于估计 (x_1,y_1,t_1) 点上的图像函数 f_1，前提是 (x_2,y_2,t_2) 点上的图像函数 f_2 已知。

除了概率密度外，图像随机过程还可以用如下数字特征来描写：

1)一阶矩或平均值

$$\eta_f(x,y,t) = E\{f(x,y,t)\} = \int_{-\infty}^{\infty} f(x,y,t)p\{f;x,y,t\}\mathrm{d}f \tag{2.2.19}$$

2)二阶矩或自相关函数

$$\begin{aligned}R(x_1,y_1,t_1;x_2,y_2,t_2) &= E\{f(x_1,y_1,t_1)f^*(x_2,y_2,t_2)\}\\ &=\int_{-\infty}^{\infty}\int_{-\infty}^{\infty} f(x_1,y_1,t_1)f^*(x_2,y_2,t_2)p\{f_1,f_2;x_1,y_1,t_1,x_2,y_2,t_2\}\mathrm{d}f_1\mathrm{d}f_2\end{aligned} \tag{2.2.20}$$

3)自协方差

$$K(x_1,y_1,t_1;x_2,y_2,t_2) = R(x_1,y_1,t_1;x_2,y_2,t_2) - \eta_f(x_1,y_1,t_1)\eta_f^*(x_2,y_2,t_2)\} \tag{2.2.21}$$

4)方差

$$\sigma_f^2(x,y,t) = K(x,y,t;x,y,t) \tag{2.2.22}$$

如果某图像过程的矩不受空间和时间移动的影响，则称为严格意义上的平稳过程。如果图像过程的平均值是常数，并且自相关函数只决定于在图像坐标 x_1-x_2，y_1-y_2，t_1-t_2 中的差值，而不是它们各自的值，则称为广义的平稳过程。对于平稳的图像过程，有

$$E\{f(x,y,t)\} = \eta_f \tag{2.2.23}$$

和

$$R(x_1,y_1,t_1;x_2,y_2,t_2) = R(x_1-x_2,y_1-y_2,t_1-t_2) \tag{2.2.24}$$

则

$$R(\tau_x,\tau_y,\tau_t) = E\{f(x+\tau_x,y+\tau_y,t+\tau_t)f^*(x,y,t)\} \tag{2.2.25}$$

在许多成像系统中，空间和时间的图像过程是分开的，所以平稳的相关函数可以写成

$$R(\tau_x,\tau_y,\tau_t) = R_{xy}(\tau_x,\tau_y)R_t(\tau_t) \tag{2.2.26}$$

另外，为了计算简单，常将空间自相关函数考虑为 x 轴和 y 轴自相关函数的乘积，即

$$R_{xy}(\tau_x,\tau_y) = R_x(\tau_x)R_y(\tau_y) \tag{2.2.27}$$

对于人工景象，常含有大量水平和垂直的图像结构，因而空间分离的特性是很好的。而在自然景象中，通常没有优先的相关方向，空间自相关函数往往是旋转对称的，并且是不可分的。

2.3 连续图像的频谱

如前所述，静止的连续图像可以用连续的空间函数 $f(x, y)$来表示，这就是连续图像的空间域表示法。在图像处理学中，另一种表示图像的重要表示方法便是图像的频谱表示，即图像的傅里叶变换。本节先介绍一维连续傅里叶变换，然后介绍二维连续傅里叶变换，即图像的频谱。

2.3.1 一维连续傅里叶变换

一维函数 $f(x)$的傅里叶变换定义为

$$F(u) = \int_{-\infty}^{\infty} f(x)e^{-j2\pi ux}dx \tag{2.3.1}$$

其中 $j^2=-1$。

$F(u)$的傅里叶逆变换定义为

$$f(x) = \int_{-\infty}^{\infty} F(u)e^{j2\pi ux}du \tag{2.3.2}$$

$f(x)$与 $F(u)$一一对应，称为傅里叶变换对。给定 $f(x)$可以唯一地确定 $F(u)$，反之亦然。必须指出，由式(2.3.1)可见，函数 $f(x)$的傅里叶变换为无穷积分。因此，并非任意函数的傅里叶变换都存在。傅里叶变换存在的充分条件是：

$$\int_{-\infty}^{\infty} |f(x)|dx < \infty \tag{2.3.3}$$

函数 $f(x)$的傅里叶变换 $F(u)$一般为复数，即

$$F(u) = R(u) + jI(u) \tag{2.3.4}$$

其中 $R(u)$ 和 $I(u)$ 分别为 $F(u)$ 的实部和虚部。为方便起见，$F(u)$ 通常以指数形式表示出来，即

$$F(u) = |F(u)| e^{j\varphi(u)} \tag{2.3.5}$$

$$|F(u)| = [R^2(u) + I^2(u)]^{1/2} \tag{2.3.6}$$

$$\varphi(u) = \tan^{-1}\frac{I(u)}{R(u)} \tag{2.3.7}$$

其中 $|F(u)|$ 称为 $f(x)$ 的幅度频谱，表示 $f(x)$ 中各分量的相对大小；$\varphi(u)$ 为相位谱，表示 $f(x)$ 中各分量的相位关系。$|F(\omega)|$ 是 ω 的偶函数，$\varphi(\omega)$ 是 ω 的奇函数。

幅度频谱的平方称为信号的能量密度函数，简称能谱，即

$$E(u) = |F(u)|^2 = R^2(u) + I^2(u) \tag{2.3.8}$$

例 2.1　求如图 2.2a 所示单个矩形脉冲函数的频谱。

$$f(x) = \begin{cases} E & |x| \leqslant T/2 \\ 0 & \text{其他} \end{cases}$$

$$F(u) = \int_{-T/2}^{T/2} E e^{-j2\pi ux} dx = \frac{E}{-j2\pi u} e^{-j2\pi ux}\Big|_{-T/2}^{T/2}$$

$$= \frac{E}{-j2\pi u}[e^{-j\pi uT} - e^{j\pi uT}] = \frac{E}{\pi u}\sin(\pi uT) = E\tau \mathrm{Sa}(\pi uT)$$

其幅度频谱为

$$|F(u)| = E\tau |\mathrm{Sa}(\pi uT)|$$

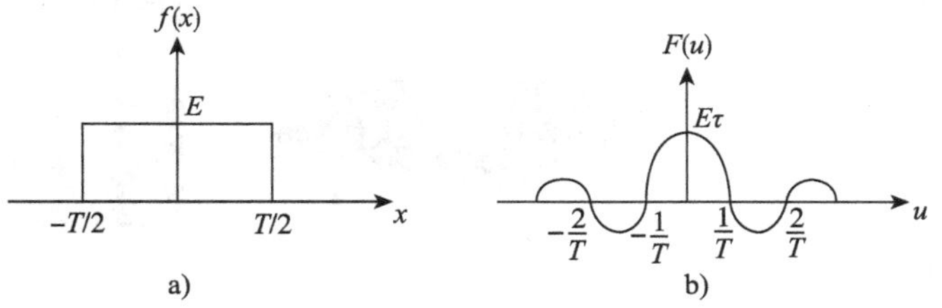

图 2.2　单个矩形脉冲信号及其频谱

2.3.2　二维连续傅里叶变换

二维函数 $f(x,y)$ 的傅里叶变换定义为

$$F(u,v) = \int_{-\infty}^{\infty} f(x,y) e^{-j2\pi(ux+vy)} dx dy \tag{2.3.9}$$

这里的 $F(u,v)$ 一般为复数，即

$$F(u,v) = R(u,v) + jI(u,v) \tag{2.3.10}$$

其傅里叶逆变换定义为

$$f(x,y) = \int_{-\infty}^{\infty} F(u,v) e^{j2\pi(ux+vy)} du dv \tag{2.3.11}$$

与一维情况类似，二维傅里叶变换的幅度频谱、相位谱与能谱分别如下式所示。

$$|F(u,v)| = [R^2(u,v) + I^2(u,v)]^{1/2} \tag{2.3.12}$$

$$\varphi(u,v) = \tan^{-1}\frac{I(u,v)}{R(u,v)} \tag{2.3.13}$$

$$E(u,v) = |F(u,v)|^2 = R^2(u,v) + I^2(u,v) \tag{2.3.14}$$

对于函数 $f(x,y)$，傅里叶变换存在的充分条件是函数绝对可积，即

$$\int_{-\infty}^{\infty}\int_{-\infty}^{\infty} | f(x,y) | \mathrm{d}x\mathrm{d}y < \infty \tag{2.3.15}$$

例 2.2 求图 2.3a 所示的二维函数的傅里叶变换。

$$f(x,y)=\begin{cases}1 & |x|,|y|\leqslant 1/2\\ 0 & 其他\end{cases}$$

$$\begin{aligned}F(u,v) &= \int_{-\infty}^{\infty}\int_{-\infty}^{\infty} f(x,y)\mathrm{e}^{-\mathrm{j}2\pi(ux+vy)}\mathrm{d}x\mathrm{d}y\\ &= \int_{-1/2}^{1/2}\mathrm{e}^{-\mathrm{j}2\pi ux}\mathrm{d}x\int_{-1/2}^{1/2}\mathrm{e}^{-\mathrm{j}2\pi vy}\mathrm{d}y\\ &= \frac{1}{-\mathrm{j}2\pi u}\mathrm{e}^{-\mathrm{j}2\pi u}\Big|_{-1/2}^{1/2}\frac{1}{-\mathrm{j}2\pi v}\mathrm{e}^{-\mathrm{j}2\pi v}\Big|_{-1/2}^{1/2}\\ &= \left(\frac{1}{\pi u}\sin(\pi u)\right)\left(\frac{1}{\pi v}\sin(\pi v)\right) = \mathrm{Sa}(\pi u)\mathrm{Sa}(\pi v)\end{aligned}$$

其幅度频谱为

$$|F(u,v)| = |\mathrm{Sa}(\pi u)||\mathrm{Sa}(\pi v)|$$

图 2.3b 给出了幅度频谱的三维透视图，图 2.3c 给出了以幅度频谱值作为图像像素值的二维图像。

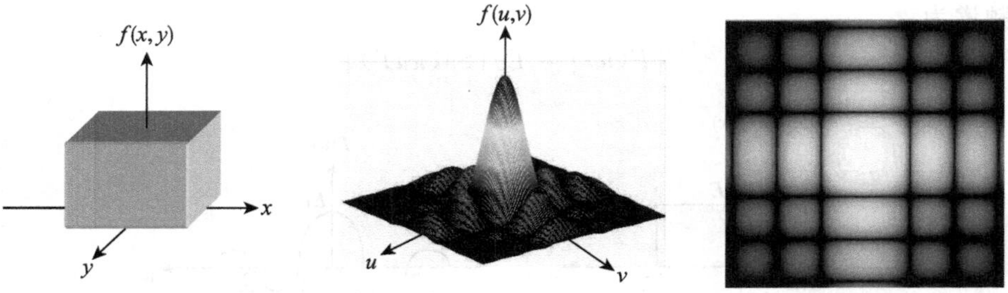

a）矩形脉冲　　b）幅度频谱　　c）幅度频谱强度图

图 2.3　单个矩形脉冲信号及其频谱

实现图 2.3b 和图 2.3c 的 Matlab 程序如下：

```
figure(1);                           % 建立图形窗口 1
[u,v]=meshgrid(-1:0.01:1);           % 生成二维频域网格
F1=abs(sinc(u.* pi));
F2=abs(sinc(v.* pi));
F=F1.* F2;                           % 计算幅度频谱 F=|F(u,v)|
surf(u,v,F);                         % 显示幅度频谱,如图 2.3b 所示
shading interp;                      % 平滑三维曲面上的小格
axis off;                            % 关闭坐标系
figure(2);                           % 建立图形窗口 2
F1=histeq(F);                        % 扩展 F 的对比度以增强视觉效果
imshow(F1);                          % 用图像来显示幅度频谱,如图 2.3c 所示
```

2.4 图像采样

2.4.1 采样定理

将连续函数变成离散函数有各种采样方法，其中最常用的就是等间隔采样，即在 x 轴

上等间隔地抽取函数 $f(x)$ 的样值。可以采用冲激串采样来获取函数等间隔处的采样值。图 2.4 为冲激串采样的示意图。该方法是通过一个周期冲激串去乘待采样的连续函数 $f(x)$。该周期冲激串 $s(x)$ 称作采样函数，周期 T 称为采样周期，$\Omega_s=\frac{1}{T}$ 称为采样频率。

由图 2.4 有

$$f_s(x) = f(x)s(x) \tag{2.4.1}$$

其中

$$s(x) = \sum_{n=-\infty}^{\infty}\delta(x-nT) = \delta_T(x) \tag{2.4.2}$$

因此，$f_s(x)$ 可表示为

$$f_s(x) = \sum_{n=-\infty}^{\infty} f(x)\delta(x-nT) \tag{2.4.3}$$

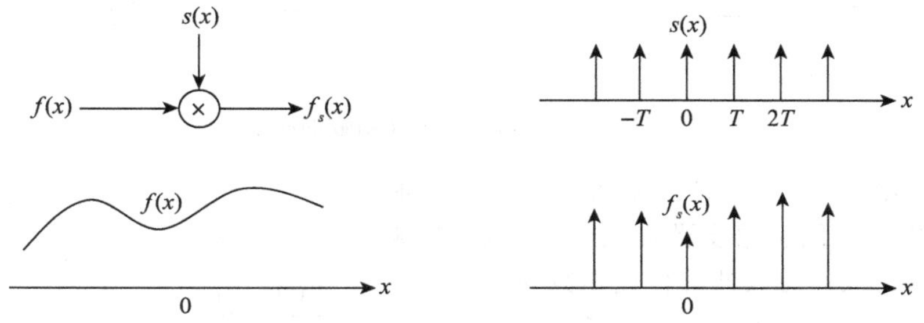

图 2.4 冲激串采样

设 $f(x)$ 的傅里叶变换（即频谱）为 $F(u)$，同时记 $s(x)$ 的频谱为 $S(u)$，$f_s(x)$ 的频谱为 $F_s(u)$，根据一维连续傅里叶变换及其性质，有

$$S(u) = \frac{1}{T}\sum_{k=-\infty}^{\infty}\delta(u-k\Omega_s) \tag{2.4.4}$$

$$F_s(u) = F(u) * S(u) = \frac{1}{T}\sum_{k=-\infty}^{\infty}F(u-k\Omega_s) \tag{2.4.5}$$

显然，$F_s(u)$ 是频域上的周期函数，它满足 $F_s(u)=F_s(u\pm k\Omega_s)$，且由一组移位的 $F(u)$ 叠加而成，但在幅度上有 $1/T$ 的变化。

函数 $f(x)$ 经采样后，采样点间的信息就丢失了。那么，能否从离散函数 $f_s(x)$ 不失真地恢复原函数 $f(x)$ 呢？显然，如果能从 $F_s(u)$ 中得到 $F(u)$，也就可以通过 $f_s(x)$ 获得 $f(x)$。假设被采样函数 $f(x)$ 是一带限函数，即 $F(u)=0$，$|u|>\Omega_M$，Ω_M 为 $f(x)$ 的最高频率。下面分两种情况来考查 $F_s(u)$ 的频谱结构。

1) $\Omega_s-\Omega_M>\Omega_M$，即 $\Omega_s>2\Omega_M$ 时，在 $F_s(u)$ 中，相邻移位的 $F(u-k\Omega_s)$ 频谱之间并无重叠现象出现，如图 2.5c 所示。也就是说，$F_s(u)$ 在 $k\Omega_s$ 频率点上精确重现原信号的频谱，仅在幅度上有 $1/T$ 的变化。

2) $\Omega_s-\Omega_M<\Omega_M$，即 $\Omega_s<2\Omega_M$ 时，$F_s(u)$ 中各移位的 $F(u)$ 之间存在重叠，如图 2.5d 所示。这样在重叠处，$F_s(u)$ 就不能重现原函数的频谱，从而导致不能恢复原函数。这种现象称为频谱混叠。

根据上述讨论，可得到连续函数的采样定理如下：设 $f(x)$ 为一带限函数，即 $F(u)=0$，$|u|>\Omega_M$。如果采样频率 $\Omega_s>2\Omega_M$，或采样周期 $T<\frac{1}{2\Omega_M}$，其中 $\Omega_s=\frac{1}{T}$，T 为采样周

期，那么 $f(x)$ 就唯一地由其样值 $f_s(x)$ 所确定。临界采样率 $2\Omega_M$ 称为奈奎斯特率，临界采样间隔 $\frac{1}{2\Omega_M}$ 就称为奈奎斯特间隔。

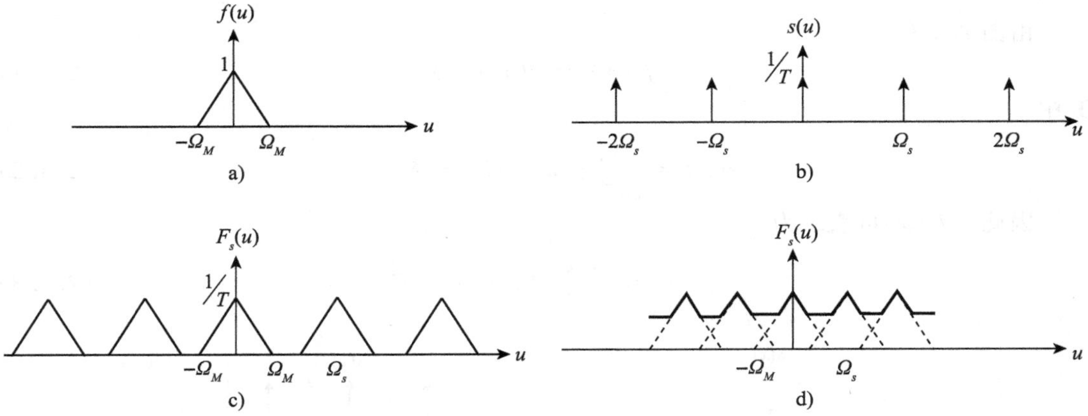

图 2.5 两种情况下采样函数的频谱

当采样频率 $\Omega_s > 2\Omega_M$ 时，即满足采样定理时，$f(x)$ 就能够用一个低通滤波器从 $f_s(x)$ 中恢复出来，如图 2.6 所示。低通滤波器的传递函数为

$$H(u) = \begin{cases} T & |u| < \Omega_c \\ 0 & |u| > \Omega_c \end{cases} \tag{2.4.6}$$

其中 Ω_c 为低通滤波器的截止频率，满足

$$\Omega_M < \Omega_c < \Omega_s - \Omega_M \tag{2.4.7}$$

一般 Ω_c 可取值为 $\Omega_c = \Omega_s/2$。

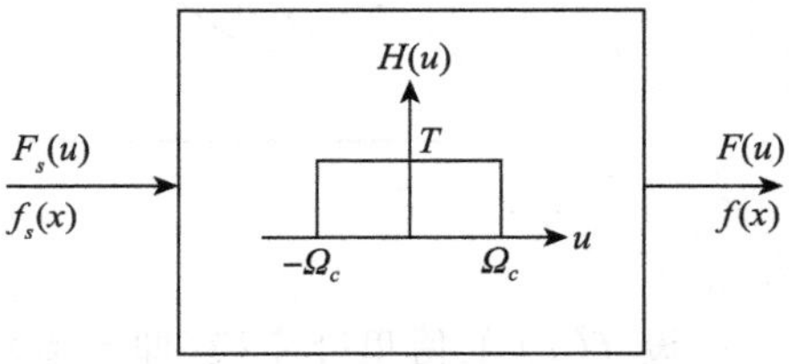

图 2.6 用于恢复原函数的低通滤波器

该低通滤波器的输出频谱为

$$F_s(u) \cdot H(u) = \left[\frac{1}{T}\sum_{k=-\infty}^{\infty} F(u - k\Omega_s)\right] \cdot H(u) = F(u) \tag{2.4.8}$$

直接对上式取傅里叶逆变换，就得到了原函数 $f(x)$。根据傅里叶变换的卷积性质，图 2.6 的理想低通滤波器的响应(即输出)为离散函数 $f_s(x)$ 与滤波器单位冲激响应 $h(x)$ 的卷积

$$\begin{aligned} f(x) = f_s(x) * h(x) &= \int_{-\infty}^{\infty}\left[\sum_{n=-\infty}^{\infty} f(\tau)\delta(\tau - nT)\right] \cdot h(t-\tau)\mathrm{d}\tau \\ &= \sum_{n=-\infty}^{\infty}\int_{-\infty}^{\infty} f(\tau)h(t-\tau)\delta(\tau - nT)\mathrm{d}\tau \\ &= \sum_{n=-\infty}^{\infty} f(nT)h(t - nT) \end{aligned} \tag{2.4.9}$$

其中 $h(x)$ 是滤波器传递函数 $H(u)$ 的傅里叶逆变换

$$h(x) = \int_{-\frac{\Omega_c}{2}}^{\frac{\Omega_c}{2}} T\mathrm{e}^{\mathrm{j}2\pi ux}\mathrm{d}u = \frac{\sin(\pi\Omega_c x)}{\pi\Omega_c x} = \frac{\sin\left(\frac{\pi}{T}x\right)}{\frac{\pi}{T}x} \tag{2.4.10}$$

于是，式(2.4.9)又可以表示为

$$f(x)=\sum_{n=-\infty}^{\infty}f(nT)\frac{\sin\left[\frac{\pi}{T}(x-nT)\right]}{\frac{\pi}{T}(x-nT)} \tag{2.4.11}$$

其中函数$\frac{\sin\left[\frac{\pi}{T}(x-nT)\right]}{\frac{\pi}{T}(x-nT)}$为采样点间的内插函数。式(2.4.11)称为采样的内插公式。

2.4.2 图像采样

与一维情况类似，在完善的图像采样系统中，连续图像的空间样本实际上是用空间采样函数与连续图像相乘的结果。这一空间采样函数可表示为

$$s(x,y)=\sum_{m=-\infty}^{\infty}\sum_{n=-\infty}^{\infty}\delta(x-m\Delta x,y-n\Delta y) \tag{2.4.12}$$

其中 $\delta(x,y)$为二维单位冲激函数。这种单位冲激函数排列在间隔为$(\Delta x,\Delta y)$的网格上构成采样栅格，如图 2.7 所示。其中 Δx 和 Δy 称为空间采样周期。对式(2.4.12)取傅里叶变换，从而得到空间采样函数 $s(x,y)$的频谱为

$$S(u,v)=\frac{1}{\Delta x\Delta y}\sum_{i=-\infty}^{\infty}\sum_{j=-\infty}^{\infty}\delta(u-i\Omega_x,v-j\Omega_y) \tag{2.4.13}$$

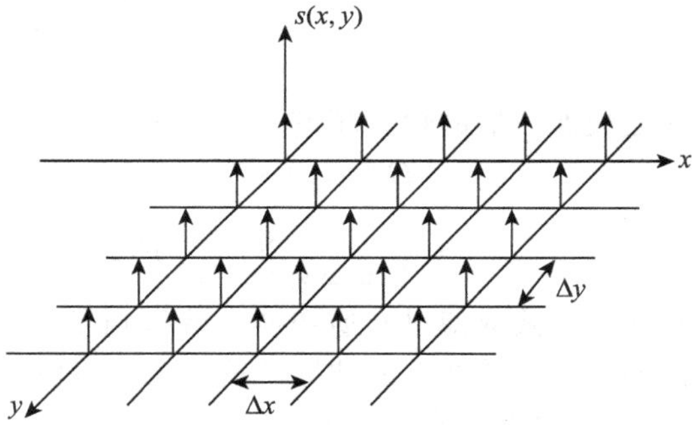

图 2.7 二维采样函数

其中 $\Omega_x=\frac{1}{\Delta x}$，$\Omega_y=\frac{1}{\Delta y}$是空间采样频率。而采样后的图像 $g_s(x,y)$可以表示为

$$g_s(x,y)=f(x,y)\cdot s(x,y)=\sum_{m=-\infty}^{\infty}\sum_{n=-\infty}^{\infty}f(m\Delta x,n\Delta y)\cdot\delta(x-m\Delta x,y-n\Delta y) \tag{2.4.14}$$

根据傅里叶变换的性质，得到 $g_s(x,y)$的频谱为

$$G_s(u,v)=F(u,v)*S(u,v) \tag{2.4.15}$$

假定连续图像的频谱是有限带宽的，即设当$|u|>\Omega_{xf}$，$|v|>\Omega_{yf}$时，$F(u,v)=0$，如图 2.8a 所示，有

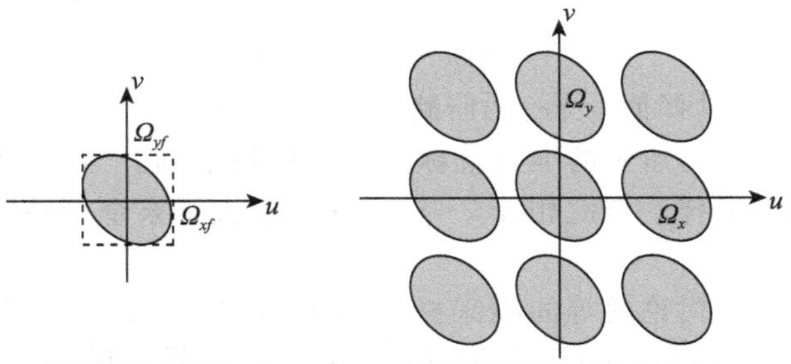

a）原图像的频谱分布　　b）采样后图像的频谱分布

图 2.8 采样前后图像频谱分布

$$G_s(u,v) = \frac{1}{\Delta x \Delta y}\sum_{i=-\infty}^{\infty}\sum_{j=-\infty}^{\infty} F(u - i\Omega_x, v - j\Omega_y) \tag{2.4.16}$$

由此可见，采样图像 $g_s(x,y)$ 的频谱是由一组移位的原图像的频谱 $F(u,v)$ 叠加而成，仅在幅度上有 $\frac{1}{\Delta x \Delta y}$ 的变化。换言之，式(2.4.16)中的 $i=j=0$ 对应的一项就是原图像的频谱 $F(u,v)$，而其余各项则是 $F(u,v)$ 在 u、v 方向分别平移 $i\Omega_x$ 和 $j\Omega_y$ 得到的。

现在考查采样频率 Ω_x 和 Ω_y 与原图像最高频率 Ω_{xf} 和 Ω_{yf} 之间的关系。当 $\Omega_x > 2\Omega_{xf}$，$\Omega_y > 2\Omega_{yf}$ 时，采样后图像的频谱分布如图 2.8b 所示。由图可见，原图像的各移位频谱 $F(u - i\Omega_x, v - j\Omega_y)$ 之间没有混叠。此时，就可以由采样图像 $g_s(x,y)$ 通过具有理想矩形频率响应的低通滤波器精确地恢复出原图像 $f(x,y)$，如图 2.9 所示。滤波器的传递函数为

$$H(u,v) = \begin{cases} \Delta_x \Delta_y & |u| < \Omega_{xh}, |v| < \Omega_{yh} \\ 0 & \text{其他} \end{cases} \tag{2.4.17}$$

其中 Ω_{xh} 和 Ω_{yh} 是滤波器的截止频率，满足

$$\begin{aligned} \Omega_{xf} &< \Omega_{xh} < \Omega_x - \Omega_{xf} \\ \Omega_{yf} &< \Omega_{yh} < \Omega_y - \Omega_{yf} \end{aligned} \tag{2.4.18}$$

该低通滤波器的输出频谱为

$$\begin{aligned} & G_s(u,v) \cdot H(u,v) \\ &= \left[\frac{1}{\Delta x \Delta y}\sum_{i=-\infty}^{\infty}\sum_{j=-\infty}^{\infty} F(u - i\Omega_x, v - j\Omega_y)\right] \cdot H(u,v) = F(u,v) \end{aligned} \tag{2.4.19}$$

直接对上式取傅里叶逆变换，就得到了原图像 $f(x,y)$。当然，根据线性系统与傅里叶变换的性质，图 2.9 滤波器的输出也可以由其输入 $g_s(x,y)$ 与理想低通滤波器的单位冲激响应 $h(x,y)$ 求卷积而得出，即

$$f(x,y) = g_s(x,y) * h(x,y) \tag{2.4.20}$$

其中，$h(x,y)$ 是滤波器传递函数 $H(u,v)$ 的傅里叶逆变换。

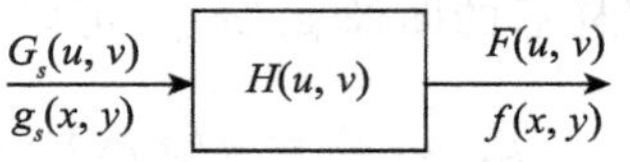

图 2.9 由采样图像恢复原图像

否则，当 $\Omega_x < 2\Omega_{xf}$，$\Omega_y < 2\Omega_{yf}$ 时，在采样图像的频谱分布中，原图像的各移位频谱 $F(u - i\Omega_x, v - j\Omega_y)$ 之间产生混叠。此时，无法从采样图像精确地恢复出原图像，从而有与一维情况类似的二维函数(图像)采样定理如下。

设二维(图像)函数 $f(x,y)$ 的频谱是有限带宽的，即当 $|u| > \Omega_{xf}$，$|v| > \Omega_{yf}$ 时，$F(u,v) = 0$，如果采样频率满足

$$\Omega_x > 2\Omega_{xf}, \quad \Omega_y > 2\Omega_{yf} \tag{2.4.21}$$

或者采样周期满足

$$\Delta_x < \frac{1}{2\Omega_{xf}}, \quad \Delta_y < \frac{1}{2\Omega_{yf}} \tag{2.4.22}$$

那么 $f(x,y)$ 就唯一地由其样值 $g_s(x,y)$ 所确定。

式(2.4.21)和(2.4.22)所示的准则就称为奈奎斯特准则。当 Δx 和 Δy 小于奈奎斯特准则的要求时，称为过采样。与此相反，当 Δx 和 Δy 大于奈奎斯特准则的要求时，便称为欠采样。

需要指出的是，上述讨论的等间隔采样又称为均匀采样。当对采样点数目有所限制时，比如说 $N \times N$ 个采样点，此时可以根据图像的特性采用自适应采样方案，有可能获得更好的效果。自适应采样方案的基本思想是：在图像函数值变化较大的区域采用精细的采样，在相对平滑的区域采用粗糙的采样。这种自适应采样方案又称为非均匀采样。

例如，一幅在均匀背景上叠加了一幢房屋的图像。显然，该图像的背景只有极少的细节信息，用粗糙的采样来表示已经足够。另外，图像上的房屋含有大量的细节信息，在该区域增加采样点就可以改善整体效果，特别是当 N 较小时尤其如此。

非均匀采样方法在分配采样点时，应该在图像函数值有跳变的边界，如上例中房屋与背景的边界，考虑更多的采样点。当图像包含相对小的均匀区域时，非均匀采样是不适用的。此外，非均匀采样实现起来比均匀采样也困难得多。

2.5 图像量化

连续图像经过采样以后得到的样本图像是定义在离散空间域上的二维离散图像，但是这些图像样本还不是数字图像，因为样本图像在空间离散点(即像素)上的值仍然是一个连续量。为了便于计算机处理，就必须对离散图像的值进行量化处理。所谓量化就是将离散图像的值表示为与其幅度成比例的整数。由图 2.1 可见，量化器的输入为 $g_s(x,y)$，输出为 $g_d(x,y)$。在以下的讨论中，为了表达方便，将标量量化器的输入用 x 表示，输出则记为 y，而向量量化器的输入与输出分别为向量 $\boldsymbol{f}_i$ 和 $\boldsymbol{y}_i$。

2.5.1 量化器模型

一般的量化过程是预先设置一组判决电平，每一个判决电平覆盖一定的区间。所有的判决电平将覆盖整个有效取值区间。量化便是将像素点的采样值与这些判决电平进行比较。若采样值幅度落在某个判决电平的覆盖区间之上，则规定该采样值取这个量化级的代表值。

设量化操作在 K 维欧几里得空间(记为 R^K)上进行，$\boldsymbol{X}$ 为 R^K 上的一个 K 维随机向量，x 为 $\boldsymbol{X}$ 的取值，$A\subseteq R^K$ 是 $\boldsymbol{X}$ 的取值空间，即值域，则 A 的一个 N 级量化器 $Q=\{Y,\varphi\}$ 由以下三部分组成：

1)对 A 的分割 $\varphi=\{R_i \mid i=1,\cdots,N\}$，且

$$\begin{cases}\bigcup\limits_{i=1}^{N} R_i = A \\ R_i \cap R_j = 0 \quad i \neq j\end{cases} \tag{2.5.1}$$

2)码本的再生字符集 $Y=\{y_i \mid i=1,\ \cdots,\ N\}$

3)量化操作 Q 就是如下映射：

$$Q:A \rightarrow Y \tag{2.5.2}$$

$$y_i = Q(\{x \mid x \in R_i\}) \tag{2.5.3}$$

在上述定义的量化模型中，$K=1$ 是标量量化，$K>1$ 为向量量化。标量量化是向量量化的特例。

2.5.2 标量量化

标量量化又称为一维量化或无记忆量化。设量化器的输入为 $x\subseteq\mathbf{R}$(一维实空间)，输出为 $y\subseteq\mathbf{R}_c$(一维有限实空间)，

$$y = Q(x) \tag{2.5.4}$$

则标量量化器就是从实空间 R 到有限实空间 $\mathbf{R}_c$ 的多对一映射。

设 $\mathbf{R}_c$ 的对应判决电平范围为$[a_0,a_N]$，存在某一分割 φ 将$[a_0,a_N]$划分为 N 个电平判决子空间，

$$\mathbf{R}_i = [a_i - 1, a_i] \qquad i = 1,\cdots,N$$

满足：

1) $\int_{a_0}^{a_N} p(x)\mathrm{d}x = 1$，其中 $p(x)$ 为 x 的概率密度函数；

2) $(a_i+1-a_i)\cap(a_i-a_i-1)=0$ 且 $\bigcup_{i=1}^{N}(a_i-a_{i-1})=[a_0-a_N]$；

3) $\mathbf{R}_c=\{y_1,y_2,\cdots,y_N\}$；

4) 当量化器的输入 $x\in[a_i-1,\ a_i]$ 时，其输出为 $y=y_i$。

图 2.10 给出标量量化过程的线表示法。标量量化的输入输出特性可以用图 2.11 的阶梯函数来表示。

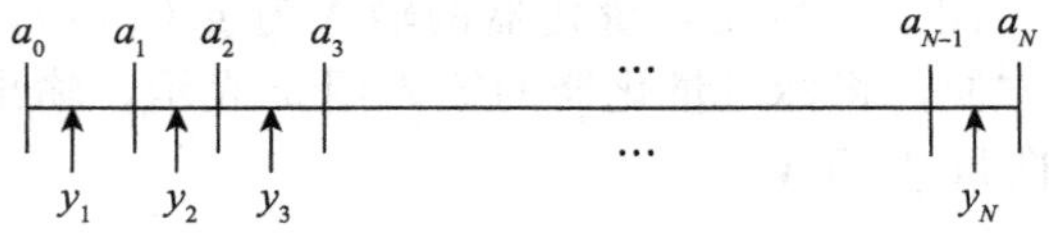

图 2.10 标量量化的线表示法

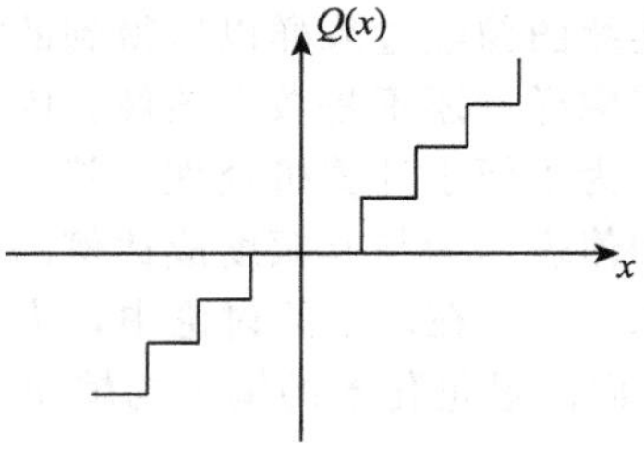

图 2.11 标量量化特性

当 $a_i+1-a_i=a_i-a_i-1=\Delta(i=1,\cdots,N)$，且 $x\in[a_i-1,a_i]$，$y_i=(a_i-1+a_i)/2$ 时，该量化操作为均匀量化操作，其量化误差为

$$e = x - Q(x) \tag{2.5.5}$$

均方误差为

$$\sigma_e^2 = E\{[x-Q(x)]^2\} = \int_{-\infty}^{\infty}[x-Q(x)]^2 p(x)\mathrm{d}x$$
$$= \sum_{i=1}^{N}\int_{a_{i-1}}^{a_i}[x-y_i]^2 p(x)\mathrm{d}x \tag{2.5.6}$$

信噪比为

$$\mathrm{SNR} = 10\lg\frac{\sigma^2}{\sigma_e^2} \tag{2.5.7}$$

其中

$$\sigma^2_= E\{x^2\} = \int_{-\infty}^{\infty}x^2 p(x)\mathrm{d}x = \sum_{i=1}^{N}\int_{a_{i-1}}^{a_i}x^2 p(x)\mathrm{d}x \tag{2.5.8}$$

显然，将样本值进行量化总是要带来误差。因此，人们在设计量化器时，总是希望量化误差越小越好，即寻求最优量化器设计。所谓最优量化器设计就是取均方误差最小或信噪比最大的量化。按均方误差最小定义的最优量化，也就是令式(2.5.6)最小。为求最优量化时的 a_i 和 y_i，可直接对式(2.5.6)求极值，即在式(2.5.6)中对 a_i 和 y_i 求导数并令其等于 0，得

$$\frac{\partial\sigma_e^2}{\partial a_i} = (a_i-y_{i+1})^2 p(a_i) - (a_i-y_i)^2 p(a_i) = 0 \tag{2.5.9}$$

$$\frac{\partial\sigma_e^2}{\partial y_i} = -2\int_{a_{i-1}}^{a_i}(x-y_i)p(x)\mathrm{d}x = 0 \tag{2.5.10}$$

于是有

$$a_i = \frac{y_i+y_{i+1}}{2} \tag{2.5.11}$$

$$y_i=\frac{\int_{a_{i-1}}^{a_i}xp(x)\mathrm{d}x}{\int_{a_{i-1}}^{a_i}p(x)\mathrm{d}x}=\frac{E(x)}{\int_{a_{i-1}}^{a_i}p(x)\mathrm{d}x}\tag{2.5.12}$$

上式表明，量化判决电平 a_i 是量化输出 y_i 和 y_{i+1} 的中点，y_i 的最佳位置是概率密度 $p(x)$在 a_{i-1}与 a_i 区间的概率中心。式(2.5.11)和式(2.5.12)可用迭代法求解。

由式(2.5.6)知，量化误差既取决于分割 φ 的选择，又与信号的概率分布 $p(x)$直接相关。根据信息熵的理论，可以推断最优量化器是非均匀的。从直观上来说，如果在某一区间上，信号出现的概率大，其量化当量 Δ 应该取小一点。反之，如果信号在某一区间上出现的概率小，其量化当量 Δ 应该取大一点。尽管均匀量化器不是最优量化器，但其设计思想简单，且易于硬件实现，因此，至今在不少数字化系统中仍然采用均匀量化器。如果要求量化精度高，显然采用非均匀量化器比均匀量化器好。但是在某些实际应用中，如语音、电视伴音，对于不同信源的概率分布用不同的非均匀量化器是不现实的。因此，就需要引入一种与非均匀量化器等效的均匀量化方法——压扩量化。

如图 2.12 所示的压扩量化器可以进行非均匀量化，图中信号经过非线性变换、均匀量化和非线性逆变换。在这种压扩量化器中，先用一个非线性函数对量化器的输入信号进行“压缩”变换。非线性变换后的信号是

$$g=T(f)\tag{2.5.13}$$

满足$-\frac{1}{2}\leqslant g\leqslant\frac{1}{2}$。此时选择的非线性变换 $T\{\cdot\}$是使得 g 的概率密度成为均匀的，即

$$p\{g\}=1\tag{2.5.14}$$

图 2.12　压扩量化器

如果 f 是零平均值的随机变量，那么恰当的变换函数是

$$T(f)=\int_{-\infty}^{f}p(z)\mathrm{d}z-\frac{1}{2}\tag{2.5.15}$$

即非线性变换函数等效于 f 的累积概率分布。表 2.1 列出高斯、雷斯和拉普拉斯概率密度的压扩变换式和逆变换式。其中逆变换 $\hat{f}=T^{-1}(\hat{g})$是在恢复时对量化值进行“扩张”，从而得到原信号。

表 2.1　压扩量化变换

	概率密度	正变换	逆变换
高斯	$p(f)=(2\pi\sigma^2)^{-1/2}\exp\left\{-\frac{f^2}{2\sigma^2}\right\}$	$g=\frac{1}{2}\mathrm{erf}\left\{\frac{f}{\sqrt{2}\sigma}\right\}$	$\hat{f}=\sqrt{2}\sigma\mathrm{erf}^{-1}\{2\hat{g}\}$
雷斯	$p(f)=\frac{f}{\sigma^2}\exp\left\{-\frac{f^2}{2\sigma^2}\right\}$	$g=\frac{1}{2}-\exp\left\{-\frac{f^2}{2\sigma^2}\right\}$	$\hat{f}=\left\{\sqrt{2}\sigma\ln\left[1/\left(\frac{1}{2}-\hat{g}\right)\right]\right\}^{1/2}$
拉普拉斯	$p(f)=\frac{\alpha}{2}\exp\{-\alpha\mid f\mid\}$ $\alpha=\sqrt{2}/\sigma$	$g=\begin{cases}\frac{1}{2}[1-\exp\{-\alpha f\}] & f\geqslant 0\\ -\frac{1}{2}[1-\exp\{\alpha f\}] & f<0\end{cases}$	$\hat{f}=\begin{cases}-\frac{1}{\alpha}\ln(1-2\hat{g}) & \hat{g}\geqslant 0\\ \frac{1}{\alpha}\ln(1+2\hat{g}) & \hat{g}<0\end{cases}$

其中

$$\mathrm{erf}(x)=\frac{2}{\sqrt{\pi}}\int_0^x \exp(-y^2)\mathrm{d}y$$

必须指出，在实际应用中，常采用对数作为非线性变换函数。这是因为人对音量、光强的响应呈对数特性。用对数对音量或光强进行压缩，必然使得均匀间隔变成低电平处间隔密而高电平处间隔疏的不均匀分布。由于低电平出现概率高，量化噪声小；高电平信号虽然噪声大，但出现概率低，总的量化噪声还是变小了，从而提高了信噪比。常用的对数函数有两种：

1) μ 律曲线

$$T(f)=\frac{\ln(1+\mu f)}{\ln(1+\mu)} \tag{2.5.16}$$

美国、英国、日本、加拿大等国将其用于数字电话网中，常取 $\mu=255$。

2) A 律曲线

$$T(f)=\begin{cases}\dfrac{Af}{1-\ln f} & 0\leqslant f<\dfrac{1}{A}\\[2mm] \dfrac{1+\ln Af}{1+\ln A} & \dfrac{1}{A}\leqslant f<1\end{cases} \tag{2.5.17}$$

通常取 $A=87.6$，用折线逼近实现。A 律曲线被 CCITT 标准、我国和欧洲采用。这两种对数变换函数的性能基本相同。

2.5.3　向量量化

标量量化通常按顺序对连续幅度样本序列执行量化操作，每次仅孤立地考虑一个模拟样本值并量化之，而没有考虑样本值之间的相关性。为了合理地利用样本之间的相关性，可以对序列中的许多样本进行联合量化，用一个值代替相似的一组值，这样便有可能减少量化误差，提高压缩率，这就是向量量化的基本出发点。

1. 向量量化原理

设某一信源（如语音、图像）的样本序列一共有 $N\times K$ 个样本值，将连续的 K 个样本值组成向量，从而构成信源向量集 F，

$$F=\{\boldsymbol{f}_1,\boldsymbol{f}_2,\cdots,\boldsymbol{f}_N\}$$

$$\boldsymbol{f}_i=(f_{i1},f_{i2},\cdots,f_{iK})\in R^K$$

将 K 维欧几里得空间 R^K 划分为 J 个互不相交的子空间 $R_1,R_2,\cdots,R_J$，满足：

$$\begin{cases}\bigcup\limits_{j=1}^{J}R_j=R^K\\ R_i\cap R_j=\varnothing \quad i\neq j\end{cases} \tag{2.5.18}$$

设子空间 R_i 的质心（或称代表向量）为 $\boldsymbol{y}_i=(y_{i1},y_{i1},\cdots,y_{iK})\in R^K(i=1,\cdots,J)$，则所有子空间质心构成的向量集

$$Y=\{\boldsymbol{y}_1,\boldsymbol{y}_2,\cdots,\boldsymbol{y}_J\}$$

就是量化器的输出空间，称之为码书或码本，$\boldsymbol{y}_i$ 是码字，J 是码书的长度。

对于待量化的输入向量 $\boldsymbol{f}_j$，如果有 $\boldsymbol{f}_j\in R_i$，则 $\boldsymbol{f}_j$ 被映射为码字 $\boldsymbol{y}_i$，即

$$\boldsymbol{y}_i=Q(\boldsymbol{f}_j) \tag{2.5.19}$$

实际量化编码时，只需在发送端记录代表向量 $\boldsymbol{y}_i$ 的下标 i，所以编码过程就是将输入向量映射到 $I=\{1,2,\cdots,J\}$；而译码过程则是在接收端根据收到的 I 代码查找码书，获得

对应的码字。

图 2.13 给出基本向量量化器框图。其中最邻近规则用来确定与输入向量 $\boldsymbol{f}_j$ 对应的码字。最邻近规则指出，如果

$$d(\boldsymbol{f}_j,\boldsymbol{y}_i) = \min_{1\leqslant l\leqslant J}\{d(\boldsymbol{f}_j,\boldsymbol{y}_l)\} \tag{2.5.20}$$

其中 $d(\boldsymbol{f}_j,\boldsymbol{y}_l)$是两向量之间的欧氏距离，即

$$d(\boldsymbol{f}_j,\boldsymbol{y}_l) = \sqrt{\sum_{k=1}^{K}(f_{jk}-y_{lk})^2} \tag{2.5.21}$$

则断定 $\boldsymbol{f}_j$ 的对应码字为 $\boldsymbol{y}_i$。

向量量化的主要特点是：

1)压缩能力强。由于码书长度 J 一般远小于总的输入信号样本数，适当选取码书长度和码字维数，可以获得很大的压缩比。

2)码书控制着量化失真量的大小。向量量化中码书的码字越多，失真就越小。只要适当选取码字数量，就能将失真量控制在容许的范围内。因此，码书设计是向量量化的关键环节之一。

3)计算量大。向量量化每输入一个向量 $\boldsymbol{f}$，都要和 J 个码字逐一比较，搜索出最接近的 $\boldsymbol{y}_i$，所以工作量很大。因此，寻求一种合适的快速码书搜索算法是实现向量量化的第二个关键环节。

4)向量量化是定长码，容易处理。

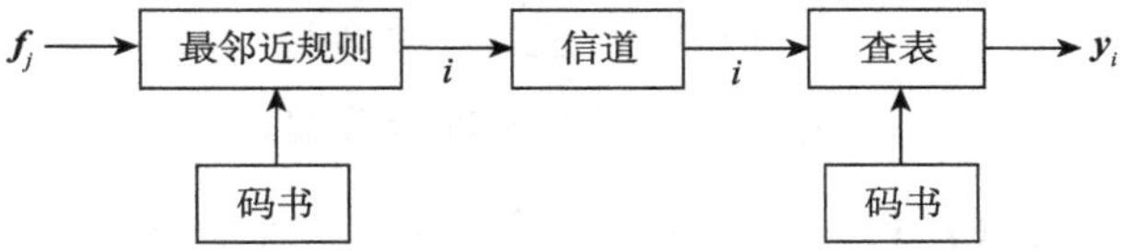

图 2.13　基本向量量化器框图

2. 码书设计

在向量量化中，码书设计相当于聚类分析。这既可以用统计模式识别中的聚类分析算法来实现，也可以用无教师神经网络学习算法来完成。

LBG 算法是 Linde、Buzo 和 Gray 将关于标量最优化的 M-L 算法推广到多维空间的结果，是一种设计向量量化器码书的算法。LBG 算法具有理论上严密、实施过程简便以及较好的设计效果等特点，从而得到了广泛的应用，并成为各种改进算法的基础。LBG 算法既适合于信源分布已知的场合，也可用于信源分布未知而仅知训练序列的场合。基于训练序列的 LBG 算法如下：

1)初始化：给定码书长度 J，失真控制门限 σ，初始码书 $Y_0=\{\boldsymbol{y}_1^0,\boldsymbol{y}_2^0,\cdots,\boldsymbol{y}_J^0\}$以及训练序列 $T_s=\{\boldsymbol{f}_1,\boldsymbol{f}_2,\cdots,\boldsymbol{f}_N\},N\gg J,m=0,D_0=\infty$。

2)给定 $Y_m=\{\boldsymbol{y}_1^m,\ \boldsymbol{y}_2^m,\ \cdots,\ \boldsymbol{y}_J^m\}$，求训练序列 T_s 的最小失真划分 $P(Y_m)$

$$P(Y_m) = \{S_1,S_2,\cdots,S_J\}$$

即如果有

$$d(\boldsymbol{f}_j,\boldsymbol{y}_i^m) = \min_{1\leqslant l\leqslant J}\{d(\boldsymbol{f}_j,\boldsymbol{y}_l^m)\} \tag{2.5.22}$$

则判定 $\boldsymbol{f}_j\in S_i$。其中 $d(\boldsymbol{f}_j,\ \boldsymbol{y}_l^m)$是两向量之间的欧氏距离。

3)计算平均失真

$$D_m = D\{Y_m, P(Y_m)\} = \frac{1}{N}\sum_{j=1}^{N} \min_{1\leqslant l\leqslant J}\{d(\boldsymbol{f}_j, \boldsymbol{y}_l^m)\} \tag{2.5.23}$$

如果

$$\frac{D_{m-1} - D_m}{D_m} \leqslant \sigma \tag{2.5.24}$$

则停止迭代，且 Y_m 即为所求码书；否则继续。

4)对划分 $P(Y_m)$ 求最佳恢复码字，

$$\hat{f}(P(Y_m)) = \{\hat{f}(S_i), i = 1,\cdots,J\} \tag{2.5.25}$$

$$\hat{f}(S_i) = \frac{1}{|S_i|}\sum_{\boldsymbol{f}_j \in S_i} \boldsymbol{f}_j \tag{2.5.26}$$

其中 $|S_i|$ 是 S_i 中元素个数。

5)令 $Y_{m+1} = \hat{f}(P(Y_m))$，$m=m+1$，转步骤 2。

3. 码书搜索

向量量化对图像压缩非常有效，但是为了获得码书中与向量最匹配的码字，必须对码书进行穷尽搜索，这意味着每个码字都要与输入向量计算欧氏距离。当码书长度较大时，计算负担将很重。因而需要设计一种快速算法以降低计算量。

输入向量 $\boldsymbol{f}=(f_1, f_2, \cdots, f_K)\in R^K$ 和码字 $\boldsymbol{y}=(y_1, y_2, \cdots, y_K)\in R^K$ 之间的失真值为

$$d^2(\boldsymbol{f}, \boldsymbol{y}) = \sum_{i=1}^{K}(f_i - y_i)^2 \tag{2.5.27}$$

其计算量为 K 次乘法和 $(2K-1)$ 次加法。对上式进行分解，得

$$\begin{aligned} d^2(\boldsymbol{f}, \boldsymbol{y}) &= \sum_{i=1}^{K}(f_i)^2 + \sum_{i=1}^{K}(y_i)^2 - 2\sum_{i=1}^{K} f_i y_i \\ &= \|\boldsymbol{f}\|^2 + \|\boldsymbol{y}\|^2 - 2\sum_{i=1}^{K} f_i y_i \end{aligned} \tag{2.5.28}$$

其中：

- $\|\boldsymbol{y}\|^2$ 的值可以预先计算并存储之，以备每次计算 $d^2(\boldsymbol{f}, \boldsymbol{y})$ 时调用。
- $\|\boldsymbol{f}\|^2$ 只由输入向量决定，在 $\boldsymbol{f}$ 给定的情况下相当于一个常数，并不影响最近码字的选择，因而没有必要计算。
- $\sum_{i=1}^{K} f_i y_i$ 由输入向量和码字共同决定，无法提前计算。但是，如果输入向量和码字的所有分量均为正，显然有

$$\sum_{i=1}^{K} f_i y_i \leqslant f_{\max}\sum_{i=1}^{K} y_i \tag{2.5.29}$$

$$f_{\max} = \max\{f_1, f_2, \cdots, f_K\} \tag{2.5.30}$$

不妨定义

$$d_1(\boldsymbol{f}, \boldsymbol{y}) = \|\boldsymbol{f}\|^2 + \|\boldsymbol{y}\|^2 - 2f_{\max}\sum_{i=1}^{K} y_i \tag{2.5.31}$$

则满足

$$d_1(\boldsymbol{f}, \boldsymbol{y}) \leqslant d^2(\boldsymbol{f}, \boldsymbol{y}) \tag{2.5.32}$$

因此，就可以用最小化 $d_1(\boldsymbol{f}, \boldsymbol{y})$ 来代替最小化 $d^2(\boldsymbol{f}, \boldsymbol{y})$ 作为输入向量与码字的匹配准

则。此时，只要将 $\|\boldsymbol{y}\|^2$ 和 $2\sum_{i=1}^{K} y_i$ 的计算结果预先保存起来，则 $d_1(\boldsymbol{f},\boldsymbol{y})$ 的计算只需要一次乘法和二次加法即可，从而大大加快了码书搜索速度，减少码书搜索时间。

如果输入向量 $\boldsymbol{f}$ 和码字 $\boldsymbol{y}$ 中含有负的分量，则可以对其所有分量加上一个正的偏移量 $p>0$，即

$$f_i' = f_i + p \quad i = 1,\cdots,K \tag{2.5.33}$$

$$y_i' = y_i + p \quad i = 1,\cdots,K \tag{2.5.34}$$

从而使得新的向量 $\boldsymbol{f}'$ 和码书 $\boldsymbol{y}'$ 的所有分量非负，而修正后的输入向量 $\boldsymbol{f}'$ 和码字 $\boldsymbol{y}'$ 之间的失真保持不变，即

$$d_1(\boldsymbol{f}',\boldsymbol{y}') = d_1(\boldsymbol{f},\boldsymbol{y}) \tag{2.5.35}$$

接下来，就可以用最小化 $d_1(\boldsymbol{f}',\boldsymbol{y}')$ 准则和上述方法对码书进行快速搜索了。

2.6 数字图像中的基本概念

2.6.1 数字图像的表示

由图 2.1 知，一幅图像 $f(x,y)$ 经过采样与量化处理就成为一幅数字图像 $g_d(x,y)$ 了。为了表达方便，以下乃至后续章节中，我们仍然用 $f(x,y)$ 来表示数字图像。假设采样后的图像有 M 行 N 列，此时，我们就可以用 $M\times N$ 阶矩阵来表示一幅数字图像了，即

$$\begin{bmatrix} f(0,0) & f(0,1) & \cdots & f(0,N-1) \\ f(1,0) & f(1,1) & \cdots & f(1,N-1) \\ \vdots & \vdots & \ddots & \vdots \\ f(M-1,0) & f(M-1,1) & \cdots & f(M-1,N-1) \end{bmatrix} \tag{2.6.1}$$

其中：

- M 和 N 为正整数。
- 矩阵中的每个元素称为图像单元，又称为图像元素，或简称像素。坐标(x, y)处的值 $f(x, y)$ 为离散的灰度级值，即

$$0 \leqslant f(x,y) \leqslant L-1 \tag{2.6.2}$$

这里，L 为数字图像中每个像素所具有的离散灰度级数，即图像中不同灰度值的个数。数字图像处理中一般将其取为 2 的整数次幂，即

$$L = 2^k \tag{2.6.3}$$

假设离散灰度级是均匀分布在区间$[0, L-1]$内，则存储一幅数字图像需要的比特数为

$$b = M \times N \times k \tag{2.6.4}$$

Matlab 图像处理工具箱中有五种类型的数字图像。

(1)二值图像

在一幅二值图像中，每一个像素将取两个离散数值(0 或 1)中的一个。二值图像使用 uint8 或双精度类型的数组来存储。

(2)索引图像

索引图像是一种把像素直接作为 RGB 调色板下标的图像。在 Matlab 中，索引图像包含一个数据矩阵 $\boldsymbol{X}$ 和一个颜色映射(调色板)矩阵 map。数据矩阵 $\boldsymbol{X}$ 可以是 unit8、unit16 或双精度类型的。颜色映射矩阵 map 是一个 $m\times 3$ 的数据阵列，其中每个元素的值均为[0, 1]之间的双精度浮点型数据，map 矩阵中的每一行分别表示红色、绿色和蓝色的颜色

值。索引图像可把像素的值直接映射为调色板数值，每个像素的颜色通过使用 **X** 的像素值作为 map 的下标来获得，如值 1 指向 map 的第一行，值 2 指向第二行，以此类推。

(3)灰度图像

灰度图像通常由一个 unit8、unit16 或双精度类型的数组来描述，其实质是一个数据矩阵 ***I***，如式(2.6.1)。该矩阵中的数据均代表了在一定范围内的灰度级，每一个元素对应于图像的一个像素点，通常 0 代表黑色，1、255 或 65535(针对不同的存储类型)代表白色。

(4)多帧图像

多帧图像是一种包含多幅图像或帧的图像文件，又称为多页图像或图像序列，主要用于需要对时间或场景上相关图像集合进行操作的场合。例如，磁谐振图像切片或电影帧等。在 Matlab 中，它是一个四维数组，其中第四维用来指定帧的序号。

(5)RGB 图像

RGB 图像又称为真彩图像，它是利用 R、G、B 三个分量表示一个像素的颜色，R、G、B 分别代表红、绿、蓝三种不同的基本颜色，通过三基色可以合成出任意颜色。所以对一个尺寸为 $M \times N$ 的真彩图像来说，在 Matlab 中则存储为一个 $M \times N \times 3$ 的多维数据矩阵。RGB 图像不使用调色板，每一个像素的颜色直接由存储在相应位置的红、绿、蓝颜色分量的组合来确定。每个像素的三个颜色分量都存储在矩阵的第三维中，如坐标(16，36)处的红、绿、蓝颜色值分别保存在元素(16，36，2)、(16，36，4)和(16，36，6)中。

基于某些图像处理的需要，Matlab 提供了如下图像类型转换函数：

```
[X,map]=gray2ind(I,n)          % 按指定的灰度级数 n 将灰度图像转换成索引图像
I=ind2 gray(X,map)             % 将索引图像转换成灰度图像 I
I=rgb2gray(RGB)                % 将真彩图像 RGB 转换成灰度图像 I
[X,map]=rgb2ind(RGB)           % 直接将真彩图像 RGB 转换成索引图像
RGB=ind2 rgb(X,map)            % 将索引图像转换成真彩图像 RGB
```

Matlab 提供的图像读、写、显示函数：

```
I=imread('image1.jpg')         % 将图像 image1.jpg 读入数组 I 中
imview(I)                      % 查看图像 I
imshow(I)                      % 显示图像 I
imwrite(I,'image1copy.jpg')    % 将图像 I 以文件名 image1copy.jpg 保存起来
```

2.6.2　空间与灰度级分辨率

图像的空间分辨率和灰度级分辨率是数字图像的两个重要指标。空间分辨率是图像中可辨别的最小细节，2.4 节讨论的采样间隔是决定图像空间分辨率的主要参数。而灰度级分辨率是指在灰度级别中可分辨的最小变化。当没有必要对涉及像素的物理分辨率进行实际度量以及在原始场景中分析细节等级时，通常就把大小为 $M \times N$、灰度为 L 级的数字图像称为空间分辨率为 $M \times N$、灰度级分辨率为 L 级的数字图像。

例 2.3　图像空间分辨率变化的典型效果。

图 2.14 给出一组空间分辨率变化所产生的效果图。其中图 2.14a 为一幅 256×256、256 级灰度的原图像，其余各图依次为保持灰度级数不变而将原图空间分辨率在横竖两个方向逐次减半所得到的结果，即空间分辨率分别是 128×128、64×64、32×32 的图像。由图可见，随着图像空间分辨率的降低，图中各区域边缘处的棋盘模式越来越明显，并且全图的像素颗粒变得越来越粗。例如图 2.14c 中出现了相当明显的棋盘模式；而图 2.14d 已无法辨认人脸了。

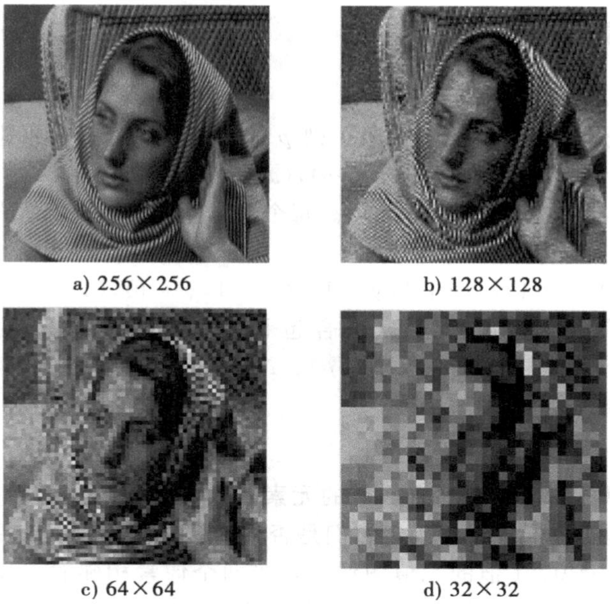

图 2.14　图像空间分辨率变化的典型效果

例 2.4　图像灰度级分辨率变化的典型效果。

图 2.15 给出一组灰度分辨率变化所产生的效果图。原图是一幅 256×256、256 级灰度的图像，如图 2.14a 所示。保持空间分辨率不变，将灰度级分辨率由 256 级依次减小到 16、8、4 和 2 级的效果分别如图 2.15a、b、c 和 d 中。由图可见，a 与原图基本相似，b 开始出现虚假轮廓，c 这种现象已经相当明显，而 d 则具有木刻画的效果了。

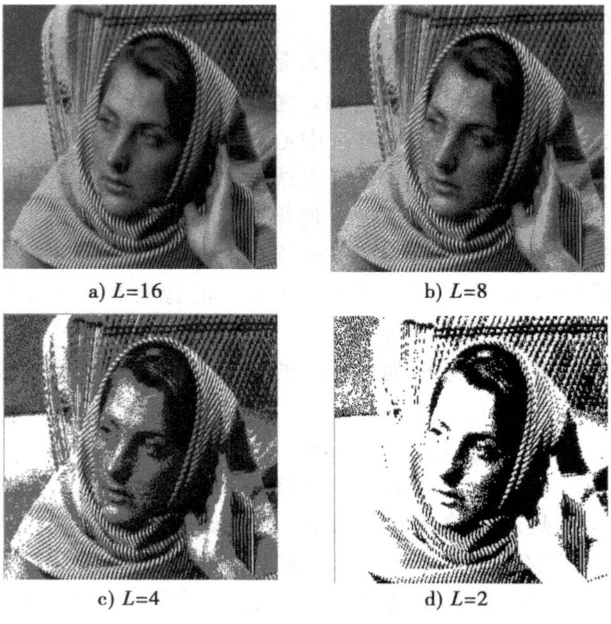

图 2.15　图像灰度分辨率变化的典型效果

2.6.3 像素间的基本关系

1. 邻域

设 p 为位于坐标 (x,y) 处的一个像素，则 p 的 4 个水平和垂直相邻像素的坐标为：

$$(x+1,y),\ (x-1,y),(x,y+1),(x,y-1)$$

上述像素组成 p 的 4 邻域，用 $N_4(p)$ 表示。每个像素距 (x,y) 一个单位距离。

像素 p 的 4 个对角邻像素的坐标为：

$$(x+1,y+1),\ (x+1,y-1),(x-1,y+1),(x-1,y-1)$$

该像素集用 $N_D(p)$ 表示。$N_D(p)$ 与 $N_4(p)$ 合起来称为 p 的 8 邻域，用 $N_8(p)$ 表示。需要说明的是当 (x,y) 位于图像的边界时，$N_4(p)$、$N_D(p)$ 和 $N_8(p)$ 中的某些点位于数字图像的外部。

2. 连通性

在建立图像中目标的边界和确定区域的元素时，像素间的连通性是一个重要的概念。为了确定两个像素是否连通，必须确定它们是否相邻及它们的灰度值是否满足特定的相似性准则。例如，在具有 0、1 值的二值图像中，当两个像素相邻时，还必须具有同一灰度值时才能说它们是连通的，此时的相似性准则就是同一灰度值。

令 V 是用于定义连接性的灰度值集合。例如，在二值图像中，如果把具有 1 值的像素归入连接，则 $V=\{1\}$；在灰度图像中，如果考虑具有灰度值为 32～48 之间像素的连通性，则 $V=\{32,\ 33,\ \cdots,\ 47,\ 48\}$。考虑三种类型的连接：

1)4 连接：两个像素 p 和 r 在 V 中取值，且 r 在 $N_4(p)$ 中，则它们为 4 连接。

2)8 连接：两个像素 p 和 r 在 V 中取值，且 r 在 $N_8(p)$ 中，则它们为 8 连接。

3)m 连接(混合连接)：两个像素 p 和 r 在 V 中取值，且满足下列条件之一，则它们为 m 连接：①r 在 $N_4(p)$ 中；②r 在 $N_D(p)$ 中且 $N_4(p)\cap N_4(r)$ 是空集，该集合是由 p 和 r 的在 V 中取值的 4 近邻像素组成。

混合连接是 8 连接的一种变型。它的引入是为了消除采用 8 连接常常发生的二义性。例如，考虑图 2.16a 所示的像素排列，当 $V=\{1\}$ 时，中心像素的 8 近邻像素间的连接由图 2.16b 中的连线所示。请注意，由于 8 连接所产生的二义性，使得中心像素和右上角像素间有两条连线。当用 m 连接时，这种二义性就消除了，如图 2.16c 所示，因为中心像素和右上角像素之间直接的 m 连接不成立，即 m 连接的两个条件均不满足。

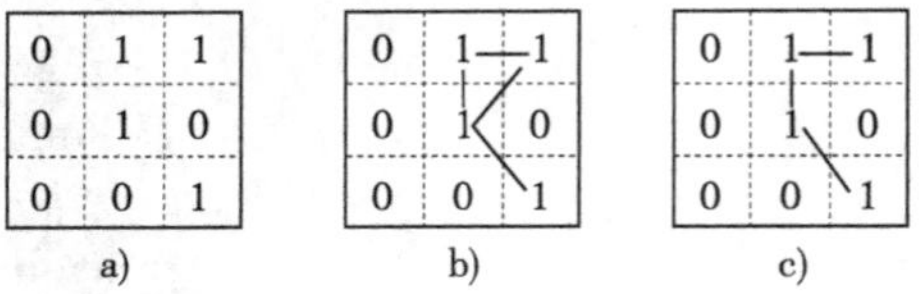

图 2.16 像素间的连接

从坐标为 (x,y) 的像素 p 到坐标为 $(s,\ t)$ 的像素 q 的通路(或曲线)是特定像素序列，其坐标为

$$(x_0,y_0),\ (x_1,y_1),\cdots,\ (x_n,y_n)$$

这里，$(x_0,y_0)=(x,y)$，$(x_n,y_n)=(s,t)$，并且像素 (x_i,y_j) 和 $(x_{i-1},y_{i-1})(1\leqslant i\leqslant n)$ 是连接的。在这种情况下，n 是通路的长度。如果 $(x_0,y_0)=(x_n,y_n)$，则通路是闭合通路。可以依据所用的连接类型定义 4、8 或 m 通路。例如，图 2.16b 所示的东北角和东南角之间的通路是 8 通路，而图 2.16c 所示的通路是 m 通路。同样，m 通路不存在二义性。

令 S_1 和 S_2 分别代表一幅图像中的两个图像子集，如果 S_1 中的某些像素与 S_2 中的某些像素连接，则两个图像子集是相连接的。

设 p 和 q 是一个图像子集 S 中的两个像素，那么如果存在一条完全由在 S 中的像素组成的从 p 到 q 的通路，那么就称 p 在 S 中与 q 相连通。对于 S 中的任何像素 p，S 中连通到该像素的像素集叫做 S 的连通分量。如果 S 只有一个连通分量，则集合 S 叫做连通集。

3. 距离

给定三个像素 p、q、r，其坐标分别为 (x,y)、(s,t)、(u,v)，如果

1) $D(p,q)\geqslant 0$（$D(p,q)=0$ 当且仅当 $p=q$）

2) $D(p,q)=D(q,p)$

3) $D(p,r)\leqslant D(p,q)+D(q,r)$

则 D 是距离函数或度量。

p 和 q 之间的欧氏距离定义为：

$$D_e(p,q)=[(x-s)^2+(y-t)^2]^{1/2} \tag{2.6.5}$$

根据这个距离度量，与点 (x,y) 的距离小于或等于某一值 d 的像素组成以 (x,y) 为中心、以 d 为半径的圆。

p 和 q 之间的 D_4 距离（也叫城市街区距离）定义为：

$$D_4(p,q)=|x-s|+|y-t| \tag{2.6.6}$$

根据这个距离度量，与点 (x,y) 的 D_4 距离小于或等于某一值 d 的像素组成以 (x,y) 为中心的菱形。如图 2.17a 所示。

p 和 q 之间的 D_8 距离（也叫棋盘距离）定义为：

$$D_8(p,q)=\max(|x-s|,|y-t|) \tag{2.6.7}$$

根据这个距离度量，与点 (x,y) 的 D_8 距离小于或等于某一值 d 的像素组成以 (x,y) 为中心的方形。如图 2.17b 所示。

		2		
	2	1	2	
2	1	0	1	2
	2	1	2	
		2		

a) d=2的D_4距离

2	2	2	2	2
2	1	1	1	2
2	1	0	1	2
2	1	1	1	2
2	2	2	2	2

b) d=2的D_8距离

图 2.17 等距离轮廓示例

必须指出，p 和 q 之间的 D_4 和 D_8 距离与任何通路无关。然而，对于 m 连通，两点之间的 D_m 距离（通路的长度）将依赖于沿通路的像素以及它们近邻像素的值。

例 2.5 m 连通情况下像素间距离计算示例。

图 2.18a 为某个子图像，其中像素 p 和 q 的值均为 1，如果 $s=0$，$t=0$，则 $D_m(p,q)=2$，见图 2.18b；如果 $s=0$，$t=1$，则 $D_m(p,q)=3$，见图 2.18c；$s=1$，$t=0$，则 $D_m(p,q)=3$，见图 2.18d；$s=1$，$t=1$，则 $D_m(p,q)=4$，见图 2.18e。

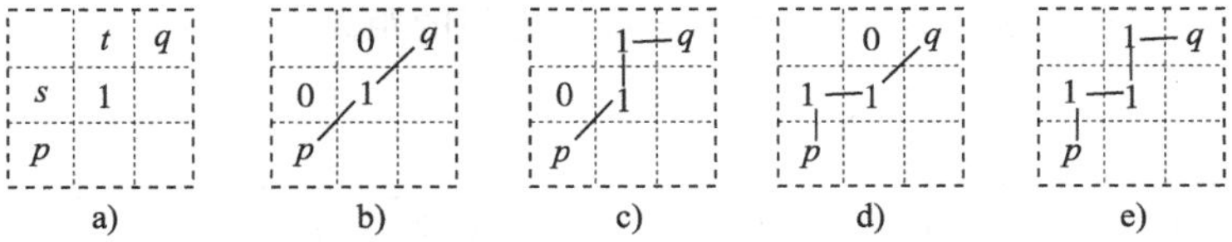

图 2.18 m 连通时像素间距离计算示例

小结

连续图像的特征既可以用确定的图像函数来表示，也可以用图像的统计参量（如联合概率密度、平均值、方差、自相关、自协方差等）来表示。对于确定的图像函数，还可以用图像的傅里叶变换，即图像的频谱（包括幅度谱和相位谱）来表示。

采样和量化是实现连续图像向数字图像转变的两个重要环节。离散图像是连续图像经过采样环节获得的。只要满足采样定理，就可以由离散图像无失真地重建原连续图像。离散图像再经过量化处理就变成了可以由计算机直接处理的数字图像了。量化器的设计需要综合考虑量化误差、量化效率与压缩能力等。标量量化、压扩量化和向量量化是目前常用的图像量化方法，它们各有所长，需要根据实际需要加以选用。

本章最后一节介绍的数字图像的基本概念是本书后续章节讨论的基础。

习题

2.1 试述图像采集系统的结构及其各部件的功能。

2.2 连续图像随机过程可以用哪些数字特征来描述？

2.3 某连续图像的幅度频谱为

$$|F(u,v)| = \begin{cases} 0 & D_1(u,v) \leqslant D_0, D_2(u,v) \leqslant D_0 \\ 1 & \text{其他} \end{cases}$$

$$D_1(u,v) = [(u-40)^2 + v^2]^{1/2}$$

$$D_2(u,v) = [(u+40)^2 + v^2]^{1/2}$$

试用 Matlab 绘出该图像幅度频谱的三维透视图。

2.4 为什么说只要满足采样定理，就可以由离散图像无失真地重建原连续图像？

2.5 与标量量化相比，向量量化有哪些优势？

2.6 码书设计与码书搜索是向量量化的重要环节，试画出码书设计与码书搜索的程序流程图。

2.7 Matlab 图像处理工具箱提供了哪几种类型的数字图像？它们之间是否可以转换？如果可以，如何转换？请你选择一幅数字图像进行转换实验。

2.8 数字图像的空间分辨率与采样间隔有什么联系？

2.9 两个图像子集 S_1 和 S_2 如图 2.19 所示，对于 $V=\{1\}$，确定它们是 4 连接、8 连接，还是 m 连接。

2.10 考虑图 2.20 所示的图像子集：

(1) 令 $V=\{0,1\}$，计算 p 与 q 之间的 4 通路、8 通路和 m 通路的长度；

(2) 令 $V=\{1,2\}$，重复上述计算。

2.11 考虑图 2.21 所示的图像子集，其中像素 p 和 q 的值均为 1，令 $V=\{1, 2\}$，分别计算 4 连通、8 连通和 m 连通时像素 p 和 q 之间的距离。

	S_1				S_2				
0	0	0	0	0	0	0	1	1	0
1	0	0	1	0	0	1	0	0	1
1	0	0	1	0	1	1	0	0	0
0	0	1	1	1	0	0	0	0	0
0	0	1	1	1	0	0	1	1	1

图 2.19

	3	1	2	1	q
	2	2	0	2	
	1	2	1	1	
p	1	0	1	2	

图 2.20

3	1	2	q
2	2	0	2
1	2	1	1
p	0	1	2

图 2.21

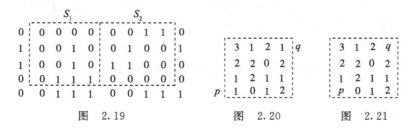

CHAPTER 3

第 3 章 图像变换

3.1 概述

第 2 章介绍了数字图像的空间域表示法，即将数字图像用一个矩阵来表示。与连续情况类似，数字图像的另一种重要表示方法就是变换域表示法。由于数字图像处理方法主要分为空间域处理法(或称空域法)和频域法(或称变换域法)。在变换域法处理中，首先就是对图像进行变换处理，将图像的特征在变换域中表现出来，接下来就在变换域中对图像进行各种相关处理，特别是利用空域法无法完成的一些特殊处理。因此，图像的变换域表示法具有相当重要的地位。

本章重点介绍离散傅里叶变换，包括一维离散傅里叶变换(DFT)、一维快速傅里叶变换(FFT)、二维离散傅里叶变换、二维快速傅里叶变换。同时简要介绍其他常用变换，如离散余弦变换、沃尔什变换和哈达玛变换、霍特林变换、Randon(拉东)变换等，而另一种重要的正交变换——小波变换则在第 7 章中专门介绍。

3.2 一维离散傅里叶变换

3.2.1 离散傅里叶变换

对于有限长序列 $f(x)(x=0,1,\cdots,N-1)$，定义一维离散傅里叶变换对如下：

$$F(u)=\mathrm{DFT}[f(x)]=\sum_{x=0}^{N-1}f(x)W^{ux} \tag{3.2.1}$$

$$u=0,1,\cdots,N-1$$

$$f(x)=\mathrm{IDFT}[F(u)]=\frac{1}{N}\sum_{u=0}^{N-1}F(u)W^{-ux} \tag{3.2.2}$$

$$x=0,1,\cdots,N-1$$

其中 $W=\mathrm{e}^{-\mathrm{j}\frac{2\pi}{N}}$，称为变换核。由式(3.2.1)和式(3.2.2)可见，给定序列 $f(n)$，可以求出其傅里叶谱 $F(u)$；反之由傅里叶谱 $F(u)$也可以求出 $f(x)$。离散傅里叶变换对可以简记为：

$$f(x)\leftrightarrow F(u) \tag{3.2.3}$$

离散傅里叶变换的矩阵形式为

$$\begin{bmatrix}F(0)\\F(1)\\\vdots\\F(N-1)\end{bmatrix}=\begin{bmatrix}W^0 & W^0 & W^0 & \cdots & W^0\\W^0 & W^{1\times1} & W^{2\times1} & \cdots & W^{(N-1)\times1}\\\vdots & \vdots & \vdots & \vdots & \vdots\\W^0 & W^{1\times(N-1)} & W^{2\times(N-1)} & \cdots & W^{(N-1)\times(N-1)}\end{bmatrix}\begin{bmatrix}f(0)\\f(1)\\\vdots\\f(N-1)\end{bmatrix} \tag{3.2.4}$$

$$\begin{bmatrix} f(0) \\ f(1) \\ \vdots \\ f(N-1) \end{bmatrix} = \frac{1}{N}\begin{bmatrix} W^0 & W^0 & W^0 & \cdots & W^0 \\ W^0 & W^{-1\times 1} & W^{-2\times 1} & \cdots & W^{-1\times(N-1)} \\ \vdots & \vdots & \vdots & \vdots & \vdots \\ W^0 & W^{-(N-1)\times 1} & W^{-(N-1)\times 2} & \cdots & W^{-(N-1)\times(N-1)} \end{bmatrix}\begin{bmatrix} F(0) \\ F(1) \\ \vdots \\ F(N-1) \end{bmatrix} \tag{3.2.5}$$

例 3.1 求图 3.1a 所示序列的离散傅里叶变换。

$$f(x)=\begin{cases}1 & 0\leqslant x\leqslant N-1 \\ 0 & 其他\end{cases}$$

$$F(u)=\mathrm{DFT}[f(x)]=\sum_{x=0}^{N-1}f(x)W^{ux}=\sum_{x=0}^{N-1}(\mathrm{e}^{-\mathrm{j}\frac{2\pi}{N}u})^x$$

$$=\begin{cases}N & \mathrm{e}^{-\mathrm{j}\frac{2\pi}{N}u}=1 \\ \dfrac{1-\mathrm{e}^{-\mathrm{j}\frac{2\pi}{N}uN}}{1-\mathrm{e}^{-\mathrm{j}\frac{2\pi}{N}u}} & 其他\end{cases}=\begin{cases}N & u=0 \\ 0 & u\neq 0\end{cases}$$

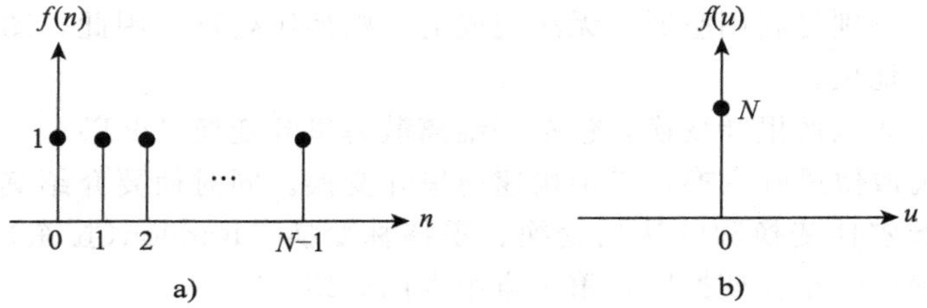

图 3.1 例 3.1 的序列及其离散傅里叶变换

3.2.2 离散傅里叶变换的性质

离散傅里叶变换具有如下主要性质：

(1)线性

如果 $f_1(x)\leftrightarrow F_1(u)$，$f_2(x)\leftrightarrow F_2(u)$

则

$$af_1(x)+bf_2(x)\leftrightarrow aF_1(u)+bF_2(u) \tag{3.2.6}$$

(2)对称性

如果 $f(x)\leftrightarrow F(u)$

则

$$\frac{1}{N}F(x)\leftrightarrow f(-u) \tag{3.2.7}$$

(3)时移性

如果 $f(x)\leftrightarrow F(u)$

则

$$f(x-m)\leftrightarrow F(u)W^{um} \tag{3.2.8}$$

(4)频移性

如果 $f(x)\leftrightarrow F(u)$

则

$$f(x)W^{-kx}\leftrightarrow F(u-k) \tag{3.2.9}$$

(5)卷积定理

如果 $$f(x) \leftrightarrow F(u),\quad g(x) \leftrightarrow G(u)$$

则

$$f(x) * g(x) \leftrightarrow F(u)G(u) \tag{3.2.10}$$

证 由卷积定义，有

$$f(x) * g(x) = \sum_{h=0}^{N-1} f(h)g(x-h)$$

对 $f(x) * g(x)$取离散傅里叶变换，

$$\begin{aligned} \mathrm{DFT}[f(x) * g(x)] &= \sum_{x=0}^{N-1}[f(x) * g(x)]W^{ux} = \sum_{x=0}^{N-1}[\sum_{h=0}^{N-1} f(h)g(x-h)]W^{ux} \\ &= \sum_{h=0}^{N-1} f(h)\Big[\sum_{x=0}^{N-1} g(x-h)W^{ux}\Big] = \sum_{h=0}^{N-1} f(h)[G(u)W^{uh}] \\ &= \Big[\sum_{h=0}^{N-1} f(h)W^{uh}\Big]G(u) = F(u)G(u) \end{aligned}$$

(6)相关定理

如果 $$f(x) \leftrightarrow F(u),\quad g(x) \leftrightarrow G(u)$$

则

$$f(x) \circ g(x) \leftrightarrow F^*(u)G(u) \tag{3.2.11}$$

证 由相关定义，有

$$f(x) \circ g(x) = \sum_{h=0}^{N-1} f(h)g(x+h)$$

对 $f(x) \circ g(x)$取离散傅里叶变换，

$$\begin{aligned} \mathrm{DFT}[f(x) \circ g(x)] &= \sum_{x=0}^{N-1}[f(x) \circ g(x)]W^{ux} = \sum_{x=0}^{N-1}\Big[\sum_{h=0}^{N-1} f(h)g(x+h)\Big]W^{ux} \\ &= \sum_{h=0}^{N-1} f(h)\Big[\sum_{x=0}^{N-1} g(x+h)W^{ux}\Big] = \sum_{h=0}^{N-1} f(h)[G(u)W^{-uh}] \\ &= \Big[\sum_{h=0}^{N-1} f(h)W^{-uh}\Big]G(u) = \Big[\sum_{h=0}^{N-1} f(h)W^{uh}\Big]^* G(u) = F^*(u)G(u) \end{aligned}$$

(7)帕斯瓦尔定理

如果 $$f(x) \leftrightarrow F(u)$$

则

$$\sum_{x=0}^{N-1} f^2(x) = \frac{1}{N}\sum_{u=0}^{N-1} |F(u)|^2 \tag{3.2.12}$$

证 由相关定理，有

$$f(x) \circ f(x) \leftrightarrow F^*(u)F(u) = |F(u)|^2$$

$$f(x) \circ f(x) = \sum_{h=0}^{N-1} f(h)f(x+h)$$

$$\mathrm{IDFT}[|F(u)|^2] = \frac{1}{N}\sum_{u=0}^{N-1} |F(u)|^2 W^{ux}$$

令 $x=0$，得 $\sum_{h=0}^{N-1} f^2(h) = \frac{1}{N}\sum_{u=0}^{N-1} |F(u)|^2$。

3.3 一维快速傅里叶变换

3.3.1 一维快速傅里叶变换的基本思想

引入矩阵记号，将式(3.2.4)改写为

$$\begin{pmatrix} F(0) \\ F(1) \\ \vdots \\ F(N-1) \end{pmatrix} = \boldsymbol{W}^{ux} \begin{pmatrix} f(0) \\ f(1) \\ \vdots \\ f(N-1) \end{pmatrix} \tag{3.3.1}$$

其中 $\boldsymbol{W}^{ux}$ 为变换矩阵，考查矩阵元素：

1) $W^0 = W^{lN} = 1$，$W^{\frac{N}{2}} = -1$，此时不必乘。

2) 周期性：

$$W^{(u \pm lN)} = W^u \tag{3.3.2}$$

3) 对称性：

$$W^{\left(xu \pm \frac{N}{2}\right)} = -W^{xu} \tag{3.3.3}$$

例如 $N=4$ 时，其变换矩阵的简化过程如下：

$$\begin{pmatrix} W^0 & W^0 & W^0 & W^0 \\ W^0 & W^1 & W^2 & W^3 \\ W^0 & W^2 & W^4 & W^6 \\ W^0 & W^3 & W^6 & W^9 \end{pmatrix} = \begin{pmatrix} 1 & 1 & 1 & 1 \\ 1 & W^1 & W^2 & W^3 \\ 1 & W^2 & 1 & W^2 \\ 1 & W^3 & W^2 & W^1 \end{pmatrix} = \begin{pmatrix} 1 & 1 & 1 & 1 \\ 1 & W^1 & -1 & -W^1 \\ 1 & -1 & 1 & -1 \\ 1 & -W^1 & -1 & W^1 \end{pmatrix}$$

其中第一步是运用性质1)和性质2)后简化的结果，第二步是运用性质3)后的简化结果。

可见，利用矩阵元素的周期性与对称性之后，变换矩阵中许多元素相同。换言之，变换矩阵与输入信号相乘过程中存在着不必要的重复计算。因此，改进DFT的关键是：利用变换矩阵元素的周期性与对称性，合理安排(即避免)重复出现的相乘运算，就能显著减少计算工作量。

令 $N=2^n$，下面以 $N=4(n=2)$ 和 $N=8(n=3)$ 时的离散傅里叶变换为例来说明FFT的基本思想。$N=4(n=2)$ 时的傅里叶变换为

$$\begin{pmatrix} F(0) \\ F(1) \\ F(2) \\ F(3) \end{pmatrix} = \begin{pmatrix} W^0 & W^0 & W^0 & W^0 \\ W^0 & W^1 & W^2 & W^3 \\ W^0 & W^2 & W^4 & W^6 \\ W^0 & W^3 & W^6 & W^9 \end{pmatrix} \begin{pmatrix} f(0) \\ f(1) \\ f(2) \\ f(3) \end{pmatrix}$$

首先重新安排计算次序，再利用周期性与对称性简化 $\boldsymbol{W}^{ux}$，并将其分解成 $n=2$ 个矩阵，使每个矩阵中每一行只有两个元素不为0，得

$$\begin{pmatrix} F(0) \\ F(2) \\ F(1) \\ F(3) \end{pmatrix} = \begin{pmatrix} W^0 & W^0 & W^0 & W^0 \\ W^0 & W^2 & W^4 & W^6 \\ W^0 & W^1 & W^2 & W^3 \\ W^0 & W^3 & W^6 & W^9 \end{pmatrix} \begin{pmatrix} f(0) \\ f(1) \\ f(2) \\ f(3) \end{pmatrix}$$

$$= \begin{pmatrix} 1 & W^0 & W^0 & W^0 \\ 1 & W^2 & W^0 & W^2 \\ 1 & W^1 & W^2 & W^3 \\ 1 & W^3 & W^2 & W^5 \end{pmatrix} \begin{pmatrix} f(0) \\ f(1) \\ f(2) \\ f(3) \end{pmatrix}$$

$$=\begin{pmatrix}1 & W^0 & 0 & 0\\ 1 & W^2 & 0 & 0\\ 0 & 0 & 1 & W^1\\ 0 & 0 & 1 & W^3\end{pmatrix}\begin{pmatrix}1 & 0 & W^0 & 0\\ 0 & 1 & 0 & W^0\\ 1 & 0 & W^2 & 0\\ 0 & 1 & 0 & W^2\end{pmatrix}\begin{pmatrix}f(0)\\ f(1)\\ f(2)\\ f(3)\end{pmatrix}$$

$$=\boldsymbol{W}_2\boldsymbol{W}_1\boldsymbol{f}=\boldsymbol{W}_2\boldsymbol{f}_1=\boldsymbol{f}_2$$

其中：

$$\boldsymbol{f}_1=\boldsymbol{W}_1\boldsymbol{f}=\begin{pmatrix}f_1(0)\\ f_1(1)\\ f_1(2)\\ f_1(3)\end{pmatrix}=\begin{pmatrix}f(0)+f(2)W^0\\ f(1)+f(3)W^0\\ f(0)+f(2)W^2\\ f(1)+f(3)W^2\end{pmatrix}=\begin{pmatrix}f(0)+f(2)W^0\\ f(1)+f(3)W^0\\ f(0)-f(2)W^0\\ f(1)-f(3)W^0\end{pmatrix}$$

需要 2 次乘法运算、4 次加法运算；

$$\boldsymbol{f}_2=\begin{pmatrix}F(0)\\ F(2)\\ F(1)\\ F(3)\end{pmatrix}=\begin{pmatrix}f_2(0)\\ f_2(1)\\ f_2(2)\\ f_2(3)\end{pmatrix}=\boldsymbol{W}_2\boldsymbol{f}_1\begin{pmatrix}f_1(0)+f_1(1)W^0\\ f_1(0)-f_1(1)W^0\\ f_1(2)+f_1(3)W^1\\ f_1(2)-f_1(3)W^1\end{pmatrix}$$

需要 2 次乘法运算、4 次加法运算。一共需要 4 次乘法运算、8 次加法运算，而 DFT 需要 16 次乘法运算、12 次加法运算。

$N=8(n=3)$时的傅里叶变换在重新安排计算次序并将 $\boldsymbol{W}^{ux}$ 分解成 $n=3$ 个矩阵(注意每个矩阵中每一行只有两个元素不为 0)后的计算式如下：

$$\boldsymbol{F}=\boldsymbol{W}_3\boldsymbol{W}_2\boldsymbol{W}_1\boldsymbol{f}=\boldsymbol{W}_3\boldsymbol{W}_2\boldsymbol{f}_1=\boldsymbol{W}_3\boldsymbol{f}_2=\boldsymbol{f}_3$$

其中：

$$\boldsymbol{F}=(F(0)\quad F(4)\quad F(2)\quad F(6)\quad F(1)\quad F(5)\quad F(3)\quad F(7))^{\mathrm{T}}$$

$$\boldsymbol{f}_3=(f_3(0)\quad f_3(1)\quad f_3(2)\quad f_3(3)\quad f_3(4)\quad f_3(5)\quad f_3(6)\quad f_3(7))^{\mathrm{T}}$$

$$\boldsymbol{f}_1=\boldsymbol{W}_1\boldsymbol{f}\quad \boldsymbol{f}_2=\boldsymbol{W}_2\boldsymbol{f}_1\quad \boldsymbol{f}_3=\boldsymbol{F}$$

$$\boldsymbol{W}_1=\begin{pmatrix}1 & & & & W^0 & & & \\ & 1 & & & & W^0 & & \\ & & 1 & & & & W^0 & \\ & & & 1 & & & & W^0\\ 1 & & & & W^4 & & & \\ & 1 & & & & W^4 & & \\ & & 1 & & & & W^4 & \\ & & & 1 & & & & W^4\end{pmatrix}$$

$$\boldsymbol{W}_2=\begin{pmatrix}1 & 0 & W^0 & 0 & & & & \\ 0 & 1 & 0 & W^0 & & & & \\ 1 & 0 & W^4 & 0 & & & & \\ 0 & 1 & 0 & W^4 & & & & \\ & & & & 1 & 0 & W^2 & 0\\ & & & & 0 & 1 & 0 & W^2\\ & & & & 1 & 0 & W^6 & 0\\ & & & & 0 & 1 & 0 & W^6\end{pmatrix}$$

$$\boldsymbol{W}_3=\begin{pmatrix}1 & W^0 & & & & & & \\ 1 & W^4 & & & & & & \\ & & 1 & W^4 & & & & \\ & & 1 & W^6 & & & & \\ & & & & 1 & W^1 & & \\ & & & & 1 & W^5 & & \\ & & & & & & 1 & W^3 \\ & & & & & & 1 & W^3\end{pmatrix}$$

上述三个矩阵中的空白处均为 0。可见，$N=8=2^3$ 时需要进行 3 步计算，每一步计算需要 4 次乘法运算、8 次加法运算，一共需要 12 次乘法运算、24 次加法运算。而直接计算 DFT 时需要 64 次乘法运算、56 次加法运算。

3.3.2 一维快速傅里叶变换算法

由上述 $N=4$ 和 $N=8$ 的计算实例可以看到，快速傅里叶变换有两个重要环节：一是重新安排计算次序，另一个就是矩阵分解，下面分别予以介绍。

1. 计算次序重排

设 $N=2^n$，经过 n 步计算后，其结果为 $f_n(k)=F(l)$。其中 k 的二进制表示为

$$k=(k_{n-1}k_{n-2}\cdots k_1k_0)_2=(2^{n-1}k_{n-1}+2^{n-2}k_{n-2}+\cdots+2^1k_1+2^0k_0)_{10} \tag{3.3.4}$$

$$k_i=\{0,1\} \qquad i=0,1,\cdots,n-1$$

则有

$$l=(k_0,k_1,\cdots,k_{n-2}k_{n-1})_2=(2^{n-1}k_0+2^{n-2}k_1+\cdots+2^1k_{n-2}+2^0k_{n-1})_{10} \tag{3.3.5}$$

2. 矩阵 $\boldsymbol{W}^{ux}$ 分解

当 $N=2^n$，将矩阵 $\boldsymbol{W}^{ux}$ 分解成 n 个矩阵，使每个矩阵中每一行仅含有两个非零元素。$\boldsymbol{W}^{ux}$ 的分解有两种方法：一种是按时间分解，另一种是按频率分解。下面仅介绍按时间分解的 FFT 算法。

由离散傅里叶变换的定义

$$F(u)=\mathrm{DFT}[f(x)]=\sum_{x=0}^{N-1}f(x)\boldsymbol{W}^{ux} \quad u=0,1,\cdots,N-1$$

式中 u 和 x 的二进制表示为

$$x=(x_{n-1},x_{n-2},\cdots,x_1,x_0)_2=(2^{n-1}x_{n-1}+2^{n-2}x_{n-2}+\cdots+2^1x_1+2^0x_0)_{10}$$

$$u=(u_{n-1},u_{n-2},\cdots,u_1,u_0)_2=(2^{n-1}u_{n-1}+2^{n-1}u_{n-2}+\cdots+2^1u_1+2^0u_0)_{10}$$

则有

$$F(u_{n-1},u_{n-2},\cdots,u_1,u_0)$$

$$=\sum_{x=0}^{N-1}f(x_{n-1},x_{n-2},\cdots,x_1,x_0)\boldsymbol{W}^{(2^{n-1}x_{n-1}+2^{n-2}x_{n-2}+\cdots+2^1x_1+2^0x_0)(2^{n-1}u_{n-1}+2^{n-2}u_{n-2}+\cdots+2^1u_1+2^0u_0)} \tag{3.3.6}$$

为方便起见，下面以 $N=8=2^3$ 为例说明。

$$F(u_2,u_1,u_0)=\sum_{x_0=0}^{1}\sum_{x_1=0}^{1}\sum_{x_2=0}^{1}f(x_2,x_1,x_0)\boldsymbol{W}^{(2^2x_2+2^1x_1+2^0x_0)(2^2u_2+2^1u_1+2^0u_0)} \tag{3.3.7}$$

将 W 的指数按时间进行分解，即

$$\begin{aligned}W^{ux} &= W^{(2^2x_2+2^1x_1+2^0x_0)(2^2u_2+2^1u_1+2^0u_0)} \\ &= W^{(2^2u_2+2^1u_1+2^0u_0)4x_2}W^{(2^2u_2+2^1u_1+2^0u_0)2x_1}W^{(2^2u_2+2^1u_1+2^0u_0)x_0} \\ &= W^{4x_2u_0}W^{(2u_1+u_0)2x_1}W^{(2^2u_2+2^1u_1+2^0u_0)x_0}\end{aligned}$$

上式中最后一步利用了 $W^{16x_2u_2}=1$，$W^{8x_2u_1}=1$，$W^{8x_1u_2}=1$，因此有

$$F(u_2,u_1,u_0)=\sum_{x_0=0}^{1}\left\{\sum_{x_1=0}^{1}\left[\sum_{x_2=0}^{1}f(x_2,x_1,x_0)W^{4x_2u_0}\right]W^{(2u_1+u_0)2x_1}\right\}W^{(2^2u_2+2^1u_1+2^0u_0)x_0} \tag{3.3.8}$$

由里向外求和，有

$$\begin{aligned}f_1(u_0,x_1,x_0) &= \sum_{x_2=0}^{1}f(x_2,x_1,x_0)W^{4x_2u_0} \\ &= f(0,x_1,x_0)+f(1,x_1,x_0)W^{4u_0}\end{aligned} \tag{3.3.9}$$

$$\begin{aligned}f_2(u_0,u_1,x_0) &= \sum_{x_1=0}^{1}f_1(u_0,x_1,x_0)W^{(4u_1+2u_0)x_1} \\ &= f_1(u_0,0,x_0)+f_1(u_0,1,x_0)W^{(4u_1+2u_0)}\end{aligned} \tag{3.3.10}$$

$$\begin{aligned}f_3(u_0,u_1,u_2) &= \sum_{x_0=0}^{1}f_2(u_0,u_1,x_0)W^{(4u_2+2u_1+u_0)x_0} \\ &= f_2(u_0,u_1,0)+f_2(u_0,u_1,1)W^{4u_2+2u_1+u_0}\end{aligned} \tag{3.3.11}$$

$$\begin{aligned}F(u_2,u_1,u_0) &= f_3(u_0,u_1,u_2) \\ u_2,u_1,u_0,x_0,x_1,x_2 &= \{0,1\}\end{aligned} \tag{3.3.12}$$

对应写出所有方程，并以矩阵形式给出，有

$$\begin{pmatrix}f_1(0,0,0)\\f_1(0,0,1)\\f_1(0,1,0)\\f_1(0,1,1)\\f_1(1,0,0)\\f_1(1,0,1)\\f_1(1,1,0)\\f_1(1,1,1)\end{pmatrix}=\begin{pmatrix}1&&&&W^0&&&\\&1&&&&W^0&&\\&&1&&&&W^0&\\&&&1&&&&W^0\\1&&&&W^4&&&\\&1&&&&W^4&&\\&&1&&&&W^4&\\&&&1&&&&W^4\end{pmatrix}\begin{pmatrix}f(0,0,0)\\f(0,0,1)\\f(0,1,0)\\f(0,1,1)\\f(1,0,0)\\f(1,0,1)\\f(1,1,0)\\f(1,1,1)\end{pmatrix} \tag{3.3.13}$$

$$\begin{pmatrix}f_2(0,0,0)\\f_2(0,0,1)\\f_2(0,1,0)\\f_2(0,1,1)\\f_2(1,0,0)\\f_2(1,0,1)\\f_2(1,1,0)\\f_2(1,1,1)\end{pmatrix}=\begin{pmatrix}1&0&W^0&0&&&&\\0&1&0&W^0&&&&\\1&0&W^4&0&&&&\\0&1&0&W^4&&&&\\&&&&1&0&W^2&0\\&&&&0&1&0&W^2\\&&&&1&0&W^6&0\\&&&&0&1&0&W^6\end{pmatrix}\begin{pmatrix}f_1(0,0,0)\\f_1(0,0,1)\\f_1(0,1,0)\\f_1(0,1,1)\\f_1(1,0,0)\\f_1(1,0,1)\\f_1(1,1,0)\\f_1(1,1,1)\end{pmatrix} \tag{3.3.14}$$

$$\begin{pmatrix} f_3(0,0,0) \\ f_3(0,0,1) \\ f_3(0,1,0) \\ f_3(0,1,1) \\ f_3(1,0,0) \\ f_3(1,0,1) \\ f_3(1,1,0) \\ f_3(1,1,1) \end{pmatrix} = \begin{pmatrix} 1 & \boldsymbol{W}^0 & & & & & & \\ 1 & \boldsymbol{W}^4 & & & & & & \\ & & 1 & \boldsymbol{W}^2 & & & & \\ & & 1 & \boldsymbol{W}^6 & & & & \\ & & & & 1 & \boldsymbol{W}^1 & & \\ & & & & 1 & \boldsymbol{W}^5 & & \\ & & & & & & 1 & \boldsymbol{W}^3 \\ & & & & & & 1 & \boldsymbol{W}^7 \end{pmatrix} \begin{pmatrix} f_2(0,0,0) \\ f_2(0,0,1) \\ f_2(0,1,0) \\ f_2(0,1,1) \\ f_2(1,0,0) \\ f_2(1,0,1) \\ f_2(1,1,0) \\ f_2(1,1,1) \end{pmatrix} \tag{3.3.15}$$

可见三个和式(3.3.9)、式(3.3.10)、式(3.3.11)完全确定了三个被分解的矩阵因子。求和最后得到的结果 $f_3(u_0,u_1,u_2)$ 与 $F(u_2,u_1,u_0)$ 正好是逆序的，这就是矩阵 $\boldsymbol{W}^{ux}$ 的分解方法。式(3.3.9)、式(3.3.10)、式(3.3.11)、式(3.3.12)就是 $N=8$ 时计算 DFT 的 FFT 算法。

由对称性知，$\boldsymbol{W}^{\left(xu\pm\frac{N}{2}\right)}=\boldsymbol{W}^{xu}$，式(3.3.13)、式(3.3.14)、式(3.3.15)中的 $\boldsymbol{W}^4=-\boldsymbol{W}^0$，$\boldsymbol{W}^6=-\boldsymbol{W}^2$，$\boldsymbol{W}^5=-\boldsymbol{W}^1$，$\boldsymbol{W}^7=-\boldsymbol{W}^3$，则式(3.3.13)、式(3.3.14)、式(3.3.15)的计算过程可以用图 3.2 所示的流程图(称为蝶形图)表示出来。由图 3.2 可以看出：

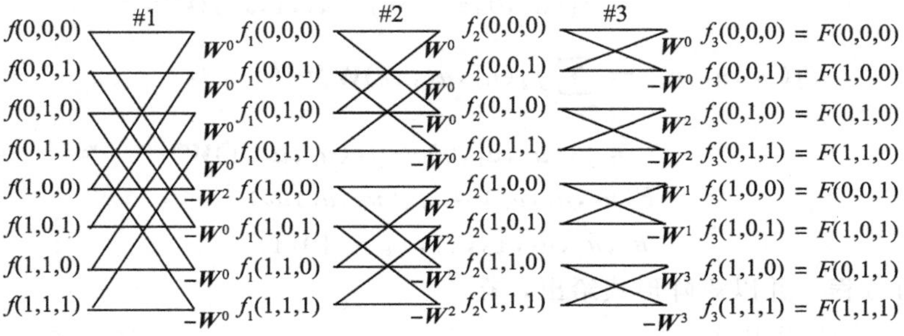

图 3.2　$N=8$ 时 FFT 流程图

1)整个流程需要的计算步数为 $n=\log_2 N$ $(N=2^n)$。

2)在第 r 步计算中，要乘的因子为

$$\boldsymbol{W}^{\frac{sN}{2^r}} \qquad s=0,1,\cdots,2^{r-1}-1\ ;\ r=1,\cdots,n$$

例如 $N=8$ 时，在第 2 步($r=2$)计算中，要乘的因子为：

$$\boldsymbol{W}^{\frac{8s}{4}}=\begin{cases}\boldsymbol{W}^0 & s=0\\ \boldsymbol{W}^2 & s=1\end{cases}$$

3)第 r 步计算中有 2^{r-1} 个组，每组有($N/2^{r-1}$)个元素，每组的 $\boldsymbol{W}$ 因子各不相同，且每组只有一种类型的 $\boldsymbol{W}$ 因子，此因子在组中上一半为正，下一半为负。每组因子的确定方法是：设每组的第一个待求量为

$$f_r(k)=f_r(k_{n-1}k_{n-2}\cdots k_1k_0)$$

将 $k=(k_{n-1}k_{n-2}\cdots k_1k_0)_2$ 右移 $n-r$ 位，左边空出的位置补 0，得 $k'=(k'_{n-1}k'_{n-2}\cdots k'_1k'_0)_2$，再将 k' 逆位即得 W 因子的指数 $k^0=(k'_0k'_1\cdots k'_{n-2}k'_{n-1})_2$。

例如 $N=8$、$r=3$ 时，第三组中的第一个待求量为 $x_3(1,0,0)$，$k=(1,0,0)$，右移 $n-r=0$ 位，得 $k'=(1,0,0)$，再逆位之得 $k^0=(0,0,1)=1$，故 $\boldsymbol{W}$ 因子为 $\boldsymbol{W}^1$。

根据上述总结，很容易设计出 FFT 通用算法，这里不再赘述。

4)对比 DFT 与 IDFT(离散傅里叶逆变换)的定义式，只要将上述 FFT 算法中 **W** 因子用其共轭代替，并将最后结果乘以 $1/N$，就是计算 IDFT 的快速算法。

5)在每步计算中，需要的乘法次数为 $N/2$，加法次数为 N，因此 FFT 的总计算量为：乘法次数为 $\frac{N}{2}\log_2 N$，加法次数为 $N\log_2 N$。

而直接计算 DFT 的计算量为：乘法次数为 N^2，加法次数为 $N(N-1)$。当 $N=2048$ 时，DFT 需要 4194304 次乘法运算，而 FFT 只需要 11264 次乘法运算，二者之比为 $N^2/\left(\frac{N}{2}\log_2 N\right)=372.4$。可见，当 N 较大时，FFT 算法节省的运算时间是相当惊人的。

3.4 二维离散傅里叶变换

到目前为止，我们已经详细介绍了一维离散傅里叶变换(DFT)及其快速傅里叶变换(FFT)。一幅静止的数字图像可以看成二维数据阵列，因此，数字图像处理主要是二维数据处理。一维的 DFT 和 FFT 是二维离散信号处理的基础，本节将在此基础上介绍二维傅里叶变换技术。

3.4.1 二维离散傅里叶变换的定义

设 $f(x,y)(x=0,1,\cdots,M-1;y=0,1,\cdots,N-1)$是一幅 $M\times N$ 图像，其二维离散傅里叶变换 $F(u,v)$定义为

$$F(u,v)=\sum_{x=0}^{M-1}\sum_{y=0}^{N-1}f(x,y)\mathrm{e}^{-\mathrm{j}2\pi\left(\frac{ux}{M}+\frac{vy}{N}\right)} \tag{3.4.1}$$
$$u=0,1,\cdots,M-1$$
$$v=0,1,\cdots,N-1$$

其逆变换定义为

$$f(x,y)=\frac{1}{MN}\sum_{u=0}^{M-1}\sum_{v=0}^{N-1}F(u,v)\mathrm{e}^{\mathrm{j}2\pi\left(\frac{ux}{M}+\frac{vy}{N}\right)} \tag{3.4.2}$$
$$x=0,1,\cdots,M-1$$
$$y=0,1,\cdots,N-1$$

式(3.4.1)与式(3.4.2)构成二维离散傅里叶变换对，记为

$$f(x,y)\Leftrightarrow F(u,v) \tag{3.4.3}$$

其中 $\mathrm{e}^{-\mathrm{j}2\pi\left(\frac{ux}{M}+\frac{vy}{N}\right)}$ 与 $\mathrm{e}^{\mathrm{j}2\pi\left(\frac{ux}{M}+\frac{vy}{N}\right)}$ 分别称为正逆变换核和逆变换核。x、y 为空间域采样值，u、v 为频率域采样值，$F(u,v)$称为离散信号 $f(x,y)$的频谱。

一般图像信号 $f(x,y)$总是实函数，但其离散傅里叶变换 $F(u,v)$通常是复变函数，可以写成

$$F(u,v)=R(u,v)+\mathrm{j}I(u,v) \tag{3.4.4}$$

其中 $R(u,v)$和 $I(u,v)$分别为 $F(u,v)$的实部和虚部。上式也常写成指数形式，即

$$F(u,v)=|F(u,v)|\mathrm{e}^{\mathrm{j}\varphi(u,v)} \tag{3.4.5}$$

其中

$$|F(u,v)|=[R^2(u,v)+I^2(u,v)]^{1/2} \tag{3.4.6}$$

$$\varphi(u,v)=\tan^{-1}\left[\frac{I(u,v)}{R(u,v)}\right] \tag{3.4.7}$$

$|F(u,v)|$称为 $f(x,y)$的傅里叶频谱，$\phi(u,v)$称为 $f(x,y)$的相位角。而 $f(x,y)$的功率谱则定义为傅里叶频谱的平方，即

$$|P(u,v)| = |F(u,v)|^2 = R^2(u,v) + I^2(u,v) \tag{3.4.8}$$

通常，在图像处理中，一般总是选择方形阵列，所以通常情况下总是有 $M=N$。此时，二维离散傅里叶变换为

$$F(u,v) = \sum_{x=0}^{N-1}\sum_{y=0}^{N-1} f(x,y)\mathrm{e}^{-\mathrm{j}2\pi(ux+vy)/N} \tag{3.4.9}$$

$$u,v = 0,1,\cdots,N-1$$

$$f(x,y) = \frac{1}{N^2}\sum_{u=0}^{N-1}\sum_{v=0}^{N-1} F(u,v)\mathrm{e}^{\mathrm{j}2\pi(ux+vy)/N} \tag{3.4.10}$$

$$x,y = 0,1,\cdots,N-1$$

如果没有特别说明，本章下述关于二维离散傅里叶变换都是针对式(3.4.9)和式(3.4.10)的。

3.4.2 二维离散傅里叶变换的性质

二维离散傅里叶变换的主要性质有：

1. 分离性

式(3.4.9)与式(3.4.10)可以写成如下分离形式：

$$F(u,v) = \sum_{x=0}^{N-1}\left[\sum_{y=0}^{N-1} f(x,y)\mathrm{e}^{-\mathrm{j}2\pi vy/N}\right]\mathrm{e}^{-\mathrm{j}2\pi ux/N} \tag{3.4.11}$$

$$u,v = 0,1,\cdots,N-1$$

$$f(x,y) = \frac{1}{N^2}\sum_{u=0}^{N-1}\left[\sum_{v=0}^{N-1} F(u,v)\mathrm{e}^{\mathrm{j}2\pi vy/N}\right]\mathrm{e}^{\mathrm{j}2\pi ux/N} \tag{3.4.12}$$

$$x,y = 0,1,\cdots,N-1$$

由上述分离形式知，一个二维离散傅里叶变换可以连续两次运用一维离散傅里叶变换来实现。

2. 线性

如果 $f_1(x, y)\Leftrightarrow F_1(u, v)$，$f_2(x, y)\Leftrightarrow F_2(u, v)$，则

$$af_1(x,y) + bf_2(x,y) \Leftrightarrow aF_1(u,v) + bF_2(u,v) \tag{3.4.13}$$

3. 周期性与共轭对称性

如果 $f(x, y)\Leftrightarrow F(u, v)$，则

$$F(u,v) = F(u+mN, v+nN) \tag{3.4.14}$$

$$f^*(x,y) \Leftrightarrow F^*(-u,-v) \tag{3.4.15}$$

4. 位移性

如果 $f(x,y)\Leftrightarrow F(u,v)$，则

$$f(x-x_0, y-y_0) \Leftrightarrow F(u,v)\mathrm{e}^{-\mathrm{j}2\pi(ux_0+vy_0)/N} \tag{3.4.16}$$

$$f(x,y)\mathrm{e}^{\mathrm{j}2\pi(u_0x+v_0y)/N} \Leftrightarrow F(u-u_0, v-v_0) \tag{3.4.17}$$

5. 尺度变换

如果 $f(x,y)\Leftrightarrow F(u,v)$，则

$$f(ax,by) \Leftrightarrow \frac{1}{|ab|} F\left(\frac{u}{a},\frac{v}{b}\right) \tag{3.4.18}$$

6. 旋转性

如果 $f(r,\theta) \Leftrightarrow F(w,\phi)$，则

$$f(r,\theta+\theta_0) \Leftrightarrow F(w,\varphi+\theta_0) \tag{3.4.19}$$

其中 $f(r,\theta)$ 和 $F(w,\phi)$ 分别为 $f(x,y)$ 和 $F(u,v)$ 的极坐标形式。旋转性表明，对 $f(x,y)$ 旋转 θ_0 对应于将其傅里叶变换 $F(u,v)$ 旋转 θ_0。

7. 平均值

对于一个二维离散时间信号，其平均值可以用下式表示：

$$\bar{f}(x,y) = \frac{1}{N^2}\sum_{u=0}^{N-1}\sum_{v=0}^{N-1} f(x,y) \tag{3.4.20}$$

将 $u=v=0$ 代入式(3.4.9)，可以得到

$$F(0,0) = \frac{1}{N^2}\sum_{u=0}^{N-1}\sum_{v=0}^{N-1} f(x,y) \tag{3.4.21}$$

故有

$$\bar{f}(x,y) = F(0,0) \tag{3.4.22}$$

8. 卷积

如果 $f(x,y) \Leftrightarrow F(u,v)$，$g(x,y) \Leftrightarrow G(u,v)$，则

$$f(x,y) * g(x,y) \Leftrightarrow F(u,v) \cdot G(u,v) \tag{3.4.23}$$

$$f(x,y) \cdot g(x,y) \Leftrightarrow F(u,v) * G(u,v) \tag{3.4.24}$$

3.4.3 二维快速离散傅里叶变换

基于二维离散傅里叶变换的分离性，二维离散 FFT 算法可以用两个一维 FFT 算法来实现。为此令

$$F(x,v) = \sum_{y=0}^{N-1} f(x,y)\mathrm{e}^{-\mathrm{j}2\pi vy/N} \qquad v=0,1,\cdots,N-1 \tag{3.4.25}$$

则式(3.4.11)成为

$$F(u,v) = \sum_{x=0}^{N-1} F(x,v)\mathrm{e}^{-\mathrm{j}2\pi ux/N} \qquad u=0,1,\cdots,N-1 \tag{3.4.26}$$

对于每个 x 值，式(3.4.25)就是一个针对变量 y 的一维离散傅里叶变换，而式(3.4.26)则是针对变量 x 的一维离散傅里叶变换。因此，利用式(3.4.25)和式(3.4.26)以及 3.3 节介绍的一维 FFT 可以方便地实现二维 FFT，其过程如图 3.3 所示。

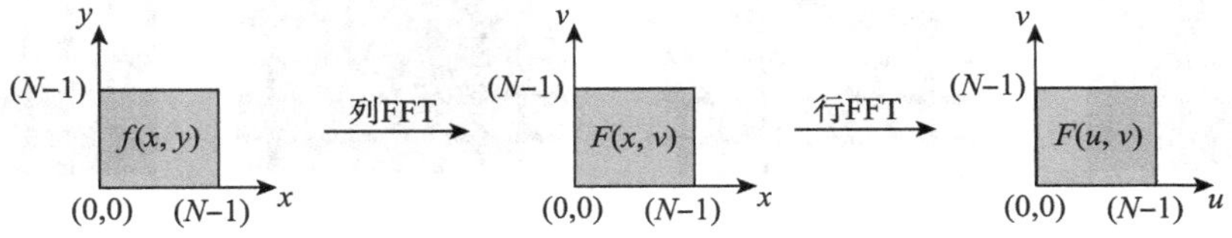

图 3.3 二维 FFT 算法示意图

需要指出的是，式(3.4.11)的另一种分离方式为

$$F(u,v)=\sum_{y=0}^{N-1}\Big[\sum_{x=0}^{N-1}f(x,y)\mathrm{e}^{-\mathrm{j}2\pi ux/N}\Big]\mathrm{e}^{-\mathrm{j}2\pi vy/N} \tag{3.4.27}$$

令

$$F(u,y)=\sum_{x=0}^{N-1}f(x,y)\mathrm{e}^{-\mathrm{j}2\pi ux/N}\quad u=0,1,\cdots,N-1 \tag{3.4.28}$$

则式(3.4.27)成为

$$F(u,v)=\sum_{y=0}^{N-1}F(u,y)\mathrm{e}^{-\mathrm{j}2\pi vy/N}\quad v=0,1,\cdots,N-1 \tag{3.4.29}$$

因而得到另一种实现二维 FFT 的方法，如图 3.4 所示。

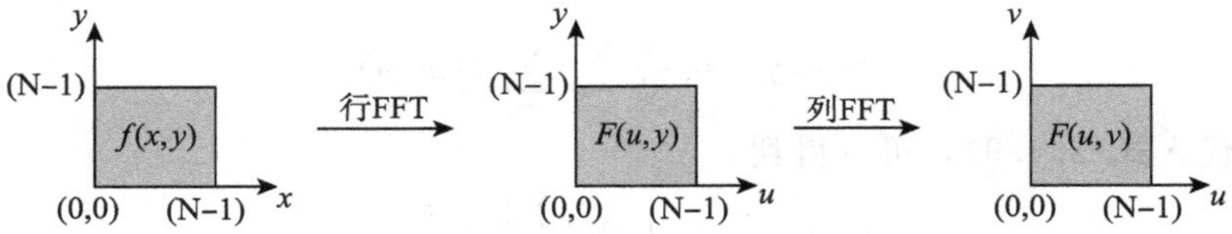

图 3.4　另一种二维 FFT 算法示意图

3.4.4　二维快速傅里叶变换的 Matlab 实现

Matlab 提供了 fft 函数、fft2 函数和 fftn 函数分别用于进行一维 DFT、二维 DFT 和 N 维 DFT 的快速傅里叶变换，以及 ifft 函数、ifft2 函数和 ifftn 函数分别用于进行一维 DFT、二维 DFT 和 N 维 DFT 的快速傅里叶逆变换。下面通过实例来说明计算并显示图像傅里叶谱的方法。

例 3.2　简单图像及其傅里叶变换。

Matlab 程序：

```
% 建立简单图像 d 并显示之
d=zeros(32,32);                          % 图像大小为 32×32
d(13:20,13:20)=1;                        % 中心白色方块大小为 8×8
figure(1);                               % 建立图形窗口 1
imshow(d,'notruesize');                  % 显示图像 d 如图 3.5a 所示
% 计算傅里叶变换并显示之
D=fft2(d);                               % 计算图像 d 的傅里叶变换,fft2(d)=fft(fft(d)')'
figure(2);                               % 建立图形窗口 2
imshow(abs(D),[-1 5],'notruesize');      % 显示图像 d 的傅里叶变换谱,如图 3.5b 所示
```

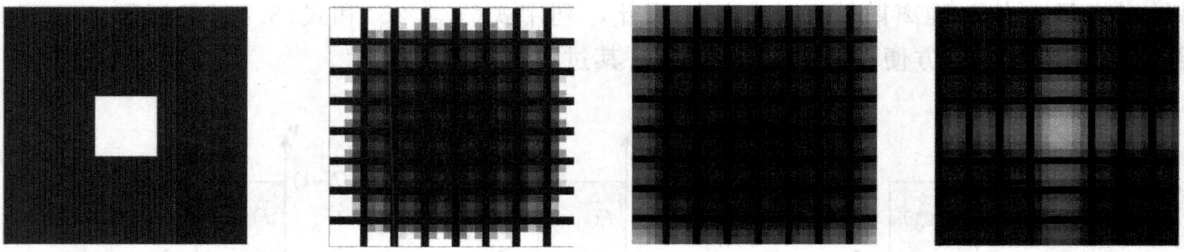

a)　b)　c)　d)

图 3.5　例 3.2 建立的简单图像及其傅里叶变换谱

需要说明的是：

1)fft2(d)返回图像 d 的二维傅里叶变换矩阵，其大小与图像 d 相同。由于图像的傅里

叶变换矩阵中的元素一般是复数，不能直接通过 Matlab 函数来显示。为了观察图像傅里叶变换后的结果，应对变换后的结果求模，方法是对变换结果调用 abs 函数。

2)图 3.5c 是对图 3.5b 实施对数变换后的结果，即将上述程序中的傅里叶变换谱显示语句改为 imshow(log(abs(D)), [- 1 5], 'notruesize')即可。

3)图 3.5d 是图像 d 的傅里叶变换中心谱，即运用 fftshift 函数将变换后的图像频谱中心从矩阵的原点移到矩阵的中心。这只需要将上述程序中的傅里叶变换谱显示语句(即最后一条语句)用如下语句替换即可：

```
DF=fftshift(D)
imshow(log(abs(DF)),[- 1 5],'notruesize')
```

4)图像显示函数 imshow(I, [low high], display_ option)以规定的灰度级范围[low high]来显示灰度图像 I，并将低于值 low 的像素显示为黑，而高于值 high 的像素显示为白。[low high]缺省时则按 256 个灰度级来显示灰度图像。

5)为了得到更好的视觉效果，即用彩色图形来表示傅里叶变换谱，即在上述程序段后面增加语句 colormap(jet)。

例 3.3 Matlab 图像及其傅里叶变换谱。

Matlab 程序：

```
figure(1);
load imdemos saturn2;                % 装入 Matlab 图像 saturn2
imshow(saturn2);                     % 显示图像 saturn2,如图 3.6a 所示
figure(2);
S=fftshift(fft2(saturn2));           % 计算傅里叶变换并移位
imshow(log(abs(S)),[ ]);             % 显示傅里叶变换谱,如图 3.6b 所示
```

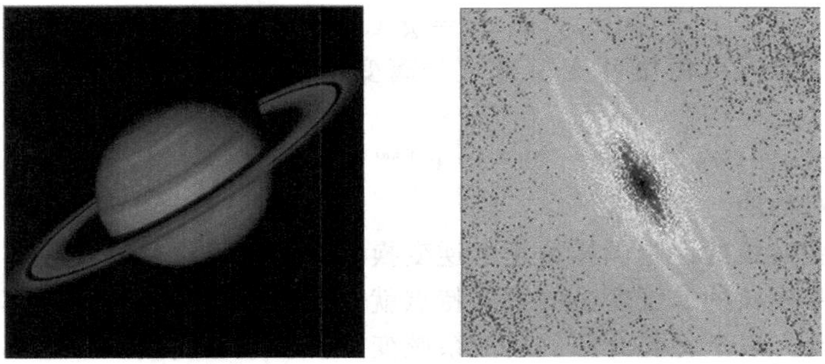

a) saturn2　　b) saturn2的傅里叶变换

图 3.6　Matlab 图像 saturn2 及其傅里叶变换谱

例 3.4 真彩图像及其傅里叶变换谱。

Matlab 程序：

```
figure(1);
A=imread('image1.jpg');              % 装入真彩图像
B=rgb2gray(A);                       % 将真彩图像转换为灰度图像
imshow(B);                           % 显示灰度图像如图 3.7a 所示
C=fftshift(fft2(B));                 % 计算傅里叶变换并移位
figure(2);
imshow(log(abs(C)),[ ]);             % 显示傅里叶变换谱,如图 3.7b 所示
```

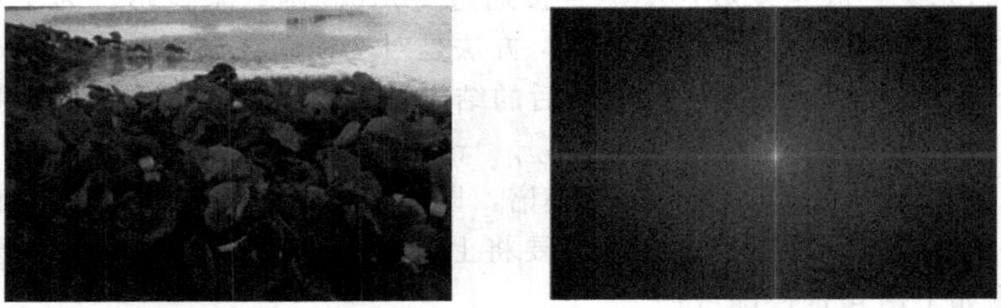

a) b)

图 3.7 真彩图像及其傅里叶变换谱

3.4.5 可分离图像变换的概念

以上讨论的二维离散傅里叶变换实际上是一类更广泛的变换——可分离变换中的一个特例。一般情况下，二维正变换和逆变换可分别表示为：

$$T(u,v)=\sum_{x=0}^{N-1}\sum_{y=0}^{N-1}f(x,y)g(x,y,u,v)\quad u,v=0,1,\cdots,N-1 \tag{3.4.30}$$

$$f(x,y)=\sum_{u=0}^{N-1}\sum_{v=0}^{N-1}T(u,v)h(x,y,u,v)\quad x,y=0,1,\cdots,N-1 \tag{3.4.31}$$

其中 $g(x,y,u,v)$和 $h(x,y,u,v)$分别称为正变换核和逆变换核，它们只依赖于 x,y,u,v，而于 $f(x,y)$和 $F(u,v)$的值无关。如果

$$g(x,y,u,v)=g_1(x,u)g_2(y,v) \tag{3.4.32}$$

则称正变换核是可分离的。如果 g_1 与 g_2 的函数形式一样，则称正变换核是对称的。此时式(3.4.32)可写成

$$g(x,y,u,v)=g_1(x,u)g_1(y,v) \tag{3.4.33}$$

前面介绍的二维离散傅里叶变换是可分离变换的一个特例。例如傅里叶变换的正变换核

$$g(x,y,u,v)=\mathrm{e}^{-\mathrm{j}2\pi(ux+vy)/N}=\mathrm{e}^{-\mathrm{j}2\pi ux/N}\mathrm{e}^{-\mathrm{j}2\pi vy/N}=g_1(x,u)g_1(y,v) \tag{3.4.34}$$

就是可分离的和对称的。

上述关于正变换核的讨论同样适用于逆变换核，这里不再赘述。

具有可分离变换核的二维变换的重要特点就是可以分成两个步骤计算，每个步骤用一个一维变换来实现。以下将要介绍的离散余弦变换、沃尔什变换和哈达玛变换都是可分离变换。

3.5 离散余弦变换

3.5.1 一维离散余弦变换

一维离散余弦变换(DCT)及其逆变换(IDCT)由以下公式定义：

$$F(u)=\alpha_0 c(u)\sum_{x=0}^{N-1}f(x)\cos\frac{(2x+1)u\pi}{2N}\quad u=0,1,\cdots,N-1 \tag{3.5.1}$$

$$f(x)=\alpha_1\sum_{u=0}^{N-1}c(u)F(u)\cos\frac{(2x+1)u\pi}{2N}\quad x=0,1,\cdots,N-1 \tag{3.5.2}$$

其中

$$\alpha_0\alpha_1 = \frac{2}{N} \tag{3.5.3}$$

$$c(u) = \begin{cases} \frac{1}{\sqrt{2}} & u = 0 \\ 1 & u \neq 0 \end{cases} \tag{3.5.4}$$

一维 DCT 实际上就是将信号 $f(x)$分解成直流分量($u=0$)、基波分量($u=1$)和各次谐波分量($u>1$)，使信号的分析从时域转移到频域。

3.5.2 一维快速离散余弦变换算法

与傅里叶变换一样，离散余弦变换既可以由定义直接计算，也可以采用快速离散余弦变换(FDCT)算法来实现。FDCT 有两种算法：一种是利用 FFT 的快速算法，另一种是基于代数分解的快速算法。下面分别予以介绍。

1. 利用 FFT

比较傅里叶变换核与余弦变换核，不难发现，余弦变换核实际上就是傅里叶变换核的实部。而变换计算中的乘法运算就是 $f(x)$与变换核的乘法运算。一种自然的想法就是先对 $f(x)$执行 FFT。然后对其取实部就可以了。由离散余弦变换的定义式，有

$$\begin{aligned} F(u) &= \alpha_0 c(u)\sum_{x=0}^{N-1} f(x)\cos\frac{(2x+1)u\pi}{2N} = \alpha_0 c(u)\mathrm{Re}\left\{\sum_{x=0}^{N-1} f(x)\mathrm{e}^{-\mathrm{j}\frac{(2x+1)u\pi}{2N}}\right\} \\ &= \alpha_0 c(u)\mathrm{Re}\left\{\mathrm{e}^{-\mathrm{j}\frac{u\pi}{2N}}\sum_{x=0}^{N-1} f(x)\mathrm{e}^{-\mathrm{j}\frac{2xu\pi}{2N}}\right\} = \alpha_0 c(u)\mathrm{Re}\left\{W_1^{u/2}\left[\sum_{x=0}^{N-1} f(x)W_1^{ux}\right]\right\} \end{aligned} \tag{3.5.5}$$

其中

$$W_1 = \mathrm{e}^{-\mathrm{j}\frac{\pi}{N}} \tag{3.5.6}$$

于是离散余弦变换就可以利用 FFT 算法计算式(3.5.5)中的和式了。

同理，由逆变换定义式，有

$$\begin{aligned} f(x) &= \alpha_1\sum_{u=0}^{N-1} c(u)F(u)\cos\frac{(2x+1)u\pi}{2N} \\ &= \alpha_1\mathrm{Re}\left\{\sum_{u=0}^{N-1} c(u)F(u)\mathrm{e}^{\mathrm{j}\frac{(2x+1)u\pi}{2N}}\right\} = \alpha_1\mathrm{Re}\left\{\sum_{u=0}^{N-1} c(u)F(u)W_2^{u(2x+1)}\right\} \end{aligned} \tag{3.5.7}$$

其中

$$W_2 = \mathrm{e}^{\mathrm{j}\frac{\pi}{2N}} \tag{3.5.8}$$

同样可以利用 FFT 算法计算式(3.5.8)中的和式。

2. 利用代数分解

利用 FFT 的 FDCT 算法的缺点是：FFT 中与 DCT 毫不相干的复数运算是多余的，因而可以想象去掉这些运算的算法一定比利用 FFT 来得更快。与 FFT 类似，利用代数分解的 FDCT 就是利用余弦函数的周期性以及正弦函数与余弦函数之间的关系，同时合理安排计算次序来实现的。下面以 $N=4$ 和 $N=8$ 为例来说明。

$N=4$(α_0，α_1 不计)时，DCT 计算式如下：

$$F(0) = \frac{1}{\sqrt{2}}[f(0)+f(1)+f(2)+f(3)] = [f(0)+f(3)]\cos\frac{\pi}{4} + [f(1)+f(2)]\cos\frac{\pi}{4}$$

$$F(1)=f(0)\cos\frac{\pi}{8}+f(1)\cos\frac{3\pi}{8}+f(2)\cos\frac{5\pi}{8}+f(3)\cos\frac{7\pi}{8}$$

$$=[f(0)-f(3)]\cos\frac{\pi}{8}+[f(1)-f(2)]\sin\frac{\pi}{8}$$

$$F(2)=f(0)\cos\frac{2\pi}{8}+f(1)\cos\frac{6\pi}{8}+f(2)\cos\frac{10\pi}{8}+f(3)\cos\frac{14\pi}{8}$$

$$=[f(0)+f(3)]\cos\frac{\pi}{4}-[f(1)+f(2)]\cos\frac{\pi}{4}$$

$$F(3)=f(0)\cos\frac{3\pi}{8}+f(1)\cos\frac{9\pi}{8}+f(2)\cos\frac{15\pi}{8}+f(3)\cos\frac{21\pi}{8}$$

$$=[f(0)-f(3)]\cos\frac{3\pi}{8}-[f(1)-f(2)]\sin\frac{3\pi}{8}$$

上述计算式可以用图 3.8 所示的蝶形图表示出来，其中 $Ci=\cos\frac{i\pi}{8}$，$Si=\sin\frac{i\pi}{8}$。

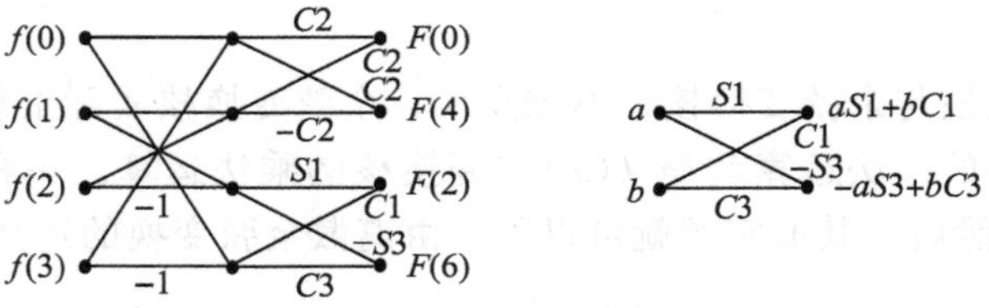

图 3.8　$N=4$ 时 FDCT 流程图

同理可得 $N=8$ 时 FDCT 的流程图，如图 3.9 所示，其中 $Ci=\cos\frac{i\pi}{16}$，$Si=\sin\frac{i\pi}{16}$。

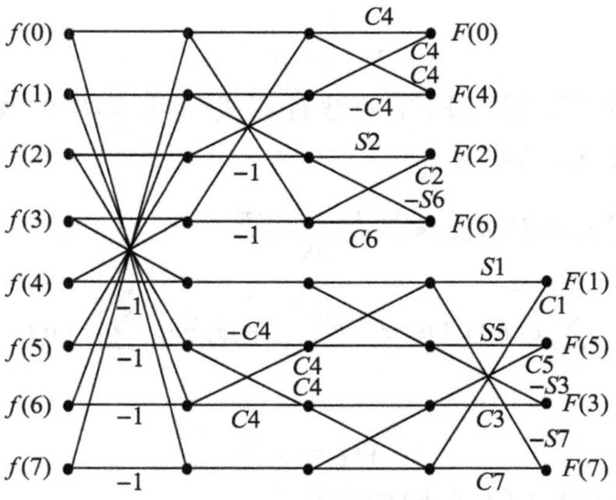

图 3.9　$N=8$ 时 FDCT 流程图

3.5.3 二维离散余弦变换

二维离散余弦变换及其逆变换定义式如下：

$$F(u,v)=\alpha_0 c(u,v)\sum_{x=0}^{N-1}\sum_{y=0}^{N-1}f(x,y)\cos\frac{(2x+1)u\pi}{2N}\cos\frac{(2y+1)v\pi}{2N} \tag{3.5.9}$$

$$u,v=0,1,\cdots,N-1$$

$$f(x,y)=\alpha_1\sum_{u=0}^{N-1}\sum_{v=0}^{N-1}c(u,v)F(u,v)\cos\frac{(2x+1)u\pi}{2N}\cos\frac{(2y+1)v\pi}{2N} \tag{3.5.10}$$

$$x,y = 0,1,\cdots,N-1$$

其中

$$\alpha_0\alpha_1 = \frac{4}{N^2} \tag{3.5.11}$$

$$c(u,v) = \begin{cases} 1/2 & u = v = 0 \\ 1/\sqrt{2} & uv = 0 \text{ 且 } u \neq v \\ 1 & uv > 0 \end{cases} \tag{3.5.12}$$

由于二维离散余弦变换的可分离性，二维 DCT 可以用一维 DCT 来实现。

3.5.4 离散余弦变换的 Matlab 实现

Matlab 提供了 dct2 函数和 idct2 函数，用于进行二维 DCT 和二维 IDCT 的计算。下面通过实例来说明计算并显示图像离散余弦变换的方法。

例 3.5 计算并显示真彩图像离散余弦变换的 Matlab 程序如下：

```
RGB=imread('image2.jpg');                    % 装入真彩图像
figure(1);
imshow(RGB);                                 % 显示彩色图像
GRAY=rgb2gray(RGB);                          % 将真彩图像转换为灰度图像
figure(2);
imshow(GRAY);                                % 显示灰度图像,如图 3.10a 所示
DCT=dct2(GRAY);                              % 进行余弦变换
figure(3);
imshow(log(abs(DCT)),[ ]);                   % 显示余弦变换,如图 3.10b 所示
```

a)原图像

b)原图像的余弦变换

图 3.10 离散余弦变换示例图

3.5.5 离散余弦变换的应用

离散余弦变换在图像压缩中具有广泛的应用。例如，在 JPEG 图像压缩算法中，首先将输入图像划分为 8×8 的方块，然后对每一个方块执行二维离散余弦变换，最后将变换得到的量化的 DCT 系数进行编码和传送，形成压缩后的图像格式。在接收端，将量化的 DCT 系数进行解码，并对每个 8×8 方块进行二维 IDCT，最后将操作完成后的块组合成一幅完整的图像。

此时，DCT 和 IDCT 的计算公式为

$$F(u,v) = \frac{1}{4}c(u)c(v)\sum_{x=0}^{7}\sum_{y=0}^{7}f(x,y)\cos\frac{(2x+1)u\pi}{16}\cos\frac{(2y+1)v\pi}{16} \tag{3.5.13}$$

$$f(x,y) = \frac{1}{4}\sum_{u=0}^{7}\sum_{v=0}^{7}c(u)c(v)F(u,v)\cos\frac{(2x+1)u\pi}{16}\cos\frac{(2y+1)v\pi}{16} \tag{3.5.14}$$

$$u,v = 0,1,\cdots,7 \qquad x,y = 0,1,\cdots,7$$

其中

$$c(u),c(v) = \begin{cases} 1/\sqrt{2} & u = 0, v = 0 \\ 1 & 其他 \end{cases} \tag{3.5.15}$$

8×8 的方块经正变换后得到的 DCT 矩阵 $\boldsymbol{F}=[F(u,\ v)]_{8\times 8}$ 的左上角代表图像的低频分量，右下角代表图像的高频分量，$F(0,0)$ 为直流分量(DC)。DCT 改变了信号能量的分布方式，使信号能量的分布范围主要集中于低频区(即 DC 与 DC 附近)。换言之，DCT 矩阵 $\boldsymbol{F}$ 中大多数的 DCT 系数的值非常接近于零，如果舍弃这些接近于零的 DCT 系数值，就可以节约大量存储空间，而在重构图像时又不会使画面质量显著下降。

3.6 沃尔什变换和哈达玛变换

3.6.1 离散沃尔什变换

离散傅里叶变换和离散余弦变换在快速算法中要用到复数乘法、三角函数乘法，这些运算占用时间仍然较多。在某些应用领域，需要更有效和更便利的变换方法。沃尔什(Walsh)变换就是其中一种。下面可以看到，由于沃尔什变换核矩阵中只有+1 和−1 两种元素，因而在计算沃尔什变换过程中只有加减运算而没有乘法运算，从而大大提高了运算速度。这一点对图像处理来说是至关重要的。特别是在实时处理大量数据时，沃尔什变换更加显示出其优越性。

1. 一维离散沃尔什变换

一维沃尔什变换核为：

$$g(x,u) = \frac{1}{N}\prod_{i=0}^{N-1}(-1)^{b_i(x)b_{n-1-i}(u)} \tag{3.6.1}$$

其中 $b_k(z)$ 是 z 的二进制表示的第 k 位。如果 $n=3$，$z=5=(101)_2$，有 $b_0(z)=1$，$b_1(z)=0$，$b_2(z)=1$。$N=2^n$ 是沃尔什变换的阶数。于是，一维离散沃尔什变换可写成：

$$W(u) = \frac{1}{N}\sum_{x=0}^{N-1} f(x)\prod_{i=0}^{N-1}(-1)^{b_i(x)b_{n-1-i}(u)} \tag{3.6.2}$$

$$u = 0,1,\cdots,N-1$$

一维沃尔什逆变换核为：

$$h(x,u) = \prod_{i=0}^{N-1}(-1)^{b_i(x)b_{n-1-i}(u)} \tag{3.6.3}$$

相应的一维离散沃尔什逆变换为

$$f(x) = \sum_{u=0}^{N-1} W(u)\prod_{i=0}^{N-1}(-1)^{b_i(x)b_{n-1-i}(u)} \tag{3.6.4}$$

$$x = 0,1,\cdots,N-1$$

一维沃尔什正变换核与逆变换核只差一个常数项 $1/N$，所以用于正变换的算法也可用于逆变换。由沃尔什变换核组成的矩阵是一个对称矩阵并且其行和列正交，即任意两行相乘或两列相乘后的各数之和必定为零。例如当 $n=2$，$N=4$ 时的变换核矩阵为 $\boldsymbol{G}_4$：

$$\boldsymbol{G}_4 = \frac{1}{4}\begin{pmatrix} 1 & 1 & 1 & 1 \\ 1 & 1 & -1 & -1 \\ 1 & -1 & 1 & -1 \\ 1 & -1 & -1 & 1 \end{pmatrix} \tag{3.6.5}$$

而 $n=3$，$N=8$ 时的变换核矩阵为 $\boldsymbol{G}_8$：

$$\boldsymbol{G}_8=\frac{1}{8}\begin{bmatrix}1&1&1&1&1&1&1&1\\1&1&1&1&-1&-1&-1&-1\\1&1&-1&-1&1&1&-1&-1\\1&1&-1&-1&-1&-1&1&1\\1&-1&1&-1&1&-1&1&-1\\1&-1&1&-1&-1&1&-1&1\\1&-1&-1&1&1&-1&-1&1\\1&-1&-1&1&-1&1&1&-1\end{bmatrix}\tag{3.6.6}$$

2. 二维离散沃尔什变换

将一维的情况推广到二维，可以得到二维沃尔什正变换核和逆变换核分别为

$$g(x,y,u,v)=\frac{1}{N^2}\prod_{i=0}^{N-1}(-1)^{[b_i(x)b_{n-1-i}(u)+b_i(y)b_{n-1-i}(v)]}\tag{3.6.7}$$

$$h(x,y,u,v)=\prod_{i=0}^{N-1}(-1)^{[b_i(x)b_{n-1-i}(u)+b_i(y)b_{n-1-i}(v)]}\tag{3.6.8}$$

相应的二维离散沃尔什正变换和逆变换为

$$W(u,v)=\frac{1}{N^2}\sum_{x=0}^{N-1}\sum_{y=0}^{N-1}f(x,y)\prod_{i=0}^{N-1}(-1)^{[b_i(x)b_{n-1-i}(u)+b_i(y)b_{n-1-i}(v)]}\tag{3.6.9}$$

$$u,v=0,1,\cdots,N-1$$

$$f(x,y)=\sum_{u=0}^{N-1}\sum_{v=0}^{N-1}W(u,v)\prod_{i=0}^{N-1}(-1)^{[b_i(x)b_{n-1-i}(u)+b_i(y)b_{n-1-i}(v)]}\tag{3.6.10}$$

$$x,y=0,1,\cdots,N-1$$

由式(3.6.7)与式(3.6.8)可见，

$$g(x,y,u,v)=g_1(x,u)g_1(y,v)\tag{3.6.11}$$

$$h(x,y,u,v)=h_1(x,u)h_1(y,v)\tag{3.6.12}$$

即二维沃尔什正变换核和逆变换核都是可分离的和对称的。因此，二维离散沃尔什变换可以用两步一维离散沃尔什变换来进行。

3.6.2 离散哈达玛变换

哈达玛(Hadamard)变换本质上是一种特殊排序的沃尔什变换。哈达玛变换矩阵也是一个方阵，且只包括+1和−1两种矩阵元素，各行和各列之间彼此是正交的。哈达玛变换核矩阵与沃尔什变换核矩阵的不同之处仅仅是行的次序不同。而哈达玛变换的最大优点在于它的变换核矩阵具有简单的递推关系，即高阶矩阵可以由低阶矩阵求得。这个特点使得人们更愿意采用哈达玛变换。

1. 一维离散哈达玛变换

一维哈达玛变换核为：

$$g(x,u)=\frac{1}{N}(-1)^{\sum_{i=0}^{N-1}b_i(x)b_i(u)}\tag{3.6.13}$$

其中指数上的求和是以2为模的，$b_k(z)$ 是 z 的二进制表示的第 k 位。$N=2^n$ 是哈达玛变换的阶数。相应的一维离散哈达玛变换式为：

$$B(u)=\frac{1}{N}\sum_{x=0}^{N-1}f(x)(-1)^{\sum_{i=0}^{N-1}b_i(x)b_i(u)} \tag{3.6.14}$$

$$u=0,1,\cdots,N-1$$

一维哈达玛逆变换核为：

$$h(x,u)=(-1)^{\sum_{i=0}^{N-1}b_i(x)b_i(u)} \tag{3.6.15}$$

相应的一维离散哈达玛逆变换为

$$f(x)=\sum_{u=0}^{N-1}B(u)(-1)\sum_{i=0}^{N-1}b_i(x)b_i(u) \tag{3.6.16}$$

$$x=0,1,\cdots,N-1$$

2. 二维离散哈达玛变换

将一维的情况推广到二维，可以得到二维哈达玛正变换核和逆变换核为

$$g(x,y,u,v)=\frac{1}{N^2}(-1)^{\sum_{i=0}^{N-1}[b_i(x)b_i(u)+b_i(y)b_i(v)]} \tag{3.6.17}$$

$$h(x,y,u,v)=(-1)^{\sum_{i=0}^{N-1}[b_i(x)b_i(u)+b_i(y)b_i(v)]} \tag{3.6.18}$$

相应的二维离散哈达玛正变换和逆变换为

$$B(u,v)=\frac{1}{N^2}\sum_{x=0}^{N-1}\sum_{y=0}^{N-1}f(x,y)(-1)^{\sum_{i=0}^{N-1}[b_i(x)b_i(u)+b_i(y)b_i(v)]} \tag{3.6.19}$$

$$u,v=0,1,\cdots,N-1$$

$$f(x,y)=\sum_{u=0}^{N-1}\sum_{v=0}^{N-1}B(u,v)(-1)^{\sum_{i=0}^{N-1}[b_i(x)b_i(u)+b_i(y)b_i(v)]} \tag{3.6.20}$$

$$x,y=0,1,\cdots,N-1$$

显然，哈达玛正变换核和逆变换核既是分离的，也是对称的。因此，二维离散哈达玛变换可以由两步一维离散哈达玛变换来进行。

3.6.3 快速哈达玛变换算法

由于二维变换可以用两步一维变换来实现，此处仅讨论一维快速哈达玛变换算法。设 $N=2^n$，由一维离散哈达玛变换式(3.6.14)，一维哈达玛变换可写成矩阵形式：

$$\boldsymbol{B}=\frac{1}{N}\boldsymbol{H}_n\boldsymbol{f} \tag{3.6.21}$$

其中

$$\boldsymbol{B}=\begin{bmatrix}B(0)\\B(1)\\\vdots\\B(N-1)\end{bmatrix} \tag{3.6.22}$$

$$\boldsymbol{f}=\begin{bmatrix}f(0)\\f(1)\\\vdots\\f(N-1)\end{bmatrix} \tag{3.6.23}$$

$\boldsymbol{H}_n$ 是 N 阶哈达玛矩阵，具有如下重要特性：

$$\frac{1}{N}\boldsymbol{H}_n\boldsymbol{H}_n = \boldsymbol{I} \tag{3.6.24}$$

其中 $\boldsymbol{I}$ 为单位矩阵。

$N=2(n=1)$阶哈达玛矩阵为

$$\boldsymbol{H}_1 = \begin{pmatrix} 1 & 1 \\ 1 & -1 \end{pmatrix} \tag{3.6.25}$$

$N(=2^n)$阶哈达玛矩阵为

$$\boldsymbol{H}_n = \begin{bmatrix} \boldsymbol{H}_{n-1} & \boldsymbol{H}_{n-1} \\ \boldsymbol{H}_{n-1} & -\boldsymbol{H}_{n-1} \end{bmatrix} \tag{3.6.26}$$

例如 $N=4$ 阶哈达玛矩阵为

$$\boldsymbol{H}_2 = \begin{bmatrix} \boldsymbol{H}_1 & \boldsymbol{H}_1 \\ \boldsymbol{H}_1 & -\boldsymbol{H}_1 \end{bmatrix} = \begin{bmatrix} 1 & 1 & 1 & 1 \\ 1 & -1 & 1 & -1 \\ 1 & 1 & -1 & -1 \\ 1 & -1 & -1 & 1 \end{bmatrix}$$

利用矩阵分块技术或矩阵因子分解技术，便可导出快速哈达玛变换(FHT)算法。下面以 $N=2^3=8$ 为例说明之。

$$\boldsymbol{B} = \frac{1}{8}\boldsymbol{H}_3\boldsymbol{f}$$

$$\begin{bmatrix} B(0) \\ B(1) \\ B(2) \\ B(3) \\ \vdots \\ B(4) \\ B(5) \\ B(6) \\ B(7) \end{bmatrix} = \frac{1}{8}\begin{bmatrix} \boldsymbol{H}_2 & \boldsymbol{H}_2 \\ \boldsymbol{H}_2 & -\boldsymbol{H}_2 \end{bmatrix}\begin{bmatrix} f(0) \\ f(1) \\ f(2) \\ f(3) \\ \vdots \\ f(4) \\ f(5) \\ f(6) \\ f(7) \end{bmatrix} \tag{3.6.27}$$

$$\begin{bmatrix} B(0) \\ B(1) \\ B(2) \\ B(3) \end{bmatrix} = \frac{1}{8}\boldsymbol{H}_2\begin{bmatrix} f(0) \\ f(1) \\ f(2) \\ f(3) \end{bmatrix} + \frac{1}{8}\boldsymbol{H}_2\begin{bmatrix} f(4) \\ f(5) \\ f(6) \\ f(7) \end{bmatrix} = \frac{1}{8}\boldsymbol{H}_2\begin{bmatrix} f(0)+f(4) \\ f(1)+f(5) \\ f(2)+f(6) \\ f(3)+f(7) \end{bmatrix} \tag{3.6.28}$$

$$\begin{bmatrix} B(4) \\ B(5) \\ B(6) \\ B(7) \end{bmatrix} = \frac{1}{8}\boldsymbol{H}_2\begin{bmatrix} f(0)-f(4) \\ f(1)-f(5) \\ f(2)-f(6) \\ f(3)-f(7) \end{bmatrix} \tag{3.6.29}$$

引入记号：

$$f_1(l) = f(l) + f(4+l) \qquad l = 0,1,2,3$$

$$f_1(l) = f(l-4) - f(l) \qquad l = 4,5,6,7$$

则式(3.6.28)和式(3.6.29)可改写为

$$\begin{bmatrix} B(0) \\ B(1) \\ B(2) \\ B(3) \end{bmatrix} = \frac{1}{8}\begin{pmatrix} \boldsymbol{H}_1 & \boldsymbol{H}_1 \\ \boldsymbol{H}_1 & -\boldsymbol{H}_1 \end{pmatrix}\begin{bmatrix} f_1(0) \\ f_1(1) \\ f_1(2) \\ f_1(3) \end{bmatrix} \tag{3.6.30}$$

$$\begin{bmatrix} B(4) \\ B(5) \\ B(6) \\ B(7) \end{bmatrix} = \frac{1}{8}\begin{pmatrix} \boldsymbol{H}_1 & \boldsymbol{H}_1 \\ \boldsymbol{H}_1 & -\boldsymbol{H}_1 \end{pmatrix}\begin{bmatrix} f_1(4) \\ f_1(5) \\ f_1(6) \\ f_1(7) \end{bmatrix} \tag{3.6.31}$$

再将上述两式各一分为二，得到如下四个关系式：

$$\begin{pmatrix} B(0) \\ B(1) \end{pmatrix} = \frac{1}{8}\boldsymbol{H}_1\begin{pmatrix} f_1(0)+f_1(2) \\ f_1(1)+f_1(3) \end{pmatrix} = \frac{1}{8}\boldsymbol{H}_1\begin{pmatrix} f_2(0) \\ f_2(1) \end{pmatrix} \tag{3.6.32}$$

$$\begin{pmatrix} B(2) \\ B(3) \end{pmatrix} = \frac{1}{8}\boldsymbol{H}_1\begin{pmatrix} f_1(0)-f_1(2) \\ f_1(1)-f_1(3) \end{pmatrix} = \frac{1}{8}\boldsymbol{H}_1\begin{pmatrix} f_2(2) \\ f_2(3) \end{pmatrix} \tag{3.6.33}$$

$$\begin{pmatrix} B(4) \\ B(5) \end{pmatrix} = \frac{1}{8}\boldsymbol{H}_1\begin{pmatrix} f_1(4)+f_1(6) \\ f_1(5)+f_1(7) \end{pmatrix} = \frac{1}{8}\boldsymbol{H}_1\begin{pmatrix} f_2(4) \\ f_2(5) \end{pmatrix} \tag{3.6.34}$$

$$\begin{pmatrix} B(6) \\ B(7) \end{pmatrix} = \frac{1}{8}\boldsymbol{H}_1\begin{pmatrix} f_1(4)-f_1(6) \\ f_1(5)-f_1(7) \end{pmatrix} = \frac{1}{8}\boldsymbol{H}_1\begin{pmatrix} f_2(6) \\ f_2(7) \end{pmatrix} \tag{3.6.35}$$

用同样的方法，将 $\boldsymbol{H}_1=\begin{pmatrix} 1 & 1 \\ 1 & -1 \end{pmatrix}$ 代入上述四式，交使它们一分为二，得

$$\left.\begin{aligned} 8B(0) &= f_2(0)+f_2(1) = f_3(0) \\ 8B(1) &= f_2(0)-f_2(1) = f_3(1) \\ 8B(2) &= f_2(2)+f_2(3) = f_3(2) \\ 8B(3) &= f_2(2)-f_2(3) = f_3(3) \\ 8B(4) &= f_2(4)+f_2(5) = f_3(4) \\ 8B(5) &= f_2(4)-f_2(5) = f_3(5) \\ 8B(6) &= f_2(6)+f_2(7) = f_3(6) \\ 8B(7) &= f_2(6)-f_2(7) = f_3(7) \end{aligned}\right\} \tag{3.6.36}$$

将上述过程画出快速算法流程图，如图 3.11 所示。其中第 1 步计算(＃1)对应式(3.6.30)和式(3.6.31)，第 2 步计算(＃2)对应式(3.6.32)～式(3.6.35)，第 3 步计算(＃3)对应式(3.6.36)。标有“－”号的位置表示减法，其余都是加法。

可以看出，FHT 与 FFT 的流程图形式基本相同。但是在 FHT 中没有复数乘法，只有加减运算，因而计算速度大大提高。

对于任意 $N=2^n$ 的 FHT 计算，其流程图的构成与图 3.11 类似，因此可以给出以下一般化的作图规律：

1)计算总步数为 $n=\log_2 N$，设 r 为计算序号，则 $r=1,2,\cdots,n$。

2)第 r 步计算构成 2^{r-1} 个组，每组中包括 $N/2^{r-1}$ 次加减法，在每组这些运算中有半数为加法，半数为减法。

3)计算全部变换系数的总运算次数为 $N\log_2 N$ 次加减法，而按式(3.6.14)直接计算，则需要 $N2$ 次加减法。

4)这种快速运算可直接用于逆变换，因为正逆变换只差一个常数。

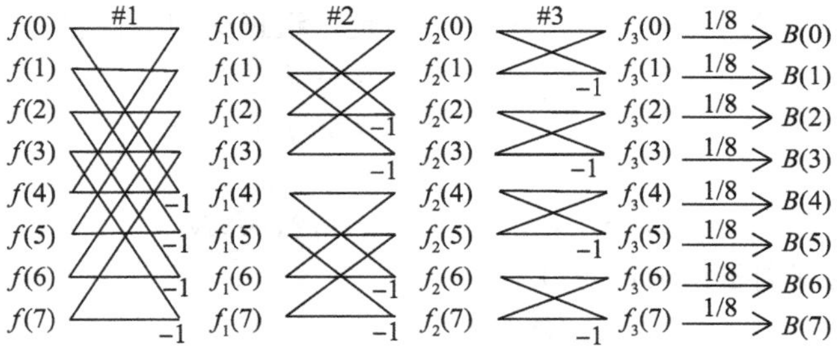

图 3.11　N=8 时 FHT 流程图

例 3.6　设 $f=(1,2,1,1,3,2,1,2)^{\mathrm{T}}$，用 FHT 求其哈达玛变换，如图 3.12 所示。

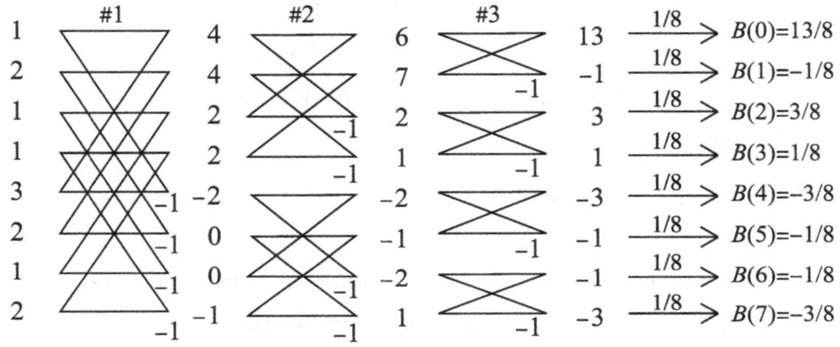

图 3.12　例 3.6 计算流程图

3.7　霍特林变换

与上述图像变换不同，霍特林(Hotelling)变换是一种基于图像统计特性的变换。霍特林变换可直接用于数字图像的变换，它在连续域对应的变换是 KL(Karhunen-Loeve)变换。霍特林变换也常称为特征值变换、主分量变换或离散 KL 变换。

设 $\boldsymbol{x}=(x_1,x_2,\cdots,x_N)^{\mathrm{T}}$ 为 N 维随机向量，其数学期望(或称均值向量)为

$$\boldsymbol{m}_x = E\{\boldsymbol{x}\} \tag{3.7.1}$$

$\boldsymbol{x}$ 协方差矩阵为

$$\boldsymbol{C}_x = E\{(\boldsymbol{x}-\boldsymbol{m}_x)(\boldsymbol{x}-\boldsymbol{m}_x)^{\mathrm{T}}\} \tag{3.7.2}$$

由于 $\boldsymbol{x}$ 是 N 阶的，所以 $\boldsymbol{C}_x$ 是 $N\times N$ 阶实对称矩阵，记为

$$\boldsymbol{C}_x = (c_{ij})_{N\times N} \tag{3.7.3}$$

其中 c_{ii} 是随机变量 x_i 的方差，c_{ij} 是 $\boldsymbol{x}$ 的第 i 分量与第 j 分量的协方差。如果随机向量 $\boldsymbol{x}$ 的第 i 分量与第 j 分量不相关，则 $c_{ij}=c_{ji}=0$。

设从同一个随机母体得到了 M 个样本 $\boldsymbol{x}_1,\boldsymbol{x}_2,\cdots,\boldsymbol{x}_M$，则随机向量的数学期望和协方差矩阵可以用下述公式估算之：

$$\boldsymbol{m}_x = \frac{1}{M}\sum_{k=1}^{M}\boldsymbol{x}_k \tag{3.7.4}$$

$$\boldsymbol{C}_x = \frac{1}{M}\sum_{k=1}^{M}\boldsymbol{x}_k\boldsymbol{x}_k^{\mathrm{T}} - \boldsymbol{m}_x\boldsymbol{m}_x^{\mathrm{T}} \tag{3.7.5}$$

设 $\boldsymbol{C}_x$ 的特征值为 $\lambda_i(i=1,2,\cdots,N)$ 且单调排列，即 $\lambda_i\geqslant\lambda_i+1(i=1，2，\cdots，N-1)$。与这

些特征值对应的特征向量为 $\boldsymbol{e}_i(i=1,2,\cdots,N)$，是一组正交归一向量，

$$\boldsymbol{e}_i^{\mathrm{T}}\boldsymbol{e}_j=\begin{cases}1 & i=j\\0 & i\neq j\end{cases} \tag{3.7.6}$$

满足

$$\boldsymbol{C}_x\boldsymbol{e}_i=\lambda_i\boldsymbol{e}_i \qquad i=1,2,\cdots,N \tag{3.7.7}$$

考虑由 $\boldsymbol{C}_x$ 的特征向量组成的矩阵

$$\boldsymbol{\Phi}=(\boldsymbol{e}_1\ \boldsymbol{e}_2\ \cdots\ \boldsymbol{e}_N) \tag{3.7.8}$$

作变换

$$\boldsymbol{y}=\begin{pmatrix}y_1\\y_2\\\vdots\\y_N\end{pmatrix}=\boldsymbol{\Phi}^{\mathrm{T}}(\boldsymbol{x}-\boldsymbol{m}_x)=\begin{pmatrix}\boldsymbol{e}_1^{\mathrm{T}}\\\boldsymbol{e}_2^{\mathrm{T}}\\\vdots\\\boldsymbol{e}_N^{\mathrm{T}}\end{pmatrix}(\boldsymbol{x}-\boldsymbol{m}_x) \tag{3.7.9}$$

其中 $y_j=\boldsymbol{e}_j^{\mathrm{T}}\boldsymbol{x}$。称 $\boldsymbol{y}$ 为 $\boldsymbol{x}$ 的霍特林变换，或 $\boldsymbol{y}$ 为 $\boldsymbol{x}$ 的 KL 变换。

向量 $\boldsymbol{y}$ 的数学期望为

$$\boldsymbol{m}_y=E\{\boldsymbol{y}\}=E\{\boldsymbol{\Phi}^{\mathrm{T}}(\boldsymbol{x}-\boldsymbol{m}_x)\}=\boldsymbol{\Phi}^{\mathrm{T}}E\{\boldsymbol{x}\}-\boldsymbol{\Phi}^{\mathrm{T}}\boldsymbol{m}_x=\boldsymbol{0} \tag{3.7.10}$$

$\boldsymbol{y}$ 的协方差矩阵为

$$\begin{aligned}\boldsymbol{C}_y&=E\{(\boldsymbol{y}-\boldsymbol{m}_y)(\boldsymbol{y}-\boldsymbol{m}_y)^{\mathrm{T}}\}=E\{\boldsymbol{\Phi}^{\mathrm{T}}(\boldsymbol{x}-\boldsymbol{m}_x)(\boldsymbol{x}-\boldsymbol{m}_x)^{\mathrm{T}}\boldsymbol{\Phi}\}\\&=\boldsymbol{\Phi}^{\mathrm{T}}E\{(\boldsymbol{x}-\boldsymbol{m}_x)(\boldsymbol{x}-\boldsymbol{m}_x)^{\mathrm{T}}\boldsymbol{\Phi}=\boldsymbol{\Phi}^{\mathrm{T}}\boldsymbol{C}_x\boldsymbol{\Phi}\end{aligned} \tag{3.7.11}$$

将式(3.7.7)和式(3.7.8)代入上式，得

$$\begin{aligned}\boldsymbol{C}_y&=\boldsymbol{\Phi}^{\mathrm{T}}\boldsymbol{C}_x(\boldsymbol{e}_1\ \boldsymbol{e}_2\ \cdots\ \boldsymbol{e}_N)=\boldsymbol{\Phi}^{\mathrm{T}}(\lambda_1\boldsymbol{e}_1\ \lambda_2\boldsymbol{e}_2\ \cdots\ \lambda_N\boldsymbol{e}_N)\\&=\boldsymbol{\Phi}^{\mathrm{T}}(\boldsymbol{e}_1\ \boldsymbol{e}_2\ \cdots\ \boldsymbol{e}_N)\begin{pmatrix}\lambda_1&&&\\&\lambda_2&&\\&&\ddots&\\&&&\lambda_N\end{pmatrix}=\begin{pmatrix}\lambda_1&&&\\&\lambda_2&&\\&&\ddots&\\&&&\lambda_N\end{pmatrix}\end{aligned} \tag{3.7.12}$$

由此可见，$\boldsymbol{y}$ 的协方差矩阵除对角线以外的元素均为零，即 $\boldsymbol{y}$ 的各分量是彼此不相关的。因此，霍特林变换消除了数据之间的相关性，从而在信息压缩方面起着重要的作用。

利用 $\boldsymbol{\Phi}$ 的正交归一性，即

$$\begin{cases}\boldsymbol{\Phi}^{\mathrm{T}}=\boldsymbol{\Phi}^{-1}\\\boldsymbol{\Phi}^{\mathrm{T}}\boldsymbol{\Phi}=\boldsymbol{I}\end{cases} \tag{3.7.13}$$

得

$$\boldsymbol{x}=\boldsymbol{\Phi}\boldsymbol{y}+\boldsymbol{m}_x=\sum_{j=1}^{N}y_j\boldsymbol{e}_j+\boldsymbol{m}_x \tag{3.7.14}$$

称上式为 $\boldsymbol{x}$ 的 KL 展开。

令 $\boldsymbol{x}(\boldsymbol{e},K)$ 为 $\boldsymbol{x}$ 的 K 次部分展开式，即

$$\boldsymbol{x}(\boldsymbol{e},K)=\boldsymbol{\Phi}_K\boldsymbol{y}+\boldsymbol{m}_x=\sum_{j=1}^{K}y_j\boldsymbol{e}_j+\boldsymbol{m}_x \qquad 1\leqslant K<N \tag{3.7.15}$$

当用 $\boldsymbol{x}(\boldsymbol{e},K)$ 近似 $\boldsymbol{x}$ 时，其均方误差为

$$\boldsymbol{e}_{\mathrm{ms}}=\sum_{j=1}^{N}\lambda_j-\sum_{j=1}^{K}\lambda_j=\sum_{j=K+1}^{N}\lambda_j \tag{3.7.16}$$

上式表明，如果 $K=N$ 时，即在变换中利用所有特征向量，则误差为零。由于特征值是单调减小的，所以式(3.7.16)也表明，通过选择最大特征值的 $K(K<N)$ 个特征向量组成变

换矩阵 $\boldsymbol{\Phi}_K$，可以使得 $\boldsymbol{x}$ 与 $\boldsymbol{x}(\boldsymbol{e},K)$ 之间的均方误差最小。这说明在最小化 $\boldsymbol{x}$ 与 $\boldsymbol{x}(\boldsymbol{e},K)$ 之间的均方误差的意义上来说，霍特林变换是最优的。

例 3.7 已知四个样本如下：

$$\boldsymbol{x}_1=\begin{pmatrix}1/2\\1/2\end{pmatrix}\quad \boldsymbol{x}_2=\begin{pmatrix}-1/2\\-1/2\end{pmatrix}\quad \boldsymbol{x}_3=\begin{pmatrix}1\\1\end{pmatrix}\quad \boldsymbol{x}_4=\begin{pmatrix}-1\\-1\end{pmatrix}$$

$$E\{\boldsymbol{x}\}=\frac{1}{4}(\boldsymbol{x}_1+\boldsymbol{x}_2+\boldsymbol{x}_3+\boldsymbol{x}_4)=\begin{pmatrix}0\\0\end{pmatrix}$$

$$\boldsymbol{C}_x=\frac{1}{4}\sum_{k=1}^{4}\boldsymbol{x}_k\boldsymbol{x}_k^{\mathrm{T}}=\begin{pmatrix}5/8 & 5/8\\5/8 & 5/8\end{pmatrix}$$

$\boldsymbol{C}_x$ 的特征值为 $\lambda_1=5/4$，$\lambda_2=0$；对应的特征向量为

$$\boldsymbol{e}_1=\begin{bmatrix}1/\sqrt{2}\\1/\sqrt{2}\end{bmatrix}\qquad \boldsymbol{e}_2=\begin{bmatrix}1/\sqrt{2}\\-1/\sqrt{2}\end{bmatrix}$$

霍特林变换矩阵为

$$\boldsymbol{\Phi}=(\boldsymbol{e}_1\ \boldsymbol{e}_2)=\begin{bmatrix}1/\sqrt{2} & 1/\sqrt{2}\\1/\sqrt{2} & -1/\sqrt{2}\end{bmatrix}$$

由 $\boldsymbol{y}_i=\boldsymbol{\Phi}^{\mathrm{T}}\boldsymbol{x}_i$，得

$$\boldsymbol{y}_1=\begin{bmatrix}1/\sqrt{2}\\0\end{bmatrix}\quad \boldsymbol{y}_2=\begin{bmatrix}-1/\sqrt{2}\\0\end{bmatrix}\quad \boldsymbol{y}_3=\begin{bmatrix}\sqrt{2}\\0\end{bmatrix}\quad \boldsymbol{y}_4=\begin{bmatrix}-\sqrt{2}\\0\end{bmatrix}$$

变换结果如图 3.13 所示。如果选取 λ_1 对应的特征向量作为变换矩阵，即

$$\boldsymbol{\Phi}_1=(\boldsymbol{e}_1)=\begin{bmatrix}1/\sqrt{2}\\1/\sqrt{2}\end{bmatrix}$$

则由 $\boldsymbol{y}_i=\boldsymbol{\Phi}_1^{\mathrm{T}}\boldsymbol{x}_i$ 得变换后的一维样本为

$$y_1=1/\sqrt{2},\quad y_2=-1/\sqrt{2},\quad y_3=\sqrt{2},\quad y_4=-\sqrt{2}$$

这实际上是原样本在向量轴 $\boldsymbol{e}_1$ 上的投影。

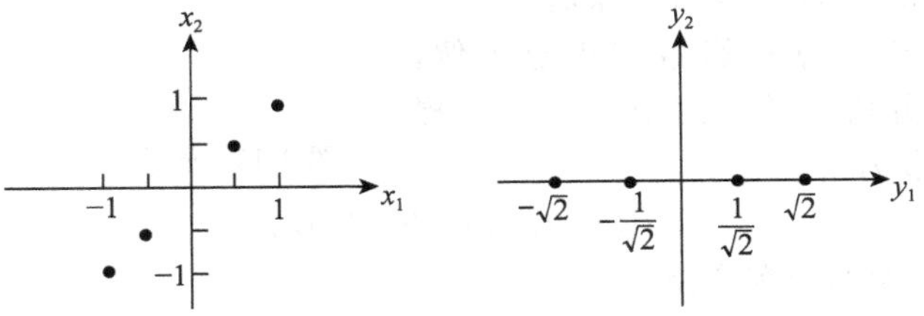

图 3.13 霍特林变换图

3.8 拉东变换

3.8.1 拉东变换概述

拉东(Radon)变换是计算图像在某一指定角度射线方向上投影的变换方法。二维函数 $f(x,y)$ 的投影就是其在指定方向上的线积分。例如 $f(x,y)$ 在垂直方向上的二维线积分就是 $f(x,y)$ 在 x 轴上的投影；$f(x,y)$ 在水平方向上的二维线积分就是 $f(x,y)$ 在 y 轴上的投

影。图 3.14 给出了一个简单二维函数的水平投影和垂直投影。

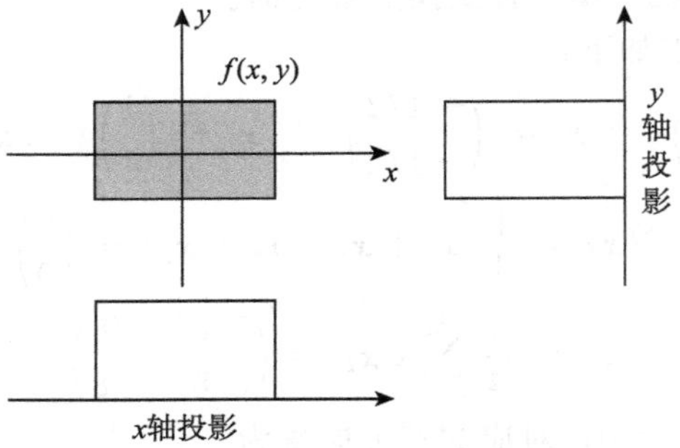

图 3.14　二维函数的水平投影和垂直投影示意图

推而广之，可以沿任意角度对函数进行投影，即函数 $f(x,y)$ 的拉东变换式为

$$R_\theta(x') = \int_{-\infty}^{\infty} f(x'\cos\theta - y'\sin\theta, x'\sin\theta + y'\cos\theta)\,\mathrm{d}y' \tag{3.8.1}$$

其中

$$\begin{pmatrix} x' \\ y' \end{pmatrix} = \begin{pmatrix} \cos\theta & \sin\theta \\ -\sin\theta & \cos\theta \end{pmatrix} \begin{pmatrix} x \\ y \end{pmatrix} \tag{3.8.2}$$

函数 $f(x,y)$ 的拉东变换几何示意图见图 3.15。

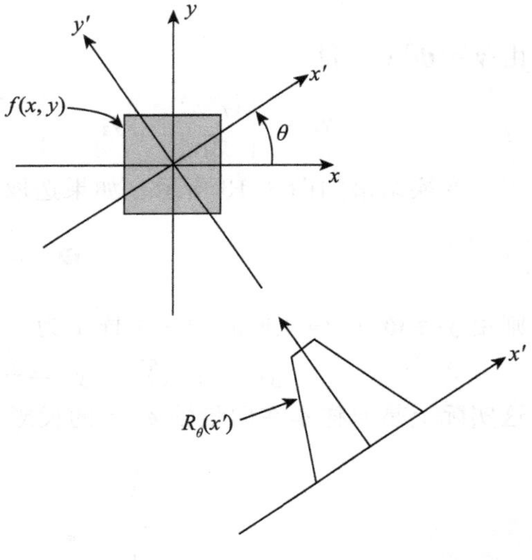

图 3.15　函数 $f(x,y)$ 的拉东变换几何示意图

3.8.2　拉东变换的 Matlab 实现

Matlab 提供了 radon 函数用于计算图像在指定角度上的拉东变换，其格式为：

```
[R,xp]= radon(I,theta)
```

其中 I 表示需要变换的图像，theta 表示变换的角度，R 的各行返回 theta 中各方向上的拉东变换值，xp 表示向量沿 x' 轴相应的坐标轴。

拉东逆变换可以根据投影数据重建图像，在 X 射线断层摄影分析中常常使用。Matlab 提供的拉东逆变换函数为

$$\mathrm{IR} = \mathrm{iradon}(\mathrm{R}, \mathrm{theta})$$

例 3.8　真彩图像的拉东变换。

Matlab 程序如下：

```
RGB=imread('image2.jpg');                                    % 装入真彩图像
GRAY=rgb2gray(RGB);                                          % 将真彩图像转换为灰度图像
figure(2);
imshow(GRAY);                                                % 显示灰度图像,如图 3.16a
[R,xp]=radon(GRAY,[0 45]);                                   % 计算变换角度为 0°和 45°的拉东变换
figure; plot(xp,R(:,1)); title('R_{0^o} (x\prime)')        % 显示 0°方向上的拉东变换如图 3.16b
figure; plot(xp,R(:,2)); title('R_{45^o} (x\prime)')       % 显示 45°方向上的拉东变换如图 3.16c
```

例 3.9　连续角度的拉东变换。

对于一组连续角度的拉东变换通常用一幅图像来表示。本例先建立一幅简单图像，然后观察令变换角度从 0° 以 1°的增量变化到 180°时的拉东变换情况。其 Matlab 程序如下：

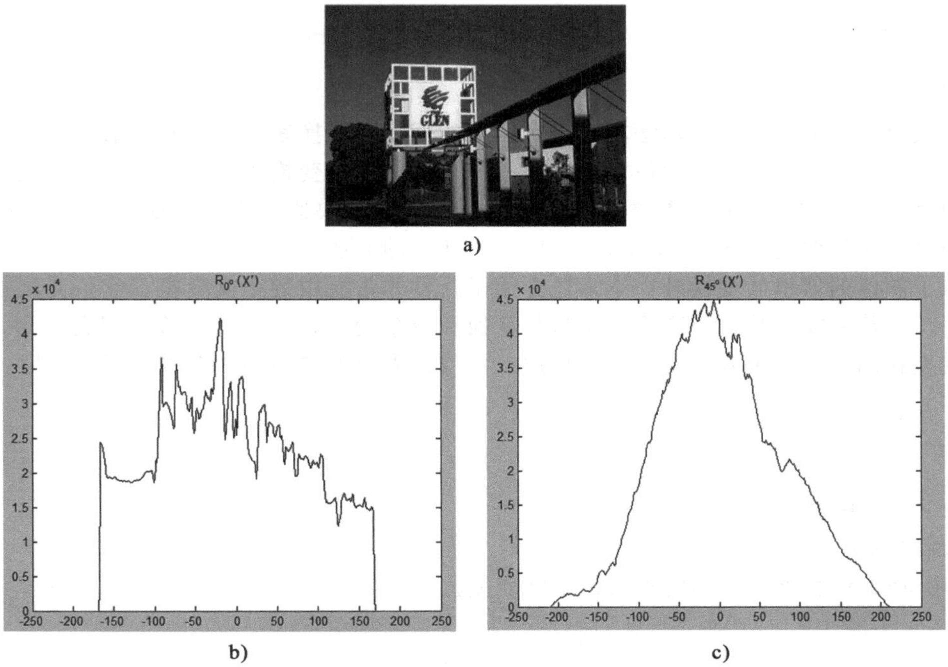

图 3.16　例 3.8 的拉东变换结果

```
I=zeros(100,100);                      % 建立简单图像,如图 3.17a 所示
I(25:75,25:75)=1;
figure(1);imshow(I);
theta=0:180;                           % 规定变换角度的范围
[R,xp]=radon(I,theta);                 % 计算拉东变换
figure(2);
imagesc(theta,xp,R);                   % 以图像方式显示变换结果 R,
                                       % 其 x 轴和 y 轴分别为 theta 和 xp
title('R_{\theta} (X\prime)');         % 显示图像标题 Rθ(x')
xlabel('\theta (degrees)');            % 显示 x 坐标"θ(degrees)"
ylabel('X\prime');                     % 显示 y 坐标"x'"
set(gca,'Xtick',0:20:180);             % 设置 x 坐标刻度
colormap(hot);                         % 设置调色板
colorbar;                              % 显示当前图像的调色板
```

执行上述程序的结果如图 3.17b 所示。

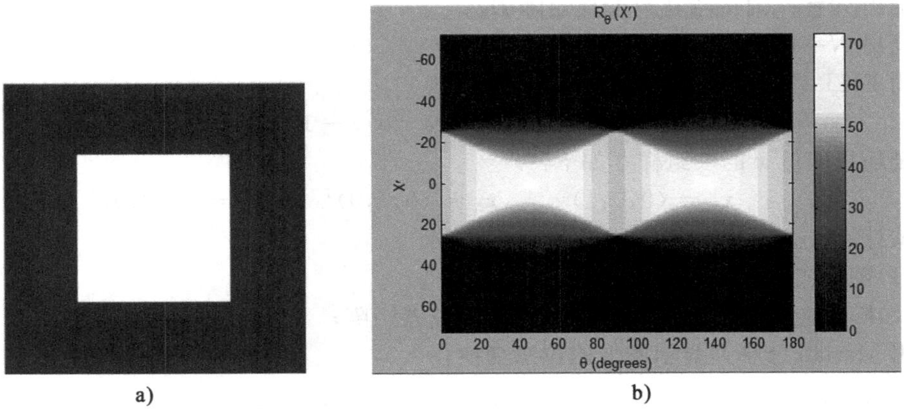

图 3.17　例 3.9 的拉东变换图

小结

与数字图像的空间域表示法相对应，图像的傅里叶变换表示法即频域表示法在数字图像处理学中占有同样重要的地位。本章从一维离散傅里叶变换入手，详细介绍了离散傅里叶变换(DFT)的物理意义、离散傅里叶变换的性质以及快速傅里叶变换(FFT)算法原理。同时结合实例说明运用 Matlab 函数实现图像 FFT 的方法。

除了图像的傅里叶变换外，本章还介绍了几种非常有用的正交变换。它们是离散余弦变换、沃尔什变换和哈达玛变换、霍特林变换和拉东变换。在后续章节中将会看到，这些正交变换在图像压缩编码、图像特征抽取、图像检测与图像识别中有着广泛的应用。

习题

3.1 FFT 的基本思想是什么？

3.2 画出 $N=16$ 时的 FFT 流程图。

3.3 用 FFT 计算下列序列的离散傅里叶变换。

$$f(x)=\begin{cases}1 & 0\leqslant x\leqslant 7\\ 0 & \text{其他}\end{cases}$$

3.4 用 FFT 计算下列序列的离散傅里叶逆变换。

$$F(u)=\begin{cases}u & 0\leqslant u\leqslant 7\\ 0 & \text{其他}\end{cases}$$

3.5 证明二维离散傅里叶变换的位移性，即式(3.4.16)和式(3.4.17)。

3.6 证明二维离散傅里叶变换的卷积定理，即式(3.4.23)和式(3.4.24)。

3.7 计算长度为 N 的序列的 FFT 需要 $\frac{N}{2}\log_2 N$ 次乘法，那么计算一幅 $N\times N$ 图像的二维 FFT 需要多少次乘法运算？

3.8 用 Matlab 计算并显示图像的傅里叶变换谱。

3.9 快速余弦变换有几种实现方法，如何实现？

3.10 用 Matlab 计算并显示图像的离散余弦变换。

3.11 给出 $N=16$ 时的沃尔什变换核矩阵 $\boldsymbol{G}_{16}$。

3.12 给出 $N=2^3$ 时的哈达玛变换矩阵 $\boldsymbol{H}_3$。

3.13 画出 $N=16$ 时的 FHT 流程图。

3.14 用 FHT 计算下列序列的离散哈达玛变换

$$\boldsymbol{f}=(1\quad 0\quad 1\quad 2\quad -1\quad 0\quad -1\quad -2)^{\mathrm{T}}$$

3.15 设随机向量 $\boldsymbol{x}$ 的一组样本如下：

$$\boldsymbol{x}_1=(0,0,1)^{\mathrm{T}}\qquad \boldsymbol{x}_2=(0,1,0)^{\mathrm{T}}\qquad \boldsymbol{x}_3=(1,0,0)^{\mathrm{T}}$$

试计算：

(1)随机向量 $\boldsymbol{x}$ 的协方差矩阵；

(2)随机向量 $\boldsymbol{x}$ 的霍特林变换 $\boldsymbol{y}$ 及其协方差矩阵；

3.16 用 Matlab 计算并显示图像的拉东变换。

CHAPTER 4

第 4 章

图像增强

4.1 概述

图像增强作为基本的图像处理技术，其目的是对图像进行加工，以得到对具体应用来说视觉效果更“好”、更“有用”的图像。由于具体应用的目的和要求不同，因而这里的“好”和“有用”的含义也不相同，因此图像增强技术是面向具体问题的。从根本上说，图像增强的通用标准是不存在的，例如，一种很适合增强 X 射线图像的方法不一定是增强卫星云层图的最好方法。

目前图像增强技术根据其处理的空间不同，可分两大类，即空域方法和频域方法。前者直接在图像所在像素空间进行处理；而后者是通过对图像进行傅里叶变换后在频域上间接进行的。在空域方法中，根据对图像的每次处理是对单个像素进行还是对小的子图像块(模板)进行又可分为两种：一种是基于像素的图像增强，也叫点处理，在增强过程中对每个像素的处理与其他像素无关；另一种是基于模板的图像增强，也叫空域滤波，在增强过程中的每次处理操作都是基于图像中的某个小的区域。

本章重点介绍了空域法的图像增强和频域法的图像增强，包括直接灰度变换、直方图修正，空域中平滑滤波器、锐化滤波器，频域中低通滤波器、高通滤波器和同态滤波器。

4.2 空域点处理增强

在图像处理中，空域是指由像素组成的空间，空域增强方法是指直接作用于像素的增强方法。空域处理可表示为：

$$g(x,y) = T[f(x,y)] \tag{4.2.1}$$

其中 $f(x,y)$ 是增强前的图像，$g(x,y)$ 是增强处理后的图像，而 T 是对 f 的一种操作，其定义在 (x,y) 的邻域。如果 T 定义在每个 (x,y) 点上，则 T 称为点操作；如果 T 定义在 (x,y) 的某个邻域上，则 T 称为模板操作。另外，T 还能对输入的图像系列进行操作。

从操作容易实现的角度考虑，最常用的邻域是正方形，因此 T 操作最简单的形式是邻域为 1×1(即点操作)的情况，在这种情况下，g 的值仅仅依赖 f 在 (x,y) 点的值，T 操作成为灰度变换函数，如果以 s 和 t 分别代表 f 和 g 在 (x,y) 处的灰度值，则式(4.2.1)可写成：

$$t = T(s) \tag{4.2.2}$$

例如，如果灰度变换函数 $T(s)$ 有如图 4.1a 所示的形状，则通过变换，原始图像中灰度级低于 m 的点经变换后变暗，而灰度级高于 m 的点经变换后变亮。在极限情况下，如

图 4.1b 所示，$T(s)$产生了二值图图像，这种形式的映射关系也叫阈值函数。

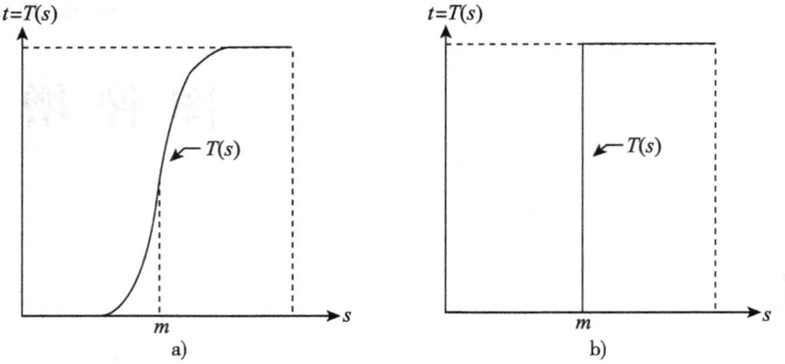

图 4.1 对比度增强的灰度级变换函数

一般情况下像素的邻域比像素大，也就是说像素的邻域中除本身外还有其他像素。在这种情况下，g 的值不仅依赖 f 在(x,y)点的值，而且还与 f 在以(x,y)为中心的邻域内的所有像素值有关，如果仍以 s 和 t 分别代表 f 和 g 在(x,y)处的灰度值，并以 $n(s)$代表 f 在(x,y)邻域内像素的灰度值，则式(4.2.2)可写成：

$$t = T(s,n(s)) \tag{4.2.3}$$

在邻域内实现增强操作常利用模板与图像卷积来操作。模板实际上是一个小的(如 3×3)二维阵列，模板中各元素的取值确定了模板的性质，如图像平滑、锐化等。这种模板操作常称为空域滤波。

4.2.1 直接灰度变换

直接灰度变换属于所有图像增强技术中最简单的一类，变换方法很多，下面介绍几种常用的方法。

1. 图像求反

所谓对图像求反是将原图像灰度值翻转，简单说来就是使黑变白，使白变黑。假设对灰度级范围是[0，$L-1$]的图像求反，就是通过变换将[0，$L-1$]变换到[$L-1$，0]，变换公式如下：

$$t = L - 1 - s \tag{4.2.4}$$

这种方法尤其适用于增强嵌入于图像暗色区域的白色或灰色细节。

用 Matlab 程序实现图像求反：

```
I= imread(' cameraman.tif');
imshow(I)
I= double(I)
I= 256- 1- I
I= uint8(I)
figure
imshow(I)
```

结果如图 4.2 所示。

2. 线性灰度变换

增强图像对比度实际是增强原图的各部分的反差，也就是说增强图像中感兴趣的灰度

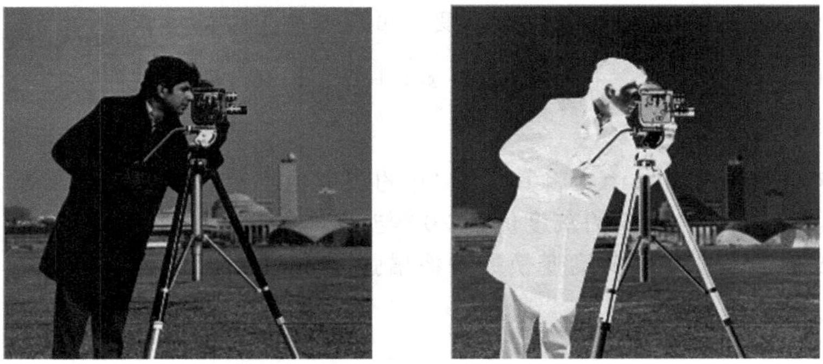

图 4.2　原图像与求反后的图像

区间，相对抑制那些不感兴趣的灰度区域。用分段线性法将需要的图像细节灰度级拉伸，增强对比度，将不需要的细节灰度级进行压缩，典型的增强对比度的变换函数 $T(\cdot)$是如图 4.3 所示的三段线性变换，其数学表达式如下：

$$t=\begin{cases}\dfrac{t_1}{s_1}s & 0\leqslant s\leqslant s_1\\ \dfrac{t_2-t_1}{s_2-s_1}(s-s_1)+t_1 & s_1<s\leqslant s_2\\ \dfrac{L-1-t_2}{L-1-s_2}(s-s_2)+t_2 & s_2<s\leqslant L-1\end{cases}\tag{4.2.5}$$

实际中 s_1，s_2，t_1，t_2 可取不同的值进行组合，从而得到不同的效果。

如果 $s_1=t_1$，$s_2=t_2$，则 T 为一条斜率为 1 的直线，增强图像将与原图像相同。

如果 $s_1=s_2$，$t_1=0$，$t_2=L-1$，则增强图只剩 2 个灰度级，此时对比度最大但细节全丢失了。

如果 $s_1>t_1$，$s_2<t_2$，结果如图 4.3a 所示，从图 4.3a 中曲线可以看出通过这样一个变换，原图像中灰度值在 $0\sim s_1$ 和 $s_2\sim L-1$ 间的动态范围减少了，而原图像中灰度值在 $s_1\sim s_2$ 间的动态范围增加了，从而增强了中间范围内的对比度。

如果 $s_1<t_1$，$s_2>t_2$，结果如图 4.3b 所示，从图 4.3b 中曲线可以看出通过这样一个变换，原图像中灰度值在 $0\sim s_1$ 和 $s_2\sim L-1$ 间的动态范围增加了，而原图像中灰度值在 $s_1\sim s_2$ 间的动态范围减少了。由此可见，通过调整 s_1，t_1，s_2，t_2 可以控制分段直线的斜率，可对任一灰度区间进行扩展和压缩。

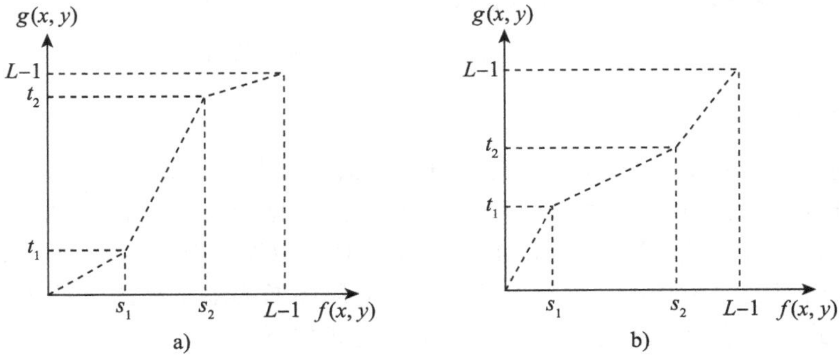

图 4.3　分段线性变换

有时为了保持原图像低端和高端值不变，可以采用下面的形式：

$$t=\begin{cases}\dfrac{t_2-t_1}{s_2-s_1}(s-s_1)+t_1 & s_1<s\leqslant s_2\\ s & \text{其他}\end{cases} \tag{4.2.6}$$

例 4.1 对于原图 pout. tif，将其小于 30 的灰度值不变，将 30～150 的灰度值拉伸到 30～200，同时压缩 150～255 的灰度值到 200 与 255 之间。

用 Matlab 程序实现线性灰度变换的图像增强：

```
% 读入并显示原始图像
I=imread('pout.tif');
imshow(I);
I=double(I);
[M,N]=size(I);
% 进行线性灰度变换
for i=1:M
    for j=1:N
        if I(i,j)< =30
            I(i,j)=I(i,j);
        elseif I(i,j)< =150
            I(i,j)=(200-30)/(150-30)* (I(i,j)-30)+ 30;
        else
            I(i,j)=(255-200)/(255-150)* (I(i,j)-150)+ 200;
        end
    end
end
% 显示变换后的结果,结果如图 4.4 所示
figure(2);imshow(uint8(I));
```

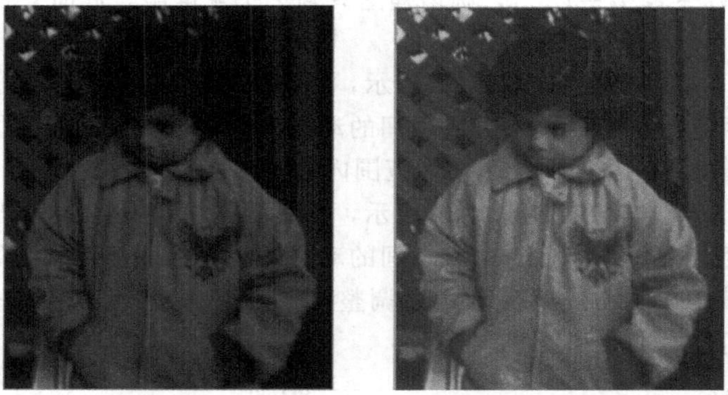

图 4.4 pout 原图与线性灰度变换后的图像

3. 对数变换

在某些情况下，例如，在显示图像的傅里叶谱时，其动态范围远远超过显示设备的显示能力，此时仅有图像中最亮部分可在显示设备上显示，而频谱中的低值将看不见，如图 4.5a 所示，在这种情况下，所显示的图像相对于原图像就存在失真。要消除这种因动态范围太大而引起的失真，一种有效的方法是对原图像的动态范围进行压缩，最常用的是借助对数形式对动态范围进行调整，其数学表达式如下：

$$t=C\log(1+|s|) \tag{4.2.7}$$

其中 C 为尺度比例常数。尺度比例常数 C 的取值可以结合原图像的动态范围以及显示

设备的显示能力来定。例如，傅里叶谱的范围在[0 R]=[0，1.6×10^6]，为了在一个 8 位的显示设备上进行显示，并充分利用显示设备的动态范围，那么，尺度比例常数 C 的大小为 $C=256/\log(1+1.6\times10^6)$，再用式(4.2.7)对原傅里叶谱进行变换，显示结果如图 4.5b 所示。与图 4.5a 傅里叶谱直接显示相比，这幅图像的细节可见程度是很显然的。

a)　　b)

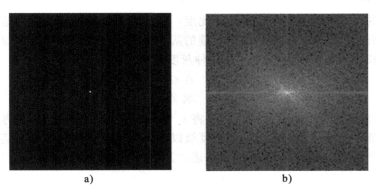

图 4.5　傅里叶谱的显示

例 4.2　设原图像的灰度值取值范围为[0，512)，现要将原图的灰度压缩到[0，256)就可以使用对数变换，其公式是 $t=41\times\log(1+|s|)$，其曲线图如图 4.6 所示。

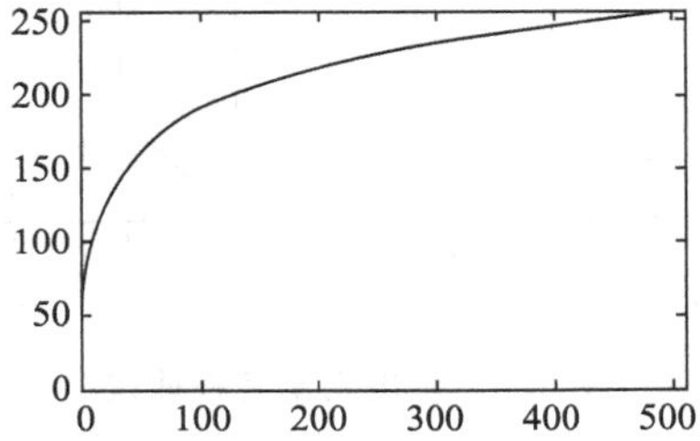

图 4.6　对数变换函数示意图

用此对数变换对图 4.7a 所示的 512 灰度级的 Lena 图像进行操作，变换结果如图 4.7b 所示，其灰度级为 256 级，其 Matlab 程序如下：

a)　　b)

图 4.7　Lena 512 级灰度和 256 级灰度图像

```
I= imread('lena.bmp');
figure;imshow(I);
```

```
I= double(I);
I2= 41* log(1+ I);
I2= uint8(I2);
figure;imshow(I2);
```

4. 灰度切割

灰度切割的目的是增强特定范围的对比度，用来突出图像中特定灰度范围的亮度。灰度分层常用的有两种方法：一种是对感兴趣的灰度级以较大的灰度值 t_2 来显示，而对另外的灰度级则以较小的灰度值 t_1 来显示。这种灰度变换的表达式为：

$$t=\begin{cases}t_2 & s_1\leqslant s\leqslant s_2\\ t_1 & \text{其他}\end{cases} \tag{4.2.8}$$

图 4.8a 是这种灰度变换示意图，它可将 s_1 和 s_2 间的灰度级突出，而将其余灰度值变为某个低灰度值。另一种是对感兴趣的灰度级以较大的灰度值进行显示而其他灰度级则保持不变。这种灰度变换可用式(4.2.9)来描述，其示意图如图 4.8b 所示。

$$t=\begin{cases}t_2 & s_1\leqslant s\leqslant s_2\\ s & \text{其他}\end{cases} \tag{4.2.9}$$

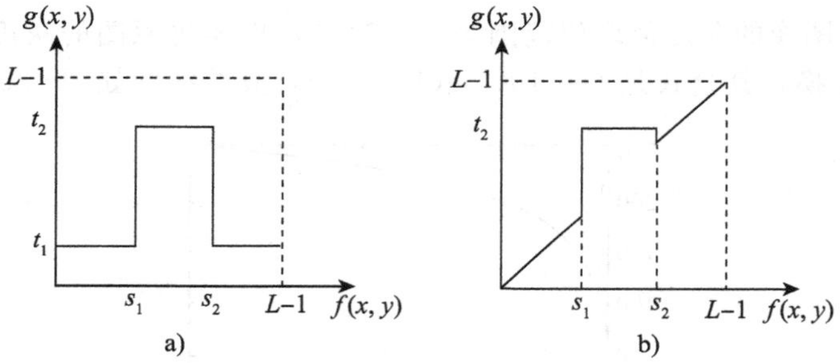

图 4.8 灰度切割变换曲线

图 4.8 中的[s_1，s_2]表示感兴趣的灰度范围。

例 4.3 图 4.9a 经过如图 4.8a 所示的灰度切割变换后结果如图 4.9b 所示。

图 4.9 原图像与灰度切割变换后的图像

灰度切割变换的 Matlab 程序如下：

```
I=imread('007.bmp');
figure;imshow(I);
I=double(I)
[M,N]=size(I);
for i=1:M
```

```
    for j=1:N
        if I(i,j)<=50
            I(i,j)=40;
      elseif I(i,j)<=180
            I(i,j)=220;
      else
            I(i,j)=40;
      end
    end
end
I=uint8(I);
figure;imshow(I);
```

5. 位图切割

直接灰度变换也可借助图像的位图表示进行，通过提高特定位的亮度来改善整幅图像质量。对一幅由多位表示其灰度值的图像来说，其中的每位可看作表示了一个二值的平面，也称为位面。设图像中每一个像素由 8 位表示，也就是说图像有 8 个位面，一般用位面 0 表示最低位面，位面 7 表示最高位面，如图 4.10 所示。借助图像的位面表示形式并对图像特定位面进行操作可实现对图像的增强效果。

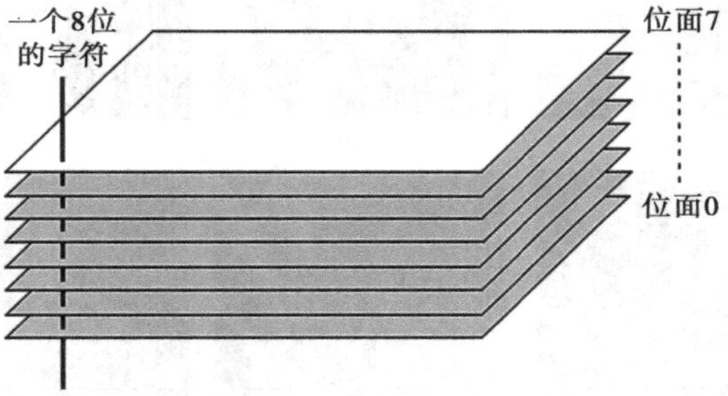

图 4.10　图像的位面表示

例 4.4　图 4.11a 给出一幅 8 位灰度级的图像，图 4.11b 到图 4.11i 是它的 8 个位面图。从图中可以看出仅 5 个高位包含了视觉可见的有意义的信息，其他位面只是很局部的小细节，许多情况下被认为是噪声。

对一幅 8 位灰度级的图像，当代表一个像素灰度值字的最高位为 1 时，该像素的灰度值必定大于或等于 128，而当这个像素的最高位为 0 时，该像素的灰度值必定小于或等于 127，在图 4.11b 中，白色像素点在原图中的对应灰度值必定大于或等于 128，而黑色像素在原图中的灰度值必定小于或等于 127，也就是说，图 4.11b 相当于把原图灰度值分成[0，127]和[128,255]两个范围，并将前者标为黑而后者标为白而得到。

同样图 4.11c 是第 6 位面上的值为 1，相当于把原图的灰度分成[0，63]、[128,191]、[64,127]、[192,255]4 个范围，并且将灰度值在前两个区域的点标为白色，灰度值在后两个区域的点标为黑色。其他 6 个位平面的二值图像可通过同样的方式获得，具体 Matlab 程序如下：

```
I=imread('lena.bmp');
imshow(I);
I=double(I);
[M,N]=size(I);
for k=1:8
```

```
    J=zeros(M,N);
    for i=1:M
        for j=1:N
            temp=I(i,j);
            s1=0;s2=0;
            range=[k:-1:1];
            for d=range
                s1=2^(8-d)+ s1;s2=2^(8-d+ 1);
                if temp> =s1 & temp<s2;
                    J(i,j)=255; break;
                end
            end
        end
    end
    J=uint8(J);
figure;imshow(J);
end
```

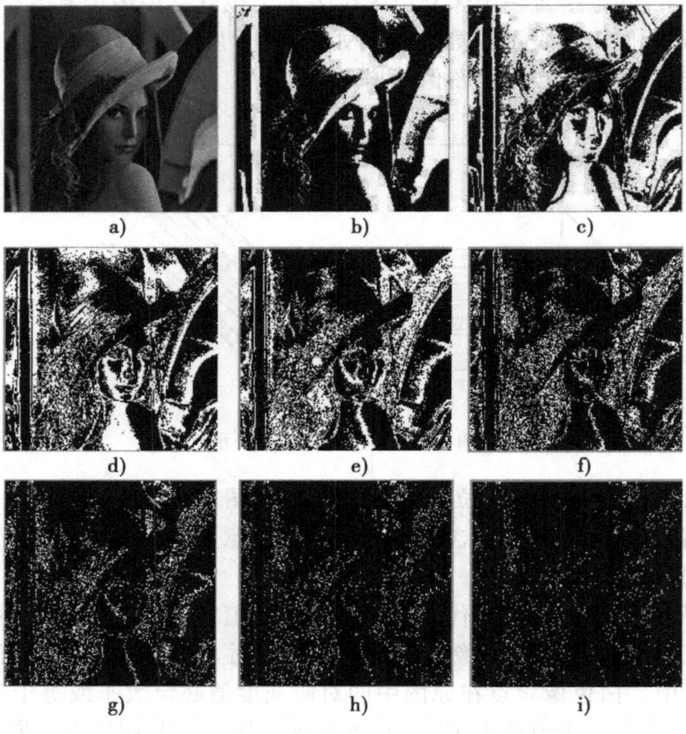

图 4.11 原始图像及图像的 8 个位平面

4.2.2 直方图修正

图像的直方图是图像的重要统计特征，是表示数字图像中每一个灰度级与该灰度级出现的频率间的统计关系。灰度级在[0，$L-1$]范围的数字图像的直方图是离散函数 $H(s_k)=n_k$，经常是用图像的像素总数 n 除它的每一个值得到归一化的直方图，因此归一化的图像灰度统计直方图可表示如下：

$$p(s_k) = n_k/n \qquad k = 0,1\cdots,L-1 \tag{4.2.10}$$

上式中 $p(s_k)$为图像 $f(x, y)$的第 k 级灰度出现的概率，s_k 是第 k 级灰度的灰度值，

n_k 是图像中灰度值为 s_k 的像素的个数，n 是图像像素总数。因为 $p(s_k)$ 给出了对 s_k 出现概率的估计，因此直方图提供了图像的灰度值分布情况，也就是说给出了图像灰度值的整体描述。

图 4.12 所示的是不同场景获得的图像和对应的直方图，我们注意到在暗色的图像中，直方图的组成成分集中在灰度级低（暗）的一侧，反之，明亮的图像的直方图的组成成分则集中在灰度级高（亮）的一侧。对于动态范围偏小也就是对比度小的图像，直方图集中于灰度级的中部；对于动态范围正常的图像，直方图的成分覆盖了灰度级很宽的范围。直观上说，若一图像的像素占有全部可能的灰度级并且分布均匀，则图像有高的对比度和多变的灰度色调，也就是说可以通过改变直方图的形状来达到增强图像对比度的效果。这种方法是以概率论为基础的，常用的方法有直方图均衡化和直方图规定化。

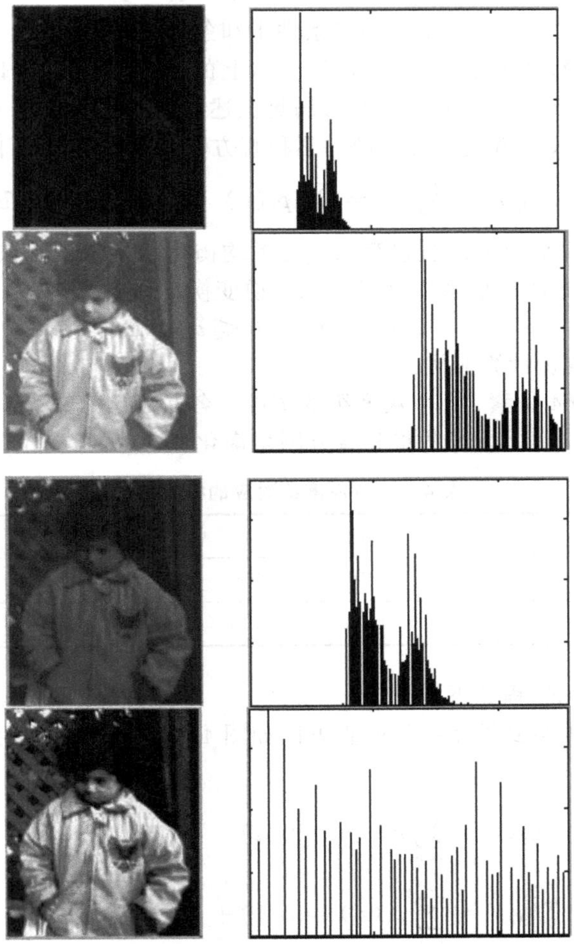

图 4.12　四个基本图像类型（暗、亮、低对比度和高对比度及它们对应的直方图）

1. 直方图均衡化

从图 4.12 可以得出结论，若一幅图像的像素占有全部可能的灰度级并且分布均匀，则这样的图像有高对比度和多变的灰度色调，将显示出一幅灰度级丰富且动态范围大的图像。下面介绍的直方图均衡化方法仅依靠输入图像的直方图的信息就可达到这一效果。这个方法的基本思想是把原始图像不均衡的直方图变换为均匀分布的形式，这样就增加了像素灰度值的动态范围，从而达到增强图像整体对比度的效果。

前面讲过点处理增强变换可用式(4.2.2) 表示。这里图像增强变换函数需要满足两个条件：

1) $T(s)$在 $0\leqslant s\leqslant L-1$ 范围内是一个单值单增函数。

2)对 $0\leqslant s\leqslant L-1$ 有 $0\leqslant T(s)\leqslant L-1$。

上面第 1 个条件保证逆变换存在，且原图像各灰度级在变换后仍保持从黑到白的排列次序，防止变换后的图像出现一些反转的灰度级。第 2 个条件保证变换前后灰度值动态范围的一致性，也可以说原图像和变换后的图像有着同样的灰度级范围。对于式(4.2.2)，其逆变换可表示为：

$$s = T^{-1}(t) \quad 0\leqslant t\leqslant L-1 \tag{4.2.11}$$

而且可以证明，式(4.2.11)也应满足条件 1 和条件 2。

一幅图像的灰度级可视为区间[0, $L-1$]上的随机变量，可以证明累积分布函数(Cumulative Distribution Function, CDF)满足上述两个条件并能将 s 的分布转换为 t 的均匀分布。事实上 s 的 CDF 就是原始图像的累积直方图，在这种情况下有：

$$t_k = T(s_k) = \sum_{i=0}^{k}\frac{n_i}{n} = \sum_{i=0}^{k}p_s(s_i) \quad k=0,1,2,\cdots,L-1 \tag{4.2.12}$$

由式(4.2.12)，根据图像直方图直接算出直方图均衡化后各像素的灰度值。当然在进行实际数字图像处理时还要对 t_k 取整以满足要求。逆变换可写成：

$$s_k = T-1(t_k) \qquad 0\leqslant t_k\leqslant L-1 \tag{4.2.13}$$

例 4.5 直方图均衡计算实例。

假设有一幅 64×64 像素、8 个灰度级的图像，各灰度级概率分布如表 4.1 所示，其直方图如图 4.13a 所示，用上述方法将其直方图均衡化。

表 4.1 各灰度级对应的概率分布

灰度级 s_k	0	1	2	3	4	5	6	7
像素 n_k	790	1023	850	656	329	245	122	81
概率 $p_r=n_k/n$	0.19	0.25	0.21	0.16	0.08	0.06	0.03	0.02

图像直方图均衡化过程如下：

1)根据表 4.1 数据得到原始图像的直方图如图 4.13a 所示，利用式(4.2.12)得到变换函数值为：

$$t_0 = T(s_0) = \sum_{i=0}^{0}p_s(s_i) = 0.19$$

$$t_1 = T(s_1) = \sum_{i=0}^{1}p_s(s_i) = 0.19+0.25 = 0.44$$

$$t_2 = T(s_2) = \sum_{i=0}^{2}p_s(s_i) = 0.19+0.25+0.21 = 0.65$$

以此类推，即可得到

$$t_3 = 0.81, t_4 = 0.89, t_5 = 0.95, t_6 = 0.98, t_7 = 1$$

这样变换函数 t_k 与灰度级 s_k 之间的关系曲线如图 4.13b 所示。

2)用 $t_k=\text{int}[(L-1)t_k+0.5]$式将 t_k 扩展到[0, $L-1$]范围内并取整，得：

$$t_0 = 1, t_1 = 3, t_2 = 5, t_3 = 6, t_4 = 6, t_5 = 7, t_6 = 7, t_7 = 7$$

将相同值的归并起来，即得到直方图均衡化修正后的灰度级变换函数，它们是

$$t'_0 = 1, t'_1 = 3, t'_2 = 5, t'_3 = 6, t'_4 = 7$$

由此可知，经过变换后的灰度级不需要 8 个，只需要 5 个就可以了。把相应原灰度级的像素数相加得到新灰度级的像素数，统计新直方图各灰度级像素：

$$n'_0 = 790, n'_1 = 1023, n'_2 = 850, n'_3 = 985, n'_4 = 448$$

3)新灰度级分布：

$$p_t(t_0) = 790/4096 = 0.19, \quad p_t(t_1) = 1023/4096 = 0.25$$

$$p_t(t_2) = 850/4096 = 0.21, \quad p_t(t_3) = 985/4096 = 0.24$$

$$p_t(t_4) = 448/2096 = 0.11$$

均衡化后的直方图如图 4.13c 所示，比原直方图均匀了，但它并不能完全均匀，这是由于在均衡化的过程中，原直方图上有几个像素较少的灰度级归并到一个新的灰度级上，而像素较多的灰度级间隔被子拉大了，也就是说直方图均衡是减少图像的灰度级以换取对比度的扩大。又由于不能将同一个灰度值的各个像素变换到不同灰度级，故数字图像直方图均衡化只能是近似均衡直方图，不能实现理想的水平直线均衡结果。

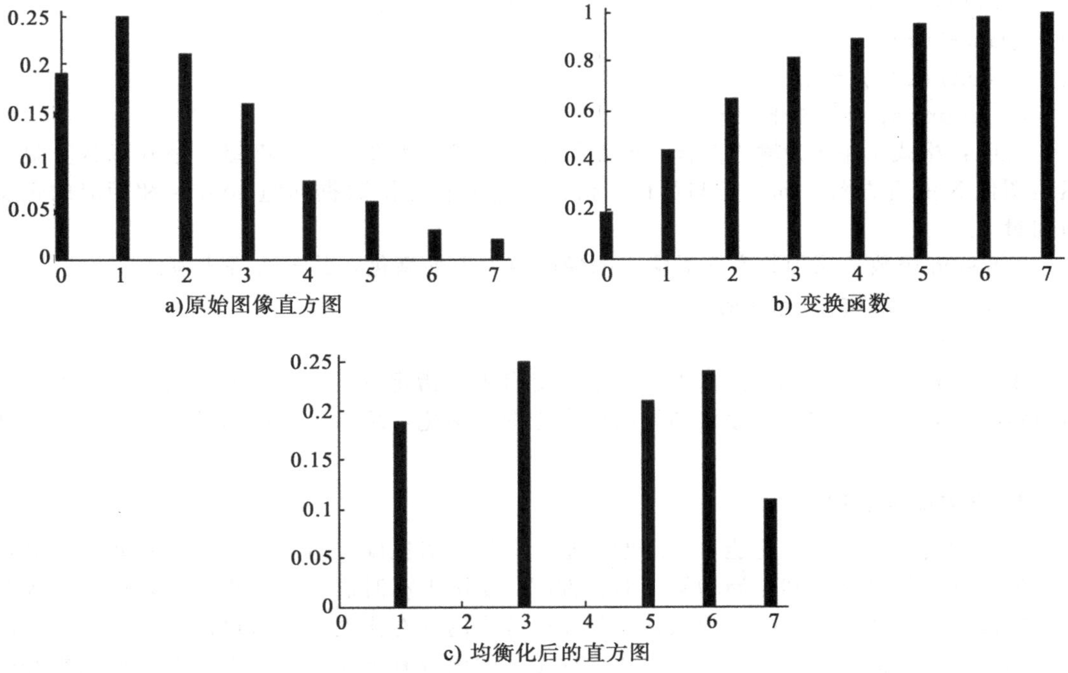

图 4.13　图像直方图均衡化示例

例 4.6　直方图均衡化效果实例。

图 4.14 给出了直方图均衡化的一个实例。原图的直方图较暗且直方图所占据的灰度范围比较窄，对原始图进行直方图均衡化后，此时直方图占据了整个图像的灰度值允许范围。由于直方图均衡增加了灰度动态范围，所以也增加了图像的对比度，在图像上具体表现为有较大的反差，许多细节可看得比较清晰。

用 Matlab 中的 histeq 函数实现直方图均衡化的程序如下：

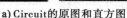

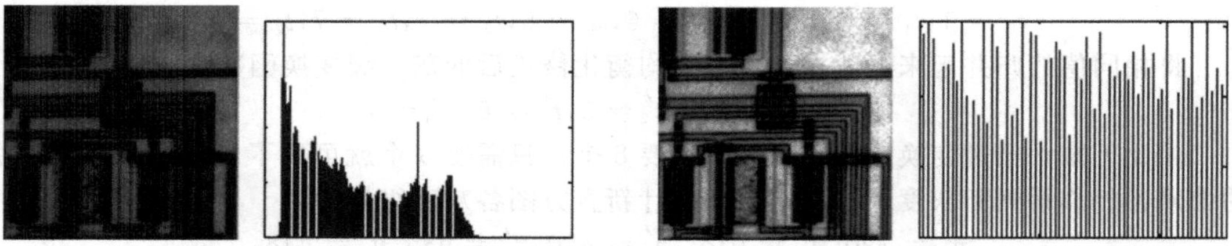

a) Circuit的原图和直方图　　b) 均衡化后的Circuit图和直方图

图 4.14　直方图均衡化实例

```
I=imread('circuit.tif');
figure
subplot(221);imshow(I);
subplot(222);imhist(I)
I1=histeq(I);
figure;
subplot(221);imshow(I1)
subplot(222);imhist(I1)
```

在上面的 Matlab 程序中用到了 imhist 和 histeq 函数，下面对这两个函数作简单介绍。

1)imhist 函数：该函数用于显示图像直方图，其语法格式为：

①imhist(I, n)

②imhist(X, map)

③[counts, x]=imhist(…)

说明：格式①中 I 为输入图像，n 为灰度级，默认为 256 级灰度级。格式②计算显示索引图像 X 的直方图，map 为调色板。格式③返回直方图数据向量 counts 和相应的色彩值向量 x。

2)histeq 函数：该函数实现对输入图像的直方图均衡化，其语法格式为：

①J=histeq(I, hgram)

②J=histeq(I, N)

说明：格式①是将原始图像 I 的直方图变成用户指定的向量 hgram，hgram 中的各元素值域为[0, 1]。格式②对原始图像实现直方图均衡化，N 为输出图像的灰度级数，默认 N 为 64。

2. 直方图规定化

直方图均衡化的优点是能自动地增强整个图像的对比度，但它的具体增强效果不易控制，处理的结果总是得到全局均衡化的直方图。实际上有时需要变换直方图，使之成为某个特定的形状，从而有选择地增强某个灰度值范围内的对比度。这时可以采用比较灵活的直方图规定化方法。一般来说正确地选择规定化的函数有可能获得比直方图均衡化更好的效果。直方图规定化方法主要有 3 个步骤(这里设 M 和 N 分别为原始图像和规定图像中的灰度级数，且只考虑 $N \leqslant M$ 的情况)：

1)同均衡化方法，对原始图像的直方图进行均衡化：

$$t_k = T(s_k) = \sum_{i=0}^{k} p_s(s_i) \qquad k = 0,1,\cdots,M-1 \tag{4.2.14}$$

2)同样对规定图像计算能使规定的直方图均衡化的变换：

$$v_l = T_u(u_j) = \sum_{j=0}^{l} p_u(u_j) \qquad l = 0,1,\cdots,N-1 \tag{4.2.15}$$

3)将第 1 步得到的变换反转过来，即将原始直方图对应映射到规定的直方图，也就是将所有 $p_s(s_i)$对应到 $p_u(u_j)$上。

由于数据图像处理的是离散变换，在离散空间，第 3 步采用什么样的对应规则显得非常重要，因为有取整误差的影响。这里介绍一种方法，就是先找到能使式(4.2.16)最小的 k 和 l：

$$\left|\sum_{i=1}^{k} p_s(s_i)-\sum_{j=1}^{l} p_u(u_j)\right| \qquad \begin{aligned} k&=0,1,\cdots,M-1\\ l&=0,1,\cdots,N-1 \end{aligned} \tag{4.2.16}$$

这样将 $p_s(s_i)$对应到 $p_u(u_j)$。因为这里每个 $p_s(s_i)$是逐个对应的，所以称为单映射规则。这个方法简单直观，但有时会有较大的取整误差。

例 4.7　直方图规定计算实例。

现在，仍以表 4.1 和直方图 4.13a 给出的 64×64 像素、8 个灰度级图像为例，说明直方图规定化增强过程。图 4.15b 是期望图像的直方图，期望图像所对应的直方图的具体数值列于表 4.2 中。

表 4.2　规定直方图概率分布

灰度级 u_k	0	1	2	3	4	5	6	7
概率 p_u	0.00	0.00	0.00	0.15	0.20	0.30	0.20	0.15

第 1 步：重复前面例子的均衡化过程，计算直方图均衡化原始图像的灰度级 s_i 对应的变换函数 t_i，8 个灰度级合并成 5 个灰度级，结果如下：

$t_0=1$　　$n_{t0}=790$　　$p_t(s_{t0})=0.19$

$t_1=3$　　$n_{t1}=1023$　　$p_t(s_{t1})=0.25$

$t_2=5$　　$n_{t2}=850$　　$p_t(s_{t2})=0.21$

$t_3=6$　　$n_{t3}=985$　　$p_t(s_{t3})=0.24$

$t_4=7$　　$n_{t4}=448$　　$p_t(s_{t4})=0.11$

第 2 步：对规定化的图像用同样的方法进行直方图均衡化处理，求出给定直方图对应灰度级 $v_l=T_u(u_j)=\sum_{j=0}^{l} p_u(u_j)$。得：

$v_0=0.00=T_u(u_0)$　　$v_1=0.00=T_u(u_1)$

$v_2=0.00=T_u(u_2)$　　$v_3=0.15=T_u(u_3)$

$v_4=0.35=T_u(u_4)$　　$v_5=0.65=T_u(u_5)$

$v_6=0.85=T_u(u_6)$　　$v_7=1.00=T_u(u_7)$

第 3 步：由于是离散图像，所以采用“单映射最靠近”原则，用与 v_k 最接近的 t_k 来代替 v_k，得如下结果：

$t_0=1\rightarrow v_3=T_u(u_3)\rightarrow u_3=3$　　$t_1=3\rightarrow v_4=T_u(u_4)\rightarrow u_4=4$

$t_2=5\rightarrow v_5=T_u(u_5)\rightarrow u_5=5$　　$t_3=6\rightarrow v_6=T_u(u_6)\rightarrow u_6=6$

$t_5=7\rightarrow v_7=T_u(u_7)\rightarrow u_7=7$

并用 $T_u^{-1}(t)$求逆变换即可得到 u'_k：

$T_u^{-1}(t_0)=u_3=3$　　$T_u^{-1}(t_1)=u_4=4$　　$T_u^{-1}(t_2)=u_5=5$

$T_u^{-1}(t_3)=u_6=6$　　$T_u^{-1}(t_4)=u_7=7$

第 4 步，图像总像素数为 4096，根据第 3 步求出 u'_k相应 $n_{的}$ $p_v(u'_k)$：

$n_{u0}=0$，　　$n_{u1}=0$

$n_{u2}=0$，　$n_{u3}=790$

$n_{u4}=1023$，　$n_{u5}=850$

$n_{u6}=985$，　$n_{u7}=448$

得到如表 4.3 和图 4.15c 所示的结果。

表 4.3　结果直方图概率分布

灰度级 u'_k	0	1	2	3	4	5	6	7
像素 n_k	0	0	0	790	1023	850	985	448
概率 p'_u	0.00	0.00	0.00	0.19	0.25	0.21	0.24	0.11

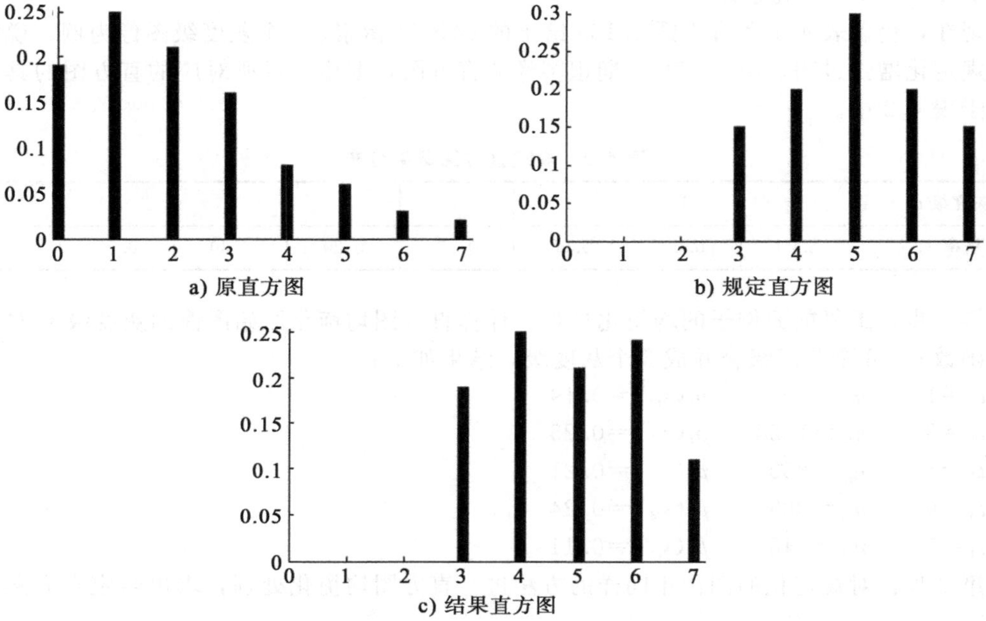

图 4.15　直方图规定化

综上所述，直方图规定化就是把直方图均衡化结果映射到设想的理想直方图上。

例 4.8　直方图规定效果实例。

本例所用原始图像与例 4.6 所用的原始图像相同，如图 4.14a 所示。前例中采用直方

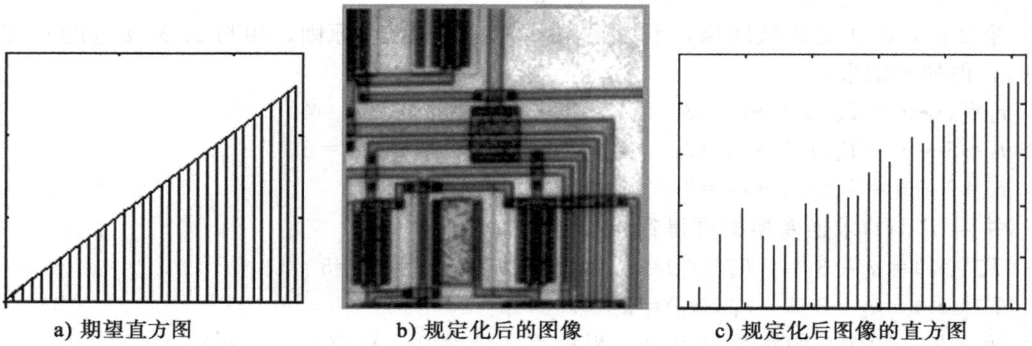

图 4.16　直方图规定化示例

图均衡化得到的结果主要是整图对比度的增加，但在一些较暗的区域有些细节仍不太清楚。以图 4.16a 所示的直方图为期望直方图，对原始图像进行直方图规定化的变换，得到结果如图 4.16b 所示。由于规定化函数在高灰度区值较大，所以变换后的结果图像比均衡化更亮，使较暗区域的一些细节更为清晰，从直方图来看，高灰度值一边更为密集。

用 Matlab 实现的程序如下：

```
I=imread('circuit.tif');
[M,N]=size(I);
for i=1:8:257
        counts(i)=i;
end
Q=imread('circuit.tif');
N=histeq(Q,counts);
figure
subplot(221);imshow(N);
subplot(222);imhist(N);
axis([0 260 0 5000]);
```

4.2.3 图像间的运算

1. 图像的算术运算

像素间的算术和逻辑运算在许多图像处理和分析技术中应用很广泛。算术运算一般用于多幅灰度图像之间，常用的算术运算有加法、减法、乘法和除法。

图像加法主要用于图像平均以减少噪声。图像减法被用来去除固定的背景信息。图像乘法(或除法)的主要用途是校正由于照明或传感器的非均匀性造成的图像灰度阴影。

在四种算术运算操作中，减法与加法在图像增强处理中最为有用。下面介绍在图像增强处理中常用的两种方法。

(1)图像减法

设有图像 $f(x,y)$和 $g(x,y)$，它们的差为：

$$h(x,y) = f(x,y) - g(x,y) \tag{4.2.17}$$

图像相减的结果就是把两图的差异显示出来，可以用来增强两幅图像的差异。从前面位图切割的讨论中知道，一幅图像的高阶位面携带了大部分的细节，低阶位面只携带了一些细小的、通常人感觉不到的细节。图 4.17a 是原图，图 4.17b 是从原图去除了最后四位后的图像，两幅图像人眼看过去差别不多，图 4.17c 是这两幅图像的差异，几乎是没有，当我们对图 4.17c 进行直方图均衡化后才能看到上面的差异。用这种方法可以增强图像中的某些细节。

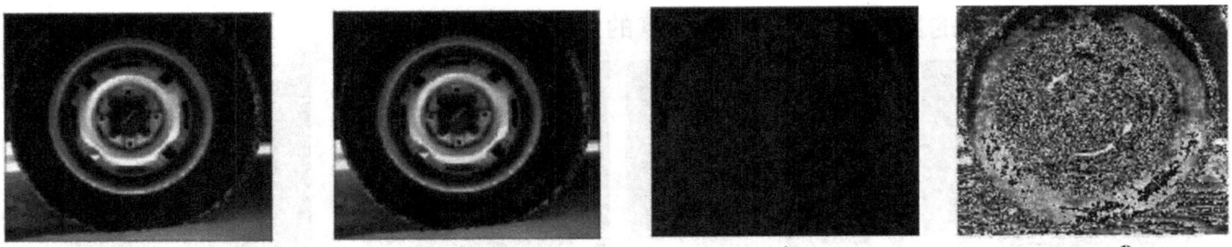

a) b) c) d)

图 4.17 图像相减

上例的 Matlab 实现程序如下：

```
SI=imread('tire.tif');
subplot(221);imshow(SI);
[M,N]=size(SI);
I=SI;
for i=1:M
      for j=1:N
            I(i,j)=bitand(I(i,j),240);
    end
end
subplot(222);imshow(I);
IMIN=double(SI)-double(I);
IMIN=uint8(IMIN);
subplot(223);imshow(IMIN);
IMIN=histeq(IMIN);
subplot(224);imshow(IMIN);
```

(2)图像平均

另一种常用的方法是图像平均处理，它常用于在图像采集中去除噪声。设有一幅混入噪声的图像 $g(x,y)$是由原始图像 $f(x,y)$和噪声图 $e(x,y)$叠加生成的：

$$g(x,y) = f(x,y) + e(x,y) \tag{4.2.18}$$

假设各点的噪声是互不相关的，且具有零均值。在这种情况下，我们可以通过将一系列图像$\{g_i(x,y)\}$相加来消除噪声。设将 N 幅图像相加求平均得到一幅图像，即：

$$\overline{g}(x,y) = \frac{1}{N}\sum_{i=1}^{N} g_i(x,y) \tag{4.2.19}$$

那它们的期望值为：

$$E\{\overline{g}(x,y)\} = f(x,y) \tag{4.2.20}$$

$$\sigma_{\overline{g}(x,y)}^2 = \frac{1}{N}\sigma_{e(x,y)}^2 \tag{4.2.21}$$

其中，$\sigma_{\overline{g}(x,y)}^2$ 与 $\sigma_{e(x,y)}^2$ 分别是 $\overline{g}$ 与 e 的方差。因此，考虑新图像和噪声图像各自均方差间的关系，有：

$$\sigma_{\overline{g}(x,y)} = \sqrt{\frac{1}{N}} \times \sigma_{e(x,y)} \tag{4.2.22}$$

由此可见随着平均图像数量 N 的增加，在各个$(x,\ y)$位置上像素的噪声的影响会逐步减少。

例 4.9 用图像平均减少随机噪声。

图 4.18a 为一幅叠加了零均值高斯随机噪声的灰度图像，图 4.18b、图 4.18c 和图 4.18d分别是 4 幅、8 幅和 16 幅同类图像(即加入相同噪声)进行相加平均的结果，由此可以看出，进行平均的图像数量越多，噪声的影响就越小。

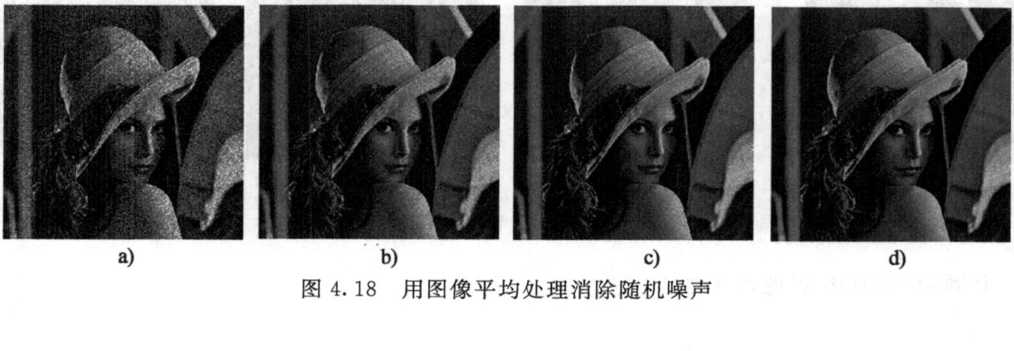

a) b) c) d)

图 4.18 用图像平均处理消除随机噪声

上例的 Matlab 实现程序如下：

```
I= imread('tire.tif');
[M,N]= size(I);
II1= zeros(M,N);
for i= 1:16
    II(:,:,i)= imnoise(I,'gaussian',0,0.01);
    II1= II1+ double(II(:,:,i));
    if or(or(i= = 1,i= = 4),or(i= = 8,i= = 16));
          figure;
          imshow(uint8(II1/i));
    end
end
```

在上面的 Matlab 程序中用到了 imnoise 函数，该函数用于给图像增添噪声，其语法格式为：

①J=imnoise(I, type)

②J=imnoise(I, type, parameters)

说明：参数 type 用来指定噪声的类型，parameters 是与指定噪声有关的具体参数，其参数定义见表 4.4。I 是输入图像，J 是对 I 添加噪声后的输出图像。

表 4.4　噪声类型及参数说明

类型	参数	说　明
gaussian	m，v	均值为 m、方差为 v 的高斯噪声
localvar	v	均值为 0、方差为 v 的高斯白噪声
passion	无	泊松噪声
salt pepper	D	噪声密度为 D 的椒盐噪声
speckle	v	均值为 0、方差为 v 的均匀分布随机噪声

2. 图像的逻辑运算

图像处理中常用的逻辑运算主要有与(AND)、或(OR)、非(NOT)，且以上基本逻辑运算的功能是完备的，即将它们组合起来可以进一步构成所有其他各种逻辑运算。

当我们对灰度级图像进行逻辑操作时，像素值作为一个二进制字符串来处理。例如，对于一个 8 位的黑色像素值，其二进制表示为 00000000B，进行“非”操作产生一个白色像素值 11111111B，“非”操作是对像素值的每一位取反，也就是说“非”操作执行的结果与图像求反具有相同的功能。

“与”操作和“或”操作通常用作模板，即通过这些操作可以从一幅图像中提取子图像，更加突出子图像的内容。

“与”操作可将两幅图中对应的像素按位与。如对图 4.19a 和图 4.19b 进行与操作，就可以从图 4.19a 提取出子图像，得到图 4.19c。

“或”操作可将两幅图中对应的像素按位或。如图 4.20a 和图 4.20b 进行或操作，就可以从图 4.20a 提取出子图像，如图 4.20c 所示。

上例的 Matlab 实现程序如下：

```
I=imread('Wbarb1.bmp');
[M N]=size(I);
I=double(I);
I1=ones(M,N)* 255;I1(20:150,100:200)=0;
```

```
for i=1:M
      for j=1:N
            II(i,j)=bitor(I(i,j),I1(i,j));
    end
end
I=uint8(I);I1=uint8(I1);II=uint8(II);
subplot(221);imshow(I);
subplot(222);imshow(I1);subplot(223);imshow(II);
```

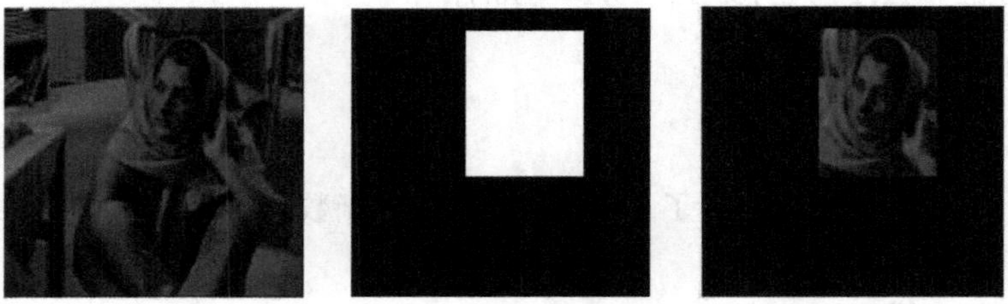

a)　　b)　　c)

图 4.19　两幅图像进行与操作

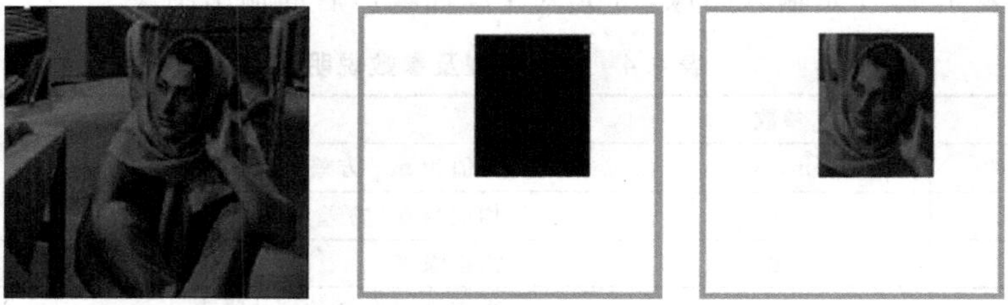

a)　　b)　　c)

图 4.20　两幅图像进行或操作

4.3　空域滤波增强

空域滤波是在图像空间中借助模板进行邻域操作完成的。根据操作特点可以分为线性滤波和非线性滤波两类；而根据其滤波效果又可分为平滑滤波和锐化滤波两种。

空域滤波的原理如图 4.21 所示，就是在待处理的图像中逐点移动模板，对每个(x,y)点，滤波器在该点的响应通过事先定义的关系来计算。

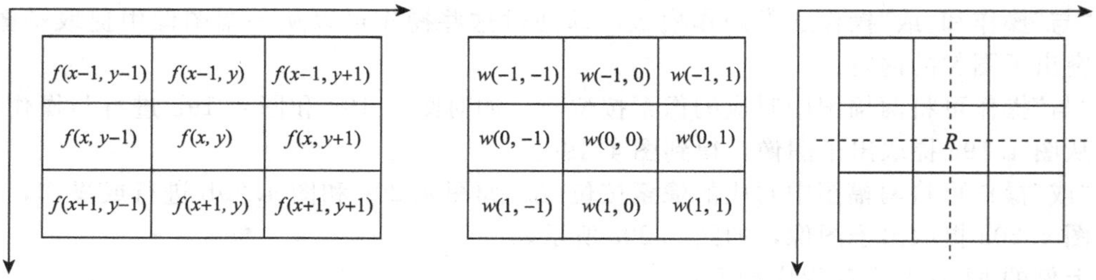

图 4.21　空域滤波原理

对于线性空域滤波，其响应由滤波器系数与滤波模板扫过区域的相应像素值的乘积之和给出。如图 4.21 所示为 3×3 模板，在图像(x,y)处的响应 R 为：

$$R = w(-1,-1)f(x-1,y-1) + w(-1,0)f(x-1,0) + \cdots + w(1,1)f(x+1,y+1) \tag{4.3.1}$$

将 R 赋给增强图像，作为在(x,y)位置的灰度值。

一般来说，在 $M\times N$ 的图像上，用 $m\times n$ 滤波器模板进行线性滤波由下式给出：

$$R = \sum_{x=-a}^{a}\sum_{y=-b}^{b} w(s,t)f(x+s,y+t) \tag{4.3.2}$$

其中，$a=(m-1)/2$，$b=(n-1)/2$。要得到一幅完整的经过滤波处理的图像就是对每个像素都进行这样的赋值。

非线性空域滤波也是基于邻域处理，且模板扫过图像的机理与线性空域滤波一样，不过滤波处理取决于所考虑的邻域像素点的值，不是直接用式(4.3.2)得到，非线性滤波器可以有效降低噪声，如中值计算，这将在下面进行介绍。

如果在设计滤波器时给各个 w 赋不同的值，就可得到不同的平滑或锐化的效果。

4.3.1　平滑滤波器

平滑滤波器的作用是模糊处理和减少噪声。

1. 线性平滑滤波器

线性低通滤波器是最常用线性平滑滤波器。平滑滤波器的概念非常直观，它用滤波模板确定的邻域内像素的平均灰度值代替图像中的每一个像素点的值，这种处理减少了图像灰度的“尖锐”变化。图 4.22 显示了一个 3×3 的平滑滤波器。为保证输出图仍在原来的灰度值范围，在算得 R 后要将其除以 9 再行赋值。这种方法也常叫邻域平均。

$$\frac{1}{9}\times\begin{bmatrix}1 & 1 & 1\\ 1 & 1 & 1\\ 1 & 1 & 1\end{bmatrix}$$

图 4.22　平滑模板

例 4.10　用各种尺寸的模板平滑图像。

如图 4.23a 为原始图像，图 4.23b 为叠加了均匀分布随机噪声的 8 位灰度图像，图 4.23c、d 、e、f 依次为 3×3、5×5、7×7 和 9×9 平滑模板对原始图像进行平滑滤波的结果。由此可见，当所用平滑模板尺寸增大时，对噪声的消除有所增强，但同时所得到的图像变得更加模糊，细节的锐化程度逐步减弱。

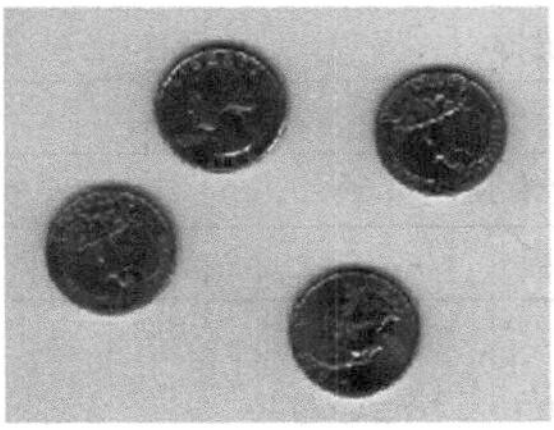

a) 原始图像

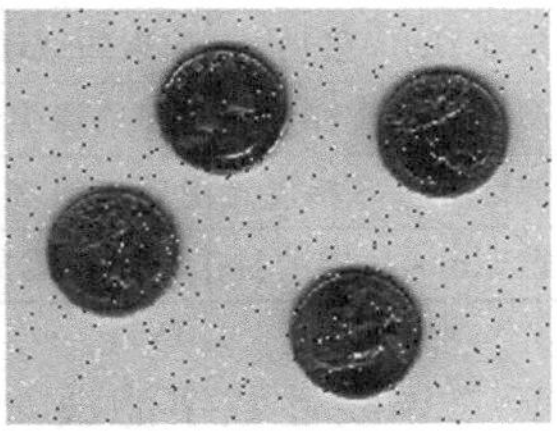

b) 添加椒盐噪声图像

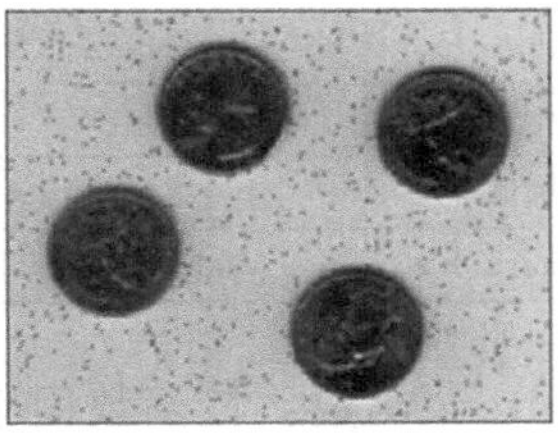

c) 3×3模板平滑滤波

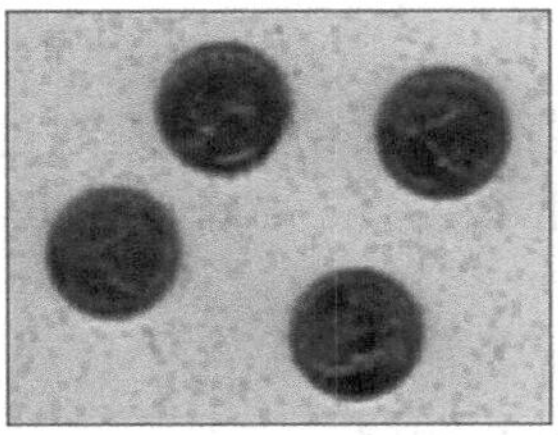

d) 5×5模板平滑滤波

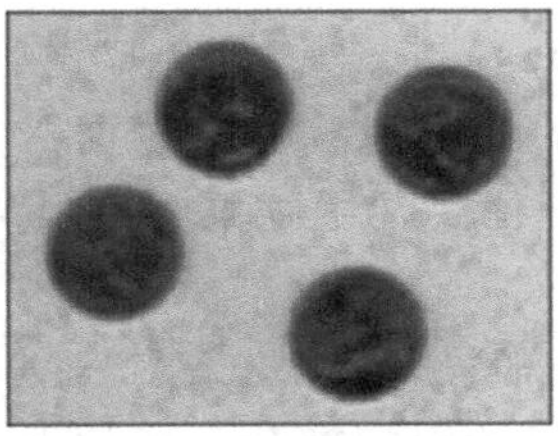

e) 7×7模板平滑滤波

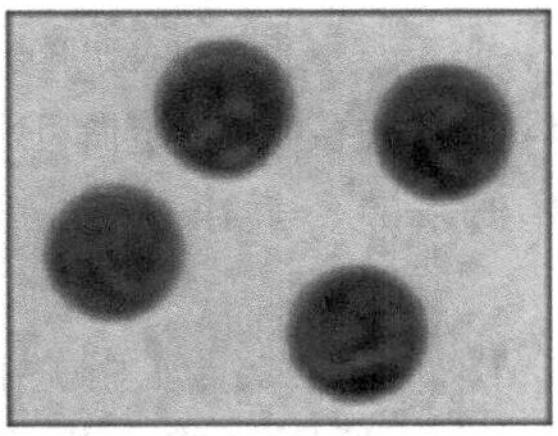

f) 9×9模板平滑滤波

图 4.23　对图像进行不同模板平滑滤波的效果

邻域平均法有力地抑制了噪声，同时也引起了模糊，模糊程序与邻域半径成正比。下面是 Matlab 实现的邻域平均法抑制噪声的程序：

```
I=imread('eight.tif');
J=imnoise(I,'salt & pepper',0.02);
subplot(231),imshow(I);title('原图像');
subplot(232),imshow(J);title('添加椒盐噪声图像')
k1=filter2(fspecial('average',3),J);    % 进行 3×3 模板平滑滤波
k2=filter2(fspecial('average',5),J);    % 进行 5×5 模板平滑滤波
k3=filter2(fspecial('average',7),J);    % 进行 7×7 模板平滑滤波
k4=filter2(fspecial('average',9),J);    % 进行 9×9 模板平滑滤波
subplot(233),imshow(uint8(k1));title('3×3 模板平滑滤波');
subplot(234),imshow(uint8(k2));title('5×5 模板平滑滤波');
subplot(235),imshow(uint8(k3));title('7×7 模板平滑滤波');
subplot(236),imshow(uint8(k4));title('9×9 模板平滑滤波')
```

在上面的 Matlab 程序中用到了 fspecial 和 filter2 函数，下面对这两个函数作简单介绍。

1)fspecial 函数：该函数用于创建一个指定的滤波器模板，其语法格式为

①H=fspecial(type)

②H=fspecial(type, parameters)

说明：type 用于指定滤波器的类型，parameters 是与指定的滤波器有关的参数，其具体含义见表 4.5。

表 4.5　Matlab 中定义的滤波器类型

类　型	参　数	说　明
average	hsize	均值滤波器，如果邻域为方阵，则 hsize 为标量，否则由两个元素向量 hsize 指定邻域的行数和列数
disk	radius	有(radius×2+1)个边的圆形均值滤波器
gaussian	hsize，sigma	标准偏差为 sigma、大小为 hsize 的高斯低通滤波器
laplacian	alpha	系数由 alpha(0.1～1.0)决定的二维拉普拉斯滤波
log	hsize，sigma	标准偏差为 sigma、大小为 hsize 的高斯滤波旋转对称拉氏算子
motion	len，theta	按角度 theta 移动 len 像素的运动滤波器
prewitt	无	近似计算垂直梯度的水平边缘强调算子
sobel	无	近似计算垂直梯度光滑效应的水平边缘强调算子
unsharp	alpha	根据 alpha 决定的拉氏算子创建的模板

2)filter2 函数：该函数用于进行二维线性数字滤波，其语法格式为

①Y=filter2(B, X)

②Y=filter2(B, X, 'shape')

说明：格式①使用矩阵 B 中的二维滤波器对数据 X 进行滤波。结果 Y 是通过二维互相关计算出来的，大小与 X 一样。格式②中结果 Y 的大小由参数 shape 确定，shape 取值如下：

- full：返回二维互相关的全部结果，size(Y)＞size(X)。
- same：返回二维互相关结果的中间部分，Y 的大小与 X 相同。
- valid：返回二维互相关过程中未使用边缘补 0 的部分，size(Y)＜size(X)。

2. 中值滤波器

中值滤波是一种非线性平滑滤波，在一定的条件下可以克服线性滤波如平均值滤波(平滑滤波)等所带来的图像细节模糊问题，而且对滤除脉冲干扰及图像扫描噪声非常有效。但对某些细节多(特别是点、线、尖顶)的图像不宜采用中值滤波方法。

中值滤波即用一个有奇数点的滑动窗口，将窗口中心点的值用窗口各点的中值代替。具体操作步骤如下：

1)将模板在图中漫游，并将模板中心与图中某个像素位置重合。

2)读取模板下各对应像素的灰度值。

3)将这些灰度值从小到大排成一列。

4)找出这些值里排在中间的1个。

5)将这个中间值赋给对应模板中心位置的像素。

例 4.11 使用中值滤波降低图像噪声。

如图 4.24a 为原始图像，图 4.24b 为叠加了均匀分布随机噪声的 8 位灰度图像，图 4.24c 为使用默认 3×3 邻域模板的中值滤波后的图像，图 4.24d、e 和 f 则分别为使用 5×5、7×7 和 9×9 邻域模板的中值滤波图像。明显感觉到，二维中值滤波的窗口形状和尺寸对滤波效果影响较大，对于不同的图像内容和不同的应用要求，应该采用不同的窗口形状和尺寸。

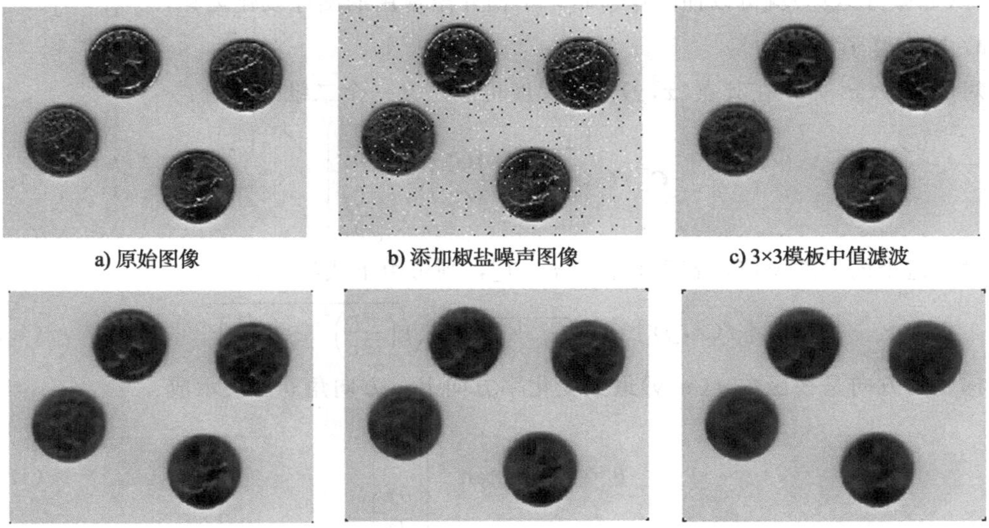

a) 原始图像　b) 添加椒盐噪声图像　c) 3×3模板中值滤波

d) 5×5模板中值滤波　e) 7×7模板中值滤波　f) 9×9模板中值滤波

图 4.24　对图像进行不同模板的中值滤波效果

上例的 Matlab 实现程序如下：

```
I=imread('eight.tif');
    I=imread('eight.tif');
    J=imnoise(I,'salt & pepper',0.02);
    subplot(231),imshow(I);title('原图像');
    subplot(232),imshow(J);title('添加椒盐噪声图像')
    k1=medfilt2(J);                    % 进行 3×3 模板中值滤波
    k2=medfilt2(J,[5 5]);              % 进行 5×5 模板中值滤波
    k3=medfilt2(J,[7 7]);              % 进行 7×7 模板中值滤波
```

```
k4=medfilt2(J,[9 9]);                % 进行 9×9 模板中值滤波
subplot(233),imshow(k1);title('3×3 模板中值滤波')
subplot(234),imshow(k2);title('5×5 模板中值滤波')
subplot(235),imshow(k3);title('7×7 模板中值滤波')
subplot(236),imshow(k4);title('9×9 模板中值滤波')
```

在上面的 Matlab 程序中用到了 medfilt2 函数，该函数实现对指定图像进行中值滤波，其语法格式为：

```
B= medfilt2(A,[m,n])
```

说明：A 是输入图像，B 是中值滤波后的输出图像，[m，n]指定滤波模板的大小，默认为 3×3。

将图 4.24 所示的中值滤波结果与图 4.23 所示的平滑滤波结果进行比较可以看到，中值滤波器不像平滑滤波器那样使图像边界模糊，它在衰减噪声的同时保持了图像细节的清晰。

4.3.2 锐化滤波器

图像的锐化与平滑相反，在图像传输和变换过程中会受到干扰而退化，比较典型的是图像模糊。图像锐化就是使边缘和轮廓线模糊的图像变得清晰，使其细节更加清晰。

从数学上看，图像模糊的实质就是图像受到平均或者积分运算的影响，因此对其进行逆运算(如微分运算)就可以使图像清晰，下面介绍常用的图像锐化运算。

1. 梯度算子法

对图像 $f(x,y)$，在其点(x,y)上的梯度可以定义一个二维列向量：

$$\boldsymbol{G}[f(x,y)] = \begin{pmatrix} G_x \\ G_y \end{pmatrix} = \begin{bmatrix} \dfrac{\partial f}{\partial x} \\ \dfrac{\partial f}{\partial x} \end{bmatrix} \tag{4.3.3}$$

对于这个向量的模值，若用 $G_M[f(x,y)]$，则可由下式给出：

$$G_M[f(x,y)] = \sqrt{G_x^2 + G_y^2} = \sqrt{\left(\frac{\partial f}{\partial x}\right)^2 + \left(\frac{\partial f}{\partial y}\right)^2} \tag{4.3.4}$$

梯度的方向是在函数 $f(x,y)$最大变化率方向上，方向角 θ 可表示成：

$$\theta = \frac{G_y}{G_x} = \tan^{-1}\begin{bmatrix} \dfrac{\partial f}{\partial y} \\ \dfrac{\partial f}{\partial x} \end{bmatrix} \tag{4.3.5}$$

尽管梯度向量的分量本身是线性算子，但这一向量的模值显然不是线性的；另外式(4.3.3)中的偏导数并非各向同性，但梯度向量的模值却是各向同性。这里一般把梯度向量的模值称为梯度，虽然这个说法在严格意义上是不确切的。

对一幅图像施加梯度模算子，可以增加灰度变化的幅度，因此可以作为图像的锐化算子，而且该算子具备各向同性和位移不变性。

对于图像 $f(x,y)$，式(4.3.4)的计算量很大，因此，在实际计算中常用绝对值代替平方和平方根运算，所以近似求梯度模值为：

$$G_M[f(x,y)] = |G_x| + |G_y| \tag{4.3.6}$$

对于数字图像，式(4.3.4)中的导数可以用差分来近似。这样 G_x 和 G_y 的一种近似式

可以是：

$$G_x = f(x,y) - f(x+1,y) \quad 和 \quad G_y = f(x,y) - f(x,y+1) \tag{4.3.7}$$

式(4.3.7)中像素间的关系如图 4.25a 所示，以上梯度法又称为水平垂直差分法，也称为直接差分。由式(4.3.7)知，直接差分的模板如图 4.25b 所示。很明显，对于 $N\times N$ 的图像，处在最后一行或最后一列的像素是无法直接求得梯度的，对这个区域的像素的一种处理方法是：当 $x=N$ 或 $y=N$ 时，用前一行或前一列的各点梯度值代替。

式(4.3.7)的近似处理方法显示不是唯一的。另一种梯度法称为 Roberts 交叉差分算法，如图 4.26a 所示，是用交叉差分替代微分的方法，该方法的近似式为：

$$G_x = f(x,y) - f(x+1,y+1) \quad 和 \quad G_y = f(x+1,y) - f(x,y+1) \tag{4.3.8}$$

由式(4.3.8)知，像素关系如图 4.26b 所示，也称为 Roberts 算子。

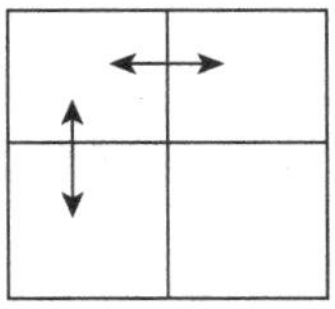

a) 直接差分示意图

1	0
-1	0

1	-1
0	0

b) 直接差分算子

图 4.25　直接差分法

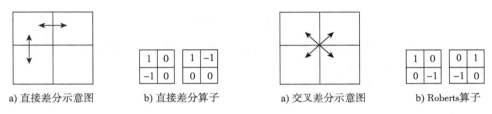

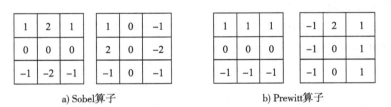

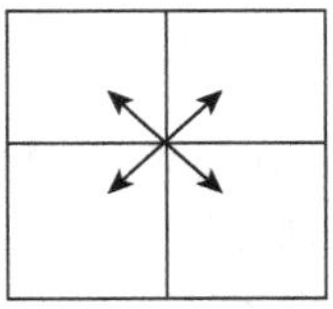

a) 交叉差分示意图

1	0
0	-1

0	1
-1	0

b) Roberts算子

图 4.26　交差差分法

偶数尺寸的模板不好使用，我们还是针对 3×3 的最小滤波器模板来讨论，对(x，y)点：

$$\begin{aligned} G_x =& ((f(x-1,y-1) + 2f(x-1,y) + f(x-1,y+1)) \\ & - (f(x+1,y-1) + 2f(x+1,y) + f(x+1,y+1)) \\ G_y =& ((f(x-1,y-1) + 2f(x,y-1) + f(x+1,y-1)) \\ & - (f(x-1,y+1) + 2f(x,y+1) + f(x+1,y+1)) \end{aligned} \tag{4.3.9}$$

式(4.3.9)中像素间的关系如图 4.27a 所示，这个模板称为 Sobel 算子。

1	2	1
0	0	0
-1	-2	-1

1	0	-1
2	0	-2
-1	0	-1

a) Sobel算子

1	1	1
0	0	0
-1	-1	-1

-1	2	1
-1	0	1
-1	0	1

b) Prewitt算子

图 4.27　两种常用的梯度算子

Sobel 算子的特点是对称的一阶差分，对中心加权，具有一定的平滑作用。

另外还有一个较常用的 Prewitt 算子，它也是 3×3 模板，如图 4.27b 所示。

同样，以上几种梯度近似算法无法求得图像最后一行和最后一列的像素的梯度，一般用其前一行或前一列的梯度值近似代替。

由式(4.3.7)、式(4.3.8)和式(4.3.9)可以看出，梯度值和邻近像素灰度值的差分成正比，因此图像中灰度变化较大的边缘区域的梯度值大，而灰度变化平缓或微弱的区域的梯度值小，对于灰度值不变的区域，其梯度值为 0。由此可知，图像经过梯度运算后，留下灰度值变化大的边缘，使其细节清晰从而达到锐化的目的。

例 4.12　梯度锐化实例。

对于 Cameraman 图像，如图 4.28a 所示，它包含有各种朝向的边缘。利用 Sobel 算子进行锐化，图 4.28b 用的是水平模板，它对垂直边缘有较强的响应；图 4.28c 用的是垂直模板，它对水平边缘有较强的响应。

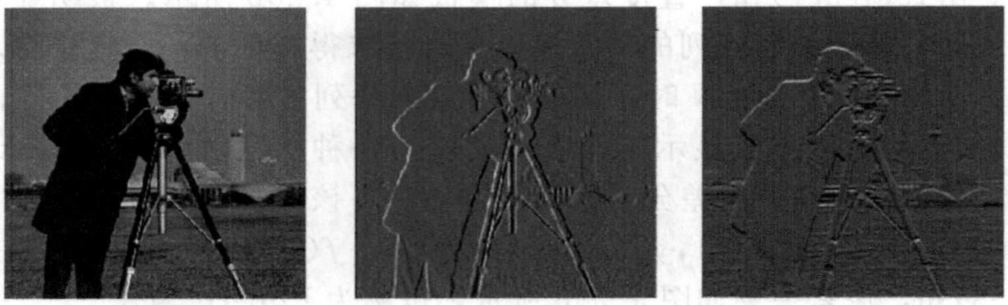

a) b) c)

图 4.28 直接差分锐化的效果

在图 4.28b 和图 4.28c 中灰色部分对应梯度较小的区域，深色对应负梯度较大的区域，浅色对应正梯度较大的区域。

上例的 Matlab 实现程序如下：

```
I=imread('cameraman.tif');
subplot(131),imshow(I)
H=fspecial('Sobel');
H=H';                          % Sobel 垂直模板
TH=filter2(H,I);
subplot(132),imshow(TH,[]);
H= H';                         % Sobel 水平模板
TH= filter2(H,I);
subplot(133),imshow(TH,[])
```

注意：为了使垂直模板对垂直边缘有较强的响应，filter2 中对模板 B 进行了转置操作。

2. 拉普拉斯算子法

拉普拉斯(Laplacian)算子是一种各向同性的二阶导数算子，对于一个连续函数 $f(x,y)$，它在位置(x,y)处的拉普拉斯算子定义为：

$$\nabla^2 f = \frac{\partial^2 f}{\partial^2 x} + \frac{\partial^2 f}{\partial^2 y} \tag{4.3.10}$$

由于任意阶微分都是线性的，因此拉普拉斯变换也是一个线性操作。

对于数字图像来说，图像 $f(x,y)$的拉普拉斯算子定义为：

$$\nabla^2 f(x,y) = \nabla_x^2 f(x,y) + \nabla_y^2 f(x,y) \tag{4.3.11}$$

其中$\nabla_x^2 f(x,y)$，$\nabla_y^2 f(x,y)$是 $f(x,y)$在 x 方向和 y 方向的二阶差分，因此离散函数 $f(x,y)$的拉普拉斯算子可表示为：

$$\nabla^2 f(x,y) = [f(x+1,y) + f(x-1,y) + f(x,y+1) + f(x,y-1)] - 4f(x,y) \tag{4.3.12}$$

式(4.3.12)可以用图 4.29a 所示的模板表示，且拉普拉斯算子显然是各向同性的。

对角线上的像素也可以加入到拉普拉斯变换中，这样式(4.3.12)可扩展成：

$$\begin{aligned}\nabla^2 f(x,y) = &[f(x+1,y-1) + f(x+1,y+1) + f(x-1,y+1) + f(x-1,y-1) \\ &+ f(x+1,y) + f(x-1,y) + f(x,y+1) + f(x,y-1)] - 8f(x,y)\end{aligned} \tag{4.3.13}$$

式(4.3.13)可以用图 4.29b 所示的模板表示。

注意：拉普拉斯算子比较适用于改善因光线的漫反射而造成的图像模糊。

4.4 频域滤波增强

0	0	0
1	–4	1
0	0	0

a)

1	0	1
1	–8	1
1	0	1

b)

图 4.29 拉普拉斯算子模板及扩展模板

空域和频域之间的联系建立在卷积理论的基础上。在空域中我们已经了解卷积的基本概念和功能，将图像模板在图像中逐像素移动，并对每个像素进行指定数量的计算的过程就是卷积过程。设大小为 $M\times N$ 的函数 $f(x,y)$和 $h(x,y)$的离散卷积表示为 $f(x,y)*h(x,y)$，并定义为：

$$f(x,y)*h(x,y)=\frac{1}{MN}\sum_{m=0}^{M-1}\sum_{n=0}^{N-1}f(m,n)h(x-n,y-n) \tag{4.4.1}$$

用 $F(u,v)$和 $H(u,v)$分别表示 $f(x,y)$和 $h(x,y)$的傅里叶变换，卷积定理就是 $f(x,y)*h(x,y)$和 $F(u,v)H(u,v)$组成一傅里叶变换对，同时 $f(x,y)h(x,y)$和 $F(u,v)*H(u,v)$也组成一傅里叶变换对。可以表示为：

$$f(x,y)*h(x,y)\Leftrightarrow F(u,v)H(u,v) \tag{4.4.2}$$

$$f(x,y)h(x,y)\Leftrightarrow F(u,v)*H(u,v) \tag{4.4.3}$$

如果设 $g(x,y)=f(x,y)*h(x,y)$则

$$G(u,v)=H(u,v)F(u,v) \tag{4.4.4}$$

其中 $G(u,v)$是 $g(x,y)$的傅里叶变换。

在具体的增强应用中，$f(x,y)$是给定的，这样我们可得到 $F(u,v)$，只要确定 $H(u,v)$就可以算出 $G(u,v)$，于是可从下式得到所需的 $g(x,y)$：

$$g(x,y)=F-1[H(u,v)F(u,v)] \tag{4.4.5}$$

根据以上讨论，在频域中进行增强是相当直观的，其主要步骤有：

1)计算需要增强的图像的傅里叶变换。

2)将其与 1 个转移函数相乘。

3)再将结果进行傅里叶逆变换以得到增强的图像。

常用的频域增强方法有：低通滤波、高通滤波、带通和带阻滤波、同态滤波等。

4.4.1 低通滤波器

在图像的灰度级中图像中的边缘和噪声主要处于傅里叶变换中的高频部分，所以若要在频域中削弱其影响就要设法减弱高频部分分量。我们根据需要选择一个合适的 $H(u,v)$以得到削弱 $F(u,v)$高频分量的 $G(u,v)$。在以下讨论中，我们考虑对 $F(u,v)$的实部和虚部影响完全相同的滤波传递函数。具有这种特性的滤波器称为零相移滤波器。

1. 理想低通滤波器

所谓理想的低通滤波器是指可以“截断”傅里叶变换中所有高频成分——这些成分处在离变换原点的距离比指定距离 D_0 要远的位置，这种滤波器称为理想低通滤波器，其传递函数为：

$$H(u,v)=\begin{cases}1 & D(u,v)\leqslant D_0\\ 0 & D(u,v)>D_0\end{cases} \tag{4.4.6}$$

上式中 D_0 是一个非负整数。$D(u,v)$是从点(u,v)到频率平面原点的距离，$D(u,v)=$

$(u^2+v^2)^{1/2}$。图 4.30a 给出 H 的一个剖面图(设 D 对原点对称)，图 4.30b 给出 H 的一个透视图。这里“理想”是指小于等于 D_0 的频率可以完全不受影响地通过滤波器，而大于 D_0 的频率则完全通不过，因此 D_0 也叫截止频率。尽管理想低通滤波器在数学上定义得很清楚，在计算机模拟中也可实现，但理想低通滤波器这种陡峭的截止频率用实际的电子器件是无法实现的。

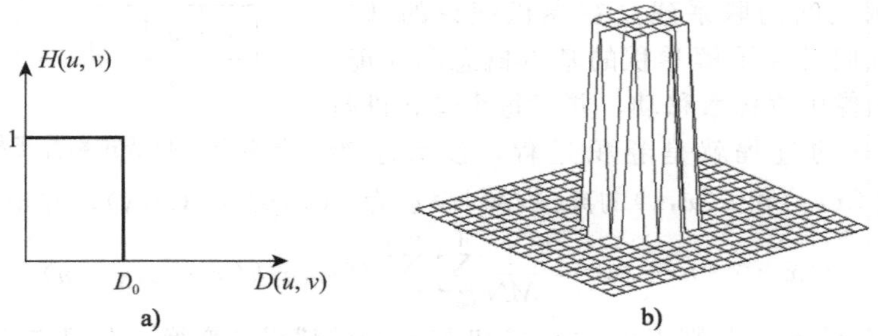

图 4.30 理想低通滤波滤波器

例 4.13 频域低通滤波所产生的模糊。

图像中的大部分能量集中在低频分量里。图 4.31 所示为一幅包含不同细节的原始图像，图 4.31b 为它的傅里叶频谱。如果截断半径为 5、15、45、65，它们将分别包含原始图像中 90%、96.4%、99%和 99.4%的能量。如用 R 表示圆周的半径，B 表示图像能量百分比，则：

$$B = 100 \times \left[\sum_{u \in R} \sum_{v \in R} P(u,v) \Big/ \sum_{u=1}^{N-1} \sum_{v=1}^{N-1} P(u,v) \right] \tag{4.4.7}$$

其中 $P(u,v)=|F(u,v)|^2=R^2(u,v)+I^2(u,v)$，图 4.31c～图 4.31f 分别为用截止频率由以上各圆周的半径确定的理想低通滤波器进行处理得到的结果。由图 4.31c 可见，尽管只有 10%的高频能量被过滤，但图像中绝大多数的细节信息都丢失了，事实上这幅图已无多少实际用途了。图 4.31d 只有 3.6%的高频能量被过滤，图像中仍有明显的振铃效应。图 4.31e 只滤除 1%的高频能量，图像虽有一定程度模糊但视觉效果尚可。最后，图 4.31f 滤除 0.6%的高频能量后所得到的滤波结果与原图像几乎无差别。

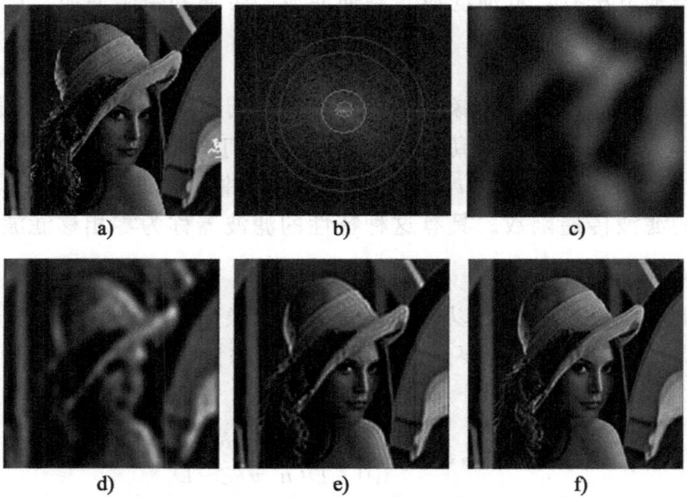

图 4.31 理想低通滤波所产生的模糊

上例的 Matlab 程序如下：

```
% 理想低通过滤波器所产生的模糊和振铃效应
J=imread('lena.bmp');
subplot(331);imshow(J);
J=double(J);
% 采用傅里叶变换
f=fft2(J);
% 数据矩阵平衡
g=fftshift(f);
subplot(332);imshow(log(abs(g)),[]),color(jet(64));
[M,N]=size(f);
n1=floor(M/2);
n2=floor(N/2);
%   d0=5,15,45,65
d0=5;
for i=1:M
    for j=1:N
        d=sqrt((i-n1)^2+ (j-n2)^2);
        if d< =d0
            h=1;
        else
            h=0;
        end
        g(i,j)=h* g(i,j);
    end
end
g=ifftshift(g);
g=uint8(real(ifft2(g)));
subplot(333);
imshow(g);
```

理想低通滤波器平滑处理的概念非常清晰，但在处理过程中会产生比较严重的模糊和振铃现象，这种现象是由于傅里叶变换的性质决定的。由于 $H(u,v)$ 是一个理想矩形特性，那么它的逆变换 $h(x,y)$ 必然会产生无限的振铃特性，经与 $f(x,y)$ 卷积后则给 $g(x,y)$ 带来模糊和振铃现象。D_0 越小模糊和振铃现象越严重，其平滑效果也越差。

2. 巴特沃思低通滤波器

物理上可以实现的一种低通滤波器是巴特沃思(Butterworth)低通滤波器。一个阶为 n、截止频率为 D_0 的巴特沃思低通滤波器的传递函数为：

$$H(u,v)=\frac{1}{1+[D(u,v)/D_0]^{2n}} \tag{4.4.8}$$

图 4.32a 为巴特沃思低通滤波器的剖面示意图。图 4.32b 为巴特沃思低通滤波器的一个透视图。由图 4.32 可见，巴特沃思低通滤波器在高低频率间的过渡比较光滑，所以用巴特沃思低通滤波器得到的输出图其振铃现象不明显。

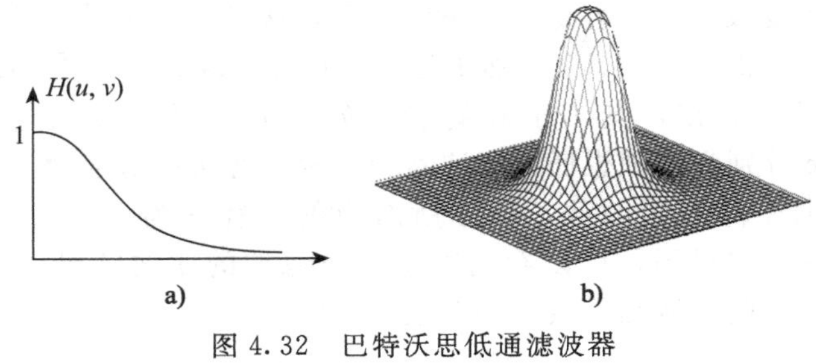

图 4.32 巴特沃思低通滤波器

在一般情况下，常取使 H 最大值降到某个百分比的频率为截止频率。在式(4.4.8)中，当 $D(u,v)=D_0$ 时，$H(u,v)=0.5$(即降到 50%)。另一个常用的截止频率值是使 H 降到最大的 $1/\sqrt{2}$ 时的频率。

例 4.14 用巴特沃思低通滤波器去除图像中的盐椒噪声。

```
% 实现巴特沃思低通滤波器
I=imread('saturn.tif');
J=imnoise(I,'salt & pepper',0.02);              % 给原图像加入椒盐噪声,如图 4.33a 所示
subplot(121);imshow(J);
tilte('含有盐椒噪声的图像')
J=double(J);
% 采用傅里叶变换
f=fft2(J);
% 数据矩阵平衡
g=fftshift(f)
[M,N]=size(f);
n=3;
d0=20
n1=floor(M/2)
n2=floor(N/2)
for i=1:M
    for j=1:N
        d=sqrt((i-n1)^2+ (j-n2)^2)
        h=1/(1+ (d/d0)^(2* n));
        g(i,j)=h* g(i,j);
    end
end
g=ifftshift(g);
g=uint8(real(ifft2(g)));
subplot(122);
imshow(g);                                      % 结果如图 4.33b 所示
```

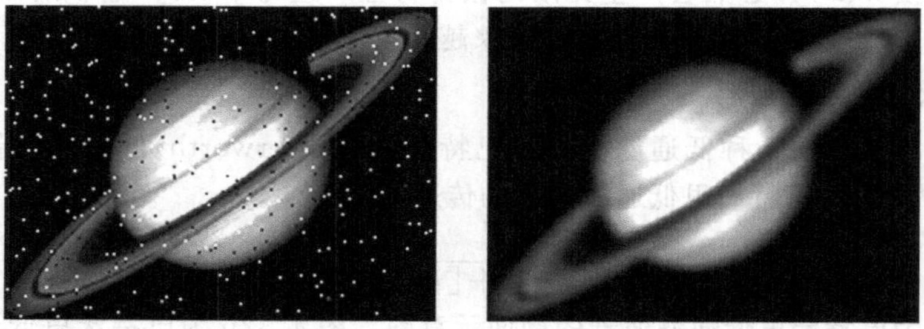

a)　　　　b)

图 4.33　加噪声和经巴特沃思低通滤波后的图像

如果图像量化灰度级不足，容易产生虚假轮廓，这时对图像进行低通滤波可以改进图像质量。图 4.31a 是一幅有 256 个灰度级的图像，图 4.34a 为由图 4.31a 量化为 12 个灰度级的图像，从图中可以看出，其帽子和肩膀等处均有不同程度的虚假轮廓现象存在。图 4.34b 和图 4.34c 分别为用理想低通滤波器和一阶巴特沃思低通滤波器进行平滑处理所得到的结果。所用两个滤波器的截止频率所对应的半径均为 35。通过对比图 4.34b 和图 4.34c 所示两幅滤波结果图，可以看到理想低通滤波的滤波结果图中有明显的振铃现象，而巴特沃思滤波器的滤波结果效果相对较好。

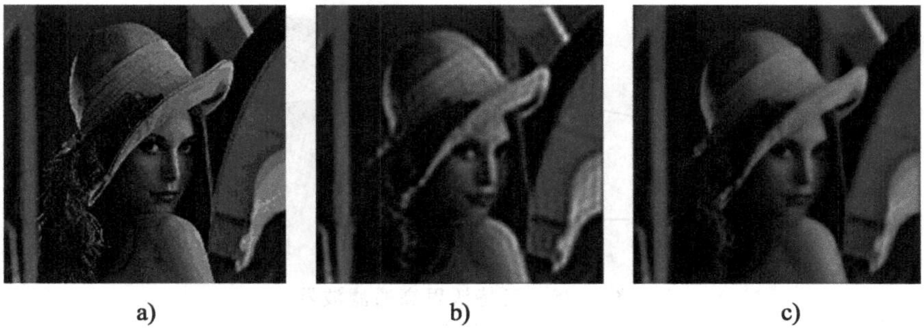

图 4.34 用低通滤波消除虚假轮廓

4.4.2 高通滤波器

因为图像中边缘对应于高频分量，所以要锐化图像可以用高通滤波器。我们下面来讨论与 4.4.1 节对应的零相移高通滤波器。

1. 理想高通滤波器

一个 2D 理想高通滤波器的传递函数满足下列条件：

$$H(u,v) = \begin{cases} 1 & D(u,v) \geqslant D_0 \\ 0 & D(u,v) < D_0 \end{cases} \tag{4.4.9}$$

图 4.35a 给出 H 的 1 个剖面示意图(设 D 对原点对称)，图 4.35b 给出 H 的一个透视图。它在形状上和前面介绍的理想低通滤波器的形状刚好相反，但与理想低通滤波器一样，这种理想高通滤波器也无法用实际的电子器件实现。

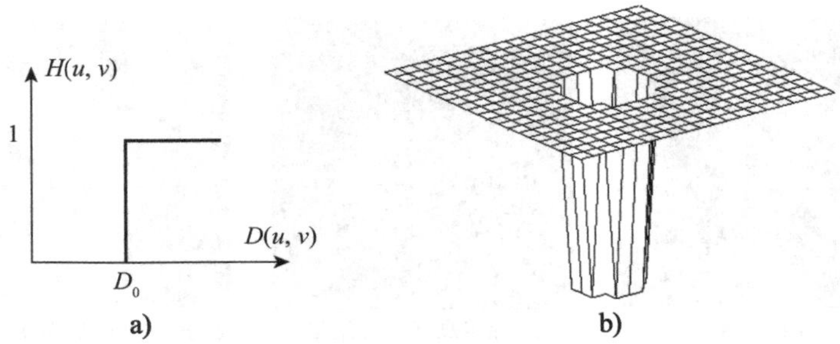

图 4.35 理想高通滤波变换滤波器

2. 巴特沃思高通滤波器

一个阶为 n、截止频率为 D_0 的巴特沃思高通滤波器的传递函数为：

$$H(u,v) = \frac{1}{1+[D_0/D(u,v)]^{2n}} \tag{4.4.10}$$

图 4.36 为巴特沃思高通滤波器的剖面示意图和透视图。由图 4.36 可见，高通巴特沃思滤波器在高低频率间的过渡比较光滑，所以用巴特沃思滤波器得到的输出图其振铃效应不明显。

与巴特沃思低通滤波器一样，一般情况下常取使 H 最大值降到某个百分比的频率为巴特沃思高通滤波器的截止频率。

图像经过高通滤波器处理后，许多低频信号没有了，因此图像的平滑区基本上消失

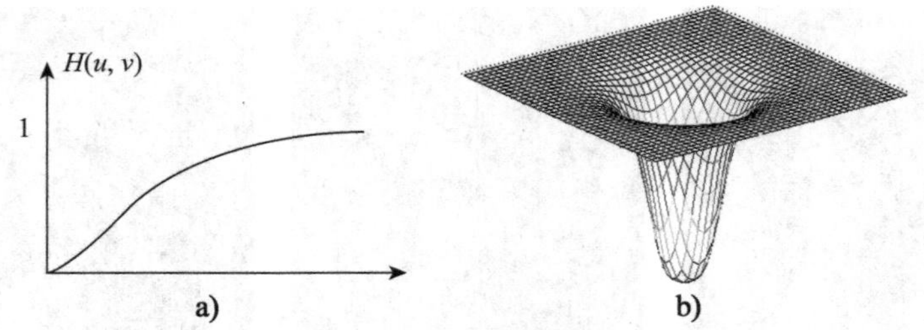

图 4.36 巴特沃思高通滤波器

了。对于这个问题可以用高频加强滤波来弥补。所谓高频加强滤波就是在设计滤波器传递函数时，加上一个大于 0 小于 1 的常数 c：

$$H'(u,v) = H(u,v) + c \tag{4.4.11}$$

用高频加强滤波可以获得比一般高通滤波效果好的图像。

例 4.15 频域高通滤波增强示例。

图 4.37a 为一幅模糊图像，图 4.37b 给出用理想高通滤波器进行处理的效果，图 4.37c 给出理想高通增强滤波的结果，图 4.37d 给出二阶巴特沃思高通滤波器处理的效果，图 4.37e 给出二阶巴特沃思高通加强滤波的结果。对于理想高通滤波器和巴特沃思高通滤波器，在实验中的截止频率为 20。从图 4.37b 和图 4.37d 可以看出，经过高通滤波低频分量大部分被过滤，虽然图中各区域的边界有了明显的增强，但图中原来比较平滑的区域内部灰度动态范围变小，因此整幅图比较暗。为了弥补低频信息，图 4.37c 和图 4.37e 使用了高频加强滤波，本实验中所加的系数为 0.5，情况得到明显的改善，使图像模糊的边缘得到增强，且整个图像层次也较丰富。

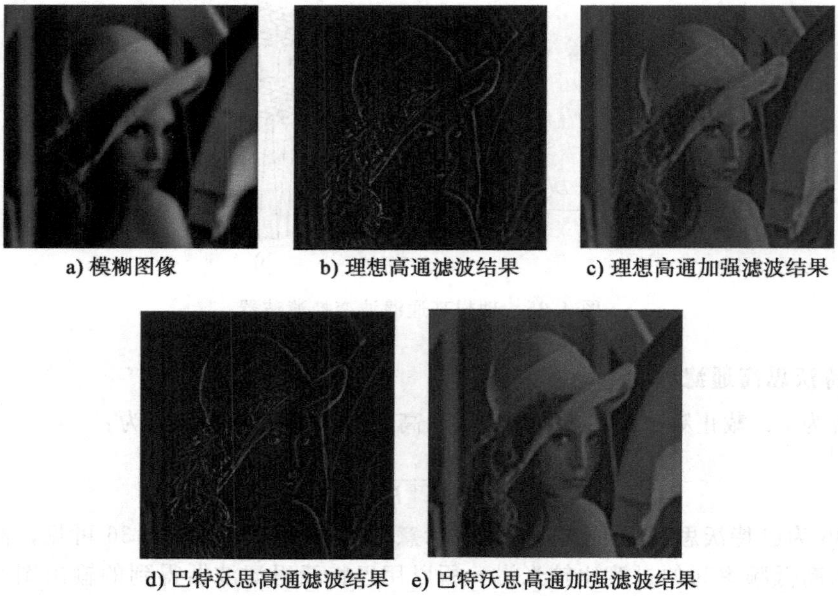

a) 模糊图像　b) 理想高通滤波结果　c) 理想高通加强滤波结果

d) 巴特沃思高通滤波结果　e) 巴特沃思高通加强滤波结果

图 4.37 频域高通滤波图像增强

再比较理想高通滤波和巴特沃思高通滤波，理想高通滤波与低通滤波一样有明显的振铃效应；而巴特沃思高通滤波与其低通滤波一样，在高低频率间的过渡比较光滑，所以用巴特沃思滤波器得到的输出图其振铃效应不明显。

上例的 Matlab 程序如下：

```
J=imread('lenabu.bmp');
imshow(uint8(J));title('模糊图像')
J=double(J);
f=fft2(J);   % 采用傅里叶变换
g=fftshift(f);% 数据矩阵平衡

[M,N]=size(f);
n1=floor(M/2);
n2=floor(N/2);
d0=20;
for i=1:M                      % 进行理想高通滤波和理想高通加强滤波
    for j=1:N
        d=sqrt((i-n1)^2+(j-n2)^2);
        if d>=d0
            h1=1;
            h2=1+0.5;
        else
            h1=0;
            h2=0.5;
        end
          g1(i,j)=h1* g(i,j);
          g2(i,j)=h2* g(i,j);
    end
end
g1=ifftshift(g1);
g1=uint8(real(ifft2(g1)));
subplot(221);imshow(g1);      % 显示理想高通滤波结果
title('理想高通滤波结果');
g2=ifftshift(g2);
g2=uint8(real(ifft2(g2)));
subplot(222);imshow(g2);      % 显示理想高通加强滤波结果
title('理想高通加强滤波结果');

n=2;
d0=20;
for i=1:M                      % 进行巴特沃思高通滤波和巴特沃思高通加强滤波
    for j=1:N
        d=sqrt((i-n1)^2+(j-n2)^2);
        if d==0
            h1=0;
            h2=0.5;
        else
            h1=1/(1+(d0/d)^(2* n));
            h2=1/(1+(d0/d)^(2* n))+0.5;

        end
        gg1(i,j)=h1* g(i,j);
        gg2(i,j)=h2* g(i,j);
    end
end
gg1=ifftshift(gg1);
gg1=uint8(real(ifft2(gg1)));
subplot(223);imshow(gg1);     % 显示巴特沃思高通滤波结果
title('巴特沃思高通滤波结果')
gg2=ifftshift(gg2);
```

```
gg2=uint8(real(ifft2(gg2)));
subplot(224);imshow(gg2);    % 显示巴特沃思高通加强滤波结果
title('巴特沃思高通加强滤波结果');
```

3. 带通和带阻滤波器

带通滤波器允许一定频率范围内的信号通过而阻止其他频率范围内的信号通过。与此相对应，带阻滤波器阻止一定频率范围内的信号通过而允许其他频率范围内的信号通过。一个用于消除以(u_0,v_0)为中心、D_0为半径的区域内所有频率的理想带通滤波器的传递函数为：

$$H(u,v)=\begin{cases}1 & D(u,v)\leqslant D_0\\0 & D(u,v)>D_0\end{cases} \tag{4.4.12}$$

其中：

$$D(u,v)=[(u-u_0)^2+(v-v_0)^2]^{1/2} \tag{4.4.13}$$

考虑到傅里叶变换的对称性，为了消除不是以原点为中心的给定区域内频率，即式(4.4.12)和(4.4.13)需要改成：

$$H(u,v)=\begin{cases}1 & D_1(u,v)\leqslant D_0 \quad \text{或} \quad D_2(u,v)\leqslant D_0\\0 & \text{其他}\end{cases} \tag{4.4.14}$$

其中：

$$D_1(u,\ v)=[(u-u_0)^2+(v-v_0)^2]^{1/2}$$
$$D_2(u,v)=[(u+u_0)^2+(v+v_0)^2]^{1/2} \tag{4.4.15}$$

图 4.38 是一个典型的带通滤波器$H(u,v)$的透视示意图。

同样带阻滤波器可设计为用来除去以原点为中心的频率，这样理想带阻滤波传递函数为：

$$H(u,v)=\begin{cases}0 & D_1(u,v)\leqslant D_0 \quad \text{或} \quad D_2(u,v)\leqslant D_0\\ & \text{其他}\end{cases} \tag{4.4.16}$$

其中：$D_1(u,v)$、$D_2(u,v)$同上，图 4.39 是一个典型的带阻滤波器$H(u,v)$的透视示意图，很明显带通滤波器和带阻滤波器是互补的。

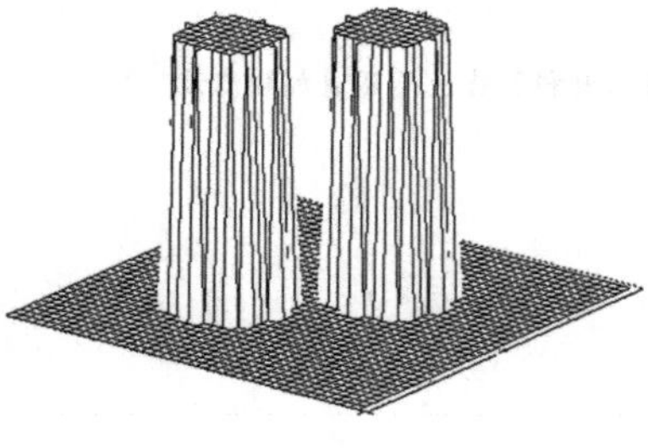

图 4.38 带通滤波传递函数

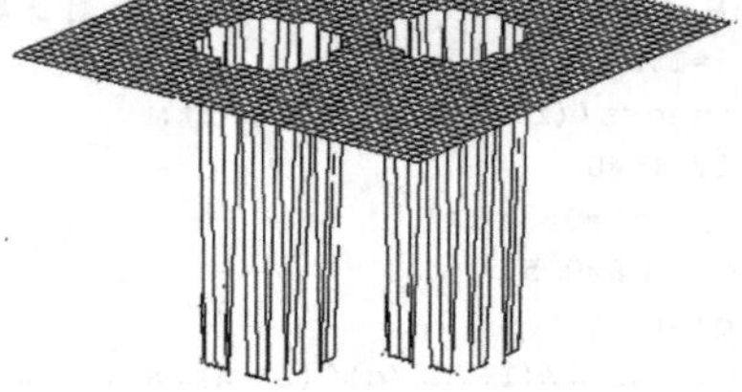

图 4.39 带阻滤波传递函数

4.4.3 同态滤波器

同态滤波是一种在频域中同时将图像亮度范围进行压缩和将图像对比度增强的方法。一幅图像$f(x,y)$可以用它的照明分量$i(x,y)$与反射分量$r(x,y)$的乘积来表示，即

$$f(x,y)=i(x,y)\cdot r(x,y) \tag{4.4.17}$$

由于这两个函数的傅里叶变换是不可分的，即：

$$F\{f(x,y)\}\neq F\{i(x,y)\}\cdot F\{r(x,y)\} \tag{4.4.18}$$

对式(4.4.17)两边取自然对数：

$$\ln f(x,y) = \ln i(x,y) + \ln r(x,y) \tag{4.4.19}$$

再对上式取傅里叶变换，得：

$$F(u,v) = I(u,v) + R(u,v) \tag{4.4.20}$$

假设用一个滤波器函数 $H(u,v)$来处理 $F(u,v)$，可得到：

$$H(u,v)F(u,v) = H(u,v)I(u,v) + H(u,v)R(u,v) \tag{4.4.21}$$

逆变换到空域，得：

$$h_f(x,y) = h_i(x,y) + h_r(x,y) \tag{4.4.22}$$

可见增强后的图像是由对应的照明分量与反射分量两部分叠加而成。

对式(4.4.22)两边取指数，可得：

$$g(x,y) = \exp|h_f(x,y)| = \exp|h_i(x,y)| \cdot \exp|h_r(x,y)| \tag{4.4.23}$$

以上的图像增强过程如图 4.40 所示。这种方法是以一类系统的特殊情况为基础的，通常称它为同态图像增强法，而 $H(u,v)$称作同态滤波函数，它可以分别作用于照明分量和反射分量上。

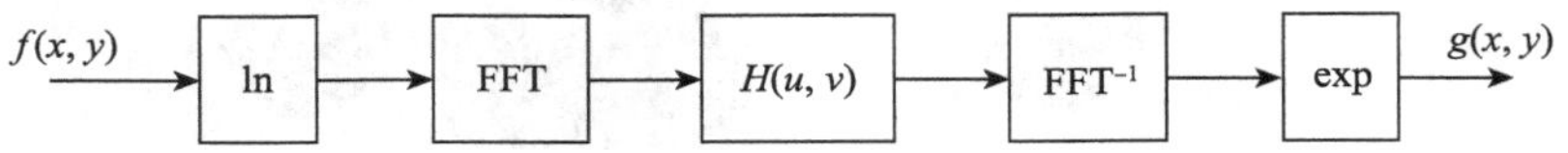

图 4.40 同态图像增强法示意图

一般照明分量通常可用缓慢的空间变化表示，而反射分量在不同物体的交界处是急剧变化的，这使图像对数傅里叶变换中的低频部分对应照明分量，而高频部分对应反射分量。虽然这是一个粗糙的近似，但它对图像增强是有用的。

根据以上分析，可设计一个对傅里叶变换的高频和低频分量影响不同的滤波函数 $H(u,v)$。图 4.41 给出这样一个函数剖面图，将它绕垂直轴转 360°就可得到完整的 2D 的 $H(u,v)$。如果 $H_l<1, H_h>1$，则图 4.41 所示的 $H(u,v)$滤波函数势必减弱低频分量而增强高频分量，最后结果是压缩了图像的动态范围的同时又增强了图像的对比度。

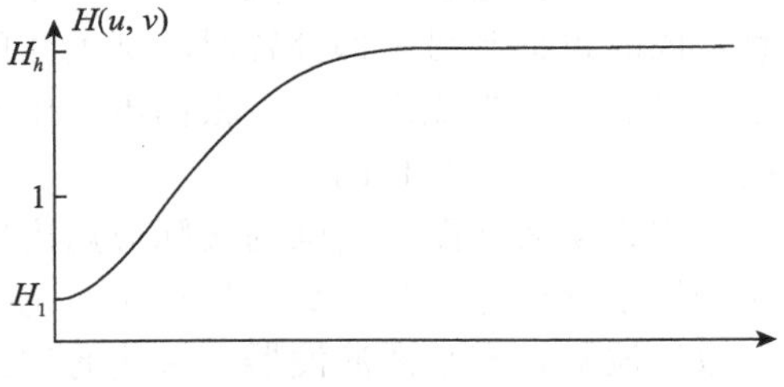

图 4.41 同态滤波器的径向横断面

例 4.16 同态滤波的增强效果。

图 4.42b 是用 $H_l=0.5$，$H_h=2.0$ 进行同态滤波所得到的结果。由此可看出，原始图像的背景的亮度被减弱，而钱币边缘及图案中线条处对比度显示增强。

上例的 Matlab 程序如下：

```
J=imread('eight.tif');              % 读入原图
subplot(121);imshow(J);
J=double(J);
f=fft2(J);                          % 采用傅里叶变换
g=fftshift(f);                      % 数据矩阵平衡
  [M,N]=size(f);
d0=10;
rl=0.5;
rh=2
c=4;
```

```
n1=floor(M/2);
n2=floor(N/2);
for i=1:M
    for j=1:N
        d=sqrt((i-n1)^2+ (j-n2)^2);
        h=(rh-rl)* (1-exp(-c* (d.^2/d0.^2)))+rl;
        g(i,j)=h* g(i,j);
    end
end
g=ifftshift(g);
g=uint8(real(ifft2(g)));
subplot(122);imshow(g);
```

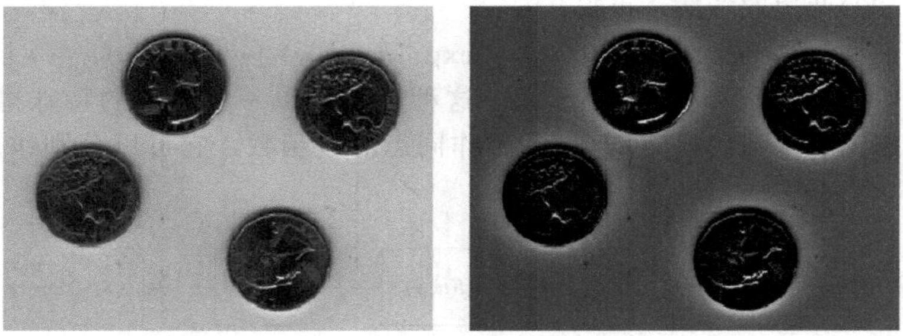

a) b)

图 4.42 同态滤波增强效果

小结

图像增强是数字图像处理的基本技术，其目的是增强突出图像中的一部分关注的信息，同时也抑制另一部分暂时不被关注的信息。由于用于图像增强技术的大多数工具都基于数学和统计学概念，而且根据不同用途它们是严格面向问题的，因此图像增强的定义正确与否是高度主观化的。

本章从数字图像增强的实际应用出发，详细介绍了几种常用的数字图像增强方法，首先介绍了基于像素的空域点处理法，包括直接灰度法、直方图法；接着介绍了基于模板的空域滤波器，有平滑滤波器和锐化滤波器，最后介绍了基于频域的低通滤波、高通滤波和同态滤波。本章对每种方法都给出了算法原理、应用实例和 Matlab 程序。

习题

4.1 图像空域增强和频域增强的基本原理是什么？

4.2 对离散图像的直方图均衡化能产生完全平坦的直方图吗？简述理由。

4.3 表 4.6 为原始图像的直方图数据和规定直方图数据，用式(4.2.16)给出的单映射规则给出结果直方图数据。

表 4.6 原始图像直方图数据和规定直方图数据

灰度级 r_k	0	1	2	3	4	5	6	7
原始直方图概率 p_u	0.19	0.25	0.21	0.16	0.08	0.06	0.03	0.02
规定直方图概率 p_u	0	0	0	0.2	0	0.6	0	0.2

4.4 编写程序实现 4.3 题中直方图规定化的处理过程。

4.5 对一幅数字图像进行了直方图均衡化处理，然后对处理过的图像再进行一次直方图均衡化处理，结果会发生变化吗？为什么？

4.6 简述空域平滑滤波器和锐化滤波器的相同点、不同点及它们之间的联系。

4.7 编写程序实现 4.3.1 节中的中值滤波，并对实际图像进行操作。

4.8 在实际应用中有时需要将高频增强和直方图均衡化结合起来使用，这样可以达到边缘锐化的反差增强效果，这两个操作的次序能互换吗？效果一样吗？

4.9 从巴特沃思高通滤波器出发能推导出其对应的低通滤波器吗？如果可以，请写出推导过程。

4.10 式 $G_x=f(x,y)-f(x+1,y)$ 是用差分来近似导数的一种方法，请给出在频域进行等价计算时所用的滤波器传递函数 $H(u,v)$，并证明这个运算相当于高通滤波器的功能。

4.11 同态滤波的特点是什么？适用于什么情况？

CHAPTER 5

第 5 章 图像复原

5.1 概述

图像在形成、记录、处理和传输过程中，由于成像系统、记录设备、传输介质和处理方法的不完善，从而导致图像质量下降，这种现象就称为图像退化。例如，光学系统中的衍射、光电转换器件的非线性、光学系统中的像差、大气湍流的扰动效应、曝光噪声干扰、图像运动造成的模糊性以及几何畸变等。

图像复原就是对退化的图像进行处理，尽可能恢复其本来面目。图像复原与上一章介绍的图像增强有密切的联系。图像复原与图像增强的目的都是在某种意义上对图像进行改进，即改善输入图像的质量，但二者使用的方法和评价标准不同。图像增强技术一般要借助人的视觉系统的特性以取得较好的视觉效果，并不需要考虑图像退化的真实物理过程，增强后的图像也不一定逼近原始图像。而图像复原则认为图像是在某种情况下退化了，即图像品质下降了，现在需要针对图像的退化原因设法进行补偿，这就需要对图像的退化过程有一定的先验知识，利用图像退化的逆过程恢复原始图像，使复原后的图像尽可能接近原图像。换言之，图像复原技术就是要将图像退化的过程模型化，并且采用相反的过程以便恢复出原始图像。

对图像复原技术可有多种分类方法。在给定退化模型条件下，图像复原技术可以分为无约束和有约束两大类。根据是否需要外来干预，图像复原又可分为自动和交互两大类。此外，根据处理所在的域，图像复原技术还可分为频域和空域两大类。

本章首先介绍图像退化模型，然后介绍几种有效的图像复原方法，如逆滤波图像复原、维纳滤波图像复原、有约束最小二乘方图像复原、从噪声中复原、几何失真校正等。

5.2 图像退化模型

5.2.1 退化模型

如前所述，图像复原的关键问题在于建立图像退化模型。这个退化模型应该能够反映图像退化的原因。由于图像的退化因素很多，而且比较复杂，不便于逐个分析和建立模型。因此，通常将退化原因作为线性系统退化的一个因素来对等，从而建立系统退化模型来近似描述图像函数的退化模型，如图 5.1 所示。这是一种简单的通用图像退化模型，它将图像的退化过程模型化为一个退化系统(或退化算子)H。由图 5.1 可见，一幅纯净的图像 $f(x,y)$是由于通过一个系统 H 以及引进外来加性噪声 $n(x,y)$而使其退化为一幅图像 $g(x,y)$的。

图 5.1 的输入和输出具有如下关系：

$$g(x,y) = H[f(x,y)] + n(x,y) \tag{5.2.1}$$

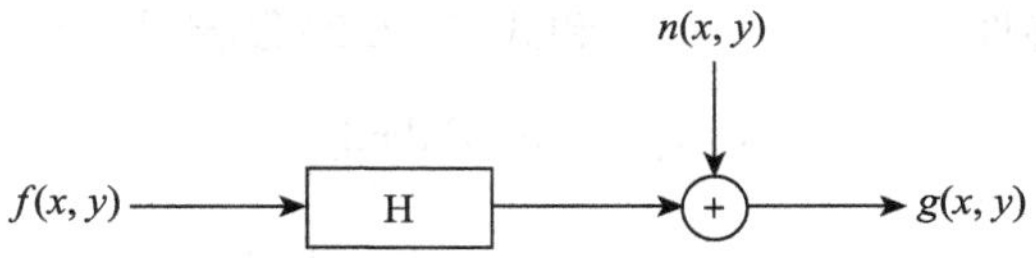

图 5.1 图像退化模型

如果暂不考虑加性噪声 $n(x,y)$ 的影响，即令 $n(x,y)=0$ 时，则有

$$g(x,y) = H[f(x,y)] \tag{5.2.2}$$

下面考查退化系统 H 的性质。设 k，k_1，k_2 为常数，$g_1(x,y)=H[f_1(x,y)]$，$g_2(x,y)=H[f_2(x,y)]$，则有：

1)齐次性：

$$H[kf(x,y)] = kH[f(x,y)] = kg(x,y) \tag{5.2.3}$$

即系统对常数与任意图像乘积的响应等于常数与该图像的响应的乘积。

2)叠加性：

$$\begin{aligned} H[f_1(x,y)+f_2(x,y)] &= H[f_1(x,y)]+H[f_2(x,y)]) \\ &= g_1(x,y)+g_2(x,y) \end{aligned} \tag{5.2.4}$$

即系统对两幅图像之和的响应等于它对两个输入图像响应的和。

3)线性：

同时具有齐次性与叠加性的系统就称为线性系统，则有

$$\begin{aligned} H[k_1 f_1(x,y)+k_2 f_2(x,y)] &= k_1 H[f_1(x,y)]+k_2 H[f_2(x,y)] \\ &= k_1 g_1(x,y)+k_2 g_2(x,y) \end{aligned} \tag{5.2.5}$$

不满足齐次性或叠加性的系统就是非线性系统。显然，线性系统的齐次性与叠加性为求解多个激励情况下的响应带来很大方便。

4)位置(空间)不变性：

$$H[f(x-a,y-b)] = g(x-a,y-b) \tag{5.2.6}$$

其中 a 和 b 分别是空间位置的位移量。这说明图像中任一点通过系统的响应只取决于该点的输入值，而与该点的位置无关。

由上述基本定义可见，如果系统具有式(5.2.5)和式(5.2.6)的关系，那么系统就是线性空间不变的系统。在图像复原处理中，尽管非线性和空间变化的系统模型更具有普遍性和准确性。但是，它却给处理工作带来巨大的困难，它常常没有解或者很难用计算机来处理。因此，在图像复原处理中，往往用线性和空间不变性的系统模型加以近似。这种近似的优点是使线性系统中许多理论与方法可直接用于解决图像复原问题。所以图像复原处理特别是数字图像复原处理主要采用线性的、空间不变的复原技术。

5.2.2 连续函数退化模型

首先将线性系统理论中的单位冲激信号 $\delta(x)$ 推广到二维，有

$$\begin{cases} \int_{-\infty}^{\infty}\int_{-\infty}^{\infty}\delta(x,y)\mathrm{d}x\mathrm{d}y = 1 \\ \delta(x,y) = 0 \qquad x\neq 0, y\neq 0 \end{cases} \tag{5.2.7}$$

如果二维单位冲激信号沿 x 轴和 y 轴分别有位移 x_0，y_0，则

$$\begin{cases} \int_{-\infty}^{\infty}\int_{-\infty}^{\infty}\delta(x-x_0,y-y_0)\mathrm{d}x\mathrm{d}y = 1 \\ \delta(x-x_0,y-y_0) = 0 \qquad x\neq x_0, y\neq y_0 \end{cases} \tag{5.2.8}$$

$\delta(x, y)$具有取样特性。由式(5.2.7)和式(5.2.8)很容易得到

$$\int_{-\infty}^{\infty}\int_{-\infty}^{\infty} f(x,y)\delta(x,y)\mathrm{d}x\mathrm{d}y = f(0,0) \tag{5.2.9}$$

$$\int_{-\infty}^{\infty}\int_{-\infty}^{\infty} f(x,y)\delta(x-x_0,y-y_0)\mathrm{d}x\mathrm{d}y = f(x_0,y_0) \tag{5.2.10}$$

此外，任意二维信号 $f(x,y)$与 $\delta(x,y)$卷积的结果就是该二维信号本身，即

$$f(x,y) * \delta(x,y) = f(x,y) \tag{5.2.11}$$

而任意二维信号 $f(x,y)$与 $\delta(x-x_0,y-y_0)$卷积的结果就是该二维信号产生相应位移后的结果，

$$f(x,y) * \delta(x-x_0,y-y_0) = f(x-x_0,y-y_0) \tag{5.2.12}$$

由二维卷积的定义，有

$$f(x,y) = f(x,y) * \delta(x,y) = \int_{-\infty}^{\infty}\int_{-\infty}^{\infty} f(\alpha,\beta)\delta(x-\alpha,y-\beta)\mathrm{d}\alpha\mathrm{d}\beta \tag{5.2.13}$$

考虑退化模型中的 H 是线性空间不变系统，因此，根据线性系统理论，系统 H 的性能就完全由其单位冲激响应 $h(x,y)$来表征，即

$$h(x,y) = H[\delta(x,y)] \tag{5.2.14}$$

而线性空间不变系统 H 对任意输入信号 $f(x,y)$的响应则为该信号与系统的单位冲激响应的卷积，有

$$\begin{aligned} H[f(x,y)] &= f(x,y) * h(x,y) \\ &= \int_{-\infty}^{\infty}\int_{-\infty}^{\infty} f(\alpha,\beta)\delta(x-\alpha,y-\beta)\mathrm{d}\alpha\mathrm{d}\beta \end{aligned} \tag{5.2.15}$$

在不考虑加性噪声的情况下，上述退化模型的响应为

$$g(x,y) = H[f(x,y)\} = \int_{-\infty}^{\infty}\int_{-\infty}^{\infty} f(\alpha,\beta)\delta(x-\alpha,y-\beta)\mathrm{d}\alpha\mathrm{d}\beta \tag{5.2.16}$$

由于系统 H 是空间不变的，则它对移位信号 $f(x-x_0, y-y_0)$的响应为

$$f(x-x_0,y-y_0) * h(x,y) = g(x-x_0,y-y_0) \tag{5.2.17}$$

在有加性噪声的情况下，上述线性退化模型可以表示为

$$g(x,y) = f(x,y) * h(x,y) + n(x,y) \tag{5.2.18}$$

当然，在上述情况中，都假设噪声与图像中的位置无关。

5.2.3 离散退化模型

先考虑一维情况。假设对两个函数 $f(x)$和 $h(x)$进行均匀采样，其结果放到尺寸为 A 和 B 的两个数组中。对 $f(x)$，x 的取值范围是 $0,1,2,\cdots,A-1$；对 $h(x)$，x 的取值范围是 $0,1,2,\cdots,B-1$。我们可以利用离散卷积来计算 $g(x)$。为了避免卷积的各个周期重叠(设每个采样函数的周期为 M)，可取 $M\geqslant A+B-1$，并将函数用零扩展补齐。用 $f_e(x)$和 $h_e(x)$来表示扩展后的函数，有

$$f_e(x) = \begin{cases} f(x,y) & 0 \leqslant x \leqslant A-1 \\ 0 & A \leqslant x \leqslant M-1 \end{cases} \tag{5.2.19}$$

$$h_e(x) = \begin{cases} h(x) & 0 \leqslant x \leqslant B-1 \\ 0 & B \leqslant x \leqslant M-1 \end{cases} \tag{5.2.20}$$

则它们的卷积为

$$g_e(x) = \sum_{m=0}^{M-1} f_e(m)h_e(x-m) \qquad x = 0,1,2,\cdots,M-1 \tag{5.2.21}$$

因为 $f_e(x)$ 和 $h_e(x)$ 的周期为 M，$g_e(x)$ 的周期也为 M。引入矩阵表示法，则上式可写为：

$$\boldsymbol{g} = \boldsymbol{H}\boldsymbol{f} \tag{5.2.22}$$

其中

$$\boldsymbol{g} = \begin{bmatrix} g_e(0) \\ g_e(1) \\ \vdots \\ g_e(M-1) \end{bmatrix} \tag{5.2.23}$$

$$\boldsymbol{f} = \begin{bmatrix} f_e(0) \\ f_e(1) \\ \vdots \\ f_e(M-1) \end{bmatrix} \tag{5.2.24}$$

$$\boldsymbol{H} = \begin{bmatrix} h_e(0) & h_e(-1) & \cdots & h_e(-M+1) \\ h_e(1) & h_e(0) & \cdots & h_e(-M+2) \\ \vdots & \vdots & \ddots & \vdots \\ h_e(M-1) & h_e(M-2) & \cdots & h_e(0) \end{bmatrix} \tag{5.2.25}$$

根据 $h_e(x)$ 的周期性可知，$h_e(x)=h_e(x+M)$，所以上式又可以写成

$$\boldsymbol{H} = \begin{bmatrix} h_e(0) & h_e(M-1) & \cdots & h_e(1) \\ h_e(1) & h_e(0) & \cdots & h_e(2) \\ \vdots & \vdots & \ddots & \vdots \\ h_e(M-1) & h_e(M-2) & \cdots & h_e(0) \end{bmatrix} \tag{5.2.26}$$

这里 $\boldsymbol{H}$ 是一个循环矩阵，即每行最后一项等于下一行的最前一项，最后一行最后一项等于第一行最前一项。

将一维结果直接推广到二维，有

$$f_e(x,y) = \begin{cases} f(x,y) & 0 \leqslant x \leqslant A-1,\ 0 \leqslant y \leqslant B-1 \\ 0 & A \leqslant x \leqslant M-1, B \leqslant y \leqslant N-1 \end{cases} \tag{5.2.27}$$

$$h_e(x,y) = \begin{cases} h(x,y) & 0 \leqslant x \leqslant C-1,\ 0 \leqslant y \leqslant D-1 \\ 0 & C \leqslant x \leqslant M-1, D \leqslant y \leqslant N-1 \end{cases} \tag{5.2.28}$$

与一维情况类似，对二维情况有

$$g_e(x,y) = \sum_{m=0}^{M-1}\sum_{n=0}^{N-1} f_e(m,n)h_e(x-m,y-n) \tag{5.2.29}$$

$$x = 0,1,2,\cdots,M-1;\ y = 0,1,2,\cdots,n-1$$

如果考虑噪声，将 $M\times N$ 的噪声项加上，上式可写为

$$g_e(x,y) = \sum_{m=0}^{M-1}\sum_{n=0}^{N-1} f_e(m,n)h_e(x-m,y-n) + n_e(x,y) \tag{5.2.30}$$

$$x = 0,1,2,\cdots,M-1;\ y = 0,1,2,\cdots,N-1$$

引入矩阵表示法，有

$$\boldsymbol{g} = \boldsymbol{H}\boldsymbol{f} + \boldsymbol{n} = \begin{bmatrix} \boldsymbol{H}_0 & \boldsymbol{H}_{M-1} & \cdots & \boldsymbol{H}_1 \\ \boldsymbol{H}_1 & \boldsymbol{H}_0 & \cdots & \boldsymbol{H}_2 \\ \vdots & \vdots & \ddots & \vdots \\ \boldsymbol{H}_{M-1} & \boldsymbol{H}_{M-2} & \cdots & \boldsymbol{H}_0 \end{bmatrix} \begin{bmatrix} f_e(0) \\ f_e(1) \\ \vdots \\ f_e(MN-1) \end{bmatrix} + \begin{bmatrix} n_e(0) \\ n_e(1) \\ \vdots \\ n_e(MN-1) \end{bmatrix} \tag{5.2.31}$$

其中每个 $\boldsymbol{H}_i$ 是由扩展函数 $h_e(x, y)$ 的第 i 行而来，即

$$\boldsymbol{H}_i = \begin{bmatrix} h_e(i,0) & h_e(i,N-1) & \cdots & h_e(i,1) \\ h_e(i,1) & h_e(i,0) & \cdots & h_e(i,2) \\ \vdots & \vdots & \ddots & \vdots \\ h_e(i,N-1) & h_e(i,N-2) & \cdots & h_e(i,0) \end{bmatrix} \tag{5.2.32}$$

这里 $\boldsymbol{H}_i$ 是一个循环矩阵。因为 $\boldsymbol{H}$ 中的每块是循环标注的，所以这里 $\boldsymbol{H}$ 是块循环矩阵。

5.2.4 循环矩阵对角化

上述离散退化模型是在线性空间不变的前提下提出的，目的是在给定了 $g(x,y)$，并且知道 $h(x,y)$ 和 $n(x,y)$ 的情况下，估计出理想的原始图像 $f(x,y)$。但是，要想从式(5.2.31)得到 $f(x,y)$，对于实用大小的图像来说，处理工作是十分艰巨的。例如，对于一般精度的图像来说，$M=N=512$，此时 $\boldsymbol{H}$ 的大小为 $MN\times MN=(512)^2\times(512)^2=262\,144\times262\,144$。因此，要直接得到 $f(x,y)$，则需要求解 262 144 个联立方程组。其计算量之浩大是不难想象的。这个问题可通过对角化 $\boldsymbol{H}$ 来简化。

1. 循环矩阵的对角化

对于式(5.2.26)所示的 M 阶循环矩阵 $\boldsymbol{H}$，其本征向量和本征值分别为：

$$\boldsymbol{w}(k) = \left[1 \ \exp\left(\mathrm{j}\,\frac{2\pi}{M}k\right) \ \cdots \ \exp\left[\mathrm{j}\,\frac{2\pi}{M}(M-1)k\right]\right]^{\mathrm{T}} \tag{5.2.33}$$

$$\lambda(k) = h_e(0) + h_e(M-1)\exp\left(\mathrm{j}\,\frac{2\pi}{M}k\right) + \cdots + h_e(1)\exp\left[\mathrm{j}\,\frac{2\pi}{M}(M-1)k\right] \tag{5.2.34}$$

$$k = 0,1,2,\cdots,M-1$$

将 $\boldsymbol{H}$ 的 M 个本征向量组成 $M\times M$ 的矩阵 $\boldsymbol{W}$：

$$\boldsymbol{W} = [\boldsymbol{w}(0) \ \boldsymbol{w}(1) \ \cdots \ \boldsymbol{w}(M-1)] \tag{5.2.35}$$

此处各 $\boldsymbol{w}$ 的正交性保证了 $\boldsymbol{W}$ 的逆矩阵存在，而 $\boldsymbol{W}^{-1}$ 的存在保证了 $\boldsymbol{W}$ 的列(即 $\boldsymbol{H}$ 的本征向量)是线性独立的。于是，可以将 $\boldsymbol{H}$ 写成

$$\boldsymbol{H} = \boldsymbol{W}\boldsymbol{D}\boldsymbol{W}^{-1} \tag{5.2.36}$$

其中 $\boldsymbol{D}$ 为对角矩阵，其元素正是 $\boldsymbol{H}$ 的本征值，即 $D(k, k)=\lambda(k)$。

2. 块循环矩阵的对角化

对于式(5.2.31)中的块循环矩阵 $\boldsymbol{H}$，定义一个 $MN\times MN$(包含 $M\times M$ 个 $N\times N$ 块)的矩阵 $\boldsymbol{W}$，其块元素为

$$\boldsymbol{W}(i,m) = \exp\left(\mathrm{j}\,\frac{2\pi}{M}im\right)\boldsymbol{W}_N \qquad i,m = 0,1,\cdots,M-1 \tag{5.2.37}$$

其中 $\boldsymbol{W}_N$ 为 $N\times N$ 的矩阵，其元素为

$$\boldsymbol{W}_N(k,n) = \exp\left(\mathrm{j}\,\frac{2\pi}{N}kn\right) \qquad k,n = 0,1,\cdots,N-1 \tag{5.2.38}$$

借助以上对循环矩阵的讨论可类似得到：

$$\boldsymbol{H} = \boldsymbol{W}\boldsymbol{D}\boldsymbol{W}^{-1} \tag{5.2.39}$$

进一步，$\boldsymbol{H}$ 的转置 $\boldsymbol{H}^{\mathrm{T}}$ 可用 $\boldsymbol{D}$ 的复共轭 $\boldsymbol{D}^*$ 表示为：

$$\boldsymbol{H}^{\mathrm{T}} = \boldsymbol{W}\boldsymbol{D}^*\boldsymbol{W}^{-1} \tag{5.2.40}$$

3. 退化模型对角化的效果

首先讨论一维情况，将式(5.2.36)代入式(5.2.22)，并且两边同时左乘 $\boldsymbol{W}^{-1}$，得

$$W^{-1}g = DW^{-1}f \tag{5.2.41}$$

乘积 $W^{-1}f$ 和 $W^{-1}g$ 都是 M 维列向量，其第 k 项分别记为 $F(k)$ 和 $G(k)$，有

$$F(k) = \frac{1}{M}\sum_{i=0}^{M-1} f_e(i)\exp\left(-\mathrm{j}\,\frac{2\pi}{M}ki\right) \qquad k = 0,1,\cdots,M-1 \tag{5.2.42}$$

$$G(k) = \frac{1}{M}\sum_{i=0}^{M-1} g_e(i)\exp\left(-\mathrm{j}\,\frac{2\pi}{M}ki\right) \qquad k = 0,1,\cdots,M-1 \tag{5.2.43}$$

它们分别是扩展序列 $f_e(x)$ 和 $g_e(x)$ 的傅里叶变换。

式(5.2.41)中 D 的主对角线元素是 H 的本征值，由式(5.2.34)有

$$D(k,k) = \lambda(k) = \sum_{i=0}^{M-1} h_e(i)\exp\left(-\mathrm{j}\,\frac{2\pi}{M}ki\right) = M\cdot H(k) \qquad k = 0,1,\cdots,M-1 \tag{5.2.44}$$

其中 $H(k)$ 是扩展序列 $h_e(x)$ 傅里叶变换。

综合式(5.2.42)～式(5.2.44)，得

$$G(k) = M\cdot H(k)F(k) \qquad k = 0,1,\cdots,M-1 \tag{5.2.45}$$

上式右边是 $f_e(x)$ 和 $h_e(x)$ 在频域的卷积，可用 FFT 计算之。

现在考虑二维情况。将式(5.2.36)代入式(5.2.31)，并且两边同时左乘 W^{-1}，得

$$W^{-1}g = DW^{-1}f + W^{-1}n \tag{5.2.46}$$

式中乘积 $W^{-1}g$、$W^{-1}f$ 和 $W^{-1}n$ 都是 MN 维列向量，其元素可记为 $G(u,v)$、$F(u,v)$ 和 $N(u,v)$，$u=0,1,2,\cdots,M-1$；$v=0,1,2,\cdots,N-1$，即

$$G(u,v) = \frac{1}{MN}\sum_{x=0}^{M-1}\sum_{y=0}^{N-1} g_e(x,y)\exp\left[-\mathrm{j}2\pi\left(\frac{ux}{M}+\frac{vy}{N}\right)\right] \tag{5.2.47}$$

$$F(u,v) = \frac{1}{MN}\sum_{x=0}^{M-1}\sum_{y=0}^{N-1} f_e(x,y)\exp\left[-\mathrm{j}2\pi\left(\frac{ux}{M}+\frac{vy}{N}\right)\right] \tag{5.2.48}$$

$$N(u,v) = \frac{1}{MN}\sum_{x=0}^{M-1}\sum_{y=0}^{N-1} n_e(x,y)\exp\left[-\mathrm{j}2\pi\left(\frac{ux}{M}+\frac{vy}{N}\right)\right] \tag{5.2.49}$$

它们分别是扩展序列 $f_e(x,y)$、$g_e(x,y)$ 和 $n_e(x,y)$ 的二维傅里叶变换。而式(5.2.46)中对角矩阵 D 的 MN 个对角元素 $D(k,i)$ 与 $h_e(x,y)$ 的二维傅里叶变换 $H(u,v)$ 相关，即

$$H(u,v) = \frac{1}{MN}\sum_{x=0}^{M-1}\sum_{y=0}^{N-1} h_e(x,y)\exp\left[-\mathrm{j}2\pi\left(\frac{ux}{M}+\frac{vy}{N}\right)\right] \tag{5.2.50}$$

$$D(k,i) = \begin{cases} MN\cdot H\left(\left[\dfrac{k}{N}\right], k \bmod N\right) & i = k \\ 0 & i \neq k \end{cases} \tag{5.2.51}$$

其中 $[k/N]$ 表示不超过 k/N 的最大的整数，$k \bmod N$ 代表用 N 除 k 得到的余数。

综合式(5.2.47)～式(5.2.51)，并将 MN 并入 $H(u,v)$，得到

$$\begin{gathered} G(u,v) = H(u,v)F(u,v) + N(u,v) \\ u = 0,1,\cdots,M-1;\ v = 0,1,\cdots,N-1 \end{gathered} \tag{5.2.52}$$

上式表明，为解式(5.2.31)所代表的退化模型的大系统方程，我们只需计算很少几个 $M\times N$ 的傅里叶变换就可以了。

5.3 退化函数估计

图像复原的主要目的是当给定退化的图像 $g(x,y)$ 以及退化函数 H 和噪声的某种了解

或假设时，估计出原始图像 $f(x,y)$。现在的问题是退化函数 H 一般是不知道的。因此，必须在进行图像复原前对退化函数进行估计。估计退化函数的方法一般有三种：

1)图像观察估计法。

2)试验估计法。

3)模型估计法。

下面分别予以介绍。

5.3.1 图像观察估计法

假设给定一幅退化图像，而没有退化函数 H 的知识，那么估计该函数的方法之一就是收集图像自身的信息。例如，如果图像是模糊的，可以观察包含简单结构的一小部分图像，比如某一目标及其背景的一部分。为了减少观察时的噪声影响，可以寻找强信号内容区。同时，也可以使用目标和背景的样品灰度级，构造一个不模糊的图像，该图像是原始图像在该区域的估计图像，它和看到的子图像有相同的大小和特性。用 $g_s(x,y)$ 表示观察的子图像，用 $\hat{f}_s(x,y)$ 表示构造的子图像。假定噪声影响可忽略，由于选择了一强信号区，根据式(5.2.52)得：

$$H_s(u,v) = \frac{G_s(u,v)}{\hat{F}_s(u,v)} \tag{5.3.1}$$

其中 $G_s(u,v)$ 和 $\hat{F}_s(u,v)$ 分别是 $g_s(x,y)$ 和 $\hat{f}_s(x,y)$ 的傅里叶变换。

从这一函数特性，并假设是空间不变的，就可以推出完全函数 $H(u,v)$。例如，假设 $H_s(u,v)$ 的径向曲线呈现出巴特沃思低通滤波器的形状，我们就可以利用这一信息在更大比例上构建一个具有相同形状的函数 $H(u,v)$。

5.3.2 试验估计法

如果可以使用与获取退化图像的设备相似的装置，得到一个准确的退化估计理论上是可能的。与退化图像类似的图像可以通过各种系统装置得到，退化这些图像使其尽可能接近希望复原的图像。利用相同的系统装置，成像一个脉冲(即小亮点)就可以得到退化的冲激响应，如图 5.2 所示。

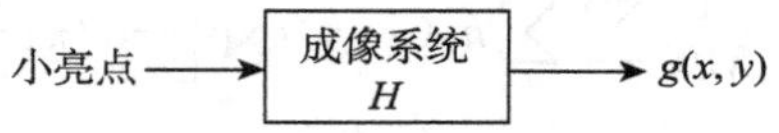

图 5.2 实验估计模型

此处小亮点用来模拟一个冲激，并使它尽可能亮以减少噪声的干扰。根据线性系统理论，线性空间不变的系统完全由其冲激响应来描述。由于冲激的傅里叶变换是一个常数 A，因此有

$$H(u,v) = \frac{G(u,v)}{A} \tag{5.3.2}$$

这里，函数 $G(u,v)$ 与前面一样，是观察图像 $g(x,y)$ 的傅里叶变换。A 是一个常量，表示冲激强度。图 5.3 显示了一个例子。

5.3.3 模型估计法

退化模型可解决图像复原问题，因此多年来一直在应用。在某些情况下，模型要把引起退化的环境因素考虑在内。例如退化模型

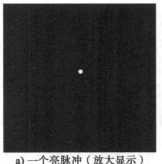

a) 一个亮脉冲（放大显示）

b) 退化的冲激

图 5.3　冲激特性的退化估计

$$H(u,v) = e^{-k(u^2+v^2)^{5/6}} \tag{5.3.3}$$

就是基于大气湍流的物理特性而提出来的。其中 k 是常数，它与湍流的特性有关。

模型化的另一个主要方法是从基本原理开始推导一个数学模型。例如，匀速直线运动造成的模糊就可以通过数学推导得出其退化函数。假设对平面匀速运动的物体采集一幅图像 $f(x,y)$，并设 $x_0(t)$ 和 $y_0(t)$ 分别是景物在 x 和 y 方向的运动分量，T 是采集时间长度。忽略其他因素，实际采集到的由于运动造成的模糊图像 $g(x, y)$ 为

$$g(x,y) = \int_0^T f[x - x_0(t), y - y_0(t)]\mathrm{d}t \tag{5.3.4}$$

其傅里叶变换为

$$\begin{aligned} G(u,v) &= \int_{-\infty}^{\infty}\int_{-\infty}^{\infty} g(x,y)e^{-j2\pi(ux+vy)}\mathrm{d}x\mathrm{d}y \\ &= \int_{-\infty}^{\infty}\int_{-\infty}^{\infty}\left[\int_0^T f[x - x_0(t), y - y_0(t)]\mathrm{d}t\right]e^{-j2\pi(ux+vy)}\mathrm{d}x\mathrm{d}y \end{aligned} \tag{5.3.5}$$

改变积分顺序，有

$$G(u,v) = \int_0^T\left[\int_{-\infty}^{\infty}\int_{-\infty}^{\infty} f[x - x_0(t), y - y_0(t)]e^{-j2\pi(ux+vy)}\mathrm{d}x\mathrm{d}y\right]\mathrm{d}t \tag{5.3.6}$$

再利用傅里叶变换的位移性，有

$$\begin{aligned} G(u,v) &= \int_0^T F(u,v)e^{-j2\pi[ux_0(t)+vy_0(t)]}\mathrm{d}t \\ &= F(u,v)\int_0^T e^{-j2\pi[ux_0(t)+vy_0(t)]}\mathrm{d}t \end{aligned} \tag{5.3.7}$$

令

$$H(u,v) = \int_0^T e^{-j2\pi[ux_0(t)+vy_0(t)]}\mathrm{d}t \tag{5.3.8}$$

则式(5.3.7)可写成我们所熟悉的形式：

$$G(u,v) = H(u,v)F(u,v) \tag{5.3.9}$$

如果给定运动量 $x_0(t)$ 和 $y_0(t)$，退化传递函数可直接由式(5.3.8)得到。

假设当前图像只在 x 方向做匀速直线运动，即

$$\begin{cases} x_0(t) = at/T \\ y_0(t) = 0 \end{cases} \tag{5.3.10}$$

由上式可见，当 $t=T$ 时，$f(x,y)$ 在水平方向的移动距离为 a。将式(5.3.10)代入式(5.3.8)，得

$$H(u,v)=\int_0^T e^{-j2\pi u x_0(t)}dt=\int_0^T e^{-j2\pi uat/T}dt=\frac{T}{\pi ua}\sin(\pi ua)e^{-j\pi ua} \tag{5.3.11}$$

上式表明，当 n 为整数时，H 在 $u=n/a$ 处为零。若允许 y 分量也变化，且按 $y_0(t)=bt/T$ 运动，则退化传递函数成为：

$$H(u,v)=\frac{T}{\pi(ua+vb)}\sin[\pi(ua+vb)]e^{-j\pi(ua+vb)} \tag{5.3.12}$$

例 5.1 图 5.4 给出由于运动造成图像模糊的实例，其 Matlab 程序如下：

a) 原始图像

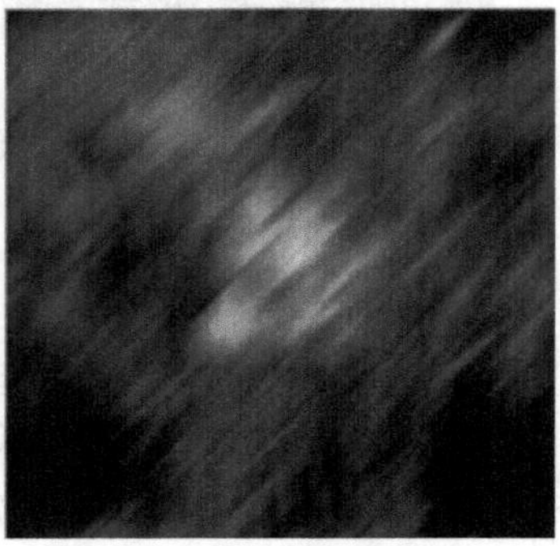

b) 运动模糊后的图像

图 5.4 运动模糊示例

```
C=imread('image3.jpg');                       % 装入清晰图像
subplot(1,2,1);                               % 将图形窗口分成两个矩形平面
imshow(C);                                    % 在第一个矩形平面中显示装入的图像
LEN=30;                                       % 设置运动位移为 30 个像素
THETA=45;                                     % 设置运动角度为 45°
PSF=fspecial('motion',LEN,THETA);             % 建立二维仿真线性运动滤波器 PSF
MF=imfilter(C,PSF,'circular','conv');         % 用 PSF 产生退化图像
subplot(1,2,2),imshow(MFUZZY);                % 在第二个矩形平面中显示模糊后的图像
imwrite(MF,'image3- MF.jpg');                 % 将运动模糊后的图像保存起来备用
```

上述程序中有两个关键函数。

1)预先定义的空域滤波函数：

```
PSF=fspecial(type,parameters)
```

其中，type 表示滤波器的类型，其值可以是 gaussian、average、sobel、laplacian、prewitt、log、motion 等。fspecial 返回指定滤波器的单位冲激响应。当 type 为 motion 时，fspecial 返回运动滤波器的单位冲激响应。

2)图像滤波函数：

```
imfilter(C,PSF,'circular','conv')
```

其中，选项 circular 用来减少边界效应；选项 conv 表示使用 PSF 对原始图像 C 进行卷积来获得退化图像。

5.4 逆滤波

5.4.1 无约束复原

由式(5.2.31)可知，其噪声项为

$$\boldsymbol{n}=\boldsymbol{g}-\boldsymbol{H}\boldsymbol{f} \tag{5.4.1}$$

在并不了解 $\boldsymbol{n}$ 的情况下，希望找到一个 $\boldsymbol{f}$，使得 $\boldsymbol{Hf}$ 在最小二乘方意义上来说近似于 $\boldsymbol{g}$。换言之，希望找到一个 $\boldsymbol{f}$，使得

$$\|\boldsymbol{n}\|^2=\|\boldsymbol{g}-\boldsymbol{H}\hat{\boldsymbol{f}}\|^2 \tag{5.4.2}$$

为最小。由范数定义有

$$\|\boldsymbol{n}\|^2=\boldsymbol{n}^{\mathrm{T}}\cdot\boldsymbol{n} \tag{5.4.3}$$

$$\|\boldsymbol{g}-\boldsymbol{H}\hat{\boldsymbol{f}}\|^2=(\boldsymbol{g}-\boldsymbol{H}\hat{\boldsymbol{f}})^{\mathrm{T}}\cdot(\boldsymbol{g}-\boldsymbol{H}\hat{\boldsymbol{f}}) \tag{5.4.4}$$

求 $\|\boldsymbol{n}\|^2$ 最小等效于求 $\|\boldsymbol{g}-\boldsymbol{H}\hat{\boldsymbol{f}}\|^2$ 最小，为此令

$$J(\hat{\boldsymbol{f}})=\|\boldsymbol{g}-\boldsymbol{H}\hat{\boldsymbol{f}}\|^2 \tag{5.4.5}$$

则复原问题变成求 $J(\hat{\boldsymbol{f}})$的极小值问题。这里选择 $\hat{\boldsymbol{f}}$ 除了要求 $J(\hat{\boldsymbol{f}})$为最小外，不受任何其他条件约束，因此称为无约束复原。求式(5.4.5)极小值的方法就是一般的极值求解方法。为此，将 $J(\hat{\boldsymbol{f}})$对 $\hat{\boldsymbol{f}}$ 微分，并使结果为零，即

$$\frac{\partial J(\hat{\boldsymbol{f}})}{\partial\hat{\boldsymbol{f}}}=-2\boldsymbol{H}^{\mathrm{T}}(\boldsymbol{g}-\boldsymbol{H}\hat{\boldsymbol{f}})=0 \tag{5.4.6}$$

$$\boldsymbol{H}^{\mathrm{T}}\boldsymbol{H}\hat{\boldsymbol{f}}=\boldsymbol{H}^{\mathrm{T}}\boldsymbol{g}$$

$$\hat{\boldsymbol{f}}=(\boldsymbol{H}^{\mathrm{T}}\boldsymbol{H})^{-1}\boldsymbol{H}^{\mathrm{T}}\boldsymbol{g} \tag{5.4.7}$$

当 $M=N$ 时，$\boldsymbol{H}$ 为一方阵，并且假设 $\boldsymbol{H}^{-1}$存在，则可求得 $\hat{\boldsymbol{f}}$，

$$\hat{\boldsymbol{f}}=\boldsymbol{H}^{-1}(\boldsymbol{H}^{\mathrm{T}})^{-1}\boldsymbol{H}^{\mathrm{T}}\boldsymbol{g}=\boldsymbol{H}^{-1}\boldsymbol{g} \tag{5.4.8}$$

5.4.2 逆滤波复原

设 $M=N$，将式(5.2.39)代入式(5.4.8)，有

$$\hat{\boldsymbol{f}}=\boldsymbol{H}^{-1}\boldsymbol{g}=(\boldsymbol{W}\boldsymbol{D}\boldsymbol{W}^{-1})^{-1}\boldsymbol{g}=\boldsymbol{W}\boldsymbol{D}^{-1}\boldsymbol{W}^{-1}\boldsymbol{g} \tag{5.4.9}$$

上式两边左乘 $\boldsymbol{W}^{-1}$，得

$$\boldsymbol{W}^{-1}\hat{\boldsymbol{f}}=\boldsymbol{D}^{-1}\boldsymbol{W}^{-1}\boldsymbol{g} \tag{5.4.10}$$

由 5.2.4 节关于循环矩阵对角化的讨论可知，上式的各个元素能写成如下形式：

$$\hat{F}(u,v)=\frac{G(u,v)}{H(u,v)}\qquad u,v=0,1,\cdots,M-1 \tag{5.4.11}$$

其中 $H(u,v)$为滤波函数。由式(5.4.11)可见，滤波函数的逆函数 $H^{-1}(u,v)$乘以退化图像的傅里叶变换 $G(u,v)$，就可以得到恢复图像的傅里叶变换 $\hat{F}(u,v)$，因而式(5.4.11)就表示一个逆滤波的过程。

将式(5.2.52)代入式(5.4.11)，有

$$\hat{F}(u,v)=F(u,v)+\frac{N(u,v)}{H(u,v)}\qquad u,v=0,1,\cdots,M-1 \tag{5.4.12}$$

对式(5.4.12)求逆变换就得到恢复后的图像，

$$\begin{aligned}\hat{f}(x,y)&=F^{-1}[G(u,v)H^{-1}(u,v)]\\&=F^{-1}[F(u,v)]+F^{-1}[N(u,v)H^{-1}(u,v)]\\&\qquad u,v=0,1,\cdots,M-1\end{aligned} \tag{5.4.13}$$

这种退化和恢复的全过程可以用图 5.5 来表示。

图中 $H^{-1}(u,v)$为逆滤波器的传递函数。问题是逆滤波复原法会出现病态性，即在频域中对应图像信号的那些频率上，若 $H(u,v)=0$ 或很小，而噪声频谱 $N(u,v)\neq0$，则 $N(u,v)H^{-1}(u,v)$就难以计算或者比 $F(u,v)$大得多，从而使恢复出来的结果与预期结果相差很大，甚至面目全非。

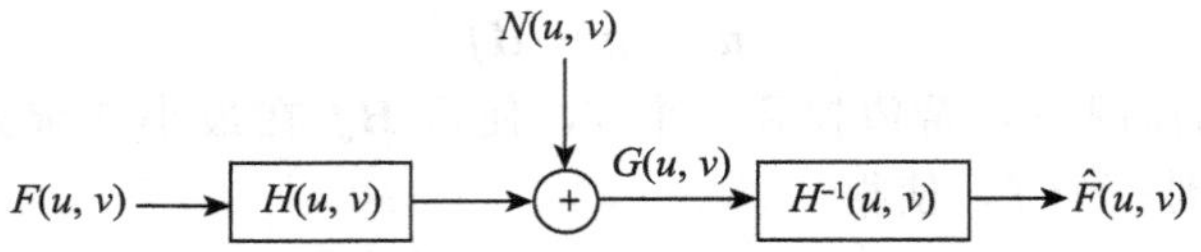

图 5.5 频域上图像退化与恢复过程

一种改进的方法是在 $H(u,v)=0$ 的那些频率点及其附近，人为地设置 $H^{-1}(u,v)$ 的值，使得在这些频率点的附近，$N(u,v)H^{-1}(u,v)$ 不会对复原结果产生太大的影响。于是，可令逆滤波器的传递函数为 $M(u,v)$

$$M(u,v)=\begin{cases}k & H(u,v)\leqslant d \\ 1/H(u,v) & H(u,v)>d\end{cases} \tag{5.4.14}$$

其中 k 和 d 均为小于 1 的常数。

另一种改进是考虑退化系统的传递函数 $H(u,v)$ 的带宽比噪声的带宽窄得多这一事实，其频率响应具有低通特性，因此可令逆滤波器的传递函数为 $M(u,v)$

$$M(u,v)=\begin{cases}1/H(u,v) & (u^2+v^2)^{1/2}\leqslant D_0 \\ 0 & (u^2+v^2)^{1/2}>D_0\end{cases} \tag{5.4.15}$$

式中 D_0 是逆滤波器的空间截止频率。一般选择 D_0 位于 $H(u,v)$ 通带内某一适当位置，使复原图像的信噪比较大。

5.4.3 消除匀速运动模糊

5.3.3 节已经推导出由于平面匀速运动而造成图像模糊的退化传递函数，即式(5.3.12)。此时我们就可以用逆滤波法消除运动模糊，其过程如下：

1)求模糊图像的傅里叶变换 $G(u,v)$。

2)观察图像中感兴趣的物体或目标，分别估计水平方向与垂直方向的移动距离 a 和 b，按式(5.3.12)确定退化传递函数 $H(u,v)$。

3)计算复原图像的傅里叶变换 $\hat{F}(u,v)=H^{-1}(u,v)G(u,v)$。

4)对 $\hat{F}(u,v)$ 执行傅里叶逆变换，就得到复原图像。

根据傅里叶变换的卷积性质，模糊图像 $g(x,y)$ 是退化系统单位冲激响应 $h(x,y)$ 与原图像 $f(x,y)$ 卷积的结果。因此频域中的逆滤波就相当于时域中的去卷积过程。Matlab 提供了盲目去卷积函数，即

```
[J,PSF]= deconvblind(I,INITPSF)
```

该函数运用最大似然算法对图像 I 去卷积，返回消除模糊的图像 J 和复原点扩散函数 PSF，可以方便地用于图像复原。下面以实例说明该函数在实现消除运动模糊中的应用。

例 5.2 消除图 5.4b 的运动模糊，其 Matlab 程序如下：

```
[MF,map]=imread('image3-MF.jpg');              % 装入运动模糊图像
figure(1);
imshow(MF);                                    % 显示模糊图像
LEN=30;
THETA=45;
INITPSF=fspecial('motion',LEN,THETA);          % 建立复原点扩散函数
[J P]=deconvblind(MF,INITPSF,30);              % 去卷积
figure(2); imshow(J);                          % 显示结果图像如图 5.6a
figure(3); imshow(P,[],'notruesize');          % 显示复原点扩散函数如图 5.6b 所示
```

需要指出的是：图 5.6a 是精确设置复原点扩散函数的结果，即复原点扩散函数与模糊原图像的点扩散函数的参数相同，此时，复原效果很好。但是，如果通过观察模糊图像来估计有关运动参数时，去模糊效果就要受到其估计精度的影响。图 5.6c 和 e 给出两种非精确设置复原点扩散函数的结果，而 d 和 f 分别是这两种情况下的复原点扩散函数。

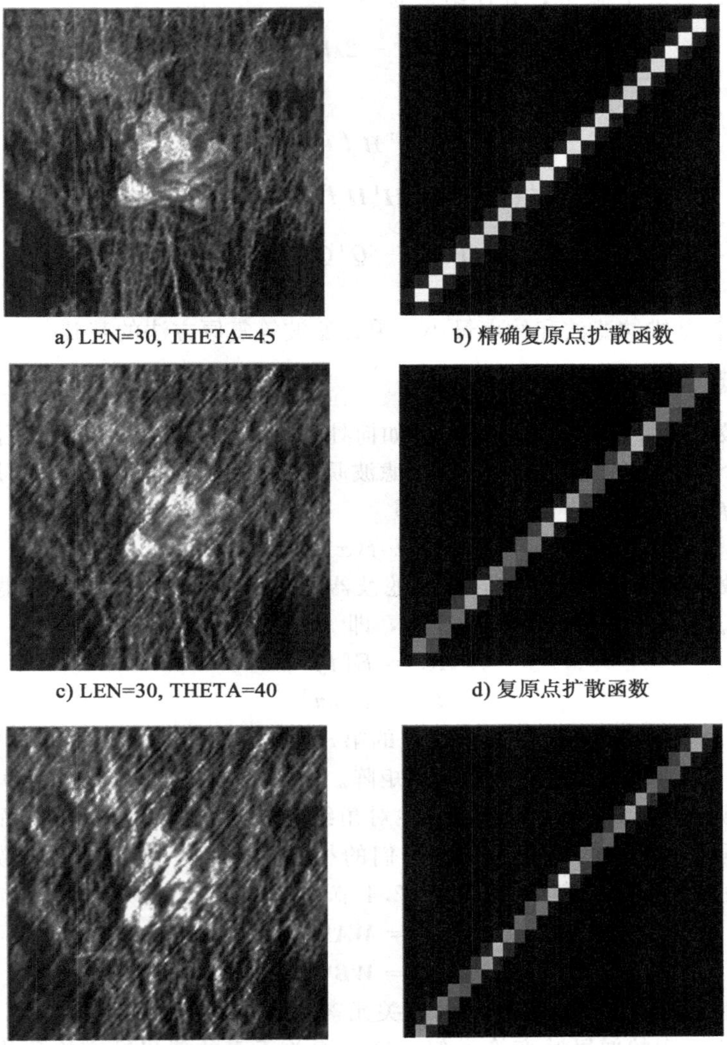

a) LEN=30, THETA=45　　b) 精确复原点扩散函数

c) LEN=30, THETA=40　　d) 复原点扩散函数

e) LEN=35, THETA=40　　f) 复原点扩散函数

图 5.6　去卷积复原图 5.4b

5.5　维纳滤波

5.5.1　有约束滤波

在最小二乘方复原处理中，为了在数学上更容易处理，常常附加某种约束条件。例如，可以令 $\boldsymbol{Q}$ 为 f 的线性算子，那么，最小二乘方复原问题可看成使形式为 $\|\boldsymbol{Q}\hat{\boldsymbol{f}}\|^2$ 的函数服从约束条件 $\|\boldsymbol{g}-\boldsymbol{H}\hat{\boldsymbol{f}}\|^2=\|\boldsymbol{n}\|^2$ 的最小化问题。而这种有附加条件的极值问题可

以用拉格朗日乘数法来处理。其处理方法如下。

寻求 $\hat{\boldsymbol{f}}$，使下述准则函数为最小，

$$J(\hat{\boldsymbol{f}}) = \| \boldsymbol{Q}\hat{\boldsymbol{f}} \|^2 + \lambda(\| \boldsymbol{g} - \boldsymbol{H}\hat{\boldsymbol{f}} \|^2 - \| \boldsymbol{n} \|^2) \tag{5.5.1}$$

其中 λ 为一常数，是拉格朗日乘数。加上约束条件后，就可以按一般求极小值的方法进行求解。将式(5.5.1)对 $\hat{\boldsymbol{f}}$ 微分，并使结果为零，有

$$\frac{\partial J(\hat{\boldsymbol{f}})}{\partial \hat{\boldsymbol{f}}} = 2\boldsymbol{Q}^{\mathrm{T}}\boldsymbol{Q}\hat{\boldsymbol{f}} - 2\lambda \boldsymbol{H}^{\mathrm{T}}(\boldsymbol{g} - \boldsymbol{H}\hat{\boldsymbol{f}}) = 0 \tag{5.5.2}$$

求解 $\hat{\boldsymbol{f}}$，有

$$\begin{aligned} &\boldsymbol{Q}^{\mathrm{T}}\boldsymbol{Q}\hat{\boldsymbol{f}} + \lambda\boldsymbol{H}^{\mathrm{T}}\boldsymbol{H}\hat{\boldsymbol{f}} - \lambda\boldsymbol{H}^{\mathrm{T}}\boldsymbol{g} = 0 \\ &\frac{1}{\lambda}\boldsymbol{Q}^{\mathrm{T}}\boldsymbol{Q}\hat{\boldsymbol{f}} + \boldsymbol{H}^{\mathrm{T}}\boldsymbol{H}\hat{\boldsymbol{f}} = \boldsymbol{H}^{\mathrm{T}}\boldsymbol{g} \\ &\hat{\boldsymbol{f}} = (\boldsymbol{H}^{\mathrm{T}}\boldsymbol{H} + s\boldsymbol{Q}^{\mathrm{T}}\boldsymbol{Q})^{-1}\boldsymbol{H}^{\mathrm{T}}\boldsymbol{g} \end{aligned} \tag{5.5.3}$$

其中 $s=1/\lambda$。

式(5.5.3)就是维纳滤波和约束最小二乘方滤波等复原方法的基础。

5.5.2 维纳滤波复原

逆滤波比较简单，但没有清楚地说明如何处理噪声。而维纳滤波综合了退化函数和噪声统计特性两个方面进行复原处理。维纳滤波是寻找一个滤波器，使得复原后图像 $\hat{f}(x,y)$与原始图像 $f(x,y)$的均方误差最小，即

$$E\{[\hat{f}(x,y) - f(x,y)]^2\} = \min \tag{5.5.4}$$

其中 $E[\cdot]$为数学期望算子。因此，维纳滤波器通常又称为最小均方误差滤波器。

令 $\boldsymbol{R}_f$ 和 $\boldsymbol{R}_n$ 分别是 $\boldsymbol{f}$ 和 $\boldsymbol{n}$ 的相关矩阵，即

$$\boldsymbol{R}_f = E\{\boldsymbol{f}\boldsymbol{f}^{\mathrm{T}}\} \tag{5.5.5}$$

$$\boldsymbol{R}_n = E\{\boldsymbol{n}\boldsymbol{n}^{\mathrm{T}}\} \tag{5.5.6}$$

$\boldsymbol{R}_f$ 的第 ij 个元素是 $E\{f_i f_j\}$，代表 $\boldsymbol{f}$ 的第 i 个和第 j 个元素的相关。因为 $\boldsymbol{f}$ 和 $\boldsymbol{n}$ 中的元素都是实数，所以 $\boldsymbol{R}_f$ 和 $\boldsymbol{R}_n$ 都是实对称矩阵。对于大多数图像来说像素间的相关不超过20～30 像素。所以典型的相关矩阵只在主对角线方向有一条带不为零，而右上角和左下角都是零。根据两个像素间的相关只是它们的相互距离而不是位置的函数的假设，可将 $\boldsymbol{R}_f$ 和 $\boldsymbol{R}_n$ 都用块循环矩阵来表示，并用 5.2.4 节的方法进行对角化处理，有

$$\boldsymbol{R}_f = \boldsymbol{W}\boldsymbol{A}\boldsymbol{W}^{-1} \tag{5.5.7}$$

$$\boldsymbol{R}_n = \boldsymbol{W}\boldsymbol{B}\boldsymbol{W}^{-1} \tag{5.5.8}$$

其中 $\boldsymbol{A}$ 和 $\boldsymbol{B}$ 中的元素对应 $\boldsymbol{R}_f$ 和 $\boldsymbol{R}_n$ 中的相关元素的傅里叶变换，与式(5.2.36)$\boldsymbol{D}$ 中的对角元素对应 $\boldsymbol{H}$ 中块元素的傅里叶变换类似。这些相关元素的傅里叶变换称为图像和噪声的功率谱。令

$$\boldsymbol{Q}^{\mathrm{T}}\boldsymbol{Q} = \boldsymbol{R}_f^{-1}\boldsymbol{R}_n \tag{5.5.9}$$

代入式(5.5.3)，得

$$\hat{\boldsymbol{f}} = (\boldsymbol{H}^{\mathrm{T}}\boldsymbol{H} + s\boldsymbol{R}_f^{\mathrm{T}}\boldsymbol{R}_n)^{-1}\boldsymbol{H}^{\mathrm{T}}\boldsymbol{g} \tag{5.5.10}$$

再代入式(5.2.39)、式(5.2.40)和式(5.5.7)式(5.5.8)，得

$$\hat{\boldsymbol{f}} = (\boldsymbol{W}\boldsymbol{D}^*\boldsymbol{D}\boldsymbol{W}^{-1} + s\boldsymbol{W}\boldsymbol{A}^{-1}\boldsymbol{B}\boldsymbol{W}^{-1})^{-1}\boldsymbol{W}\boldsymbol{D}^*\boldsymbol{W}^{-1}\boldsymbol{g} \tag{5.5.11}$$

上式两边同时左乘 $\boldsymbol{W}^{-1}$，得

$$\boldsymbol{W}^{-1}\hat{\boldsymbol{f}} = (\boldsymbol{D}^*\boldsymbol{D} + s\boldsymbol{A}^{-1}\boldsymbol{B})^{-1}\boldsymbol{D}^*\boldsymbol{W}^{-1}\boldsymbol{g} \tag{5.5.12}$$

上式中的元素可写成

$$\hat{F}(u,v)=\frac{1}{H(u,v)}\frac{|H(u,v)|^2}{|H(u,v)|^2+s\dfrac{P_n(u,v)}{P_f(u,v)}}G(u,v) \tag{5.5.13}$$

其中，$G(u,v)$是退化图像的傅里叶变换；$H(u,v)$是退化函数；$|H(u,v)|^2=H^*(u,v)H(u,v)$；$H^*(u,v)$是退化函数 $H(u,v)$的复共轭；$P_n(u,v)=|N(u,v)|^2$ 是噪声的功率谱；$P_f(u,v)=|F(u,v)|^2$ 是原始图像的功率谱。

显然，维纳滤波器的传递函数为

$$H_w(u,v)=\frac{1}{H(u,v)}\frac{|H(u,v)|^2}{|H(u,v)|^2+s\dfrac{P_n(u,v)}{P_f(u,v)}} \tag{5.5.14}$$

必须指出：

1)上述推导中假设图像 $f(x,y)$与噪声 $n(x,y)$不相关，且其中一个有零均值，同时估计的灰度级是退化图像灰度级的线性函数。

2)维纳滤波能够自动抑制噪声。当 $H(u,v)=0$ 时，由于 $P_n(u,v)$和 $P_f(u,v)$的存在，分母不为零，不会出现被零除的情形。

3)如果信噪比较高，即 $P_f(u,v)$远远大于 $P_n(u,v)$时，$P_n(u,v)/P_f(u,v)$很小，因此，$H_w(u,v)\rightarrow 1/H(u,v)$，即维纳滤波器变成了逆滤波器，所以说逆滤波是维纳滤波的特例。反之，当 $P_n(u,v)$远远大于 $P_f(u,v)$时，则 $H_w(u,v)\rightarrow 0$，即维纳滤波器避免了逆滤波器过于放大噪声的问题。

4)维纳滤波需要知道原图像和噪声的功率谱 $P_f(u,v)$和 $P_n(u,v)$。实际上 $P_f(u,v)$和 $P_n(u,v)$都是未知的，这时常用一个常数 K 来代替 $P_n(u,v)/P_f(u,v)$，所以式(5.5.3)变为

$$\hat{F}(u,v)=\frac{1}{H(u,v)}\frac{|H(u,v)|^2}{|H(u,v)|^2+K}G(u,v) \tag{5.5.15}$$

那么，如何来确定特殊常数 K 呢？令平均噪声功率谱 n_A 和平均图像功率谱 f_A 分别为

$$f_A=\frac{1}{MN}\sum_u\sum_v P_f(u,v) \tag{5.5.16}$$

$$n_A=\frac{1}{MN}\sum_u\sum_v P_n(u,v) \tag{5.5.17}$$

其中 M 和 N 分别表示噪声和图像阵列垂直与水平尺寸。而平均噪声功率谱 n_A 和平均图像功率谱 f_A 的比值为

$$R=\frac{n_A}{f_A} \tag{5.5.18}$$

通常就用来代替 $P_n(u,v)/P_f(u,v)$。此时，即使真实的比值不知道，也可以通过实验来获得。

5.5.3 维纳滤波的 Matlab 实现

维纳滤波可以用图像处理工具箱中的 deconvwnr 函数来实现。该函数有三种调用格式：

1)`fr=deconvwnr(g, PSF)`

2)`fr=deconvwnr(g, PSF, NSR)`

3)`fr=deconvwnr(g, PSF, NCORR, ICORR)`

其中，g 是退化图像，它是由于与点扩散函数 PSE 卷积和可能的加性噪声引起的退化图像，fr 是复原图像。第一种调用格式假设图像退化过程中无噪声，这种形式的维纳滤波就是上一节中介绍的逆滤波。第二种调用格式中的 NSR 是噪信比，相当于式(5.5.14)中的 $P_n(u,v)/P_f(u,v)$或式(5.5.15)中的 K。第三种调用格式中的 NCORR 和 ICORR 分别是

噪声和原始图像的自相关函数。

例 5.3 逆滤波与维纳滤波的比较。

图 5.7a 是一幅由 Matlab 函数 checkerboard 产生的原始图像；b 是 a 的运动模糊同时叠加高斯噪声的退化图像；c 是对退化图像 b 采用直接逆滤波复原的结果；d 则是对退化图像 b 采用常数噪信比的维纳滤波复原的结果。由图 5.7c 和 d 可见，维纳滤波有很强的抑制噪声的能力，因而可以获得更好的复原效果。

下面给出对应的 Matlab 实现程序。需要说明的是，由于原始图像一般是未知的，因此，在计算噪信比时，只能用退化图像来代替原始图像。

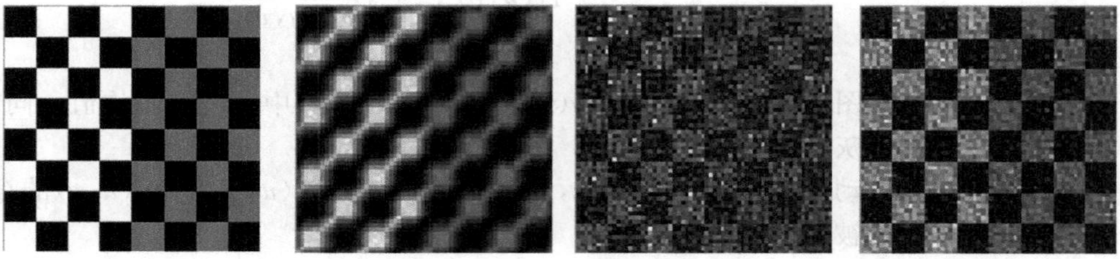

a) b) c) d)

图 5.7 逆滤波与维纳滤波的比较

```
F=checkerboard(8);                                      % 生成原始图像 F
figure(1);
imshow(F,[]);
PSF=fspecial('motion',7,45);                            % 生成运动模糊图像 MF
MF=imfilter(F,PSF,'circular');
noise=imnoise(zeros(size(F)),'gaussian',0,0.001);       % 生成高斯噪声
MFN=MF+ noise;                                          % 生成运动模糊+ 高斯噪声图像 MFN
figure(2);
imshow(MFN,[]);
NSR=sum(noise(:).^2)/sum(MFN(:).^2);                    % 计算噪信比
figure(3);
imshow(deconvwnr(MFN,PSF),[]);                          % 逆滤波复原
figure(4);
imshow(deconvwnr(MFN,PSF,NSR),[]);                      % 维纳滤波复原
```

例 5.4 逆滤波与维纳滤波的进一步比较。

图 5.8a 为运动模糊同时叠加高斯噪声的污染图像，b 和 c 分别为逆滤波和式(5.5.15)的维纳滤波的结果。图 5.8 第二行显示了同样的序列，但噪声幅度的方差水平减少了一个数量级。图 5.8 第三行相对于第一行噪声方差减少了两个数量级。由图中第二列的逆滤波效果与第三列的维纳滤波效果可见，维纳滤波在图像受噪声影响时效果比逆滤波好，而且噪声越强优势越明显。

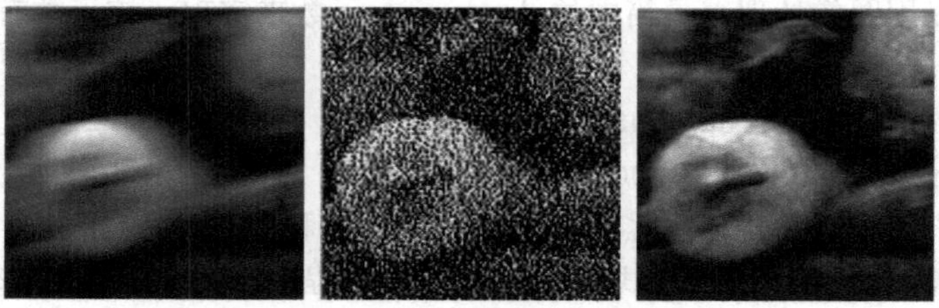

a) b) c)

图 5.8 逆滤波与维纳滤波的进一步比较

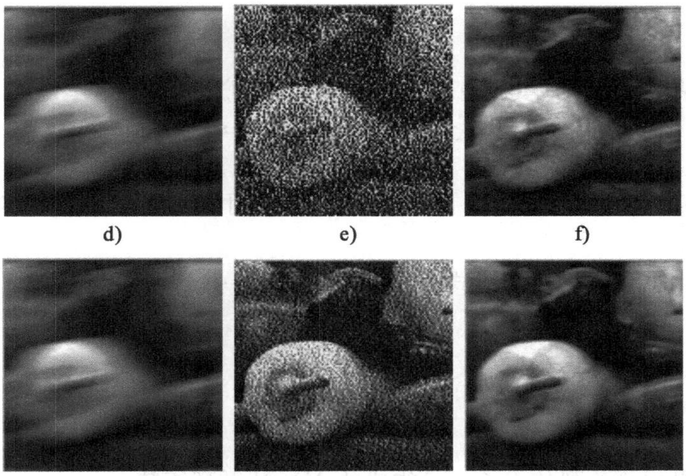

d) e) f)

g) h) i)

图 5.8 （续）

5.6 约束最小二乘方滤波

尽管维纳滤波可以获得比逆滤波更好的效果，但也存在如下问题：

1)由式(5.5.3)，维纳滤波需要知道未退化图像和噪声的功率谱，而未退化图像与噪声的功率一般都是未知的。此时，可以使用式(5.5.13)来近似，但是功率谱比的常数估计一般还是没有合适的解。

2)维纳滤波建立在最小化统计准则的基础上，它所得到的结果只是平均意义上的最优。

据此，本节将要介绍的约束最小二乘方滤波可以在一定程度上解决上述问题。其一约束最小二乘方滤波只要求噪声方差和均值的知识，而这些参数经常能通过一幅给定的退化图像计算出来；其二，约束最小二乘方滤波对于所处理的每一幅图像都能产生最优的结果。

5.6.1 滤波模型

约束最小二乘方滤波也是从式(5.5.3)出发，即需要确定变换矩阵 $\boldsymbol{Q}$。实际上，式(5.5.3)是一个病态方程，其解有时会发生严重的振荡。一种减小振荡的方法是建立基于平滑测度的最优准则，如可最小化某些二阶微分的函数。$f(x,y)$在(x,y)处的二阶微分可用下式近似：

$$\frac{\partial^2 f}{\partial x^2}+\frac{\partial^2 f}{\partial y^2}\approx 4f(x,y)-[f(x+1,y)+f(x-1,y)+f(x,y+1)+f(x,y-1)] \tag{5.6.1}$$

上述二阶微分可用 $f(x,y)$与下面的算子卷积得到：

$$p(x,y)=\begin{bmatrix}0 & -1 & 0\\ -1 & 4 & -1\\ 0 & -1 & 0\end{bmatrix} \tag{5.6.2}$$

有一种基于这种二阶微分的最优准则是

$$\min\left[\frac{\partial^2 f}{\partial x^2}+\frac{\partial^2 f}{\partial y^2}\right]^2 \tag{5.6.3}$$

为避免重叠误差，可将 $p(x,y)$ 扩展为 $f(x,y)$ 的扩展，即

$$p_e(x,y)=\begin{cases}p(x,y) & 0\leqslant x\leqslant 2,\ 0\leqslant y\leqslant 2\\ 0 & 3\leqslant x\leqslant M-1,\ 3\leqslant y\leqslant N-1\end{cases} \tag{5.6.4}$$

如果 $f(x,y)$ 的尺寸是 $M\times N$，因为 $p(x,y)$ 的尺寸为 3×3，故取 $M\geqslant A+3-1$，$N\geqslant B+3-1$。

上述平滑准则也可以用矩阵形式表示。首先构造一个分块循环矩阵，

$$\boldsymbol{C}=\begin{bmatrix}\boldsymbol{C}_0 & \boldsymbol{C}_{M-1} & \cdots & \boldsymbol{C}_1\\ \boldsymbol{C}_1 & \boldsymbol{C}_0 & \cdots & \boldsymbol{C}_2\\ \vdots & \vdots & \ddots & \vdots\\ \boldsymbol{C}_{M-1} & \boldsymbol{C}_{M-2} & \cdots & \boldsymbol{C}_0\end{bmatrix} \tag{5.6.5}$$

其中每个子矩阵是由第 j 列的 $P_e(x,y)$ 构成的 $N\times N$ 循环矩阵，

$$\boldsymbol{C}_j=\begin{bmatrix}p_e(j,0) & p_e(j,N-1) & \cdots & p_e(j,1)\\ p_e(j,1) & p_e(j,0) & \cdots & p_e(j,2)\\ \vdots & \vdots & \ddots & \vdots\\ p_e(j,N-1) & p_e(j,N-2) & \cdots & p_e(j,0)\end{bmatrix} \tag{5.6.6}$$

根据 5.2.4 节的讨论，$\boldsymbol{C}$ 可以用那里定义的 $\boldsymbol{W}$ 进行对角化，即

$$\boldsymbol{E}=\boldsymbol{W}^{-1}\boldsymbol{C}\boldsymbol{W} \tag{5.6.7}$$

其中 $\boldsymbol{E}$ 是一个对角矩阵，其元素为

$$E(k,i)=\begin{cases}P\left(\left[\dfrac{k}{N}\right]k\bmod N\right) & i=k\\ 0 & i\neq k\end{cases} \tag{5.6.8}$$

这里 $P(u,v)$ 是 $p_e(x,y)$ 的二维傅里叶变换，其中各项含义可参见对式(5.2.51)的注释。

事实上，如果我们要求满足以下约束

$$\|\boldsymbol{g}-\boldsymbol{H}\hat{\boldsymbol{f}}\|^2=\|\boldsymbol{n}\|^2 \tag{5.6.9}$$

那么最优解可表示为

$$\hat{\boldsymbol{f}}=(\boldsymbol{H}^{\mathrm{T}}\boldsymbol{H}+s\boldsymbol{C}^{\mathrm{T}}\boldsymbol{C})^{-1}\boldsymbol{H}^{\mathrm{T}}\boldsymbol{g}=(\boldsymbol{W}\boldsymbol{D}^*\boldsymbol{D}\boldsymbol{W}^{-1}+s\boldsymbol{W}\boldsymbol{E}^*\boldsymbol{E}\boldsymbol{W}^{-1})^{-1}\boldsymbol{W}\boldsymbol{D}^*\boldsymbol{W}^{-1}\boldsymbol{g} \tag{5.6.10}$$

上式两边同时左乘 $\boldsymbol{W}^{-1}$，得

$$\boldsymbol{W}^{-1}\hat{\boldsymbol{f}}=(\boldsymbol{D}^*\boldsymbol{D}+s\boldsymbol{E}^*\boldsymbol{E})^{-1}\boldsymbol{D}^*\boldsymbol{W}^{-1}\boldsymbol{g} \tag{5.6.11}$$

上式中的元素可写成

$$\hat{F}(u,v)=\left[\frac{H^*(u,v)}{|H(u,v)|^2+s|P(u,v)|^2}\right]G(u,v) \tag{5.6.12}$$

其中 s 是可调参数。我们需要调节 s 以满足约束式(5.6.9)，只有当 s 满足这个条件时，式(5.6.12)才能达到最优。为此，定义一个残差向量 $\boldsymbol{r}$，

$$\boldsymbol{r}=\boldsymbol{g}-\boldsymbol{H}\hat{\boldsymbol{f}} \tag{5.6.13}$$

由式(5.6.12)的解可知，$\hat{F}(u,v)$(即隐含的 $\hat{\boldsymbol{f}}$)是 s 的函数，所以 $\boldsymbol{r}$ 也是该参数 s 的函数，有

$$\varphi(s)=\boldsymbol{r}^{\mathrm{T}}\boldsymbol{r}=\|\boldsymbol{r}\|^2 \tag{5.6.14}$$

它是 s 的单调递增函数。现在需要调整 s，使得

$$\|\boldsymbol{r}\|^2=\|\boldsymbol{n}\|^2\pm a \tag{5.6.15}$$

其中 a 是一个准确度系数。如果 $a=0$，那么式(5.6.9)的约束就严格满足了。

因为 $\varphi(s)$是单调的，寻找满足要求的 s 值并不难。一个寻找满足式(5.6.15)的 s 值的简单算法是：

1)指定初始 s 值。

2)计算 $\hat{\boldsymbol{f}}$ 和 $\|\boldsymbol{r}\|^2$。

3)如果式(5.6.15)满足，则停止；否则，如果 $\|\boldsymbol{r}\|^2<\|\boldsymbol{n}\|^2-a$，则增加 s，如果 $\|\boldsymbol{r}\|^2>\|\boldsymbol{n}\|^2+a$，则减少 s，转步骤 2。

为了使用这一算法，需要量化 $\|\boldsymbol{r}\|^2$ 和 $\|\boldsymbol{n}\|^2$ 的值。要计算 $\|\boldsymbol{r}\|^2$，从式(5.6.13)得

$$R(u,v)=G(u,v)-H(u,v)\hat{F}(u,v) \tag{5.6.16}$$

由此，可以通过计算 $R(u,v)$的傅里叶逆变换得到 $r(x,y)$，有

$$\|\boldsymbol{r}\|^2=\sum_{x=0}^{M-1}\sum_{y=0}^{N-1}r^2(x,y) \tag{5.6.17}$$

要计算 $\|\boldsymbol{n}\|^2$，首先对于整幅图像上的噪声方差使用取样平均的方法估计，即

$$\sigma_n^2=\frac{1}{MN}\sum_{x=0}^{M-1}\sum_{y=0}^{N-1}[n(x,y)-m_n]^2 \tag{5.6.18}$$

其中 m_n 是样本的均值，

$$m_n=\frac{1}{MN}\sum_{x=0}^{M-1}\sum_{y=0}^{N-1}n(x,y) \tag{5.6.19}$$

参考式(5.6.17)，显然有

$$\|\boldsymbol{n}\|^2=\sum_{x=0}^{M-1}\sum_{y=0}^{N-1}n^2(x,y)=MN[\sigma_n^2+m_n^2] \tag{5.6.20}$$

这是非常有用的结果，它告诉我们，可以仅仅用噪声的均值和方差的知识，执行最佳复原算法。这就是约束最小二乘方滤波与维纳滤波之间的主要区别。

5.6.2 约束最小二乘方滤波的 Matlab 实现

约束最小二乘方滤波可以用图像处理工具箱中的 deconvreg 函数来实现。该函数的调用格式为：

```
fr=deconvreg(g,PSF,NOISEPOWER,RANGE)
```

其中，g 是退化图像；fr 为约束最小二乘方滤波复原图像；NOISEPOWER 正比于 $\|\boldsymbol{n}\|^2$；RANGE 是式(5.6.12)中参数 s 的范围，默认值为$[10^{-9}, 10^9]$。

例 5.5 约束最小二乘方滤波复原图 5.7b。

以图 5.7b 的退化图像作为复原对象，由于图像大小为 64×64 像素，叠加的高斯噪声均值为零，方差为 0.001，由式(5.6.20)进行计算，有

$$\|\boldsymbol{n}\|^2=MN[\sigma_n^2+m_n^2]=64\times64[0.001-0]\approx4$$

然后调用

```
fr=deconvreg(MFN,PSF,4)
```

其复原结果如图 5.9a 所示。通过实验，降低 NOISEPOWER 的值为 0.4，压缩搜索范围为$[10^{-7}, 10^7]$，即调用

```
fr=deconvreg(MFN,PSF,0.4,[1e7 1e- 7])
```

可以获得更好的复原结果，如图 5.9b 所示。

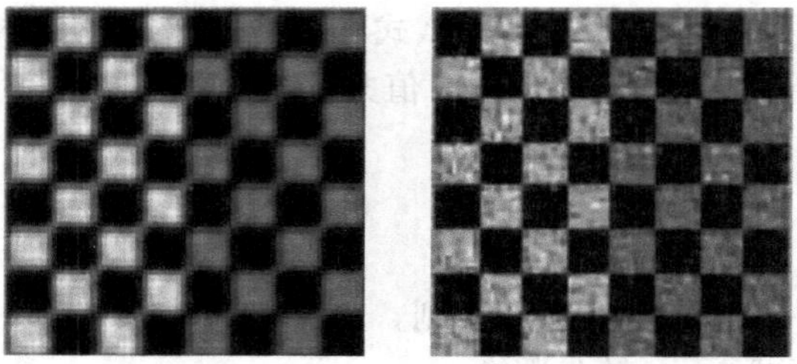

a)　　b)

图 5.9　约束最小二乘方滤波复原实例

5.7　从噪声中复原

5.7.1　噪声模型

噪声是造成图像退化的重要因素之一。数字图像的噪声主要来源于图像获取（即数字化过程）和传输过程。图像传感器的工作情况受各种因素的影响，如图像获取中的环境条件和传感器元器件自身的质量。例如，使用 CCD 摄像机获取图像，光照程度和传感器温度是图像产生大量噪声的主要因素。图像在传输过程中受到的噪声污染主要是由所用传输信道的干扰造成的。例如，通过无线网络传输的图像可能会因为光或其他大气因素的干扰被污染。通常认为噪声是由概率密度函数（PDF）表示的随机变量。图像处理应用中最常见的噪声如下。

1. 高斯噪声

高斯噪声的 PDF 为

$$p(z)=\frac{1}{\sqrt{2\pi\sigma}}\mathrm{e}^{-(z-\mu)^2/2\sigma^2} \tag{5.7.1}$$

其中，z 表示灰度级，μ 表示 z 的平均值或期望值，σ 表示 z 的标准差。标准差的平方 σ^2 称为 z 的方差。当 z 服从式(5.7.1)的分布时，其值有 70%落在$[\mu-\sigma，\mu+\sigma]$范围内，且有 95%落在$[\mu-2\sigma，\mu+2\sigma]$范围内。

2. 瑞利噪声

瑞利噪声的 PDF 为

$$p(z)=\begin{cases}\frac{2}{b}(z-a)\mathrm{e}^{-(z-a)^2/b} & z\geqslant a\\ 0 & z<a\end{cases} \tag{5.7.2}$$

其均值和方差分别为

$$\mu=a+\sqrt{\pi b/4} \tag{5.7.3}$$

$$\sigma^2=\frac{b(4-\pi)}{4} \tag{5.7.4}$$

3. 伽马噪声

伽马噪声的 PDF 为

$$p(z)=\begin{cases}\frac{a^b zb-1}{(b-1)!}\mathrm{e}^{-az} & z\geqslant 0\\ 0 & z<0\end{cases} \tag{5.7.5}$$

其中，$a>0$，b 为正整数，其密度的均值和方差分别为

$$\mu = \frac{b}{a} \tag{5.7.6}$$

$$\sigma^2 = \frac{b}{a^2} \tag{5.7.7}$$

4. 指数噪声

指数噪声的 PDF 为

$$p(z) = \begin{cases} a\mathrm{e}^{-az} & z \geqslant 0 \\ 0 & z < 0 \end{cases} \tag{5.7.8}$$

其中 $a>0$，其均值和方差分别为

$$\mu = \frac{1}{a} \tag{5.7.9}$$

$$\sigma^2 = \frac{1}{a^2} \tag{5.7.10}$$

5. 均匀噪声

均匀噪声的 PDF 为

$$p(z) = \begin{cases} \dfrac{1}{b-a} & a \leqslant z \leqslant b \\ 0 & \text{其他} \end{cases} \tag{5.7.11}$$

其均值和方差分别为

$$\mu = \frac{a+b}{2} \tag{5.7.12}$$

$$\sigma^2 = \frac{(b-a)^2}{12} \tag{5.7.13}$$

6. 脉冲(椒盐)噪声

脉冲噪声的 PDF 为

$$p(z) = \begin{cases} P_a & z = a \\ P_b & z = b \\ 0 & \text{其他} \end{cases} \tag{5.7.14}$$

噪声 PDF 参数一般可以从传感器的技术说明中得知。但在传感器型号未知或只有图像可利用的情况下，就有必要去估计这些参数。此时，可以从图像中抽取合理的、具有恒定灰度值的一小部分(称为子图像 S)来估计 PDF 的参数。利用子图像 S 中的数据，最简单的方法是计算灰度值的均值和方差，

$$\mu = \sum_{z_i \in S} z_i p(z_i) \tag{5.7.15}$$

$$\sigma^2 = \sum_{z_i \in S} (z_i - \mu)^2 p(z_i) \tag{5.7.16}$$

其中 z_i 是 S 中像素的灰度值，$p(z_i)$表示相应的归一化直方图值。可以从子图像 S 的直方图的形状匹配最接近的 PDF。如果直方图的形状最接近于高斯，那么，由式(5.7.15)和式(5.7.16)计算出来的均值和方差可作为高斯 PDF 所需要的两个参数的近似值。而对于其他形状的 PDF，可以利用计算出来的均值和方差解出所需的 a 和 b。

上述 PDF 为在实践中模型化宽带噪声干扰状态提供了有用的工具。例如，在一幅图

像中，高斯噪声的产生源于电子电路噪声和由低照明度或高温带来的传感器噪声。瑞利密度分布在图像范围内特征化噪声现象非常有用。指数密度分布和伽马密度分布在激光成像中有一些应用。脉冲噪声主要表现在成像中的短暂停留中，如错误的开关操作。均匀密度分布可能是在实践中用得最少的，然而，均匀密度作为模拟随机数发生器的基础是非常有用的。

5.7.2 空域滤波复原

当一幅图像中存在的唯一退化是噪声时，式(5.2.1)就变成

$$g(x,y) = f(x,y) + n(x,y) \tag{5.7.17}$$

对应的傅里叶变换为

$$G(u,v) = F(u,v) + N(u,v) \tag{5.7.18}$$

由于噪声项是未知的，从 $g(x,y)$ 中减去 $n(x,y)$ 是不现实的。此时，可以选择空域滤波的方法来复原。常见的空域滤波器有均值滤波器、顺序统计滤波器、自适应滤波器。滤波器的输入为受噪声污染而退化的图像 $g(x,y)$，如式(5.7.17)所示。而滤波器的输出为复原的图像 $\hat{f}(x,y)$，即原始图像 $f(x,y)$ 的近似估计。下面分别予以简要介绍。

1. 均值滤波器

均值滤波器包括算术均值滤波器、几何均值滤波器、谐波均值滤波器和逆谐波均值滤波器。令 S_{xy} 表示中心为点 (x,y)、尺寸为 $m\times n$ 的矩形图像窗口，下面列出各种滤波器的 I/O 方程。

算术均值滤波器

$$\hat{f}(x,y) = \frac{1}{mn}\sum_{(s,t)\in S_{xy}} g(s,t) \tag{5.7.19}$$

几何均值滤波器

$$\hat{f}(x,y) = \Big[\prod_{(s,t)\in S_{xy}} g(s,t)\Big]^{1/mn} \tag{5.7.20}$$

谐波均值滤波器

$$\hat{f}(x,y) = \frac{mn}{\displaystyle\sum_{(s,t)\in S_{xy}} \frac{1}{g(s,t)}} \tag{5.7.21}$$

逆谐波均值滤波器

$$\hat{f}(x,y) = \frac{\displaystyle\sum_{(s,t)\in S_{xy}} g(s,t)^{Q+1}}{\displaystyle\sum_{(s,t)\in S_{xy}} g(s,t)^{Q}} \tag{5.7.22}$$

算术均值滤波器简单地平滑了一幅图像的局部变化，在模糊了结果的同时减少了噪声，如上一章中所介绍的那样。几何均值滤波器所达到的平滑度可以与算术均值滤波器相媲美，但在滤波过程中会丢失更少的图像细节。谐波均值滤波器善于处理类似高斯噪声那样的其他噪声，它对于正脉冲(即盐点)噪声效果较好，但不适合于负脉冲(即胡椒点)噪声。逆谐波均值滤波器适合减少或消除脉冲噪声。当 Q 值为正时，适用于消除胡椒噪声；当 Q 值为负时，适用于消除盐点噪声。$Q=0$ 时，逆谐波滤波器蜕变为算术均值滤波器；$Q=-1$ 时，逆谐波滤波器蜕变为谐波均值滤波器。

例 5.6　均值滤波器比较。

图 5.10a 是在图 3.10a 上仅叠加高斯噪声后的退化图像。图 5.10b、c 和 d 分别是采用算术均值滤波、谐波均值滤波和几何均值滤波复原的结果。与图 3.10a 中的原图相比，算术均值滤波在平滑噪声的同时模糊了图像。谐波均值滤波和几何均值滤波也是通过均值来减少噪声，但所带来的模糊效应较小，其中几何均值滤波效果最佳。

a) 叠加高斯噪声的图像

b) 算术均值滤波图像

c) 谐波均值滤波图像

d) 几何均值滤波图像

图 5.10　均值滤波器效果比较

2. 顺序统计滤波器

顺序统计滤波器的输出基于由滤波器包围的图像区域中像素点的排序。滤波器在任何点的输出由排序结果决定。下面列出几种常用的顺序滤波器的 I/O 方程：

中值滤波器

$$\hat{f}(x,y)=\underset{(s,t)\in S_{xy}}{\operatorname{median}}\{g(s,t)\} \tag{5.7.23}$$

最大值滤波器

$$\hat{f}(x,y)=\max_{(s,t)\in S_{xy}}\{g(s,t)\} \tag{5.7.24}$$

最小值滤波器

$$\hat{f}(x,y)=\min_{(s,t)\in S_{xy}}\{g(s,t)\} \tag{5.7.25}$$

中点滤波器

$$\hat{f}(x,y)=\frac{1}{2}\left[\max_{(s,t)\in S_{xy}}\{g(s,t)\}+\min_{(s,t)\in S_{xy}}\{g(s,t)\}\right] \tag{5.7.26}$$

其中最著名的顺序统计滤波器是中值滤波器，正如上一章中所介绍的那样，它对于很多种随机噪声都有良好的去噪能力，且在相同尺寸下比线性平滑滤波器引起的模糊更小。最大值滤波器在发现图像中的最亮点时非常有用，同时特别适用于消除胡椒噪声；而最小值滤波器在发现图像中的最暗点时非常有用，同时特别适用于消除盐噪声。中点滤波器将顺序统计和求均值相结合，对于高斯和均匀随机分布噪声有最好的效果。

例 5.7　顺序统计滤波器比较。

图 5.11a 是一幅风景图像，b 是 a 仅受椒盐噪声污染的图像，c～f 分别是上述四种顺序统计滤波器对 b 实施复原处理的结果。其中中值滤波与中点滤波效果明显，而最小值和最大值滤波器则根本不适合滤除椒盐噪声。下面给出本例的 Matlab 实现程序：

```
f=imread('image4g.jpg');
figure(1); imshow(f);
title('原始图像');
g=imnoise(f,'salt & pepper',0.2);
figure(2); imshow(g);
title('椒盐噪声污染的图像');
g1=double(g)/255;
j1=medfilt2(g1,'symmetric');
figure(3); imshow(j1);
title('中值滤波图像');
j2=ordfilt2(g1,median(1:3* 3),ones(3,3),'symmetric');
figure(4); imshow(j2);
title('中点滤波图像');
j3=ordfilt2(g1,1,ones(3,3));
figure(5); imshow(j3);
title('最小值滤波图像');
j4=ordfilt2(g1,9,ones(3,3));
figure(6); imshow(j4);
title('最大值滤波图像');
```

a) 原始图像　b) 椒盐噪声污染的图像

c) 中值滤波图像　d) 中点滤波图像

e) 最小值滤波图像　f) 最大值滤波图像

图 5.11　顺序统计滤波器比较

另一种有特色的顺序统计滤波器是修正后的阿尔法均值滤波器。假设在 S_{xy} 邻域内去掉 $d/2$ 个最高灰度值，去掉 $d/2$ 个最低灰度值。用 $g_r(s,t)$ 表示剩余的 $mn-d$ 个像素。则修正后的阿尔法均值滤波器就由这些剩余像素点的平均灰度值来代替点 (x,y) 的灰度值，即

$$\hat{f}(x,y)=\frac{1}{mn-d}\sum_{(s,t)\in S_{xy}}g_r(s,t) \tag{5.7.27}$$

其中 d 可以取 0 到 $mn-1$ 之间的任意数。当 $d=0$ 时，它就蜕变为算术均值滤波器；当 $d=(mn-1)/2$ 时，它就蜕变为中值滤波器。当 d 取其他值时，修正后的阿尔法均值滤波器非常适用于包含多种噪声的场合。

3. 自适应滤波器

上述均值滤波器和顺序统计滤波器并没有考虑图像中各像素特征的差异，因而滤除噪声的能力有限。基于 $m\times n$ 矩形图像窗口 S_{xy} 区域内图像的统计特性提出来的自适应滤波器优于迄今为止讨论的所有滤波器的性能，其提高滤波能力的代价是增加了滤波器的复杂度。下面介绍一种自适应、局部噪声消除滤波器。

随机变量最简单的统计度量是均值和方差。均值给出了计算均值的区域中灰度平均值的度量，而方差给出了这个区域的平均对比度的度量。滤波器作用于局部区域 S_{xy}，它在中心点 (x,y) 上的响应基于以下四个量：

1) $g(x,y)$：噪声图像在点 (x,y) 上的值 $g(x,y)$。

2) σ_n^2：干扰 $f(x,y)$ 以形成 $g(x,y)$ 的噪声方差。

3) m_L：区域 S_{xy} 上像素点的局部均值。

4) σ_L^2：区域 S_{xy} 上像素点的局部方差。

而滤波器的预期性能如下：

1) 如果 $\sigma_n^2=0$，滤波器应简单地返回 $g(x,y)$ 的值，即在零噪声下，$g(x,y)$ 等同于 $f(x,y)$。

2) 如果局部方差 σ_L^2 与 σ_n^2 是高相关的，那么滤波器要返回一个 $g(x,y)$ 的近似值。一个典型的高局部方差是与边缘相关的，并且这些边缘应该保留。

3) 如果两个方差相等，希望滤波器返回区域 S_{xy} 上像素的算术平均值。这种情况发生在局部区域与整幅图像有相同特性的条件下，并且局部噪声简单地用求平均来降低。

基于上述假定的滤波器的自适应输出为

$$\hat{f}(x,y)=g(x,y)-\frac{\sigma_n^2}{\sigma_L^2}[g(x,y)-m_L] \tag{5.7.28}$$

上式中唯一需要知道或估计的量是噪声的方差 σ_n^2，而其他参数可以通过 S_{xy} 中各个坐标 (x,y) 处的像素值计算出来。在式(5.7.28)中假定 $\sigma_n^2\leqslant\sigma_L^2$，模型中的噪声是加性和位置独立的。因为 S_{xy} 是整幅图像的子集，因而是一个合理的假设。然而，我们很少有确切的 σ_n^2 的知识，因此，在实际中很可能违反这个条件。由于这个原因，应该对式(5.7.28)的实现构建一个测试，以便如果条件 $\sigma_n^2>\sigma_L^2$ 发生，将比率设置为 1，有

$$\hat{f}(x,y)=\begin{cases}g(x,y)-\dfrac{\sigma_n^2}{\sigma_L^2}[g(x,y)-m_L] & \sigma_n^2\leqslant\sigma_L^2\\ m_L & \sigma_n^2>\sigma_L^2\end{cases} \tag{5.7.29}$$

这就使得该滤波器成为非线性的。然而，它可以防止由于缺乏图像噪声方差的知识而产生无意义的结果。另一种方法是允许产生负值，并在最后重新标定灰度值。这个结果将损失图像的动态范围。

5.7.3 频域滤波复原

周期噪声是在图像获取过程中从电力或机电干扰中产生的。这是唯一的一种空间依赖型噪声。可以通过专用的带阻、带通和陷波滤波器来削减或消除周期性噪声干扰。其中带阻和带通滤波器已经在上一章中介绍过了，此处仅简要介绍陷波滤波器。陷波滤波器阻止(或通过)事先定义的中心频率邻域内的频率分量。

半径为 D_0、中心在 (u_0,v_0) 且在 $(-u_0,-v_0)$ 对称的理想陷波带阻滤波器的传递函数为

$$H(u,v)=\begin{cases}0 & D_1(u,v)\leqslant D_0, D_2(u,v)\leqslant D_0\\ 1 & \text{其他}\end{cases} \tag{5.7.30}$$

其中

$$D_1(u,v)=[(u-M/2-u_0)^2+(v-N/2-v_0)^2]^{1/2} \tag{5.7.31}$$

$$D_2(u,v)=[(u-M/2+u_0)^2+(v-N/2+v_0)^2]^{1/2} \tag{5.7.32}$$

n 阶巴特沃思陷波带阻滤波器的传递函数为

$$H(u,v)=\frac{1}{1+\left[\dfrac{D_0^2}{D_1(u,v)D_2(u,v)}\right]^n} \tag{5.7.33}$$

其中 $D_1(u,\ v)$ 和 $D_2(u,\ v)$ 由式(5.7.31)和式(5.7.32)给出。

高斯陷波带阻滤波器的传递函数为

$$H(u,v)=1-e^{-\frac{1}{2}\left[\frac{D_1(u,v)D_2(u,v)}{D_0^2}\right]} \tag{5.7.34}$$

有趣的是，当 $u_0=v_0=0$ 时，这三个滤波器都变为高通滤波器。

图 5.12 显示了理想的、一阶巴特沃思和高斯陷波带阻滤波器传递函数的三维透视图。必须指出，由于傅里叶变换是对称的，要获得有效结果，陷波滤波器必须以关于原点对称的形式出现，除非它位于原点处。此外，为说明起见，上述陷波滤波器传递函数和图 5.12 中都只列出了一对，但是可实现的陷波滤波器的对数是任意的。同时，陷波区域的形状也是任意的，如矩形、多边形等。

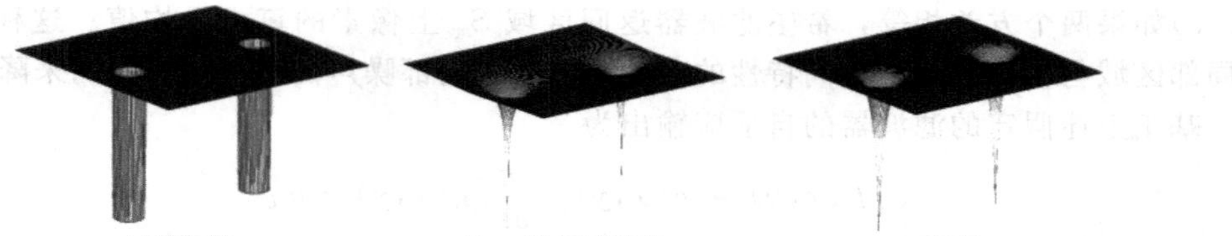

图 5.12 陷波带阻滤波器透视图

类似于上一章对带阻滤波器的讨论，我们可以由上述陷波带阻滤波器获得陷波带通滤波器。设 $H_{nr}(u,v)$ 为陷波带阻滤波器的传递函数，$H_{np}(u,v)$ 为陷波带通滤波器的传递函数，有

$$H_{np}(u,v)=1-H_{nr}(u,v) \tag{5.7.35}$$

同理，当 $u_0=v_0=0$ 时，陷波带通滤波器变为低通滤波器。

图 5.13 显示了理想的、一阶巴特沃思和高斯陷波带通滤波器传递函数的三维透视图，其中 a 为三对理想陷波带通滤波器；b 为两对一阶巴特沃思陷波带通滤波器；c 为两对高斯陷波带通滤波器。

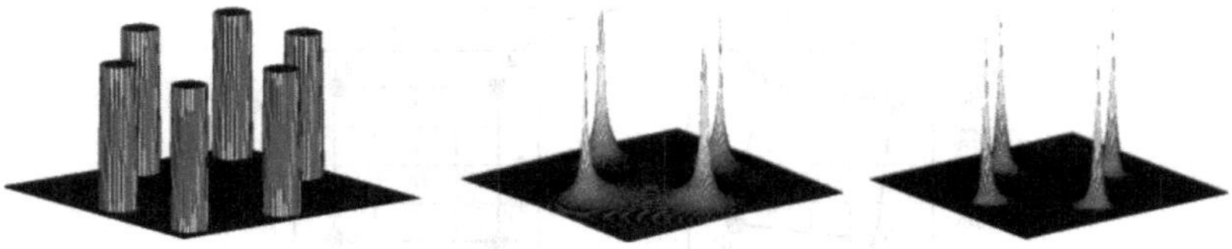

图 5.13 陷波带通滤波器透视图

5.8 几何失真校正

图像在生成过程中，由于成像系统本身具有的非线性或者摄像时视角的不同，都会使生成的图像产生几何失真或几何畸变。图像的几何失真从广义上来说也是一种图像退化。这就需要通过几何变换来校正失真图像中的各像素位置以重新得到像素间原来的空间关系，包括原来的灰度值关系。

图像的几何失真校正包括如下两个步骤：

1)空间变换：对图像平面上的像素进行重新排列以恢复原空间关系。

2)灰度插值：对空间变换后的像素赋予相应的灰度值以恢复原位置的灰度值。

5.8.1 空间变换

假设一幅图像为 $f(x,y)$，经过几何失真变成了 $g(x',y')$，这里的 (x',y') 表示失真图像的坐标，它已不是原图像的坐标 (x,y) 了。上述变化可表示为：

$$x' = r(x,y) \tag{5.8.1}$$

$$y' = s(x,y) \tag{5.8.2}$$

其中 $r(x,y)$ 和 $s(x,y)$ 即空间变换，产生几何失真图像 $g(x',y')$。例如，如果 $r(x,y)=x/2$，$s(x,y)=y/2$，则失真后的图像只是简单地在两个空间方向上将 $f(x,y)$ 的尺寸收缩为一半。

如果已知 $r(x,y)$ 和 $s(x,y)$ 的解析表达式，理论上可以用相反的变换从失真图像 $g(x',y')$ 复原 $f(x,y)$。遗憾的是这样的解析式通常是不知道的。最常用的克服这一困难的方法是利用“连接点”建立失真图像和校正图像间其他像素空间位置的对应关系，而这些“连接点”在输入(失真)图像和输出(校正)图像中的位置是精确已知的。

图 5.14 显示了失真图像和校正图像中的四边形区域，这两个四边形的顶点就是相应的“连接点”。假设四边形区域中的几何变形过程可以用双线性方程来表示，即

$$r(x,y) = k_1x + k_2y + k_3xy + k_4 \tag{5.8.3}$$

$$s(x,y) = k_5x + k_6y + k_7xy + k_8 \tag{5.8.4}$$

将上述两式代入式(5.8.1)和式(5.8.2)，得

$$x' = k_1x + k_2y + k_3xy + k_4 \tag{5.8.5}$$

$$y' = k_5x + k_6y + k_7xy + k_8 \tag{5.8.6}$$

因为一共有四对“连接点”，代入式(5.8.5)和式(5.8.6)可得 8 个联立方程，由这些方程可以解出 8 个系数 $k_i(i=1, 2, \cdots, 8)$。这些系数就构成了用于变换四边形区域内所有像素的几何失真模型，即空间映射公式。一般来说，可将一幅图像分成一系列覆盖全图的四边形区域的集合，对每个区域都寻找足够的“连接点”以计算进行映射所需的系数。

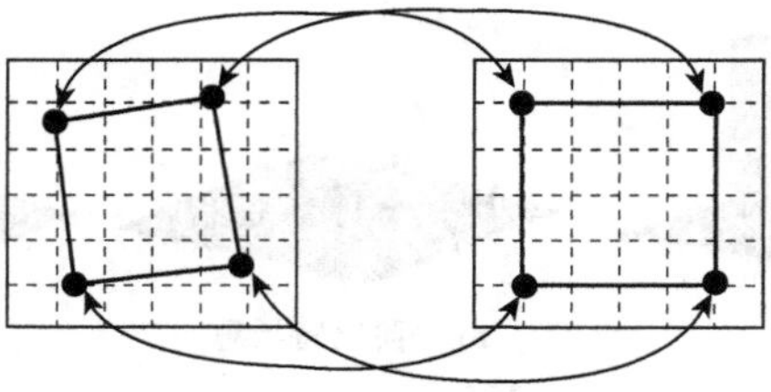

图 5.14 失真图和校正图的“连接点”

一旦有了系数，产生校正(即复原)图像就不再困难了。设 $g(x',y')$ 为几何失真图像，$\hat{f}(x,y)$ 是校正图像，确定校正图像中任意点 (x_i,y_j) 的灰度值 $\hat{f}(x_i,y_j)$ 的过程如下：

1)将 x_i，y_j 代入式(5.8.5)和式(5.8.6)，得

$$x'_i = k_1x_i + k_2y_j + k_3x_iy_j + k_4$$
$$y'_j = k_5x_i + k_6y_j + k_7x_iy_j + k_8$$

2) $\hat{f}(x_i,y_j)=g(x'_i,y'_j)$

5.8.2 灰度插值

众所周知，数字图像中的坐标 (x,y) 总是整数。由于失真图像 $g(x',y')$ 是数字图像，其像素值仅在坐标为整数处有定义。而由式(5.8.5)和式(5.8.6)计算出来的坐标 (x',y') 值可能不是整数。此时，非整数处的像素值就要用其周围一些整数坐标处的像素值来推断。用于完成该任务的技术称为灰度插值。

最简单的灰度插值是最近邻插值，也叫零阶插值。最近邻插值首先就是将 (x,y) 经空间变换映射为 (x',y')。如果 (x',y') 是非整数坐标，则寻找 (x',y') 的最近邻，并将最近邻的灰度值赋给校正图像 (x,y) 处的像素，见图 5.15。虽然这种方法实现起来非常方便，其缺点是有时不够精确，甚至经常产生不希望的人为疵点，如高分辨率图像直边的扭曲。可以采用更完善的技术得到较平滑的结果，如样条插值、立方卷积内差等。更平滑的近似所付出的代价是增加计算开销。

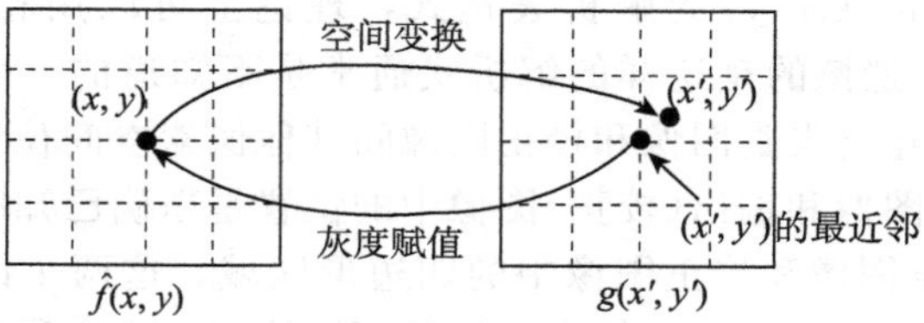

图 5.15 最近邻灰度插值示意图

对于通常的图像处理，双线性插值很实用。它利用 (x',y') 点的四个最近邻的灰度值来确定 (x',y') 处的灰度值，如图 5.16 所示。设 (x',y') 的四个最近邻为 A、B、C、D，它们的坐标分别为 (i,j)、$(i+1,j)$、$(i,j+1)$、$(i+1,j+1)$，其灰度值分别为 $g(A)$、$g(B)$、$g(C)$、$g(D)$。首先计算 E 和 F 这两点的灰度值 $g(E)$、$g(F)$：

$$g(E) = (x'-i)[g(B)-g(A)] + g(A) \tag{5.8.7}$$

$$g(F) = (x'-i)[g(D)-g(C)] + g(C) \tag{5.8.8}$$

则 (x', y') 点的灰度值 $g(x', y')$ 为

$$g(x',y') = (y'-j)[g(F)-g(E)] + g(E) \tag{5.8.9}$$

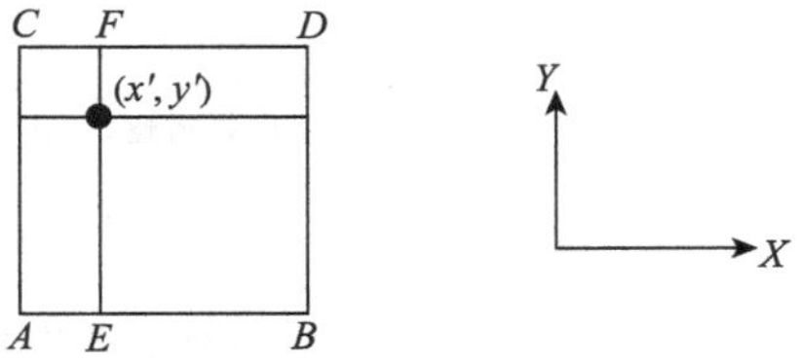

图 5.16 双线性插值示意图

5.8.3 几何失真图像配准复原

Matlab 提供了一组函数用于几何失真图像的校正，包括连接点选择、空间变换和灰度插值。其主要函数有：

(1)tform= maketform(transform_type,transform_parameters)

该函数建立几何变换结构。其中 transform_type 表示变换类型，其值可以是 affine、projective、box、composite、custom；transform_parameters 是根据变换类型设置的变换参数。例如，当变换类型是 affine 时，其变换参数为 3×3 矩阵。设原始图像坐标系统为 (x,y)，几何失真后图像的坐标系统为(x',y')，则有

$$(x' \quad y' \quad 1) = (x \quad y \quad 1)\boldsymbol{T} \tag{5.8.10}$$

当

$$\boldsymbol{T} = \begin{pmatrix} \cos\theta & \sin\theta & 0 \\ -\sin\theta & \cos\theta & 0 \\ 0 & 0 & 1 \end{pmatrix} \tag{5.8.11}$$

则表示失真后的图像是原图像旋转一个角度 θ 后的结果。

当

$$\boldsymbol{T} = \begin{pmatrix} s_x & 0 & 0 \\ 0 & s_y & 0 \\ 0 & 0 & 1 \end{pmatrix} \tag{5.8.12}$$

则表示失真后的图像是原图像在 x 和 y 方向分别进行尺度变换后的结果。

(2) g=imtransform(f, tform, interp)

其中 f 和 g 分别是几何变换前后的图像；interp 是字符串，规定灰度插值的方式，其值有 nearest、bilinear、bicubic，其默认值为 bilinear。

例 5.8 以实例说明了上述两种函数的应用。

(3)cpselect(g, f)

其中 g 和 f 分别是失真图像和原始图像。调用该函数，系统启动交互选择“连接点”工具，如图 5.17d 所示。你可以在两幅图像上寻找对应的“连接点”，并用鼠标点击之。“连接点”选好后，将其保存在系统工作区 input_points 和 base_points 两个矩阵中。其中 input_points 保存失真图像 g 中的点，而 base_points 保存原始图像 f 中的对应点。

(4)tform= cp2tform(input_ points, base_ points, transformtype)

该函数由“连接点”建立几何变换结构。其中 input _ points 和 base _ points 都是 m×2 矩阵，其值分别是几何失真图像和基准图像(即原始图像)中对应“连接点”的坐标；transformtype 指定空间变换类型，其值可以是 affine、projective、polynomial、lwm、piecewise linear、linear conformal。

例 5.8 简单图像的 affine 变换。

Matlab 程序如下：

```
f=checkerboard(24);                          % 建立原始图像,如图 5.17a
figure(1); imshow(f);
s=0.7;
theta=pi/6;
T=[s* cos(theta) s* sin(theta) 0             % 建立变换矩阵:旋转与尺度变换
  - s* sin(theta) s* cos(theta) 0
  0 0 1];
tform=maketform('affine',T);
g1=imtransform(f,tform,'nearest');           % 最近邻插值变换,如图 5.17b
figure(2); imshow(g1);
g2=imtransform(f,tform);                     % 双线性插值变换,如图 5.17c
figure(3); imshow(g2);
g3=imtransform(f,tform,'FillValue',0.5);     % 修改双线性插值变换的背景色为灰色
figure(4); imshow(g3);
```

a) 原始图像 b) 最近邻插值变换

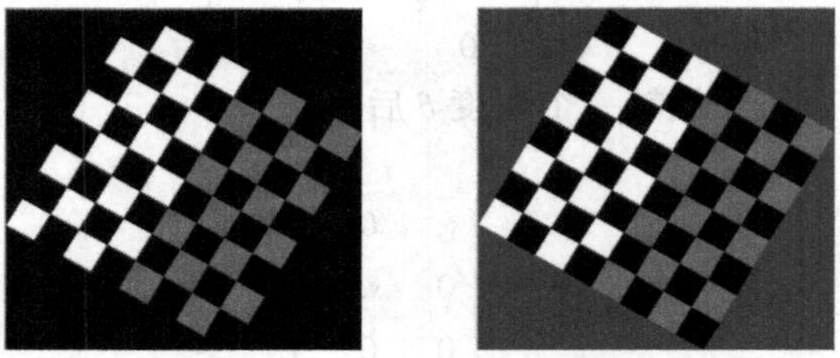

c) 双线性插值变换 d) 修改c)的背景为灰色

图 5.17 affine 变换实例

例 5.9 利用“连接点”实施图像配准复原。

Matlab 程序如下：

```
f=imread('text.jpg');                        % 读入 256×256 像素原始图,如图 5.18a
figure(1); imshow(f);
g=imread('textg.jpg');                       % 读入几何失真图,如图 5.18b
figure(2); imshow(g);
      % 利用 cpselect(g,f)函数交互选择“连接点”
base_points=[ 256.4000  256.1273;  1.5818  256.4182;
              256.4182  1.0000;  200.5636  203.4727;
              147.3273  183.9818; 96.4182  145.0000;
              44.6364   35.0364;  157.5091   30.3818];
input_points=[280.0455  304.6182;  1.3455  255.2545;
              255.2545    1.0000;  205.8545  225.8909;
              145.7455  196.5273;  90.4727  146.7818;
              38.6545    32.4364;  148.5091  31.0545];
tform=cp2tform(input_points,base_points,'projective');
gp=imtransform(g,tform,'XData',[1 256],'YData',[1 256]);
figure(3); imshow(gp);                       % 显示复原图像,如图 5.18c
```

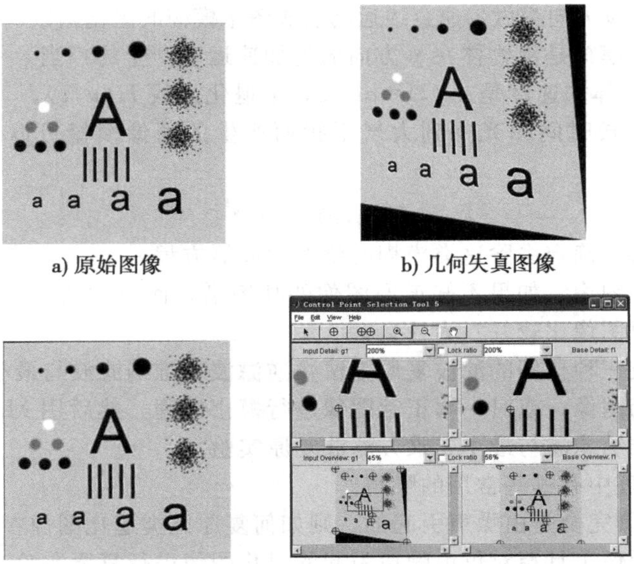

a) 原始图像　　b) 几何失真图像

c) 复原图像　　d) “连接点”交互选择工具

图 5.18　图像配准复原

小结

本章的讨论始终建立在图像退化是线性、位置不变的过程，并带有加性噪声的假设之上的。在这个假设下，重点讨论了离散退化模型及其相关处理技术，特别是循环矩阵对角化技术和退化函数估计技术，包括图像观察估计法、试验估计法和模型估计法。

图像复原的任务是在给定退化图像以及退化函数和噪声的某种了解或假设时，寻求对原始图像的最优估计，使得估计图像与原始图像的误差最小。当噪声不存在时，逆滤波与维纳滤波可以获得相同的复原效果。当噪声存在时，维纳滤波的效果显然优于逆滤波，这是因为逆滤波复原没有考虑噪声的缘故。与维纳滤波相比，最小二乘方复原的特点是只要求噪声方差和均值的知识就可以对所处理的每一幅图像产生最优的结果，而维纳滤波则需要知道未退化图像和噪声的功率谱，所获得的图像也只是平均意义上的最优。

本章还介绍了噪声是图像退化的唯一原因时的复原技术，包括基于均值滤波器、顺序统计滤波器、自适应滤波器的空域滤波复原技术和基于陷波滤波器的频域滤波复原技术。

习题

5.1　设有一个位置不变图像退化系统 H，其单位脉冲响应为

$$h(x,y) = H[\delta(x,y)] = \mathrm{e}^{-(x^2+y^2)}$$

试问当该退化系统的输入为 $\delta(x-a,\ y-b)$ 时，求系统的响应(即输出)。

5.2　设有一个线性位置不变的图像退化系统 H，其单位脉冲响应为

$$h(x,y) = H[\delta(x,y)] = \mathrm{e}^{-(x^2+y^2)}$$

试问当该退化系统的输入为 $5\delta(x-a,\ y-b)-3\delta(x+a,\ y+b)$ 时，求系统的响应。

5.3　设图 5.1 中的退化模型是线性位置不变的，求系统输出的能谱 $|G(u,v)|^2$。

5.4 推导出在 x 和 y 方向都做匀速直线运动造成图像模糊的退化函数，即推导式(5.3.12)。

5.5 设一幅图像的模糊是由物体在 y 方向的匀加速运动产生的：当 $t=0$ 时物体静止，$t=0$ 到 $t=T$ 间物体加速度是 $x_0(t)=at^2/2$，求退化函数 $H(u,v)$。

5.6 设成像时由于长时间曝光受到大气干扰而产生的图像模糊可以用如下传递函数来表示：

$$H(u,v) = \mathrm{e}^{-(u^2+v^2)/2\sigma^2}$$

设噪声可忽略，确定去除这类模糊的维纳滤波器方程。

5.7 对于一幅退化图像，如果不知道原图像的功率谱，而只知道噪声的方差，请问采用何种方法复原图像比较好？为什么？

5.8 试分析、比较三种典型的滤波复原方法：逆滤波、维纳滤波与最小二乘方滤波。

5.9 选取一幅模糊图像，或对一幅正常图像进行模糊处理，然后用 Matlab 图像工具箱进行逆滤波、维纳滤波与最小二乘方滤波复原实验。

5.10 数字图像处理中有哪些常用的噪声？

5.11 如果退化图像完全是由噪声引起的，则如何复原此类退化图像？

5.12 用 Matlab 图像工具箱对仅由噪声引起的退化图像进行复原实验。

5.13 用三角形代替图 5.15 中的四边形，建立与式(5.8.5)和式(5.8.6)相对应的校正几何失真的空间变换式。

5.14 选取一幅几何失真图像，或对一幅正常图像进行几何失真处理，然后借助 Matlab，利用“连接点”实施图像配准复原。

CHAPTER 6

第 6 章

彩色图像处理

6.1 概述

迄今为止所讨论的图像处理技术都是面向单色图像的。然而，大千世界中的物体总是呈现出五彩斑斓的颜色，因此大多数图像都具有丰富多彩的色彩。彩色图像提供了比灰度图像更丰富的信息，人眼对彩色图像的视觉感受比对黑白或多灰度图像的感受丰富得多。为了更有效地增强或复原图像，在数字图像处理中广泛应用了彩色处理技术。图像处理中色彩的运用主要出于以下两个因素：第一，颜色是一个强有力的描绘子，它常常可简化目标的区分及从场景中抽取目标；第二，人眼可以辨别几千种颜色色调和亮度，相比之下只能辨别几十种灰度层次。第二个因素对人工图像分析特别重要。因此，彩色图像处理受到了越来越多的关注。

彩色图像处理可分为两个主要领域：全彩色(或真彩色)处理和伪彩色处理。在全彩色图像处理中，被处理的图像一般是从全彩色传感器中获得，如彩色摄像机、彩色照相机或彩色扫描仪。在伪彩色处理中，对特定的单一亮度或亮度范围赋予一种颜色，以增强辨识能力。

6.2 彩色基础

世间物体具有五颜六色，而人类能够识别这些颜色。那么物体为什么会有颜色，人类又如何来识别这么繁多的颜色呢？本节将介绍人眼的构造，并阐述色度学的基本原理——三原色原理。

6.2.1 人眼的构造

人眼是一个球状的器官，是人类用来观察世界的重要部分，其结构如图 6.1 所示。

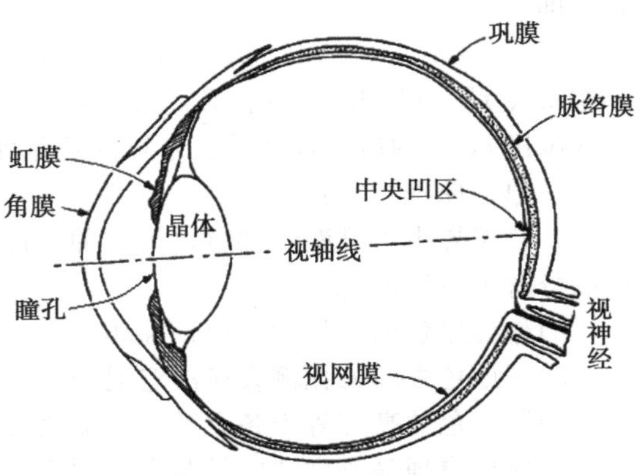

图 6.1 人眼截面图

人眼的最外层是坚硬的蛋白质膜。其中位于前方约 1/6 部分为有弹性的透明组织，称为角膜，是光线进入眼睛遇到的第一道门。其余的 5/6 左右的部分为白色不透明的，称为巩膜，用于保护眼球。

中间一层由虹膜和脉络膜组成。虹膜中间的圆孔就是瞳孔，它可以通过虹膜连接着的睫状肌来调节大小，从而控制进入眼睛的光通量的大小。

最内层是视网膜，其表面分布着大量的

光敏细胞。按照形状，光敏细胞可以分成锥状细胞和杆状细胞。其中杆状细胞数量较多，广泛分布于整个视网膜表面，它不能辨别图像中的细微差别，而只能感知物体的大概形状。虽然杆状细胞不能感觉颜色，但是它对低照明度的物体比较敏感，故能够完成夜间视觉过程，因此杆状细胞又称为夜视觉细胞。

而锥状细胞既可以分辨光的强弱，又可以辨别色彩，白天的视觉过程主要由它来完成，所以锥状细胞又称为白昼视觉细胞。大部分的锥状细胞集中在视轴线和视网膜的交界处，即中央凹区(又称为黄斑区)。因此，中央凹区对光有较高的分辨力，能识别图像的细节。

锥状细胞将电磁光谱的可见部分分成三个波段：红、绿和蓝。所以，这三种颜色被称为人类视觉的三原色。下面介绍一下三色成像的原理。

6.2.2 三色成像

物体的颜色是由该物体所反射的光的波长来决定的，由于物体对光的吸收和反射的属性不同，所以表现出不同的颜色。电磁波波长范围很大，但是只有波长在400～760nm这样很小范围内的电磁波才能使人产生视觉，感到明亮和颜色。这个波长范围内的电磁波叫可见光。如6.2.1节所说，人眼的锥状细胞将可见光分成红、绿、蓝三段，图6.2给出了人类视觉系统中锥状细胞的光谱敏感曲线。

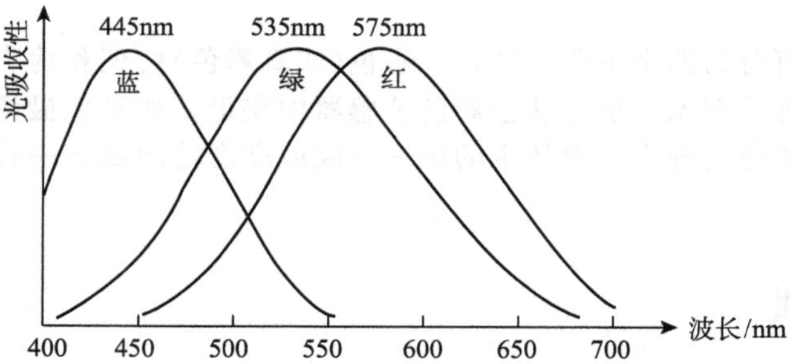

图6.2 人眼锥状细胞的光谱敏感曲线

自然界中常见的各种色光都可以用这三原色按照不同比例混合得到。同样，绝大多数色光也可以分解成红、绿、蓝三种色光。这就是三原色原理。该原理是T. Young在1802年提出的，其基本内容是：任何彩色都可以用3种不同的基本颜色按不同的比例混合而得到，即

$$C = aC_1 + bC_2 + cC_3, \quad a,b,c \geqslant 0 \tag{6.2.1}$$

其中C_1、C_2、C_3为三原色(又称为三基色)，而a、b、c为三种原色的权值(即三原色的比例或浓度)，C为所合成的颜色，可为任意颜色。

三原色原理指出：

1)自然界中可见颜色都可以用三种原色按一定比例混合得到；反之，任意一种颜色都可以分解为三种原色。

2)作为原色的三种颜色应该互相独立，即其中任何一种都不能用其他两种混合得到。

3)三原色之间的比例直接决定混合色调的饱和度。

4)混合色的亮度等于各原色的亮度之和。

三原色原理是色度学中最基本的原理。1931年，国际照明委员会(CIE)规定用波长为700nm、546.1nm和435.8nm的单色光分别作为红(R)、绿(G)、蓝(B)三原色。红绿蓝

三原色按照比例混合可以得到各种颜色，其配色方程为：

$$C = aR + bG + cB, a, b, c \geqslant 0 \tag{6.2.2}$$

其中，C 为任意一种颜色，R 代表红色，G 代表绿色，B 代表蓝色，而 a、b、c 则是三原色的权值。

把三原色按不同比例相加进行混色称为相加混色，其具体如下：

红色 + 绿色 = 黄色

红色 + 蓝色 = 品红

绿色 + 蓝色 = 青色

红色 + 绿色 + 蓝色 = 白色

称黄色、品红、青色为相加二次色。

对于强度相同的不同单色光，人眼的主观亮度感觉不同。相同亮度的三原色，人眼的感觉是，绿色光的亮度最亮，而红色光其次，蓝色光最弱。如果用 Y 来表示白色光，那么根据 $NTSC$(美国国家电视制式委员会)电视制式推导，可以得到如下所描述的白色光与红、绿、蓝色光的关系：

$$Y = 0.299R + 0.587G + 0.114B \tag{6.2.3}$$

而根据 PAL(相位逐行交变)电视制式，则得到的公式如下：

$$Y = 0.222R + 0.707G + 0.071B \tag{6.2.4}$$

采用三原色来表示各种颜色，使得彩色图像的获取、表示、传输和复制成为可能。它也广泛应用于彩色绘制、印染、摄影等多个领域。

6.3 颜色模型

所谓颜色模型指的是某个三维颜色空间中的一个可见光子集。它包含某个色彩域的所有色彩。一般而言，任何一个色彩域都只是可见光的子集，任何一个颜色模型都无法包含所有的可见光。常见的颜色模型有 RGB、CIE、CMY/CMYK、HSI、NTSC、YcbCr、HSV 等。下面介绍几种常见的颜色模型。

6.3.1 RGB 模型

RGB 模型是目前常用的一种彩色信息表达方式，它使用红、绿、蓝三原色的亮度来定量表示颜色。该模型也称为加色混色模型，是以 RGB 三色光互相叠加来实现混色的方法，因而适合于显示器等发光体的显示。其混色效果如图 6.3 所示。

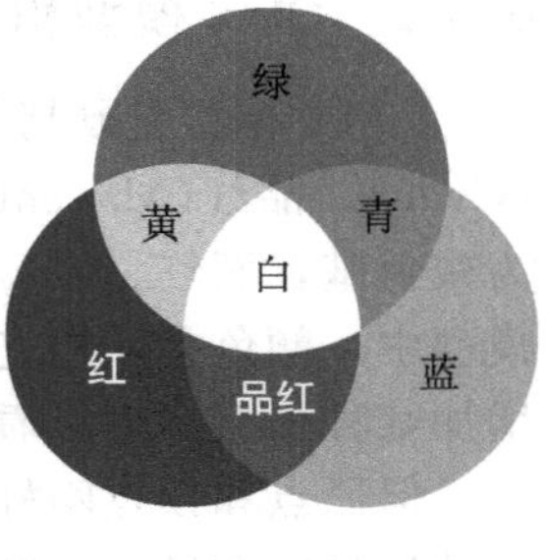

图 6.3 RGB 混色效果图

RGB 颜色模型可以看作三维直角坐标颜色系统中的一个单位正方体。任何一种颜色在 RGB 颜色空间中都可以用三维空间中的一个点来表示。其彩色立方体如图 6.4 所示。在 RGB 颜色空间上，当任何一个基色的亮度值为零时，即在原点处，就显示为黑色。当三种基色达到最高亮度时，就表现为白色。在连接黑色与白色的对角线上，是亮度等量的三基色混合而成的灰色，该线称为灰色线。立方体位于坐标轴上的三个顶点分别为三基色红、绿、蓝色。而另外三个顶点则对应于二次色黄色、青色以及品红。

一幅 $M \times N$ 的 RGB 彩色图像可以用一个 $M \times N \times 3$ 的矩阵来描述，图像中的每一个像素点对应于红、绿、蓝三个分量组成的三元组。在 Matlab 中，对于不同的图像类型，其图像矩阵的取值范围也不一样。例如，一幅 RGB 图像是 double 类型的，则其取值范围在[0，1]之间，而如果是 uint8 或者 uint16 类型的，则取值范围分别是[0，255]和[0，65535]。

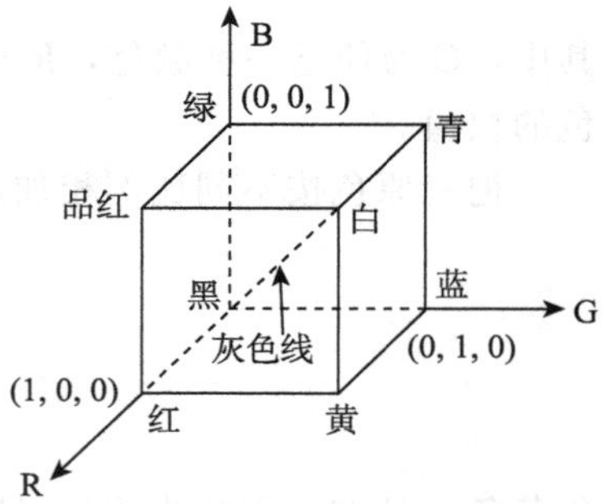

图 6.4 彩色立方体

在 Matlab 中要生成一幅 RGB 图像可以采用 cat 函数来得到。其基本语法如下：

```
B= cat(dim,A1,A2,A3,…)
```

其中，dim 为维数，cat 函数将 A1，A2，A3 等矩阵连接成维数为 dim 的矩阵。对图像生成而言，可以取 dim=3，然后将三个分别代表 RGB 分量的矩阵连接在一起：

```
I= cat(3,iR,iG,iB)
```

在这里 iR、iG、iB 分别为生成的 RGB 图像的 R、G、B 三个分量。这样，就可以通过 cat 函数将三个分量合成一幅彩色图像。

相应的，要分别获取一幅 RGB 图像 I 的三个分量的值，可以使用下列语句：

```
iR= I (:,:,1);
iG= I (:,:,2);
iB= I (:,:,3);
```

例 6.1 考虑生成一幅 128 × 128 像素的 RGB 图像，图 6.5 左上角为红色，右上角为蓝色，左下角为绿色，右下角为黑色。其 Matlab 程序如下：

```
iR=zeros(128,128);          % 生成一个128×128的零矩阵,作为R分量
iR(1:64,1:64)=1;            % 将左上角的64×64设置成1
iG=zeros(128,128);          % 生成一个128×128的零矩阵,作为G分量
iG(65:128,1:64)=1;          % 将右下角的64×64设置成1
iB=zeros(128,128);          % 生成一个128×128的零矩阵,作为B分量
iB(1:64,65:128)=1;          % 将右上角的64×64设置成1
I=cat(3,iR,iG,iB);          % 使用cat函数将三个分量组合
imshow(I)                   % 显示生成的RGB图像,如图6.5所示
```

图 6.5 一幅采用 cat 函数生成的 RGB 图像

6.3.2 CMY 模型和 CMYK 模型

CMY 模型是硬拷贝设备上输出图形的颜色模型，常用于彩色打印、印刷行业等。青(Cyan)、品红(Magenta)、黄(Yellow)在彩色立方体中它们分别是红、绿、蓝的补色，称为减色基，而红、绿、蓝称为加色基。因此，CMY 模型称为减色混合颜色模型。在 CMY 模型中，颜色是从白光中减去一定成分得到的，而不是像 RGB 模型那样，是在黑色光中增加某种颜色。可以看到，在笛卡儿坐标系中，CMY 颜色模型与 RGB 颜色模型外观相似，但原点和顶点刚好相反，CMY 模型的原点是白色，相对的顶点是黑色。因此，CMY 三种被打印在纸上的颜色可以理解为：

青(C)＝白色光－红色光

品红(M)＝白色光－绿色光

黄(Y)＝白色光－蓝色光

其减色混色效果如图 6.6 所示。

因此 CMY 坐标可以从 RGB 模型中得到：

$$\begin{bmatrix} C \\ M \\ Y \end{bmatrix} = \begin{bmatrix} 1 \\ 1 \\ 1 \end{bmatrix} - \begin{bmatrix} R \\ G \\ B \end{bmatrix} \tag{6.3.1}$$

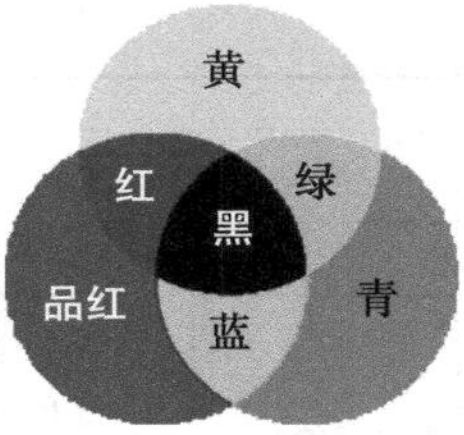

图 6.6　CMY 减色系统混色效果示意图

而白色光是由红、绿、蓝三色光相加得到的，上面的等式可以还原为我们常用的加色等式：

青(C)＝(红色光＋绿色光＋蓝色光)－红色光＝绿色＋蓝色

品红(M)＝(红色光＋绿色光＋蓝色光)－绿色光＝红色＋蓝色

黄(Y)＝(红色光＋绿色光＋蓝色光)－蓝色光＝红色＋绿色

由于在印刷时 CMY 模型不可能产生真正的黑色，因此在印刷业中实际上使用的是 CMYK 颜色模型，K 为第四种颜色，表示黑色。在彩色打印及彩色印刷中，由于彩色墨水、油墨的化学特性、色光反射和纸张对颜料的吸附程度等因素，用等量的 CMY 三色得不到真正的黑色，所以在 CMY 色彩中需要另加一个黑色(Black，K)，才能弥补这三个颜色混合不够黑的问题。从 CMY 到 CMYK 的转换公式如下：

$$\begin{aligned} K &= \min(C,M,Y) \\ C &= C - K \\ M &= M - K \\ Y &= Y - K \end{aligned} \tag{6.3.2}$$

RGB 颜色空间与 CMY 颜色空间的相互转换可以使用函数 imcomplement：

I2＝imcomplement(I1)

该函数得到图像 I1 的互余图像。其中 I1 可以是二值图像、灰度图像或者彩色图像，而 I2 与 I1 互余。

例 6.2　将一幅 RGB 图像转换到 CMY 空间。

```
rgb_I=imread('peppers.bmp');          % 载入一幅彩色图像
cmy_I=imcomplement(rgb_I);            % 函数 imcomplement 转换到 CMY 空间
imshow(I);                            % 显示原图,如图 6.7a 所示
figure,imshow(I2);                    % 显示转换后图,如图 6.7b 所示
```

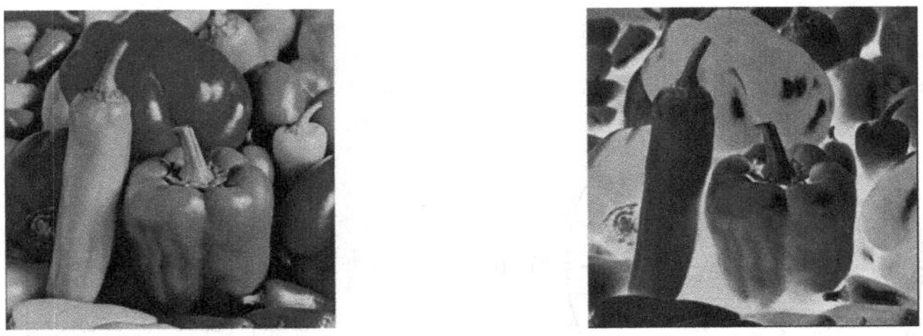

a) RGB空间的彩色图像　　b) CMY空间的彩色图像

图 6.7　RGB 与 CMY 空间的转换

RGB 模型与 CMY 模型的对比关系见表 6.1。

表 6.1 RGB 与 CMY 颜色模型对比

	RGB 颜色模型	CMY 颜色模型
三原色	R，G，B	C，M，Y
成色基本规律	红色＋绿色＝黄色 红色＋蓝色＝品红 绿色＋蓝色＝青色 红色＋绿色＋蓝色＝白色	黄色＋品红＝红色 黄色＋青色＝绿色 品红＋青色＝蓝色
实质	色光相加，光能量增大	色料混合，光能量减小
效果	明度增大	明度减小
成色方式	视觉器官外：空间混合 静态混合 视觉器官内：动态混合	色料掺和 透明色层叠和
补色关系	补色光相加，越加越亮，形成白色	补色料相加，越加越暗，形成黑色
主要应用	彩色电影、电视、测色计	彩色绘画、摄影、印刷、印染

6.3.3 HSI 模型

HSI(Hue-Saturation-Intensity)模型用 H、S、I 三参数描述颜色特性，是由 Munseu 提出的一种颜色模型。其中 H 定义颜色的波长，称为色调；S 表示颜色的深浅程度，称为饱和度；I 表示强度或亮度。HSI 颜色模型反映了人的视觉对色彩的感觉。

HSI 颜色模型中，色调 H 和饱和度 S 包含了颜色信息，而强度 I 则与彩色信息无关。图 6.8a 中的色环描述了 HSI 空间中的色调和饱和度两个参数。色调 H 由角度表示，它反映了颜色最接近什么样的光谱波长，即光的不同颜色，如红、蓝、绿等。通常假定 0°表示的颜色为红色，120°为绿色，240°为蓝色。从 0°到 360°的色相覆盖了所有可见光谱的彩色。

饱和度 S 表征颜色的深浅程度，饱和度越高，颜色越深，如深红、深绿。饱和度参数是色环的原点(圆心)到彩色点的半径的长度。由色环可以看出，在环的边界上的颜色饱和度最高，其饱和度值为 1；在中心的则是中性(灰色)影调，其饱和度为 0。

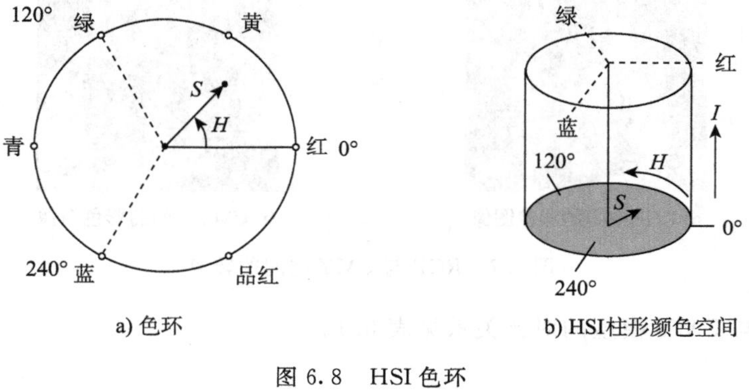

图 6.8 HSI 色环

亮度是指光波作用于感受器所发生的效应，其大小由物体反射系数来决定，反射系数越大，物体的亮度愈大，反之愈小。如果把亮度作为色环的垂线，那么 H、S、I 构成一个柱形彩色空间，即 HSI 模型的三个属性定义了一个三维柱形空间，如图 6.8b 所示。灰度阴影沿着轴线自上而下亮度逐渐增大，由底部的黑渐变成顶部的白。圆柱顶部的圆周上的颜色具有最高亮度和最大饱和度。

对任何 3 个[0，1]范围内的 R、G、B 值，要得到其对应 HSI 模型中的 H、S、I 分量，可以用如下计算公式：

$$
\begin{aligned}
I &= \frac{1}{3}(R+G+B) \\
S &= 1-\frac{3}{(R+G+B)}[\min(R,G,B)] \\
H &= \begin{cases} \theta & G \geqslant B \\ 2\pi-\theta & G < B \end{cases}
\end{aligned}
\tag{6.3.3}
$$

其中

$$
\theta = \arccos\left\{\frac{[(R-G)+(R-B)]/2}{[(R-G)^2+(R-B)(G-B)]1/2}\right\}
\tag{6.3.4}
$$

同理，假设 H、S、I 的值在[0，1]之间，R、G、B 的值也在[0，1]之间，则由 HSI 转换为 RGB 的公式需要依据颜色点落在色环的哪个扇区来选用不同的转换公式。

1)当 H 在[0°，120°]之间：

$$
\begin{aligned}
R &= I\left[1+\frac{S\cos(H)}{\cos(60^\circ-H)}\right] \\
B &= I(1-S) \\
G &= 3I-R-B
\end{aligned}
\tag{6.3.5}
$$

2)当 H 在[120°，240°]之间：

$$
\begin{aligned}
G &= I\left[1+\frac{S\cos(H-120^\circ)}{\cos(180^\circ-H)}\right] \\
R &= I(1-S) \\
B &= 3I-R-G
\end{aligned}
\tag{6.3.6}
$$

3)当 H 在[240°，360°]之间：

$$
\begin{aligned}
B &= I\left[1+\frac{S\cos(H-240^\circ)}{\cos(300^\circ-H)}\right] \\
G &= I(1-S) \\
R &= 3I-G-B
\end{aligned}
\tag{6.3.7}
$$

在 RGB 与 HSI 之间的变换公式有多种形式，上面介绍的只是其中一种。这些变换方式的基本思想都是类似的。一般而言，对一种从 RGB 空间转换到 HSI 空间的方法，只要该方法保证转换后的色调 H 是一个角度，饱和度 S 与亮度 I 相互独立，并且这个转换是可逆的，那么这种方法就是可行的。

例 6.3 将一幅三原色图像从 RGB 空间转换到 HSI 空间，其结果见图 6.9。

```
rgb=imread('三原色.bmp');          % 载入一幅图像
imshow(rgb);                       % 见图 6.9a
rgb=im2double(rgb);                % 将图像转换成 double 类型
r=rgb(:,:,1);                      % 提取图像的 r 分量
g=rgb(:,:,2);                      % 提取图像的 g 分量
b=rgb(:,:,3);                      % 提取图像的 b 分量
% 计算 I 分量
```

```
I=(r+g+b)/3;
% 计算 S 分量
tmp1=min(min(r,g),b);
tmp2=r+ g+ b;
tmp2(tmp2==0)=eps;
S=1- 3.*tmp1./tmp2;
  % 计算 H 分量
tmp1=0.5*((r-g)+ (r-b));
tmp2=sqrt((r-g).^2+ (r-b).*(g-b));
theta=acos(tmp1./(tmp2+eps));
H=theta;
H(b>g)=2*pi-H(b>g);
H=H/(2*pi);
H(S==0)=0;

hsi=cat(3,H,S,I);
figure,imshow(H);                    % 见图 6.9b
figure,imshow(S);                    % 见图 6.9c
figure,imshow(I);                    % 见图 6.9d
```

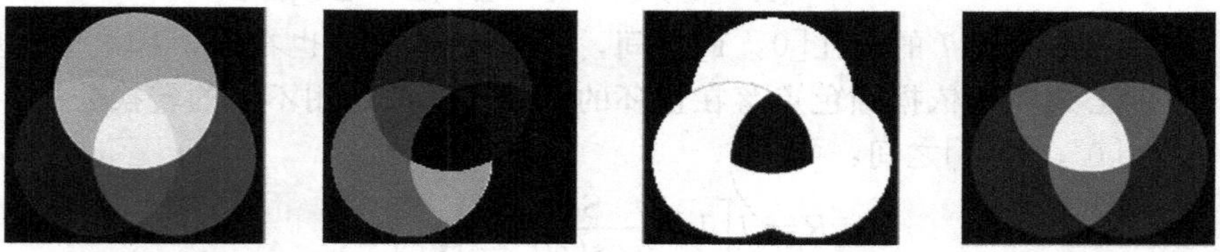

a) 三原色（原图） b) *H*分量 c) *S*分量 d) *I*分量

图 6.9 三原色 RGB 空间及其在 HSI 空间的各个分量

6.4 全彩色图像处理

在这一节中我们主要讨论一些基本的彩色图像处理技术，包括彩色图像增强、彩色图像复原以及彩色图像分析。彩色图像增强的主要目的是使处理后的彩色图像有更好的图像效果，更适于后续的研究和分析。彩色图像复原是将退化了的彩色图像进行处理，期望使图像恢复成理想状态，提高图像质量。彩色图像分析则包括彩色图像补偿以及彩色图像分割。

6.4.1 彩色图像增强

由于受到各个方面因素的制约或者条件的限制，使得得到的彩色图像颜色偏暗、对比度低，以及某些局部细节不突出等，所以常常需要对彩色图像进行增强处理。其目的是突出图像中的有用信息，改善图像的视觉效果。本书的其他章节介绍过单色图像增强，而本节要讨论的是彩色图像增强方法，包括彩色平衡和彩色增强。

1. 彩色平衡

当一幅彩色图像经过数字化之后，在显示时颜色经常会看起来有些不正常。这是因为色通道中不同的敏感度、增光因子、偏移量等因素会导致数字化中的三个图像分量出现不同的线性变换，使结果图像的三原色“不平衡”，从而造成图像中所有物体的颜色都偏离其原有的真实色彩。最突出的现象就是那些本来是灰色的物体有了颜色。

彩色平衡首先检查是否所有的灰色物体显示为灰色。其次检查高饱和度的颜色是否有正常的角度。如果图像有明显的黑色或白色背景，这就会在 RGB 分量图像的直方图中产生显著的峰。如果在各个直方图中峰处在三原色不同的灰度级上，则表明彩色不平衡。

这种形式的不平衡的纠正方法是对图像的 R、G、B 分量分别使用线性灰度变换。一般而言只需变换分量图像中的两个来匹配第三个即可。最简单的灰度变换函数的设计方法如下：

1)选择图像中相对均匀的浅灰和深灰色区域。

2)计算这两块区域的所有三个分量图像的平均灰度值。

3)对于其中的两个分量图像，调节其线性对比度来与第三幅图像匹配。

如果在所有三个分量图像中这两个区域有相同的灰度级，那么就完成了彩色平衡。

2. 彩色增强

通过分别对彩色图像的 R、G、B 三个分量进行处理，可以对单色图像进行彩色增强来达到对彩色图像进行彩色增强的目的。需要注意的是，在对三色彩色图像的 R、G、B 分量进行操作时，必须避免破坏彩色平衡。如果在 HSI 模型的图像上操作，实际上在许多情况下，强度分量可以不看作单一图像，而包含在色调和饱和度分量中的彩色信息，常被不加改变地保留下来。

对饱和度的增强可以通过将每个像素的饱和度乘以一个大于 1 的常数，这样会使图像的彩色更为鲜明。反之，可以乘以小于 1 的常数来减弱彩色的鲜明程度。我们可以在饱和度图像分量中使用非线性点操作，只要变换函数在原点为零。变换饱和度接近于零的像素饱和度可能破坏彩色平衡。

由前面的介绍可知，色调是一个角度，因此给每个像素的色调加一个常数是可行的。这样就能够得到改变颜色的效果。加减一个小的角度只会使彩色图像变得相对“冷”色调或“暖”色调，而加减大的角度将使图像有剧烈的变化。由于色调是用角度来表示的，处理时必须考虑到灰度级“周期性”，如在 8 位/像素的情况下，则有 255＋1＝0 和 0－1＝255。

例 6.4 彩色图像平滑滤波。平滑滤波可以使图像模糊化，从而减少图像中的噪声。这里采用空域滤波来实现彩色图像的平滑滤波。

假设 S_{xy} 是空间中点(x, y)的邻域点集，那么空间中该邻域颜色向量平均值为：

$$\bar{\boldsymbol{c}}(x,y)=\begin{bmatrix}\dfrac{1}{K}\sum_{(s,t)\in S_{xy}}R(s,t)\\ \dfrac{1}{K}\sum_{(s,t)\in S_{xy}}G(s,t)\\ \dfrac{1}{K}\sum_{(s,t)\in S_{xy}}B(s,t)\end{bmatrix} \tag{6.4.1}$$

其中 K 是邻域 S_{xy} 中点的数目。利用式(6.4.1)对图像中的像素进行邻域平均，就可以得到平滑后的图像。其程序代码如下：

```
rgb=imread('yellowRose.jpg');          % 载入一幅图像
imshow(rgb);                           % 显示,见图 6.10a
R=rgb(:,:,1);                          % 提取图像的 R、G、B 分量
G=rgb(:,:,2);
B=rgb(:,:,3);
figure,imshow(R);                      % 分别显示图像的 R、G、B 分量。见图 6.10b
figure,imshow(G);                      % 见图 6.10c
figure,imshow(B);                      % 见图 6.10d
m=fspecial('average');                 % 生成一个空间均值滤波器
```

```
R_filtered=imfilter(R,m);                    % 分别对图像的 R、G、B 分量进行滤波
G_filtered=imfilter(G,m);
B_filtered=imfilter(B,m);
rgb_filtered=cat(3,R_filtered,G_filtered,B_filtered);
figure,imshow(rgb_filtered);                 % 见图 6.10e
```

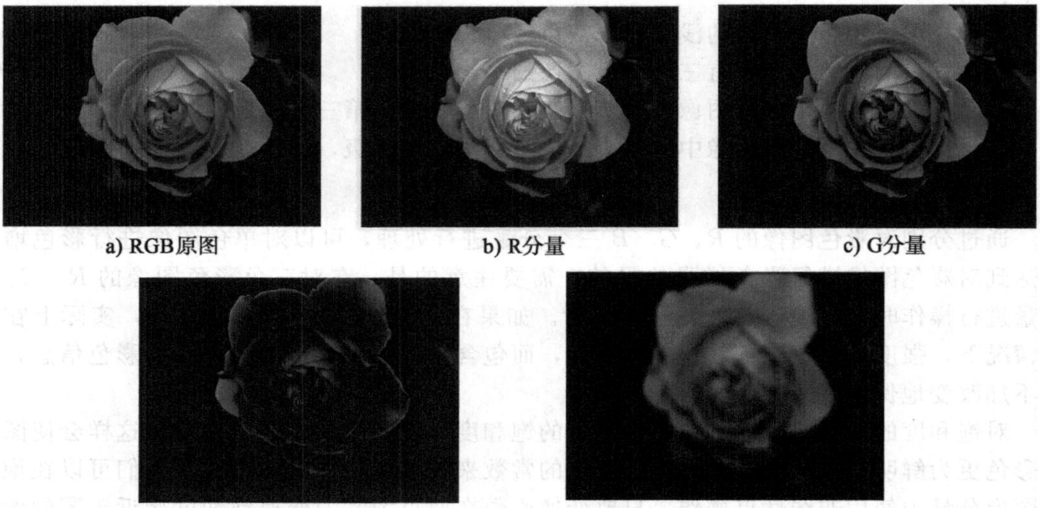

a) RGB原图　b) R分量　c) G分量　d) B分量　e) 分别对R、G、B分量平滑滤波后的结果图

图 6.10　彩色图像的平滑滤波

上面的代码中命令行语句“m＝fspecial(‘average’)”使用了 Matlab 中的函数 fspecial。该函数用于生成一个 2D 空域滤波器，其语法如下：

```
H= fspecial(TYPE,SIZE)
```

H 为生成的滤波器，其大小由 SIZE 决定。TYPE 为滤波器的类型，它的取值及意义见表 6.2。

表 6.2　函数 fspecial 的参数取值

TYPE 取值	意义
average	均值滤波器
disk	圆形均值滤波器
gaussian	高斯低通滤波器
laplacian	近似 2D 的拉普拉斯算子滤波器
log	高斯-拉普拉斯滤波器
motion	运动滤波器
prewitt	Prewitt 水平边缘增强滤波器
sobel	Sobel 水平边缘增强滤波器
unsharp	非清晰对比度增强滤波器

例 6.5　彩色图像锐化。锐化的主要目的是为了突出图像的细节。这里使用经典的拉普拉斯滤波模板进行锐化，代码如下：

```
I=imread('yellowRose.jpg');                    % 见图 6.10a
imshow(I);
lapMatrix=[1 1 1; 1-8 1; 1 1 1];               % 拉普拉斯模板
I_tmp=imfilter(fb,lapMatrix,'replicate');      % 滤波
I_sharped=imsubtract(I,I_tmp));                % 图像相减
imshow(I_sharped);                             % 见图 6.11
```

上面的代码中使用了 Matlab 中的 imsubtract 函数。这个函数将两幅图像相减，它的语法如下：

```
Z=imsubtract(X,Y)
```

它将图像 X 中每个像素值减去图像 Y 中的对应像素值，得到的结果图为 Z。

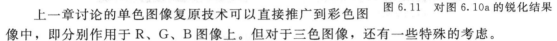

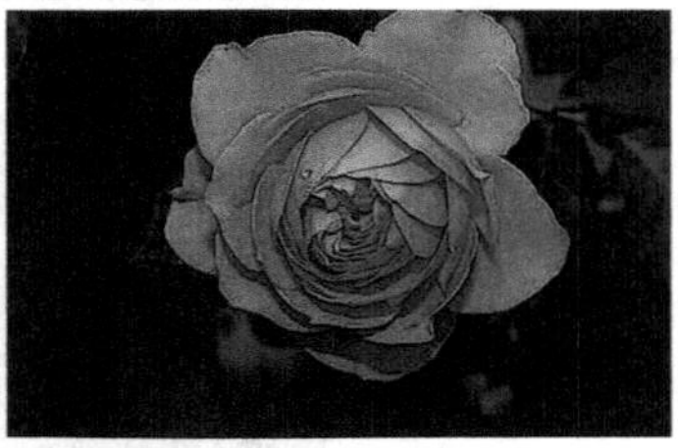

图 6.11 对图 6.10a 的锐化结果

6.4.2 彩色图像复原

上一章讨论的单色图像复原技术可以直接推广到彩色图像中，即分别作用于 R、G、B 图像上。但对于三色图像，还有一些特殊的考虑。

1)细节在亮度上比在颜色上更为明显。

2)当边缘的模糊是影响亮度的时候，会比影响色调或饱和度的时候有更强的干扰。

3)一定幅度的颗粒状随机噪声对亮度比对彩色影响更明显。

4)无论是在强度或者颜色上，人眼对均匀表面上的颗粒状噪声比对有强对比度细节的区域中的同类噪声更敏感。

考虑以上的原则，可以建立一彩色图像增强和恢复方法的大致轮廓：

1)点操作：使用线性点操作来保证 RGB 图像在灰度级和彩色平衡方面都能适合。

2)颜色空间变换：将 RGB 空间变换到 HSI 空间。

3)低通滤波：使用低通滤波器(或者使用中值滤波器可能会更好)，将其作用于色调和饱和度图像上，以减少物体中的随机彩色噪声。某些边缘的模糊在最后的结果中将很不明显，所以可以进行显著的噪声去除。所使用的滤波器必须保持平均灰度级不变(即 MTF=1)。

4)使用随空域位置变化的滤波方法来恢复强度图像。这一步既锐化了边缘又增强了细节，同时减弱了平滑区域的颗粒状噪声。同样，应保证 MTF=1。

5)点操作：按要求对所有三个分量进行线性点操作，以保证灰度级的合理使用。

6)颜色空间还原：变换回到 RGB 空间。

例 6.6 空域滤波图像复原。本例采用维纳滤波来恢复一幅运动模糊，以及加入了高斯噪声的图像。代码如下：

```
I=imread('yellowRose.jpg');
imshow(I);                                         % 见图 6.12a
m=fspecial('motion',20,45);                        % 生成运动空域滤波器
I2=imfilter(I,m,'circular');                       % 用运动滤波器模糊原图像
noise=imnoise(zeros(size(I)),'gaussian',0,0.05);   % 生成高斯噪声
figure,imshow(noise);                              % 见图 6.12b
I3=double(I2)+noise;                               % 将高斯噪声加入到图像中
I3=uint8(I3)
figure,imshow(I3)                                  % 显示噪声图像如图 6.12c
I3_recovered=deconvwnr(I3,m);                      % 维纳滤波复原
figure,imshow(I3_recovered);                       % 显示复原图像,见图 6.12d
```

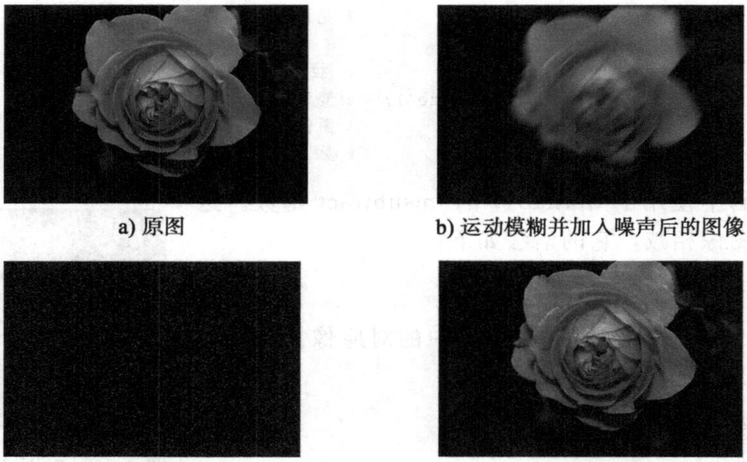

a) 原图 b) 运动模糊并加入噪声后的图像 c) 高斯噪声 d) 维纳滤波恢复后的图像

图 6.12 图像恢复示例

6.4.3 彩色图像分析

1. 彩色补偿

某些应用的目标是将颜色不同的各种物体分离出来，例如在荧光显微技术中，通常用彩色荧光染料对生物样本的不同成分着不同的颜色。在分析的时候需要分别显示这些物体，并且要保持它们之间正确的空间关系。

由于常用彩色图像数字化设备具有较宽而且相互覆盖的光谱敏感区域，加上现有的荧光染料的荧光点的发射光谱不稳定，我们难以在三个分量图像中将三类颜色的物体完全分离开。一般而言，只有其中的两个对比度相对弱些，即所谓的颜色扩散(Color Spread)。颜色扩散模型可用一个线性变换来模拟。假设每个彩色通道的曝光时间相同，那么数字化仪记录下的实际 RGB 图像的灰度级向量为：

$$\boldsymbol{y} = \boldsymbol{C}\boldsymbol{x} + \boldsymbol{b} \tag{6.4.2}$$

其中，矩阵 $\boldsymbol{C}=[c_{ij}]$ 反映颜色扩散，即定义了颜色在三个通道中的扩散情况，其元素 c_{ij} 表示数字图像彩色通道 i 中荧光点 j 所占的亮度的比例。$\boldsymbol{x}$ 为 3×1 的向量，它代表特定像素处的实际荧光点的亮度在没有颜色扩散和黑白偏移的理想数字化仪上产生的灰度级向量。而向量 $\boldsymbol{b}=[b_i]$$(i=1,2,3)$ 代表数字化仪的黑度偏移，其元素 b_i 是通道 i 中对应于黑色的测量灰度值。

由式(6.4.2)可以解出真实亮度：

$$\boldsymbol{x} = \boldsymbol{C}^{-1}[\boldsymbol{y} - \boldsymbol{b}] \tag{6.4.3}$$

即从每个通道的 RGB 灰度级向量中减去黑色的灰度级向量之后，对每个像素的这个向量左乘以颜色扩散矩阵的逆，就可以去掉颜色扩散影响了。

但是有时候会对每个彩色通道使用不同的曝光时间，以补偿样本的三个颜色分量同亮度上的较大差别。因此可以用一个对角阵来进行修正。

令对角阵 $\boldsymbol{E}=[e_{ij}]$ 表示在一个特定的数字化过程中每个通道使用的相对曝光时间。也就是说 e_{ii} 表示彩色通道 i 的当前曝光时间与颜色扩散标定图像的曝光时间的比率。于是式(6.4.2)变为

$$\boldsymbol{y} = \boldsymbol{ECx} + \boldsymbol{b} \tag{6.4.4}$$

同样可以解出

$$\boldsymbol{x} = \boldsymbol{C}^{-1}\boldsymbol{E}^{-1}[\boldsymbol{y} - \boldsymbol{b}] \tag{6.4.5}$$

因为 $\boldsymbol{E}$ 是一个对角阵，它的逆 $\boldsymbol{E}^{-1}$ 同样也是对角阵，且 $\boldsymbol{E}^{-1}$ 的对角元素为 $\boldsymbol{E}$ 中相应元素的倒数。更进一步，$\boldsymbol{C}^{-1}\boldsymbol{E}^{-1}$ 可以被看作一个修正的颜色补偿矩阵：当每列 i 被 e_{ii} 除之后只剩下 $\boldsymbol{C}^{-1}$。这样就有了一个简单的方法来修正颜色补偿矩阵，以适应不同的曝光时间。

2. 彩色图像检测与分割

彩色图像分割是彩色图像处理中的重要问题，大部分的灰度图像分割技术如直方图阈值法、聚类、区域增长、边缘检测、模糊方法、神经网络等，都可以扩展到彩色图像分割中。所以，彩色图像分割方法可以看作灰度图像分割技术在各种颜色空间上的应用，如图 6.13 所示。

虽然 RGB 颜色空间是广泛使用的颜色空间，但是相对图像分割和分析而言，RGB 空间更适合于显示系统。这是因为 R、G、B 三个分量高度相关，只要亮度改变，这三个分量就都会相应改变，而且 RGB 是一种不均匀的颜色空间，两种颜色之间的色差不能表示为该颜色空间中两点间的距离。因此，在很多情况下，先通过某种线性或者非线性变换将 RGB 空间转换到另一种颜色空间中，再进行图像分割。由于图像检测与分割是第 8 章的话题，下面仅通过一个简单的例子来说明彩色图像边缘检测的实现方法。

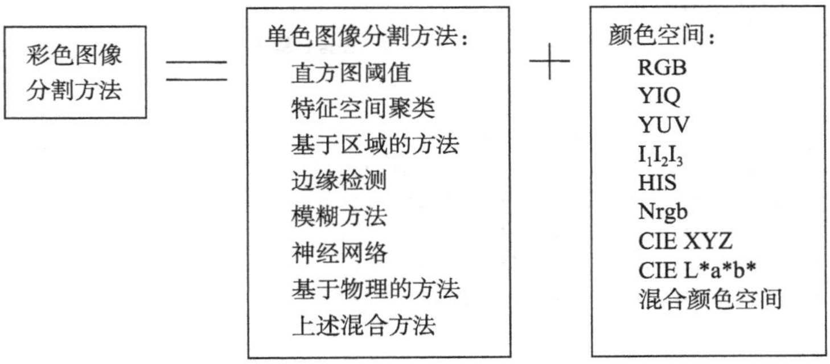

图 6.13 常用彩色图像分割方法

例 6.7 彩色图像的边缘检测。这里我们采用梯度的方法来对图 6.14a 中的图像进行边缘检测。

我们知道，一幅灰度图像 $f(x,y)$ 在点 (x,y) 处的梯度为一个矢量：

$$\nabla \boldsymbol{f} = \begin{pmatrix} G_x \\ G_y \end{pmatrix} = \begin{bmatrix} \dfrac{\partial f}{\partial x} \\ \dfrac{\partial f}{\partial y} \end{bmatrix} \tag{6.4.6}$$

梯度的方向指向在点 (x,y) 处图像 $f(x,y)$ 变化最快的方向。梯度的幅值为：

$$\nabla f = \mathrm{mag}(\nabla \boldsymbol{f}) = [G_x^2 + G_y^2]^{1/2} = [(\partial f/\partial x)^2 + (\partial f/\partial y)^2]^{1/2} \tag{6.4.7}$$

实际中通常用下面的绝对值来近似计算梯度：

$$\nabla f \approx |G_x| + |G_y| \tag{6.4.8}$$

对一个在 RGB 空间中的向量 $\boldsymbol{c} = \begin{bmatrix} R \\ G \\ B \end{bmatrix}$ 来说，我们可以这样来定义它的梯度。假设 $\boldsymbol{r}$、

$\boldsymbol{g}$、$\boldsymbol{b}$ 是 RGB 空间中沿 R、G、B 分量的单位向量，那么定义

$$\boldsymbol{u}=\frac{\partial R}{\partial x}\boldsymbol{r}+\frac{\partial G}{\partial x}\boldsymbol{g}+\frac{\partial B}{\partial x}\boldsymbol{b} \tag{6.4.9}$$

$$\boldsymbol{v}=\frac{\partial R}{\partial y}\boldsymbol{r}+\frac{\partial G}{\partial y}\boldsymbol{g}+\frac{\partial B}{\partial y}\boldsymbol{b} \tag{6.4.10}$$

定义 $\boldsymbol{u}$，$\boldsymbol{v}$ 的点积：

$$g_{xx}=\boldsymbol{u}\cdot\boldsymbol{u}=\left|\frac{\partial R}{\partial x}\right|^2+\left|\frac{\partial G}{\partial x}\right|^2+\left|\frac{\partial B}{\partial x}\right|^2 \tag{6.4.11}$$

$$g_{xy}=\boldsymbol{u}\cdot\boldsymbol{v}=\frac{\partial R}{\partial x}\frac{\partial R}{\partial y}+\frac{\partial G}{\partial x}\frac{\partial G}{\partial y}+\frac{\partial B}{\partial x}\frac{\partial B}{\partial y} \tag{6.4.12}$$

$$g_{yy}=\boldsymbol{v}\cdot\boldsymbol{v}=\left|\frac{\partial R}{\partial y}\right|^2+\left|\frac{\partial G}{\partial y}\right|^2+\left|\frac{\partial B}{\partial y}\right|^2 \tag{6.4.13}$$

那么在点(x,y)处变化率最大的方向为：

$$\theta(x,y)=\frac{1}{2}\arctan\left[\frac{2g_{xy}}{(g_{xx}-g_{yy})}\right] \tag{6.4.14}$$

而在该方向上梯度的幅度为：

$$F_\theta(x,y)=\left\{\frac{1}{2}\left[(g_{xx}+g_{yy})+(g_{xx}-g_{yy})\cos 2\theta+2g_{xy}\sin 2\theta\right]\right\}^{1/2} \tag{6.4.15}$$

根据上述定义，我们对彩色图像进行边缘检测的代码如下：

```
I=imread('flowers.jpg');
sOpt=fspecial('sobel');                          % 生成 Sobel 算子

% 计算 R、G、B 对 x、y 的偏导数
Rx=imfilter(double(I(:,:,1)),sOpt,'replicate');
Rx=imfilter(double(I(:,:,1)),sOpt','replicate');
Gx=imfilter(double(I(:,:,2)),sOpt,'replicate');
Gy=imfilter(double(I(:,:,2)),sOpt’,'replicate');
Bx=imfilter(double(I(:,:,3)),sOpt,'replicate');
By=imfilter(double(I(:,:,3)),sOpt','replicate');

% 计算点积 gxx、gyy以及 gxy
gxx=Rx.^2+Gx.^2+Bx.^2;
gyy=Ry.^2+Gy.^2+By.^2;
gxy=Rx.*Ry+Gx.*Gy+Bx.*By;

% 计算变化率最大的角度
theta=0.5*(atan(2*gxy./(gxx-gyy+eps)));
G1=0.5*((gxx+gyy)+(gxx-gyy).*cos(2*theta)+2*gxy.*sin(2*theta));

% 由于 tan 函数的周期性,现旋转 90°再次计算
theta=theta+pi/2;
G2=0.5*((gxx+gyy)+(gxx-gyy).*cos(2*theta)+2*gxy.*sin(2*theta));
G1=G1.^0.5;
G2=G2.^0.5;

% 得到梯度向量
gradiant=mat2gray(max(G1,G2));
```

通过上述代码得到的梯度见图 6.14b。

a) 原图

b) 通过计算梯度检测到的边缘

图 6.14 利用梯度进行边缘检测示例

6.5 伪彩色处理

伪彩色处理(pseudocoloring)是指将黑白图像转化为彩色图像，或者是将单色图像变换成给定彩色分布的图像。由于人眼对彩色的分辨能力远远高于对灰度的分辨能力，所以将灰度图像转化成彩色表示，就可以提高对图像细节的辨别力。因此，伪彩色处理的主要目的是为了提高人眼对图像的细节分辨能力，以达到图像增强的目的。

伪彩色处理的基本原理是将黑白图像或者单色图像的各个灰度级匹配到颜色空间中的一点，从而使单色图像映射成彩色图像。对黑白图像中不同的灰度级赋予不同的彩色。

设 $f(x,y)$为一幅黑白图像，$R(x,y)$、$G(x,y)$、$B(x,y)$为 $f(x,y)$映射到 RGB 空间的 3 个颜色分量，则伪彩色处理可表示为：

$$R(x,y) = F_R[f(x,y)] \tag{6.5.1}$$

$$G(x,y) = F_G[f(x,y)] \tag{6.5.2}$$

$$B(x,y) = F_B[f(x,y)] \tag{6.5.3}$$

其中 F_R、F_G、F_B 为某种映射函数。给定不同的映射函数就能将灰度图像转化为不同的伪彩色图像。需要注意的是，伪彩色虽然能将黑白灰度转化为彩色，但这种彩色并不是真正表现图像的原始颜色，而仅仅是一种便于识别的伪彩色。在实际应用中，通常是为了提高图像分辨率而进行伪彩色的处理，所以应采用分辨效果最好的映射函数。

伪彩色处理方法主要有密度分层法、灰度级-彩色变换法和频域滤波法。下面分别予以介绍。

6.5.1 密度分层法

密度分层法是伪彩色处理技术中比较简单的一种。设有一幅灰度图像 $f(x,y)$，它可以看成是坐标(x,y)的一个密度函数。分层方法可看成是放置一些平行于图像坐标面(即 xy 平面)的平面，然后每一个平面在相交的区域中切割此密度函数。图 6.15 显示了利用平面 $f(x,y)=L_i$ 把图像函数切割为两部分。如果对图 6.15 所示的切割平面每一面赋以不同的颜色，即平面之上任何灰度级的像素被编码成一种颜色(C_1)，平面之下任何灰度级像素被编码成另一种颜色(C_2)，其结果就是一幅两色图像。

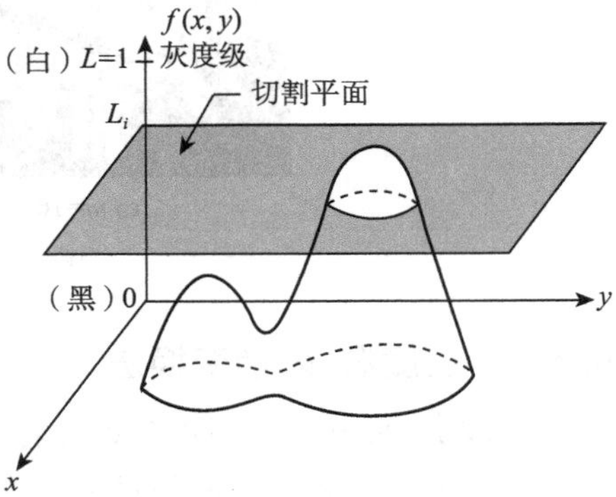

图 6.15 密度分层法伪彩色处理原理示意图

一般而言，对于一幅灰度图像 $f(x,y)$来说，在 $m-1$ 个灰度级 $f(x,y)=L_1$，$f(x,y)=L_2$，…，

$f(x,y)=L_{m-1}$上设置 $m-1$ 个平行于 xy 平面的切割平面，将图像切割成 m 个灰度级不同的区域 A_1，A_2，…，A_m，则灰度级到彩色的赋值按下式进行：

$$f(x,y) = C_k \qquad f(x,y) \in A_k \tag{6.5.4}$$

即对每一个区域赋予一种颜色，从而将灰度图像变为有 m 种颜色的伪彩色图像。图 6.16 给出了从灰度级到彩色的阶梯映射形式。

密度分层伪彩色处理简单易行，仅用硬件就可以实现，还可以扩大用途。但所得伪彩色图像彩色生硬，且量化噪声(即分割误差)大。为了减少量化噪声就必须增加分割级数，这不但导致设备复杂，而且彩色漂移现象严重。

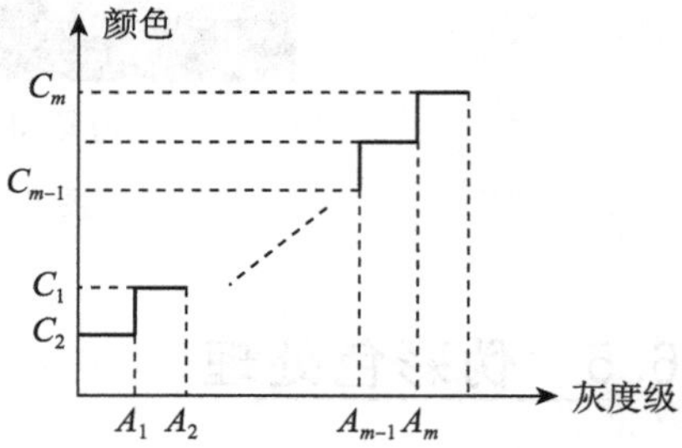

图 6.16　灰度级到彩色的映射

例 6.8　密度分层法 Matlab 实现，其程序如下：

```
I=imread('image2g.jpg');
imshow(I);                                  % 显示灰度图像 image2g.jpg,见图 6.17a
G2C=grayslice(I,8);                         % 密度分层
figure;
imshow (G2C,hot(8));                        % 显示伪彩色图像,见图 6.17b
```

上述程序中的关键函数是：

```
G2C= grayslice (I,m)
```

该函数用多重（即 $m-1$ 个）等间隔阈值将灰度图像转换为索引图像，即 m 色图像。图 6.17c 和图 6.17d 分别给出 $m=16$ 和 $m=64$ 时的密度分层结果。

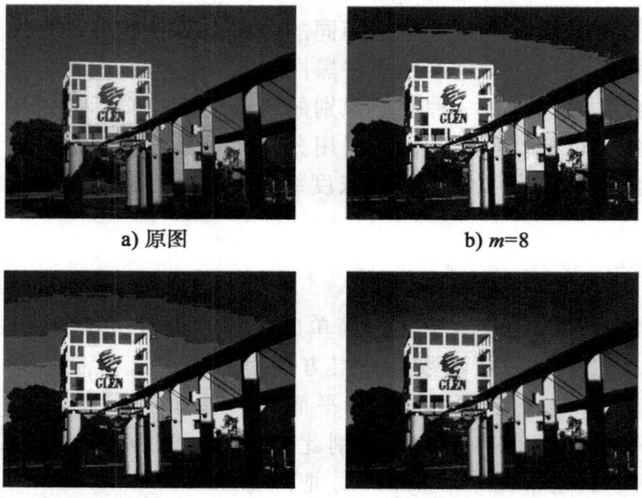

a) 原图　b) m=8　c) m=16　d) m=64

图 6.17　密度分层法伪彩色处理

6.5.2　灰度级-彩色变换法

灰度级-彩色变换伪彩色处理技术可以将灰度图像变为具有多种颜色渐变的连续彩色图像。该方法先将灰度图像送入具有不同变换特性的红、绿、蓝三个变换器中，然后再将三个变换器的不同输出分别送到彩色显像管的红、绿、蓝枪，再合成某种颜色。同一灰度

由于三个变换器对其实施不同变换，使三个变换器输出不同，从而不同大小灰度级可以合成不同的颜色。灰度级-彩色变换伪彩色处理过程示意图见图 6.18。通过这种方法变换后的图像视觉效果好。

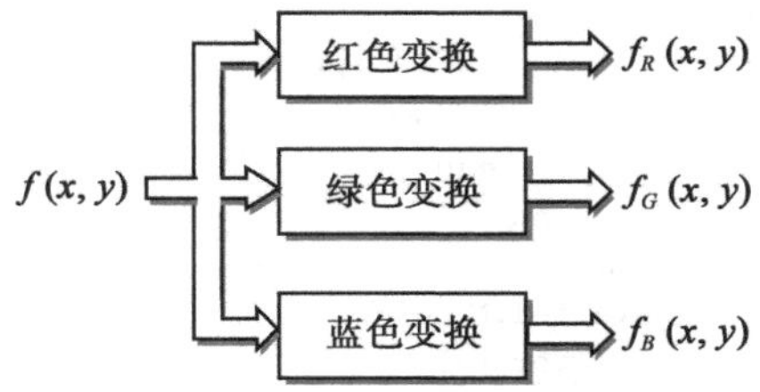

图 6.18 灰度级-彩色变换伪彩色处理技术原理示意图

一组典型的灰度级-彩色变换的传递函数如图 6.19 所示。其中 a、b、c 分别表示红色、绿色、蓝色的传递函数，d 是三种彩色传递函数组合在一起的情况。下面对图 6.19a 的传递函数加以说明，其余类推。由图 6.19a 可见，凡灰度级小于 $L/2$ 的像素将被转变为尽可能暗的红色，而灰度级位于 $L/2$ 到 $3L/4$ 之间的像素则取红色从暗到亮的线性变换。凡灰度级大于 $3L/4$ 的像素均被转变成最亮的红色。

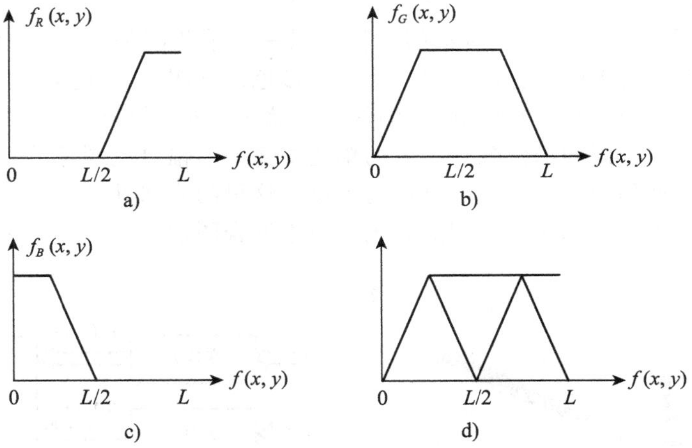

图 6.19 典型的传递函数

例 6.9 灰度级-彩色变换法的 Matlab 实现，其程序如下：

```
I=imread('image2g.jpg');                % 读入灰度图像 image2g.jpg,见图 6.17a
I=double(I);
[M,N]=size(I);
L=256;
for i=1:M                                % 以下按图 6.19 的传递函数进行变换
    for j=1:N
        if I(i,j)<L/4
             R(i,j)=0;
             G(i,j)=4*I(i,j);
             B(i,j)=L;
        else if I(i,j)<=L/2
             R(i,j)=0;
             G(i,j)=L;;
             B(i,j)=-4*I(i,j)+ 2*L;
             else if I(i,j)< =3*L/4
                  R(i,j)=4*I(i,j)-2*L;
                  G(i,j)=L;
                  B(i,j)=0;
                  else
```

```
                    R(i,j)=L;
                    G(i,j)=-4*I(i,j)+4*L;
                    B(i,j)=0;
                end
            end
        end
    end
end
for i=1:M
    for j=1:N
        G2C(i,j,1)=R(i,j);
        G2C(i,j,2)=G(i,j);
        G2C(i,j,3)=B(i,j);
    end
end
G2C=G2C/256;
figure;
imshow(G2C);                        % 显示灰度级-彩色变换法结果,见图6.20
```

必须指出，图6.18和例6.9所示的过程是以一幅单色图像为基础的。然而，在某些实际应用中常常需要将多幅单色图像组合为一幅彩色组合图像。在多光谱图像处理中常使用这一过程。图6.21给出多幅单色图像的伪彩色编码过程。图中 $f_i(x,y)(i=1,2,\cdots,k)$ 是由不同的传感器在不同的谱段独立产生的单色图像。多幅单色图像分别进行灰度级变换以后，再经过附加处理选择三幅用于显示的图像。这里的附加处理可以基于产生图像的传感器的响应特性，采用6.4.1节介绍的彩色平衡来混合图像。

图6.20 例6.9的处理结果

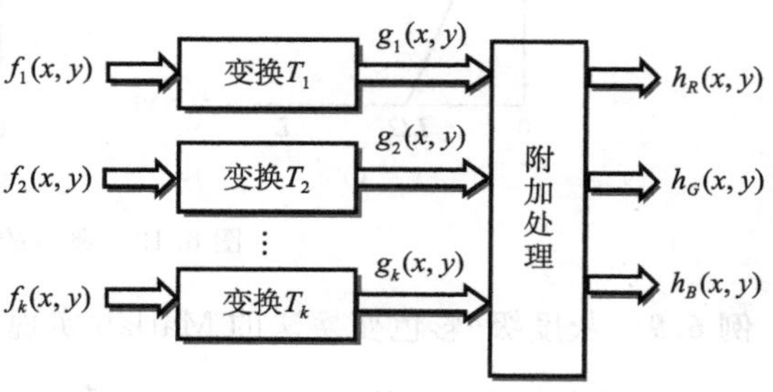

图6.21 多幅单色图像的伪彩色编码过程

6.5.3 频域滤波法

与前面两种方法不同的是，频域滤波法输出图像的伪彩色与原图像的灰度级无关，而是取决于灰度图像中不同的频率成分。例如，如果为了突出图像中高频成分(即图像的细节)而将其变为蓝色，则只需要将蓝色通道滤波器设计成高通滤波器。如果要抑制图像中某种频率成分，那么可以设计一个带阻滤波器来达到目的，如：

$$H(u,v)=\begin{cases}0,D(u,v)\leqslant D_0\\1,D(u,v)>D_0\end{cases} \tag{6.5.5}$$

其中

$$D(u,v)=[(u-u_0)^2+(v-v_0)^2]^{1/2} \tag{6.5.6}$$

这样，频率在以(u_0, v_0)为中心、D_0为半径范围内的成分将被抑制。该方法还可以在附加处理中实施其他处理方法，如直方图修正等，从而使输出图像的彩色对比度更强。

图 6.22 给出频域滤波法原理图。由图可见，该方法首先将输入图像信号 $f(x,y)$ 进行傅里叶变换(DFT)，然后分别用三个不同的滤波器进行滤波处理，再将三路信号进行傅里叶逆变换(IDFT)得到三幅处理后的空间图像，分别给予三路信号不同的三基色便可以得到对频率敏感的伪彩色图像。一种典型的处理方法是采用低通、带通和高通三种滤波器，把图像分成低频、中频和高频三个频率域分量，再分别给予不同的三基色。

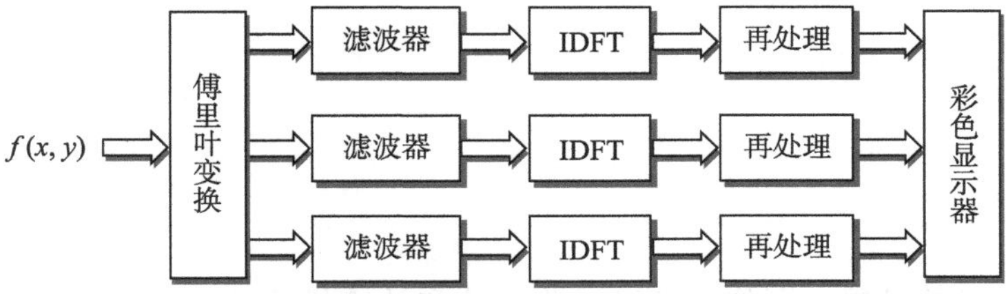

图 6.22　频率滤波法伪彩色处理技术原理示意图

伪彩色处理不改变像素的几何位置，而仅仅改变其显示的颜色。它是一种很实用的图像增强技术，主要用于提高人眼对图像的分辨能力，可以用计算机来完成，也可以用专用硬设备来实现。伪彩色图像处理技术已经被广泛应用于遥感和医学图像处理中，如航摄、遥感图片和云图判读、X 光片等方面。

小结

本章讨论了彩色图像处理的一些基础问题。人眼视网膜上分布着的光敏细胞使得人们可以感觉到光亮和颜色。从色度学角度来说，世间万物的颜色可以用三种原色合成得到。因此彩色图像可以在一个三维的颜色空间中表示。常用的颜色空间模型有 RGB 空间、HSI 空间、CMY 空间等。各个颜色空间之间可以相互变换。我们可以对处于某种颜色空间中的彩色图像进行处理，如彩色图像增强、彩色图像复原、彩色图像分割，以及给灰度图像着色的伪彩色图像处理等。彩色图像处理与单色图像处理有着千丝万缕的联系，又具有其独特之处。本章给出了一些这类处理的例子。

习题

6.1　什么是三原色原理?
6.2　试述加色混色模型与减色混色模型的适用范围。
6.3　什么是 RGB 颜色模型?
6.4　试述 CMY 与 CMYK 颜色模型的差异。
6.5　如何由 RGB 颜色模型转换为 CMY 颜色模型?
6.6　如何由 RGB 颜色模型转换到 HSI 颜色模型?
6.7　全彩色图像处理与伪彩色图像处理有什么差别?
6.8　试述彩色图像增强与单色图像增强之间的联系。
6.9　试设计运用频域法实现彩色图像增强的算法，并编写其实现程序。
6.10　参考例 6.6，试编写运用约束最小二乘方滤波实现彩色图像复原的 Matlab 程序。
6.11　什么是伪彩色增强处理? 其主要目的是什么?

CHAPTER 7

第 7 章 图像编码

7.1 概述

随着信息技术的发展，图像信息已成为通信和计算机系统中的一种重要处理对象，与文字信息不同的是，图像信息占据大量的存储容量。据一些学者的实验估算，人类对信息的获取有近85%来自视觉系统，可见图像信息是多媒体信息中的重中之重。然而，图像的最大特点也是最大难点就是海量数据的表示与传输。我们先来看一个例子。一幅大小为 512×512 像素，色彩为 2^{24} 色，也就是红、绿、蓝三个分量各占 8 位的彩色图像占磁盘空间为 3×256KB＝768KB；如果以每秒 24 帧(1 帧即 1 幅图像)传送此彩色图像，则一秒钟的数据量就有 24×768KB＝18.5MB，那么一张 680MB 容量的 CD-ROM 仅能存储 30 多秒的原始数据。即使以现在的技术，仍然难以满足原始数字图像存储和传输的需要，因此对图像数据的压缩成为技术进步的迫切需求。由于图像数据本身固有的冗余性和相关性，使得将一个大的图像数据文件转换成较小的图像数据文件成为可能。

7.1.1 图像数据的冗余

通常图像数据文件包含着大量冗余信息，另外还有相当数量的不相干信息，这为图像数据压缩技术提供了可能性。

数据压缩技术利用数据固有的冗余性和不相干性，将一个大的数据文件转换成较小的文件，图像数据压缩就是要去掉图像数据的冗余性。一般来说，图像数据中存在以下几种冗余。

1)空间冗余：这种冗余在图像数据中最常见。如在同一幅图像中，规则物体或规则背景(所谓规则是指表面是有序的而不是完全杂乱无章的排列)的表面的物理特性具有相关性，这些相关性使成像后的数字化图像结构趋于有序和平滑，表现为空间数据的冗余。

2)时间冗余：在序列图像(电视图像、运动图像)和语音数据中，相邻两帧图像之间有较大的相关性，这就反映为时间冗余。

3)结构冗余：有些图像存在较强的纹理结构，如墙纸图案等，这使图像在结构上产生了冗余。

4)信息熵冗余：信息熵是指信源所携带的平均信息量。对于由 N 个符号组成的符号集$\{x_1,x_2,\cdots,x_N\}$构成的离散信源，信息熵一般定义为：

$$H=-\sum_{i=1}^{N}p_i\log_2 p_i \tag{7.1.1}$$

其中，p_i 为符号 x_i 出现的概率。如果令 $b(x_i)$是分配给 x_i 的位数，则从理论上说应取 $b(x_i)=-\log_2 p_i$。但实际上在应用中我们很难预估出$\{p_1,p_2,\cdots,p_N\}$，因此一般总取$b(x_1)=b(x_2)=\cdots=b(x_N)$。例如，英文字母的编码码元长度为 7 位，即 $b(x_1)=b(x_2)=\cdots=$

$b(x_{26})=7$，这样所得的实际数据量 $d=\sum_{i=1}^{N}p_i b(x_i)$ 必然大于或等于 H，由此带来的冗余称为信息熵冗余，又叫编码冗余。

5)知识冗余：由于存在着先验知识和背景知识，例如，人脸的图像有固定的结构，嘴的上方有鼻子，鼻子的上方有眼睛，鼻子位于正脸图像的中线上等，使得需要传输的信息量减少，我们称这一类冗余为知识冗余。

6)视觉冗余：人的眼睛对某些图像特征不敏感，这些特征信息可以不在图像数据中出现。事实上，人眼的分辨能力一般约为 $2^6=64$ 个灰度等级，而图像的量化常采用 $2^8=256$ 个灰度等级，我们把这类冗余称为视觉冗余。

另外，还有由图像的专有特性带来的冗余等。既然图像数据中存在信息冗余，就有可能对图像数据量进行压缩。针对数据冗余的类型不同，可以有多种不同的数据压缩方法，本章将讨论各种压缩方法。

7.1.2 图像的编码质量评价

数字图像的压缩编码是指在一定质量条件下，用较少的位数来表示(或传输)一幅图像的过程。根据解码后图像与原始图像的比较，图像编码的方法可以分成两大类：可逆编码和不可逆编码。

可逆编码一般是基于信息熵原理，因此有时也被称为熵编码、信息保持编码或无损压缩等。实际上这是一种统计意义上的压缩编码方法，具体地说就是解码图像和压缩编码前的图像严格相同，没有失真。从数学上讲是一种可逆运算。

不可逆编码就是说解码图像和原始图像有差别，允许有一定的失真。因此也称为有失真压缩编码、熵压缩编码、有损压缩编码等。

在图像编码中，编码质量是一个非常重要的概念，怎样以尽可能少的位数来存储或传输一幅图像，同时又让接收者感到满意，这是图像编码的目标。对于有失真的压缩算法，应该有一个评价准则，用来对压缩后解码图像质量进行评价。常用的评价准则有两种：一种是客观评价；另一种是主观评价。

1. 客观评价准则

当所输入图像与压缩解码后的输出图像可用函数表示时，最常用的一个准则是输入图像和输出图像之间的均方误差或均方根误差。设 $f(i,j)(i=1,2,\cdots,N,j=1,2,\cdots,M)$ 为原始图像，$\hat{f}(i,j)(i=1,2,\cdots,N,j=1,2,\cdots,M)$ 为压缩后的还原图像，则 $f(i,j)$ 与 $\hat{f}(i,j)$ 之间的均方误差定义为：

$$E_{\mathrm{ms}}=\frac{1}{NM}\sum_{i=1}^{N}\sum_{j=1}^{M}[f(i,j)-\hat{f}(i,j)]^2 \tag{7.1.2}$$

如果对式(7.1.2)求平方根，就可得到 $f(i,j)$ 与 $\hat{f}(i,j)$ 之间均方根误差，即

$$E_{\mathrm{rms}}=[E_{\mathrm{ms}}]^{1/2} \tag{7.1.3}$$

下面的 Matlab 程序用来计算图像 $f(x,y)$ 和 $\hat{f}(x,y)$ 之间的均方根误差 E_{rms}，如果 $E_{\mathrm{rms}}\neq 0$，显示误差图像 $e(x,y)=f(x,y)-\hat{f}(x,y)$ 和它的直方图。

```
function erms=compare(f1,f2)
% 计算均方根误差
e=double(f1)-double(f2);
[m,n]=size(e);
```

```
erms=sqrt(sum(e(:).^2)/(m* n));
% 如果误差(即 erms~=0),显示误差图像和直方图
if erms~=0
    % 误差的直方图
    emax=max(abs(e(:)));
    [h,x]=hist(e(:));
    if length(h)>=1
        figure(4);
        bar(x,h,'k');
        e=mat2gray(e,[-emax,emax]);
        figure(5);
        imshow(e);
    end
end
```

另一种关系更紧密的客观评价准则是输入图像和输出图像之间的均方信噪比，其定义为：

$$\mathrm{SNR}=\frac{\sum_{i=1}^{N}\sum_{j=1}^{M}[f(i,j)]^2}{\sum_{i=1}^{N}\sum_{j=1}^{M}[f(i,j)-\hat{f}(i,j)]^2} \tag{7.1.4}$$

计算信噪比的 Matlab 程序如下：

```
function snr=snr(X,XX)
ave=mean(X(:));
x1=X.^2;
cs1=sum(x1(:));
x1=(X-XX).^2;
cd1=sum(x1(:));
snr=10* log10(cs1/cd1)
```

除了均方信噪比外，还有基本信噪比，它用分贝表示压缩图像的定量性评价，设

$$\bar{f}=\frac{1}{NM}\sum_{i=1}^{N}\sum_{j=1}^{M}f(i,j) \tag{7.1.5}$$

则基本信噪比定义为：

$$\mathrm{SNR}=10\lg\left[\frac{\sum_{i=1}^{N}\sum_{j=1}^{M}[f(i,j)-\bar{f}]^2}{\sum_{i=1}^{N}\sum_{j=1}^{M}[f(i,j)-\hat{f}(i,j)]^2}\right] \tag{7.1.6}$$

在文献中最常用的是峰值信噪比(PSNR)，设 $f_{\max}=2^k-1$，k 为图像中表示一个像素点所用的二进制位数，则峰值信噪比定义为：

$$\mathrm{PSNR}=10\lg\left[\frac{NMf_{\max}^2}{\sum_{i=1}^{N}\sum_{j=1}^{M}[f(i,j)-\hat{f}(i,j)]^2}\right] \tag{7.1.7}$$

2. 主观评价准则

客观评价度量计算常用于压缩系统设计和调整。但是均方根误差和信噪比常因图而异，有时甚至不能反映视觉质量的实际情况，所以主观评价是对一幅图像质量的最终评价。主观评价常用的方法是选择一组评价者给待评价的图像进行打分，然后对这些主观打分进行平均获得一个主观评价分。表 7.1 列出两种典型的评分标准。

表 7.1 对图像质量的主观评分标准

得分	第一种评价标准	第二种评价标准
5	优秀	没有失真的感觉
4	良好	感觉到失真，但没有不舒服的感觉
3	可用	感觉有点不舒服
2	较差	感觉较差
1	差	感觉非常不舒服

设每一种得分为 C_i，每一种得分的评分人数为 n_i，那么一个被称为平均感觉分(Mean Option Score，MOS)的主观评价可定义为：

$$\mathrm{MOS} = \frac{\sum_{i=1}^{k} n_i C_i}{\sum_{i=1}^{k} n_i} \tag{7.1.8}$$

MOS 得分越高，表示解码后图像的主观评价越高。

3. 压缩比

评价图像压缩效果的另外一个重要指标是压缩比 C_R，它指的是原始图像每个像素的平均位数 n_1 同编码后每个像素的平均位数 n_2 的比值。压缩比越大表示压缩效果越好。压缩比定义如下：

$$C_R = \frac{n_1}{n_2} \tag{7.1.9}$$

计算两个图像压缩比的程序如下：

```
% 函数 imageratio 计算两个图像压缩比
function cr=imageratio(f1,f2)
error(nargchk(2,2,nargin));
cr=bytes(f1)/bytes(f2);
% 函数 bytes 返回输入 f 占用的位数
function b=bytes(f)
if ischar(f)
info=dir(f);
    b=info.bytes;
elseif isstruct(f)
    b=0;
fields=fieldnames(f);
for k=1:length(fileds)
        b=b+ bytes(f.(fields{k}));
end
else
info=whos('f');
    b=info.bytes;
end
```

注意：在 imageratio 函数的内部计算字节的 bytes 函数中，可以使用三种类型的数据，一是文件，二是结构变量，三是非结构变量。

7.2 信息论基础与熵编码

信息论是图像编码的主要理论依据之一，它给出无失真编码所需位数的下限，为了逼近这个下限而提出一系列熵编码算法。

7.2.1 离散信源的熵表示

假设一个离散信源 X 的符号集由 N 个符号$(x_1,x_2,\cdots,x_N)$组成，每个符号出现的概率是确定的，即存在一个概率分布表$\{p_1,p_2,\cdots,p_N\}$，并且满足 $\sum_{i=1}^{N} p_i = 1$。这里：

$$p_k = P(X = x_k) = p(x_k)$$

对于一个离散信源，常分两种类型考虑，一是无记忆信源，二是有记忆信源。无记忆信源即信源的当前输出与以前的输出是无关的，否则就是有记忆信源。

先考虑独立信源，即无记忆信源，对于某个信源符号 x_k，如果它出现的概率是 p_k，那么它包含的信息是：

$$I(x_k) = \log \frac{1}{p_k} = -\log p_k \tag{7.2.1}$$

$I(x_k)$称为 x_k 的自信息量。直观理解为：一个概率小的符号出现将带来更大的信息量，也就是说信息量与该符号的概率倒数成正比。

式(7.2.1)中对数的底确定了用来测量信息的单位。如果以 2 为底，得到的信息单位就是位(注意位也是数据量的单位)。当两个相等概率的事件之一发生时，其信息量是 1 位。本章后面出现的信息量单位都用位。

由 N 个符号集 $X=(x_1,x_2,\cdots,x_N)$构成的离散信源的每个符号的平均自信息量为：

$$H(X) = -\sum_{i=1}^{N} p_i \log_2 p_i \tag{7.2.2}$$

这个平均自信息量 $H(X)$称为信源熵，单位是“位/符号”。通常还把式(7.2.2)定义的熵值称为“零阶熵”。

例 7.1 设信源 $X=\{a,b,c,d\}$，且 $p(a)=p(b)=p(c)=p(d)=1/4$，那么，各符号的自信息量和信源熵为：

$$I(a) = I(b) = I(c) = I(d) = \log_2 4 = 2$$

$$H(X) = 1/4 \times 2 + 1/4 \times 2 + 1/4 \times 2 + 1/4 \times 2 = 2$$

如果分别用码字 00、01、10、11 来编码 a、b、c、d 四个符号，每个符号用 2 位，平均码长也是 2 位。

例 7.2 设信源 $X=\{a,b,c,d\}$，且 $p(a)=1/2,p(b)=1/4,p(c)=1/8$，$p(d)=1/8$，那么，各符号的自信息量和信源熵为：

$I(a)=\log_2 2=1,I(b)=\log_2 4=2,I(c)=I(d)=\log_2 8=3$(这里的自信息量为整数)

$$H(X) = 1/2 \times 1 + 1/4 \times 2 + 1/8 \times 3 + 1/8 \times 3 = 1.75$$

下面给出两种编码方法。

1)如果用例 7.1 中给出的编码方法，每个符号的平均码长为 2，那么这个信源的平均码长：

$$l_{avg} = 1/2 \times 2 + 1/4 \times 2 + 1/8 \times 2 + 1/8 \times 2 = 2$$

这时信源的平均码长大于信源的熵。

2)如果用 0 表示符号 a，10 表示符号 b，110 表示符号 c，111 表示符号 d，那么这个信源的平均码长为：

$$l_{avg} = 1/2 \times 1 + 1/4 \times 2 + 1/8 \times 3 + 1/8 \times 3 = 1.75$$

这时信源的平均码长等于信源的熵。

例 7.3 对于上述信源，如果其概率 $p(a)=0.45,p(b)=0.25,p(c)=0.18,p(d)=$

0.12，那么，各符号的自信息量和信源熵为：

$$I(a)=1.152, I(b)=2, I(c)=2.4739, I(d)=3.0589$$

$$H(X)=0.45\times1.152+0.25\times2+0.18\times2.4739+0.12\times3.0589=1.8308$$

如果用例 7.2 中的第二种码字分配方法，则这个信源的平均码长为：

$$l_{avg}=0.45\times1+0.25\times2+0.18\times3+0.12\times3=1.85$$

由此可以看出 $l_{avg}>H(X)$，通过以上几个例子可得到以下提示：

1)信源的平均码长 $l_{avg}\geqslant H(X)$；也就是说熵是无失真编码的下界。

2)如果所有 $I(x_k)$都是整数，且 $l(x_x)=I(x_k)$，可以使平均码长等于熵。

3)对于非等概率分布的信源，采用不等长编码，其平均码长小于等长编码的平均码长。

4)如果信源中各符号的出现概率相等，则式(7.2.2)的熵值达到最大，这就是重要的最大离散熵定理。

例 7.4 对二元信源 $X=\{a,b\}$，符号 a 出现的概率为 p，那么符号 b 出现的概率为 $1-p$，其熵为 $H(p)=-(p\log_2(p)+(1-p)\log_2(1-p))$，那么二元信源熵函数如图 7.1 所示。由图 7.1 可见，仅当 $p=0.5$，$H(p)=1$ 最大，当 $p=0$ 或 $p=1$ 时 $H(p)=0$，即是确定性事件集。

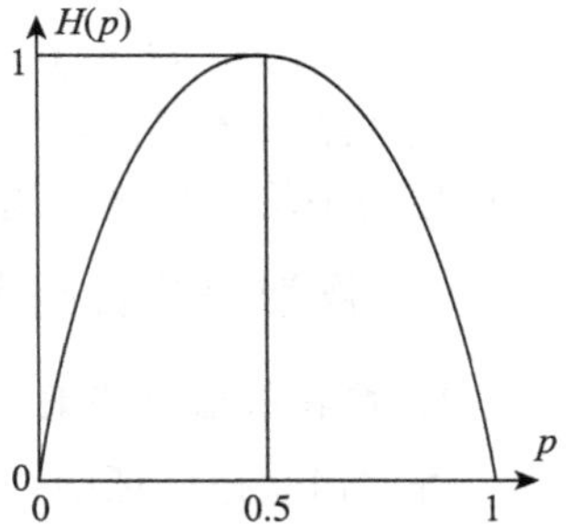

图 7.1 二元信源的熵曲线

由此我们得到这样的结论：离散无记忆信源的冗余度寓于信源符号的非等概率分布之中。因此，要想压缩数据就要设法改变信源的概率分布，使其尽可能是非均匀的。

现在把信息论中熵值的概念应用到图像信息源。以灰度级为[1，L]的图像为例，可以通过式直方图得到各灰度级概率 $p_s(s_k), k=1,2,\cdots,L$，这时图像的熵为：

$$\widetilde{H}=-\sum_{k=1}^{L}p_s(s_k)\log_2 p_s(s_k) \tag{7.2.3}$$

这里假设各灰度级间相互独立，这个图像的熵也是无失真压缩的下界。下面的 Matlab 程序用来计算图像的熵。

```
function h=entropy(x,n)
% x是图像,n是图像的灰度级,n默认为256
error(nargchk(1,2,nargin));
if nargin< 2
    n=256;
end
x=double(x);
xh=hist(x(:),n);                    % 求图像直方图
xh=xh/sum(xh(:));                   % 求各灰度级出现的概率
i=find(xh);
h=-sum(xh(i).* log2(xh(i)));
```

例 7.5 考虑大小为 256×256 像素、灰度级为 256 的 woman 图像，求其熵如下：

```
>>load woman
>>entropy(X)
ans=
    5.0030
```

说明对 woman 图像进行无失真编码，其平均码长一定大于或等于 5.0030。

由此可见，一幅图像的熵值是这幅图像的平均信息量，也可以说是图像中各个灰度位数的统计平均值。式(7.2.2)所表示的熵值是在假定图像信源无记忆的前提下获得的，也就是假定图像中的信息符号(像素的灰度级)是互不相关的，这样的熵值常称为无记忆信源熵值，也称为零阶熵，记为 $H_0(\cdot)$。

对于有限记忆信源(有限马尔可夫信源)，所谓 m 阶马尔可夫信源，是指某符号 x_i 出现的概率只与前面 m 个符号有关。假如某一像素灰度与前一像素灰度相关，那么式(7.2.2)中的概率要改成条件概率 $P(x_i/x_{i-1})$ 和联合概率 $P(x_i,x_{i-1})$。那么式(7.2.2)将变为如下形式：

$$H(x_i/x_{i-1}) = -\sum_{i=1}^{N}\sum_{i=1}^{N} P(x_i,x_{i-1})\log_2 P(x_i/x_{i-1}) \tag{7.2.4}$$

式中 $P(x_i,x_{i-1})=P(x_i)P(x_i/x_{i-1})$，称 $H(x_i/x_{i-1})$ 为条件熵。因为只与前面一个符号相关，故称为一阶熵 $H_1(\cdot)$。如果与前面两个符号相关，求得的熵值就称为二阶熵 $H_2(\cdot)$。以此类推可以得到三阶、四阶等高阶熵。对 m 阶马尔可夫信源，可以证明：

$$H_0(\cdot) > H_1(\cdot) > \cdots > H_m(\cdot) \geqslant H_{m+1}(\cdot) = \cdots H_\infty(\cdot) \tag{7.2.5}$$

上述结果表明：对于有记忆信源，如果符号序列中前面的符号知道得越多，那么下一个符号的平均信息量就越少。图像信息源也有类似的情况。

7.2.2 离散信源编码定理

1. 香农信息保持编码定理

香农信息论已证明，信源熵是进行无失真编码的理论极限。低于此极限的无失真编码方法是不存在的，这是熵编码的理论基础。而且可以证明，考虑像素间的相关性，使用高阶熵一定可以获得更高的压缩比。

2. 变长编码定理

变长编码定义如下：对于一个无记忆离散信源中的每一个符号，若采用相同长度的不同码字代表相应符号，就叫做等长编码，如中国4位电报码；若对信源中的不同符号用不同长度的码字表示，就叫做不等长或变长编码。

与等长编码相比，变长编码更复杂，除了有唯一解码(也称为单义可译)的要求，还存在即时解码问题。下面举例加以说明。

如例7.2中给出由 a、b、c、d 四个符号组成的信源，并给出一种变长码分配，这个码字分配称为编码A。在表7.2中同时也给出另一种码字分配，称为编码B。

表7.2 一个信源的两种编码

信源符号	概率	编码A	编码B
a	1/2	0	0
b	1/4	10	01
c	1/8	110	011
d	1/8	111	111

编码A是可即时解码的，当收到一个完整码字时，它可以立即恢复其所代表的符号。而编码B是有唯一解码的，却不是即时的。如收到码字01时，不能立即解码为 b，要等下一位到来，如果下一位是0，则前面的码字01被解码成 b；如果下一位是1则011一起解

码为 c。编码 A 的特点是，对于个码字 C_k，其码长为 k，不存在另一个长度为 $l(1\leqslant l\leqslant k-1)$的码字，其二进制表示与 C_k 的前 l 位一致，符合这个条件的编码唯一解码一定是可以即时解码的。可即时解码在应用上比较简单。

变长编码定理：若一个无记忆离散信源 X 具有熵 $H(X)$，并有 r 个码元符号集，则总可以找到一种无失真信源编码，构成单义可译码，使其平均码长满足：

$$\frac{H(X)}{\log r}\leqslant L\leqslant\frac{H(X)}{\log r}+1 \tag{7.2.6}$$

当 $r=2$ 即用二进制编码时，式(7.2.6)可写成：

$$H(X)\leqslant L<H(X)+1 \tag{7.2.7}$$

平均码长的界限告诉我们，给定一个无记忆离散信源，意味着其统计特性已知，则信源的熵已确定，那么，这个信源的单义可译码长 L 的下界也就随之确定了。

3. 变长最佳编码定理

在变长编码中，对出现概率大的信息符号赋予短码字，而对于出现概率小的信息符号赋予长码字。如果码字长度严格按照所对应符号出现概率大小逆序排列，则编码结果的平均码字长度一定小于任何其他排列形式。

7.2.3 赫夫曼编码

赫夫曼(Huffman)编码是 1952 年提出的，是一种比较经典的信息无损熵编码。该编码依据变长最佳编码定理，应用赫夫曼算法而产生，是一种基于统计的无损编码。

设信源 X 的信源空间为：

$$[X\cdot P]:\begin{cases}X: & x_1 & x_2 & \cdots & x_N\\ P(X): & P(x_1) & P(x_2) & \cdots & P(x_N)\end{cases}$$

其中，$\sum\limits_{i=1}^{N}P(x_i)=1$。现用二进制对信源 X 中每一个符号 $x_i(i=1,2,\cdots,N)$进行编码。

根据变长最佳编码定理，赫夫曼编码步骤如下：

1)将信源符号 x_i 按其出现的概率由大到小顺序排列。

2)将两个最小概率的信源符号进行组合相加，并重复这一步骤，始终将较大的概率分支放在上部，直到只剩下一个信源符号且概率达到 1.0 为止。

3)对每对组合的上边一个指定为 1，下边一个指定为 0(或相反：对上边一个指定为 0，下边一个指定为 1)。

4)画出由每个信源符号到概率 1.0 处的路径，记下沿路径的 1 和 0。

5)对于每个信源符号都写出 1、0 序列，则从右到左就得到非等长的赫夫曼编码。

下面举例说明赫夫曼编码过程。

例 7.6 假定一幅 20×20 像素的图像共有 5 个灰度级 s_1、s_2、s_3、s_4 和 s_5，它们在此图像中出现的概率依次为 0.4、0.175、0.15、0.15 和 0.125。

用赫夫曼编码过程如图 7.2 所示。

在图 7.2 中，先逐步完成两个小概率的相加合并，然后反过来逐步向前进行编码，每一步有两个分支，各赋予一个二进制码，这里对概率大的赋码字 1 ，概率小的赋码字 0。这样从右到左得到如表 7.3 所示的编码表。

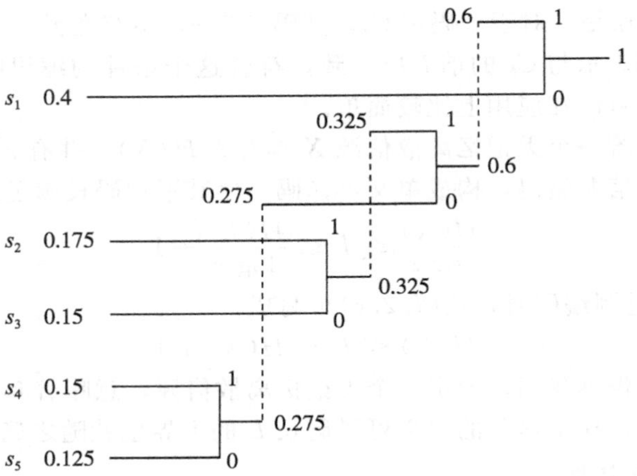

图 7.2 赫夫曼编码过程示意图

表 7.3 例 7.6 的赫夫曼编码表

信源符号	出现概率	码字	码长
s_1	0.4	0	1
s_2	0.175	111	3
s_3	0.15	110	3
s_4	0.15	101	3
s_5	0.125	100	3

经赫夫曼编码后，其平均码长为：

$$L=\sum_{i=1}^{5}p(s_i)l_i=0.4\times1+0.175\times3+0.15\times3+0.15\times3+0.125\times3=2.2$$

其熵 $H(X)=-\sum_{i=1}^{5}p(s_i)\log p(s_i)=2.1649$，由此可知，赫夫曼编码已经比较接近该图像的熵值了。

从赫夫曼算法可以看出赫夫曼编码的特点如下：

1)赫夫曼编码构造程序是明确的，但编出的码不是唯一的，其原因之一是为两个概率分配码字“0”和“1”是任意选择的(大概率为“0”，小概率为“1”，或者反之)。第二个原因是在排序过程中两个概率相等，谁前谁后也是随机的。这样编出的码字就不是唯一的。

2)赫夫曼编码结果码字不等长，平均码字最短，效率最高，但码字长短不一，实时硬件实现很复杂(特别是译码)，而且在抗误码能力方面也比较差。为此，有人提出了一些修正方法(如双字长赫夫曼编码)，以降低一些效率换取硬件实现简单的实惠。

3)赫夫曼编码的信源概率是 2 的负幂时，效率达 100%，但是对等概率分布的信源却产生定长码，效率最低。因此，编码效率与信源符号概率分布相关，其编码依赖于信源统计特性，编码前必须有信源这方面的先验知识，这往往限制了赫夫曼编码的应用。

4)赫夫曼编码只能用近似的整数来表示单个符号，而不是理想的小数，这也是赫夫曼编码无法达到最理想的压缩效果的原因。

7.2.4 香农－费诺编码

香农-费诺(Shannon-Fano)是另一种基于统计的变长编码算法，与赫夫曼编码没有本质上的差别，不过它采用从上到下的方法。

设信源 X 的信源空间为：

$$[X \cdot P]:\begin{cases} X: & x_1 & x_2 & \cdots & x_N \\ P(X): & P(x_1) & P(x_2) & \cdots & P(x_N) \end{cases}$$

其中，$\sum_{i=1}^{N} P(x_i) = 1$。现用二进制对信源 X 中每一个符号 $x_i(i=1,2,\cdots,N)$进行编码。

根据变长最佳编码定理，香农-费诺编码步骤如下：

1)将信源中的符号按其出现的概率由大到小顺序排列。

2)将信源分成两部分，使两个部分的概率和尽可能接近。重复第 2 步直至不可再分，即每一个叶子只对应一个符号。

3)从左到右依次为这两部分标记 0、1。

4)将各个部分标记的 0、1 串接起来就得到各信源符号所对应的码字。

例 7.7 利用例 7.6 中的数据，那么其香农-费诺编码过程如图 7.3 所示。

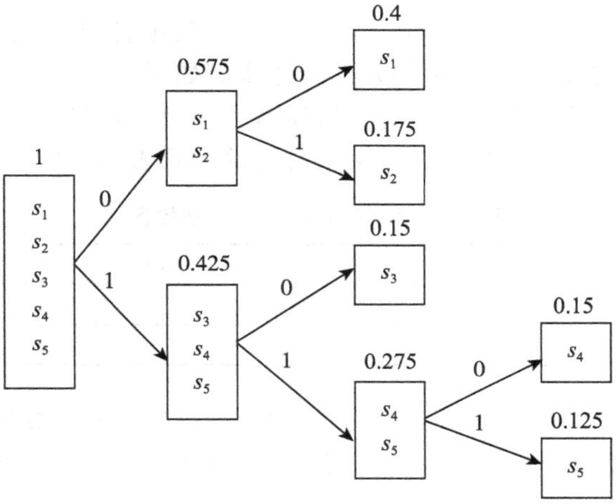

图 7.3 香农-费诺编码过程示意图

这样从左到右得到香农-费诺编码的编码表如表 7.4 所示。

表 7.4 对例 7.6 采用香农-费诺编码得到的编码表

信源符号	出现概率	码字	码长
s_1	0.4	00	2
s_2	0.175	01	2
s_3	0.15	10	2
s_4	0.15	110	3
s_5	0.125	111	3

其平均码长为：

$$L = \sum_{i=1}^{5} p(s_i)l_i = 0.4 \times 2 + 0.175 \times 2 + 0.15 \times 2 + 0.15 \times 3 + 0.125 \times 3 = 2.275$$

根据香农-费诺编码算法可知，香农-费诺编码有时也可以得到最优编码性能，它的编码准则要符合非等长码条件，在码字中 1 和 0 是独立的，而且是(或差不多是)等概率的。

7.2.5 算术编码

前面已说明，赫夫曼编码使用二进制符号进行编码，这种方法在许多情况下无法得到最佳压缩效果。假设某个信源符号出现的概率为85%，那么其自信息量为$-\log_2(0.85)=0.23456$，也就是说用0.2345位编码就可以了。但赫夫曼编码只能分配一位0或一位1进行编码，由此可知，整个数据的85%的信息在赫夫曼编码中用的是理想长度4倍的码字，其压缩效果可想而知。算术编码就能解决这个问题。算术编码在图像数据压缩标准(如JPEG)中起很重要的作用。

算术编码不是将单个信源符号映射成一个码字，而是把整个信源表示为实数线上的0到1之间的一个区间，其长度等于该序列的概率，再在该区间内选择一个代表性的小数，转化为二进制作为实际的编码输出。消息序列中的每个元素都要缩短为一个区间。消息序列中元素越多，所得到的区间就越小，当区间变小时，就需要更多的数位来表示这个区间。采用算术编码，则每个符号的平均编码长度可以为小数。

下面用一个简单的例子来说明算术编码的编码过程。

例 7.8 假设信源符号为$X=\{00,01,10,11\}$，其中各符号的概率为$P(X)=\{0.1,0.4,0.2,0.3\}$，对这个信源进行算术编码的具体步骤如下：

1)已知符号的概率后，就可以沿着“概率线”为每个符号设定一个范围：[0,0.1)，[0.1,0.5)，[0.5,0.7)，[0.7,1.0)。以上信息可综合到表7.5中。

表 7.5 信源符号、概率和初始区间

符号	00	01	10	11
概率	0.1	0.4	0.2	0.3
初始区间	[0, 0.1)	[0.1, 0.5)	[0.5, 0.7)	[0.7, 1.0)

2)假如输入的消息序列为：10、00、11、00、10、11、01，其算术编码过程为：

①初始化时，范围 *range* 为1.0，低端值 *low* 为0，下一个范围的低、高端值分别由下式计算：

$$\begin{cases} low = low + range \times range\_low \\ high = low + range \times range\_high \end{cases} \tag{7.2.8}$$

其中等号右边的 *range* 和 *low* 为上一个被编码符号的范围和低端值；*range_low* 和 *range_high* 分别为被编码符号已给定的出现概率范围的低端值和高端值。

对第一个信源符号10编码：

$$\begin{cases} low = low + range \times range\_low = 0 + 1 \times 0.5 = 0.5 \\ high = low + range \times range\_high = 0 + 1 \times 0.7 = 0.7 \end{cases}$$

所以，信源符号10将区间[0,1)⇒[0.5, 0.7)。

下一个信源符号的范围为$range=range_high-range_low=0.2$。

②对第二个信源符号00编码：

$$\begin{cases} low = low + range \times range\_low = 0.5 + 0.2 \times 0 = 0.5 \\ high = low + range \times range\_high = 0.5 + 0.2 \times 0.1 = 0.52 \end{cases}$$

所以，信源符号00将区间[0.5, 0.7)⇒[0.5, 0.52)。

下一个信源符号的范围为$range=range_high-range_low=0.02$。

③对第三个信源符号11编码：

$$\begin{cases} low = low + range \times range\_low = 0.5 + 0.02 \times 0.7 = 0.514 \\ high = low + range \times range\_high = 0.5 + 0.02 \times 1 = 0.52 \end{cases}$$

所以，信源符号 11 将区间[0.5，0.52)⇒[0.514，0.52)。

下一个信源符号的范围为 $range = range\_high - range\_low = 0.006$。

④对第四个信源符号 00 编码：

$$\begin{cases} low = low + range \times range\_low = 0.514 + 0.006 \times 0 = 0.514 \\ high = low + range \times range\_high = 0.514 + 0.006 \times 0.1 = 0.5146 \end{cases}$$

所以，信源符号 00 将区间[0.514，0.52)⇒[0.514，0.5146)。

下一个信源符号的范围为 $range = range\_high - range\_low = 0.0006$。

⑤对第五个信源符号 10 编码：

$$\begin{cases} low = low + range \times range\_low = 0.514 + 0.0006 \times 0.5 = 0.5143 \\ high = low + range \times range\_high = 0.514 + 0.0006 \times 0.7 = 0.51442 \end{cases}$$

所以，信源符号 10 将区间[0.514，0.5146)⇒[0.5143，0.51442)。

下一个信源符号的范围为 $range = range\_high - range\_low = 0.00012$。

⑥对第六个信源符号 11 编码：

$$\begin{cases} low = low + range \times range\_low = 0.5143 + 0.00012 \times 0.7 = 0.514384 \\ high = low + range \times range\_high = 0.5143 + 0.00012 \times 1 = 0.51442 \end{cases}$$

所以，信源符号 11 将区间[0.5143，0.51442)⇒[0.514384，0.51442)

下一个信源符号的范围为 $range = range\_high - range\_low = 0.000036$。

⑦对第七个信源符号 01 编码：

$$\begin{cases} low = low + range \times range\_low = 0.514384 + 0.000036 \times 0.1 = 0.5143876 \\ high = low + range \times range\_high = 0.514384 + 0.000036 \times 0.5 = 0.514402 \end{cases}$$

所以，信源符号 01 将区间[0.514384，0.51442)⇒[0.5143876，0.514402)。

最后从[0.5143876，0.51442)中选择一个数作为编码输出，这里选择 0.5143876。

综上所述，算术编码是从全序列出发，采用递推形式的一种连续编码，使得每个序列对应该区间内一点，也就是一个浮点小数；这些点把[0,1)区间分成许多小段，每一段长度则等于某序列的概率。再在段内取一个浮点小数，其长度可与序列的概率匹配，从而达到高效的目的。上述算术编码过程可用图 7.4 所示的区间分割过程描述。

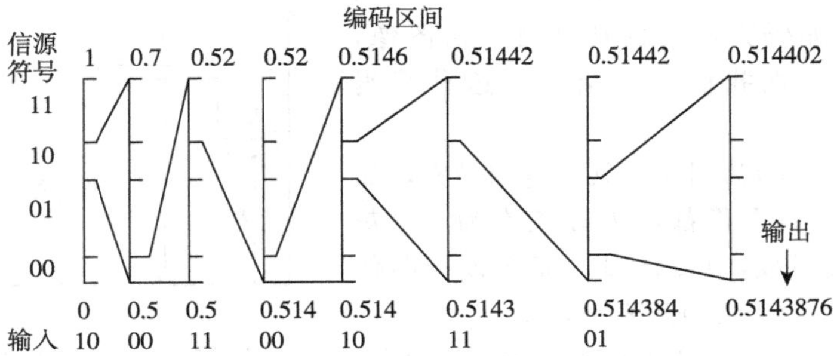

图 7.4 算术编码过程示意图

解码是编码的逆过程，通过编码最后的下标界值 0.5143876 得到信源“10 00 11 00 10 11 01”是唯一的编码。

由于 0.5143876 在[0.5，0.7)区间，所以可知第一个信源符号为 10。

得到信源符号 10 后，由于已知信源符号 10 的上界和下界，利用编码可逆性，减去信源符号 10 的下界 0.5，得 0.0143876，再用信源符号 10 的范围 0.2 去除，得到 0.071938，由于已知 0.071938 落在信源符号 00 的区间，所以得到第二个信源符号为 00。同样再减去信源符号 00 的下界 0，除以信源符号 00 的范围 0.1，得到 0.71938，已知 0.71938 落在信源符号 11 区间，所以得到第三个信源符号为 11……已知 0.1 落在信源符号 01 的区间，再减去信源符号 01 的下界得到 0，解码结束。解码操作过程综合如下：

$$\frac{0.5143876-0}{1}=0.5143876\Rightarrow 10$$

$$\frac{0.5143876-0.5}{0.2}=0.071938\Rightarrow 00$$

$$\frac{0.071938-0}{0.1}=0.71938\Rightarrow 11$$

$$\frac{0.71938-0.7}{0.3}=0.0646\Rightarrow 00$$

$$\frac{0.0646-0}{0.1}=0.646\Rightarrow 10$$

$$\frac{0.646-0.5}{0.2}=0.73\Rightarrow 11$$

$$\frac{0.73-0.7}{0.3}=0.1\Rightarrow 01$$

$$\frac{0.1-0.1}{0.4}=0\Rightarrow \text{结束}$$

从以上算术编码算法可以看出，算术编码的特点如下：

1）由于实际的计算机的精度不可能无限长，运算中会出现溢出问题。

2）算术编码器对整个消息只产生一个码字，这个码字是在[0，1)之间的一个实数，因此译码器必须在接收到这个实数后才能译码。

3）算术编码也是一种对错误很敏感的方法。

7.2.6 行程编码

行程编码(Run Length Encoding，RLE)是一种利用空间冗余度压缩图像的方法，对某些相同灰度级成片连续出现的图像，行程编码也是一种高效的编码方法。特别是对二值图像，效果尤为显著。下面我们来介绍一下这种编码方法。

设$(x_1,x_2,\cdots,x_N)$为图像中某一行的像素，如图 7.5 所示，每一行图像都由 k 段长度为 l_k、灰度值为 g_i 的片段组成，$1\leqslant i\leqslant k$，那么该行图像可由偶对$(g_i，l_i)(1\leqslant i\leqslant k)$来表示。

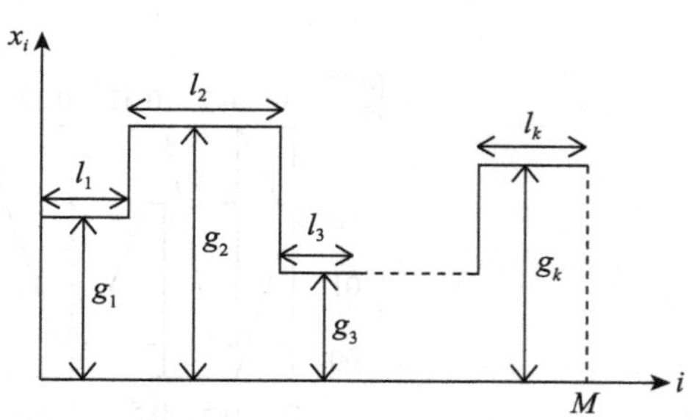

图 7.5 一行图像行程编码示意图

$$(x_1,x_2,\cdots,x_N)\rightarrow(g_1,l_1),(g_2,l_2),\cdots,(g_k,l_k) \tag{7.2.9}$$

每一个偶对$(g_i，l_i)$称为灰度级行程。如果灰度级行程较大，则表达式(7.2.9)可认为是对原像素行的一种压缩表示，如果图像为二值图像，则压缩效果将更为显著。假设二值图像的行从白的行程开始，则对于二值图像，式(7.2.9)可以改写为：

$$(x_1, x_2, \cdots, x_N) \rightarrow l_1, l_2, \cdots, l_k \tag{7.2.10}$$

由此得到的编码是一维的，可用于二值图像的压缩。行程编码已经被 CCITT 制定为一种标准，并归入了第三组编码方法，主要用于公用电话网上传真二值图像。

下面给出对灰度图像和彩色图像进行行程编码的 Matlab 程序，并对 girl 图像进行行程编码。

```
clear all;
I=imread('girl.bmp');                    % 读入图像数据
[zipped,info]=RLEncode(I);               % 调用 RLE 进行编码
unzipped=RLEdecode(zipped,info)          % 调用解码程序进行解码
% 显示原始图像和经编码解码后的图像,显示压缩比,并计算均方根误差得 erms=0,表示 RLE 是无失真编码
subplot(121);imshow(I);
subplot(122);imshow(unzipped);
erms=compare(I(:),unzipped(:))
cr=info.ratio
whos I unzipped zipped

function [zipped,info]=RLEncode(vector)
[m,n]=size(vector);
vector=vector(:)';
vector=uint8(vector(:));
L=length(vector);
c=vector(1);e(1,1)=c;e(1,2)=0;           % e(:,1)存放灰度,e(:,2)存放行程
t1=1
for j=1:L
    if((vector(j)==c))
        e(t1,2)=double(e(t1,2))+1;
    else
        c=vector(j);
        t1=t1+1;
        e(t1,1)=c;
        e(t1,2)=1;
    end
end
zipped=e;
info.rows=m;
info.cols=n;
[m,n]=size(e);
info.ratio=m* n/(info.rows* info.cols);

function unzipped=RLEdecode(zip,info)
zip=uint8(zip);
[m,n]=size(zip);
unzipped=[];
for i=1:m
    section=repmat(zip(i,1),1,double(zip(i,2)));
    unzipped=[unzipped section];
end
unzipped=reshape(unzipped,info.rows,info.cols);% 程序结束
```

运行上述程序，结果如下：

```
erms=0
cr= 0.7031
  Name            Size                  Bytes  Class
  I            256x256                  65536  uint8 array
  unzipped     256x256                  65536  uint8 array
```

```
zipped      23040x2                    46080  uint8 array
```

而对 cameraman. tif 图像进行编码，结果如下：

```
erms=    0
cr=    1.7124
  Name              Size                Bytes  Class
  I               256x256               65536  uint8 array
  unzipped        256x256               65536  uint8 array
  zipped          56112x2              112224  uint8 array
```

我们发现，对彩色图像进行行程编码压缩后的图像占用的存储空间比原图像占用的存储空间还要大，多次实验表明对于色彩丰富的图像，用行程编码压缩是无效的。

如果是二值图像，那么行程编码的压缩效果会非常理想，图 7.6 显示的是 cameraman. tif 和二值化后的图像，显见行程编码对二值图像编码效果会好得多。

图 7.6 cameraman 原始图像和二值化后的图像

下面程序是对 cameraman. tif 二值化后的图像进行行程编码：

```
I=imread('cameraman.tif');
I=im2bw(I,0.4);                    % 图像二值化
[zipped,info]=RLEncode(I);
unzipped=RLEdecode(zipped,info);
I2=logical(unzipped)
erms=compare(I,I2)
cr=info.ratio
```

运行结果如下：

```
erms=     0
cr=     0.1038
```

不过在上述程序中是用 1 字节存储一个 0 或 1，真的二值图像是 1 位存储一个 0 或 1。还有上面程序的压缩编码中有灰度或色彩值，在二值编码中可以不用，这样，对于 cameraman. tif 二值化后的图像，其压缩比仍可达 0.1038×8/2=0.4152。有兴趣的读者可以自己修改上面的程序，实现真正的二值图像编码。

7.3 LZW 算法

下面介绍 LZW(Lempel-Ziv-Welch)编码方法，它对信源符号的可变长度序列分配固定长度的码字，且不需要了解被编码信源的概率情况。

LZW 压缩算法的基本思想是建立一个编码表，Welch 称之为串表，将输入字符串映射成定长的码字输出，通常码长设为 12 位。如果将图像当作一个一维的位串，编码图像也视为一个一维的位串，算法在产生输出串的同时更新编码表，这样编码表可以更好地适

应所压缩图像的特殊性质。

LZW 串表具有所谓的“前缀性”：假设任何一个字符串 P 和某一个字符 S 组成一个字符串 PS，若 PS 在串表中，则 P 也在表中。S 为 P 的扩展，P 为 S 的前缀。对于码长为 12 位的串表来说，可容纳 4096 个码字，前 256 个码字 0，1，…，255 包含数 0，1，…，255，第 256 个码字包含一个特定的清除码，第 257 个码字包含一个结束信息码(EOL 码)，用于表示图像文件的结束。从第 258 到第 4095 的码字包含图像中经常出现的位串。也就是说，转换表有 4096 个表项，其中 258 个表项用来存放已定义的字符，剩下 3838 个表项用来存放前缀，LZW 编码表的结构如图 7.7 所示。

0	0
⋮	⋮
255	255
清除码	256
EOL 码	257
位串	258
位串	259
⋮	⋮
位串	4095

图 7.7 LZW 编码表

串表是动态产生的。编码前应先将其初始化，使其包含所有的单字符串。在压缩过程中，串表中不断产生新字符串，LZW 编码算法的具体执行步骤如下：

1)将词典初始化，使其包含所有可能的单字符，当前前缀 P 初始化为空。

2)当前字符 C 的内容作为输入字符流中的下一个字符。

3)判断 $P+C$ 是否在词典中：如果在，则用 C 扩展 P，即令 $P=P+C$；如果不在，则

①输出当前前缀 P 的码字到码字流。

②将 $P+C$ 添加到词典中。

③令前缀 $P=C$（即现在的 P 仅包含一个字符 C）。

4)判断输入字符流中是否还有码字要编码：如果是，就返回到步骤 2；如果否，则

①把当前前缀 P 的码字输出到码字流。

②结束。

下面举例说明串表的产生和编码输出过程。

例 7.9 对一个由最简单的三字符 A、B、C 组成的字符串“ABBABABAC”进行 LZW 编码。

1)初始化串表，将 A、B、C 单字符存入串表中，并分别赋予三个码字值为 1、2、3，并置当前前缀 $P=$""。下面将输入字符串的字符从左至右逐个输入到编码器。

2)输入第一个字符 A，即 $C=$A，由于 $P+C=$A 已在串表中，所以前缀 $P=P+C=$A。

输入第二个字符 B，即 $C=$B，字符串 $P+C=$AB。由于串表中没有字符串 AB，所以：①由于 B 是字符串 AB 的扩展字符，A 是其前缀，将前缀 A 的码字值 1 输出；②将 AB 加入串表中，并依次赋予 AB 字符串的码字值为 4；③令 $P=$B。

输入第三个字符 B，即 $C=$B，字符串 $P+C=$BB。由于串表中没有字符串 BB，所以：①由于 B 是字符串 BB 的扩展字符，B 是其前缀，将前缀 B 的码字值 2 输出；②将 BB 加入串表中，并依次赋予 BB 字符串的码字值为 5；③令 $P=$B。

输入第四个字符 A，即 $C=$A，字符串 $P+C=$BA。由于串表中没有字符串 BA，所以：①由于 A 是字符串 BA 的扩展字符，B 是其前缀，将前缀 B 的码字值 2 输出；②将 BA 加入串表中，并依次赋予 BA 字符串的码字值为 6；③令 $P=$A。

输入第五个字符 B，即 $C=$B，字符串 $P+C=$AB。由于串表中已有 AB 串，所以前缀 $P=P+C=$AB。

输入第六个字符 A，即 $C=$A，字符串 $P+C=$ABA。由于串表中没有字符串 ABA，所以：①由于 A 是字符串 ABA 的扩展字符，AB 是其前缀，将前缀 AB 的码字值 4 输出；

②将 ABA 加入串表中，并依次赋予 ABA 字符串的码字值为 7；③令 P=A。

输入第七个字符 B，即 C=B，字符串 $P+C$=AB。由于串表中已有 AB 字符串，所以前缀$P=P+C$=AB。

输入第八个字符 A，即 C=A，字符串 $P+C$=ABA。由于串表中已有 ABA 字符串，所以前缀 $P=P+C$=ABA。

输入第九个字符 C，即 C=C，字符串 $P+C$=ABAC。由于串表中没有字符串 ABAC，所以：①由于 C 是字符串 ABAC 的扩展字符，ABA 是其前缀，将前缀 ABA 的码字值 7 输出；②将 ABAC 加入串表中，并依次赋予 ABAC 字符串的码字值为 8；③令 P=C。

最后将前缀 C 的码值 3 输出，形成如表 7.6 所示的串表和 LZW 编码输出。

表 7.6 LZW 编码示意

步骤	串表	码字值	输出码字值
	A	1	
	B	2	
	C	3	
1	AB	4	1
2	BB	5	2
3	BA	6	2
4	ABA	7	4
5	ABAC	8	7
6			3

根据上述 LZW 编码算法的规则，LZW 编码的解码过程也不难理解了。只要有一个串表，由解码器根据编码字串逐一翻译即可。

输出码字串：　1　　2　　2　　4　　7　　3

解码后的字串：A　　B　　B　　AB　ABA　C

LZW 是一种通用的压缩方法，可用于任何二值数据文件的压缩，它也是目前最为流行的一种数字图像压缩方法。

7.4 预测编码

预测编码(Predictive Coding)是建立在信号(语音、图像等)数据相关性上的一种数据压缩技术。它根据某一模型，利用以前的样本值对新样本进行预测，以此减少数据在时间和空间上的相关性，从而达到压缩数据的目的；但在实际预测编码时，一般不是建立在数据源的数学模型上，而是基于估计理论、现代统计学理论，这是因为数据源的数学模型的建立是十分困难的，有时根本无法得到其数学模型，如时变随机系统。预测编码的算法有多种，在图像编码中常用的是 DPCM(Differential Pulse Code Modulation，差分脉冲编码调制)方法，本节着重介绍这种方法。

7.4.1 无损预测编码

预测编码的基本思想是通过对每个像素中新增的信息进行提取和编码，以此来消除空间上较为接近像素之间的冗余。这里新增信息是指像素实际值和预测值之间的差异。由图像的统计特性可知，相邻像素之间有着较强的相关性；或者粗浅地说，其采样值比较相似，因此，其像素的值可根据以前已知的几个像素来估计、猜测，即预测。

一个无损预测编码系统如图 7.8 所示，应该有两个基本组成部分：一是编码器；二是解码器，编码器和解码器包含的预测器是相同的。当图像的像素序列 $f_n(n=1,2,\cdots)$逐个送入编码器，预测器根据前面的一些输入得到当前输入图像的预测值。预测器的输出被四舍五入成最接近的整数 $\hat{f}_n$，然后计算预测误差：

$$e_n = f_n - \hat{f}_n \tag{7.4.1}$$

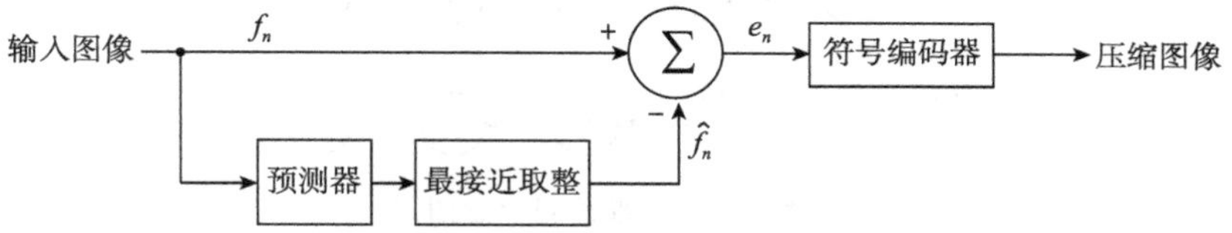

a) 编码器

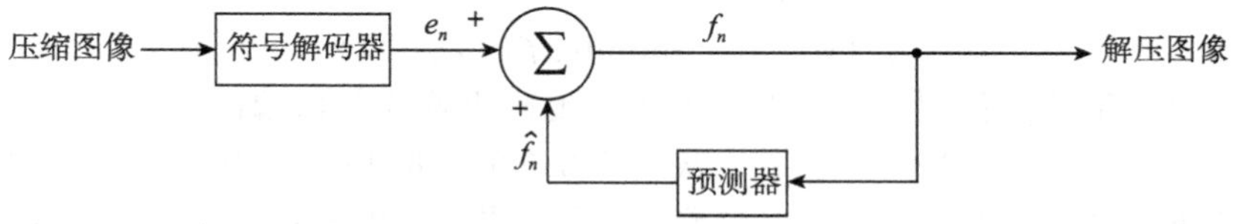

b) 解码器

图 7.8 无损预测编码系统

然后，这个误差通过符号编码器(一般用变长码编码)编码生成压缩数据流的一个元素。图 7.8b 中的解码器是将解码后得到的 e_n 序列与解码端的预测值相加，再现序列 f_n：

$$f_n = e_n + \hat{f}_n \tag{7.4.2}$$

由于预测误差的方差大大小于输入序列的方差，所以可以用较低的码率进行编码，从而实现图像数据的压缩。

图 7.8 中的 f_n 为图像信号在 t_n 时刻的取样值，若设 f_n 邻近像素值为 $f_i(i=1, 2, \cdots, m)$，且都是 t_n 时刻前的取样值。由 f_i 值对 f_n 进行预测得到值 $\hat{f}_n$。如果预测方案中的预测系数是固定不变的常数，则称为线性预测，也就是说，$\hat{f}_n$是前 m 个像素的线性组合。即：

$$\hat{f}_n = \text{round}(\sum_{i=1}^{m} a_i f_{n-i}) \tag{7.4.3}$$

这里 m 是线性预测器的阶，round 是四舍五入函数，$a_i(i=1,2,\cdots,m)$是预测系数。很显然式(7.4.3)不能对前 m 个像素预测，通常这些像素需用其他方式编码(比如前面提到的赫夫曼方法)，这称为预测编码的额外开销。

如果 $\hat{f}_n$与前 m 个像素不是式(7.4.3)所示的线性组合关系，而是非线性关系，则称为非线性预测。

在图像数据压缩中，常用如下几种线性预测方案：

1)前值预测，即 $\hat{f}_n = a f_{n-1}$。

2)一维预测，即用 $\hat{f}_n$同一扫描行的前面几个采样值预测 $\hat{f}_n$。

3)二维预测，即不但用 $\hat{f}_n$同一扫描行的前面几个采样值，还要用 $\hat{f}_n$前几行中的采样值一起来预测 $\hat{f}_n$。由于与 f_n 邻近的像素相关性强，可以使用 f_1、f_2、f_3、f_4 等四个与 f_n 最邻近的像素得到预测值 $\hat{f}_n$，如图 7.9 所示，即：

$$\hat{f}_n = a_1 f_1 + a_2 f_2 + a_3 f_3 + a_4 f_4$$

下面考虑简单的一维线性预测编码，式(7.4.3)可以写为：

$$\hat{f}_n(x,y) = \text{round}(\sum_{i=1}^{m} a_i f(x, y-i)) \tag{7.4.4}$$

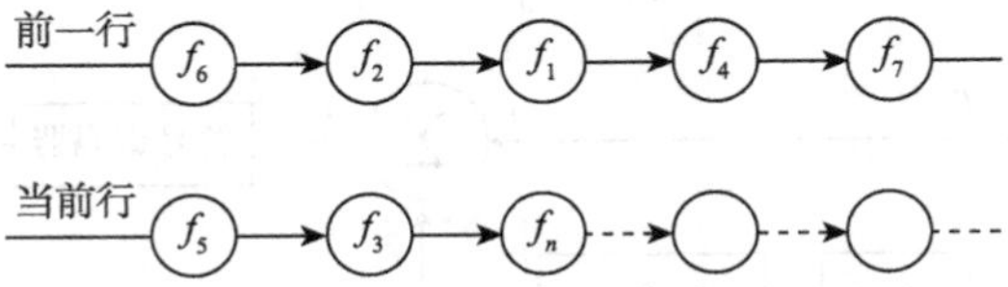

图 7.9 二维预测示意图

如果阶 $m=1$，则式(7.4.4)可改写为：

$$\hat{f}_n(x,y)=\mathrm{round}(af(x,y-1)) \tag{7.4.5}$$

式(7.4.5)就是前值预测器，其对应的预测编码也称为前值编码。

图 7.10 是对大小为 512×512 像素、灰度级 256 的标准 Lena 图像进行无损的一阶预测编码和解码得到的图像。其中图 7.10a 是预测误差图，图 7.10b 显示了原 Lena 图像的灰度直方图，图 7.10c 显示了根据式(7.4.5)得到的预测误差图像直方图。通过计算可知，预测误差图像的熵(5.0379)比原始图像的熵(7.5940)要小。这个熵的减少反映了通过预测编码处理消除了大量的冗余。原图的标准差为 52.8775，预测误差图像的标准差为 13.5670。

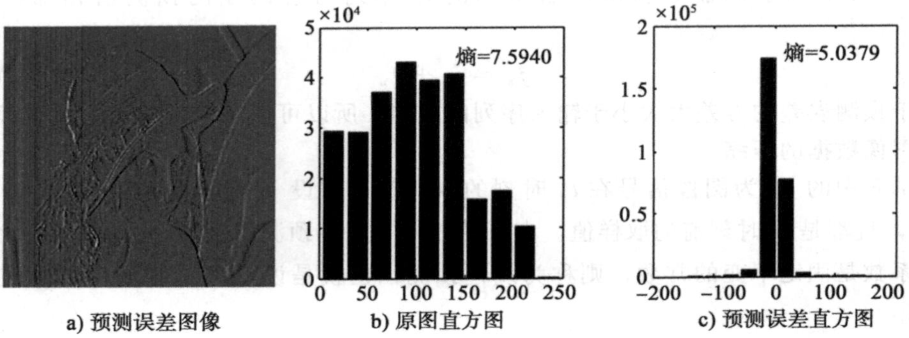

图 7.10 图像的无损预测编码

无损预测编码得到的压缩量与输入图像映射到预测误差序列后熵减少有直接的关系。因为通过预测和差分处理，消除了大量的像素间的冗余，因此，预测误差的概率分布在零处有一个很高的峰，并且与输入灰度值相比其方差较小。事实证明，预测误差的概率密度一般可用零均值不相关拉普拉斯概率密度函数表示：

$$p_e(e)=\frac{1}{\sqrt{2}\sigma_e}\exp\left(\frac{-\sqrt{2}\,|e|}{\sigma_e}\right) \tag{7.4.6}$$

7.4.2 有损预测编码

在 7.4.1 节介绍的模型上加一个量化器就构成有损预测编码系统，也称为 DPCM(差分脉冲编码调制)系统，如图 7.11 所示就是有损预测编码系统。

这个量化器将预测误差映射成有限范围内的输出，表示为 $\dot{e}_n$，这个量化器决定了有损预测编码相关的压缩比和失真量。也可以说是整个编码系统的失真来源于量化器。

由图 7.11a 可知，$\dot{f}_n$ 的反馈环的输入是过去预测函数和对应的量化误差之和：

$$\dot{f}_n=\dot{e}_n+\hat{f}_n \tag{7.4.7}$$

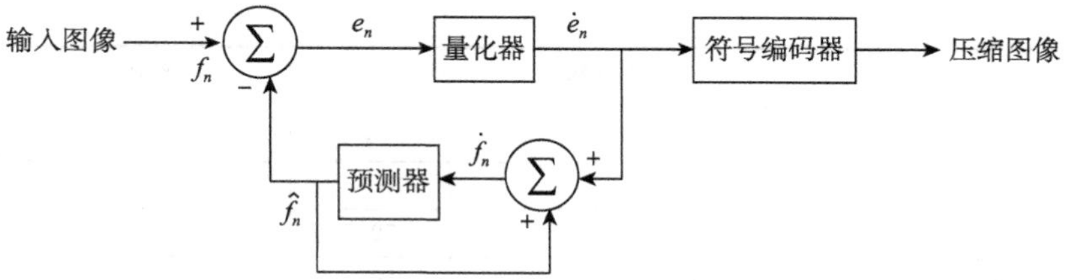

a) 编码器

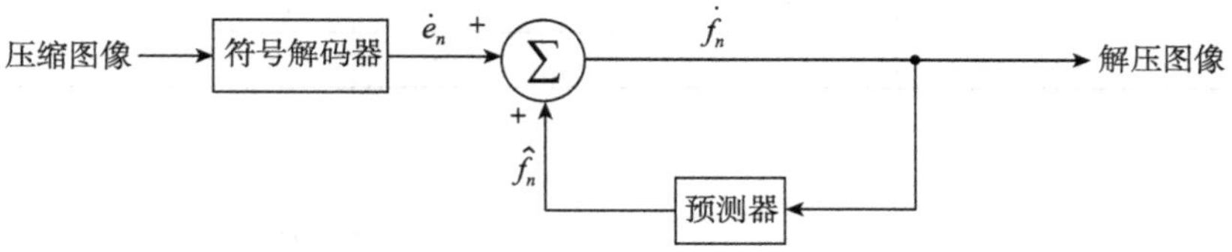

b) 解码器

图 7.11 有损预测编码系统

1. 德尔塔调制

德尔塔调制是一种简单的有损预测编码方法，其预测器和量化器定义如下：

$$\hat{f}_n = a\dot{f}_{n-1} \tag{7.4.8}$$

$$\dot{e}_n = \begin{cases} +\delta & e_n > 0 \\ -\delta & \text{其他} \end{cases} \tag{7.4.9}$$

其中 a 是预测系数，一般情况下取 a 小于 1，δ 是一个正的常数。因为误差经量化后的输出只有两个值，因此其编码长度为 1 位。

例 7.10 设输入序列为{14，15，14，15，13，15，15，14，20，26，27，28，27，27，29，37，47，62，75，77，78，79，80，81，81，82，83}。用德尔塔调制(DM)编码(这里 $a=1$，$\delta=6.5$)，根据式(7.4.8)、式(7.4.1)、式(7.4.9)和式(7.4.7)计算预测值 $\hat{f}$、预测误差 e、量化后的预测误差 $\dot{e}$ 和解码后的值 $\dot{f}$，再计算经编码解码后的误差，具体计算步骤如表 7.7 和图 7.12 所示。

表 7.7 DM 编码过程

输入		编码器				解码器		误差
n	f	$\hat{f}$	e	$\dot{e}$	$\dot{f}$	$\hat{f}$	$\dot{f}$	$[f-\dot{f}]$
0	14	—	—	—	14.0	—	14.0	0.0
1	15	14.0	1.0	6.5	20.5	14.0	20.5	−5.5
2	14	20.5	−6.5	−6.5	14.0	20.5	14.0	0.0
3	15	14.0	1.0	6.5	20.5	14.0	20.5	−5.5
4	13	20.5	−7.5	−6.5	14.0	20.5	14.0	−1.0
5	15	14.0	1.0	6.5	20.5	14.0	20.5	−5.5
6	15	20.5	−5.5	−6.5	14.0	20.5	14.0	1.0
7	14	14.0	0.0	−6.5	7.50	14.0	7.50	6.5

（续）

输入		编码器				解码器		误差
n	f	$\hat{f}$	e	$\dot{e}$	$\dot{f}$	$\hat{f}$	$\dot{f}$	$[f-\dot{f}]$
…	…	…	…	…	…	…	…	…
19	77	53	24.0	6.5	59.5	53.0	59.5	17.5
20	78	59.5	18.5	6.5	66.0	59.5	66.0	12.0
21	79	66	13.0	6.5	72.5	66.0	72.5	6.5
22	80	72.5	7.5	6.5	79.0	72.5	79.0	1.0
…	…	…	…	…	…	…	…	…

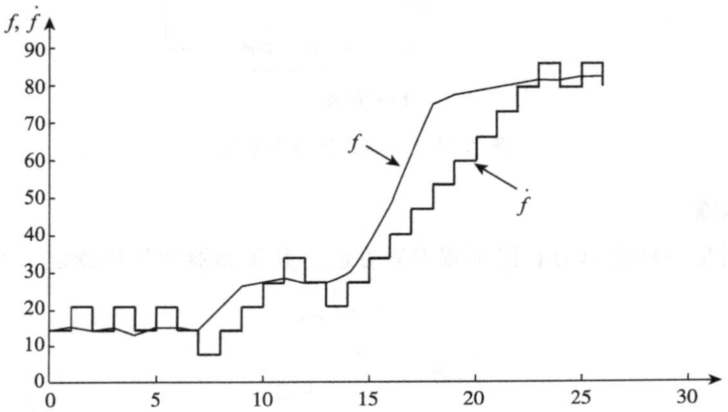

图 7.12　DM 编码后输入与输出的比较

图 7.12 是表 7.7 中的输入和输出（f 和 $\dot{f}$），从图 7.12 可以看出，当 δ 远大于输入的变化时，如图中[0，7]相对平滑区域，DM 编码会产生上下跳跃，即产生颗粒噪声；当 δ 远小于输入中的最大变化时，如图中[14，19]相对陡峭区域，DM 编码会产生斜率过载。对大多数图像来说，上面提到的两种情况分别会导致图像中目标边缘模糊和整个图像产生纹状表面，具体请看图 7.13。

图 7.13 是对大小为 256×256 像素、灰度级 256 的 Lena 图像运用德尔塔方法编码后得到的结果，这里 δ 取值为 6.5。

a) 预测误差图像　　b) 压缩后图像均方根误差erms=25.5558

图 7.13　DM 编码

从图 7.13 可明显看到图像中目标边缘模糊和整个图像产生纹状表面，这两种失真现象是有损编码的共同问题。这些失真的严重程度与所用量化和预测方法及它们的互相作用有关。虽然它们有相互作用，但预测器和量化器在设计中通常是独立的，预测器在设计时认为没有量化误差，而量化器在设计中则只考虑最小的自身误差。

2. 最优量化器

由 2.5 节知，最优量化器的显式解是很困难的，Lloyd-Max 给出了一个简单迭代算法，表 7.8 就是由此算法计算给出对单位方差拉普拉斯概率密度（如式(7.4.6)所示）的 2、4、8 级 Lloyd_Max 量化器。这三个量化器分别给出 1、2、3 位/像素的固定输出率。对于判别和重建的方差 $\sigma \neq 1$ 情况，可用表 7.8 中的数据乘以它们的概率密度函数的标准差。

表 7.8 具有单位方差拉普拉斯概率密度的 Lloyd-Max 量化器

级	2		4		8	
i	s_i	t_i	s_i	t_i	s_i	t_i
1	∞	0.707	1.102	0.395	0.504	0.222
2			∞	1.810	1.181	0.785
3					2.285	1.576
4					∞	2.994
θ	1.414		1.087		0.731	

例 7.11 有损预测编码中不同量化器的效果比较。

对 Lena 图像用一阶线性预测器，量化器用的是表 7.8 给出的 Lloyd-Max 量化器进行有损预测编码。结果如图 7.14 所示，图 7.14a、b、c 是三种预测编码的预测误差图，图 7.14d、e、f 是三种预测编码的效果图，图 7.14g、h、i 是三种预测编码的误差图。

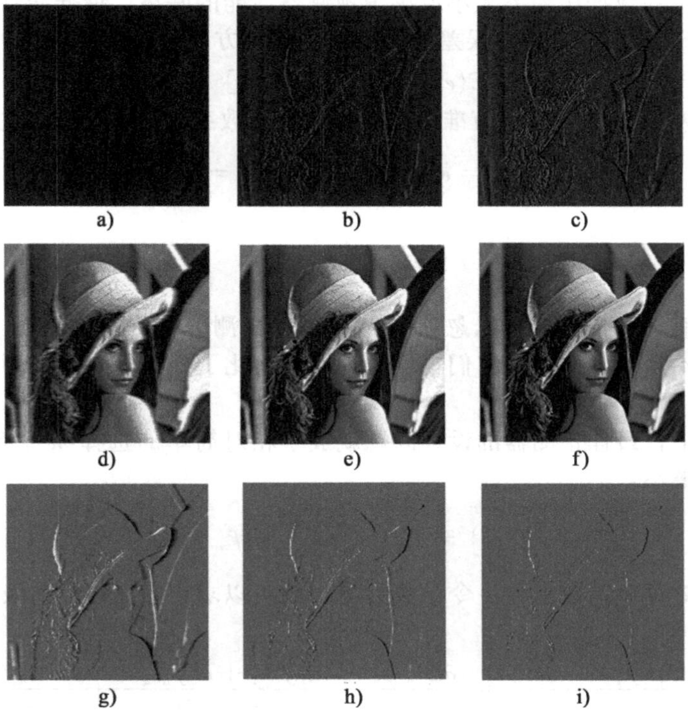

图 7.14 有损预测编码中 Lloyd-Max 三个量化器量化的效果比较

图 7.14 中第一列为 2 级量化，其均方根误差 erms＝21.5608；第二列为 4 级量化，其均方根误差为 erms＝10.6673，第三列为 8 级量化，其均方根误差为 erms＝5.8239。

比较图 7.13b 与 7.14d 两个解码图像，都是用的二级量化器，解码图像由于斜率过载，图像边缘都有模糊现象，但图 7.14d 用的是 Lloyd-Max 二级量化器，是在均方意义上的最优量化器，其效果明显好于图 7.13b，特别是眼睛细节部位，图 7.13b 有明显的斜纹，而图 7.14d 较好。再比较图 7.14d、e、f 可见一般来说量化级数越多，解码图像视觉效果越好，但压缩率就越低。

有损预测编码系统中出现的图像损伤主要有以下三种：

1)斜率过载：当图像的扫描行越过黑白边沿时，预测误差将比最大的量化输出大得多，这样将产生较大的量化噪声，结果使复原图像在水平方向的分辨能力降低，黑白边沿变得有点模糊。在图像垂直方向上也有类似情况。

2)颗粒噪声：如果最小的量化输出(绝对值)不够小，则在图像亮度值缓慢变化的区域(平坦区域)，可能在正负两个最小量化输出之间来回振荡，使平坦区域的画面出现颗粒状的细斑，而视觉对平坦区域中的这种颗粒噪声是较为敏感的。

3)伪轮廓图案：如果对于较小(绝对值)的预测误差所有的量化区间太大，即这部分量化特性曲线太粗糙，则在图像亮度值缓慢增大或下降的区域将产生伪轮廓图像，这有点类似地形图中等高线构成的图案。

以上几类图像损伤对量化器的设计提出不同的要求。量化器的最优设计正是要妥善地兼顾这几类图像损伤，使它们都观察不到。从例 7.11 可以看到，好的量化器能减弱有损预测系数中出现的几种损害。

3. 最佳线性预测器

线性预测系统的数据压缩率大小取决于预测器性能的好坏。最佳线性预测就是选择合适的系数 a_i 使得误差信号的均方误差最小。信号的均方误差(即方差)为：

$$E\{e_n^2\} = E\{[f_n - \hat{f}_n]^2\} \tag{7.4.10}$$

应用均方误差(MSE)为极小值准则求各个预测系数系数的值之前，先作以下限制：

$$\dot{f}_n = \dot{e}_n + \hat{f}_n \approx e_n + \hat{f}_n = f_n \tag{7.4.11}$$

和

$$\hat{f}_n = \sum_{i=1}^{m} a_i f_{n-i} \tag{7.4.12}$$

也就是说，假设量化误差可以忽略($\dot{e}=e$)，且预测值被限定为前 m 个像素的线性组合。这些限制并不是基本的，但它们在相当程度上简化了分析，并且同时减少了预测器计算的复杂性。

在这些条件下，最佳预测器的设计问题就成了相对简单的选择 m 个预测系数的问题，这些系数使下式最小：

$$E\{e_n^2\} = E\left\{\left[f_n - \sum_{i=1}^{m} a_i f_{n-i}\right]^2\right\} \tag{7.4.13}$$

式(7.4.13)对每个系数求导，令导数为零，就可以求出使 $E\{e_n^2\}$ 为极小值时的各个线性预测系数 a_i。即

$$\frac{\partial E\{e_n^2\}}{\partial a_i} = \frac{\partial E\{(f_n - \hat{f}_n)^2\}}{\partial a_i} = \frac{\partial E\{[f_n - (a_1 f_{n-1} + a_2 f_{n-2} + \cdots + a_m f_{n-m})]^2\}}{\partial a_i} = 0$$

$$i = 1,2,\cdots,m \tag{7.4.14}$$

$$\frac{\partial E\{e_n^2\}}{\partial a_i}=E\left\{-2(f_n-\hat{f}_n)\frac{\partial \hat{f}_n}{\partial a_i}\right\}=-2E\{(f_n-\hat{f}_n)(-f_{n-i})\}=0$$
$$i=1,2,\cdots,m \tag{7.4.15}$$

这样可以得到 m 个线性方程组：

$$\begin{cases}E\{(f_n-\hat{f}_n)f_{n-1}\}=0\\E\{(f_n-\hat{f}_n)f_{n-2}\}=0\\\vdots\\E\{(f_n-\hat{f}_n)f_{n-m}\}=0\end{cases} \tag{7.4.16}$$

将 $E\{(f_n-\hat{f}_n)f_{n-i}\}=0$ 展开得到：

$$E\{f_nf_{n-i}\}=E\{\hat{f}_nf_{n-i}\}=E\left\{\sum_{j=1}^{m}a_jf_{n-j}f_{n-i}\right\}=\sum_{j=1}^{m}a_jE\{f_{n-j}f_{n-i}\}\quad i=1,2,\cdots,m$$
$$\tag{7.4.17}$$

令

$$\boldsymbol{R}=\begin{pmatrix}E\{f_{n-1}f_{n-1}\} & E\{f_{n-1}f_{n-2}\} & \cdots & E\{f_{n-1}f_{n-m}\}\\E\{f_{n-2}f_{n-1}\} & \vdots & \cdots & \vdots\\\vdots & \vdots & \ddots & \vdots\\E\{f_{n-m}f_{n-1}\} & E\{f_{n-m}f_{n-2}\} & \cdots & E\{f_{n-m}f_{n-m}\}\end{pmatrix} \tag{7.4.18}$$

$$\boldsymbol{r}=(E\{f_nf_{n-1}\}\quad E\{f_nf_{n-2}\}\quad\cdots\quad E\{f_nf_{n-m}\})^{\mathrm{T}} \tag{7.4.19}$$

$$\boldsymbol{a}=(a_1\quad a_2\quad\cdots\quad a_m)^{\mathrm{T}} \tag{7.4.20}$$

则式(7.4.16)可写为

$$\boldsymbol{r}=\boldsymbol{Ra} \tag{7.4.21}$$

可求得：

$$\boldsymbol{a}=\boldsymbol{R}^{-1}\boldsymbol{r} \tag{7.4.22}$$

$\boldsymbol{R}$ 是 $m\times m$ 自相关矩阵，可见，对任意输入图，能使式(7.4.13)最小的系数 $\boldsymbol{a}$ 仅仅依赖于原始图像中像素的自相关性，可通过一系列基本的矩阵运算得到，且如此求出的预测系数 $\boldsymbol{a}$ 一定使线性预测为最优。同时也看到，预测模型的复杂程序取决于线性预测中所使用的以前样本数目，样本数目越多，预测器也就越复杂，最简单的预测器就是前面介绍的前值预测。关于样本点的选取，一般来，刚开始时，随着样本点个数 m 增大，$E\{e_n^2\}$将减少。但可以证明，当 m 足够大时，再增加样本点数，$E\{e_n^2\}$也不再减少。

例如，对于标准 girl 图像，若用如图 7.9 所示的 f_1、f_2、f_3、f_4 来预测当前值，则根据最小均方差准则对图像进行计算，可得出四个预测系数为：

$$a_1=0.702,a_2=-0.200,a_3=0.437,a_4=0.062$$

虽然式(7.4.22)很简单，但为获得 $\boldsymbol{R}$ 和 $\boldsymbol{r}$ 所需的自相关计算常常很困难。实际中逐幅图像计算预测系数的方法很少用，一般都假设一个简单的图像模型，将相应的自相关代入式(7.4.18)和式(7.4.19)中计算全部系数。例如假设一个二阶马尔可夫信源，具有可分离自相关函数：

$$E\{f(x,y)f(x-i,y-j)\}=\sigma^2\rho_v^i\rho_h^j \tag{7.4.23}$$

并设一个 4 阶线性预测器：

$$\hat{f}(x,y)=a_1f_1+a_2f_2+a_3f_3+a_4f_4 \tag{7.4.24}$$

用它来预测可得最优系数为：

$$a_1=\rho_h,a_2=-\rho_v\rho_h,a_3=\rho_v,a_4=0 \tag{7.4.25}$$

其中 ρ_h 和 ρ_v 分别是图像的水平和垂直的相关系数。这样我们可以得到不同的预测器。式(7.4.24)中系数之和一般设为小于或等于 1，即：

$$\sum_{i=1}^{m} a_i \leqslant 1 \tag{7.4.26}$$

这个限制是了为使预测器的输出落入允许的灰度值范围和减少传输噪声的影响，传输噪声常使重建图像出现水平纹理。减少 DPCM 预测器对输入噪声的敏感度是很重要的，因为一个局部噪声可能会影响到整个扫描行或整幅图像。

在 JPEG 标准中，给出了一个静止图像完整的二维预测器设计方案。它只考虑临近三点 f_1、f_2、f_3，具体样本点的排列如图 7.9 所示。第一行或第一列均采用同一行或同一列的前值预测；其他各点基本采用邻近三点预测。对任意一点可用下列预测公式之一：

$$* f_1$$

$$* f_2$$

$$* f_3$$

$$* f_1 + \frac{f_3 - f_2}{2}$$

$$* f_3 + \frac{f_1 - f_2}{2}$$

$$* f_1 + f_3 - f_2$$

$$* \frac{f_1 + f_3}{2}$$

DPCM 是较实用的图像压缩技术，其压缩率相对于后面的变换编码来说不是很高。DPCM 对噪声非常敏感，局部噪声可能会影响到整个扫描行或整幅图像。

4. 线性自适应预测编码

在前面讨论 DPCM 时，因为假设输入图像数据是一个平稳随机过程，所以在整个处理过程中使用了固定(计算一次)参数预测器预测。实际上，图像不是一个平稳的随机过程，因此不存在一个全局最优的线性预测器，当输入为非平稳过程，或总体平稳但局部不平稳时，则用固定参数设计预测器显然就不合理了。这时应采用自适应预测编码的方法，也就是根据图像的局部性质选择不同的预测系数及相应的量化器，这样会取得更好的效果。

所谓自适应预测(ADPCM)就是预测器的预测系数是不固定的，随图像的局部特性有所变化。线性自适应预测器的设计虽然没有固定模式，但是一种直接的想法就是针对图像信源的具体特性，把组合信源中各个平稳子信源设置为相应的固定预测器；在处理过程中，根据信源的主要特性自动地切换到最适合的常系数预测器上。下面简单介绍一种线性自适应预测器的设计。

Yamada 提出了一个二维 DPCM 的自适应预测方案，预测函数为：

$$\hat{f}_n(x,y) = K(a_1 f_1 + a_4 f_4) \tag{7.4.27}$$

其预测系数取 $a_1=0.75$，$a_4=0.25$；式中 K 为自适应参数，其定义如下：

$$K = \begin{cases} 1.0 + 0.125 & |e_{n-1}| = e_K \\ 1.0 & e_1 < |e_{n-1}| < e_K \\ 1.0 - 0.125 & |e_{n-1}| = e_1 \end{cases} \tag{7.4.28}$$

其中 e_K 是最大的正输出电平；e_1 是最小的正输出电平；e_{n-1} 是第 $n-1$ 个采样值的量化输

出电平。

当图像的第 $n-1$ 个量化输出电平 $|e_{n-1}|$ 在 e_1 和 e_K 之间时，此时取自适应参数 $K=1.0$，则第 n 个预测值将按 $\hat{f}_n=0.75f_1+0.25f_4$ 输出。

当图像的第 $n-1$ 个量化输出电平 $|e_{n-1}|=e_K$ 时，预测值 $\hat{f}_n$ 自动增大 12.5%，即自适应参数 $K=1.125$。这对于缓减 $\hat{f}_n$ 和 $\hat{f}_{n+1}$ 等几个相邻像素出现斜率过载、增强图像边缘、减轻其模糊现象是有效的。

当图像的第 $n-1$ 个量化输出电平 $|e_{n-1}|=e_1$ 时，预测值 $\hat{f}_n$ 自动减小，自适应参数取 $K=0.875$。这在图像中对减少颗粒噪声是有作用的。

从上面例子可以看出 ADPCM 能减少预测编码对图像的损伤，尤其在克服斜率过载和颗粒噪声的问题上，再加上好的量化器，效果会更好。

7.5 变换编码

前面几节讨论的图像编码技术都是直接对像素空间进行操作，常称为空域方法。本节将要讨论的是基于图像变换的编码方法。本节将在第 3 章的基础上，讨论数字图像变换编码。

图像数据一般具有较强的相关性，若所选用的正交矢量空间的基矢量与图像本身的主要特征相近，则在该正交矢量空间中再描述图像数据会变得更简单。图像经过正交变换后，分散在原空间的图像数据在新的坐标空间中得到集中。对于大多数图像，大量变换系数很小，只要删除接近于零的系数并且对较小的系数进行粗量化，而保留包含图像主要信息的系数，以此进行压缩编码。在重构图像进行解码(逆变换)时，所损失的将是一些不重要的信息，几乎不会引起图像的失真，这就是图像的变换编码，其可得到较高的压缩比。

图 7.15 是一个典型的变换编码系统。编码器执行 4 个步骤：子图像分割、变换、量化和编码。

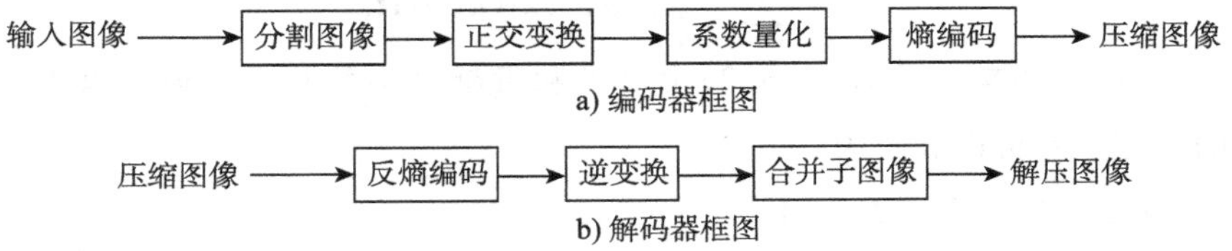

图 7.15 变换编码系统

从图 7.15 可见，变换编码并不是一次对整幅图像进行变换和编码，而是将图像分成 $n\times n$(常用的 n 为 8 或 16)子图像后分别处理。这是因为：

1)小块图像的变换计算容易。

2)距离较远的像素之间相关性比距离较近的像素之间的相关性小。

变换编码首先将一幅 $N\times N$ 大小的图像分割成$(N/n)^2$个子图像。然后对子图像进行变换操作，解除子图像像素间的相关性，达到用少量的变换系数包含尽可能多的图像信息的目的。接下来的量化步骤是有选择地消除或粗量化带有很少信息的变换系数，因为它们对重建图像的质量影响很小。最后是编码，一般用变长码对量化后系数进行编码。解码是编码的逆操作，由于量化是不可逆的，所以在解码中没有对应的模块，其实压缩并不是在变换步骤中取得的，而是在量化变换系数和编码时取得的。

7.5.1 变换选择

许多图像变换(例如第 3 章介绍的各种变换)都可用于变换编码。对于某种子变换编码，如何选择变换取决于可允许的重建误差和计算复杂性。变换具有将图像能量或信息集中于某些系数的能力，均方重建误差与所用变换的性质直接相关，由式(3.4.31)可知，一幅 $N\times N$ 图像 $f(x, y)$可表示成它的二维变换 $T(u, v)$的函数：

$$f(x,y)=\sum_{u=0}^{n-1}\sum_{v=0}^{n-1}T(u,v)h(x,y,u,v)x,y=0,1,\cdots,n-1 \tag{7.5.1}$$

这里用 n 代替式(3.4.31)中的 N 以表示子图像。由于式(7.5.1)中的逆核 $h(x,y,u,v)$ 只与 x、y、u、v 有关，因此 $h(x,y,u,v)$可以看成式(7.5.1)定义的一系列基函数，对式(7.5.1)进行一些修改，这种解释就变得更加清晰：

$$\boldsymbol{F}=\sum_{u=0}^{n-1}\sum_{v=0}^{n-1}T(u,v)\boldsymbol{H}_{uv} \tag{7.5.2}$$

其中 $\boldsymbol{F}$ 是一个由 $f(x, y)$组成的 $n\times n$ 矩阵，而 $\boldsymbol{H}_{uv}$ 是：

$$\boldsymbol{H}_{uv}=\begin{bmatrix} h(0,0,u,v) & h(0,1,u,v) & \cdots & h(0,n-1,u,v) \\ h(1,0,u,v) & h(1,1,u,v) & \cdots & \vdots \\ \vdots & \vdots & \ddots & \vdots \\ h(n-1,0,u,v) & h(n-1,1,u,v) & \cdots & h(n-1,n-1,u,v) \end{bmatrix} \tag{7.5.3}$$

显然 $\boldsymbol{F}$ 是一个 n^2 个大小为 $n\times n$ 的 $\boldsymbol{H}_{uv}$ 的线性组合。实际上，这些矩阵是式(7.5.2)的一系列扩展基础图像；而相关的 $T(u, v)$是扩展的系数。

如果现在定义一个变换系数的截取模板：

$$m(u,v)=\begin{cases}0 & \text{如果 } T(u,v) \text{ 满足指定截取准则} \\ 1 & \text{其他情况}\end{cases} \tag{7.5.4}$$

u，$v=0$，1，…，$n-1$，那么可以得到一个 $\boldsymbol{F}$ 的截取近似：

$$\hat{\boldsymbol{F}}=\sum_{u=0}^{n-1}\sum_{v=0}^{n-1}T(u,v)m(u,v)\boldsymbol{H}_{uv} \tag{7.5.5}$$

其中，$m(u, v)$用来消除式(7.5.2)中对求和贡献最小的基础图像。这样，子图像 $\boldsymbol{F}$ 和 $\hat{\boldsymbol{F}}$ 之间的均方误差可以表示为：

$$\begin{aligned} e_{\mathrm{ms}} &= \boldsymbol{E}\{\|\boldsymbol{F}-\hat{\boldsymbol{F}}\|^2\} \\ &= \boldsymbol{E}\left\{\left\|\sum_{u=0}^{n-1}\sum_{v=0}^{n-1}T(u,v)\boldsymbol{H}_{uv}-\sum_{u=0}^{n-1}\sum_{v=0}^{n-1}m(u,v)T(u,v)\boldsymbol{H}_{uv}\right\|^2\right\} \\ &= \boldsymbol{E}\left\{\left\|\sum_{u=0}^{n-1}\sum_{v=0}^{n-1}T(u,v)\boldsymbol{H}_{uv}[1-m(u,v)]\right\|^2\right\} \\ &= \sum_{u=0}^{n-1}\sum_{v=0}^{n-1}\sigma^2_{T(u,v)}[1-m(u,v)] \end{aligned} \tag{7.5.6}$$

其中 $\|\boldsymbol{F}-\hat{\boldsymbol{F}}\|$ 是$(\boldsymbol{F}-\hat{\boldsymbol{F}})$的范数。$\sigma^2_{T(u,v)}$ 是位置(u, v)的变换系数方差。式(7.5.6)的最终化简是以基础图像的正交性质和假定 $\boldsymbol{F}$ 的像素是由零均值和已知方差的随机过程产生的为基础进行的。因此，总的均方差近似误差是所有截除的变换系数的方差之和。能把最多的信息集中到最少的系数上去的变换所产生的重建误差最小。根据在推导式(7.5.6)时的假设可知，一幅 $N\times N$ 图像的$(N/n)^2$ 个子图像的均方误差是相同的，因此，$N\times N$ 大小的图像的均方误差等于单个子图像的均方误差。

不同的变换其信息集中能力不同，下面介绍几种常用的图像变换编码技术。

1. 基于 FFT 的图像压缩技术

图像的傅里叶变换已在 3.4 节中阐明，从变换系数不相关意义上考虑，傅里叶变换是仅次于最佳变换的。而且可以证明它渐近地等价于 KL 变换。当 n 趋向无穷大时，傅里叶变换系数趋于非相关。也就是说，如果图像尺寸大于像素之间的相关距离，则傅里叶变换的压缩性能与 KL 变换没有多大差别。

例 7.12 考虑一幅大小为 512×512 像素、灰度级为 256 的标准图像 Lena，用 FFT 实现图像数据的压缩。首先将图像分割成 $(512/8)^2$ 个 8×8 子图像，对每个子图像进行 FFT，这样每个子图像有 64 个傅里叶变换系数。按照每个系数的方差来排序，由于图像是实值的，其 64 个复系数只有一半有差别。舍去小的变换系数，就可以实现数据压缩。这里，我们保留 32 个系数，实现 2∶1 的数据压缩，然后进行逆变换。其 Matlab 程序如下：

```
% 设置压缩比 cr
cr=0.5;                                         % cr=0.5 为 2:1 压缩;cr=0.125 为 8:1 压缩
% 读入并显示原始图像
I1=imread('lena.bmp');                          % 图像的大小为 512×512
I1=double(I1)/255;                              % 图像为 256 级灰度图像,对图像进行归一化操作
figure(1);                                      % 显示原始图像
imshow(I1);
% 对图像进行 FFT
fftcoe=blkproc(I1,[8 8],'fft2(x)');             % 将图像分割成 8×8 的子图像进行 FFT
coevar=im2col(fftcoe,[8 8],'distinct');         % 将变换系数矩阵重新排列
coe=coevar;
[y,ind]=sort(coevar);
[m,n]=size(coevar);
snum=64-64* cr;                                 % 根据压缩比确定要变 0 的系数个数
% 舍去不重要的系数
for i=1:n
    coe(ind(1:snum),i)=0;                       % 将最小的 snum 个变换系数清零
end
B2=col2im(coe,[8 8],[512 512],'distinct');      % 重新排列系数矩阵
% 对子图像块进行 FFT 逆变换获得各个子图像的复原图像,并显示压缩图像
I2=blkproc(B2,[8 8],'ifft2(x)');                % 对截取后的变换系数进行 FFT 逆变换
figure(2);                                      % 显示压缩后图像
imshow(I2);
% 计算均方根误差 erms
e=double(I1)-double(I2);
[m,n]=size(e);
erms=sqrt(sum(e(:).^2)/(m* n))
```

上述程序运行结果如下：当 cr＝0.5 时，该程序实现的图像压缩比为 2∶1，其压缩图像如图 7.16b 所示，此时均方根误差 erms＝0.0398。

当 cr＝0.125 时，该程序实现的图像压缩比为 8∶1，其压缩图像如图 7.16c 所示，此时均方根误差 erms＝0.0474。

2. 基于 DCT 的图像压缩技术

图像的 DCT(离散余弦变换)已在 3.5 节中阐明。DCT 具有把高度相关数据能量集中的能力，这一点与傅里叶变换相似，且 DCT 得到的变换系数是实数，因此广泛用于图像压缩。下面的例子是用二维离散余弦变换进行图像压缩。

a) 原始图像　　b) 压缩比为2：1的压缩图像　　c) 压缩比为8：1的压缩图像

图 7.16　FFT 编码

例 7.13　考虑例 7.12 相同的图像。首先将图像分割成$(512/8)^2$个 8×8 子图像，对每个子图像进行 DCT，这样每个子图像有 64 个变换系数，舍去 50%小的变换系数，即保留 32 个系数，进行 2：1 的压缩。其 Matlab 程序如下：

```
% 设置压缩比 cr
cr=0.5;                    % cr=0.5 为 2:1 压缩;cr=0.125 为 8:1 压缩
% 读入并显示原始图像
initialimage=imread('lena.bmp');
initialimage=double(initialimage)/255;
figure(1);
imshow(initialimage);
% 对图像进行 DCT
t=dctmtx(8);
dctcoe=blkproc(initialimage,[8 8],'P1*x*P2',t,t');
coevar=im2col(dctcoe,[8 8],'distinct');
coe=coevar;
[y,ind]=sort(coevar);
[m,n]=size(coevar);
% 舍去不重要的系数
snum=64-64*cr;
for i=1:n
    coe(ind(1:snum),i)=0;
end
b2=col2im(coe,[8 8],[512 512],'distinct');
% 对截取后的变换系数进行 DCT 逆变换
i2=blkproc(b2,[8 8],'P1*x*P2',t',t);
% 显示压缩图像
figure(2);
imshow(i2)
% 计算均方根误差
e=double(initialimage)-double(i2);
[m,n]=size(e);
erms=sqrt(sum(e(:).^2)/(m*n))
```

上述程序运行结果如下：当 cr=0.5 时，该程序实现的图像压缩比为 2：1，其压缩图像如图 7.17b 所示，此时均方根误差 erms=0.0359。

当 cr=0.125 时，该程序实现的图像压缩比为 8：1，其压缩图像如图 7.17c 所示，此时均方根误差 erms=0.0489。

3. 基于哈达玛变换的图像压缩技术

图像的哈达玛变换已在 3.6 节中阐明，下面的例子是用二维哈达玛变换进行图像压缩。

例 7.14　仍使用例 7.12 中的图像。首先将图像分割成$(512/8)^2$个 8×8 子图像，对每个子图像进行哈达玛变换，这样每个子图像有 64 个变换系数，舍去 50%小的变换系数，即保留 32 个系数，进行 2：1 的压缩。其 Matlab 程序如下：

a) 原始图像　　b) 压缩比为2∶1的压缩图像　　c) 压缩比为8∶1的压缩图像

图 7.17　DCT 编码

```
% 设置压缩比 cr
cr=0.5;                        % cr=0.5 为 2:1 压缩;cr=0.125 为 8:1 压缩
% 读入并显示原始图像
I1=imread('lena.bmp');         % 图像的大小为 512×512
I1=double(I1)/255;             % 图像为 256 级灰度图像,对图像进行归一化操作
figure(1);                     % 显示原始图像
imshow(I1);
% 对图像进行哈达玛变换
T=hadamard(8);                 % 用于产生 8×8 的哈达玛矩阵
htCoe=blkproc(I1,[8 8],'P1*x*P2',T,T);
CoeVar=im2col(htCoe,[8 8],'distinct');
Coe=CoeVar;
[Y,Ind]=sort(CoeVar);
[m,n]=size(CoeVar);
% 舍去不重要的系数
Snum=64-64*cr;
for i=1:n
    Coe(Ind(1:Snum),i)= V0;
end
B2=col2im(Coe,[8 8],[512 512],'distinct');
% 对截取后的变换系数进行哈达玛逆变换
I2=blkproc(B2,[8 8],'P1*x*P2',T,T);
% 显示压缩图像
I2=I2./(8*8);
figure(2);
imshow(I2);
% 计算均方根误差
e=double(I1)-double(I2);
[m,n]=size(e);
erms=sqrt(sum(e(:).^2)/(m*n))
```

上述程序运行结果如下：当 cr＝0.5 时，该程序实现的图像压缩比为 2∶1，其压缩图像如图 7.18b 所示，此时均方根误差 erms＝0.0362。

当 cr＝0.125 时，该程序实现的图像压缩比为 8∶1，其压缩图像如图 7.18c 所示，此时均方根误差 erms＝0.0515。

a) 原始图像　　b) 压缩比为2∶1的压缩图像　　c) 压缩比为8∶1的压缩图像

图 7.18　哈达玛变换编码

从上面三个例子可以看出，上面三种变换在丢弃32个系数(即50%)时对重构图像品质视觉影响都很小。然后因这些系数的丢弃而产生的均方根误差，因为变换不同而有所不同，对于FFT、DCT、哈达玛变换(HT)，它们的均方根误差erms分别为0.0398、0.0359和0.0362。由此可见，DCT比FFT和HT有更强的信息集中能力。从理论上说，KL变换是所有变换中信息集中能力最优的变换，但KL变换与数据无关，要针对每个子图像获得KL变换基本函数所需计算量非常大，所以KL变换在图像压缩中不太实用。实际使用的都是与输入无关，具有固定基本图像的变换。在这些变换中，非正弦变换(如HT)实现起来相对简单，但正弦类变换(如DFT和DCT)更接近KL变换的信息集中能力。

DCT在压缩率方面与KL变换相差不多，而且能用类似FFT的算法实现快速变换，因此，DCT在信息压缩能力和计算复杂性之间提供了一种很好的平衡，使它已经成为CCITT建议的一种图像压缩技术。

7.5.2 子图像尺寸选择

在变换编码中，首先要将图像数据分割成子图像，然后对子图像数据块实施某种变换，如DCT。那么子图像尺寸取多大呢？实践证明，子图像尺寸取4×4、8×8、16×16适合进行图像的压缩，这是因为：

1)如果子图像尺寸取得太小，虽然计算速度快，实现简单，但压缩能力有一定的限制。

2)如果子图像尺寸取得太大，虽然去相关效果好，因为像DFT、DCT等正弦类变换均具有渐近最佳性，但也渐趋饱和。若尺寸太大，由于图像本身的相关性很小，反而使其压缩效果不明显，而且增加了计算的复杂性。

例7.15 子图像尺寸对DCT编码的影响。

图7.19显示了一个子图像尺寸变化对DCT编码重构的影响。本例中使用大小为256×256像素、灰度为256级的标准girl图像，首先将图像分割为大小为$n \times n$的子图像(其中$n=2$，4，8，16和32)。计算每幅子图像的离散余弦变换，舍弃75%的系数后进行离散余弦逆变换得到的结果如图7.19所示，图7.19b、c、d、e和f分别是子图像尺寸为2×2、4×4、8×8、16×16和32×32经DCT编码，舍弃75%的系数后得到的压缩图像。

a) 原始图像

b) 2×2

c) 4×4

d) 8×8

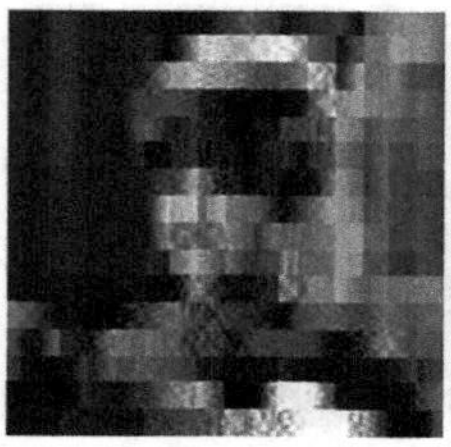
e) 16×16

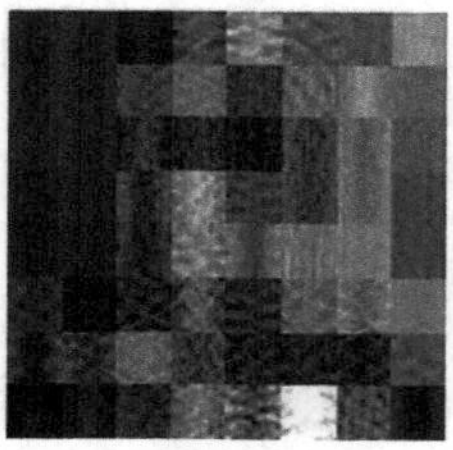
f) 32×32

图7.19 子图像尺寸变化对DCT编码重构的影响

虽然当子图像尺寸很小时变换图像能量集中得较好，但因块变换系数较少，如子图像尺寸为 2×2 时，经 DCT 后变换系数只有 4 个，要进一步压缩就很困难。当子图像尺寸很大时，如子图像尺寸为 32×32，由于图像本身的相关性较小，反而导致变换图像能量不太集中，虽然变换系数较多，有进一步编码空间，但计算工作量较大。因此，综合考虑图像数据压缩能力和计算复杂性，一般情况下，在变换图像编码中子图像尺寸常取 4×4、8×8 或 16×16。

7.5.3 位分配

这里考虑对子图像经过变换后，要截取的变换系数的数量和保留系数的精度。在大多数变换编码中，选择要保留的系数时有以下两种办法：

1)根据最大方差进行选择，称为区域编码。

2)根据最大值的量级选择，称为阈值编码。

而对变换后的子图像的截取、量化和编码过程称为位分配。

1. 区域编码

区域编码是以信息论中视信息为不确定性的概念为基础的。根据这个原理，具有最大方差的变换系数携带着图像的大部分信息，因此在编码处理的过程中应该保留下来。这些方差本身可以像前面的例子中那样直接根据总的$(N/n)^2$个变换子图像阵列计算出来，或以假设的图像模型(如马尔可夫自相关函数)为基础进行计算。在任何一种情况下，根据式(7.5.5)，区域取样处理可被看成是每个 $T(u, v)$用相应的区域模板中的元素相乘，其结果是在最大方差的位置上设为 1，而在所有其他位置上设为 0 构造出来的。最大方差的系数通常被定位在图像变换的原点周围。图 7.20a 中显示了典型的区域模板。

对在区域取样过程中保留的系数必须进行量化和编码，这样，区域模板有时被描绘成用于对每个系数编码的位数，如图 7.20b 所示。这里一般有两种分配方案：一是给系数分配相同的位数；二是给系数不均匀地分配几个固定数目的位数。在第一种情况下，系数通常用它们的标准差进行归一化处理，然后进行均匀量化。在第二种情况下，为每一个系数设计一个量化器。为构造所需的量化器，将直流分量系数模型化为一个瑞利密度函数，而其他系数模型化为拉普拉斯或高斯密度函数。因为每个系数都是子图像中像素的线性组合，所以根据中心极限定理，随着子图像的尺寸增加，系数趋向于高斯分布。

1	1	1	1	1	0	0	0
1	1	1	1	0	0	0	0
1	1	1	0	0	0	0	0
1	1	0	0	0	0	0	0
1	0	0	0	0	0	0	0
0	0	0	0	0	0	0	0
0	0	0	0	0	0	0	0
0	0	0	0	0	0	0	0

a)

8	7	6	4	3	2	1	0
7	6	5	4	3	2	1	0
6	5	4	3	3	1	1	0
4	4	3	3	2	1	0	0
3	3	3	2	1	1	0	0
2	2	1	1	1	0	0	0
1	1	1	0	0	0	0	0
0	0	0	0	0	0	0	0

b)

图 7.20 典型的区域模板

率失真理论指出一个方差为 σ^2 的高斯随机变量不能用少于$\frac{1}{2}\log_2(\sigma^2/D)$的位来表示和用小于 D 的均方误差重建。也就是说分配给每个量化器的量化级数应与$\log_2\sigma^2_{T(u,v)}$成正比。如果式(7.5.5)是按最大方差保留系数，那么保留系数应分配与其方差的对数成正比的位数。

2. 阈值编码

区域编码一般对所有子图像用一个固定的模板，而阈值编码在本质上是自适应的，各个子图像保留的变换系数的位置可随着子图像的不同而不同。事实上由于阈值编码计算简单，所以是实际中最常用的自适应变换编码方法。

对于任意子图像，值最大的变换系数对重建子图像的质量贡献最大。

例如在一个 8×8 的子图像中，经过 DCT 后，最大值位置如图 7.21a 所示。用图 7.21a 所示的典型阈值模板，去除小的变换系数，而后用图 7.21b 所示的系数次序排序，得到有 64 个元素的数组，这样，对应模板中 1 的位置系数保留下来(几乎都在数组的前面)，后面是 0。后面的 0 可用行程编码方法进行编码，而对前面部分保留的系数用 7.2～7.4 节讲到的变长编码方法进行编码。

图 7.21b 所示的排序法常被称为变换系数的 Z 形(zig-zig)扫描方式。

1	1	0	1	0	0	0	0
1	1	1	1	0	0	0	0
1	1	1	0	0	0	0	0
1	0	0	0	0	0	0	0
0	0	0	0	0	0	0	0
0	1	0	0	0	0	0	0
0	0	0	0	0	0	0	0
0	0	0	0	0	0	0	0

a)

0	1	5	6	14	15	27	28
2	4	7	13	16	26	29	42
3	8	12	17	25	30	41	43
9	11	18	24	31	40	44	53
10	19	23	32	39	45	52	54
20	22	33	38	46	51	55	60
21	34	37	47	50	56	59	61
35	36	48	49	57	58	62	63

b)

图 7.21　典型的阈值模板

一般来说，对变换子图像取阈值(即产生式(7.5.4)表示的模板函数)的方法有三种：

1)对所有子图像用一个全局阈值。

2)对各子图像分别用不同的阈值。

3)根据子图像中各系数的位置选取阈值。

第一种方法压缩的程度随不同图像而异，取决于超过全局阈值的系数数量。因此全局的阈值选择也是一个问题。

第二种方法也称为最大 N 编码，这种方法对每幅子图像都丢弃相同数目的系数。其结果是编码率是事先可知的，也就是预定的。7.5.1 节中给出的程序就是用此方法。

第三种方法与第一种方法类似，码率是变化的。与第一种方法相比，第三种方法的优点是可将取阈值和量化结合起来，即可将式(7.5.5)中 $T(u,v)m(u,v)$ 用下面的式子代替：

$$\hat{T}(u,v) = \text{round}\left[\frac{T(u,v)}{Z(u,v)}\right] \tag{7.5.7}$$

其中 $\hat{T}(u,v)$ 是 $T(u,v)$ 取阈值和量化近似，$\boldsymbol{Z}$ 是取阈值和量化的变换矩阵，$Z(u,v)$ 是 $\boldsymbol{Z}$ 的元素：

$$\boldsymbol{Z} = \begin{bmatrix} Z(0,0) & Z(0,1) & \cdots & Z(0,n-1) \\ Z(1,0) & Z(1,1) & \cdots & Z(1,n-1) \\ \vdots & \vdots & \ddots & \vdots \\ Z(n-1,0) & Z(n-1,1) & \cdots & Z(n-1,n-1) \end{bmatrix} \tag{7.5.8}$$

经取阈值和量化变换的子图像 $\hat{T}(u,v)$ 可逆变换得到 $F(u,v)$ 的近似前首先要与 $Z(u,v)$ 相乘，这是逆量化过程，得到的数组记为 $\overline{T}(u,v)$，它是 $\hat{T}(u,v)$的一个近似：

$$\overline{T}(u,v) = \hat{T}(u,v)Z(u,v) \tag{7.5.9}$$

对 $\overline{T}(u,v)$求逆变换得到解压缩的近似子图像。

图 7.22a 给出了对 $Z(u,v)$赋予某个常数值 c 时得到的量化曲线，其中当且仅当 $kc-c/2\leqslant T(u,v)<kc+c/2$ 时 $\hat{T}(u,v)$取整数值 k。当 $Z(u,v)>2T(u,v)$时 $\hat{T}(u,v)=0$，此时变换系数完全截去。当使用随 k 值增加而增加的变长码表示 $\hat{T}(u,v)$时，用来表示 $T(u,v)$的位数由 c 的值控制。这样可根据需要通过增减 $\boldsymbol{Z}$ 中的元素值来获得不同的压缩量。

图 7.22b 给出了 JPEG 编码标准中 8×8 图像块 DCT 变换系数的一种推荐量化步长矩阵。

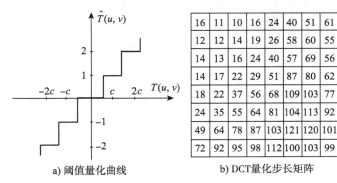

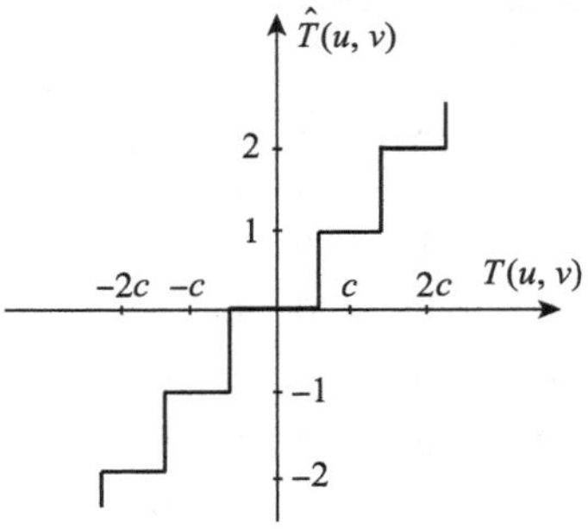

a) 阈值量化曲线

16	11	10	16	24	40	51	61
12	12	14	19	26	58	60	55
14	13	16	24	40	57	69	56
14	17	22	29	51	87	80	62
18	22	37	56	68	109	103	77
24	35	55	64	81	104	113	92
49	64	78	87	103	121	120	101
72	92	95	98	112	100	103	99

b) DCT量化步长矩阵

图 7.22 阈值编码

7.5.4 一个 DCT 编码实例

下面给出一个实例来进一步讨论 DCT、阈值编码加熵编码的一些具体实现技术。取一个 8×8 的图像块，首先进行变换、量化、熵编码，然后进行逆向解码过程。取一 8×8 图像块，数据如下(256 级灰度)：

52	55	61	66	70	61	64	73
63	59	66	90	109	85	69	72
62	59	68	113	144	104	66	73
63	58	71	122	154	106	70	69
67	61	68	104	126	88	68	70
79	65	60	70	77	68	58	75
85	71	64	59	55	61	65	83
87	79	69	68	65	76	78	94

原图像为 256 级灰度，$L=8$，每个像素减 2^{L-1}(即减 128)得：

−76	−73	−67	−62	−58	−67	−64	−55
−65	−69	−62	−38	−19	−43	−59	−56
−66	−69	−60	−15	16	−24	−62	−55
−65	−70	−57	−6	26	−22	−58	−59
−61	−67	−60	−24	−2	−40	−60	−58
−49	−63	−68	−58	−51	−60	−70	−53
−43	−57	−64	−69	−73	−67	−63	−45
−41	−49	−59	−60	−63	−52	−50	−34

$N=8$，进行 DCT，得变换系数矩阵为：

$$\begin{bmatrix} -414 & -29.105 & -61.941 & 25.332 & 54.75 & -19.716 & -0.59112 & 2.0786 \\ 6.0824 & -20.587 & -61.633 & 8.011 & 11.528 & -6.6413 & -6.4229 & 6.7781 \\ -46.09 & 7.955 & 376.727 & -25.594 & -29.656 & 10.139 & 6.3891 & -4.7739 \\ -48.914 & 11.77 & 34.305 & -14.233 & -9.8612 & 6.1913 & 1.3355 & 1.4999 \\ 10.75 & -7.6338 & -12.452 & -2.0442 & -0.5 & 1.3659 & -4.5838 & 1.5185 \\ -9.6419 & 1.407 & 3.412 & -3.294 & -0.47062 & 0.4152 & 1.8119 & -0.39392 \\ -2.8272 & -1.2285 & 1.3891 & 0.076289 & 0.91873 & -3.515 & 1.7733 & -2.7744 \\ -1.2457 & -0.7072 & -0.48687 & -2.6945 & -0.089984 & -0.39582 & -0.91025 & 0.40512 \end{bmatrix}$$

很明显可以看出，能量集中在少数低频系数上。然后用图 7.22b 所示的量化步长矩阵和式(7.5.7)对变换系数进行量化，量化器输出为：

$$\begin{bmatrix} -26 & -3 & -6 & 2 & 2 & 0 & 0 & 0 \\ 1 & -2 & -4 & 0 & 0 & 0 & 0 & 0 \\ -3 & 1 & 5 & -1 & -1 & 0 & 0 & 0 \\ -3 & 1 & 2 & 0 & 0 & 0 & 0 & 0 \\ 1 & 0 & 0 & 0 & 0 & 0 & 0 & 0 \\ 0 & 0 & 0 & 0 & 0 & 0 & 0 & 0 \\ 0 & 0 & 0 & 0 & 0 & 0 & 0 & 0 \\ 0 & 0 & 0 & 0 & 0 & 0 & 0 & 0 \end{bmatrix}$$

注意，经过 DCT 和量化处理已经产生大量的零值系数，再根据图 7.21b 所示的次序对系数排序得：

$$-26, -3, 1, -3, -2, -6, 2, -4, 1, -3, 1, 1,$$
$$5, 0, 2, 0, 0, -1, 2, 0, 0, 0, 0, 0, 0, -1, \text{EOB}$$

这里的 EOB 表示块结束，然后用熵编码进一步压缩，这里用赫夫曼编码。以上就是编码过程。

解码过程刚好相反，对编码后的数进行赫夫曼解码，然后重新生成矩阵：

$$\begin{bmatrix} -26 & -3 & -6 & 2 & 2 & 0 & 0 & 0 \\ 1 & -2 & -4 & 0 & 0 & 0 & 0 & 0 \\ -3 & 1 & 5 & -1 & -1 & 0 & 0 & 0 \\ -3 & 1 & 2 & 0 & 0 & 0 & 0 & 0 \\ 1 & 0 & 0 & 0 & 0 & 0 & 0 & 0 \\ 0 & 0 & 0 & 0 & 0 & 0 & 0 & 0 \\ 0 & 0 & 0 & 0 & 0 & 0 & 0 & 0 \\ 0 & 0 & 0 & 0 & 0 & 0 & 0 & 0 \end{bmatrix}$$

根据式(7.5.9)进行逆量化，矩阵变成：

$$\begin{bmatrix} -416 & -33 & -60 & 32 & 48 & 0 & 0 & 0 \\ 12 & -24 & -56 & 0 & 0 & 0 & 0 & 0 \\ -42 & 13 & 80 & -24 & -40 & 0 & 0 & 0 \\ -42 & 17 & 44 & 0 & 0 & 0 & 0 & 0 \\ 18 & 0 & 0 & 0 & 0 & 0 & 0 & 0 \\ 0 & 0 & 0 & 0 & 0 & 0 & 0 & 0 \\ 0 & 0 & 0 & 0 & 0 & 0 & 0 & 0 \\ 0 & 0 & 0 & 0 & 0 & 0 & 0 & 0 \end{bmatrix}$$

对上面的矩阵进行 DCT 逆变换，结果如下：

$$\begin{bmatrix} -63.187 & -63.243 & -64.417 & -65.345 & -63.197 & -58.437 & -54.581 & -53.211 \\ -73.464 & -72.888 & -59.846 & -39.017 & -31.222 & -41.689 & -54.269 & -58.637 \\ -75.952 & -79.421 & -53.461 & -7.4813 & 7.044 & -21.661 & -52.074 & -60.58 \\ -63.676 & -77.867 & -54.227 & 0.58542 & 17.856 & -18.514 & -52.93 & -58.041 \\ -49.487 & -74.304 & -66.148 & -23.453 & -8.9383 & -38.284 & -61.113 & -57.707 \\ -43.851 & -69.657 & -76.257 & -55.782 & -47.111 & -61.128 & -67.259 & -57.909 \\ -43.002 & -59.086 & -70.357 & -68.646 & -65.391 & -65.13 & -59.817 & -50.999 \\ -41.918 & -47.639 & -57.129 & -64.714 & -64.4 & -56.372 & -46.796 & -41.165 \end{bmatrix}$$

最后对每个像素加 128 得解码结果：

64	64	63	62	64	69	73	74
54	55	68	88	96	86	73	69
52	48	74	120	135	106	75	67
64	50	73	128	145	109	75	69
78	53	61	104	119	89	66	70
84	58	51	72	80	66	60	70
84	68	57	59	62	62	68	77
86	80	70	63	63	71	81	86

图 7.23 为用上面的方法对大小为 512×512 像素、灰度级为 256 的标准 Lena 图像编码结果，图 7.23a 为原 Lena 图，图 7.23b 的压缩比 cr=29.1920，其均方根误差 erms=8.4861。

a) b)

图 7.23 近似 JPEG 压缩效果

结果与实际的 JPEG 编码有一定的差异，两个编码系统的显著差别是：①在 JPEG 标准中，对量化后变换系数分 DC 系数和 AC 系数进行编码，而在上面方法中直接用赫夫曼编码。②在 JPEG 标准中，赫夫曼编码和解码是默认的码表，而在上面方法中增加了码表的信息。用标准的 JPEG 编码对标准图像 Lena 进行压缩，达到图 7.23b 效果，压缩比可提高近一倍。

7.6 基于矢量量化技术的图像编码

矢量量化(Vector Quantization，VQ)技术是一种有损压缩技术，它根据一定的失真测度在码书中搜索出与输入矢量失真最小的码字的索引，传输时仅传输这些码字的索引，接收方根据码字索引在码书中查找对应码字，再现输入矢量。

7.6.1 矢量量化原理

矢量量化过程定义为从 k 维欧几里得空间 R^k 到其一个有限子集 C 的一个映射，也就是，Q：$R^k \to C$，其中 $C=\{Y_1,Y_2,\cdots,Y_i,\cdots,Y_N \mid Y_i \in R^k\}$ 称为码书，N 为码书的长度。这个映射应该满足：

$$Q(X \mid X \in R^k) = Y_l \tag{7.6.1}$$

其中 $\boldsymbol{X}=(x_1,x_2,\cdots x_k)$ 是 R^k 中的 k 维矢量，$Y_l=(y_{l1},y_{l2},\cdots,y_{lk})$ 为码书 C 中的码字，并且满足：

$$D(X,Y_l) = \min_{1\leqslant i\leqslant N} D(X,Y_i) \tag{7.6.2}$$

其中 $D(X, Y_i)$ 为矢量 $\boldsymbol{X}$ 与码字 Y_i 之间的失真测度。因此每一个输入矢量 $\boldsymbol{X}$ 都能在码书 C 中找到一个码字 Y_l，使该码字与输入矢量 $\boldsymbol{X}$ 的失真测度是码书中所有码字中最小的。这样输入矢量通过量化器 Q 后，可以用分块阵 $S=\{S_1,S_2,\cdots,S_N\}$ 来描述，其中 S_i 是映射成码字 Y_i 的所有输入矢量的集合，即 $S_i=\{\boldsymbol{X} \mid \boldsymbol{Q}(\boldsymbol{X})=Y_i\}$，且这 N 个子空间满足：

$$\bigcup_{i=1}^{N} S_i = S \tag{7.6.3}$$

$$S_i \cap S_j = \varnothing, \text{当 } i \neq j \tag{7.6.4}$$

两个矢量之间的失真测度多种多样，这里介绍几种最常用的：

1)均方误差：$D(X,Y_i) = \sum_{j=1}^{k-1} (x_j - y_{ij})^2$ (7.6.5)

2)l_p 范数：$D(X,Y_i) = \left[\sum_{j=1}^{k-1} |x_j - y_{ij}|^p\right]^{1/p}$ (7.6.6)

3)极大范数：$D(X,Y_i) = \max_{0\leqslant j\leqslant k-1} |x_j - y_{ij}|$ (7.6.7)

7.6.2 矢量量化过程

矢量量化分为三个主要步骤：一是训练码书；二是编码；三是解码。

有好的码书，才能进行有效的数据压缩编码。因此码书的设计是矢量量化的关键问题。用 M 个训练矢量生成包含 $N(N<M)$ 个码字的码书，也就是说把 M 个训练矢量分成 N 类最佳分类，并把各类的中心矢量作为码书中的码字。这里介绍一种直观有效的矢量量化码书设计算法，即 LBG 算法。

1)生成初始码书。可以用随机方法生成，也可以将训练样本随机分配于码书中。

2)进行迭代训练。每次迭代中，每一个训练矢量 $\boldsymbol{X}_i(i=1,2,\cdots,M)$ 与码书中的各个码字 $Y_j(j=1,2,\cdots,N)$ 相比较，找到与该训练矢量最相近的一个码字 Y_k，并把所有与 Y_k $(k=1,2,\cdots,N)$ 最相近的训练矢量归为一类，这样一共有 N 类。然后计算各训练矢量与其在码书中最相近的码字的距离平方之和，得到当前迭代的总失真。若这次迭代的总失真与上次迭代的总失真之间的相对误差满足给定要求，则停止迭代。否则求出各类的中心矢量作为新的码书进行下一次迭代。

矢量量化的编码就是根据一定的失真测度在码书搜索出与输入矢量失真最小的码字的索引。编码过程就是完成输入矢量的码字搜索过程。

矢量量化的解码过程很简单，即根据接收到的码字索引在码书中找到该码字，并将该码字作为输入矢量的替代矢量。

若矢量量化编码中用 N 个 k 维码字组成码书，那么对某个输入矢量序列进行编码后，其对应的标号需要$\log_2 N$位传输。

下面用一个实例来讲解 Matlab 如何实现矢量量化压缩，在本例中仍使用标准的 Lena 图像，大小为 512×512 像素，用它进行码书设计、编码和解码。

1. 码书设计

对图像进行矢量量化时，首先要选择码书的尺寸和码字的大小，这两个参数与图像压缩效果有直接的关系。另外，不同的码书训练方法生成的码书性能也有所不同。这里我们用最简单的 LBG 方法训练码书。码字为 4×4 的子图像块，码书尺寸为 64，其 Matlab 程序如下：

```
function LBGdesign()
% 读入标准图像,用于码书的训练
figure(1);
sig=imread('lena.bmp');
% 用 size 函数得到图像的行数和列数
[m_sig,n_sign]=size(sig);
% 设置码字的大小,4×4
siz_word=4;
% 设置码书的大小
siz_book=64;
% 将图像分割成 4×4 的子图像,作为码书训练的输入向量
num=m_sig/siz_word;
ss=siz_word* siz_word;          % 码字的大小
nn=num* num;                    % 子图像个数,即输入矢量个数
re_sig=[];

for i=1:m_sig
    for j=1:m_sig
        f1=floor(i./siz_word);
        m1=mod(i,siz_word);
        if m1==0
            m1=siz_word;
            f1=f1-1;
        end
        f2=floor(j./siz_word);
        m2=mod(j,siz_word);
        if m2==0
            m2=siz_word;
            f2=f2-1;
        end
        re_sig(num* f1+f2+1,siz_word* (m1-1)+m2)=sig(i,j);
    end
end

% 码书初始化,从 nn 个输入矢量随机取 siz_book 个矢量作为初始矢量
codebook=[];
for i=1:siz_book
    r=floor(rand* nn)+1;
    codebook=[codebook;re_sig(r,:)];
end
% LBG 训练算法
% d0,d1 用于存放各训练矢量与其在码书中最相近的码字的距离平方之和
% sea 用于存放迭代精度
d0=0;
for i=1:nn
        d0=d0+vectordistance(ss,re_sig(i,:),codebook(1,:));
end
```

```
while 1
    d1=0.0;
    for i=1:siz_book
        vectornumber(i)=0;
    end
    for i=1:nn
        codenumber(i)=1;
        min=vectordistance(ss,re_sig(i,:),codebook(1,:));
        for j=2:siz_book
            d=0.0;
            for l=2:ss
                d=d+(re_sig(i,l)-codebook(j,l))^2;
                if d> =min
                    break;
                end
            end
            if d< min
                min=d;
                codenumber(i)=j;
            end
        end
        vectornumber(codenumber(i))=vectornumber(codenumber(i))+1;
        d1=d1+min;
    end
    sea=(d0-d1)/d1;
    if sea< =0.0001
        break;
    end
    d0=d1;
    for  j=1:siz_book
        if vectornumber[j]~=0
            dd=zeros(1,ss);
            for l=1:nn
                if codenumber(l)== j
                    for k=1:ss
                        dd(k)=dd(k)+re_sig(l,k);
                    end
                end
            end
            for k=1:ss
                codebook(j,k)=dd(k)/vectornumber(j);
            end
        else
            l=floor(rand* nn)+1;
            codebook(j,:)=re_sig(l,:);
        end
    end
end
save codebook_kn codebook;
% 函数 vectordistance 计算矢量间距离的函数
function z=vectordistance(siz_word,vector1,vector2)
z=0;
for i=1:siz_word
    z=z+(vector1(i)-vector2(i))^2;
end
```

程序运行结果生成一个码书文件 codebook_kn，是一个 n 行 k 列的矩阵。n 为码书的大小，k 为码书的维数，从上面程序知 $n=64$，$k=16$。

2. 编码

将任意一幅要压缩的图像分割成 4×4 的子图像块，而后按照码书中的码字索引进行编码，也就是说每一个子图像经过编码后仅用一个索引号表示，实现编码的 Matlab 程序如下：

```
functionLBGencode()
% 打开和显示要编码的图像
figure(1);
sig=imread('lena.bmp');
imagesc(sig);
colormap(gray);
axis square
axis off
[m_sig,n_sig]=size(sig);
% 根据已有的码书设置分割子图像的大小和码书的大小
siz_word=4;
siz_book=64;
% 调用码书
load codebook_kn
% 根据码书的要求,分割要编码的图像
num=m_sig/siz_word;
ss=siz_word*siz_word;
nn=num*num;
re_sig=[];
for i=1:m_sig
   for j=1:m_sig
      f1=floor(i./siz_word);
      m1=mod(i,siz_word);
      if m1==0
         m1=siz_word;
         f1=f1-1;
      end
      f2=floor(j./siz_word);
      m2=mod(j,siz_word);
      if m2==0
         m2=siz_word;
         f2=f2-1;
      end
      re_sig(num*f1+f2+1,siz_word*(m1-1)+m2)=sig(i,j);
   end
end

% 用 LBG 算法编码
d1=0.0;
for i=1:nn
    codenumber(i)=1;
    min=vectordistance(ss,re_sig(i,:),codebook(1,:));
    for j=2:siz_book
        d=0.0;
        for l=1:ss
            d=d+(re_sig(i,l)-codebook(j,l))^2;
            if d> =min
                break;
            end
        end
        if d<min
            min=d;
            codenumber(i)=j;
        end
    end
```

```
        d1=d1+min;
    end
```

经过编码后，每个图像块都与码书中的某个码字相对应，也就是可以用这个索引号代替子图像块，起到压缩编码的效果。

3. 解码

解码就是按照索引号将码书中的码字找出来，用找到的码字将图像重建出来。重建图像和原始图像之间存在一定的失真，只要其失真控制在一定的范围内，则认为该图像压缩是有效的。实现解码的 Matlab 程序如下：

```
function LBGdecode()
% 解码算法
for i=1:nn
    re_sig(i,:)=codebook(codenumber(i),:);
end
% 重建图像
for ni=1:nn
    for nj=1:ss
        f1=floor(ni./num);
        f2=mod(ni,num);
        if f2==0
            f2=num;
            f1=f1-1;
        end
        m1=floor(nj./siz_word)+1;
        m2=mod(nj,siz_word);
        if m2==0
            m2=siz_word;
            m1=m1-1;
        end
        re_re_sig(siz_word*f1+m1,siz_word*(f2-1)+m2)=re_sig(ni,nj);
    end
end
% 显示解压后的图像,即压缩图像
figure(2);
imagesc(re_re_sig);
colormap(gray);
axis square
axis off
```

上面程序运行结果如图 7.24 所示，图 7.24a 为原始图像，图 7.24b 为矢量量化解码后的图像，其 erms=9.6390。

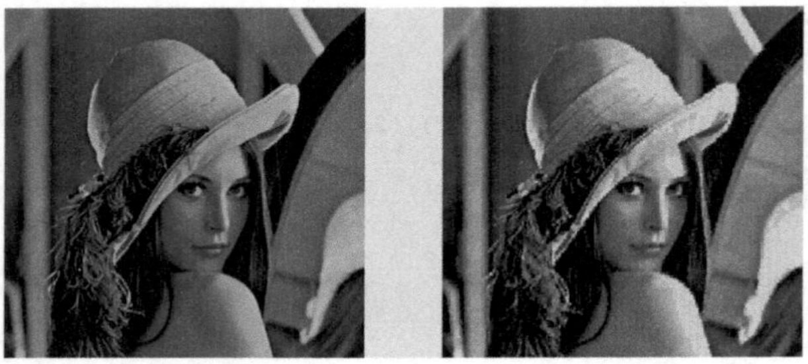

a) b)

图 7.24 矢量量化压缩的图像

此例中原图像大小为 512×512 像素、灰度级为 256，则原始图像需要的存储空间为 $512\times512\times\log_2 256=2097152$ 位$=256$KB。码书的大小为 $N=64$，子图像大小为 4×4，即 $k=16$，则矢量量化压缩后图像所需的存储空间为 $(512/4)\times(512/4)\times\log_2 64=98304$ 位$=12$KB。此时每个像素需要的位数 $R=\log_2 N:k=6/16=0.375$，压缩比 cr=21.3。

同样用标准图像 Lena 训练码书，码书的大小为 256，$k=16$，对图像进行编码，结果如图 7.25b 所示，此时每个像素需要的位数 $R=\log_2 N:k=8/16=0.5$，压缩比 cr=16。

a) b)

图 7.25 用通用码书矢量量化压缩的图像

7.7 小波图像编码

由于小波编码沿袭变换编码的基本思想，即去相关性，因此同变换编码器一样，小波编码器包含三个基本部分：变换、量化和熵编码输出。图像的小波编码过程首先是对原始图像实行二维小波变换，得到小波变换系数。由于小波变换能将原始图像的能量集中到少部分的小波系数上，且分解后的小波系数在三个方向的细节分量有高度的局部相关性，这为进一步量化提供了有利条件。因此应用小波编码可得到较高的压缩比，且压缩速度较快。

7.7.1 数字图像的小波分解

设 $\{V_j\}_{j\in\mathbf{Z}}$ 是一个二维可分离的多分辨率分析，$V_j=V_j^1\otimes V_j^1$，其中 $\{V_j^1\}_{j\in\mathbf{Z}}$ 是 $L^2(\mathbf{R})$ 上的一个多分辨率分析，其尺度函数为 ϕ，小波函数为 ψ，那么有相应于二维的可分离的尺度函数 $\phi(x,y)$ 和三个可分离的方向敏感小波函数 $\psi^H(x,y)$、$\psi^V(x,y)$、$\psi^D(x,y)$ 为：

$$\phi(x,y)=\phi(x)\phi(y) \tag{7.7.1}$$

$$\psi^H(x,y)=\psi(x)\phi(y) \tag{7.7.2}$$

$$\psi^V(x,y)=\phi(x)\psi(y) \tag{7.7.3}$$

$$\psi^D(x,y)=\psi(x)\psi(y) \tag{7.7.4}$$

沿着不同的方向小波函数会有变化，ψ^H 度量沿着列变化（例如，水平边缘），ψ^V 度量沿着行变化（例如，垂直边缘），ψ^D 则对应于对角线方向。每个小波上的 H 表示水平方向，V 表示垂直方向，D 表示对角线方向。

同样给由式（7.7.1）～式（7.7.4）给出的尺度函数和小波函数，可以定义一个伸缩和平移的基函数：

$$\phi_{j,m,n}(x,y)=2^{j/2}\phi(2^jx-m,2^jy-n)=\phi_{j,m}(x)\phi_{j,n}(y) \tag{7.7.5}$$

$$\psi_{j,m,n}^H(x,y)=2^{j/2}\psi^H(2^jx-m,2^jy-n)=\psi_{j,m}(x)\phi_{j,n}(y) \tag{7.7.6}$$

$$\psi_{j,m,n}^V(x,y)=2^{j/2}\psi^V(2^jx-m,2^jy-n)=\phi_{j,m}(x)\psi_{j,n}(y) \tag{7.7.7}$$

$$\psi_{j,m,n}^{D}(x,y)=2^{j/2}\psi^{D}(2^{j}x-m,2^{j}y-n)=\psi_{j,m}(x)\psi_{j,n}(y) \tag{7.7.8}$$

因为$\{V_j\}_{j\in \mathbf{Z}}$是一个二维多分辨分析，有：

$$V_{k+1}=V_k\dot{+}W_k$$

其中

$$W_k=W_k^H\dot{+}W_k^V\dot{+}W_k^D$$

任意给定大小为$M\times N$图像$f(x,y)\in L^2(\mathbf{R})$，$f_N(x,y)$是$f$在$V_N$中的投影。这时，对$f_k(x,y)\in V_k$，$g_k(x,y)\in W_k$，有

$$f_{k+1}(x,y)=f_k(x,y)+g_k(x,y)$$

其中$g_k(x,y)$为：

$$g_k=g_k^H+g_k^V+g_k^D$$

设$\{a_{l,j}\}\{b_{l,j}^I\}(I=H,V,D)$是由两个一元分解序列生成的二元分解序列：

$$a_{l,j}=a_l a_j,\quad b_{l,j}^H=b_l a_j,\quad b_{l,j}^V=a_l b_j,\quad b_{l,j}^D=b_l b_j \tag{7.7.9}$$

因为$f_k(x,y)\in V_k$，$g_k(x,y)\in W_k$，而$\{\phi(2^k x-m,2^k y-n)\}$，$\{\psi^I(2^k x-m,2^k y-n)\}$分别是空间$V_k$与$W_k$的Riesz基，故$f_k(x,y)$，$g_k(x,y)$可写为

$$\begin{cases} f_k(x,y)=\sum_{m,n}c_{k;n,m}\phi(2^k x-m,2^k y-n)\\ g_k^I(x,y)=\sum_{m,n}d_{k;m,n}^I\psi^I(2^k x-m,2^k y-n)\end{cases} \tag{7.7.10}$$

同一维一样，可得到分解算法：

$$\begin{cases} c_{k;m,n}=\sum_{l,j}a_{l-2m,j-2n}c_{k+1;m,n}\\ d_{k;m,n}^I=\sum_{l,j}b_{l-2m,j-2n}^I c_{k+1;m,n}\end{cases} \tag{7.7.11}$$

这里令分解序列为Lo_D和Hi_D，这样图7.26为数字图像小波分解数据流示意图，其中“↓2”表示作2点取1点的抽样，即保留偶数列或行。

图7.27为图像分解示意图，L表示低频，H表示高频，其中1、2表示一级或二级分解。

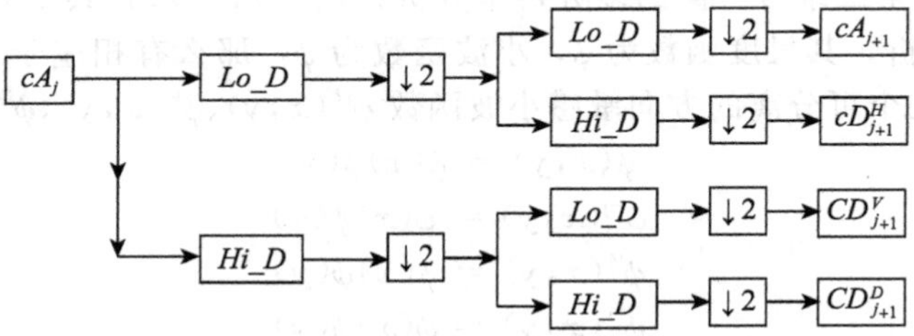

图7.26 数字图像小波分解数据流示意图

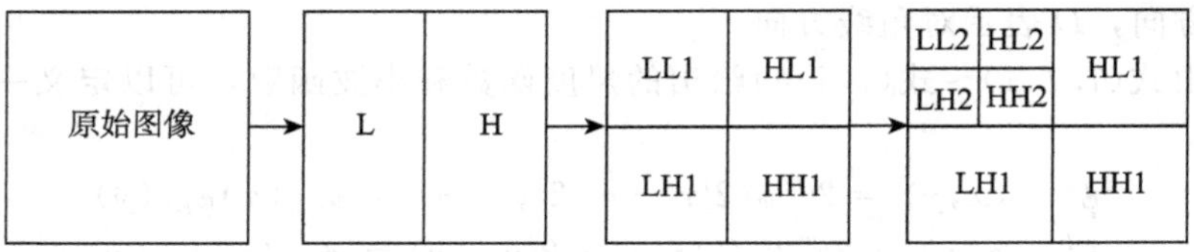

图7.27 数字图像小波分解流程图

同样，设$\{p_{l,j}\}$，$\{q_{l,j}^{I}\}(I=H, V, D)$是两个一元二尺度序列得到的二元二尺度序列（即重构序列），即

$$p_{l,j}=p_l p_j, q_{l,j}^{H}=q_l p_j, q_{l,j}^{V}=p_l q_j, b_{l,j}^{D}=q_l q_j \tag{7.7.12}$$

则重构算法为：

$$c_{k+1,m,n}=\sum_{l,j}(p_{m-2l,n-2j}c_{k;l,j}+\sum_{i=1}^{3}q_{m-2l,n-2j}^{i}d_{k;l,j}^{i}) \tag{7.7.13}$$

这里令重构序列为 Lo_R 和 Hi_R，这样，图 7.28 为数字图像小波重构数据流示意图，其中“↑2”表示隔点插入 0 的运算，即在奇数列或行插入 0。

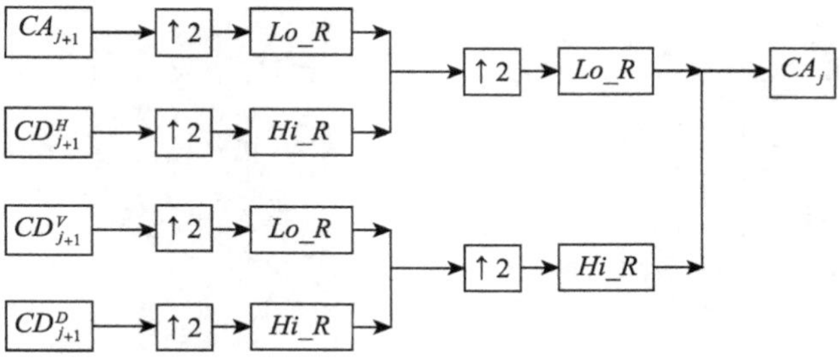

图 7.28　数字图像小波重构数据流示意图

例 7.16　用 Matlab 提供正交小波 db2 对大小为 256×256 像素的 Cameraman 图像作一级小波分解，其结果如图 7.29 所示，图 7.29a 为原图，b 为经过一级分解后得到的图像，为了让细节部分显示得清楚，图 7.29b 中除了左上角近似图像外，其余数据均乘以 4。

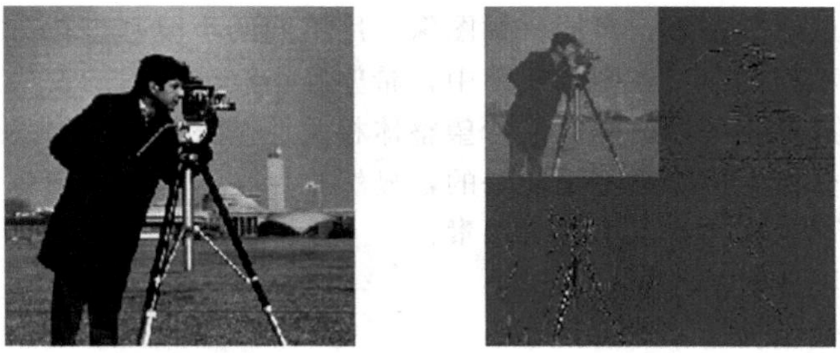

a)　　　b)

图 7.29　二维小波一层分解图

其 Matlab 程序如下：

```
I=imread('cameraman.tif','tif');                % 读入并显示原始图像
figure(1);
subplot(121);imshow(I);
[ca1,ch1,cv1,cd1]=dwt2(I,'db2');                % 用 db2 小波对图像进行一层小波分解
I2=[ca1,ch1* 4;cv1* 4,cd1* 4;                   % 组成变换后的矩阵
% 直接用小波系数矩阵作图像输出,imshow(I2),很多数据超范围,图像不能反映实际情况,要进行一些处理
min=min(I2(:));
max=max(I2(:));
subplot(122);imshow(I2,[min,max]);              % 显示变换后近似和细节图像
X=idwt2(ca1,ch1,cv1,cd1,'db2');                 % 用 idwt2 进行逆变换
erms=compare(I,X)                               % 反变换结果与原始图像比较
```

运行结果 erms＝2.2206e－011，由此可见，由分解后的信号可以准确地恢复到原

信号。

从图 7.29 可以看出，不同细节图像有一定的方向性。子图像 LL1 是低频分量，为原图的近似子图像；子图像 HL1 是水平方向低频、垂直方向高频的分量，表现原图的水平边缘；子图像 LH1 是水平方向为高频、垂直方向为低频的分量，表现原图的垂直边缘；子图像 HH1 是高频分量，表现原图的斜边缘。

同样可用 Matlab 中的正交小波 db2 对大小为 256×256 像素的 Cameraman 图像进行多级小波变换，图 7.30a、b 分别为经过二级和三级分解后得到的图像，同样除了左上角近似图像外，其余数据均乘以 4。

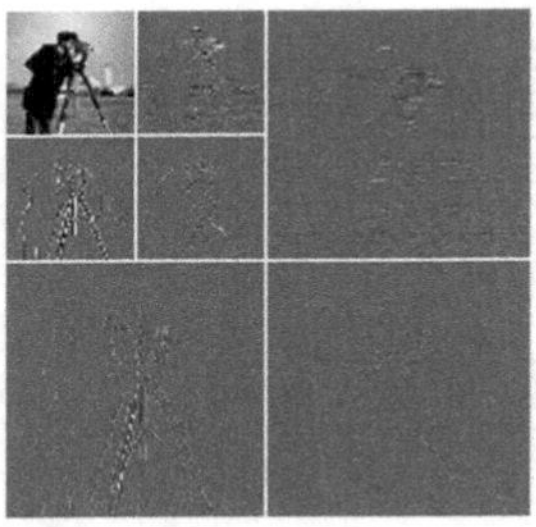

a)

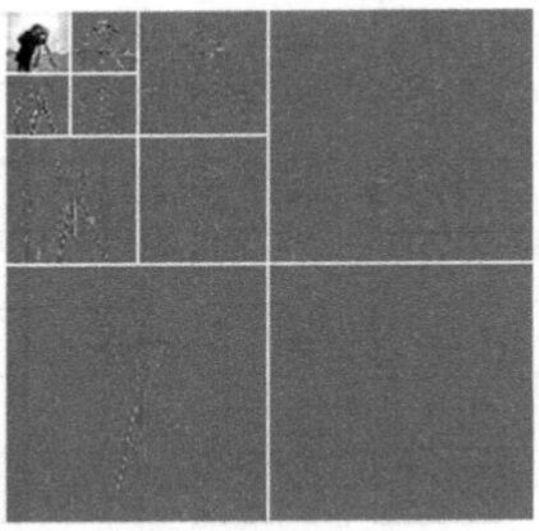

b)

图 7.30 多级二维小波变换结果

7.7.2 小波基的选择

从理论上讲，正交小波变换由分解后的信号可以准确地恢复到原信号，但并不是每个分解都能满足图像压缩的要求，对同一幅图像，用不同的小波基进行分解所得到的变换系数，其压缩效果是不相同的。在图像压缩中，希望经小波分解后的变换系数在三个方向的细节分量有高度的局部相关性，同时又希望整体相关性被大部分解除甚至全部解除。

不同于傅里叶分析，小波基不是唯一的，显然难点在于如何在图像编码中选择最优的小波基，一般情况下需要考虑以下几个因素：

1)小波基的正则性和消失矩。

2)小波基的线性相位。

3)要处理图像与小波基的相似性。

4)小波函数的能量集中性。

5)综合考虑压缩效率和计算复杂度。

正则性是函数光滑性的一种描述，也反映了函数频域能量集中的程度。正则性对图像压缩效果有一定的影响，如图像大部分是光滑的，一般选择正则性好的小波。如 Haar 小波是不连续的，会造成原图像中出现方块效应，而采用其他光滑的小波基则方块效应会消除。

如果小波基有较大的消失矩，待分析函数在一个区间内能够用一个同阶多项式逼近，在该区间中心附近小波变换系数接近于零，这个性质用于小波图像编码意味着，在一个相当平坦的区域附近小波系数接近零，这会提高压缩效率。正则性则对图像重构有更重要的意义，因为存在量化误差的小波系数用正则性高的综合小波重构后，失真比较平滑，视觉效果好，Antonini 等人验证，综合小波基的正则性对图像压缩效果影响更大，这意味着应尽可能选择正则性好的重构小波基。

Daubechies 已经证明，除 Haar 基外，所有正交基都不具有对称性，也就不能保证线性相位，这在图像编码这类失真型的应用中会引入很不理想的相位失真，因此在图像编码中一般使用有对称性质的小波基，如双正交小波基。

一般情况下，正则性阶数越高对图像压缩效果越好，但也存在正则性阶数小的小波基对图像的压缩效果好于正则性高的小波情况。这主要是所采用的小波函数与待压缩图像存在一定结构上的相似性。例如，由电视图像信号发生器产生的棋盘信号和方格信号，在相同数码下，用 Haar 小波基进行压缩效果就好于用 Daubechies($N>2$)得到的效果，其原因是 Haar 小波函数的基本图像与原图像的结构有一定的相似性。

由于小波变换过程实际上是信号与滤波器的卷积过程，因此，滤波器的长度增加将导致卷积运算量增加；并且从边界延拓来看，滤波器的长度越长，延拓的点数越多，造成图像恢复的失真也越大，因此要适中地选择滤波器的长度。

虽然已知选择小波基时要考虑的因素，但要选择最优小波基用于图像编码仍是一个非常困难的问题。有人用折中的评价准则对大量现有小波基进行了评价，得出了一些较适用于图像压缩的小波基。

表 7.9～表 7.12 列出几个常用小波基，更多的小波基请参考相关文献。

表 7.9　双正交样条小波 bior2.4

N	0	±1	±3	±3	±4
$h_n/\sqrt{2}$	45/64	19/64	−1/8	−3/64	3/128
$\tilde{h}_n/\sqrt{2}$	1/2	1/4			

表 7.10　双正交样条小波(接近正交性的)

N	0	±1	±3	±3	±4
$h_n/\sqrt{2}$	0.602949	0.266864	−0.078223	−0.016864	0.026749
$\tilde{h}_n/\sqrt{2}$	0.557543	0.295636	−0.028772	−0.045636	0

表 7.11　双正交样条小波(接近正交性的 bior4.4)

N	0	±1	±3	±3	±4
$h_n/\sqrt{2}$	0.6	0.25	−0.05	0	0
$\tilde{h}_n/\sqrt{2}$	17/28	73/280	−3/56	−3/280	0

表 7.12　双正交样条小波(jpeg9.7)

N	0	±1	±3	±3	±4
$h_n/\sqrt{2}$	0.602949	0.266864	−0.078223	−0.016864	0.026749
$\tilde{h}_n/\sqrt{2}$	1.1151	0.59127	−0.057544	−0.091272	0

这里按 $h_n/\sqrt{2}$ 的形式给出小波基，在实际图像小波分解重构时也经常用 $h_n/\sqrt{2}$ 进行滤波，这样可以保持变换小波系数与原始图像有相同的动态范围。

7.7.3　小波变换域小波系数分析

对一幅图像进行小波分解后，可得到一系列不同尺度的子图像，如图 7.29b 和图 7.30a、b 中的各子图像；不同尺度的子图像对应的频率是不相同的。从各子图像可以看出，高频子图像上大部分点的数值都接近于零，越是高频这种现象越明显。由于小波变换后高频部分小波系数的绝对值较小，而低频部分小波系数的绝对值较大，这样，在图像编码处理中可以对高频部分大多数系数分配较小的位以达到压缩的目的。

1. 小波变换的能量紧致性分析

与其他正交变换一样，如果采用正交小波变换，那么从理论上讲，小波变换前后的总能量是不变的，是一种能量守恒的变换；并且具有一种能量集中的特性，即将整图的能量集中在低频部分，而在各高频子带仅有很少比例的能量。将子图（$M \times N$ 像素）的能量定义为：

$$E = \frac{1}{MN} \sum_{j} \sum_{i} |f(i,j)|^2 \tag{7.7.14}$$

如果采用双正交小波变换，尽量采用近似于正交的双正交小波基，使变换后能量尽量保持不变。

2. 小波变换系数分析

下面用 7.7.2 节中表 7.12 给出的滤波器对大小为 512×512 像素、灰度级为 256 的 Lena 图像进行四层小波分解，然后对小波系数进行统计分析与能量分布分析，其结果显示在表 7.13 中。

表 7.13　Lena 图像小波系数统计分析表

图号	最大值	最小值	均值	方差	能量比	层能量合计
LL4	213.4	0.86	96.927	2141.8	86.31	
HL4	109.0	−113.94	−0.142	281.3	2.10	
LH4	129.9	−114.13	−0.085	374.9	2.81	92.01
HH4	83.6	−67.59	0.074	105.8	0.79	
HL3	167.3	−131.52	−0.191	260.1	1.95	
LH3	102.2	−148.53	−0.095	248.5	1.86	4.36
HH3	69.0	−88.40	0.0514	74.03	0.55	
HL2	139.2	−117.46	0.097	151.9	1.14	
LH2	136.7	−170.36	−0.024	138.3	1.04	2.56
HH2	77.3	−113.20	−0.001	51.3	0.38	
HL1	75.7	−92.01	0.037	57.8	0.43	
LH1	67.2	−92.61	−0.061	58.3	0.43	1.07
HH1	58.3	−59.27	−0.011	27.9	0.21	

从表 7.13 可以看出：

1）随着分层数的增加，小波系数的范围越来越大，说明越往后层次的小波系数越重要。

2）除 LL4 外，其他子带方差和能量明显减少，充分说明低频系数在图像编码中的重要性。

3）对同一方向子带，按从高层到低层（从低频到高频）排列有：HL4→HL3→HL2→HL1，LH4→LH3→LH2→LH1，HH4→HH3→HH2→HH1，大部分情况下其方差从大到小，有一定的变换规则。

4）而且进一步分析可以得出第一层中有 90％的系数绝对值集中在 0 附近。

以上这些规律对图像压缩编码算法有很重要的指导意义。

7.7.4 小波编码方法

1. 直接阈值编码法

由于小波变换后使得原始图像能量集中在少数部分的小波系数上，因此最简单的系数量化方法就是将某一阈值以下的系数略去，只保留那些能量较大的小波系数，从而达到数据压缩的目的。

用阈值法进行小波系数取舍，实际上是按一定的准则将小波系数划分成两类：一类是重要的系数；另一类是非重要的系数。一般以小波系数的绝对值作为小波系数分类的标准，在图像压缩中，根据阈值取舍小波系数 $C(i,j)$ 的公式为：

$$C(i,j)=\begin{cases}C(i,j) & |C(i,j)|\geqslant\delta\\0 & |C(i,j)|<\delta\end{cases}\tag{7.7.15}$$

阈值法处理的关键问题是选择合适的阈值 δ，如果阈值太小，压缩效果不明显；阈值太大，压缩图像重构会丢失很多细节，产生模糊。一般来说，可采用两种阈值方法取舍小波系数：

1)对所有子带用一个全局阈值。

2)对各子带分别用不同的阈值。

例 7.17 对大小为 256×256 像素、灰度级为 256 的 woman 图像应用全局阈值法，第一次阈值大小由函数 ddencmp 求得，由此压缩的图像如图 7.31b 所示；第二次阈值大小为 100，由此压缩的图像如图 7.31c 所示；第三次为分层阈值化，各层各方向的阈值由函数 wdcbm2 计算求得，由此压缩的图像如图 7.31d 所示。

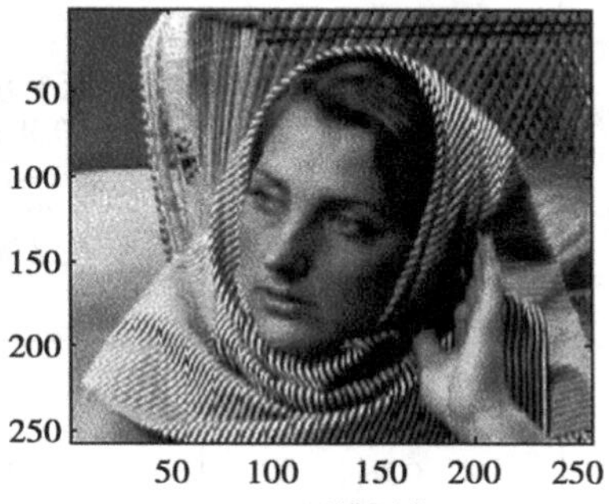

a) 原始图像

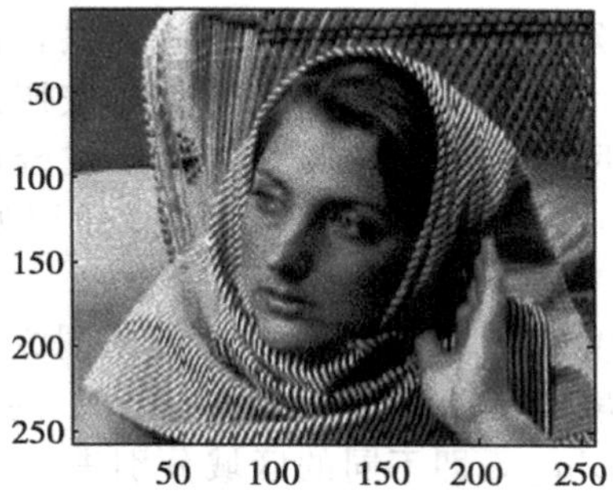

b) 全局化阈值压缩图像，阈值=9.5

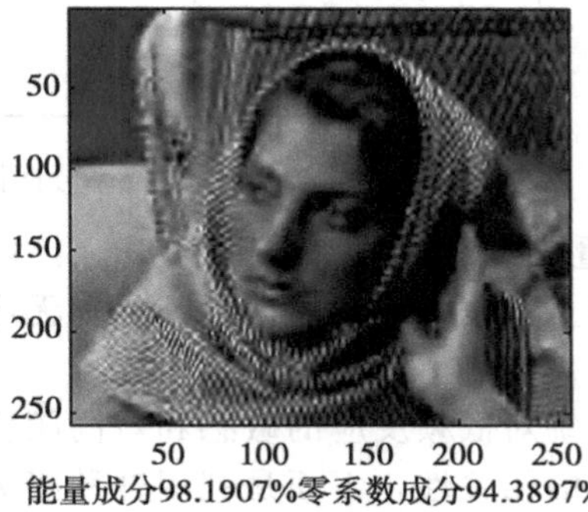

能量成分98.1907%零系数成分94.3897%

c) 全局化阈值压缩图像，阈值=100

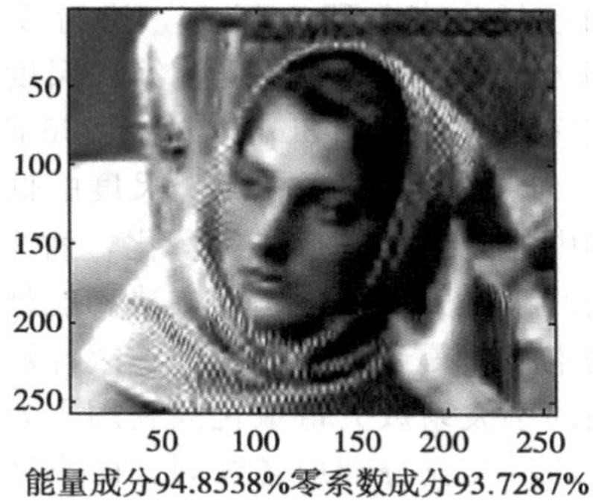

能量成分94.8538%零系数成分93.7287%

d) 分层阈值化压缩图像

图 7.31 全局阈值和部分阈值重构图

```
% 装入并显示原始图像
load woman;
nbc=size(map,1);
subplot(221);image(wcodemat(X,nbc));title('原始图像')
% 用 ddencmp 函数求出图像的全局阈值
[thr,sorh,keepapp]=ddencmp('cmp','wv',X);
thr                                              % 显示求得的阈值
% 对图像应用全局阈值
[xd,cxd,lxd,perf0,perfl2]=wdencmp('gbl',X,'bior3.5',3,thr,sorh,keepapp);
subplot(222);image(wcodemat(xd,nbc));title('全局化阈值压缩图像');
xlabel(['能量成分',num2str(perfl2),'% ','零系数成分',num2str(perf0),'% ']);
% 用 bior3.5 小波对图像进行 3 层分解
[c s]=wavedec2(X,3,'bior3.5');
% 指定策略中的经验系数
alpha=1.5;
m=2.7*prod(s(1,:));
% 用 wdcbm2 求出各层的各方向的阈值
[thr,nkeep1]=wdcbm2(c,s,alpha,m);
thr                                        % 显示求得的各层阈值
% 对图像分层进行阈值化
[xd1,cx1,sxd1,perf01,perfl21]=wdencmp('lvd',c,s,'bior3.5',3,thr,'s');
colormap(pink(nbc));
subplot(223);image(wcodemat(xd1,nbc));title('分层阈值化压缩图像');
xlabel(['能量成分',num2str(perfl21),'% ','零系数成分',num2str(perf01),'% ']);
```

2. 基于小波树结构的矢量量化法

人眼视觉系统对高频分量反应不敏感，而对低频分量反应很敏感。根据这一特点，在压缩时应尽量降低低频分量的失真，即在量化编码的码率分配时，低频区码率相对高，高频区码率相对低。以二级小波变换为例，按照人眼视觉系统和多尺度分析要求，对二级小波分解和矢量量化位率（单位 bpp，即位/像素）分配如图 7.32 所示。

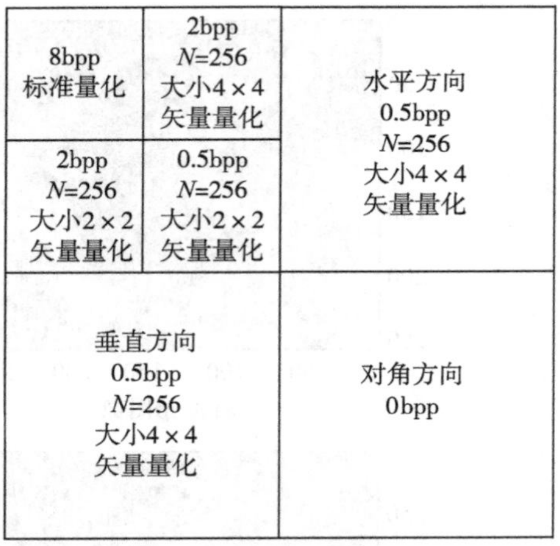

图 7.32 各子图位率分配图

通常用 LBG 算法产生各尺度不同方向（水平、垂直、对角）子码本，如图 7.32 所示，对高频区位率分配为 0bpp，即不同的区域分别进行 VQ（矢量量化）编码，第一尺度的水平和垂直及第二尺度分辨的对角区域位率分配 0.5bpp，进行 256 码字长 4×4（即 $k=16$ 维）的 VQ 编码；第二尺度分辨的水平和垂直区域位率分配 2bpp，进行 256 码字长 2×2（即 $k=4$ 维）的 VQ 编码；第二尺度的低频区域是信息最集中之处，不进行矢量量化，而采用标量量化方法，位率分配为 8bpp。以上就是普遍采用的小波矢量量化编码方法。这种方法的缺点是码本缺乏通用性，码本无序且要搜索整个码本来获得最佳矢量匹配，故计算量大。

常规的小波系数矢量量化只利用了人眼视觉系统对低频反应的敏感和对高频反应的不敏感性，而没有充分利用各级同方向小波变换系数的相关性，下面是利用这种相关性给出的基于小波树结构的矢量量化方法。

前面章节已经指出，若对图像进行 L 层分解，将得到 $3\times L+1$ 个子带，即每一个尺度上有 3 个子带，再加上一个低频的 LL 子带，其变换系数有以下几个特点：

1)图像的能量主要集中在低频的 LL 子带上。

2)子带 LH、HL、HH 表现出明显的方向性，它们分别代表水平、垂直和对角方向的边缘或纹理信号。

3)各子带的相应位置的系数有明显的相关性。

因此，小波分解的不同尺度和不同方向的系数有一定对应关系，可以构成小波树，图 7.33 所示为小波三次分解树结构。阴影部分低频区每个根节点分出水平、垂直和对角 3 个节点，位于 HL3、LH3 和 HH3 子带的每个节点向各自方向(HL2、LH2 和 HH2)生长出 4 个分支，各分支再向各方向(HL1、LH1 和 HH1)生长出 4 个分支，直到结束为止。对于三次小波分解，其每个分支的节点数为(1＋4＋16)＝21 个节点，故我们把各方向的节点数定为 21。在此方法中，深阴影区(即低频部分)不采用矢量量化，而用位率为 8bpp 的标量量化，而其他部分采用矢量量化。

以图 7.33 所示小波系数结构树的水平方向为例，设 HL3 中一小波系数在子带内坐标为(x, y)，则它对应的下一层(即 HL2 层)子带内的 4 个对应系数为$(2x-1, 2y-1)$，$(2x, 2y-1)$，$(2x-1, 2y)$，$(2x, 2y)$；同时对应第一层(即 HL1 层)上的 16 个系数为$(4x-3, 4y-3)$，$(4x-2, 4y-3)$，$(4x-1, 4y-3)$，$(4x, 4y-3)$，$(4x-3, 4y-2)$，$(4x-2, 4y-2)$，$(4x-1, 4y-2)$，$(4x, 4y-2)$，$(4x-3, 4y-1)$，$(4x-2, 4y-1)$，$(4x-1, 4y-1)$，$(4x, 4y-1)$，$(4x-3, 4y)$，$(4x-2, 4y)$，$(4x-1, 4y)$，$(4x, 4y)$。经过这样的树结构映射，可把小波变换得到的系数按照它们分属的不同子带 HL、LH、HH 构成相应的 21 维矢量。同样由于各级子带的系数个数有一定的比例关系，所以在量化编码分配码率时只要分配好各最高级子带的码率，其余各子带的码率也隐式地确定了，这就简化了码率分配问题。

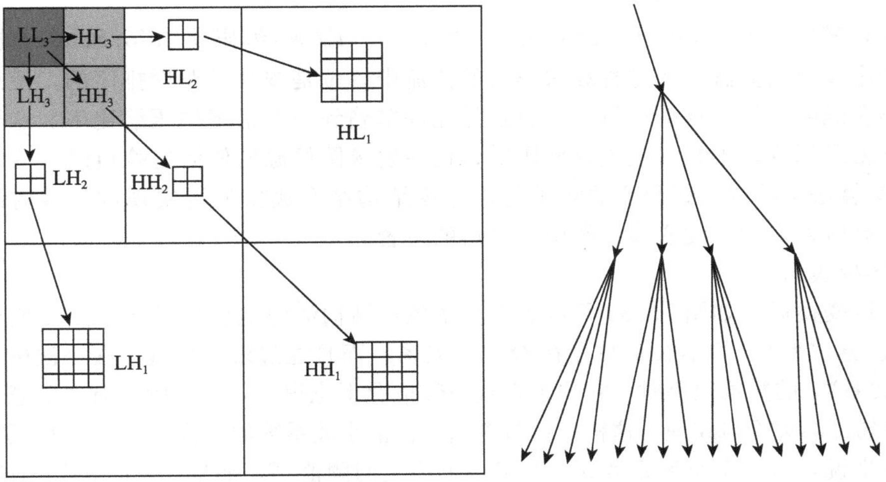

a) 小波系数树结构　　b) 任意方向小波树结构

图 7.33　小波三次分解树结构

量化是图像编码中的一个重要环节。根据小波变换的特点，一般保留低频子带的存储方式不变，而将水平、垂直和对角的子带映射成小波树结构。从 7.7.3 节分析知 LL3 小波系数保留了原图中绝大部分能量，常用的编码方案是对 LL3 进行标量量化；而将其余的子带系数根据上面要求形成树矢量，进行矢量量化，以获得高的压缩比。

根据对解压图像质量的不同要求，在基于小波树结构的量化中可采用不同的分解尺度，若要求解压图像质量良好，压缩比不是很高，可用上例中的三级小波分解；若要求压缩比很高而解压图像质量较好，可用四级小波分解。

例 7.18　对大小为 512×512 像素、灰度级为 256 的 Lena 图像进行三级小波分解，对 LL3 用 DPCM 编码，而对 HL 和 LH 方向用 21 维矢量量化，而根据传统的量化方法，HH1 被量化为 0，那么，HH 方向用 5 维矢量量化。结果如图 7.34a 所示，其均方根误差为 6.2734，压缩比为 16。

对 Lena 图像进行四级小波分解，对 LL4 用 DPCM 编码，对第一层 HL1、LH1 和 HH1 全部量化为 0，这样 HL、LH 和 HH 方向都用 21 维矢量量化。结果如图 7.34b 所示，其均方根误差为 10.9681，压缩比为 54。

a) 三级小波分解结果　　b) 四级小波分解结果

图 7.34　矢量量化结果

3. 嵌入式零树小波编码

嵌入式零树小波(Embedded Zerotree Wavelet，EZW)编码是 J. M. Shapiro 提出的一种高效的小波压缩算法。在这种算法得到的位流中，位是按其重要性排序的，使用这种算法，编码者能够在任一点结束编码，也就是允许精确到一个指定的压缩比率。这种算法的特点是不要求训练，不要求预先存储码书，也不要求图像源的任何先验知识。

EZW 算法中的嵌入式码流的实现是由零树结构结合逐次逼近实现的，零树结构的目的是为了高效地表示小波变换系数中非零值的位置。

(1)零树表示

经小波变换后，如图 7.33a 所示的小波系数树结构清楚地说明了在小波变换域内不同分解层次(分辨率)上的小波系数存在着对应关系。而且通过观察发现：在小波树上，当小波系数(父系数)的数值很小时，它的子系数一般情况下也很小，这是因为有实际意义的小波系数来自局部的边缘与纹理，这样，仅包含毫无价值小波系数的树或子树就称为“零树”。

具体来说，对一个小波系数 x，对于一个给定的阈值 T，如果 $|x|<T$，则称小波系数 x 是不重要的。如果一个小波系数在一个粗尺度过关于给定的阈值 T 是不重要的，之后在较细尺度上在同样的空间位置中的所有小波系数也关于阈值 T 是不重要的，则称小波系数形成了一棵零树。在图 7.33a 中如果 HH3 中一个根节点是零树根，它表示共有 21 个小波变换系数都是无效值。

如果一个小波系数关于阈值 T 是不重要的，但它的孩子中存在关于阈值 T 是重要的系数，则称这个系数是孤立零。由上面的定义和分析可以看到，所有的小波系数只是下述三种情形之一：①零树根；②孤立零；③重要系数。在实际编码中可以把重要系数分为正重要系数和负重要系数，这样四种类型的系数在编码时可分别分配 2 位编码。在实际应用中，由于这四种系数出现的概率大不相同，若对它们进行不等长编码(如赫夫曼编码)或算术编码，效果会更好。表 7.14 是用 2 位表示的。

表 7.14　系数类型码表

系数类型	代　码
零树根	ZTR(00)
孤立零	IZ(01)
正重要系数	POS(10)
负重要系数	NEG(11)

有了这四个符号，可以按一定的顺序扫描小波变换系数矩阵，从而形成一个符号表，得到一个有效值映射。由于希望出现尽可能多的"零树根"来压缩代码，故扫描应该从最低的精度级开始逐渐向高精度级进行，同时为了提高速度，对每个子带内的系数并不严格按行、列顺序进行，各级子带扫描的顺序可以不一样，图 7.35 给出的是系数编码时常用的扫描顺序。

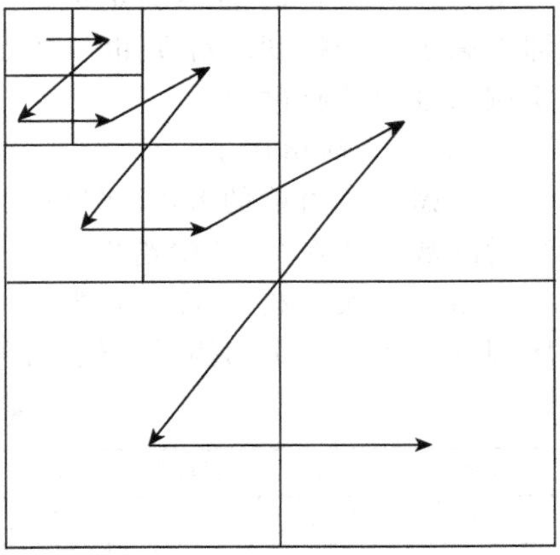

图 7.35　系数编码时的扫描顺序图

在扫描过程中，各子带按图 7.35 所示的次序，在每个子带中按从左到右、从上到下进行。当遇到一个正的有效值时，将 POS 放到表中；当遇到一个负的有效值时，将 NEG 放到表中；当遇到一个系数是孤立零时，将 IZ 放入表中；当遇到一个系数是零树根时，将 ZTR 放到表中。同时，对 ZTR 的所有子孙系数进行标注，因为已经知道它们是无效值，所以在今后扫描到它们时可以跳过，具体的流程如图 7.36 所示。

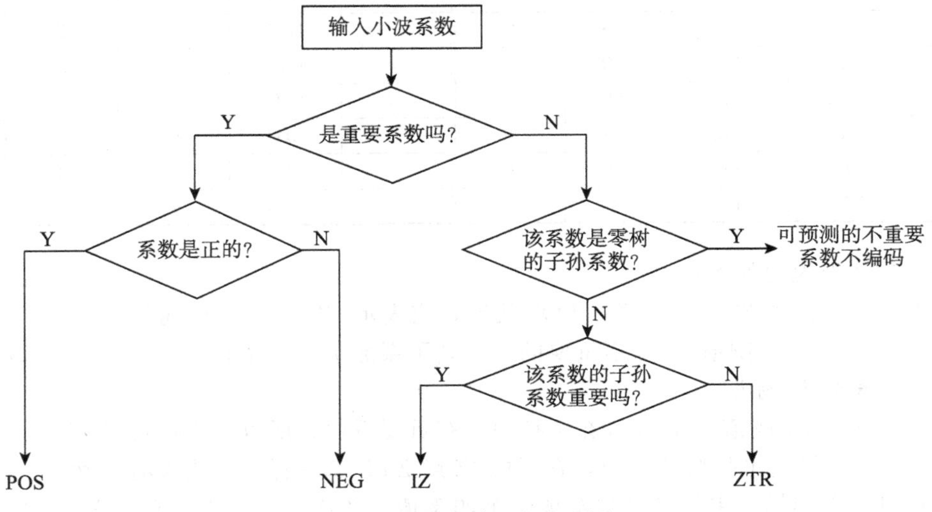

图 7.36　系数编码的流程图

(2)逐次逼近量化

逐次逼近量化即逐次使用阈值序列 T_0，T_1，…，T_{N-1} 以决定重要系数，其中阈值序列的选取是 $T_i=T_{i-1}/2$，而最初阈值 T_0 的选择使得对所有系数 x_j 有 $|x_j|<2T_0$，且 $T_0=2^n$。

在逐次逼近过程中，依次形成两个表，一个主表，一个副表。对于一个给定的阈值 T_i（第一次是 T_0，第二次是 T_1，…），首先进行一遍主扫描，生成主表。主表中包含的是以 T_i 为阈值的有效映射，由 POS、NEG、ZTR、IZ 构成，在主表形成的同时将出现的有效值幅度加到一个副表中。

对于阈值 T_i，按图 7.36 完成一遍主扫描后，紧接着进行副扫描，副扫描对已发现有效值进一步细化表示。为了说明问题，假设当前阈值是 T_0，完成主扫描后，发现有效值幅度在 $[T_0, 2T_0)$ 中，若没有进一步细化，解码时仅知道值在 $[T_0, 2T_0)$ 中，一般用 $T_0+T_0/2$ 来重构。副扫描的目的是进一步细化这些值，用 1～3 位来进一步描述一个值处于区间的哪一部位，如用 1 位来描述，可将一个有效值重构时的不确定区间从 $T_0/2$ 降低到 $T_0/4$，即提高了一倍精度。对 T_i 也一样处理。下面以一个编码实例来说明编码过程。

(3)一个简单例子

考虑一个简单的 8×8 图像的 3 尺度小波变换，分解后的数据图在 7.37 中给出。

63	−34	49	10	7	13	−12	7
−31	23	14	−13	3	4	6	−1
15	14	3	−12	5	−7	3	9
−9	−7	−14	8	4	−2	3	2
−5	9	−1	47	4	6	−2	2
3	0	−3	2	3	−2	0	4
2	−3	6	−4	3	6	3	6
5	11	5	6	0	3	−4	4

图 7.37 一个 8×8 图像的三层小波变换系数矩阵

由于最大系数是 63，可选 $T_0=32$。按图 7.35 的顺序扫描，经过一次扫描后，输出的系数如表 7.15 所示。

表 7.15 $T_0=32$ 的编码过程

注释	子带	系数值	符号	重构值	注释	子带	系数值	符号	重构值
1)	LL3	63	POS	48		LH2	−9	ZTR	0
	HL3	−34	NEG	−48		LH2	−7	ZTR	0
2)	LH3	−31	IZ	0	4)	HL1	7	Z	0
3)	HH3	23	ZTR	0		HL1	13	Z	0
	HL2	49	POS	48		HL1	3	Z	0
	HL2	10	ZTR	0		HL1	4	Z	0
	HL2	14	ZTR	0		LH1	−1	Z	0
	HL2	−13	ZTR	0		LH1	47	POS	48
	LH2	15	ZTR	0		LH1	−3	Z	0
	LH2	14	IZ	0		LH1	2	Z	0

对表的注释说明如下：

1)系数大于阈值 32，使用符号 POS 代替，它表示[32，64]的中间值 48。

2)系数−31 关于阈值 32 是不重要的，而其子系数中有一个是 47，所以该系数是一个孤立零，用符号 IZ 标记。

3)对于 23 小于阈值 32，并且在子孙中没有重要系数，所以用零树符号 ZTR。

4)符号 Z(零)这里是树叶标记，它写成 IZ 或 ZTR 都一样，因为没有子女。

然后进行副扫描。主扫描时共发现 4 个非零值，依次为{63,34,49,47}。主扫描结束后，根据主扫描信息，解码器确定它们是在(64,32]之间，因此用 48 作为它们的重构值。

副扫描的目的是用更准确的重构值表示它们，这里将量化区间分成上四个区：[32,40)，[40,48)，[48,56)和[56,64)，分别用 00、01、10 和 11 在副表中表示，则可形成如表 7.16 所示的副表。

表 7.16 副表与重构值

系数值	符号	重构值
63	11	60
34	00	36
49	10	52
47	01	44

第一次扫描共用了 36+8=44 位，经一次扫描后，数据剩余图如图 7.38 所示。

3	2	-3	10	7	13	-12	7
-31	23	14	-13	3	4	6	-1
15	14	3	-12	5	-7	3	9
-9	-7	-14	8	4	-2	3	2
-5	9	-1	3	4	6	-2	2
3	0	-3	2	3	-2	0	4
2	-3	6	-4	3	6	3	6
5	11	5	6	0	3	-4	4

图 7.38 第一次扫描后数据剩余图

第二次扫描，$T_1=T_0/2=16$，其编码表如表 7.17 所示。

表 7.17 $T_1=16$ 编码过程

子带	系数值	符号	重构值	子带	系数值	符号	重构值
LL3	3	IZ	0	LH2	−9	ZTR	0
LH3	−2	ZTR	0	LH2	−7	ZTR	0
HL3	−31	NEG	−24	HH2	3	ZTR	0
HH3	23	POS	24	HH2	−12	ZTR	0
LH2	15	ZTR	0	HH2	−14	ZTR	0
LH2	14	ZTR	0	HH2	8	ZTR	0

第二次扫描后共发现 2 个非零值{31、23}，由主扫描信息，解码器确定它们是在[16，32)之间，因此用 24 作为它们的重构值。同样，副扫描的目的是用更准确的重构值表示它们，这里，将量化区间分成两个区间：[16，24)和[24，32)，分别用 0、1 在副扫描中表示。可形成如表 7.18 所示的副表。

表 7.18 副表与重构值

系数值	符号	重构值
31	1	28
23	0	20

第二次扫描共用了 8+2=10 位，经二次扫描后，同样形成数据剩余图，然后进行第三次扫描，第三次扫描过程如表 7.19 所示。

表 7.19 $T_2=8$ 编码过程

子带	系数值	符号	重构值	子带	系数值	符号	重构值	子带	系数值	符号	重构值
LL3	3	IZ	0	HL2	10	POS	12	LH2	−9	NEG	−12
HL3	2	IZ	0	HL2	14	POS	12	LH2	−7	ZTR	0
LH3	−3	IZ	0	HL2	−13	NEG	−12	HH2	3	ZTR	0
HH3	3	IZ	0	LH2	15	POS	12	HH2	−12	NEG	−12
HL2	−3	IZ	0	LH2	14	POS	12	HH2	−14	NEG	−12

（续）

子带	系数值	符号	重构值	子带	系数值	符号	重构值	子带	系数值	符号	重构值
HH2	8	POS	12	HL1	4	Z	0	LH1	3	Z	0
HL1	7	Z	0	HL1	−2	Z	0	LH1	−3	Z	0
HL1	13	POS	12	HL1	3	Z	0	LH1	2	Z	0
HL1	3	Z	0	HL1	9	POS	12	LH1	2	Z	0
HL1	4	Z	0	HL1	3	Z	0	LH1	−3	Z	0
HL1	−12	NEG	−12	HL1	2	Z	0	LH1	5	Z	0
HL1	7	Z	0	LH1	−5	Z	0	LH1	11	POS	12
HL1	6	Z	0	LH1	9	POS	12				
HL1	−1	Z	0	LH1	3	Z	0				
HL1	5	Z	0	LH1	0	Z	0				
HL1	7	Z	0	LH1	−1	Z	0				

这样经过三次编码，阈值 T 已降到 8，如果 8 以下的数据可以忽略不计的话，这三次扫描共输出 44＋10＋88＝142 位。编码率为 $\frac{142}{8\times8}=2.22$ 位/像素，如果译码时根据效果允许降低一些标准，只保留 $\frac{54}{8\times8}=0.84$ 位/像素，这时小于 16 的小波系数被恢复成 0。图 7.39 是根据三次扫描输出编码进行解码后的输出结果。

60	−36	52	12	0	12	−12	0
−28	20	12	−12	0	0	0	0
12	12	0	−12	0	0	0	12
−12	0	−12	12	0	0	0	0
0	12	0	44	0	0	0	0
0	0	0	0	0	0	0	0
0	0	0	0	0	0	0	0
0	12	0	0	0	0	0	0

图 7.39　解码结果

从中可以看出，解码输出的重要系数幅值最大相差不超过 4，这种利用阈值区间进行幅值编码方法大大节省了位数。

(4)EZW 的编码结果

Shapiro 在有关 EZW 的文献中给出了一些测试结果。对于分辨率为 512×512 像素的 Lena 图像，在不同压缩比下，重构图像的 PSNR 及均方根差如表 7.20 所示。R 为每像素点所用的位数。

表 7.20　Lena 图像编码结果

节字数	R	压缩比	MSE	PSNR	有效系数
32768	1.0	8∶1	7.21	39.55	39446
16384	0.5	16∶1	15.32	36.28	19385
8192	0.25	32∶1	31.33	33.17	9774
4096	0.125	64∶1	61.67	30.23	4950
2048	0.0625	128∶1	114.5	27.54	2433
1024	0.03125	256∶1	188.27	25.38	1253
512	0.015625	512∶1	281.7	23.63	616
256	0.0078125	1024∶1	440.2	21.69	265

小结

由于图像数据占据大量的存储容量和较宽的传输信道，因此在信息社会中，数字图像压缩技术在图像处理中的地位将越来越重要。本章从数字图像压缩的理论基础入手，首先对信息论中的信源编码定理进行了简单介绍，然后介绍了几种熵编码方法，对于赫夫曼编码、算术编码和行程编码等重要的熵编码技术进行了详细介绍。

在有失真编码中，本章主要介绍了预测编码、变换编码及小波编码的主要原理和实现技术，预测和变换是构成各种高效图像编码器的主要单元。在预测编码中主要阐述了预测器设计、量化器设计等相关技术，并给出了相应的 Matlab 程序。对于变换编码，先介绍了各种变换编码并进行了比较，然后对 DCT 编码作了进一步分析，包括 DCT 编码方法中的码率分配算法、变换系数的量化和扫描方式等问题，并给出了相应的算法和 Matlab 程序。

随着小波理论及滤波器设计理论的不断完善，运用小波变换进行图像压缩编码已经取得了一些优于当前其他编码方法的编码结果。本章在讨论了离散数字图像二维小波分解与重构基础上，重点介绍了树形表示的小波图像编码算法，包括基于小波树结构的矢量压缩算法、嵌入式零树编码算法，它们充分利用小波变换在各尺度同一方向上的小波系数的相似性及小波变换能量紧致性，可达到高的压缩比和好的视觉效果。

习题

7.1 设数字电视每秒 24 帧，如果其上面播放的图像大小为 640×480 像素，每个像素为 24 位，今有一种有损压缩编码，其压缩比为 40.5，现有 10GB 的存储空间，若不进行压缩能存储多少时间的数字电视图像？进行压缩后又能存储多少时间的数字电视图像？

7.2 简述数字图像压缩的必要性和可能性。

7.3 简述客观评价准则和主观评价准则的各自特点及两者之间的联系。

7.4 式(7.2.1)中的对数底确定了用来测量信息的单位。如果以 2 为底，得到的信息单位就是位；如果以 e 为底，得到的信息单位称为奈特；如果以 10 为底，得到的信息单位是哈特利。请推导出它们之间的换算关系。

7.5 设信源 $X=\{a,b,c,d\}$，且 $p(a)=1/8$，$p(b)=5/8$，$p(c)=1/8$，$p(d)=1/8$，计算各符号的自信息量和信源熵。

7.6 对一幅灰度级为 2^n，且已经经过直方图均衡化的图像能否用变长编码方法进行压缩？效果如何？

7.7 根据图 7.2 所示的赫夫曼树，下面是某图像的一段赫夫曼编码：

1110010010000011000000110111000000011100000011011 0

请将其解码写出来。

7.8 设信源 $X=\{a, b, c, d\}$，且 $p(a)=0.2$，$p(b)=0.2$，$p(c)=0.4$，$p(d)=0.2$，对数 0.0624 进行算术解码。

7.9 简述预测编码中无损编码和有损编码两者间的相同点和差异，及各自适合使用的场合。

7.10 DPCM 编码斜率过载和颗粒噪声现象是怎样产生的，简述其解决的办法。

7.11 编写程序实现一阶有损线性预测编码，用表 7.8 给出的 Lloyd-Max 量化器中 4 级量化对预测误差进行量化，并用 Lena 图像测试。

7.12 简述 ADPCM 编码的基本原理。

7.13 从数学的角度简述离散余弦变换(DCT)和傅里叶变换(DFT)之间的联系和不同点。

7.14 在图像变换编码中为什么要对图像进行分块？简述 DCT 编码的原理及基本过程。

7.15 简述矢量量化的原理和在图像压缩中的作用。

7.16 什么样的小波基适合图像压缩编码？

7.17 根据图 7.26 数字图像小波分解数据流示意图，叙述二维数字图像从高分辨率图像分解到低分辨率图像的过程。

7.18 简述小波编码与 DCT 编码的相同点和不同点。

CHAPTER 8

第 8 章

图像检测与分割

8.1 概述

人类感知外部世界的两大途径是听觉和视觉，视觉获取最多的是图像信息。在一幅图像中，人们往往只对其中的某些物体感兴趣，这些物体通常占据一定区域，并且在某些特征(如灰度、轮廓、颜色、纹理等)和周围背景区域有差别。这些特征差别可能非常明显，也可能很细微以致人眼觉察不到，计算机图像处理技术的发展使得人们可以通过计算机帮助人类获取与处理图像信息。现在图像识别技术已成功地应用于许多领域，其中纸币识别、车牌识别、文字识别(OCR)、指纹识别等已为大家所熟悉。这些图像识别的基础便是图像分割，其作用是把反映物体真实情况、占据不同区域、具有不同特征的目标区分开来，并形成数字特征，它是图像识别系统的前提步骤。图像分割质量的好坏直接影响整个图像处理过程的效果甚至决定其成败。因此，图像分割在整个图像处理过程中是至关重要的(如图 8.1 所示)。

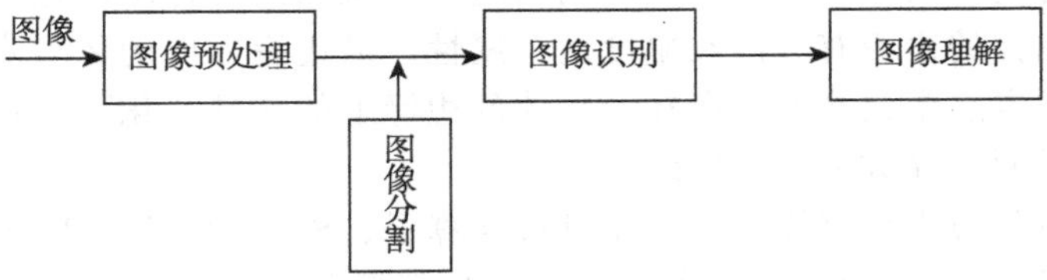

图 8.1　图像分割在整个图像处理过程中的作用

图像分割是指将一幅图像分解为若干个互不交叠的有意义且具有相同性质的区域。好的图像分割应具备以下三个特性：

1)分割出来的各个区域对某些特征(如灰度、颜色、纹理等)而言具有相似性，区域内部连通且没有许多小孔。

2)相邻区域对分割所依据的性质存在着明显的差异。

3)区域边界明确。

现有的图像分割方法大都能够满足上述特性。然而，在具体处理时，若加强区域的同性质约束，则分割出来的区域容易产生大量小孔和不规则的边界；若强调不同区域之间性质差异的显著性，则容易造成不同性质区域的合并。因此，选择一种适当的图像分割方法需要在各种约束条件之间寻找一种合理的折中。

图像分割更为形式化的定义如下：令 I 表示图像，H 表示具有相同性质谓词，图像分割的目的是把 I 分解为 N 个区域 R_i，$i=1,2,\cdots,N$，要求满足：

1) $\bigcup_{i=1}^{N} R_i = I$，$R_i \cap R_j = \varnothing$，$i, j = 1,2,\cdots,N$，$i \neq j$；

2) $H(R_i) = \text{TRUE}$，$i = 1,2,\cdots,N$；

3) $H(R_i \cup R_j) = \text{FALSE}, i,j = 1,2,\cdots,N, i \neq j$。
条件 1 表明分割出来的区域要覆盖整个图像且各个区域互不重叠；条件 2 表明每一个区域都具有相同性质；条件 3 表明相邻两个区域若性质相异，则不能合并为同一个区域。

图像识别系统往往是面向某种实际应用的，所以上述条件中的各种关系也要视具体情况而定。目前，还没有一种通用方法可以很好地兼顾这些约束条件，也没有一种通用方法可以完成所有的图像分割任务。原因在于实际图像是千差万别的。分割困难的另一个重要原因在于图像的降质，包括图像在获取和传输过程中引入的各种噪声以及光照不均等。对图像分割的好坏进行评价，到目前为止还没有一个统一的准则。至今，图像分割仍是计算机视觉、图像处理等领域中的经典难题。

近些年来，大量的图像分割方法被相继提出。这些方法的实现手段各不相同，然而大都基于图像在像素级上的两个性质：相似性和不连续性。属于同一目标的区域一般具有相似性，而不同的区域在边界上表现出不连续性。

8.2 边缘检测

图像的边缘对人类视觉而言具有重要意义。当人们在看一个带有边缘的物体时，首先感觉到的便是它的边缘。灰度或结构等信息的突变处称为边缘，它是一个区域的结束，也是另一个区域的开始。利用这种特性可以分割图像。需要指出的是，检测出的边缘并不等同于目标的真实边界。由于图像数据是二维的，而实际物体是三维的，从三维到二维的投影必然会造成部分信息的丢失，再加上图像在成像过程中的光照不均和噪声等因素的影响，使得图像中有边缘的地方不一定能检测出边缘，检测出有边缘的地方也不一定代表目标的真实边界。图像的边缘有方向和幅度两个属性，沿边缘方向的像素点变化平缓，而垂直于边缘方向的像素点变化剧烈。存在于物体的边缘上的这种变化可以用微分算子检测出来，通常用一阶或两阶导数来检测边缘。

基于一阶导数的边缘检测算子包括 Roberts 算子、Sobel 算子、Prewitt 算子等。在算法实现过程中，通过 2×2(Roberts 算子)或 3×3 模板作为核与图像中的每一个像素点进行卷积运算，然后选取合适的阈值用以提取边缘。拉普拉斯算子是基于二阶导数的边缘检测算子，该算子对噪声敏感，其改进是先对图像进行平滑滤波处理，然后再应用边缘检测算子。前面介绍的边缘检测算子都是基于微分方法的，它们的依据是图像中目标的边界对应一阶导数的极大值或二阶导数的过零点。Canny 算子是另一类边缘检测算子，它不是通过微分算子检测，而是在满足一定约束条件下推导出来的边缘检测最优化算子。

8.2.1 梯度算子

梯度算子是一阶导数算子，对于图像函数 $f(x,y)$，其梯度定义为一个向量：

$$\nabla f(x,y) = \begin{bmatrix} G_x \\ G_y \end{bmatrix} = \begin{bmatrix} \dfrac{\partial f}{\partial x} \\ \dfrac{\partial f}{\partial y} \end{bmatrix} \tag{8.2.1}$$

该向量的幅度值为：

$$\text{mag}(f) = (G_x^2 + G_y^2)^{\frac{1}{2}} \tag{8.2.2}$$

为简化幅度值的计算，也可用以下三式来近似：$|G_x| + |G_y|$、$G_x^2 + G_y^2$ 或 $\max(G_x, G_y)$。

该向量的方向角表示为：

$$\alpha(x,y) = \arctan\left(\frac{G_x}{G_y}\right) \tag{8.2.3}$$

由于数字图像是离散的，计算偏导数 G_x 和 G_y 时，通常用差分运算来替代微分运算。同样，为了计算方便，通常用小区域模板和图像卷积运算来近似计算梯度值。采用不同的模板计算 G_x 和 G_y，会产生不同的边缘检测算子，最常见的有 Roberts、Sobel 和 Prewitt 算子。Roberts 算子用图 8.2b 所示的模板来近似计算 $f(x,y)$对 x 和 y 的偏导数：

$$\begin{aligned} G_x &= Z_9 - Z_5 \\ G_y &= Z_8 - Z_6 \end{aligned} \tag{8.2.4}$$

Sobel 算子用图 8.2c 所示的模板来近似计算 $f(x,y)$对 x 和 y 的偏导数：

$$\begin{aligned} G_x &= (Z_7 + 2Z_8 + Z_9) - (Z_1 + 2Z_2 + Z_3) \\ G_y &= (Z_3 + 2Z_6 + Z_9) - (Z_1 + 2Z_4 + Z_7) \end{aligned} \tag{8.2.5}$$

Prewitt 算子用图 8.2d 所示的模板来近似计算 $f(x,y)$对 x 和 y 的偏导数。

$$\begin{aligned} G_x &= (Z_7 + Z_8 + Z_9) - (Z_1 + Z_2 + Z_3) \\ G_y &= (Z_3 + Z_6 + Z_9) - (Z_1 + Z_4 + Z_7) \end{aligned} \tag{8.2.6}$$

计算出 G_x 和 G_y 的值后，用式(8.2.2)计算出像素点(x,y)处的梯度值。再设定一个合适的阈值 T，若像素点(x,y)处的 $g \geqslant T$，则认为该点是目标的边缘点。

Z_1	Z_2	Z_3
Z_4	Z_5	Z_6
Z_7	Z_8	Z_9

a) 图像模板邻域

-1	0
0	1

0	-1
1	0

b) Roberts模板

-1	-2	-1
0	0	0
1	2	1

-1	0	1
-2	0	2
-1	0	1

c) Sobel模板

-1	-1	-1
0	0	0
1	1	1

-1	0	1
-1	0	1
-1	0	1

d) Prewitt模板

图 8.2　几种常用的边缘检测算子模板

例 8.1　Roberts、Sobel 和 Prewitt 算子检测边缘。

下面是采用 Roberts、Sobel 和 Prewitt 算子检测边缘的 Matlab 程序，结果如图 8.3 所示。

```
f=imread('lena.bmp');
subplot(2,2,1);
imshow(f);
title('原图像');
[g,t]=edge(f,'roberts',[],'both');
subplot(2,2,2);
imshow(g);
title('Roberts 算子分割结果');
[g,t]=edge(f,'sobel',[],'both');
subplot(2,2,3);
imshow(g);
title('Sobel 算子分割结果');
[g,t]=edge(f,'prewitt',[],'both');
subplot(2,2,4);
imshow(g);
title('Prewitt 算子分割结果');
```

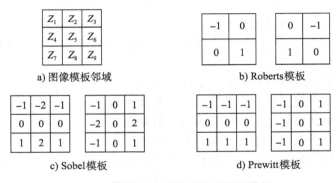

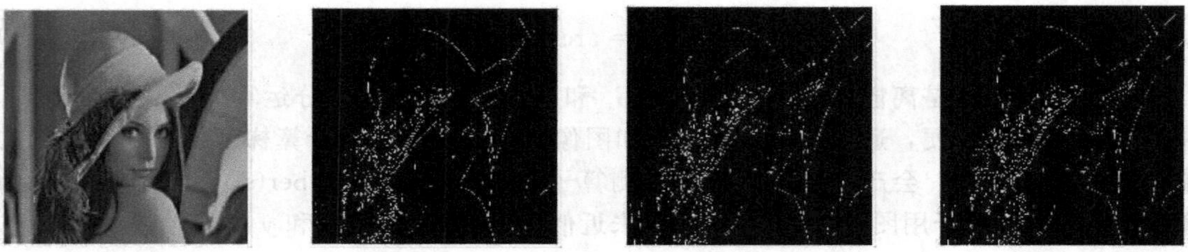

a) 原始图像　b) Roberts算子分割结果　c) Sobel算子分割结果　d) Prewitt算子分割结果

图 8.3　几种常用的边缘检测算子分割图像结果

程序中，edge 函数的一般语法为[g,t]=edge(image,method,threshold,direction)，其中 image 为输入图像；method 为采用的方法类型；threshold 为阈值，若给定阈值，则 t=threshold；否则，由 edge 函数自动计算并把其值返回给 t；direction 为寻找边缘的方向，其值可以是 horizontal、vertical 或 both，默认值为 both；g 为返回的二值图像。

8.2.2　高斯-拉普拉斯算子

拉普拉斯算子是一种二阶导数算子，它是一个标量，具有各向同性的性质，定义为：

$$\nabla^2 f(x,y) = \frac{\partial^2 f(x,y)}{\partial x^2} + \frac{\partial^2 f(x,y)}{\partial y^2} \tag{8.2.7}$$

对于数字图像，用差分近似表示为：

$$\nabla^2 f(x,y) = f(x+1,y) + f(x-1,y) + f(x,y+1) + f(x,y-1) - 4f(x,y) \tag{8.2.8}$$

计算拉普拉斯算子的两种常用模板如图 8.4 所示。

0	1	0
1	–4	1
0	1	0

1	1	1
1	–8	1
1	1	1

图 8.4　两种常用的拉普拉斯算子模板

由于拉普拉斯算子是二阶导数算子，所以对噪声敏感，需要先进行平滑滤波处理，然后再进行二阶微分运算。常用的平滑函数为高斯函数。高斯平滑滤波器对去除服从正态分布的噪声非常有效。二维高斯函数表示为：

$$h(x,y) = \frac{1}{2\pi\sigma^2} e^{-\frac{x^2+y^2}{2\sigma^2}} \tag{8.2.9}$$

其中 σ 为高斯分布的标准方差，用高斯函数对 $f(x,y)$ 进行平滑滤波处理，结果为：

$$g(x,y) = h(x,y) \otimes f(x,y) \tag{8.2.10}$$

其中：$\otimes$ 为卷积符号，图像平滑后再应用拉普拉斯算子，结果为：

$$\nabla^2 g(x,y) = \nabla^2(h(x,y) \otimes f(x,y)) = \nabla^2 h(x,y) \otimes f(x,y) \tag{8.2.11}$$

式(8.2.11)成立的前提是：在线性系统中，卷积与微分的次序可以交换。

因此，平滑和微分合并后的算子为：

$$\nabla^2 h(x,y) = \frac{1}{\pi\sigma^4}\left[\frac{x^2+y^2}{2\sigma^2} - 1\right] e^{-\frac{x^2+y^2}{2\sigma^2}} \tag{8.2.12}$$

称为高斯-拉普拉斯(Laplacian of Gaussian，LOG)算子，这种边缘检测方法也称为 Marr 边缘检测方法。

例 8.2　LOG 算子检测边缘。

下面是采用 LOG 算子检测边缘的 Matlab 程序，结果如图 8.5 所示。

```
f=imread('lena.bmp');
subplot(1,2,1);
imshow(f);
```

```
title('原图像');
[g,t]=edge(f,'log');
subplot(1,2,2);
imshow(g);
title('LOG算子分割结果');
```

a) 原始图像

b) LOG算子分割结果

图 8.5　LOG 算子分割图像结果

8.2.3　坎尼边缘检测算子

在实际边缘检测的应用中，抑制各类噪声和边缘准确定位通常无法同时得到满足。边缘检测算法在通过对图像平滑滤波去除噪声的同时，也增加了边缘定位的不确定性；反之，提高边缘检测算子对边缘的敏感性的同时，也提高了对噪声的敏感性。不同于基于微分方法的边缘检测算法，Canny(坎尼)算子是一种基于最优化思想的边缘检测算子，它试图在抑制噪声和准确定位之间寻求一种最佳的折中。用 Canny 算子进行边缘检测的主要步骤如下：

1）利用高斯滤波器平滑图像。

2）计算滤波后图像梯度的幅度和方向。

3）对梯度幅度应用非极大值抑制，其过程是找出图像梯度中的局部极大值点，把其他非局部极大值点置零，以得到细化的边缘。

4）用双阈值算法检测和连接边缘，使用两个阈值 $T1$ 和 $T2$($T1>T2$)，$T1$ 用来找到每一条线段；$T2$ 用来在这些线段的两个方向上延伸寻找边缘的断裂处，并连接这些边缘。

例 8.3　应用 Canny 算子检测边缘。

下面是采用 Canny 算子检测边缘的 Matlab 程序，结果如图 8.6 所示。

a) 原始图像

b) Canny算子分割结果

图 8.6　Canny 算子分割图像结果

```
f=imread('lena.bmp');
subplot(1,2,1);
imshow(f);
```

```
title('原图像');
[g,t]=edge(f,'canny');
subplot(1,2,2);
imshow(g);
title('Canny算子分割结果');
```

在边缘检测中，边缘定位能力和噪声抑制能力是一对矛盾体。就各种算法而言，有的边缘定位能力较强，有的抗噪声能力较好。对各种边缘检测算子，参数的选择也直接影响到边缘定位能力和噪声抑制能力的强弱。它们各自都有不同的优缺点：

1）Roberts算子：利用局部差分算子寻找边缘，边缘定位精度较高，但容易丢失部分边缘，同时由于图像没有经过平滑处理，故不具备抑制噪声能力。该算子对具有陡峭边缘且含噪声少的图像效果较好。

2）Sobel算子和Prewitt算子：都对图像先进行加权平滑处理，再进行微分运算，不同的是平滑部分的权值有差异，因而这两种算子对噪声具有一定的抑制能力，但不能完全排除检测结果中出现的虚假边缘。此外，尽管这两种算子的边缘定位效果较好，但检测出来的边缘容易出现多像素宽度。

3）拉普拉斯算子：是一种不依赖于边缘方向的二阶微分算子，对图像中存在的阶跃型边缘点定位准确。该算子对噪声非常敏感，能使噪声成分得到加强，故容易丢失部分边缘的方向信息，造成一些不连续的检测边缘，因而该算子的抗噪声能力较差。

4）LOG算子：先用高斯函数对图像进行平滑滤波，再用拉普拉斯算子检测边缘，有效克服了拉普拉斯算子抗噪声能力较差的缺点，但该算子在抑制噪声的同时，也可能将原有比较尖锐的边缘平滑掉，造成尖锐边缘无法被检测出来。此外，高斯函数中参数 σ 的选择也尤为关键。σ 越大，通频带越窄，对较高频率噪声的抑制作用越大，避免了虚假边缘的检出，但同时信号的边缘也被平滑掉，造成某些边缘点的丢失；反之，σ 越小，通频带越宽，可以检测出图像更高频率的细节，但对噪声的抑制能力相对下降，容易出现虚假边缘。

5）Canny算子：虽然该算子基于最优化思想，但实际效果并不一定最优。该算子同样采用高斯函数对图像进行平滑处理，故具有较强的抑制噪声能力。该算子采用双阈值检测和连接边缘，在多尺度检测和方向性搜索方面比LOG算子要好。

8.3 边界跟踪

可用各种方法检测出图像中目标的边缘点，但在某些情况下仅获得边缘点是不够的，另外由于噪声、光照不均等因素影响，使得获取的边缘点可能不连续，必须通过边界跟踪将它们转换为有意义的边界信息，以便后续处理。边界跟踪可以直接在原始图像上进行，也可以先利用边缘检测方法对图像进行预处理，得到图像梯度图，然后在该梯度图上进行边界跟踪。

8.3.1 空域边界跟踪

边界跟踪是指从图像中的一个边缘点出发，依据某种判别准则搜索下一个边缘点，从而跟踪出目标边界。边界跟踪一般包括三个主要步骤：

1）确定边界的起始搜索点，对于某些图像，选择不同的起始点会导致不同的结果。

2）确定合适的边界判别准则和搜索准则，判别准则用于判断某个亮点是否为边缘点，搜索准则用于指导如何搜索下一个边缘点。

3）确定搜索的终止条件。

假设给定的图像为一幅二值图像，且图像中只有一个具有闭合边界的目标。以下是按照四连通方向搜索目标边界的方法：

1）起始搜索点：按从左到右、从上到下的顺序搜索，找到的第一个像素点是最左上方的边缘点，把它作为起始点，记为 S，同时记下搜索方向，记为 D。

2）边界判别准则和搜索准则：按上、右、下、左的顺序寻找下一个边缘点 N，如图 8.7 所示，C 点为当前点，单元格中数字表示搜索顺序。若 N 点为亮点，则 N 为边缘点，搜索下一个边缘点时，把 N 作为当前点 C，同时改变搜索方向，图 8.7b 中箭头所指的像素点为搜索下一个边缘点时的第一个考查点。

3）终止条件：重复步骤 2，若 C 就是 S 点，且搜索方向为 D，则表明已转了一圈，程序结束。

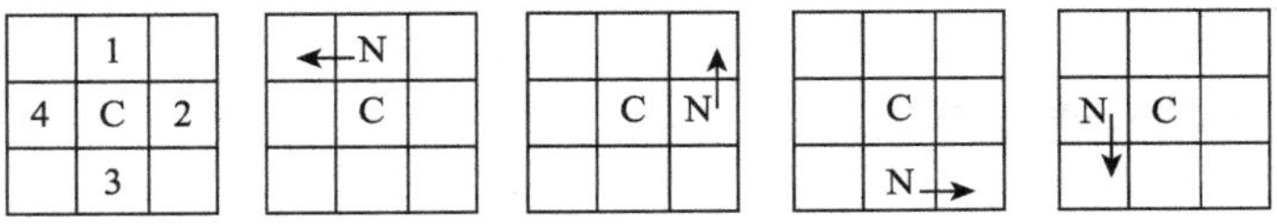

a) 搜索顺序　　b) 搜索方向

图 8.7　边界跟踪搜索顺序和搜索方向

例 8.4　二值图像边界跟踪。

下面是实现该算法的 Matlab 程序，结果如图 8.8 所示。

```
f=imread('ellipse.bmp');
subplot(2,2,1);
imshow(f);
title('原图像');
b=boundary_trace(f);
subplot(2,2,2);
imshow(b);
title('四连通边界跟踪结果');
% 下面是实现边界跟踪的子函数,用于跟踪目标的外边界
function g=boundary_trace(f)
offsetr=[- 1,0,1,0];
offsetc=[0,1,0,-1];
next_serach_dir_table=[4,1,2,3];
next_dir_table=[2,3,4,1];                  % 分别为搜索方向和顺序查找表
start=-1;
boundary=-2;
[rv,cv]=find((f(2:end-1,:)>0) & (f(1:end-2,:)==0));       % 找出起始点
rv=rv+1;
startr=rv(1);
startc=cv(1);
f=im2double(f);
f(startr,startc)=start;
cur_p=[startr,startc];
init_departure_dir=-1;
done=0;
next_dir=2;        % 初始搜索方向
while ~ done
    dir=next_dir;
    found_neighbour=0;
    for i=1:length(offsetr)        % 四邻域方向寻找下一个边缘点
```

```
            offset=[offsetr(dir),offsetc(dir)];
            neighbour=cur_p+offset;
            if(f(neighbour(1),neighbour(2)))~=0    % 找到新的边缘点
               if(f(cur_p(1),cur_p(2))==start) & (init_departure_dir==-1)
                  init_departure_dir=dir;         % 记下离开初始点时的方向
               else if(f(cur_p(1),cur_p(2))==start) & (init_departure_dir==dir)
                  done=1;
                  found_neighbour=1;
                  break;
               end
               next_dir=next_serach_dir_table(dir);
               found_neighbour=1;    % 下一个搜索方向
               if f(neighbour(1),neighbour(2))~ =start
                  f(neighbour(1),neighbour(2))=boundary;
               end
               cur_p=neighbour;
               break;
            end
            dir=next_dir_table(dir);
        end
    end
    bi=find(f==boundary);
    f(:)=0;
    f(bi)=1;
    f(startr,startc)=1;
    g=im2bw(f);
```

a) 原始图像

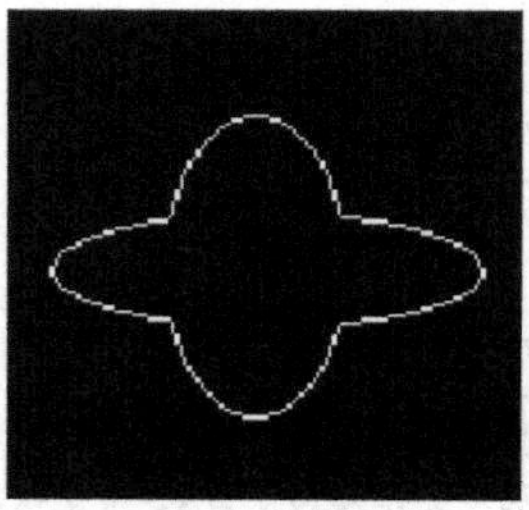

b) 四连通边界跟踪结果

图 8.8　二值图像边界跟踪

非二值图像可通过设置阈值先转换为二值图像，再应用上面算法实现边界跟踪。下面介绍一种适用于多灰度图像的边界跟踪算法，该算法在起始搜索点确定、边界判别准则和搜索准则方面与上面算法都有所不同。实际上，不同边界跟踪算法之间的最大差异主要体现在跟踪过程中，尤其是如何根据当前情况判别下一步的跟踪方向。好的边界跟踪算法对边缘点的提取能按照边界走向及时调整搜索方向，以此提高搜索效果。应用该算法之前，需要先利用微分算子计算图像的梯度图。

1）起始搜索点：对图像梯度图进行搜索，找出最大值点作为起始搜索点，并在起始搜索点的八邻域方向中找出梯度值最大的像素点作为第二个边缘点。

2）边界判别准则和搜索准则：如图 8.9 所示，C 为当前边缘点，P 为前一个边缘点，根据 C 和 P 位置的不同有八种情况，对于每一种情况在三个标有阴影的邻域中选出梯度值最大的像素点作为边缘点，同时把 C 点作为 P 点，把新的边缘点作为 C 点。

3）终止条件：当新的边缘点的梯度值小于某一设定阈值时，搜索停止。

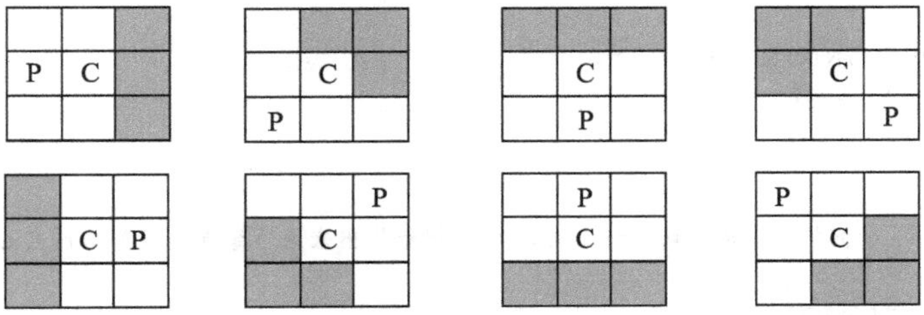

图 8.9 边界点跟踪顺序

例 8.5 灰度图像边界跟踪。

下面是实现该算法的 Matlab 程序，结果如图 8.10 所示。

```
f=imread('circle.bmp');
subplot(1,2,1);
imshow(f);
title('原图像');
g=im2double(f);
w=fspecial('laplacian',0);    % 利用拉普拉斯微分算子计算图像梯度图
g=imfilter(g,w,'replicate');
h=boundary_trace2(g);
subplot(1,2,2); imshow(h); title('边界跟踪结果');
% 下面是实现边界跟踪的子函数,用于跟踪目标的外边界
function g=boundary_trace2(f)    % f 为输入灰度图像,g 为输出二值图像
cell_cp={[0,1],[-1,1],[-1,0],[-1,-1],[0,-1],[1,-1],[1,0],[1,1]};
cell_n={[-1,1],[1,1],[0,1];[-1,0],[0,1],[-1,1];[-1,-1],[-1,1],[-1,0];[0,-1],[-1,0],[-1,-1];
        [1,-1],…[-1,-1],[0,-1];[1,0],[0,-1],[1,-1];[1,1],[1,-1], [1,0];[0,1],[1,0],[1,1]};
f=padarray(f,[1,1],0,'both');
boundaryval=-1000;
maxval=max(f(:));
[rv,cv]=find(f==maxval)=S=[rv(1),cv(1)];
P=S;    % 找出起始搜索点
minval=min(f(:));
T=(maxval+minval)/2;
f(S(1),S(2))=boundaryval;
g=f(S(1)-1:S(1)+ 1,S(2)-1:S(2)+ 1);
maxval=max(g(:));
[rv,cv]=find(g==maxval);    % 在起始搜索点的八邻域方向找出第二个边缘点
C=P+ [rv(1)-2,cv(1)-2];
done=f(C(1),C(2))< T;
f(S(1),S(2))=-boundaryval;
while ~ done
    f(C(1),C(2))=boundaryval;
    c_p=C-P;
    for dir=1:length(cell_cp)
        if cell_cp{dir}==c_p
            break;
        end
    end
    maxval=boundaryval;
    for i=1:size(cell_n,2)    % 在候选点中选出梯度值最大的像素点作为下一个边缘点
        N2=C+ cell_n{dir,i};
        if(maxval< f(N2(1),N2(2)))
            maxval=f(N2(1),N2(2));
            N=N2;
        end
```

```
    end
    if (f(N(1),N(2))< T) | (N==S)
       done=true;
       break;
    end
    P=C;
    C=N;     % 把前一个边缘点 P 设为当前点 C,把新找出来的边缘点 N 设为当前点 C
end
bi=find(f==boundaryval);
f(:)=0;
f(bi)=1;
f(S(1),S(2))=1;
f=f(2:end-1,2:end-1);
g=im2bw(f);
```

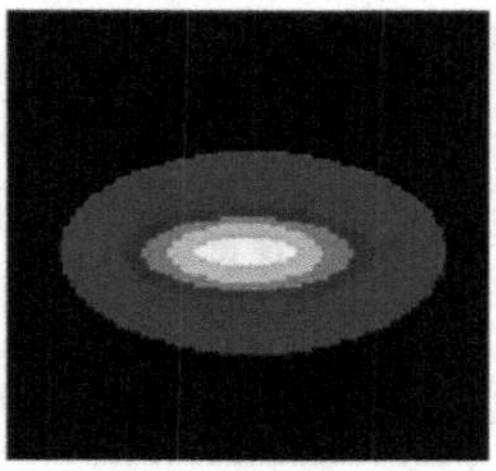
a) 原始图像

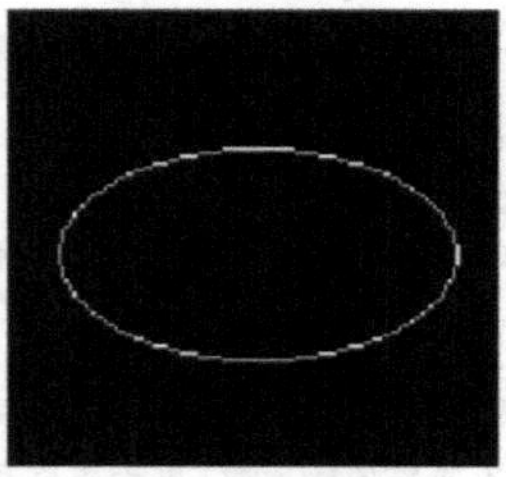
b) 边界跟踪结果

图 8.10 灰度图像边界跟踪

8.3.2 霍夫变换

霍夫(Hough)变换可以将检测出的边缘点连接起来得到边界曲线，其优点在于噪声和曲线间断影响较小。在已知曲线形状的条件下，Hough 变换实际上是利用分散的边缘点进行曲线逼近，它也可看成是一种聚类分析技术。

1. 利用直角坐标中的 Hough 变换检测直线

在图像空间中，经过(x,y)点的直线可表示为：

$$y = ax + b \tag{8.3.1}$$

其中 a 为斜率，b 为截距。上式可变换为：

$$b = -xa + y \tag{8.3.2}$$

式(8.3.2)即为直角坐标中(x,y)点的 Hough 变换。如图 8.11 所示，图像空间中的(x_i, y_i)点和点(x_j, y_j)分别对应于参数空间中的两条直线 $b=-x_ia+y_i$ 和 $b=-x_ja+y_j$，两条直线的交点(a',b')即为图像空间中过这两点的直线的斜率和截距。图像空间中所有过这条直线的点经 Hough 变换后在参数空间中的直线都交于(a',b')点。因此，通过 Hough 变换可将图像空间中直线的检测问题转化为参数空间中点的检测问题。

直角坐标中的 Hough 变换的实现过程如下：在参数空间中建立一个二维累加数组 A，其第一维的范围为图像空间中直线斜率的可能范围，第二维的范围为图像空间中直线截距的可能范围。开始时，A 初始化为零；然后，对图像空间中的像素点依次用 Hough 变换计算出 a 和 b 的值，相应数组元素 $A(a,b)$加 1；最后，$A(a,b)$的值就是图像空间中落在以 a 为斜率、b 为截距的直线上点的数目。数组 A 的大小对计算量和精度的影响很大。

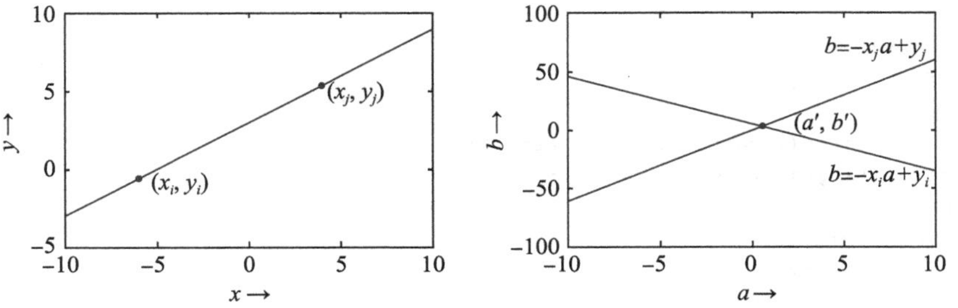

图 8.11 直角坐标中的 Hough 变换

2. 利用极坐标中的 Hough 变换检测直线

与直角坐标类似，在极坐标中通过 Hough 变换也可将图像空间中的直线对应到参数空间中的点。如图 8.12 所示，对于图像空间中的一条直线，ρ 表示该直线距原点的法线距离，θ 表示法线与 x 轴的夹角，则该直线的参数方程可表示为：

$$\rho = x\cos(\theta) + y\sin(\theta) \tag{8.3.3}$$

式(8.3.3)为极坐标中点(x,y)的 Hough 变换。在极坐标中，横坐标为直线的法向角，纵坐标为直角坐标原点到直线的法向距离。图像空间中共直线的点(x_i,y_i)和点(x_j,y_j)映射到参数空间中的两条正弦曲线相交于点(ρ',θ')。同样，图像空间中所有过这条直线的点经 Hough 变换后在参数空间中的曲线都交于点(ρ',θ')。

极坐标中的 Hough 变换的实现过程与直角坐标类似，也要在参数空间中建立一个二维累加数组 A，但数组范围不同，第一维的范围为$[-D, D]$，D 为图像的对角线长度，第二维的范围为$[-90°, 90°]$。开始时 A 初始化为零，对图像空间中的像素点依次用 Hough 变换计算出 ρ 和 θ 的值，相应 $A(\rho,\theta)$加 1；最后，$A(\rho,\theta)$的值就是图像空间中落在距原点的法线距离为 ρ、法线与 x 轴的夹角为 θ 的直线上像素点的个数。

下面给出实现 Hough 变换检测直线的 houghtrans 函数的 Matlab 程序。假定一条有意义的直线至少有三个点以上，因而 thresh$\geqslant$3，也即共线点数少于 thresh 的直线将被过滤掉。

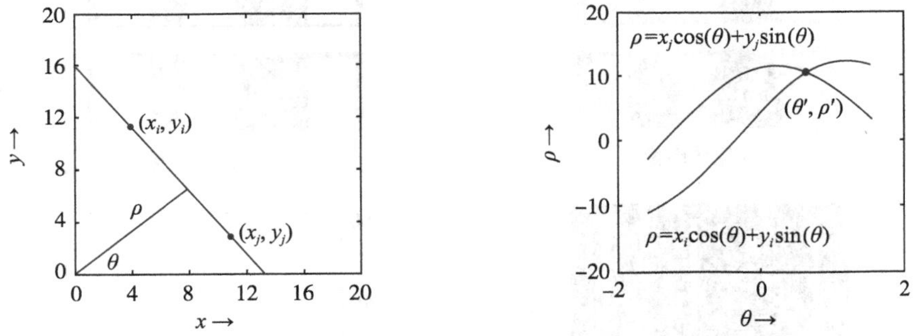

图 8.12 极坐标中的 Hough 变换

```
function[rodetect,tetadetect,Accumulator]= houghtrans(imb,rostep,tetastep,…,thresh)
% 其中 imb 为输入图像，rostep 和 tetastep 为参数 ρ 和 θ 的步长，thresh 为阈值
if nargin==3
    thresh=3;
end
d=sqrt((size(imb,1))^2+(size(imb,2))^2);
```

```
D=ceil(d);
p=-D:rostep:D;
teta=-90:
tetastep:90;
Accumulator=zeros(length(p),length(teta));
rorec=zeros(length(p),length(teta));
teta=teta* pi/180;
for x=1:size(imb,2)
    for y=1:size(imb,1)
        if imb(y,x)==1
            indteta=0;
            for tetai=teta
                indteta=indteta+1;
                roi=(x-1)* cos(tetai)+(y-1)* sin(tetai);
                temp=abs(roi-p);
                mintemp=min(temp);
                indro=find(temp==mintemp);
                indro=indro(1);
                Accumulator(indro,indteta)=Accumulator(indro,indteta)+1;
                rorec(indro,indteta)=roi;
            end
        end
    end
end
Accumutemp=Accumulator-thresh;    % 设置阈值
Accumubinary=imregionalmax(uint8(Accumutemp));
[rodetect tetadetect]=find(Accumubinary==1);
rodetect=diag(rorec(rodetect,tetadetect));
tetadetect=(tetadetect-1)* tetastep-90;
```

例 8.6 Hough 变换检测直线。

下面是利用 hough 函数检测直线的 Matlab 程序，结果如图 8.13 所示。

a) 原始图像

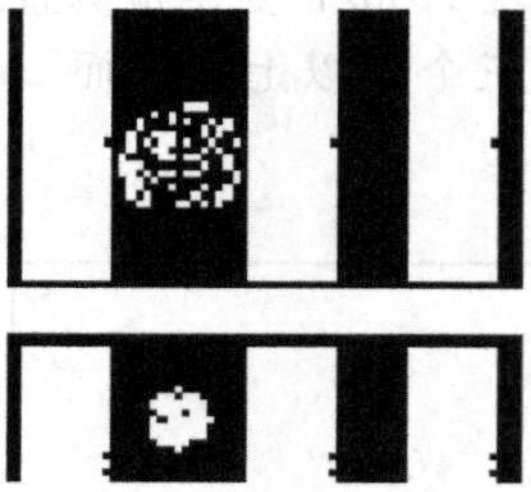

b) 二值化图像

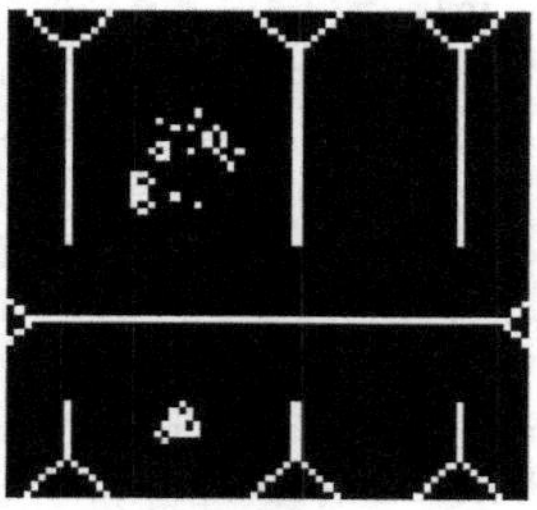

c) 细化图像

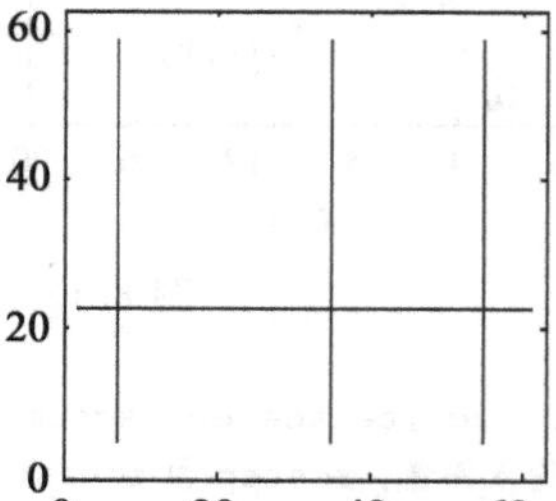

d) Hough变换检测出的直线

图 8.13 Hough 变换检测直线

```
f=imread('polar.bmp');
subplot(2,2,1);
imshow(f);
title('原图像');
T=graythresh(f);
f=im2bw(f,T);
subplot(2,2,2);
imshow(f);
title('二值化图像');
f=bwmorph(f,'skel',Inf);
f=bwmorph(f,'spur',8);
subplot(2,2,3);
imshow(f);
title('细化图像');
[rodetect,tetadetect,Accumulator]=houghtrans(f,0.25,1,20);
subplot(2,2,4);
[m,n]=size(f);
for ln=1:length(rodetect)
    if tetadetect(ln)~=0
        x=0:n-1;
        y=-cot(tetadetect(ln)*pi/180)*x+rodetect(ln)/sin(tetadetect(ln)*pi/180);
    else
        x=rodetect(ln)*ones(1,n); y=0:m-1;
    end
    xr=x+1;
    yr=floor(y+1.0e-10)+1;
    xidx=zeros(1,n);
    xmin=0;
    xmax=0;
    for i=1:n
        if(yr(i)>=1 & yr(i)<=m)
            if f(yr(i),xr(i))==1
                if xmin==0
                    xmin=i;
                end
                xmax=i;
            end
        end
    end
    if tetadetect(ln)~=0
        x=xmin-1:xmax-1;
        y=y(x+1);
    else
        y=xmin-1:xmax-1;
        x=x(y+1);
    end
    y=m-1-y;
    plot(x,y,'linewidth',1);
    hold on;
end
axis([0,m-1,0,n-1]);
title('Hough 变换检测出的直线');
```

在实现 Hough 变换前需要对原图像进行一些必要的预处理，即先用 Otsu 方法对图像进行二值化处理，获取灰度阈值；再用形态函数得到细化的图像骨架；最后应用 Hough 变换提取图像中的直线。当 $\theta=0$，即直线为竖直线时，从图 8.13 可见，利用 Hough 变换可将三条中断的竖直线连接起来，这是 Hough 变换的一大特点。Hough 变换的另一大特点是抑制噪声的能力，它能够提取噪声背景中的直线。

3. Hough 变换检测圆

Hough 变换利用了图像的全局特征，将边缘点连接起来，从而得到目标边界。它不仅可用于检测直线，还可检测所有能给出解析式的曲线。例如，在直角坐标中的圆周的一般方程为：

$$(x-a)^2+(x-b)^2=r^2 \tag{8.3.4}$$

其中(a,b)为圆心坐标，r为圆的半径。由于图像空间中有三个参数a、b和r，故参数空间中累加数组的大小定义为三维，即$A(a,b,r)$。a和b在允许范围内变化，r值按式(8.3.4)求出，每计算出一个(a,b,r)的值，相应数组元素$A(a,b,r)$加 1。最后，$A(a,b,r)$的值就是图像空间中落在以(a,b)为圆心坐标、以r为半径的圆周上的点的数目。

可见，利用 Hough 变换检测圆和检测直线的原理和实现过程类似，只是算法的复杂度增加。若能获取边缘的梯度角，并用此来确定从圆心到每个边缘点的方向，则剩下的未知参数就只有圆的半径，计算量得以大大减小。圆的极坐标方程表示为：

$$x=a+r\cos\theta,\ y=b+r\sin\theta \tag{8.3.5}$$

在边缘点(x,y)处给定梯度角θ，从式(8.3.5)中消除半径，可得：

$$b=a\tan\theta-x\tan\theta+y \tag{8.3.6}$$

4. 广义 Hough 变换

Hough 变换的原理是利用图像空间与参数空间的对应关系，将在图像空间中的检测问题转化到参数空间中，并通过在参数空间中进行简单的累加统计来完成检测任务。当目标边界没有解析表达式时，也可使用 Hough 变换进行检测，这就是广义 Hough 变换。广义 Hough 变换把目标的边界形状编码成离散的参考表，并用此来表示目标边界。如图 8.14 所示，(a,b)为目标内某一个参考点，(x,y)为任意一个边缘点，(x,y)到(a,b)的矢量为$\boldsymbol{r}$，$\boldsymbol{r}$与X轴的夹角为ϕ，θ为(x,y)处的梯度角。对于每一个梯度角为θ的边缘点(x,y)，参考点的位置可由下式算出：

$$a=x+\boldsymbol{r}(\theta)\cos(\phi(\theta)),\quad b=y+\boldsymbol{r}(\theta)\sin(\phi(\theta)) \tag{8.3.7}$$

利用广义 Hough 变换检测任意形状目标边界的主要步骤如下：

1) 在未知区域形状的条件下，将目标的边界形状编码成参考表，即为每个边缘点计算梯度角θ_i，并为每个梯度角θ_i计算对应于参考点的距离r_i和角度ϕ_i。

2) 在参数空间中建立一个二维累加数组$A(a,b)$并初始化为零，对边界上的每一个像素点，由式(8.3.7)计算出每个可能的参考点的位置值，对相应数组元素$A(a,b)$加 1。

3) 计算结束后，具有最大值的数组元素$A(a,b)$所对应的(a,b)值即为图像空间中所求的参考点，当求出图像空间中的参考点后，整个目标的边界就可以确定了。

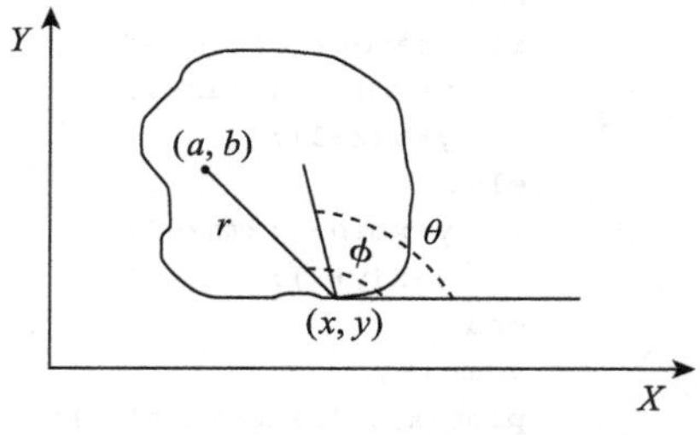

图 8.14 广义 Hough 变换参考点和边界点的关系

8.4 阈值分割

基于灰度阈值的分割方法是图像分割的经典方法，它通过设置阈值把像素点按灰度级分成若干类，从而实现图像分割。把一幅灰度图像转换成二值图像是阈值分割的最简单形式。假定灰度图像为 $f(x,y)$，用设定的准则在 $f(x,y)$ 中找出一个灰度值作为阈值 T，以此将图像分割成两部分，即将大于或等于该阈值的像素点值设置为 1；将小于该阈值的像素点值设置为 0。阈值处理后的图像用二值图像 $g(x,y)$ 表示：

$$g(x,y)=\begin{cases}1 & f(x,y)\geqslant T\\0 & f(x,y)<T\end{cases} \tag{8.4.1}$$

上式中阈值 T 的选择直接影响分割效果，通常可以通过分析灰度直方图来确定。最常用的方法是利用灰度直方图求双峰或多峰，选择两峰之间的谷底作为阈值。

8.4.1 人工选择法

基于灰度阈值的分割方法的关键在于如何合理地选择阈值。人工选择法是通过人眼的观察，运用人类对图像的先验知识，在分析图像直方图的基础上人工选出合适的阈值，也可以在人工选出阈值后，根据分割效果不断地进行交互操作，从而选择最佳阈值。如图 8.15 所示，图像中的目标为桥梁的栏杆，其灰度值处在一个较高的范围之内。从图 8.15c 与 d 中可见，阈值选择 210 的分割结果明显比选择 155 的分割结果好。采用人工选择法选择阈值离不开人类对图像的先验知识的帮助。

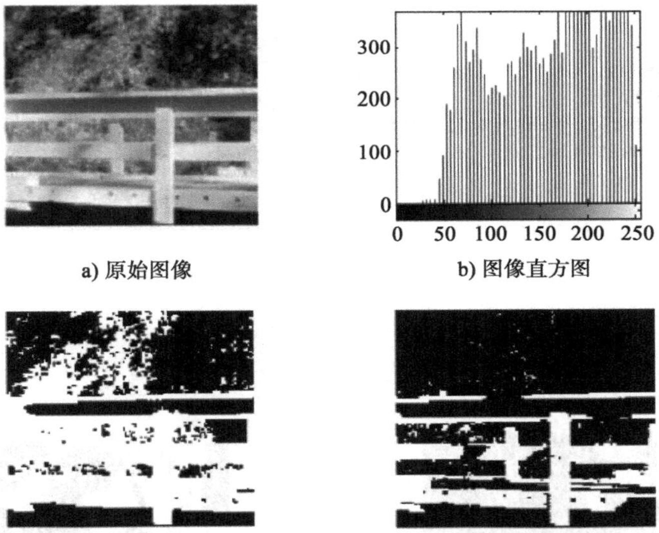

a) 原始图像　　b) 图像直方图

c) 二值化图像（155）　　d) 二值化图像（210）

图 8.15　人工选择阈值和自动选择阈值比较

8.4.2 自动阈值法

虽然人工选择法有时可以得到令人满意的阈值，但自动获取阈值是大部分应用需求的基本要求。自动阈值法通常使用灰度直方图来分析图像中灰度值的分布，并结合特定的应用领域知识选择出最合适的阈值。

1. 迭代式阈值选择

迭代式阈值选择的基本思想是：开始时选择一个阈值作为初始估计值，然后按某种策略不断地改进估计值，直到满足给定的准则为止。迭代式阈值选择的关键在于阈值改进策略的选择。好的阈值改进策略应具备以下两个特征，一是能够快速收敛；二是在每次迭代中，新产生的阈值应优于上一次的阈值。下面给出迭代式阈值选择算法的主要步骤：

1）选择图像灰度值的中间值作为初始阈值 T_0。

2）利用阈值 T_i，把图像按像素点的灰度值分割成 R_1 和 R_2 两个区域，并计算灰度均值 $\mu_1=\dfrac{\sum_{i=0}^{T_i} in_i}{\sum_{i=0}^{T_i} n_i}$，$\mu_2=\dfrac{\sum_{i=T_i}^{L-1} in_i}{\sum_{i=T_i}^{L-1} n_i}$，其中 n_i 为灰度级 i 的像素点个数。

3）求出新的阈值 T_{i+1}：$T_{i+1}=(\mu_1+\mu_2)/2$。

4）重复步骤 2 和 3，直到 T_{i+1} 和 T_i 的差小于某个给定值为止。

例 8.7　迭代式阈值选择。

下面是实现该算法的 Matlab 程序，结果如图 8.16 所示。

```
f=imread('barbara.bmp');
subplot(1,2,1);
imshow(f);
title('原始图像');
f=double(f);
T=(min(f(:))+max(f(:)))/2;
done=false;
i=0;
while ~done
    r1=find(f<=T);
    r2=find(f>T);
    Tnew=(mean(f(r1))+mean(f(r2)))/2;
    done=abs(Tnew-T)<1;
    T=Tnew;
    i=i+1;
    end
    f(r1)=0;
    f(r2)=1;
    subplot(1,2,2);
    imshow(f);
    title('迭代阈值二值化图像');
```

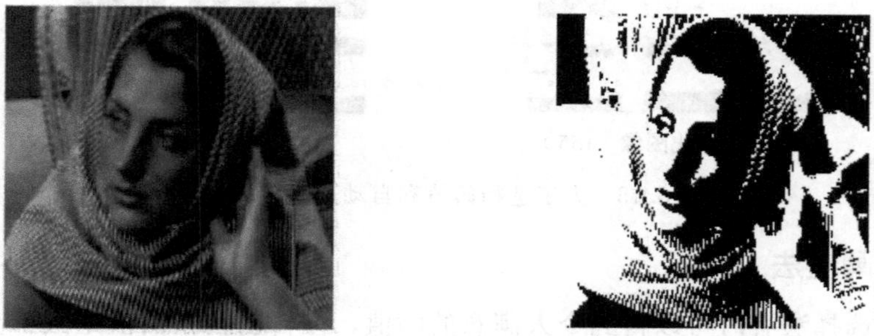

a) 原始图像　　b) 迭代式阈值的二值化图像

图 8.16　迭代式阈值的二值化图像

2. Otsu 方法阈值选择

Otsu 方法是一种基于类间方差最大的自动阈值选择方法。该方法具有实现简单、处理速度快的特点，是一种常用的阈值选择方法。其基本思想是：假定图像中的总像素点的个数为 N，灰度范围为$[0,L-1]$，对应灰度级 i 的像素点的个数为 n_i，几率为 $p_i=n_i/N$，

$i=0,1,2,\cdots,L-1$，要求满足 $\sum_{i=0}^{L-1} p_i = 1$。把图像中的像素点用阈值 T 分成两类，即 C_0 和 C_1，其中 C_0 由灰度值在$[0,T]$的像素点组成；C_1 由灰度值在$[T+1,L-1]$的像素点组成。对于灰度分布几率，整幅图像均值为 $\mu_T = \sum_{i=0}^{L-i} ip_i$，则 C_0 和 C_1 均值分别为 $\mu_0 = \frac{\sum_{i=0}^{T} ip_i}{w_0}$，$\mu_1 = \frac{\sum_{i=T+1}^{L-1} ip_i}{w_1}$，其中 $w_0 = \sum_{i=0}^{T} p_i$，$w_1 = \sum_{i=T+1}^{L-1} p_i = 1 - w_0$，即 $u_T = w_0 u_0 + w_1 u_1$。类间方差可定义为：

$$\begin{aligned}
\sigma_B^2 &= w_0(u_0 - u_T)^2 + w_1(u_1 - u_T)^2 \\
&= w_0(u_0^2 + u_T^2) + u_T^2(w_0 + w_1) - 2(w_0 u_0 + w_1 u_1)u_T = w_0 u_0^2 + w_1 u_1^2 - u_T^2 \\
&= w_0 u_0^2 + w_1 u_1^2 - (w_0 u_0 + w_1 u_1)^2 = w_0 u_0^2(1 - w_0) + w_1 u_1^2(1 - w_1) - 2w_1 w_0 u_0 u_1 \\
&= w_1 w_0 (u_0 - u_1)^2
\end{aligned} \tag{8.4.2}$$

阈值 T 在$[0,L-1]$范围内依次取值，使 σ_B^2 为最大值的阈值 T 即为 Otsu 方法的最佳阈值。

例 8.8 Otsu 方法阈值选择。

以下程序实现的功能是：先用 graythresh 函数求取阈值，然后用此阈值将灰度图像二值化，结果如图 8.17 所示。

```
f=imread('lena.bmp');
subplot(2,2,1);
imshow(f);
title('原始图像');
T=graythresh(f);
g=im2bw(f,T);
subplot(2,2,2);
imshow(g);
title('Otsu 方法二值化图像');
```

图 8.17b 是对 a 的灰度图像使用 Otsu 方法求出阈值后得到的二值化图像。可见，基于 Otsu 方法的阈值分割是否有效，主要取决于目标和背景区域之间是否有足够的对比度。

a) 原始图像

b) Otsu方法的二值化图像

图 8.17 Otsu 方法的二值化图像

3. 最小误差阈值选择

最小误差法也是一种常用的自动阈值选择方法。该方法通常以图像灰度为特征，并基于假定：各模式的灰度是独立同分布的随机变量；图像中待分割的模式服从一定的概率分布，可以得到满足最小误差分类准则的分割阈值。假定图像中只有目标和背景两种模式，

先验概率分别是 $p_0(z)$ 和 $p_1(z)$，目标的像素点个数占图像的总像素点个数的百分比为 w_0，背景的像素点个数占图像的总像素点个数的百分比为 $w_1(w_1=1-w_0)$，则混合概率为：

$$p(z)=w_0p_0(z)+w_1p_1(z) \tag{8.4.3}$$

当选定阈值 T 时，目标像素点被错划为背景像素点、背景像素点被错划为目标像素点的概率分别为：

$$e_0(T)=\int_T^{\infty}p_0(z)\mathrm{d}z,\quad e_1(T)=\int_{-\infty}^{T}p_1(z)\mathrm{d}z \tag{8.4.4}$$

总的错误概率为：

$$e(T)=w_0e_0(T)+w_1e_1(T)=w_0e_0(T)+(1-w_0)e_1(T) \tag{8.4.5}$$

由于最佳阈值就是使总的错误概率最小的阈值，故式(8.4.5)对 T 求导，并令其为零，可得：

$$w_0p_0(T)=(1-w_0)p_1(T) \tag{8.4.6}$$

假设概率分布符合正态分布：

$$p_0(z)=\frac{1}{\sqrt{2\pi}\sigma_0}\mathrm{e}^{-\frac{(z-\mu_0)^2}{2\sigma_0^2}},\quad p_1(z)=\frac{1}{\sqrt{2\pi}\sigma_1}\mathrm{e}^{-\frac{(z-\mu_1)^2}{2\sigma_1^2}} \tag{8.4.7}$$

将式(8.4.7)代入式(8.4.6)，且两边取对数，可得：

$$\ln\frac{w_0\sigma_1}{(1-w_0)\sigma_0}-\frac{(T-u_1)^2}{2\sigma_1^2}=\frac{(T-u_0)^2}{2\sigma_0^2} \tag{8.4.8}$$

当 $\sigma_0^2=\sigma_1^2=\sigma^2$ 时，

$$T=\frac{u_0+u_1}{2}+\frac{\sigma^2}{u_0-u_1}\ln\frac{1-w_0}{w_0} \tag{8.4.9}$$

当 $w_0=w_1=\frac{1}{2}$时，

$$T=\frac{u_0+u_1}{2} \tag{8.4.10}$$

可见当图像中目标和背景像素点的灰度值呈正态分布且标准偏差相等、目标和背景像素点比例相等时，最佳分割阈值就是目标和背景像素点的灰度均值的平均。基于最小误差自动阈值选取方法的困难在于待分割模式的概率分布难以获得。

采用单阈值的阈值分割方法用全局阈值来分割图像。当一幅图像的直方图呈现明显双峰时，选择谷底作为阈值以获取良好的分割效果。但大多数自然景象图像的直方图变化多样，很少有表现为明显双峰的，此时若采用单阈值的阈值分割方法则效果不佳。改进方法如下：

1）双阈值法：用两个阈值区分图像中的目标与背景。双阈值法通过设置两个阈值，以防止单阈值法设置阈值过高或过低，即把目标像素点错划为背景像素点，或反之。

2）多阈值法：当存在照明不均、突发噪声等因素或背景的灰度变化较大时，整幅图像不存在合适的单一阈值，这时可将图像分块，对每块根据图像局部特征采用不同的阈值。因此，多阈值法又称为动态阈值法和自适应阈值法。该方法抗干扰能力较强，对采用全局阈值不容易分割的图像有较好的效果，但该算法的时间和空间复杂度都较大。

8.4.3 分水岭算法

分水岭算法是一种借鉴了形态学理论中的分割方法。该方法将一幅图像看成是一个拓扑地形图，其中像素点的灰度值被认为是地形高度值。高灰度值对应着山峰，低灰度值对应着山谷。将水从任一处流下，它会朝地势底的地方流动，直到某一局部低洼处才停下来，这个低洼处被称为吸水盆地，最终所有的水会分聚在不同的吸水盆地。吸水盆地之间的山脊被称为分水岭(watershed)，水从分水岭流下时，它朝不同的吸水盆地流去的可能性是相等的。将这种想法应用于图像分割，就是要在灰度图像中找出不同的吸水盆地和分水岭，由这些不同的吸引盆地和分水岭组成的区域即为要分割的目标。

分水岭阈值选择是一种自适应的多阈值分割算法。如图 8.18 所示，两个低洼处为吸水盆地，阴影部分为积水，水平面高度相当于阈值，随着阈值升高，吸水盆地水位也跟着上升；当阈值升至 T_3 时，两个吸水盆地的水都升到分水岭处；此时，若再升高阈值，则两个吸水盆地的水会溢出，分水岭合为一体。

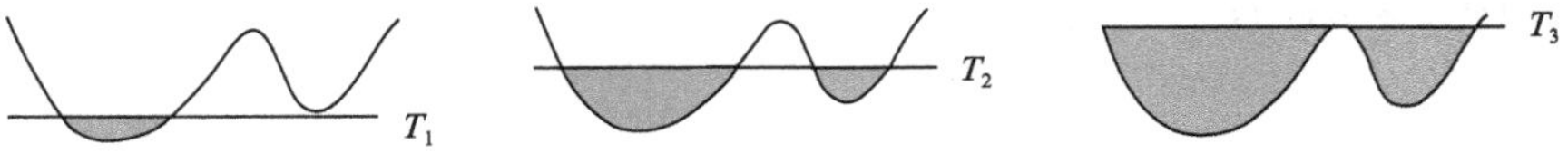

图 8.18　分水岭形成示意图

分水岭算法可以用图像处理工具箱中的 watershed 函数来实现。该函数的调用格式为 L=watershed(f)，其中 f 为输入图像；L 为输出标记矩阵，第一个吸水盆地被标记为 1，第二个吸水盆地被标记为 2，以此类推。分水岭被标记为 0。

例 8.9　应用分水岭算法分割图像。

下面是利用分水岭算法分割图像的 Matlab 程序，结果如图 8.19 所示。

```
f=imread('rice.bmp');
subplot(2,2,1);
imshow(f);
title('原始图像');
f=double(f);
hv=fspecial('prewitt');
hh=hv.';     % 计算梯度图
gv=abs(imfilter(f,hv,'replicate'));
gh=abs(imfilter(f,hh,'replicate'));
g=sqrt(gv.^2+gh.^2);     % 计算距离
L=watershed(g);
wr=L==0;
subplot(2,2,2);
imshow(wr);
title('分水岭');
f(wr)=255;
subplot(2,2,3);
imshow(uint8(f));
title('分割结果');
rm=imregionalmin(g);     % 取出梯度图中局部极小值点
subplot(2,2,4);
imshow(rm);
title('局部极小值');
```

图 8.19b 为利用分水岭算法得到的分水岭，对应于图像中目标的边界，可见出现了比较严重的过分割现象。原因在于分水岭算法是以梯度图的局部极小点作为吸水盆地的标记点(图 8.19d 的梯度图中有过多的局部极小值点)。下面给出一个改进的分水岭算法。

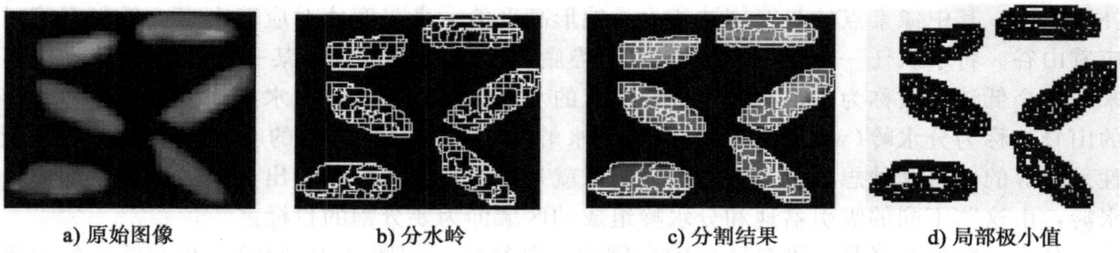
a) 原始图像
b) 分水岭
c) 分割结果
d) 局部极小值

图 8.19 不准确的标记分水岭算法导致过分割

例 8.10 应用改进的分水岭算法分割图像。

下面是利用改进的分水岭算法分割图像的 Matlab 程序，结果如图 8.20 所示。

```
f=imread('rice.bmp');
subplot(2,3,1);
imshow(f);
title('原始图像');
f=double(f);
hv=fspecial('prewitt');
hh=hv.';
gv=abs(imfilter(f,hv,'replicate'));
gh=abs(imfilter(f,hh,'replicate'));
g=sqrt(gv.^2+gh.^2);
df=bwdist(f);
subplot(2,3,2);
imshow(uint8(df*8));
title('原图像的距离变换');
L=watershed(df);    % 计算外部约束
em=L==0;
subplot(2,3,3);
imshow(em);
title('标记外部约束');
im=imextendedmax(f,20);    % 计算内部约束
subplot(2,3,4);
imshow(im);
title('标记内部约束');
g2=imimposemin(g,im|em);    % 重构梯度图
subplot(2,3,5);
imshow(g2);
title('由标记内外约束重构的梯度图');
L2=watershed(g2);    % 调用 watershed 函数进行分割
wr2=L2==0;
f(wr2)=255;
subplot(2,3,6);
imshow(uint8(f));
title('分割结果');
```

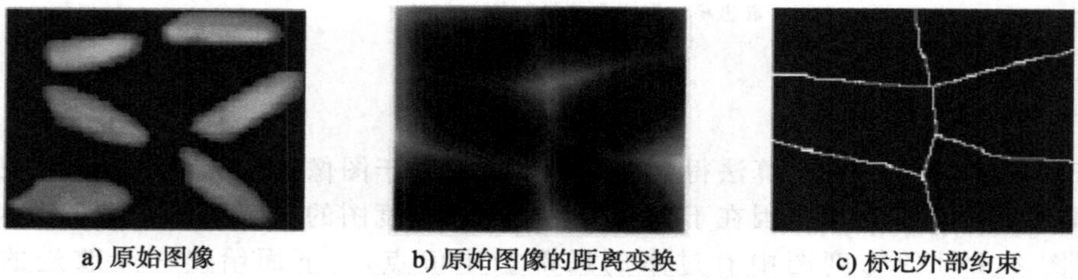
a) 原始图像
b) 原始图像的距离变换
c) 标记外部约束

图 8.20 准确标记的分水岭算法分割过程

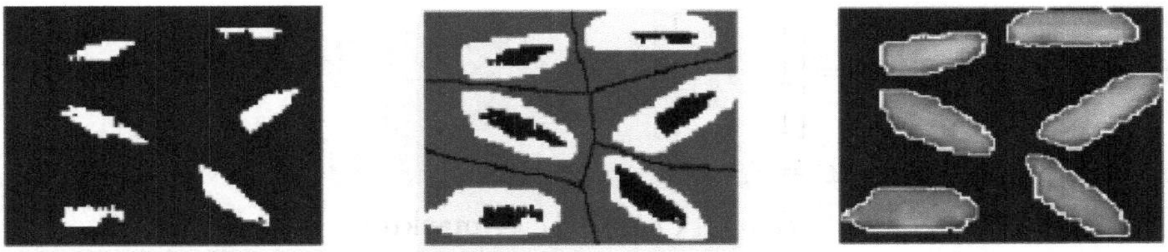

d) 标记内部约束　　e) 由标记内外部约束重构的梯度图　　f) 分割结果

图 8.20 （续）

分水岭阈值选择算法具有运算简单、性能优良，能较好地提取出目标轮廓的优点，但由于分割时需要梯度信息，且原始信号中噪声的影响会导致在梯度图中造成许多虚假的局部极小值，并由此产生过分割的现象。

8.5 区域分割

阈值分割法由于没有或很少考虑到空间关系，使得其阈值的选择受到限制。基于区域的分割方法可以弥补这一不足。该方法充分利用图像的空间特性，认为分割出来的属于同一区域的像素点应具有相似性质，在没有先验知识可利用的情况下也能获得较好的分割效果。因此，基于区域的分割方法能对含有复杂场景或自然景物等先验知识不足的图像进行分割。但是，该方法是一种迭代方法，其空间和时间的开销都较大。

8.5.1 区域生长法

区域生长法主要考虑的是图像中像素点及其空间邻域的像素点之间的关系。起始时，确定一个或多个像素点为种子点，然后按照某种相似性度量生长区域，逐步生成具有某种均匀性的空间区域，并将相邻的具有相似性质的像素点或区域归并，直至没有可归并的像素点或小区域为止。区域内像素点的相似性度量可以包括平均灰度值、纹理、颜色等信息。图 8.21 为区域生长的例子，格子中的数字为像素点的灰度值。图 8.21a 中带阴影的像素点为初始种子点。假定生长准则为：若所考虑的像素点和种子点的灰度值的绝对值的差小于或等于阈值 T，则将该像素点归入种子点所在区域。图 8.21b 为 $T=1$ 时区域生长的结果，整个图像被分为三个区域；图 8.21c 为 $T=2$ 时区域生长的结果，整个图像被分为两个区域；图 8.21d 为 $T=3$ 时区域生长的结果，整个图像为一个区域。区域生长法的主要步骤如下：

1）选择合适的种子点。

2）确定相似性度量(生长准则)。

3）确定生长的停止条件。

首先指定几个种子点，把图像中灰度值等于种子点的像素点也作为种子点；然后以种子点为中心，若某个像素点与种子点的灰度值的差不超过阈值，则认为该像素点和种子点具有相似性。区域生长可以用 Matlab 图像处理工具箱中的 imreconstruct 函数来实现。该函数的调用格式为 `outim=imreconstruct(markerim,maskim)`，其中 markerim 为标记图像；maskim 为模板图像；outim 为输出图像。imreconstruct 函数是一个迭代过程，大致过程如下：

1）把 f_1 初始化为标记图像 markerim。

2）创建一个结构元素 $\boldsymbol{B}=\begin{bmatrix}1&1&1\\1&1&1\\1&1&1\end{bmatrix}$。

3）重复以下计算直到 $f_{k+1}=f_k$：

$$f_{k+1}=(f_k \oplus B)\cap \text{maskim}$$

其中：$\oplus$为形态学中的膨胀算子。

最后，用图像处理工具箱中的 bwlabel 函数把区域连接起来，以此完成图像的分割。

bwlabel 函数的调用格式为[l,num]=bwlabel(bw,n)，其中 bw 为输入图像；n 可取值为 4 或 8，表示连接四连通或八连通区域；num 为找到的连通区域数目；l 为输出矩阵，其元素值为整数值；背景被标记为 0，第一个连通区域被标记为 1，第二个连通区域被标记为 2，以此类推。

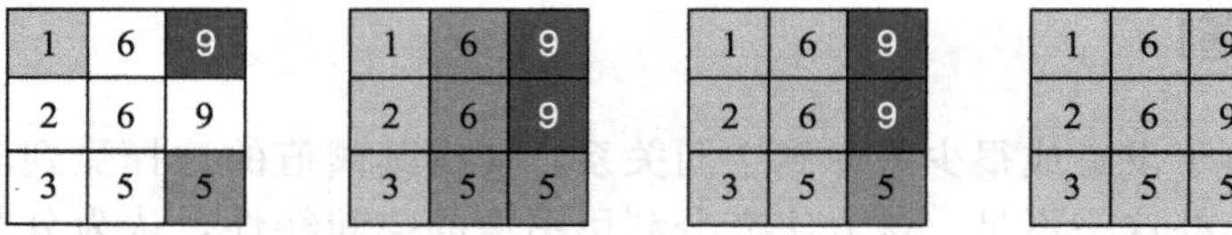

a) 初始情形　b) $T=1$　c) $T=2$　d) $T=3$

图 8.21　区域生长的实例

例 8.11　应用区域生长法分割图像。

下面是利用区域生长法分割图像的 Matlab 程序，结果如图 8.22 所示。

```
f=imread('pepper.bmp');
subplot(2,2,1);
imshow(f);
seedx=[30,76,86];
seedy=[110,81,110];      % 选择种子点
hold on;
plot(seedx,seedy,'gs','linewidth',1);
title('原图像及种子点位置');
f=double(f);
markerim=f==f(seedy(1),seedx(1));
for i=2:length(seedx)
    markerim=markerim | (f==f(seedy(i),seedx(i)));
end
thresh=[12,6,12];
maskim=zeros(size(f));
for i=1:length(seedx)
    g=abs(f-f(seedy(i),seedx(i)))<=thresh(i);
    maskim=maskim | g;
end
[g,nr]=bwlabel(imreconstruct(markerim,maskim),8);
g=mat2gray(g);
subplot(2,2,2);
imshow(g);
title('三个种子点区域生长结果');
```

8.5.2　区域分裂法

若图像中区域的某些特性差别较大，即不满足一致性准则时，则该区域应该分裂。分裂过程从图像中的最大区域开始，如从整幅图像开始。区域分裂要注意的两大问题是：

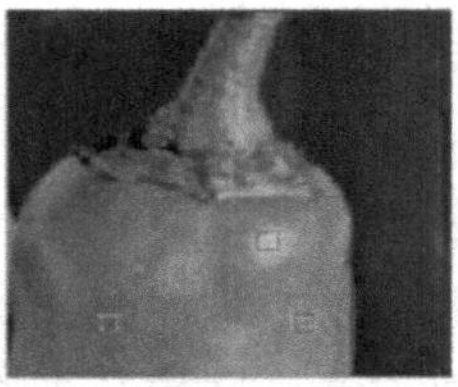

a) 原始图像及种子点位置

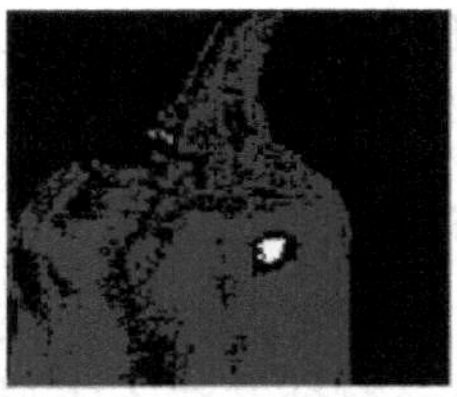

b) 三个种子点区域生长结果

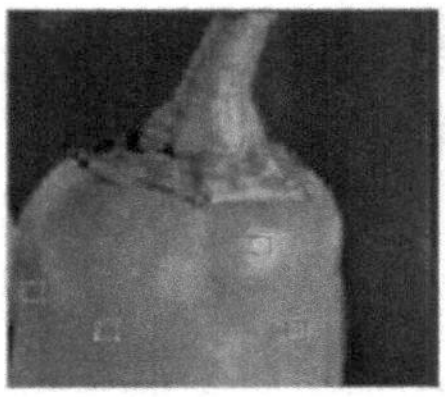

c) 原始图像及种子点位置

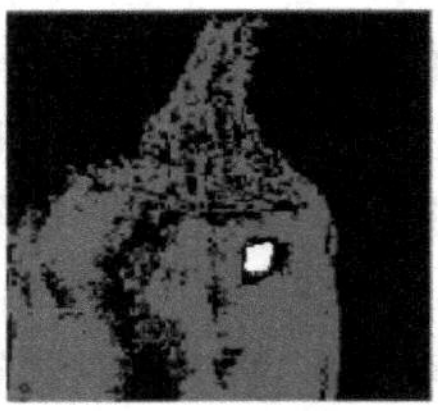

d) 四个种子点区域生长结果

图 8.22 区域生长法分割图像结果

1）确定分裂准则（一致性准则）。

2）确定分裂方法，即如何分裂区域，使分裂后的子区域特性尽可能都满足一致性准则。

这些问题与具体的应用领域有关，最好能结合特定领域知识加以解决。例如，用灰度值的变化量作为一致性度量；或先用拟合函数逼近灰度值，再用拟合函数与实际灰度值的差作为一致性度量。确定分裂方法比确定分裂准则更为困难，原因在于沿图像中目标的真实边界的分裂方法是最好的，按这种方法分裂得到的子区域的特性都能满足一致性准则，但目标的真实边界是要通过分裂后才能获取的，这就产生了矛盾。最简便的区域分裂方法是把区域分割成固定数量的等尺度区域，这是常规分解方法，通常可采用四叉树分裂法。假定 P 表示具有相同性质的逻辑谓词，区域分裂算法如下：

1）形成初始区域 R_i。

2）对每个区域 R_i 计算 $P(R_i)$，若值为 FALSE，则沿着某一合适的边界分裂区域。

3）重复步骤 2，当没有区域需要分裂时，算法结束。

8.5.3 区域合并法

单纯的区域分裂只能把图像分成许多满足一致性准则的区域，相邻且具有相似性的区域并没有合成一体。区域合并法就是把若干个相邻且具有相似性的区域合为一个区域。区域合并中最重要的步骤是确定两个区域的相似性。确定区域相似性的方法有多种，可以基于区域的灰度值，也可以基于区域边界的强弱性等。一种简单方法是比较区域间的灰度均值，若相邻区域的灰度均值无法用预先设置的阈值进行区分，则认为这两个区域具有相似性，确定为需要合并的候选区域。有时，区域合并和分裂采用的是同一个相似性准则。区域合并算法如下：

1）图像的初始区域分割。

2）对图像中的相邻区域，计算它们是否满足一致性准则，若满足则合并成一个区域。

3）重复步骤 2，直到没有区域可以合并为止，算法结束。

区域合并虽然简单，但也存在一些问题。例如，有三个相邻区域 R_1、R_2 和 R_3，相似性谓词分别用来确定 R_1 和 R_2 相似、R_2 和 R_3 相似、R_1 和 R_3 不相似。在合并区域时，由

于分别合并了 R_1 和 R_2、R_2 和 R_3，则这三个区域会被合并为一个区域。在这种情况下，需要引入附加的区域特征以方便区分。

8.5.4 区域分裂合并法

区域生长法通常需要人工交互来获取种子点，这就必须在每个需抽取出的区域中植入一个种子点。区域分裂合并法不需要预先指定种子点。区域分裂合并法按照某种一致性准则分裂或合并区域，当一个区域不满足一致性准则时该区域被分成几个小的区域，当相邻的区域性质相似时被合并成一个大区域。该方法的关键在于分裂和合并规则的设计。使用区域分裂合并方法可以实现图像的自动细化分割，即通过分裂运算将属于不同目标的区域和边界找出来；通过合并运算将属于同一目标的相邻区域加以合并，消除虚假边界。

区域分裂合并法可以先进行分裂运算，再进行合并运算；也可以分裂和合并运算同时进行，经过连续的分裂和合并，最后得到图像的精确分割。这种分裂和合并的组合对复杂的自然场景图像的分割比较有效。此外，若能结合应用领域知识，可以得到更好的分割结果。

区域分裂合并法在具体实现时，通常采用基于四叉树的数据表示方式，其中 R 为整幅图像区域，P 为具有相同性质的逻辑谓词，对每个区域 R_i，若 $P(R_i)$的值为 FALSE，则将 R_i 分割成四个正方形子区域(从整幅图像区域开始分割，直到 $P(R_i)$的值为 TRUE 或 R_i 已经为单个像素点为止)。如图 8.23 所示，由于 $P(R)$的值为 FALSE，则对 R 进行分裂得到四个子区域，其中只有 $P(R_3)$的值为 FALSE，对 R_3 再进行分裂得到四个子区域，由于这四个子区域都满足一致性准则，故分裂停止。

基于四叉树表示方法的区域分裂合并算法如下：

1) 形成初始区域 R_i。

2) 对每个区域 R_i，若 $P(R_i)$=FALSE，则该区域分裂成为四个子区域。

3) 重复步骤 2，直到没有区域可以分裂为止。

4) 对任意两个相邻区域 R_i 和 R_j，若 $P(R_i \cap R_j)$=TRUE，则合并成一个区域。

5) 重复步骤 4，直到没有相邻区域可以合并为止，算法结束。

下面的 Matlab 程序用来调用 split_merge 函数完成区域分裂合并算法，split_merge 函数中区域分裂是通过图像处理工具箱中的函数 qtdecomp 来完成的。qtdecomp 函数的调用格式为 `s=qtdecomp(i,fun)`，其中 i 为待分裂图像；fun 函数用于判断是否对当前图像块进行分裂，假定 qtdecomp 分裂得到 k 个 $m\times m$ 大小的图像块，它会把这 k 个图像块组成一个 $m\times m\times k$ 大小的数组作为参数调用 fun 函数，fun 函数返回一个有 k 个元素的数组，数组元素为 1 时，表明相应的图像块应继续分裂；为 0 时，则表示停止分裂。s 为分裂结果，用稀疏矩阵表示，(i,j)为图像块的左上角坐标，$s(i,j)$为这个图像块的大小，程序中 split_test_fun 函数通过调用 predicate_fun 函数判断图像块的一致性，一致性谓词可以使用灰度方差来定义：

$$P(R)=\begin{cases}1 & \text{标准方差小于阈值}\\ 0 & \text{其他}\end{cases} \tag{8.5.1}$$

Matlab 提供的 std2 函数可用于计算图像的标准方差。

例 8.12 应用区域分裂合并法分割图像。

下面是利用区域分裂合并法分割图像的 Matlab 程序，结果如图 8.24 所示。

```
f=imread('peppers.bmp');
[m,n]=size(f);
pow2size=2^nextpow2(max(m,n));
if m~=n | m~=pow2size
    error('图像必须是方的且大小为 2 的整数次幂');
end
subplot(2,2,1);
imshow(f);
title('原图像');
std_thresh=10;
min_dim=2;
g=split_merge(f,min_dim,@predicate_fun,std_thresh);
g=mat2gray(g);
subplot(2,2,2);
imshow(g);
title('分裂最小子区域大小 2×2');
% 下面是实现区域分裂合并的子函数,利用基于四叉树的数据表示方式分裂图像
function g=split_merge(f,min_dim,predicate_fun,std_thresh)
% f 为输入图像,min_dim 为分裂的最小子区域的大小
% predicate_fun 为实现相同性质逻辑谓词 P 的函数,std_thresh 为标准方差阈值
spare_qtim=qtdecomp(f,@split_test_fun,min_dim,@predicate_fun,std_thresh);
max_block_size=full(max(spare_qtim(:)));     % 取出最大块的大小
maskim=zeros(size(f));
markerim=zeros(size(f));
for i=1:max_block_size
    [val,r,c]=qtgetblk(f,spare_qtim,i);
    if numel(val)~=0
        for j=1:length(r)
            xlow=r(j);
            ylow=c(j);
            xhigh=xlow+i-1;
            yhigh=ylow+i-1;
            subblock=f(xlow:xhigh,ylow:yhigh);
            lag=feval(predicate_fun,subblock,std_thresh);
            if flag
                maskim(xlow:xhigh,ylow:yhigh)=1;
                markerim(xlow:xhigh,ylow:yhigh)=1;
            end
        end
    end
end
g=bwlabel(imreconstruct(markerim,maskim),8);
% 下面是判断是否分裂图像的子函数
function splitflag=split_test_fun(subblocks_im,min_dim,predicate_fun,std_thresh)
block_num=size(subblocks_im,3);
splitflag(1:block_num)=false;       % 取出子块数
for i=1:block_num
    subblock=subblocks_im(:,:,i);
    if(size(subblock,1))<=min_dim
        splitflag(i)=false;
        continue;
    end
    flag=feval(predicate_fun,subblock,std_thresh);
    if flag
        splitflag(i)=true;
    end
end
% 下面是判断图像子块一致性的子函数
function flag=predicate_fun(subblock_im,std_thresh)
```

```
stdval=std2(subblock_im);
flag=stdval> std_thresh;
```

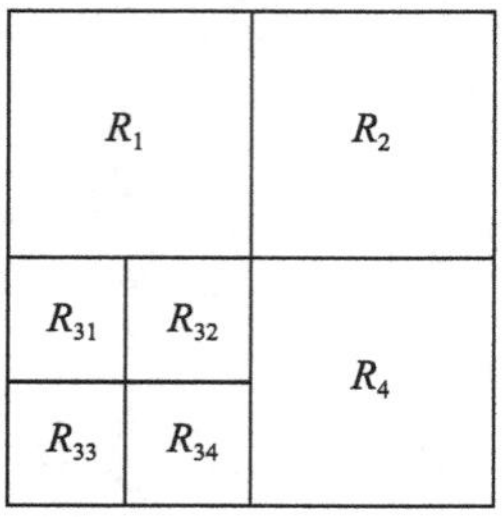

a) 分裂图像

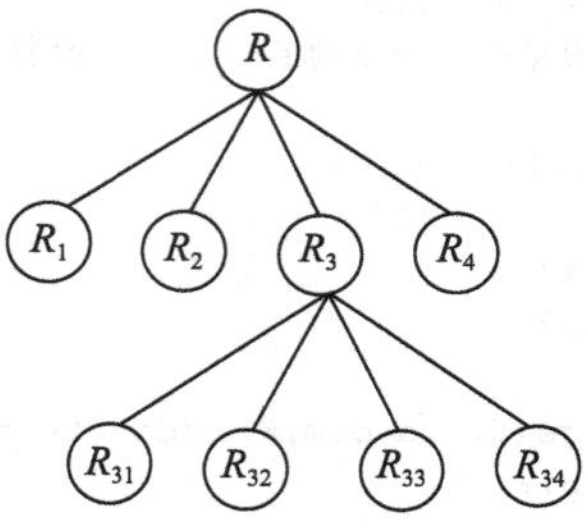

b) 相应的四叉树结构

图 8.23 图像分裂合并法的数据结构

a) 原始图像

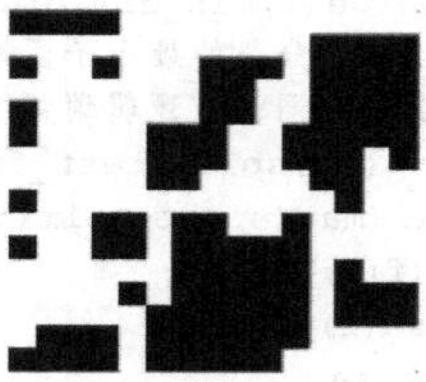

b) 分裂最小子区域大小16×16

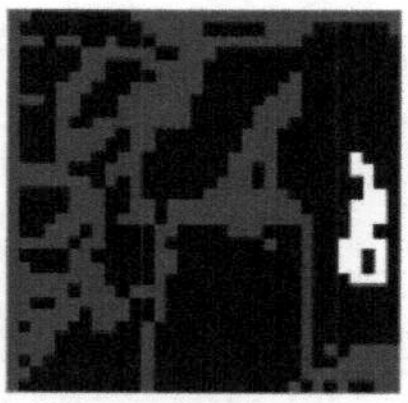

c) 分裂最小子区域大小8×8

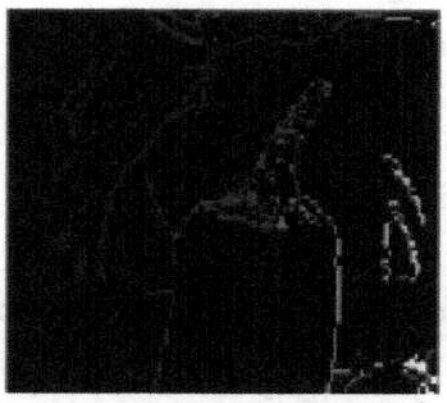

d) 分裂最小子区域大小2×2

图 8.24 区域分裂合并法分割图像结果

8.6 形变模型

针对含有明确目标边界的图像分割可采用边缘检测、阈值分割和区域生长法等经典的分割方法。然而，在现实世界中存在着大量的观测对象，它们的边界形状通常是不规则的，再加上这些对象本身的模糊性和不均匀性，以及成像时受到的外界噪声的影响等因素，导致上述分割方法失效。例如，医学图像中解剖组织结构的分割、互联网照片中用户感兴趣中心的提取等。基于形变模型的图像分割为从图像中准确地分割出带有不规则边界的目标提供了一种全新的解决思路，即先定义活动轮廓曲线(又称为 snake)的能量函数，将其最小化以驱使活动轮廓曲线朝着能量降低的方向运动，从而使活动轮廓曲线从初始位置运动到期望的目标边界。基于形变模型的分割方法考虑了人类观察图像的视觉过程与认知特性，是一种自上而下的图像分割。

8.6.1 参数活动轮廓模型

在参数活动轮廓模型中的活动轮廓曲线是带有能量的，图像分割过程是该曲线不断运动的过程，最终使模型中内部能量和外部能量的加权和最小。内力影响内部能量的变化，使活动轮廓曲线收缩，以防过度弯曲；外力影响外部能量的变化，使活动轮廓曲线朝着所期望的图像特征方向运动。能量最小化形式是一种最基本的参数活动轮廓模型。

1. 能量最小化形式

在图像的空间域中初始化一条参数化的活动轮廓曲线，并使该曲线收敛到图像中目标的边界，从而达到对图像进行分割的目的。能量最小化形式是在能量最小化的过程中产生内力与外力的。

从数学的角度，活动轮廓曲线可表示为 $X(s,t)=(x(s,t),y(s,t))$，其中 X 为二维坐标点；t 为时间参数；s 为归一化弧长参数，取值为 $0\leqslant s\leqslant 1$。活动轮廓曲线在图像的空间域中运动，其能量函数定义为：

$$E(X)=E_{\text{int}}(X)+E_{\text{ext}}(X) \tag{8.6.1}$$

其中，$E_{\text{int}}(X)$为内部能量，驱使活动轮廓曲线伸缩和弯曲；$E_{\text{ext}}(X)$为外部能量，引导活动轮廓曲线朝着目标的边界方向运动。内部能量定义为：

$$E_{\text{int}}(X)=\frac{1}{2}\int_0^1\left(\alpha(s)\left|\frac{\partial X}{\partial s}\right|^2+\beta(s)\left|\frac{\partial^2 X}{\partial s^2}\right|^2\right)\mathrm{d}s \tag{8.6.2}$$

其中，一阶微分形式是活动轮廓曲线长度的变化率，弹性系数 α 用来控制活动轮廓曲线以较快或较慢的速度进行收缩；二阶微分形式是活动轮廓曲线曲率的变化率，刚性系数 β 控制活动轮廓曲线沿法线方向朝着目标边界运动的速度。合理地调整这两个系数有助于使活动轮廓曲线在发生形变的过程中保持连续性和光滑性。

假定 $I(x,y)$是一幅灰度图像且包含有连续区域，来自于图像本身的外部能量定义为 $E_{\text{ext}}(X)=-\omega|\nabla I(x,y)|^2$，其中$\nabla$ 为梯度算子；ω 为外力权重因子。通常采用标准差为 σ 的二维高斯函数 $G_\sigma(x,y)$对 $I(x,y)$进行卷积运算，用以降低计算梯度的噪声，即 $E_{\text{ext}}(X)=-\omega|G_\sigma(x,y)*\nabla I(x,y)|^2$，其中“$*$”为卷积算子。

由变分原理和欧拉(Euler)方程可知，要使式(8.6.1)中的能量函数最小化，活动轮廓曲线应满足以下条件：

$$\frac{\partial}{\partial s}\left(\alpha\frac{\partial X}{\partial s}\right)-\frac{\partial}{\partial s^2}\left(\beta\frac{\partial^2 X}{\partial s^2}\right)-\nabla E_{\text{ext}}=0 \tag{8.6.3}$$

式(8.6.2)实质上是一个力平衡方程，即：

$$F_{\text{int}}(X)+F_{\text{ext}}(X)=0 \tag{8.6.4}$$

其中内力形式为：

$$F_{\text{int}}(X)=\frac{\partial}{\partial s}\left(\alpha\frac{\partial X}{\partial s}\right)-\frac{\partial}{\partial s^2}\left(\beta\frac{\partial X}{\partial s^2}\right) \tag{8.6.5}$$

外力形式为：

$$F_{\text{ext}}(X)=-\nabla E_{\text{ext}} \tag{8.6.6}$$

由式(8.6.6)决定的外力称为高斯外力。活动轮廓曲线能量最小化的过程实质上就是在图像外力和曲线内力的作用下，活动轮廓曲线发生形变，最终达到力平衡状态的过程。

例 8.13 能量最小化形式分割的形变模型图像。

下面是利用能量最小化形式的形变模型分割 U 形图像的 Matlab 程序。

```
[I,map]=rawread('U64.pgm');                % 读入 U 形图像
figure(1);
subplot(131);
imdisp(I);
```

```
title('original image');
f=1-I/255;                                  % 计算边缘图,使非边缘点灰度值小,边缘点灰度值大
subplot(132);
imdisp(f);
title('edge map');
f0=gaussianBlur(f,1);                       % 与高斯函数进行卷积运算,标准差为 1
subplot(133);
imdisp(f0);
title('gaussianblurred edge map');          % 去噪后的边缘图
[px,py]=gradient(f0);                       % 计算高斯外力(梯度)
figure(2);
subplot(121);
imdisp(-f);
title('gaussian force');
subplot(122);
quiver(px,py);                              % 用 quiver 函数显示箭头图
axis('square', 'equal', 'off', 'ij');
figure(2);
subplot(121);
cla;
colormap(gray(64));
image(((1-f)+1)*40);
axis('square', 'equal', 'off');
t=0:0.5:6.28;
x=32+22*cos(t);
y=32+22*sin(t);
snakedisp(x,y,'b');                         % 显示活动轮廓曲线
[x,y]=snakeinterp(x,y,2,0.5);               % 进行插值操作,2 为最大间隔,0.5 为最小间隔
snakedisp(x,y,'r');                         % 显示活动轮廓曲线
for i=1:ITER                                % 活动轮廓曲线发生形变的迭代过程
    [x,y]=snakedeform(x,y,1,0.2,10,px,py,5);   % 调用活动轮廓曲线发生形变的子函数
    [x,y]=snakeinterp(x,y,2,0.5);
    snakedisp(x,y,'r');
    title(['Deformation in progress,iter=' num2str(i*5)]);
    pause(0.5);
end
figure(3);
colormap(gray(64));
image(((1-f)+1)*40);
axis equal
snakedisp(x,y,'r');
title(['Final result, iter=' num2str(40*5)]);
% 下面是活动轮廓曲线发生形变的子函数
function [x,y]=snakedeform(x,y,alpha,beta,gamma,fx,fy,ITER)
% alpha 为弹性系数 α, beta 为刚性系数 β, gamma 为权重因子 ω, fx 和 fy 为外力场
N=length(x);
alpha=alpha*ones(1,N);
beta=beta*ones(1,N);
% 以下产生 5 对角矢量
alpham1=[alpha(2:N) alpha(1)];
alphap1=[alpha(N) alpha(1:N-1)];
betam1=[beta(2:N) beta(1)];
betap1=[beta(N) beta(1:N-1)];
a=betam1;
b=-alpha-2*beta-2*betam1;
c=alpha+alphap1+betam1+4* beta+betap1;
d=-alphap1-2*beta-2*betap1;
e=betap1;
```

```
% 以下产生参数矩阵
for count=1:ITER
    vfx=interp2(fx,x,y,'*linear');
    vfy=interp2(fy,x,y,'*linear');
    x=invAI*(gamma*x+vfx);
    y=invAI*(gamma*y+vfy);
end
% 下面是活动轮廓曲线显示的子函数
function snakedisp(x,y,style)
hold on
x=x(:);
y=y(:);    % 转为列数据
if nargin ==3
    plot([x;x(1,1)],[y;y(1,1)],style,'MarkerSize',20);
    hold off
else
    disp('snakedisp.m: The input parameter is not correct! ');
end
% 下面是实现插值操作的子函数
function [xi,yi]=snakeinterp(x,y,dmax,dmin)
% dmax为活动轮廓曲线上两个点之间的最大距离,dmin为最小距离
x=x(:);
y=y(:);
N=length(x);
d=abs(x([2:N 1])-x(:))+abs(y([2:N 1])-y(:));  % 计算活动轮廓曲线上两个点之间的距离
IDX=(d< dmin);                                 % 若距离小于dmin,则移去一个点
idx=find(IDX==0);
x=x(idx); y=y(idx);
N=length(x);
d=abs(x([2:N 1])-x(:))+abs(y([2:N 1])-y(:));
IDX=(d> dmax);                                 % 若距离大于dmax,则在两个点之间插入一个新的点
z=snakeindex(IDX);                             % 用snakeindex函数为活动轮廓曲线上的点编号
p=1:N+1;
xi=interp1(p,[x;x(1)],z');
yi=interp1(p,[y;y(1)],z');
N=length(xi);
d=abs(xi([2:N 1])-xi(:))+abs(yi([2:N 1])-yi(:));
while (max(d)>dmax)                            % 在活动轮廓曲线上增加一个新的点
    IDX=(d>dmax);
    z=snakeindex(IDX);
    p=1:N+1;
    xi=interp1(p,[xi;xi(1)],z');
    yi=interp1(p,[yi;yi(1)],z');
    N=length(xi);
    d=abs(xi([2:N 1])-xi(:))+abs(yi([2:N 1])-yi(:));
end
```

2. 动力形式

动力形式是能量最小化模型的一种扩展形式，即允许使用除高斯外力以外的其他外力。按照牛顿第二定律，可推导出活动轮廓曲线的动力学方程为：

$$\gamma \frac{\partial X}{\partial t} = F_{\text{int}}(X) + F_{\text{ext}}(X) \tag{8.6.7}$$

其中，γ为阻尼系数，内力形式同式(8.6.5)。与能量最小化形式不同的是：在动力形式的活动轮廓模型中的外力可以是高斯外力，也可以不是，还可以是几种不同外力的合力。因此，允许用户添加一些外力来控制活动轮廓曲线的运动、扩大曲线的收敛范围、增强外

力的抗干扰能力，这也是动力形式的一个显著优点。

以下是几种典型的外力扩展形式：

1）气球力：除高斯外力外，还引入另一种外力，称为气球力。气球力垂直于活动轮廓曲线且为外法线方向，活动轮廓曲线在同质区域内从初始位置开始一直向外扩展。当活动轮廓曲线的初始位置位于目标的范围内时，最终能够收敛到目标的边界；当活动轮廓曲线的初始位置位于背景区域或跨越目标和背景两个区域时，无法收敛到目标的边界。

2）距离力：基于距离力的形变模型用距离映射值来定义能量函数。这种方法将局部边缘检测算子和形变模型相结合，即若边缘检测算子能够正确检测出目标的边缘点，则活动轮廓曲线的运动应朝着与它距离最近的目标的边界方向运动。

3）梯度矢量流(Gradient Vector Flow，GVF)：GVF采用矢量散射方程将图像边界的梯度散射到远离图像中目标的边界区域，从而将活动轮廓曲线拖向目标的深度凹陷区域。由GVF产生的外力场称为梯度矢量流场。在灰度均匀的区域中，由于GVF仍存在指向目标边界的外力，并且外力在目标边界附近变化缓慢，因而它克服了基于高斯外力的形变模型中外力难以收敛到凹形目标边界的困难。

例 8.14 基于气球力的形变模型分割图像。

下面是利用基于气球力的形变模型分割U形图像的Matlab程序。

```
% 除下述语句段外其余同例 8.13
for i=1:ITER
    [x,y]=snakedeform1(x,y,1,0.2,1,10,0.05,px,py,5);     % 气球力系数值设为 0.05
    [x,y]=snakeinterp(x,y,2,0.5);
    snakedisp(x,y,'r');
    title(['Deformation in progress, iter=' num2str(i*5)]);
    pause(0.5);
end
% 下面是活动轮廓曲线发生形变的子函数
function [x,y]=snakedeform1(x,y,alpha,beta,gamma,kappa,fx,fy,ITER)
%  kappa 为气球力权重因子
N=length(x);
alpha=alpha*ones(1,N);
beta=beta*ones(1,N);
% 产生 5 对角矢量和参数矩阵的程序同例 8.13
for count=1:ITER
    vfx=interp2(fx,x,y,'*linear');
    vfy=interp2(fy,x,y,'*linear');
    xp=[x(2:N);x(1)];
    yp=[y(2:N);y(1)];     % 外力中增加了气球力
    xm=[x(N);x(1:N-1)];
    ym=[y(N);y(1:N-1)];
    qx=xp-xm;
    qy=yp-ym;
    pmag=sqrt(qx.*qx+qy.*qy);
    px=qy./pmag;
    py=-qx./pmag;
    x=invAI*(gamma*x+vfx+kappa.*px);
    y=invAI*(gamma*y+vfy+kappa.*py);
end
```

例 8.15 基于距离力的形变模型分割图像。

下面是利用基于距离力的形变模型分割U形图像的Matlab程序。

```
% 除下述语句段外其余同例 8.13
```

```
disp('Compute distance force …');      % 计算由距离力产生的外力场
D=dt(f>0.5);
[px,py]=gradient(-D);
for i=1:ITER
    [x,y]=snakedeform(x,y,0.05,0,0.5,px,py,5);
    [x,y]=snakeinterp(x,y,2,0.5);
    snakedisp(x,y,'r');
    title(['Deformation in progress,iter='num2str(i*5)]);
    pause(0.5);
end
% 下面是欧氏距离变换的子函数
function D=dt(B)    % B是一个二值映射图
[i,j]=find(B);
[n,m]=size(B);
for x=1:n
    for y=1:m
        dx=i- x;
        dy=j- y;
        dmag=sqrt(dx.*dx+dy.*dy);
        D(x,y)=min(dmag);
    end
end
```

例 8.16 基于 GVF 的形变模型分割图像。

下面是利用基于 GVF 的形变模型分割 U 形图像的 Matlab 程序。

```
% 除下述语句段外其余同例 8.13
disp('Compute GVF …');        % 计算梯度矢量流场
[u,v]=GVF(f,0.2,80);
mag=sqrt(u.*u+v.*v);
px=u./(mag+1e-10);
py=v./(mag+1e-10);
for i=1:ITER
    [x,y]=snakedeform(x,y,0.05,0,0.5,px,py,5);
    [x,y]=snakeinterp(x,y,2,0.5);
    snakedisp(x,y,'r');
    title(['Deformation in progress,iter=' num2str(i* 5)]);
    pause(0.5);
end
% 下面是计算梯度矢量流的子函数
function [u,v]=GVF(f,mu,ITER)
%  mu为规范化系数,ITER为迭代次数
[fx,fy]=gradient(f);
u=fx;v=fy;
SqrMagf=fx.*fx+fy.*fy;     % 外力场的幅度平方
for i=1:ITER
    u=u+mu*4*del2(u)-SqrMagf.*(u-fx);
    v=v+mu*4*del2(v)-SqrMagf.*(v-fy);
end
```

图 8.25 是四种参数活动轮廓模型分割凹形目标边界所得结果的比较。可见，这四种参数活动轮廓模型都不能对凹形目标边界进行准确的提取。此外，由于这些模型都没有拓扑自适应性，无法处理活动轮廓曲线分离或合并的情况，因而当目标边界的拓扑结构发生变化时，这些模型需动态地构造新的参数来描述这种变化。然而，这种构造过程是相当复杂的。

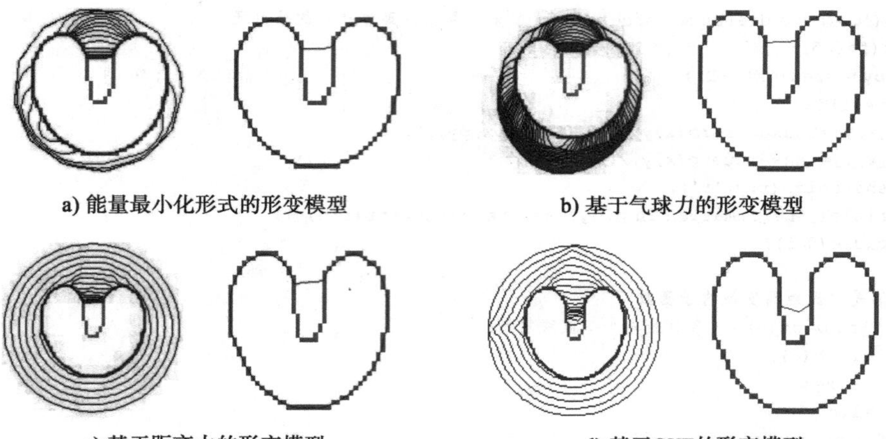

a) 能量最小化形式的形变模型　　b) 基于气球力的形变模型

c) 基于距离力的形变模型　　d) 基于GVF的形变模型

图 8.25　参数活动轮廓模型分割图像结果(左边为形变过程，右边为最终结果)

8.6.2　几何活动轮廓模型

几何活动轮廓模型是由 Caselles 和 Malladi 等人提出的。在该模型中，活动轮廓曲线被看成是两个区域的分界面，曲线的运动过程就是分界面的演化过程。由于活动轮廓曲线演化仅使用了曲线的几何分量(法线和曲率)，而没有使用参数分量(导数)，因此，该模型称为几何活动轮廓模型。

1. 基本理论

几何活动轮廓模型基于曲线演化理论和水平集方法。假定活动轮廓曲线表示为 $X(s,t)=[x(s,t),y(s,t)]$，N 为活动轮廓曲线的单位法线方向分量，κ 为曲率，则活动轮廓曲线的演化方程定义为：

$$\begin{cases}\dfrac{\partial X}{\partial t}=v(\kappa,I)N\\ X(s,0)=X_0(s)\end{cases}\tag{8.6.8}$$

其中，$v(\kappa,I)$ 是与图像 $I(x,y)$ 的灰度值以及活动轮廓曲线的曲率 κ 有关的速度。式(8.6.8)的物理意义是：活动轮廓曲线以速度 ν 沿着其法线方向运动，曲率 κ 类似于参数活动轮廓模型中的内力，即在曲线运动中保持曲线的平滑性，速度项类似于参数活动轮廓模型中的外力。

Osher 和 Sehian 提出了一种用水平集(Level Set)求解活动轮廓曲线的演化方程，即活动轮廓曲线被嵌入到一个更高维数的曲面中，并始终对应于高维函数曲面的零水平集。式(8.6.8)的演化方程用零水平集表示为：

$$\frac{\partial\psi}{\partial t}=v(\kappa,I)N|\nabla\psi|\tag{8.6.9}$$

其中，$\psi(x,y,t)$ 为水平集函数，$\dfrac{\partial\psi}{\partial t}$ 为水平集函数 $\psi(x,y,t)$ 对时间求偏微分。

采用水平集方法表示活动轮廓曲线的演化过程具有数值计算稳定的优点，因而可以较好地应变目标边界的拓扑变化；其次，由于几何分量计算相比于参数分量计算更简单，因此采用水平集方法的形变模型很容易被扩展到高维。

2. 模型表示

最基本的几何活动轮廓模型可表示为：

$$\frac{\partial \psi}{\partial t}=c(\kappa+V_0)\left|\nabla \psi\right| \tag{8.6.10}$$

其中，V_0 为常数项，用于压缩或膨胀活动轮廓曲线；c 为乘性速度停止项，定义为：

$$c=\frac{1}{1+\left|\nabla\left(G_\sigma(x,y)*I(x,y)\right)\right|} \tag{8.6.11}$$

在理想情况下，当活动轮廓曲线演化到目标的边界时，乘性速度停止项为零，曲线停止在目标的边界处。然而，在实际情况中，乘性速度停止项在目标的边界附近时，仅仅减慢了曲线的演化速度，而并不完全停止曲线的运动，一旦发现曲线越过了目标的真实边界，也不可能再返回到目标的真实边界处。

为了解决式(8.6.10)中乘性速度停止项的缺陷，Caselles 等人提出了一种基于测地距离的活动轮廓(Geodesic Active Contours，GAC)模型，即增加$\nabla c\cdot\nabla\psi$ 项，用于当活动轮廓曲线越过目标的边界时，将曲线重新“拉回”到目标的边界处。该模型定义为：

$$\frac{\partial \psi}{\partial t}=c(\kappa+V_0)\left|\nabla \psi\right|+\nabla c\cdot\nabla\psi \tag{8.6.12}$$

例 8.17 基于 GAC 的形变模型分割图像，结果如图 8.26 所示。

```
Img=imread('noisyImg.bmp');
Img=double(Img(:,:,1));
sigma=1.2;
G=fspecial('gaussian',15,sigma);        % 高斯卷积进行平滑处理
Img_smooth=conv2(Img,G,'same');
[Ix,Iy]=gradient(Img_smooth);
f=Ix.^2+Iy.^2;
g=1./(1+f);
alf=.4;
timestep=.1;
iterNum_evo=10;
iterNum_ri=10;
[nrow, ncol]=size(Img);     % 将初始水平集函数定义为圆内带符号距离
initialLSF=sdf2circle(nrow,ncol, nrow/2,ncol/2,30);
u=initialLSF;
figure;
imagesc(Img);
colormap(gray);
hold on;
[c,h]=contour(u,[0 0],'g');
for n=1:ITER       % 水平集演化过程
    u=e_GAC(u,g,alf,timestep,iterNum_evo);
    u=reinit_SD(u,1,1,.5,iterNum_ri);
    pause(0.05);
    if mod(n,20)==0
        imagesc(Img);
        colormap(gray);
        hold on;
        [c,h]=contour(u,[0 0],'r');
        iterNum=[num2str(n* iterNum_evo), 'iterations'];
        title(iterNum);
        hold off;
    end
end
```

```
imagesc(Img);
colormap(gray);
hold on;
[c,h]=contour(u,[0 0],'r');
title('Final contour');
% 下面是实现水平集演化过程的子函数
function u=e_GAC(initLSF, g, alf, delt, numIter)
% initLSF为初始化水平集函数,g为边缘检测算子,[gx, gy]为g的梯度
% alf为外力权重因子,delt为迭代时间步长,numIter为迭代次数
    u=initLSF;
    [gx,gy]=gradient(g);
    for k=1:numIter
        K=curvature(u);      % 求曲率
        dx_f=Dx_forward(u);
        dy_f=Dy_forward(u);
        dx_b=Dx_backward(u);
        dy_b=Dy_backward(u);
        [dx_c,dy_c]=gradient(u);
        norm_grad_p_u=gradientNorm_upwind(u,'+');
        norm_grad_n_u=gradientNorm_upwind(u,'-');
        u=u+delt*(g.*K.*sqrt(dx_c.^2+dy_c.^2)+…
            +alf*(max(g,0).*norm_grad_p_u+min(g,0).*norm_grad_n_u)+…
            +(max(gx,0).*dx_b+min(gx,0).*dx_f+max(gy,0).*dy_b+min(gy,0).*dy_f));
    end
```

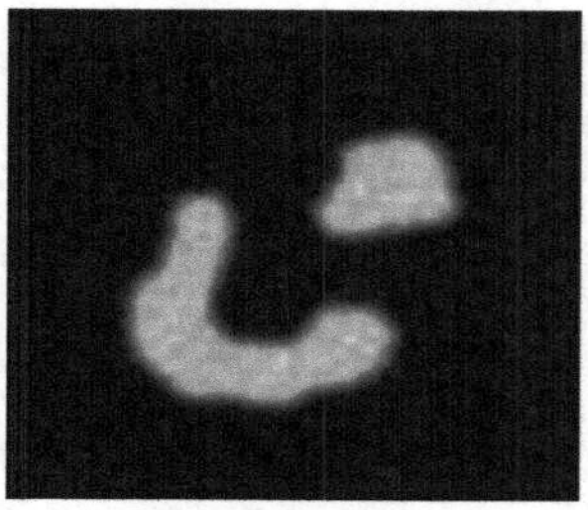

a) 原始图像

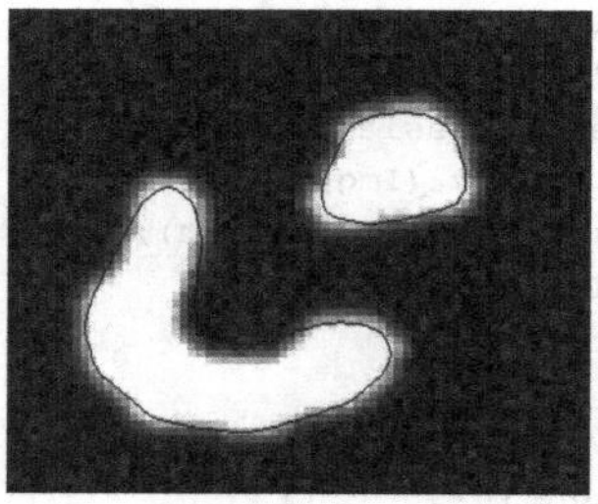

b) 最终结果

图 8.26 基于 GAC 的形变模型分割图像结果

8.6.3 形变模型的扩展形式

参数活动轮廓模型在形变过程中以显式参数的形式表示活动轮廓曲线，这种形式有利于形变模型快速而实时地实现，但当目标边界的拓扑结构发生变化时，参数活动轮廓模型难以处理。几何活动轮廓模型将活动轮廓曲线看成是两个区域的分界线，曲线的运动过程就是分界线的演化过程，从而能够自动处理目标边界的拓扑结构变化。然而，这两类模型都面临着抗干扰性差和鲁棒性差的问题，这是由于它们使用的都是局部和确定性的信息，这使得分割结果的优劣对曲线的初始位置的依赖性较大，特别是参数活动轮廓模型表现得更为严重。

目前，许多形变模型的扩展形式应运而生。这些扩展模型在原有模型的基础上，或是引入高层的全局信息；或是将图像的多特征信息进行融合；或是对能量函数加以改进，有效增强了形变模型的鲁棒性和分割结果的准确性。例如，Chan 等人结合水平集方法和 Mumford-Shah 模型提出的 C-V 水平集模型，在分割目标的边界时不依赖于图像梯度，因而对梯度无意义或边缘模糊的图像也能很好地分割。假定图像 $I(x,y)$ 被边界线 C 划分成

目标区域(C_o)和背景区域(C_b)，灰度均值分别为 c_o 和 c_b，能量函数定义为：

$$E(C,c_o,c_b) = \mu L(C) + v S_o(C) + \lambda_o \int_{C_o} |I - c_o|^2 \mathrm{d}x\mathrm{d}y + \lambda_b \int_{C_b} |I - c_b|^2 \mathrm{d}x\mathrm{d}y \tag{8.6.13}$$

其中，$L(C)$是活动轮廓曲线 C 的长度；$S_o(C)$为 C 的内部区域，即 C_o 的面积；μ、v、λ_o 和 λ_b 分别是长度项、面积项、目标能量项和背景能量项的权重因子。C-V 水平集模型引入 Heavisirle 函数和 Dirac 函数对能量函数进行规范化，能量函数定义为：

$$\begin{aligned} E(C,c_o,c_b) &= \mu \int_{\Omega} \delta_o(\phi(x,y) | \nabla \phi(x,y) | \mathrm{d}x\mathrm{d}y + v \int_{\Omega} H(\phi(x,y))\mathrm{d}x\mathrm{d}y \\ &= \lambda_o \int_{\phi} |I(x,y) - c_o|^2 H(\phi(x,y))\mathrm{d}x\mathrm{d}y \\ &\quad + \lambda_b \int_{\phi} |I(x,y) - c_b|^2 (1 - H(\phi(x,y))\mathrm{d}x\mathrm{d}y) \end{aligned} \tag{8.6.14}$$

例 8.18 基于 C-V 水平集的形变模型分割图像，结果如图 8.27 所示。

```
Img=imread('threeobject.bmp');
U=Img(:,:,1);
[nrow,ncol]=size(U);
ic=nrow/2;
jc=ncol/2;
r=20;
phi_0=sdf2circle(nrow,ncol,ic,jc,r);
delta_t=0.1;
lambda_1=1;
lambda_2=1;
nu=0;
h=1;
epsilon=1;
mu=0.01* 255* 255;
I=double(U);
phi=phi_0;
figure;
imagesc(uint8(I));
colormap(gray);
hold on;
plotLevelSet(phi,0,'r');        % 显示零水平集
numIter=1;
for k=1:ITER
    phi=e_CV(I, phi, mu, nu, lambda_1, lambda_2, delta_t, epsilon, numIter);    % 水平集演化
    if mod(k,10)==0
        pause(.5);
        imagesc(uint8(I));
        colormap(gray);
        hold on;
        plotLevelSet(phi,0,'r');
    end
end
% 下面是计算圆内带符号的距离的子函数
function f=sdf2circle(nrow,ncol,ic,jc,r)
% nrow和ncol为行和列的数目,(ic,jc)为圆的中心位置,r为圆的半径
[X,Y]=meshgrid(1:ncol, 1:nrow);
f=sqrt((X-jc).^2+(Y-ic).^2)-r;
% 下面是绘制零水平集的子函数
function [c,h]=plotLevelSet(u,zLevel, style)
```

```
[c,h]=contour(u,[zLevel zLevel],style);  % 用 contour 函数绘制零水平集
% 下面是 C- V 水平集演化的子函数
function phi=e_CV(I, phi0, mu, nu, lambda_1, lambda_2, delta_t, epsilon, numIter);
% I 为输入图像, phi0 为水平集更新, mu 为长度项权重因子 μ, nu 为面积项权重因子 v
%  lambda_1 和 lambda_2 分别为目标区域能量项和背景区域能量项的权重因子 λo 和 λb
%  delta_t 为时间步长, epsilon 为计算 Heaviside 和 Dirac 函数的参数, numIter 为迭代次数
I=BoundMirrorExpand(I);
phi=BoundMirrorExpand(phi0);
for k=1:numIter
    phi=BoundMirrorEnsure(phi);
    delta_h=Delta(phi,epsilon);
    Curv=curvature(phi);
    [C1,C2]=binaryfit(phi,I,epsilon);
    phi=phi+delta_t*delta_h.*(mu*Curv-nu-lambda_1*(I-C1).^2+lambda_2*(I-C2).^2);
end
phi=BoundMirrorShrink(phi);
```

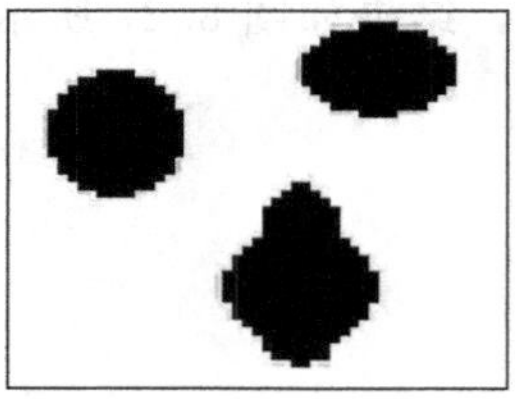

a) 原始图像

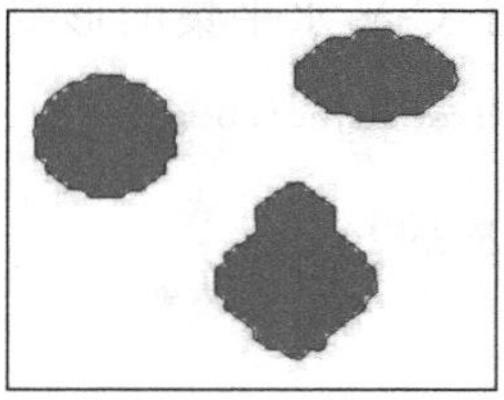

b) 最终结果

图 8.27 基于 C-V 水平集的形变模型分割图像结果

此外，Staib 等人提出了基于傅里叶变换的形变模型，采用傅里叶变换参数化曲线。Nastar 等人提出了基于模式分析的形变模型，是一种融合图像全局特征与局部形状特征的超二次曲面形变模型。Ronford 等人利用目标与背景区域的统计信息，重新构造能量函数，并根据曲线上相邻点是属于目标区域还是背景区域而采取不同的策略。Gunn 等人提出了双活动轮廓模型，分别在目标边界的内部区域和外部区域初始化一条活动轮廓曲线，用以提高形变模型寻找全局最优的能力。同时，将形变模型和其他图像处理方法相结合，同样也会得到较好的分割结果。例如，Terzopoulos 等人将多分辨率方法引入形变模型中，得到了基于多分辨率高斯外力的形变模型。Valdes-Cristerna 等人将神经网络技术加入形变模型中，利用神经网络的特性，自适应地调整形变模型中的参数。

8.7 运动分割

8.7.1 背景差值法

在背景差值法中，假设图像背景是静止不变的，用 $b(x,y)$ 表示，图像序列为 $f(x,y,i)$，其中 (x,y) 为图像位置的坐标；i 为帧数。将每一帧图像的灰度值减去背景的灰度值可得到差值图像：

$$\mathrm{id}(x,y,i)=f(x,y,i)-b(x,y) \tag{8.7.1}$$

通过设置阈值 T 可得到二值化的差值图像：

$$\mathrm{bid}(x,y,i)=\begin{cases}1 & |\mathrm{id}(x,y,i)|\geqslant T\\ 0 & |\mathrm{id}(x,y,i)|<T\end{cases} \tag{8.7.2}$$

其中，取值为 1 和 0 的像素点分别对应于前景(运动目标区域)和背景(非运动目标区域)。

阈值 T 的选择直接影响二值图像的质量，若选得太高，二值图像中判定为运动目标的区域会产生碎化现象；相反，若选得太低，又会引入大量噪声。阈值 T 的选择方法可采用静态图像中阈值分割所使用的方法。背景差值法的原理比较简单，该方法可以较好地对静止背景下的运动目标进行分割。

例 8.19 背景差值法分割图像。

下面是利用背景差值法从静止背景中分割出运动目标的 Matlab 程序，结果如图 8.28 所示。需要指出的是，将每一帧图像的灰度值减去背景图像的灰度值所得到的差值图像并不完全等同于运动目标的图像，除非背景图像的像素点的灰度值全为零。

```
f=imread('cat.bmp');
subplot(2,2,1);
imshow(f);
title('原图像');
b=imread('background.bmp');
subplot(2,2,2);
imshow(b);
title('背景图像');
df=im2double(f);
db=im2double(b);
c=df-db;
d=im2uint8(c);
subplot(2,2,3);
imshow(d);
title('差值图像');
T=50;
T=T/255;
i=find(abs(c)>=T);
c(i)=1;
i=find(abs(c)<T);
c(i)=0;
subplot(2,2,4);
imshow(c);
title('二值化差值图像');
```

背景差值法速度快、检测准确，关键在于背景的获取，但通常情况下背景是不容易直接获得的。此外，由于噪声等因素的影响，仅仅利用单帧信息容易产生错误，这就需要通过图像序列的帧间信息估计和恢复背景，即背景重建。由于重建背景的质量、阈值的选择以及序列图像中其他因素的影响，检测出来的二值图像中不可避免地会留下大量噪声点，使得原图像中对应于运动目标的区域出现不同程度的碎化现象。一个简单的噪声去除方法是使用尺度滤波器，过滤掉小于某一阈值的连通成分，保留大于该阈值的四连通或八连通成分，以便进一步分析。滤波后还可以利用区域生长方法合并属于同一个目标区域的碎块邻域。

a) 原始图像

b) 背景图像

图 8.28 背景差值法分割图像

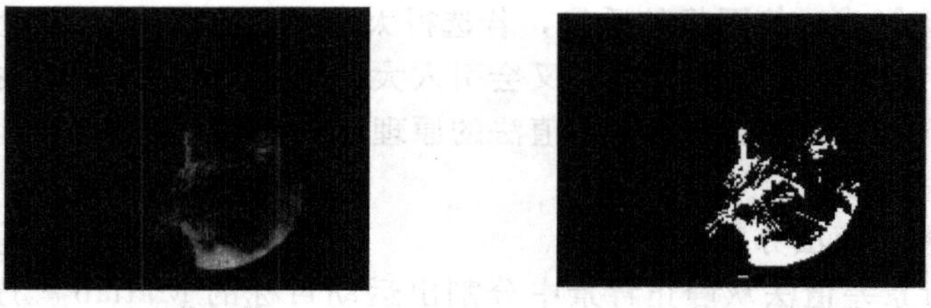

c) 差值图像　　d) 二值化差值图像

图 8.28 （续）

8.7.2 图像差分法

当图像背景不是静止时，则无法用背景差值法检测出运动目标。检测图像序列相邻两帧之间变化的另一种方法是直接比较两帧图像对应像素点的灰度值，即用二值差分图像表示帧 $f(x,y,i)$与帧 $f(x,y,j)$之间的变化：

$$\text{bid } f(x,y,i)=\begin{cases}1 & |f(x,y,j)-f(x,y,i)|\geqslant T\\ 0 & |f(x,y,j)-f(x,y,i)|<T\end{cases}\tag{8.7.3}$$

其中，取值为 1 的像素点代表变化区域。图像差分法要求两帧之间配准得很好，否则容易产生较大误差。

缓慢运动物体在图像中的变化量很小，它在两个相邻的图像帧之间表现出来的差别是一个很小的量。因而，对于缓慢运动的物体和缓慢光强变化引起的图像变化，在给定阈值 T 时可能无法检测到。另一方面，由于随机噪声的影响，没有运动目标的地方也会出现差分值不为零的情况。解决这一问题的方法是将差分值累积，真正的运动目标区域必然会对应大的累积差分值，这就是累积差分图像(Accumulative Difference Picture，ADP)方法。该方法不是仅仅分析两帧之间的变化，而是通过分析整个图像序列的变化，不但可用于可靠检测微小运动或缓慢运动的物体，还可用来估计目标移动速度的大小和方向以及尺度大小。ADP 的执行过程如下：将图像序列的每一帧与参考图像进行比较，当差值大于阈值时，就在累积差分图像中加 1。通常将图像序列的第一帧作为参考图像，并且预置累积差分图像的初始值为 0。这样，在第 i 帧图像上的累积差分图像为：

$$\text{adp}(x,y,i)=\begin{cases}0 & i=0\\ \text{adp}(x,y,i-1)+\text{bid}f(x,y,1,i) & i\neq 0\end{cases}\tag{8.7.4}$$

在差分图像中，差分值不等于 0 的像素点并不一定都属于运动目标区域，也可能是上一帧中被目标覆盖而在当前帧中显露出来的背景区域。利用相邻三帧图像两两差分，然后将这两个二值差分图像作“与”运算，可确定运动目标区域在中间那一帧图像中的位置，这种运算叫做对称差分运算。假定帧 $f(x,y,i-1)$与帧 $f(x,y,i)$之间的二值差分图像为 bid $f(x,y,i-1,i)$、帧 $f(x,y,i)$ 与帧 $f(x,y,i+1)$ 之间的二值差分图像为 bid $f(x,y,i,i+1)$，则对第 i 帧图像的对称差分运算为：

$$\text{sbid } f(x,y,i)=\text{bid } f(x,y,i-1,i)\cap \text{bid } f(x,y,i,i+1)\tag{8.7.5}$$

可见，只有 bid $f(x,y,i-1,i)=1$ 和 bid $f(x,y,i,i+1)=1$ 同时成立时，sbid $f(x,y,i)=1$ 才成立，这样便可消除二值图像中显露的背景，获取第 i 帧图像中的运动目标区域。

8.7.3 基于光流的分割方法

1. 光流约束方程

设像素点 (x,y) 在 t 时刻的灰度为 $I(x,y,t)$，该点光流的 x 和 y 分量分别为 $u(x,y)$

和 $v(x,y)$。假定该点在 $t+\Delta t$ 时运动到$(x+\Delta x, y+\Delta y)$，其中 $\Delta x=u\Delta t$，$\Delta y=v\Delta t$，运用灰度守恒假设条件(运动前后像素点的灰度值保持不变)，可以表示为：

$$I(x+\Delta x, y+\Delta y, t+\Delta t)=I(x,y,t) \tag{8.7.6}$$

若亮度随 x、y 和 t 光滑变化，则式(8.7.6)左边可用泰勒级数展开并略去二阶以上高次无穷小项，可得：

$$I(x,y,t)+\Delta x\frac{\partial I}{\partial x}+\Delta y\frac{\partial I}{\partial y}+\Delta t\frac{\partial I}{\partial t}=I(x,y,t) \tag{8.7.7}$$

式(8.7.7)两边同时除以 Δt，并令 $\Delta t\to 0$，可得：

$$\frac{\partial I}{\partial x}\frac{\mathrm{d}x}{\mathrm{d}t}+\frac{\partial I}{\partial y}\frac{\mathrm{d}y}{\mathrm{d}t}+\frac{\partial I}{\partial t}=0 \tag{8.7.8}$$

令 $u=\frac{\mathrm{d}x}{\mathrm{d}t}$，$v=\frac{\mathrm{d}y}{\mathrm{d}t}$，$I_x=\frac{\partial I}{\partial x}$，$I_y=\frac{\partial I}{\partial y}$，$I_t=\frac{\partial I}{\partial t}$，代入式(8.7.8)，可得：

$$I_x u+I_y v+I_t=0 \tag{8.7.9}$$

上式即为光流约束方程。其中 I_x、I_y 和 I_t 可直接从图像中计算出来。但是图像中每个像素点上有两个未知数 u 和 v，只有一个方程是不能确定光流的，这个不确定问题称为孔径问题(Aperture Problem)。为了唯一地求解出 u 和 v，需要增加其他约束。

光流场基本方程的灰度守恒假设条件在某些场合往往不能得到满足，如遮挡性、多光源和透明性等原因，这时就无法用光流约束方程来求解光流了。其次，应用光流约束方程求解光流时，需要找到当前帧中的像素点在下一帧中的位置，但在实际成像过程中会丢失部分信息，导致某些对应匹配不可能完成。也即目标在运动过程中，当前帧中被目标覆盖的背景和下一帧中被目标覆盖的背景不同，当前帧中被目标覆盖的背景区域在下一帧中可能找不到匹配点，此时若运用光流约束方程求解光流，在运动目标边界处的运动信息是不可靠的，即可能产生了不正确的运动点或局外点。此外，在某些场合中，光流并不等于运动流。

2. 光流分割

基于光流场的运动图像分割即根据光流场的不连续性来分割运动图像，不同的光流场区域对应着不同的运动目标，它首先估计运动图像稠密光流场，然后将相似的光流矢量合并，形成不同的块对应不同的运动目标。假设三维场景中有一个刚性目标，在 t_k 时刻的某个像素点(x_k, y_k, z_k)经过旋转和平移运动，在 t_{k+1} 时刻到达$(x_{k+1}, y_{k+1}, z_{k+1})$。当刚体旋转角度很小时，三维刚体运动模型表示为：

$$\begin{pmatrix} x_{k+1} \\ y_{k+1} \\ z_{k+1} \end{pmatrix}=\boldsymbol{R}_k\begin{pmatrix} x_k \\ y_k \\ z_k \end{pmatrix}+\boldsymbol{T}_k=\begin{bmatrix} 1 & -\theta & \psi \\ \theta & 1 & -\phi \\ -\psi & \phi & 1 \end{bmatrix}\begin{pmatrix} x_k \\ y_k \\ z_k \end{pmatrix}+\begin{pmatrix} t_x \\ t_y \\ t_z \end{pmatrix} \tag{8.7.10}$$

其中，$\boldsymbol{R}_k$ 为旋转矩阵，$\boldsymbol{T}_k$ 为平移向量，θ、ψ、ϕ 分别为绕 X、Y、Z 轴的逆时针旋转角。

式(8.7.10)还可以写成：

$$\begin{pmatrix} x_{k+1}-x_k \\ y_{k+1}-y_k \\ z_{k+1}-z_k \end{pmatrix}=\begin{bmatrix} 0 & -\theta & \psi \\ \theta & 0 & -\phi \\ -\psi & \phi & 0 \end{bmatrix}\begin{pmatrix} x_k \\ y_k \\ z_k \end{pmatrix}+\begin{pmatrix} t_x \\ t_y \\ t_z \end{pmatrix} \tag{8.7.11}$$

上式两边同除以 $\Delta t=t_{k+1}-t_k$，得到速度变换公式：

$$\begin{pmatrix} \dot{x}_k \\ \dot{y}_k \\ \dot{z}_k \end{pmatrix}=\begin{bmatrix} 0 & -\dot{\theta} & \dot{\psi} \\ \dot{\theta} & 0 & -\dot{\phi} \\ -\dot{\psi} & \dot{\phi} & 0 \end{bmatrix}\begin{pmatrix} x_k \\ y_k \\ z_k \end{pmatrix}+\begin{pmatrix} \dot{t}_x \\ \dot{t}_y \\ \dot{t}_z \end{pmatrix} \tag{8.7.12}$$

由此可得三维速度场在图像平面上的正交投影：

$$\begin{aligned} u &= \dot{x}_k = \dot{t}_x - \dot{\theta} y_k + \dot{\psi} z_k = \dot{t}_x - \dot{\theta} y' + \dot{\psi} z \\ v &= \dot{y}_k = \dot{t}_y + \dot{\theta} x_k - \dot{\phi} z_k = \dot{t}_y + \dot{\theta} x' - \dot{\phi} z \end{aligned} \tag{8.7.13}$$

假设作刚体运动的平面方程为：

$$z = a_0 + a_1 x + a_2 y \tag{8.7.14}$$

将上式代入式(8.7.13)，得到含有6个参数的仿射光流模型：

$$\begin{aligned} u &= b_0 + b_1 x' + b_2 y' \\ v &= b_3 + b_4 x' + b_5 y' \end{aligned} \tag{8.7.15}$$

其中，$b_0 = t_x + a_0\dot{\psi}$，$b_1 = a_1\dot{\psi}$，$b_2 = a_2\dot{\psi} - \dot{\phi}$，$b_3 = t_y - a_0\dot{\theta}$，$b_4 = \dot{\phi} - a_1\dot{\theta}$，$b_5 = -a_2\dot{\theta}$。

基于光流场的运动图像分割的主要步骤如下：

1）根据仿射变换将光流矢量编组。由于Hough变换可看成是一种聚类方法，故应用该方法可以在量化参数空间中投票选出最具代表性的参数值。仿射光流模型（式(8.7.15)）的分割过程为：首先确定6个参数中的最小值和最大值；其次，在六维特征空间中把b_0到b_5按一定的步长量化成离散的参数集合；最后，应用Hough变换从光流场中找出具有一致仿射变换的光流场矢量，将它们编成一组，同时记下每一个光流矢量的对应参数集，并在最小二乘方意义下求出对应的最佳参数集。

2）将步骤1得到的组按某种准则合并成块，这些块与某个运动目标相对应；将未合并的光流矢量归并到它们邻近的块中，直到没有新的光流矢量需要合并为止。

为了减小上述方法的计算量，可采用一些改进的Hough变换算法。例如，把参数空间分成两个不相连的子集合，实现两个三维Hough变换；或迭代应用Hough变换，在每一次迭代时，参数空间在上一次迭代的估计值周围进行量化，以便得到更高的参数精度。

8.7.4 基于块的运动分割方法

基于块的运动模型基于假设：图像运动可以用块运动来表征，即把每一帧图像分成许多小块，然后利用这些小块进行分割跟踪。块的运动方式既包括基本形式（如平移变换、仿射变换、透视投影变换等），也包括这些基本形式的组合。基于块的运动估计与光流计算不同，它不需要考虑每一个像素点的运动情况，而只需要计算由若干个像素点组成的块的运动，计算简单有效。此外，基于块的运动估计可以解决基于光流的分割方法中的孔径问题。因此，对于许多实际的图像分析和运动估计应用来说，块运动分析是一种很好的近似方法。

1. 平移变换

假定图像中的运动目标进行平移运动，令(x_i, y_i)表示第i帧中某块中的一个像素点，该点在第$i+1$帧中的对应点为(x_{i+1}, y_{i+1})，第i帧到第$i+1$帧的平移变换公式表示为：

$$\begin{aligned} x_{i+1} &= x_i + \Delta x \\ y_{i+1} &= y_i + \Delta y \end{aligned} \tag{8.7.16}$$

对于块中所有的像素点：

$$f(x, y, t_i) = f(x + \Delta x, y + \Delta y, t_{i+1}) \tag{8.7.17}$$

2. 仿射变换

若运动目标的运动同时包含旋转和变形，则需要将平移变换推广到仿射变换：

$$\begin{aligned} x_{i+1} &= a x_i + b y_i + c \\ y_{i+1} &= d x_i + e y_i + f \end{aligned} \tag{8.7.18}$$

上式称为六参数仿射变换，它不仅可以描述块的平移、旋转运动，还可以表示块的变形运动。仿射变换的一个重要性质是：平面上两条平行直线经仿射变换后仍然保持平行。

3. 透视投影变换

透视投影变换是指利用透视中心、像素点、目标点三点共线的条件，按照透视定律使透视面绕透视轴旋转某一角度。透视投影变换的一个重要性质是：经透视投影变换后，仍能保持透视面上投影几何图形不变。

$$x_{i+1} = \frac{a_0 x_i + a_1 y_i + a_2}{a_3 x_i + a_4 y_i + 1}$$

$$y_{i+1} = \frac{b_0 x_i + b_1 y_i + b_2}{b_3 x_i + b_4 y_i + 1} \tag{8.7.19}$$

小结

图像分割是指将一幅图像分解为若干互不交叠的同质区域，是图像处理技术的基本问题。许多研究者为解决图像分割问题付诸巨大的努力，然而，至今还不存在一种通用的分割方法，也不存在一个为公众所接受的评价分割性能的标准。尽管如此，通过借鉴其他学科，如小波变换、分形理论、数学形态学、模糊数学、遗传算法、人工智能等领域的研究成果，还是产生了不少新的分割算法。本章对一些具有代表性的、实用的图像分割方法进行了阐述。

图像分割方法的性能受到诸多因素的影响，包括图像同质性、空间结构特性、连续性、纹理、图像内容、物理视觉特性等。一个好的图像分割方法应全面考虑这些特性。

如今，图像分割的发展趋势呈现以下特点：

1)多种分割方法的融合。例如，将区域与边界信息融合的分割方法。该方法结合了边缘法和区域法的优点，利用边缘的约束限制避免了区域的过分割，同时又通过区域分割补充了边缘法漏检的边缘，使分割结果更符合实际需求。

2)人工智能技术的应用。至今，虽然已提出了很多图像分割方法，然而这些方法大都是针对某一具体应用提出，只利用了图像的部分信息，缺乏智能性。因此，将人工智能技术引入到图像分割算法中可以得到更好的分割结果。

3)人机交互式的图像分割。人类在分割和检测图像时毫不费劲，没有一台计算机分割和检测真实图像能够达到人类视觉系统的水平。这是由于人类在观察图像时，运用了大量的经验知识。因此，采用人机交互的方式实现图像分割，可以有效提高分割性能。

习题

8.1 假设有一幅 8×8 的二值数字图像，除中心处有一个 3×3 的值为 1 的正方形区域外，其余像素点的值均为 0。试分别用 Roberts、Sobel 和 Prewitt 算子计算梯度值和方向角。

8.2 证明高斯-拉普拉斯算子：$\nabla^2 h(x, y)=\frac{1}{\pi\sigma^4}\left[\frac{x^2+y^2}{2\sigma^2}-1\right]e^{-\frac{x^2+y^2}{2\sigma^2}}$ 的平均值为零。

8.3 指出 Canny 算子的优缺点。

8.4 对于一幅非二值数字图像，如何应用边界跟踪算法？噪声对边界跟踪算法有什么影响？

8.5 为什么说可以把 Hough 变换看成是一种聚类分析技术？

8.6 假设图像中物体和背景的像素点的灰度值的分布概率密度由下式给出：

$$p(x)=\begin{cases}3(a^2-(x-b)^2)/(4a^3) & b-a\leqslant x\leqslant b+a\\ 0 & \text{其他}\end{cases}$$

对于背景，$a=1$，$b=5$；对于物体 $a=2$，$b=7$，试确定阈值，使得错分的像素点最少。

8.7 分水岭阈值选择算法的主要缺点是什么？如何克服？

8.8 用分裂合并法分割如图 8.29 所示的图像，并给出对应分割结果的四叉树。

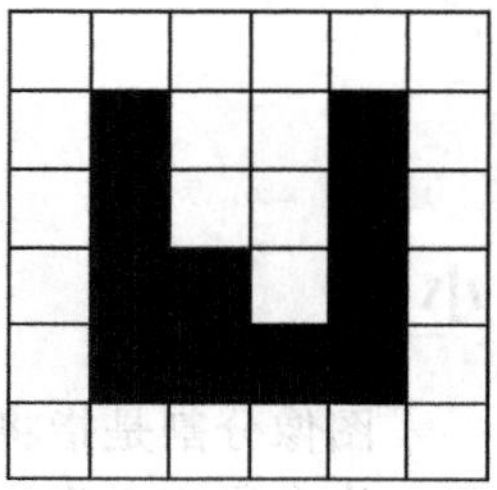

图 8.29　题 8.8 图

8.9 采用能量最小化形式的形变模型分割彩色图像时，一种合理的方法是充分利用图像的颜色特性，即用颜色梯度代替灰度梯度，试给出相应的能量函数表示。

8.10 在利用 C-V 水平集实现活动轮廓曲线演化的算法中，每次迭代一定次数后都需要重新初始化水平集函数，这就给实际应用带来了困难，试利用窄带扩展技术改进算法。

8.11 背景差值法中的背景图像以及图像差分中的参考图像的获取是运动图像分割的关键，如何利用多幅运动图像构造出一个基准图像？

8.12 若运动图像帧与帧之间没有配准好，则对图像差分法会产生什么样的影响？

8.13 试举出光流不等于运动流的情况。

CHAPTER 9

第 9 章

图像表示与描述

9.1 概述

图像表示与描述是图像识别和理解的重要组成部分。与图像分割类似，图像的表示可以基于其内部特征，也可以基于其外部特征，由此可将图像表示分成边界表示（如链码、边界分段等）和区域表示（如四叉树、骨架等）两大类。通常，边界表示较为关心的是图像中区域的形状特征，而区域表示则倾向于反映区域的灰度、颜色、纹理等特征。

在选定了图像表示方式之后，还需要使用适当的图像描述方法。一般图像采用二维描述方法，它同样分为边界描述和区域描述两大类。对于特殊的纹理图像可采用二维纹理特征描述。

随着图像处理研究的深入发展，越来越多关于三维物体描述的研究。对三维图像有体积描述、表面描述、广义圆柱体描述等方法。三维图像的一种表示方法是把三维数组看成是由一系列二维图像数组所组成，从而可以应用二维图像的表示方法。或者采用类似四叉树的方法，把立方块等分成八个小立方块，用八叉树来表示。另一种三维物体的近似表示方法是用广义锥。所谓广义锥是一个由轴、横截面形状和尺寸函数所组成的三元组。

本章首先介绍一些常见的图像表示方法，如链码、多边形近似、标记图与骨架等，然后简要介绍几种基本的图像描述方法，包括边界描述、区域描述和数学形态学描述，同时给出关键算法的 Matlab 实现程序。

9.2 图像表示

在前面章节的讨论中，经过图像底层处理之后可以得到一些关于边界或者区域等的图像特征。虽然可以直接从原始数据中获取图像的描述，但是在很多情况下，是先把图像用某种方法进行表示之后，再对其进行描述，从而方便描述子的计算。本节将讨论如何把这些特征转换成有意义的几何表示，即如何选取适当的图像表示。下面介绍四种边界表示，即链码、边界分段、多边形近似和标记图，以及一种区域表示——骨架。

9.2.1 链码

链码(chain code)是图像处理和模式识别中一种常用表示方法，它最初是由 Freeman 于 1961 年提出，用来表示线条模式，至今仍然被广泛应用。根据链的斜率不同，有 4 链码、6 链码和 8 链码，如图 9.1 所示。其中，4 链码和 8 链码是比较常见的链码形式。4 链码即链码在四个方向上移动，以数字集合$\{i|i=0,1,2,3\}$编码来表示与 X 轴的夹角为 $90°\times i$。类似的，8 链码的相邻方向之间夹角为 45°，每个方向用$\{i|i=0,1,2,3,4,5,6,7\}$来编码。4 链码和 8 链码的自然编码见图 9.2。

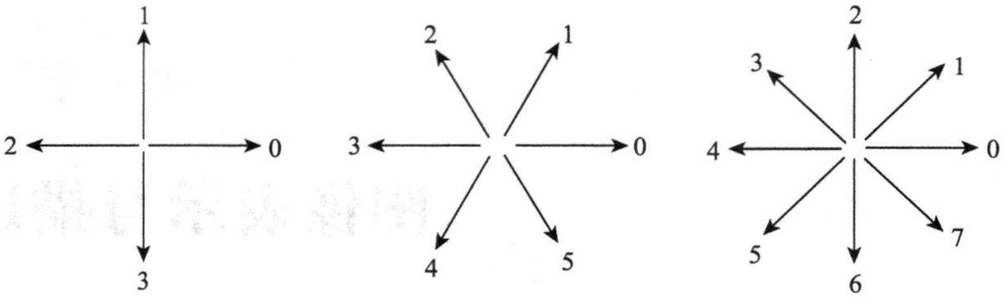

a) 4链码　　b) 6链码　　c) 8链码

图 9.1　三种链码的形式：4 链码，6 链码以及 8 链码

方向	十进制数表示	二进制自然码
0°	0	0 0
90°	1	0 1
180°	2	1 0
270°	3	1 1

a）4 链码的自然码表示

方向	十进制数表示	二进制自然码
0°	0	0 0 0
45°	1	0 0 1
90°	2	0 1 0
135°	3	0 1 1
180°	4	1 0 0
225°	5	1 0 1
270°	6	1 1 0
335°	7	1 1 1

b）8 链码的自然码表示

图 9.2　4 链码和 8 链码的自然码表示

链码是从在物体边界上任意选取的某个起始点的坐标开始的。首先，将水平方向坐标和垂直方向坐标分成等间隔的网格，然后对每一个网格中的线段用一个最接近的方向码来表示，最后，按照逆时针方向沿着边界将这些方向码连接起来，就可以得到链码。图 9.3 中是一个 8 链码的例子。

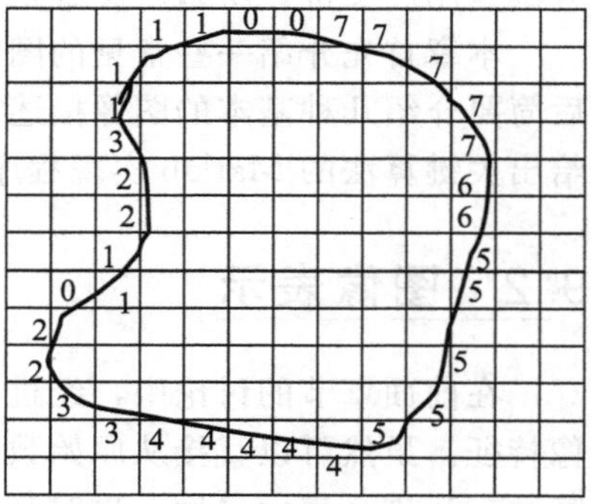

图 9.3　用 8 链码表示边界

在实际应用中这样直接得到的链码可能存在码长过长，并且对噪声干扰敏感的问题。一种改进方案是对原边界用较大的网格进行重采样，把与原边界点最接近的大网格点定为新的边界点，从而达到减少边界点，降低对噪声干扰的敏感度。

由于链码的起始点是任意选择的，而对同一边界如果选用不同的起始点，往往会得到不同的链码。为此可以对链码进行起点的归一化。一种简单的归一化方法是把链码看作一个循环序列，依次取各个边界点作为起始点，从得到的所有链码中选取构成自然数值最小的码作为归一化结果，此时的起始点即为归一化后的起始点。图 9.4 给出了一个例子。

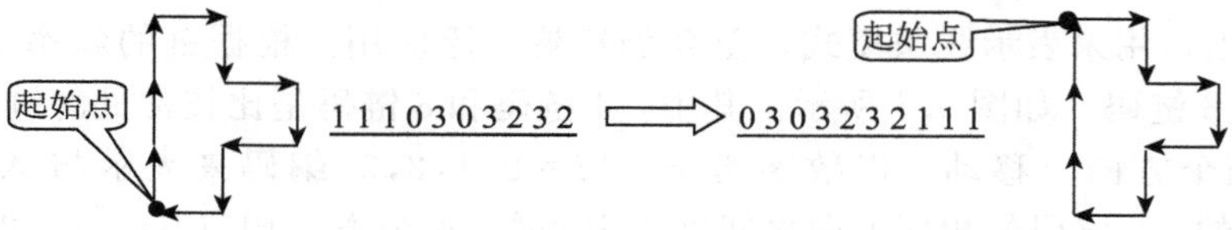

图 9.4　链码的起始点归一化

链码具有平移不变性，即当边界平移时，其链码不发生改变。但是，当边界旋转时，则链码会改变。为此可以对链码进行旋转归一化。常用的一种方法是用链码的一阶差分码作为新的码。所谓一阶差分，是指相邻两个方向之间的变化值。当图 9.5a 中原边界旋转为如图 9.5b 所示新边界时，其链码并不相同，但是他们的一阶差分码仍保持一致。

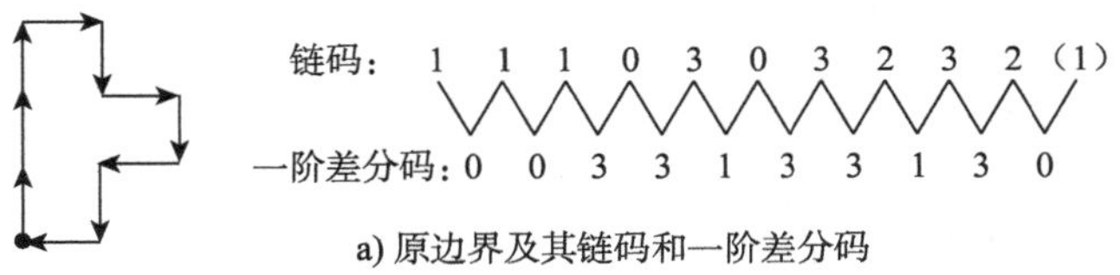

a) 原边界及其链码和一阶差分码

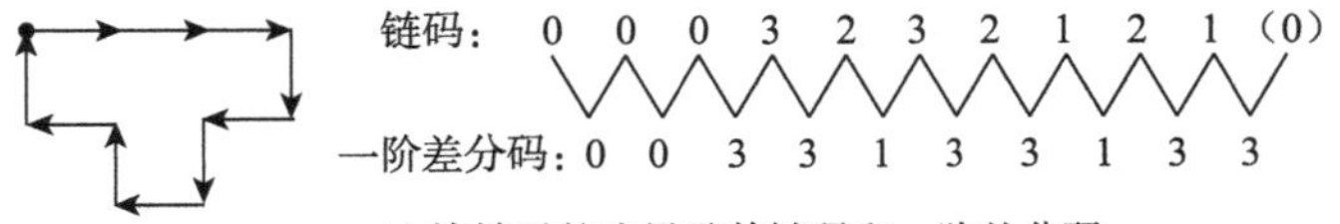

b) 旋转后的边界及其链码和一阶差分码

图 9.5 链码的旋转归一化

例 9.1 计算图 9.6a 中图像边界的链码。

图 9.6a 是一幅不规则闭合曲线的二值图像。首先求其边界。由于前面提到过的原因，为了减短码长，降低噪声干扰，在计算链码之前先对边界进行重采样。获取图像的边界并对其重采样的语句如下：

```
A=imread ('sample1.bmp');           % 载入图像
A=im2bw (A);                        % 将图像二值化
imshow (A);                         % 见图 9.6a
% 获取图像的边界,见图 9.6b
L=bwlabel(A, 8);                    % 对图像进行标记
B=zeros(0, 2);                      % 初始化 B
per=bwperim(L);                     % 得到区域周长的图像
L2=bwlabel(per,conn);               % 标记区域周长图像

[r,c]=find(L2==1);                  % 找到组成周长的像素的坐标
rr=zeros(length(r), 1);             % 初始化 rr、cc
cc=zeros(length(c), 1);
rr(1)=r(1);cc(1)=c(1);
r(1)=0;    c(1)=0;
dir=0;                              % 方向
% 寻找边界
for j=1:1: length(r)
    % 查找当前点各个方向上的邻居点
    [r1, c1]=find((r==rr(j)+1) & (c==cc(j)));
    [r2, c2]=find((r==rr(j)+1) & (c==cc(j)-1));
    [r3, c3]=find((r==rr(j)) & (c==cc(j)-1));
    [r4, c4]=find((r==rr(j)-1) & (c==cc(j)-1));
    [r5, c5]=find((r==rr(j)-1) & (c==cc(j)));
    [r6, c6]=find((r==rr(j)-1) & (c==cc(j)+1));
    [r7, c7]=find((r==rr(j)) & (c==cc(j)+1));
    [r8, c8]=find((r==rr(j)+1) & (c==cc(j)+1));
    % 依次按 1、8、7、6、5、4、3、2 的方向把邻居点作为下一个当前点
    x=0;    y=0;
    if ~isempty(r1)
        x=r1;    y=c1;    dir=1;
    elseif ~isempty(r8)
```

```
            x=r8;      y=c8;      dir=8;
        elseif ~isempty(r7)
            x=r7;      y=c7;      dir=7;
        elseif ~isempty(r6)
            x=r6;      y=c6;      dir=6;
        elseif ~isempty(r5)
            x=r5;      y=c5;      dir=5;
        elseif ~isempty(r4)
            x=r4;      y=c4;      dir=4;
        elseif ~isempty(r3)
            x=r3;      y=c3;      dir=3;
        elseif ~ isempty(r2)
            x=r2;      y=c2;      dir=2;
        end  % endif
        if x==0 & y==0
            break;
        end
        rr(j+1)=r(x);cc(j+1)=c(x);
        r(x)=0;     c(x)=0;
    end;  % endfor
    rr(j+1)=rr(1);
    cc(j+1)=cc(1);
    B=[rr, cc];                          % 边界 B，见图 9.6b
    [b1, b]=subsamp (B, 17);             % 重采样，结果见图 9.6c
```

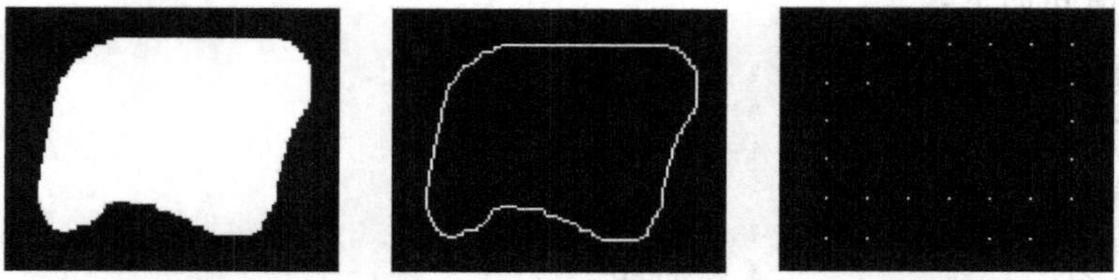

a) 二值图像　　b) 边界二值图像　　c) 重采样边界

图 9.6　闭合曲线、边界及其重采样边界

上面的代码行中使用的重采样函数 subsamp 语法如下：

```
[S,NS]=subsamp(B, N)
```

其中，B 为边界，它是一个 $np\times 2$ 矩阵，每一行向量为一个边界点的横坐标和纵坐标值。重采样时每 N 个网格构成一个新的网格。输出的 S 为重采样后的新的边界点坐标，它是一个 $nq\times 2$ 向量。NS 是对 S 规范化的结果，可在计算链码等函数中使用。同样，为了清晰起见，将重采样后的边界转化成二值图像并显示在图 9.6c 中。下面计算重采样后的边界 NS 的链码：

```
[np, nc]=size(ns);                                 % 链码的维数
% 计算转换的对应表
C(21)=0; C(11)=1; C(10)=2; C(9)=3; C(19)=4;
C(29)=5; C(30)=6; C(31)=7;

% 链码的起始点坐标
x0=b(1, 1);
y0=b(1, 2);
c.x0y0=[x0, y0];

% 计算边界的链码
a=circshift(b, [-1, 0]);                           % 将链码循环移动一位
```

```
DEL=a-b;                                          % 求差值
z=10*(DEL(:, 1)+2)+DEL(:, 2);
fcc=C(z);                                         % 根据前面设计的对应表得到链码
c.fcc=fcc;

% 计算一阶差分码
sfcc=circshift(fcc, [0, - 1]);                    % 将链码右移一位
delta=sfcc-fcc;                                   % 求差值
I=find(delta<0);                                  % 找差值中小于 0 的数值的位置
delta(I)=delta(I)+8;                              % 对 8 邻域链码加上 8
c.diff=delta;

% 计算值最小的链码
I=find(fcc==min(fcc));                            % 找 fcc 中最小数值的位置
A=zeros(length(I), length(fcc));                  % 初始化矩阵 A
for j=1:length(I)
    A(j, :)=circshift(fcc, [0, I(j)-1]);          % 循环位移 fcc,使得最小数值在第一位
end
if length(I)==1                                   % 如果 I 只有一个,那么 A(1,:)即为最小链码
    c.mm=A(1,:);
    return;                                       % 结束返回
end
J=(1:length(I))';                                 % 否则,找出其中最小的

for k=2:length(fcc)
    D(1:length(I), 1)=Inf;
    D(J, 1)=A(J, k);
    amin=min(A(J, k));
    J=find(D(:, 1)==amin);
    if length(J)==1
        c.mm=A(J, :);
        return
    end
end
```

计算结果如下：

```
cc.x0y0=                     % 起始点
        6      2
cc.fcc=                      % 链码
        2  2  2  0  2  0  0  0  0  0  6  6  6  6  4  6  4  2  4  4  4  6  4  2
cc.diff=                     % 一阶差分码
        0  0  6  2  6  0  0  0  0  6  0  0  0  6  2  6  6  2  0  0  2  6  6  0
cc.mm=                       % 值最小的链码
        0  0  0  0  0  6  6  6  6  4  6  4  2  4  4  4  6  4  2  2  2  2  0  2
```

9.2.2 边界分段

链码是对每一个边界点进行分析，而采用边界分段方法则是将边界分成若干段，然后分别对每一段进行表示，从而降低边界的复杂度，并简化表示过程，尤其是当边界具有多个凹点的时候这种方法更为有效。

在对边界进行分解的时候，首先要构造边界的凸包(convex hull)。所谓边界的凸包就是包含边界的最小凸集。图 9.7a 中，中间白的部分 S 为一个任意集合，而外面黑线所包围的整个区域就是它的凸包 H。图中阴影部分 H-S 称为凸残差(convex deficiency)，记作 D。其分段结果在图 9.7b 中给出。

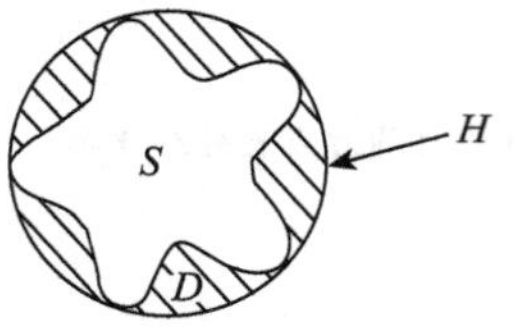

a) 区域S，其凸包H，及其凸残差D

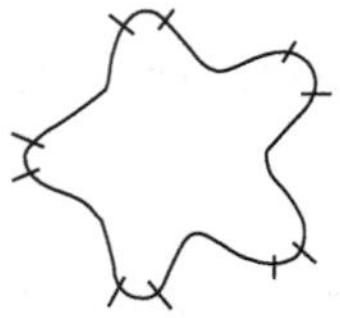

b) 区域S的边界分段结果

图 9.7 区域的边界分段

一种直观的求边界分段的方法是跟踪区域凸包的边界，记录凸包边界进出区域的转变点即可实现对边界的分割。

理论上该方法对区域边界具有尺度变换和旋转的不变性。但在实际情况中，由于噪声等因素的影响，会使得边界具有小的不规则形状，从而导致小的无意义的凸缺。为此，通常在边界分段之前要先对边界进行平滑。例如，可以先采用多边形近似，然后再进行边界分段。

例 9.2 构造某个区域 A 的凸包。

用下述命令行即可得到区域 A 的凸包：

```
stat=regionprops (A,'ConvexHull');
stat.ConvexHull
```

Matlab 中的函数 regionprops 可以得到区域边界的凸包。其语法如下：

```
stats=regionprops(L, properties)
```

该函数获取标记图像 L 中所有区域的一系列特征。stats 是个长为 max(L(:))的数组，每一项代表一个区域的各个特征。properties 的取值和意义如表 9.1 所示。标记图像 L 可以由函数 bwlabel 获取：

```
L=bwlabel(BW,N)
```

其中，BW 为二值图像，N 为连通性，可以取 4 或者 8，分别代表 4 连通或者 8 连通，默认值为 8。输出 L 就是对图像 BW 进行标记后的图像。

表 9.1 函数 regionprops 的 properties 参数的取值

properties 取值	含 义
All	包含下面列出的所有属性
Area	区域中像素的数目
BoundingBox	定义了包围区域的最小矩形。它是一个 1×4 向量[x，y，x_width，y_width]，其中[x，y]是区域左上角坐标，[x_width，y_width]是该矩形在 x 方向和 y 方向的宽度值
Basic	计算 Area、BoundingBox 和 Centroid 三个特征
Centroid	区域的质心，是一个 1×2 向量，指明质心的横坐标和纵坐标值
ConvexArea	ConvexImage 中像素数目，是一个标量
ConvexHull	包围区域的最小多边形，是一个 p×2 矩阵，每一行代表一个多边形顶点的坐标值
ConvexImage	区域凸包的图像，是一个二值图像
Eccentricity	与区域有相同二阶矩的椭圆的离心率，是一个标量
EquivDiameter	与区域有相同面积的圆的直径，是一个标量
EulerNumber	欧拉数，是一个标量
Extent	区域面积与 BoundingBox 面积的比值，是一个标量

（续）

properties 取值	含　义
Extrema	区域的八个角点，是一个 8×2 矩阵，每一行向量为一个角点的坐标值：[top-left，top-right，right-top，right-bottom，bottom-right，bottom-left，left-bottom，left-top]
FilledArea	FilledImage 中像素数目
FilledImage	与区域 BoundingBox 具有相同大小的二值图像。区域中所有的孔已被填充
Image	与区域 BoundingBox 具有相同大小的二值图像
MajorAxisLength	与区域有相同二阶矩的椭圆的长轴长度
MinorAxisLength	与区域有相同二阶矩的椭圆的短轴长度
Orientation	与区域有相同二阶矩的椭圆的长轴与 x 轴的夹角
PixelList	区域中像素点的坐标列表，是一个 N×2 矩阵，N 为区域中像素点数目。每一个行向量为一个像素点的坐标值
Solidity	Area/ConvexArea，是一个标量

9.2.3　多边形近似

数字边界也可以用多边形近似来逼近。由于多边形的边可用线性关系来表示，所以关于多边形的计算比较简单，有利于得到一个区域的近似值。多边形近似比链码、边界分段更具有抗噪声干扰的能力。对封闭曲线而言，当多边形的线段数与边界上点数相等时，多边形可以完全准确地表达边界。但在实际应用中，多边形近似的目的是用最少的线段来表示边界，并且能够表达原边界的本质形状。

常用的一种多边形近似方法是最小周长多边形(Minimum Perimeter Polygon，MPP)方法。该方法以周长最小的多边形来近似表示边界。它将边界看成是介于多边形内外界线之间的有弹性的线。当它在内外界线的限制之下收缩紧绷的时候，就可以得到最小周长边界。Sklanskey 等人给出了求最小周长边界的一种算法，该算法适用于无自交情况的多边形。该算法在获取边界之后，先查找边界的拐角点，并且标记该拐角点是凸点还是凹点。然后将所有的凸拐点连接起来作为初始的最小周长多边形 $P0$。接着把所有在多边形 $P0$ 之外的凹拐点移除。再将剩余的凹拐点和所有凸拐点依次连接，形成新的多边形 $P1$。然后移除所有原为凸点而在新多边形中变成凹点的拐点。再用剩余的点连接形成新多边形，再次移除。如此循环，直至新形成的多边形中没有凹点。图 9.8 是一个最小周长多边形的例子。

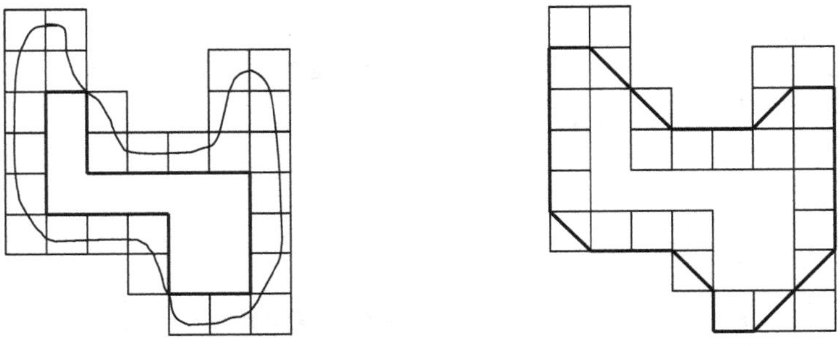

图 9.8　边界的多边形近似

9.2.4 标记图

标记(signature)是边界的一维表达，可以用多种方法来产生。其基本思想是将原始的二维边界用一个一维函数来表示，以达到降低表达难度。最简单的方法就是把从重心到边界的距离作为角度的函数来标记，如图 9.9 所示。

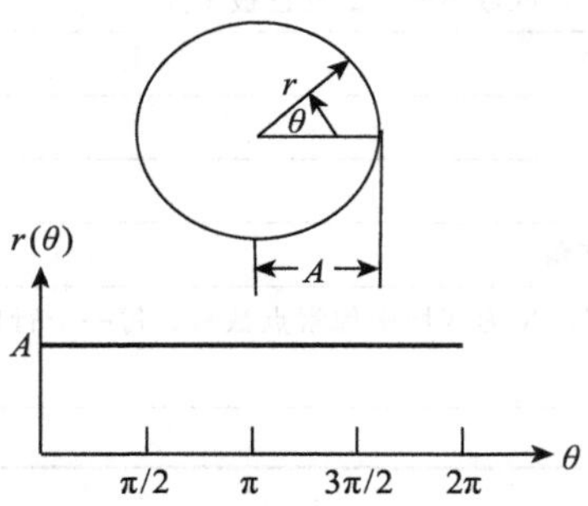

a) 圆形边界及其距离-角度标记

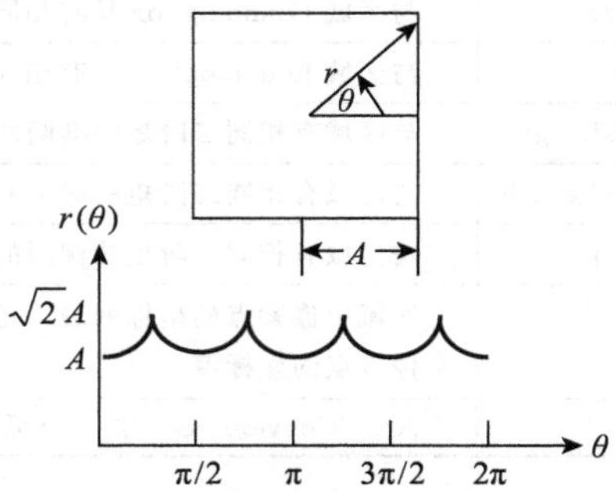

b) 方形边界及其距离-角度标记

图 9.9 边界及其标记图表示

上述方法得到的标记与链码同样不受边界平移的影响，但是当边界旋转或者发生尺度变换时，则标记将会发生改变。对于旋转问题，可以采用类似于链码的旋转归一化方法进行解决。更常用的方法是通过固定标记的起点来归一化。例如，可以选择离重心最远的边界点作为起始点，或者也可以选择主轴上的某一点。虽然后者的计算量比较大，但是它比前者更加可靠，因为它用到了所有的边界点来参与计算。而对尺度变化则可以通过幅度的归一化来处理。

例 9.3 下面是对两个不规则边界求其标记图的例子，其过程以及结果图如图 9.10 所示。首先读入两幅图像，然后将它们转化为二值图并且求其边界：

```
a1=imread ('closedge.bmp');          % 载入图像
a1=im2bw (a1);                       % 转化为二值图
b1=a1 的边界;                         % 按例 9.1 的方法计算边界,见图 9.10a
a2=imread ('closedge2.bmp');         % 载入第二幅图像
a2=im2bw (a2);                       % 转化为二值图
b2=a2 的边界;                         % 按例 9.1 的方法计算边界,见图 9.10b
```

接着分别计算两个边界的标记图，并把距离表示成角度的函数画出：

```
b=b1{1};
[nr, nc]=size(b);
if isequal(b(1, :), b(nr, :))        % 若边界首尾是同一个点,则删除其中一个
    b=b(1:np-1, :);
    nr=nr-1;
end

x0=round(sum(b(:, 1))/nr);           % 计算原点坐标
y0=round(sum(b(:, 2))/nr);

b(:, 1)=b(:, 1)-x0;                  % 将边界起始点转化到上述坐标系中
b(:, 2)=b(:, 2)-y0;
% 将转换到极坐标系中
x=b(:, 2);
y=-b(:, 1);
```

```
[theta, r]=cart2pol(x, y);
theta=theta.*(180/pi);                    % 转换角度单位
% 将角度为负值的转化为正值
j=theta==0;
theta=theta.*(0.5*abs(1+sign(theta)))-0.5*(-1+sign(theta)).*(360+theta);
theta(j)=0;
theta=round(theta);

signr=[theta, r];                         % 把角度和半径放在同一个矩阵中
[B, I, J]=unique(signr(:,1));             % 删除重复的角度
signr=signr(I, :);
if signr(end, 1)==signr(1, 1)+360         % 如果最后的角度等于第一个的角度加 360
    signr=signr(1:end-1, :);              % 那么删除
end
plot (signr(:, 1), signr(:, 2))           % 见图 9.10c
```

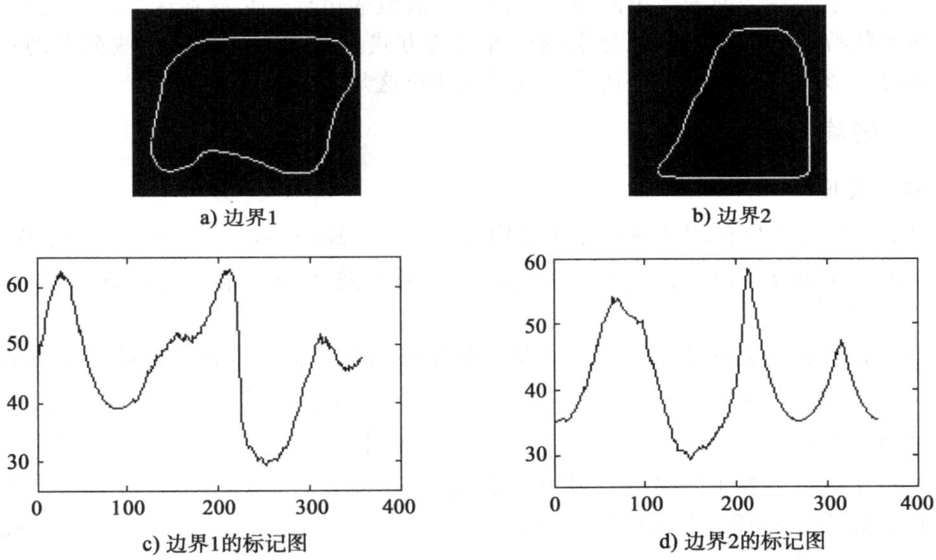

图 9.10　边界的标记图

对图 9.10b 所示的图像边界，可以采用相同的方法来得到它的标记图，这里就不赘述了。其标记图见图 9.10d。

9.2.5　骨架

骨架是一种区域表示方法。它不同于前述的边界表示方法是对边界的点或者线进行表示，而是把平面区域抽取为图的形式来表示。通常情况下得到区域的骨架是借助于细化算法。常用的一种获取骨架的细化算法叫做中轴变换(Medial Axis Transformation，MAT)。该算法对区域 R 中的每一个点 p，寻找位于边界 b 上的离它最近的点。如果对点 p 同时找到多个这样的点，那么就称点 p 为区域 R 的中轴上的点。

虽然中轴变换是一种很直接的细化方法，但是由于它需要计算区域内部每一点到任意一个边界点的距离，所以计算量很大。现在已经发展出了许多骨架计算方法来提高计算效率。在 9.5.3 节中将会介绍另一种骨架的求取算法，即基于数学形态学的方法。

另外，图像上的一些小的干扰可能会导致骨架上大的改变。图 9.11 给出了一个这样的例子，其中实线表示边界，虚线表示相应的骨架。图 9.11a 是一个矩形边界，而图 9.11b 则

是一个有小尖刺干扰的矩形边界。从图中可以看出，虽然两个边界基本相似，但是它们的骨架却有较大的不同。

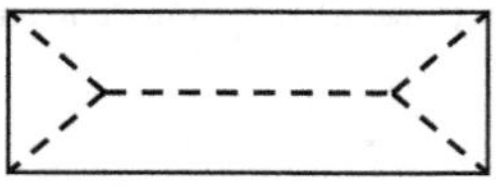

a) 矩形边界

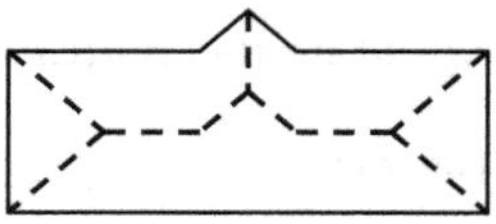

b) 具有小突刺的矩形边界

图 9.11　边界的小扰动导致骨架的大变化

9.3　边界描述

边界描述主要是借助于区域的外部特征，即区域的边界，来描述区域。当我们希望关注区域的形状特征的时候，一般会采用这种描述方式。本节首先介绍一些简单的描述子，然后依次讨论形状数、傅里叶描述子，以及统计矩这几种边界描述方法。

9.3.1　一些简单的描述子

1. 边界长度

边界长度是边界所包围区域的轮廓的周长。对 4 连通边界，其长度为边界上像素点个数；而对 8 连通边界来说，其长度为对角码个数乘上$\sqrt{2}$再加上水平和垂直像素点的个数的和。

Matlab 的图像工具箱中给出了一个基于数学形态学方法的求周长的函数 bwperim，其语法将在 9.5.3 节中介绍。

2. 边界的直径

边界的直径是边界上任意两点距离的最大值。图 9.12b 给出了图 9.12a 所示边界的直径。

a) 原边界

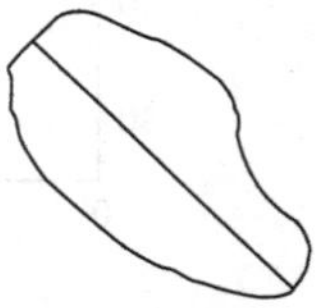

b) 边界的直径

图 9.12　边界及其直径

9.3.2　形状数

形状数是基于 4 链码的边界描述符。它定义为值最小的 4 链码的一阶差分码。由于形状数来源于 4 链码的一阶差分码，由 9.2.1 节的讨论可以知道，它具有与起始点无关以及对旋转 90°不敏感性。对任意角度的旋转的归一化通常采用的一种方法是将一个坐标轴与边界的主轴对齐，具体步骤如图 9.13 所示。

从形状数的定义可知，形状数可以用 9.2.1 节介绍的计算链码的方法计算得到。为了使其对旋转不敏感，如上述讨论，应当先将 x 轴旋转至与边界的主轴方向一致。

例 9.4　计算图 9.14a 中白色区域的形状数。首先我们载入图像并将其转化为二值图像。

```
A=imread ('region.bmp');              % 载入图像
A=im2bw (A);                          % 转化为二值图像
imshow(A);                            % 见图 9.14a
```

接着，我们将图像 A 的 x 轴旋转到与区域主轴的方向一致，得到新的图像 A2(见图 9.14b)之后，获取图像 A2 的边界，并对边界重采样：

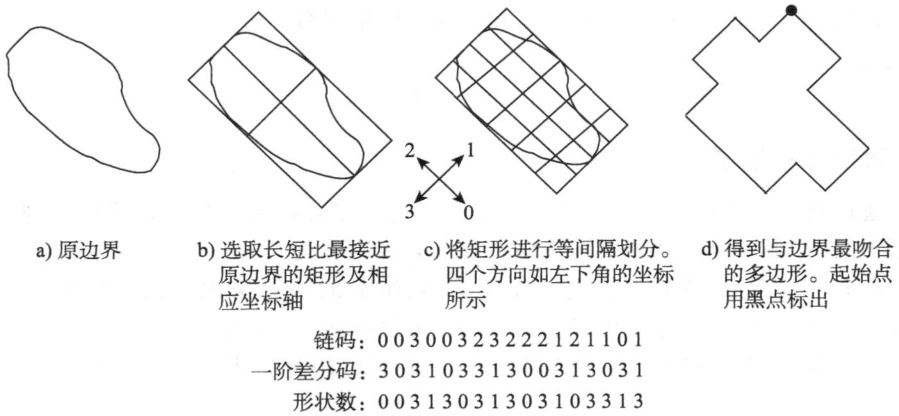

图 9.13　获取形状数的步骤

```
b=A2 的边界;                              % 按照例 9.1 的方法求边界
[s, ns]=subsamp (b{1}, 21);               % 重采样,结果见图 9.14c
```

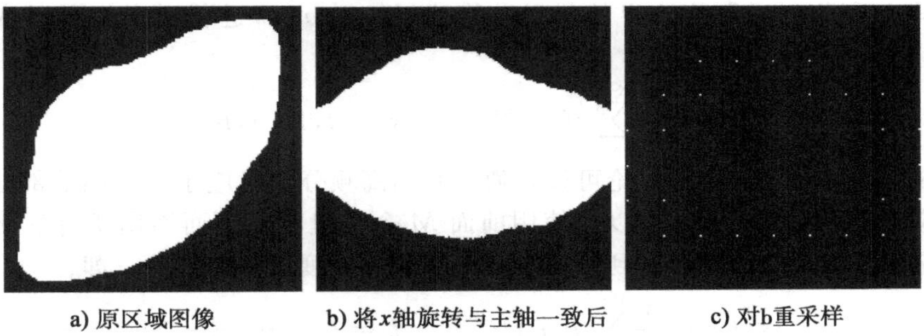

图 9.14　区域形状数示例

然后用 9.2.1 节介绍的方法得到 4 邻域一阶差分链码 diff。下面计算最小一阶差分链码 diffmm：

```
I=find(diff==min(diff));                      % 找 diff 中最小数值的位置
A=zeros(length(I), length(diff));             % 初始化矩阵 A
for j=1:length(I)
    A(j, :)=circshift(diff, [0, I(j)- 1]);    % 把 diff 循环位移,使最小数值在第一位
end
if length(I)==1                               % 如果 I 只有一个
    diffmm=A(1,:);                            % 那么 A(1,:)即为最小
    return;
end
J= (1:length(I))';                            % 否则,找出其中最小的
for k=2:length(diff)
    D(1:length(I), 1)=Inf;
    D(J, 1)=A(J, k);
    amin=min(A(J, k));
    J=find(D(:, 1)==amin);
    if length(J)==1
        diffmm=A(J, :);
        return
    end
end
```

这样，就得到了最小一阶差分链码 diffmm，即形状数：

```
diffmm=
0 0 0 0 0 1 3 1 0 1 3 1 0 3 1 0 0 1 3 1 3 1 0 1 3 1
```

9.3.3 傅里叶描述子

可以通过把 XY 平面上的边界转换到复平面上，以此得到边界的傅里叶描述。方法是将 X 轴看成是实轴，而 Y 轴看成是虚轴，那么，XY 平面上的一个点 (x,y) 可以表示成复数的形式：$u+\mathrm{j}v$。对于 XY 平面上一个由 K 点组成的边界来说，任意选取一个起始点 (x_0,y_0)，然后沿着顺时针方向可以绕行一周，可以得到一个点序列：$(x_0,y_0),(x_1,y_1),\cdots,(x_{k-1},y_{k-1})$。如果记 $x(k)=x_k$，$y(k)=y_k$，并把它们用复数形式表示，则得到一个坐标序列：

$$s(k)=x(k)+\mathrm{j}y(k),\ k=0,1,\cdots,K-1 \tag{9.3.1}$$

计算 $s(k)$ 的离散傅里叶变换，得到：

$$a(u)=\sum_{0}^{K-1}s(k)\mathrm{e}^{-\mathrm{j}2\pi uk/K},\quad u=0,1,\cdots K-1 \tag{9.3.2}$$

其中，傅里叶系数 $a(u)$ 称为边界的傅里叶描述子。对 $a(u)$ 进行逆变换可以恢复出原来的 $s(k)$：

$$s(k)=\frac{1}{K}\sum_{0}^{K-1}a(u)\mathrm{e}^{\mathrm{j}2\pi uk/K},\quad k=0,1,\cdots,K-1 \tag{9.3.3}$$

由第 3 章对傅里叶变换的讨论可知，傅里叶的高频分量对应于一些细节部分，而低频分量则对应基本形状。因此，可以只使用前面 M 个傅里叶系数而不用所有的傅里叶系数来重构原来的图像，从而可以得到对 $s(k)$ 的近似但不改变其基本形状，即：

$$\hat{s}(k)=\frac{1}{K}\sum_{0}^{M-1}a(u)\mathrm{e}^{\mathrm{j}2\pi uk/K},\quad k=0,1,\cdots,K-1 \tag{9.3.4}$$

傅里叶描述子并不直接对尺度变换、旋转、平移等几何变换敏感，但是这些参数的变化可能会引起描述子的简单变化。表 9.2 给出了边界序列 $B(k)$ 在旋转、平移、尺度变换以及起始点变化下的傅里叶描述子，其中 $\Delta_{xy}=\Delta x+\mathrm{j}\Delta y$。

表 9.2 边界变换时的傅里叶描述子

变　换	边　　界	傅里叶描述子
恒等	$B(k)$	$fd(u)$
旋转	$B_r(k)=B(k)\mathrm{e}^{\mathrm{j}\theta}$	$fd_r(u)=fd(u)\mathrm{e}^{\mathrm{j}\theta}$
平移	$B_t(k)=B(k)+\Delta_{xy}$	$fd_t(u)=fd(u)+\Delta_{xy}\delta(u)$
尺度变换	$B_s(k)=\alpha B(k)$	$fd_s(u)=\alpha fd(u)$
起始点	$B_p(k)=B(k-k_0)$	$fd_p(u)=fd(u)\exp(-\mathrm{j}2\pi k_0u/N)$

例 9.5 图 9.15 是一个对字母 H 计算傅里叶描述子以及通过逆变换进行边界重构的过程。首先我们读入字母 H 的图像，并且提取其边界：

```
A=imread ('H.bmp');
A=im2bw (A, 0.5);
imshow (A)                              % 见图 9.15a
B=A 的边界;                              % 按例 9.1 的方法获取边界,见图 9.15b
```

```
% 对提取的边界计算其傅里叶描述子
[nr, nc]=size(B);                    % 边界 B 的大小
if nr/2 ~=round(nr/2)                % 如果 nr 不是偶数
    B(end+1, :)=B(end, :);
    nr=nr+1;
end
x=0:(nr-1);                          % 计算系数
m=((-1).^x)';
B(:, 1)=m.*B(:, 1);
B(:, 2)=m.*B(:, 2);
B=B(:, 1)+i*B(:, 2);
fd=fft(B);                           % 傅里叶变换

% 下面的代码是采用 255 项傅里叶描述子进行重构的过程
nfd=length(fd);                      % 傅里叶描述子的长度
n=255;                               % 用于恢复的项数
d=round((nfd-n)/2);                  % 计算需要清零的项数
fd(1:d)=0;                           % 清零
fd(nfd-d+1:nfd)=0;
iff=ifft(fd);                        % 傅里叶逆变换
ifd(:, 1)=real(iff);                 % 分别提取实部和虚部
ifd(:, 2)=imag(iff);
ifd(:, 1)=m.*ifd(:, 1);
ifd(:, 2)=m.*ifd(:, 2);
```

将 ifd 转化为图像显示如图 9.15d 所示。

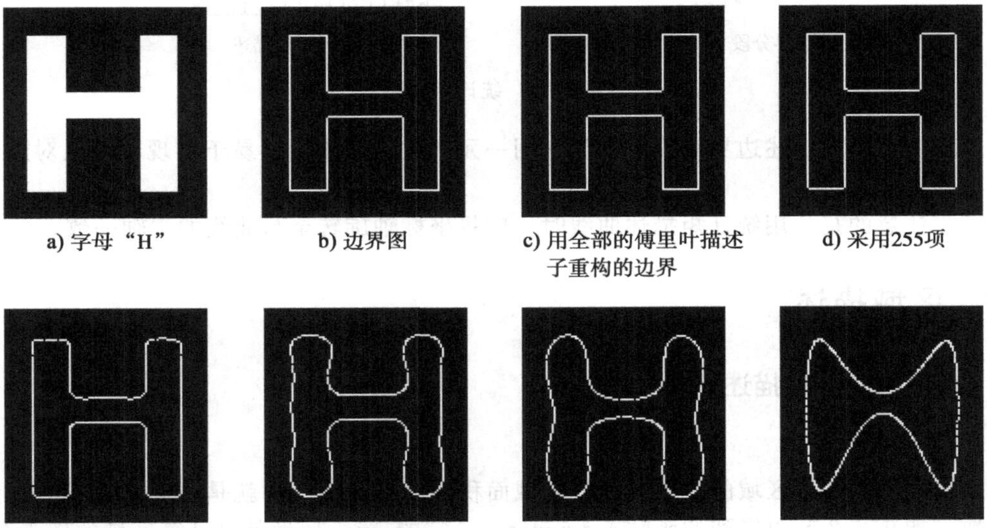

a) 字母“H” b) 边界图 c) 用全部的傅里叶描述子重构的边界 d) 采用255项

e) 采用45项 f) 采用27项 g) 采用18项 h) 采用9项

图 9.15 边界的傅里叶描述子及重构

通过上述方法获得的字母“H”的傅里叶描述子共有 452 项。图 9.15c、e、f、g、h 分别是用全部、10%、6%、4%以及 2%的傅里叶描述子对边界进行重构的结果。从图中可见，采用 50%的傅里叶描述子进行重构时，重构边界基本与原边界相同，如图 9.15d 所示；采用 10%的时候，则有一些失真；而当采用 2%来重构时则与原边界相比有很大的变形。

9.3.4 统计矩

统计矩可以用来描述对边界的一维表示，如边界分段、标记图等。如果采用边界分段方法来表示边界，那么对某一边界段 L，可以将它描述成一个一元函数 $g(r)$，这里 r 是一个任意变量(见图 9.16)。一种描述方法是对 $g(r)$表示的曲线下面覆盖的面积归一化为单位面积，并把它当作直方图来处理。也就是说，把 $g(r_i)$看作 r_i 出现的概率，这里 r_i 被当成是随机变量。矩定义为：

$$\mu_n = \sum_{i=0}^{K-1} (r_i - m)^n g(r_i) \tag{9.3.5}$$

其中

$$m = \sum_{i=0}^{K-1} r_i g(r_i) \tag{9.3.6}$$

K 是边界点的个数。矩 μ_n 与 $g(r)$的形状有直接关系，如二阶矩 μ_2 描述了曲线相对于均值的分布，而三阶矩 μ_3 则表达了曲线相对于均值的对称性。显然，矩与曲线在空间的位置无关，因此矩与曲线的旋转无关。

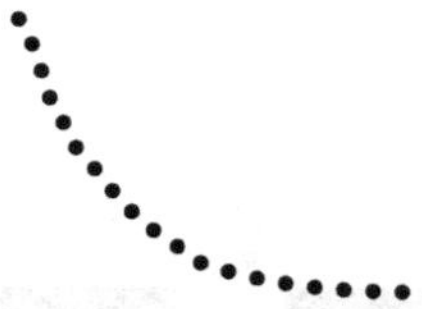

a) 边界分段

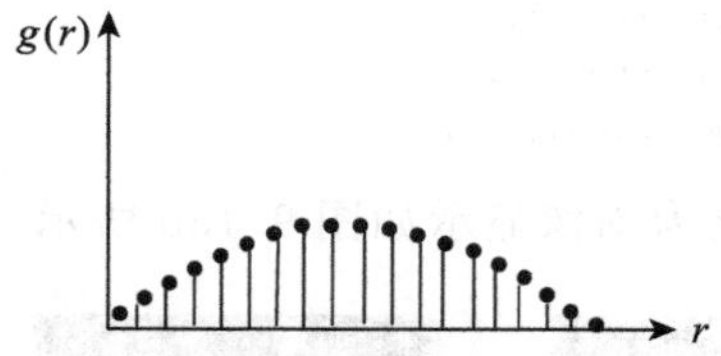

b) 用一元函数描述

图 9.16 统计矩描述

利用统计矩来描述边界的优点在于它用一元函数描述曲线，易于实现，并且对边界形状具有物理意义。

应当注意的是，用统计矩描述曲线时，应将坐标轴旋转至与曲线的主轴一致。

9.4 区域描述

9.4.1 一些简单的描述子

1. 区域面积

区域面积描述了区域的大小。计算区域面积的一种简单方法就是对属于区域的像素进行计数。如 9.2.2 节中提到的函数 regionprops，它的 Area 属性就是计算区域的像素个数。下面的语句是计算区域 A 的 Area 属性：

```
a= regionprops (A,'Area');
```

2. 区域重心

区域重心的坐标是根据所有区域中的点计算而来的，因此是一种全局描述符。其坐标计算公式如下：

$$\overline{x} = \frac{1}{A} \sum_{(x,y \in \mathbf{R})} x \tag{9.4.1}$$

$$\bar{y}=\frac{1}{A}\sum_{(x,y\in \mathbf{R})} y \tag{9.4.2}$$

一般当区域的尺寸很小并且与各个区域的距离相对也很小的时候，可以用位于重心坐标的质心来近似描述。

同样，区域的重心可通过 regionprops 函数得到。例如，计算区域 A 的重心为：

```
c=regionprops (A,'Centroid');
```

9.4.2 纹理

量化纹理是一种重要的区域描述方法。所谓纹理，到目前并没有正式统一的定义，它是一种反映像素灰度的空间分布属性的图像特征，通常表现为局部不规则但宏观有规律性的特征。常用的纹理描述方法有两种，即统计法和频谱法。

1. 统计法

统计法是基于图像的灰度直方图的特性来描述纹理，如基于统计矩。灰度均值 m 的 n 阶矩可以用下式来计算：

$$\mu_n=\sum_{i=0}^{L-1}(z_i-m)^n p(z_i) \tag{9.4.3}$$

其中，L 为图像可能的灰度级数，z_i 为代表灰度的随机数，$P(z_i)$为区域灰度直方图。

由该式计算的直方图的各阶矩中，μ_2 也叫方差，是对灰度对比度的度量，可描述直方图的相对平滑程度；μ_3 表示了直方图的偏斜度；μ_4 则描述了直方图的相对平坦性。

常用的纹理的统计度量有(L 为图像可能的灰度级数)：

1）均值：$m=\sum_{i=0}^{L-1} z_i p(z_i)$。

2）标准差：$\sigma=\sqrt{\mu_2(z)}$。

3）平滑度：$R=1-1/(1+\mu_2)$。该度量通常用$(L-1)^2$ 来归一化。

4）三阶矩 μ_3：同样，该度量通常用$(L-1)^2$ 来归一化。

5）一致性：$U=\sum_{i=0}^{L-1} p^2(z_i)$。

6）熵：$e=-\sum_{i=0}^{L-1} p(z_i)\log_2 p(z_i)$。

例 9.6 图 9.17a、b 和 c 是三幅纹理图像，它们的归一化的直方图分别显示在图 9.17d、e 和 f 中。我们现在来计算它们的统计纹理度量，其结果列在表 9.3 中。

```
I1=imread ('brickSand.bmp');
imshow(I1);                 % 见图 9.17a
I2=imread ('cloth.bmp');
imshow(I2);                 % 见图 9.17b
I3=imread ('wood.jpg');
imshow(I3);                 % 见图 9.17c
h=imhist(I1);               % I1 的直方图
h=h/sum(h);                 % 归一化,见图 9.17d
L=length(h);                % 直方图的长度
L=L-1;
% 计算 1 到 3 阶统计矩
h=h(:);                     % 转化为列向量
rad=0:L;                    % 生成随机数
rad=rad./L;                 % 归一化
```

```
m=rad*h;                    % 均值
rad=rad-m;
% 计算统计矩
stm=zeros(1,3);
stm(1)=m;
for j=2:n
    stm(j)=(rad.^j)*h;
end
% 获取非归一化的 1～3 阶统计矩
usm(1)=sm(1)*L;
usm(2)=sm(2)*L^2;
usm(3)=sm(3)*L^3;
% 计算 6 个统计纹理度量
st(1)=usm(1);
st(2)=usm(2).^0.5;
st(3)=1-1/(1+sm(2));
st(4)=usm(3)/(L^2);
st(5)=sum(h.^2);
st(6)=-sum(h.*log2(h+eps));
```

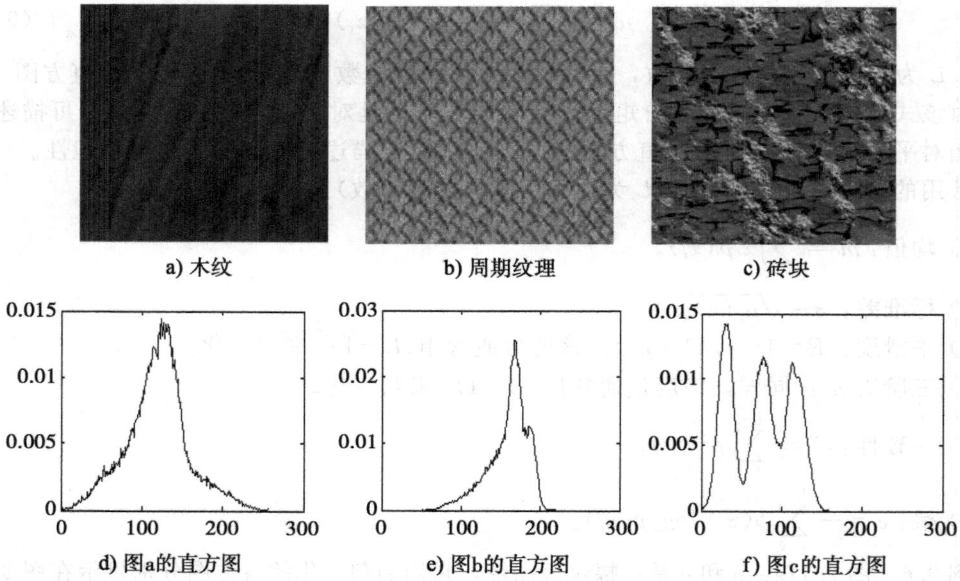

图 9.17 纹理图像

表 9.3 三幅图像的统计纹理度量

纹理	均值	标准差	平滑度	三阶矩	一致性	熵
木纹	118.7299	38.6816	0.0225	0.0926	0.0082	7.2601
周期纹理	158.1056	25.5902	0.0100	−0.2512	0.0133	6.5486
砖块	75.2509	36.8312	0.0204	−0.0473	0.0152	6.2971

I1 的 st(1)～st(6)的值列在表 9.3 的第一行中。同样的，我们可以计算得到 I2、I3 的 6 个统计纹理度量，分别列在表 9.3 的第二、第三行中。

2. 频谱法

傅里叶频谱是一种理想的可用于描绘周期或者近似周期的二维图像模式的方向性的方法。而频谱法正是基于傅里叶频谱的一种纹理描述方法。全局纹理模式在空域中很难检测出来，但是转换到频域中则很容易分辨。因此，频谱纹理对区分周期模式或非周期模式，以及周期模式之间的不同十分有效。通常，全局纹理模式对应于傅里叶频谱中能量十分集中的区域，即峰值突起处。

在实际应用中，通常会把频谱转化到极坐标中，用函数 $S(r,\theta)$ 描述，从而简化表达。其中，S 是频谱函数，r 和 θ 是坐标系中的变量。将这个二元函数通过固定其中一个变量的方法来转化成一元函数，如对每一个方向的 θ，可以把 $S(r,\theta)$ 看作一个一元函数 $S_\theta(r)$；同样的，对每一个频率 r，由一元函数 $S_r(\theta)$ 来表示。对给定的方向 θ，分析其一元函数 $S_\theta(r)$，可以得到频谱在从原点出发的某个放射方向上的行为特征。而对某个给定的频率 r，对其一元函数 $S_r(\theta)$ 进行分析，将会获取频谱在以原点为中心的圆上的行为特征。

如果分别对上述两个一元函数按照其下标求和，则会获得关于区域纹理的全局描述：

$$S(r)=\sum_{\theta=0}^{\pi}S_\theta(r) \tag{9.4.4}$$

$$S(\theta)=\sum_{r=1}^{R_0}S_r(\theta) \tag{9.4.5}$$

其中，R_0 是以原点为中心的圆的半径。对极坐标中的每一对 (r,θ)，$[S(r),S(\theta)]$ 构成了对整个区域的纹理频谱能量的描述。

例 9.7 图 9.18a、b 给出了两幅纹理图像，一幅为鹅卵石纹理图像，另一幅为沙石纹理图像。下面的代码用于计算它们的纹理频谱特征。

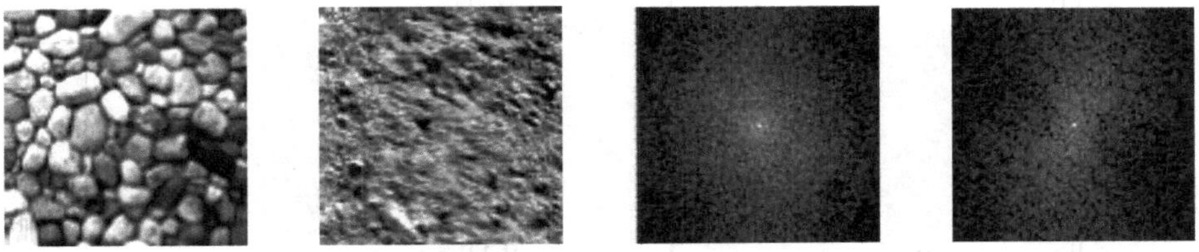

a) 鹅卵石　b) 沙石　c) 鹅卵石频谱图　d) 沙石频谱图

图 9.18 纹理图像及其频谱图

```
I1=imread ('stone.bmp');
I2=imread ('sand.bmp');
% 计算 I1 的频谱纹理度量
s=fftshift(fft2(I1));                % 傅里叶变换
s=abs(s);                            % 计算 s 的绝对值
[nc, nr]=size(s);                    % 计算 s 的大小
x0=nc/2+1;                           % 计算原点坐标
y0=nr/2+1;

rmax=min(nc, nr)/2-1;                % rmax 是 srad 最大取值
srad=zeros(1, rmax);
srad(1)=s(x0, y0);
thetha=91:270;                       % 半圆

for r=2:rmax                         % 从 2 到 rmax 的半径
    [x, y]=pol2cart(thetha, r);      % 转换到极坐标
```

```
        x=round(x)'+x0;
        y=round(y)'+y0;
        for j=1:length(x)
            srad(r)=sum(s(sub2ind(size(s), x, y)));
        end
    end
    [x, y]=pol2cart(thetha, rmax);
    x=round(x)'+x0;
    y=round(y)'+y0;
    sang=zeros(1, length(x));
    for th=1:length(x)
        vx=abs(x(th)-x0);
        vy=abs(y(th)-y0);
        if ((vx==0) & (vy==0))
            xr=x0;
            yr=y0;
        else
            m=(y(th)-y0)/(x(th)-x0);
            xr=(x0:x(th)).';
            yr=round(y(th)+m*(xr-x0));
        end
        for j=1:length(xr)
            sang(th)=sum(s(sub2ind(size(s), xr, yr)));
        end
    end
    s=mat2gray(log(1+s));
    imshow(s)                              % 见图 9.18c
```

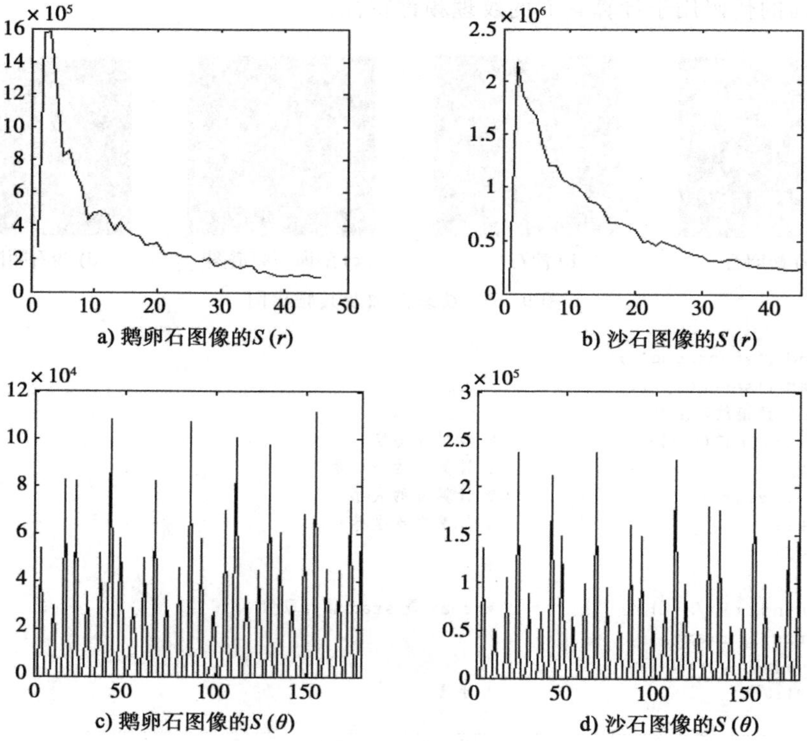

a) 鹅卵石图像的$S(r)$　　b) 沙石图像的$S(r)$

c) 鹅卵石图像的$S(\theta)$　　d) 沙石图像的$S(\theta)$

图 9.19　纹理图像的频谱特征

用 plot 函数分别画出鹅卵石图像的 $S(r)$ 和 $S(\theta)$ 特征（见图 9.19a 和 c）：

```
plot (srad)                    % 图 9.19a
figure, plot (sang)            % 图 9.19c
```

类似的，可以得到图像 I2 的纹理频谱特征，其频谱图见图 9.18d，其 $S(r)$ 和 $S(\theta)$ 特征分别在图 9.19b、d 中显示。

9.4.3 不变矩

不变矩是描述区域的方法之一。区域 $f(x,y)$ 的 $(p+q)$ 阶矩定义为：

$$m_{pq}=\sum_x\sum_y x^p y^q f(x,y)\quad p,q=0,1,2,\cdots \tag{9.4.6}$$

其相应的中心矩定义为：

$$\mu_{pq}=\sum_x\sum_y (x-\overline{x})^p(y-\overline{y})^q f(x,y)\quad p,q=0,1,2,\cdots \tag{9.4.7}$$

其中，$\overline{x}=\frac{m_{10}}{m_{00}}$，$\overline{y}=\frac{m_{01}}{m_{00}}$，即重心坐标。$f(x,\ y)$ 的归一化 $(p+q)$ 阶中心矩定义为：

$$\eta_{pq}=\frac{\mu_{pq}}{\mu_{00}^{\gamma}}\quad p,q=0,1,2,\cdots \tag{9.4.8}$$

其中

$$\gamma=\frac{p+q}{2}+1\quad p,q=2,3,4,\cdots \tag{9.4.9}$$

下列 7 个二维不变矩是由归一化的二阶和三阶中心矩得到的。它们具有对平移、旋转、镜面以及尺度变换的不变性：

$$\phi_1=\eta_{20}+\eta_{02}$$
$$\phi_2=(\eta_{20}-\eta_{02})^2+4\eta_{11}^2$$
$$\phi_3=(\eta_{30}-3\eta_{12})^2+(3\eta_{21}-\eta_{03})^2$$
$$\phi_4=(\eta_{30}+\eta_{12})^2+(\eta_{21}+\eta_{03})^2$$
$$\phi_5=(\eta_{30}-3\eta_{12})(\eta_{30}+\eta_{12})[(\eta_{30}+\eta_{12})^2-3(\eta_{21}+\eta_{03})^2]+(3\eta_{21}-\eta_{03})(\eta_{21}+\eta_{03})[3(\eta_{30}+\eta_{12})^2-(\eta_{21}+\eta_{03})^2]$$
$$\phi_6=(\eta_{20}-\eta_{02})[(\eta_{30}+\eta_{12})^2-(\eta_{21}+\eta_{03})^2]+4\eta_{11}(\eta_{30}+\eta_{12})(\eta_{21}+\eta_{03})$$
$$\phi_7=(3\eta_{21}-\eta_{03})(\eta_{30}+\eta_{12})[(\eta_{30}+\eta_{12})^2-3(\eta_{21}+\eta_{03})^2]+(3\eta_{12}-\eta_{30})(\eta_{21}+\eta_{03})[3(\eta_{30}+\eta_{12})^2-(\eta_{21}+\eta_{03})^2]$$

例 9.8 图 9.20a 是一幅 Lena 图，我们分别对其进行旋转、镜像、尺度变换（缩小），变换后的图像见图 9.20b、c 以及 d。然后计算原图及变换后图像的 7 个不变矩的值，对其进行比较，其结果见表 9.4。从表中可见，这 7 个不变矩的值基本保持不变，也就是说，它们对旋转、镜像以及尺度变换不敏感。下面为相应的命令行：

```
I=imread ('lena.bmp');
I2=imrotate (I, -4, 'bilinear');          % 逆时针旋转 4°,见图 9.20b
I3=fliplr (I);                            % 垂直镜像,见图 9.20c
I4=imresize (I, 0.5, 'bilinear');         % 缩小为原图的二分之一,见图 9.20d

A=double(I);                              % 转换为 double 类型
% 计算 7 个不变矩
[nc, nr]=size(A);
[x, y]=meshgrid(1:nr, 1:nc);              % 得到网格
```

```
x=x(:);                                        % 变为列向量
y=y(:);
A=A(:);
m.m00=sum(A);
if m.m00==0
   m.m00=eps;
end
m.m10=sum(x.*A);
m.m01=sum(y.*A);

xmean=m.m10/m.m00;                             % 计算均值
ymean=m.m01/m.m00;
//计算中心矩
cm.cm00=m.m00;
cm.cm02=(sum((y-ymean).^2.*A))/(m.m00^2);
cm.cm03=(sum((y-ymean).^3.*A))/(m.m00^2.5);
cm.cm11=(sum((x-xmean).*(y-ymean).*A))/(m.m00^2);
cm.cm12=(sum((x-xmean).*(y-ymean).^2.*A))/(m.m00^2.5);
cm.cm20=(sum((x-xmean).^2.*A))/(m.m00^2);
cm.cm21=(sum((x-xmean).^2.*(y-ymean).*A))/(m.m00^2.5);
cm.cm30=(sum((x-xmean).^3.*A))/(m.m00^2.5);

im(1)=cm.cm20+cm.cm02;
im(2)=(cm.cm20-cm.cm02)^2+4*cm.cm11^2;
im(3)=(cm.cm30-3*cm.cm12)^2+(3*cm.cm21-cm.cm03)^2;
im(4)=(cm.cm30+cm.cm12)^2+(cm.cm21+ cm.cm03)^2;
im(5)=(cm.cm30-3*cm.cm12)*(cm.cm30+cm.cm12)...
      *((cm.cm30+cm.cm12)^2-3*(cm.cm21+cm.cm03)^2)...
      +(3*cm.cm21-cm.cm03)*(cm.cm21+cm.cm03)...
      *(3*(cm.cm30+cm.cm12)^2-(cm.cm21+cm.cm03)^2);
im(6)=(cm.cm20-cm.cm02)*((cm.cm30+cm.cm12)^2-(cm.cm21+cm.cm03)^2)...
      +4*cm.cm11*(cm.cm30+cm.cm12)*(cm.cm21+cm.cm03);
im(7)=(3*cm.cm21-cm.cm03)*(cm.cm30+cm.cm12)...
      *((cm.cm30+cm.cm12)^2-3*(cm.cm21+cm.cm03)^2)...
      +(3*cm.cm12-cm.cm30)*(cm.cm21+cm.cm03)...
      *(3*(cm.cm30+cm.cm12)^2-(cm.cm21+cm.cm03)^2);
```

a) Lena图　b) 逆时针旋转4°　c) 垂直镜像　d) 缩小1/2

图 9.20　Lena 图像及其几何变换图

表 9.4　不变矩比较

不变矩 |log|	$\phi1$	$\phi2$	$\phi3$	$\phi4$	$\phi5$	$\phi6$	$\phi7$
原图	6.621	18.802	27.382	25.206	54.294	34.822	51.502
旋转 4°	6.6209	18.802	27.382	25.206	54.308	34.822	51.502
垂直镜像	6.621	18.802	27.382	25.206	54.294	34.822	51.598
缩小 1/2	6.621	18.801	27.396	25.206	54.179	34.823	51.511

根据相同的方法，对 I2、I3、I4 计算其不变矩。这些结果的 log 值列在表 9.4 中。从表 9.4 可以看出，在图像经过旋转、镜像以及尺度变换之后，这 7 个不变矩的值只有十分小的变化，可以看作基本保持不变。

9.5　数学形态学描述

数学形态学以几何学为基础对图像进行分析，其基本思想是用一个结构元素(structure element)作为基本工具来探测和提取图像特征，看这个结构元素是否能够适当有效地放入图像内部。数学形态学的基本运算有：膨胀(dilation)、腐蚀(erosion)、开启(opening)和闭合(closing)。

下面将讨论数学形态学的基本运算以及数学形态学在图像上的操作。

9.5.1　膨胀和腐蚀

膨胀和腐蚀是数学形态学中最基本的操作。

设 A 和 B 是整数空间 $\mathbf{Z}^2$ 中的集合，其中 A 为原始图像，而 B 为结构元素。

则 B 对 A 的膨胀运算记为 $A\oplus B$，定义如下：

$$A \oplus B = \{z \mid (\hat{B})_z \cap A \neq \varnothing\} \tag{9.5.1}$$

其中，$\varnothing$ 表示空集，$\hat{B}$ 为集合 B 的反射集：

$$\hat{B} = \{w \mid w = -b, b \in B\}$$

从式(9.5.1)可见，B 对 A 的膨胀实质上就是一个由所有平移量 z 组成的集合，这些平移量 z 满足：当 B 的反射集平移了 z 之后，与集合 A 的交集不为空。经过膨胀之后，图像将比原图像所占像素更多。膨胀运算满足交换率，即 $A\oplus B=B\oplus A$。习惯上总是将原图像放在操作符前面，而将结构元素放置于操作符之后。图 9.21 给出了一个膨胀的过程。

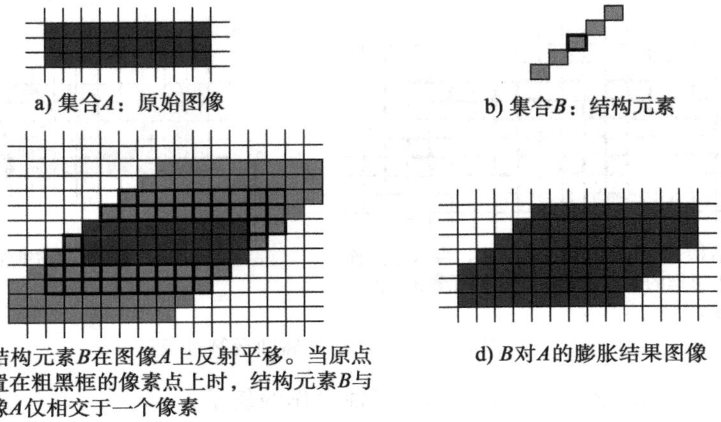

a) 集合A：原始图像　b) 集合B：结构元素

c) 将结构元素B在图像A上反射平移。当原点位置在粗黑框的像素点上时，结构元素B与图像A仅相交于一个像素　d) B对A的膨胀结果图像

图 9.21　B 对 A 的膨胀运算过程

例 9.9 下面是一个膨胀操作的例子，其命令行如下：

```
I=imread ('circles.tif');           % 载入图像
imshow(I)                           % 见图 9.22a
se=strel('ball',8, 8);              % 生成球形结构元素
I2=imdilate(I, se);                 % 用生成的结构元素对图像进行膨胀
imshow(I2)                          % 见图 9.22b
```

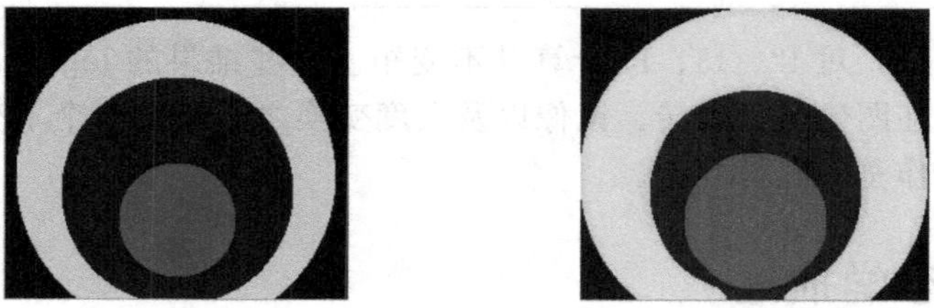

a) 原图像　　b) 膨胀后的图像

图 9.22　膨胀运算示例

上述命令行使用了 Matlab 图像工具箱中提供的膨胀函数 imdilate，其语法格式如下：

```
IM2=imdilate(IM, SE)
```

该函数将输入的二值图像或者灰度图像 IM 经过腐蚀运算转化成另一个二值图像或者灰度图像 IM2。SE 是膨胀操作的结构元素，它可以是一个结构元素，或者是结构元素组。

而集合 B 对集合 A 的腐蚀运算记为 $A\ominus B$，定义为：

$$A \ominus B = \{z \mid (B)_z \subseteq A\} \tag{9.5.2}$$

可见 B 对 A 的腐蚀即为平移量 z 的集合，这些平移量满足集合 B 平移 z 之后仍然属于集合 A。腐蚀后的结果图像相较原图像有所收缩，腐蚀结果是原图像的一个子集。图 9.23 给出了一个腐蚀运算的例子。

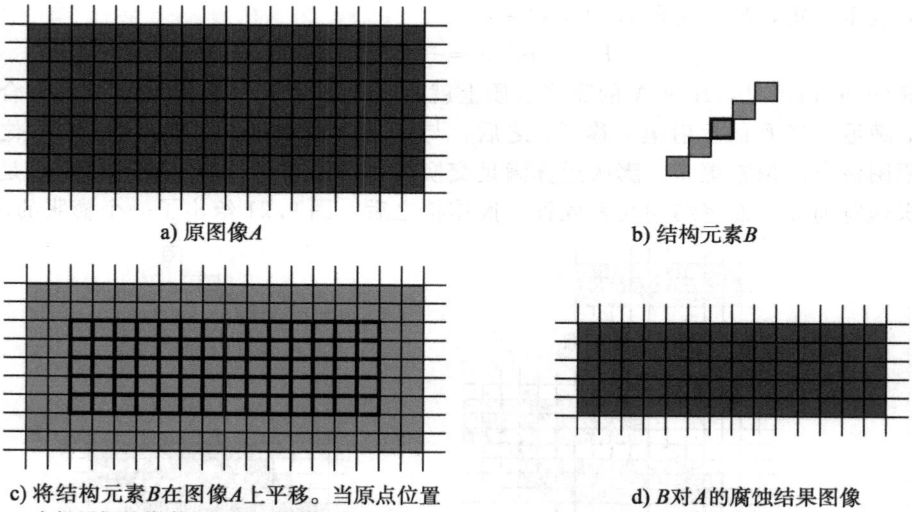

a) 原图像A　　b) 结构元素B

c) 将结构元素B在图像A上平移。当原点位置在粗黑框的像素点上时，结构元素B包含于图像A中　　d) B对A的腐蚀结果图像

图 9.23　B 对 A 的腐蚀运算过程

例 9.10 下面的命令行给出了一个腐蚀操作的例子：

```
I=imread('circles.bmp');            % 载入一幅图像
```

```
imshow(I)                        % 见图 9.24a
se=strel('ball', 8, 8);          % 生成球形结构元素
I2=imerode(I, se);               % 腐蚀操作
imshow(I2)                       % 见图 9.24b
```

同样，腐蚀操作使用了 Matlab 图像工具箱中的腐蚀函数 imerosion，其语法格式如下：

```
IM2=imerosion(IM, SE)
```

类似地，输入 IM 和输出 IM2 是具有相同类型的图像，而 SE 是结构元素。

a) 原图像　　b) 腐蚀后的图像

图 9.24　图像腐蚀示例

9.5.2　开启和闭合

开启和闭合是数学形态学中另外两个重要操作，它们是由基本运算膨胀和腐蚀组合而成的复合运算。开启操作通常可以起到平滑图像轮廓的作用，去掉轮廓上突出的毛刺，截断狭窄的山谷。而闭合操作虽然也对图像轮廓有平滑作用，但是结果相反，它能去除区域中的小孔，填平狭窄的断裂、细长的沟壑以及轮廓的缺口。

对整数空间 $\mathbf{Z}^2$ 中的集合 A 和 B，B 对 A 的开启记为 $A \circ B$，定义为

$$A \circ B = (A \ominus B) \oplus B \tag{9.5.3}$$

也就是说，开启操作是先用结构元素 B 对图像 A 进行腐蚀，然后用 B 对腐蚀结果进行膨胀操作。图 9.25b 给出了结构元素 B 对图像 A 的开启过程，图 9.25c 则是开启运算的结果。

相应的，B 对 A 的闭合操作记为 $A \bullet B$，定义为

$$A \bullet B = (A \oplus B) \ominus B \tag{9.5.4}$$

即闭合操作的过程与开启操作过程相反，它是先对原图像进行膨胀运算，然后对膨胀结果进行腐蚀操作。从上面的公式可以看出，开启结果 $A \circ B$ 是原图像 A 的一个子集，而原图像 A 又是其闭合结果 $A \bullet B$ 的一个子集。结构元素 B 对图像 A 的闭合过程如图 9.25d 所示，其结果见图 9.25e。

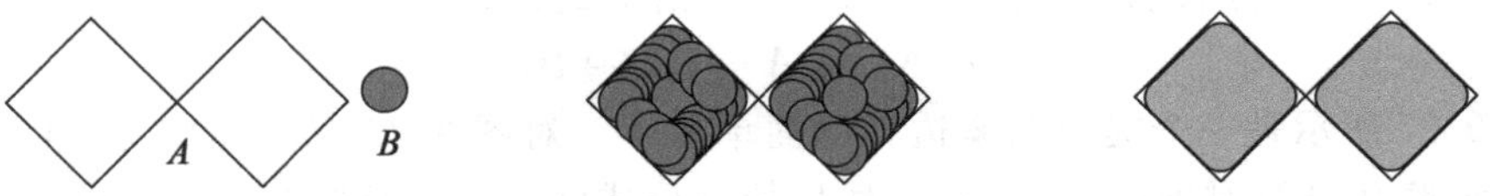

a) 图像A和结构元素B　　b) 结构元素B对图像A的开启过程　　c) 阴影部分为开启结果

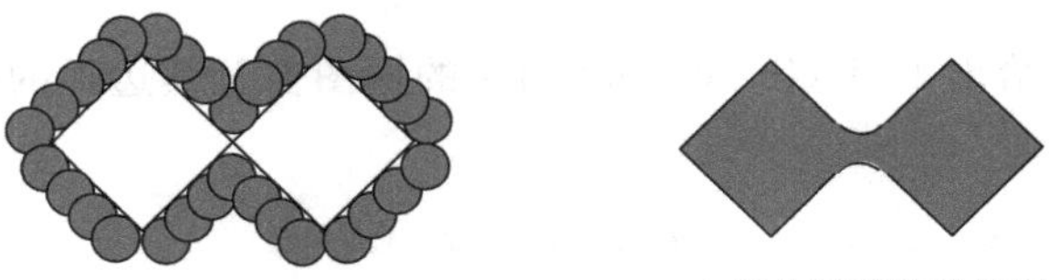

d) 结构元素B对图像A的闭合过程　　e) 闭合运算的结果图

图 9.25　开启和闭合运算

例 9.11 图 9.26a 是一幅简单的二值图像，我们采用一个半径为 5 的圆作为结构元素，分别对该图像进行开启和闭合操作，其开启和闭合结果分别如图 9.26b 和 c 所示。

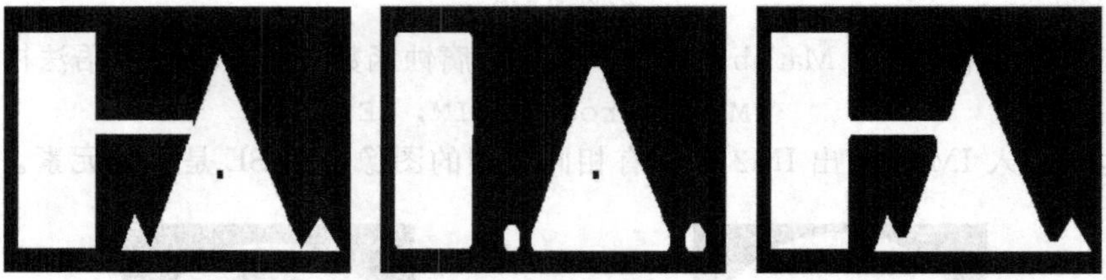

a) 原图像　　b) 开启运算结果　　c) 闭合运算结果

图 9.26　一个开启闭合运算示例

```
I= imread ('rectri.bmp');                % 载入原图像
se= strel ('disk', 5, 4);                % 生成圆形结构元素
I2= imopen (I, se);                      % 开启操作
I3= imclose (I, se);                     % 闭合操作
imshow (I);                              % 见图 9.26a
figure, imshow (I2);                     % 见图 9.26b
figure, imshow (I3);                     % 见图 9.26c
```

我们使用了 Matlab 提供的两个分别用于开启和闭合运算的函数。开启函数的语法格式为：

$$I2 = imopen(I, se)$$

其中 I 为原图像，se 为结构元素，I2 为输出的图像 I 的开启结果图像。闭合函数的语法格式如下：

$$I2 = imclose(I, se)$$

同样 I 和 I2 分别为输入图像和输出的闭合图像，而 se 为结构元素。

9.5.3　数学形态学对图像的操作

对二值图像，可以考虑用数学形态学对图像进行适当的操作来提取其描述。下面将讨论这方面的一些应用算法。由于连通性已经在前面的章节中介绍过，故这里就不再赘述。

1. 边界提取

运用数学形态学的腐蚀运算可以得到图像的边界。假设给定一幅图像 A 以及一个适当的结构元素 B，则关于图像 A 的边界 $b(A)$ 可以由下式计算：

$$b(A) = A - (A \ominus B) \tag{9.5.5}$$

如图 9.27 所示是一个提取图像边界的简单例子。对图 9.27a 所示的图像 A 用图 9.27b 中的结构元素 B 进行腐蚀(图 9.27c)，然后依据公式(9.5.5)得到如图 9.27d 的厚度为 1 像素的边界。

例 9.12 图 9.28 给出了“Hello World”图像的原图像及其边界的周长图像。其命令行如下：

```
A=imread ('HelloWorld.gif');       % 载入"Hello World"图像
imshow (A)                         % 见图 9.28a
A=bwperim (A);                     % 获取区域的周长
imshow (A)                         % 见图 9.28b
```

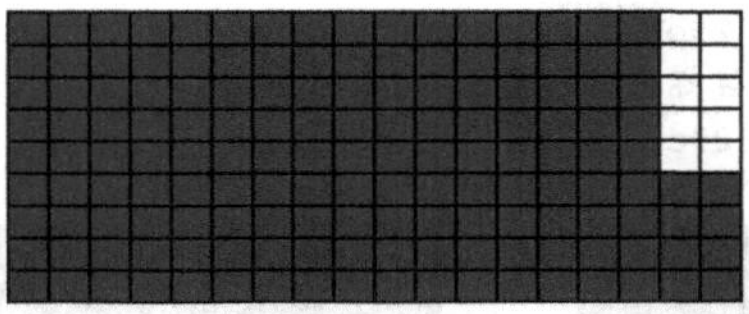

a) 原图像A

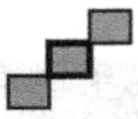

b) 结构元素B

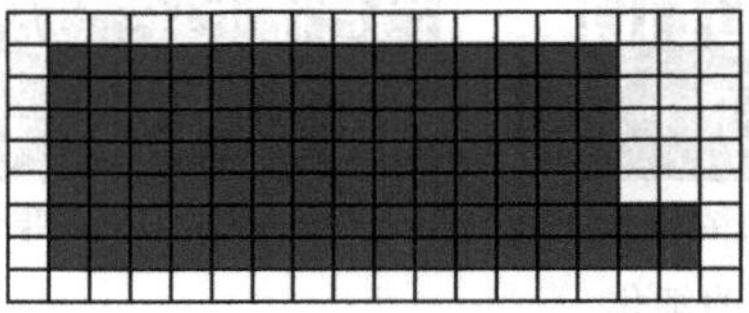

c) B对A的腐蚀

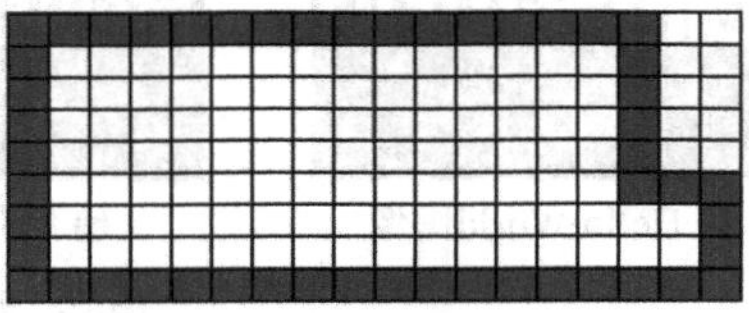

d) 图像A的边界

图 9.27 提取图像 A 的边界

a) Hello World图像

b) 边界周长的二值图像

图 9.28 Hello World 图像及其边界

这里采用了 Matlab 中提供的一个基于数学形态学的周长边界函数 bwperim，其语法格式如下：

```
BW=bwperim (A, conn)
```

其中，A 为输入的二值图像；conn 是连接属性，对于二维图像它可以取 4 或 8(默认为 8)，对三维图像则可以取 6、18、26(默认为 26)。输出图像 BW 是图像 A 的周长的二值图像。

2. 骨架提取

在 9.2.5 节中，我们介绍了骨架的概念，以及提取骨架的一种细化算法 MAT。这里我们将介绍采用数学形态学的方法来提取区域的骨架。

Matlab 中提供了一个基于数学形态学的处理函数，该函数以膨胀、腐蚀等操作为基础，其语法格式如下：

```
bw2=bwmorph (bw1, operation, n)
```

其中，bw1 为输入的二值图像，operation 是可以进行的操作，而 n 是执行该操作的次数。输出 bw2 为原图像经过 n 次操作后得到的结果图像。若要得到图像的骨架，可以将参数 operation 的值置为 thin 或者 skel。操作 thin 表示对图像进行细化操作，而操作 skel 意味着提取图像骨架。

例 9.13 下面是一个细化操作的例子。图 9.29a 是 Hello World 的原图像，图 9.29b 则是对 a 进行一次细化的结果，图 9.29c 是对 a 进行细化直至目标的宽度只有一像素时的结果。

```
BW=imread ('HelloWorld.gif');          % 载入"Hello World"图像
imshow (BW)                            % 见图 9.29a
BW1=bwmorph (BW, 'thin', 1);           % 细化一次
```

```
imshow (BW)                              % 见图 9.29b
BW2=bwmorph (BW, 'thin', Inf);           % 细化到目标只有一像素
imshow (BW2)                             % 见图 9.29c
```

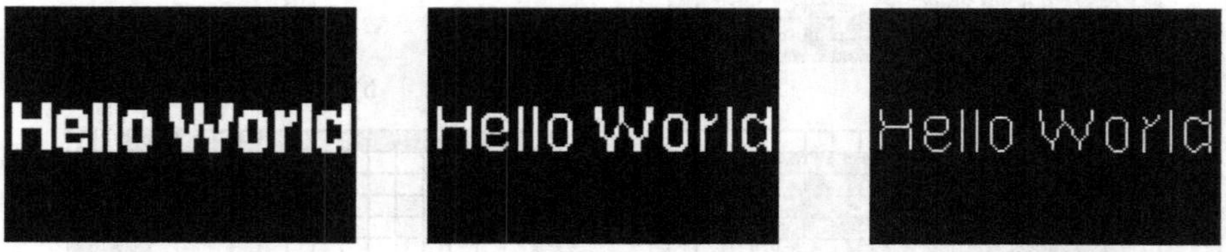

a) Hello World图像　　b) 细化一次的结果　　c) 多次细化结果

图 9.29　图像的细化

如果将 operation 参数设置为 skel，则可以提取图像的骨架。

例 9.14　对图 9.30a 所示的一幅带有噪声的骨骼图像进行骨架提取。

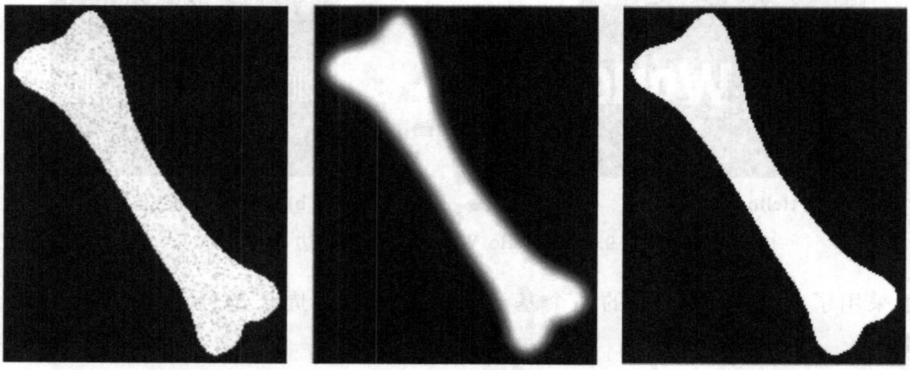

a) 带噪声的骨骼图像　　b) 用10×10高斯模板滤波　　c) 二值图像

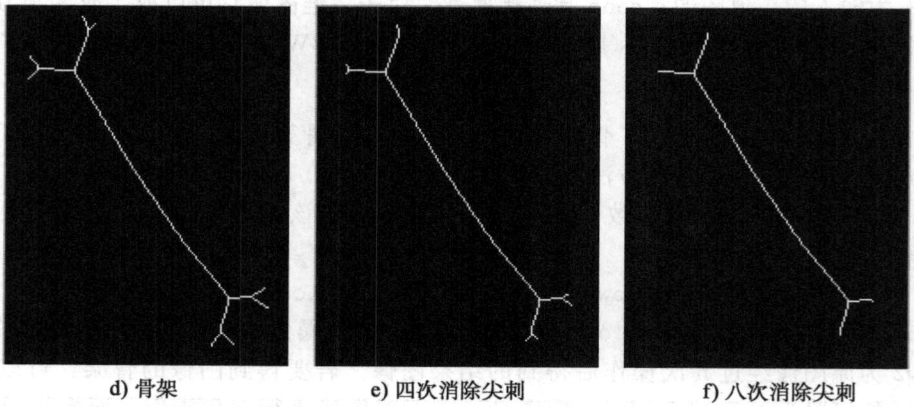

d) 骨架　　e) 四次消除尖刺　　f) 八次消除尖刺

图 9.30　骨架的提取

```
A=imread ('Bone.bmp');                   % 载入含噪声的骨架图像
imshow (A)                               % 见图 9.30a
h=fspecial ('gaussian',10, 5);           % 产生高斯滤波器
A1=imfilter (A, h);                      % 对图像进行滤波
imshow(A1)                               % 见图 9.30b
level=graythresh (A1);                   % 获取适当的二值化阈值
BW=im2bw (A1, level);                    % 图像二值化
imshow (BW)                              % 见图 9.30c
```

```
BW1=bwmorph(A, 'skel', Inf);          % 骨架提取
imshow(BW1)                           % 见图 9.30d
```

从图 9.30d 可以看见，提取的骨架上存在一些小尖刺，我们可以将 operation 设为 spur，用于消除其尖刺。图 9.30e、f 显示其结果：

```
BW2=bwmorph (BW1, 'spur', 4);         % 四次消除尖刺
imshow (BW2)                          % 见图 9.30e
BW3=bwmorph (BW1, 'spur', 8);         % 八次消除尖刺
imshow (BW3)                          % 见图 9.30f
```

3. 连通分量标记以及图像重构

前面我们介绍了连通性这个重要概念。这里我们重温一下连通分量的含义。设 p 和 q 是一个图像子集 S 中的两个像素，那么如果存在一条完全由在 S 中的像素组成的从 p 到 q 的通路，那么就称 p 在 S 中与 q 相连通。对于 S 中的任何像素 p，S 中连通到该像素的像素集叫做 S 的连通分量。

用数学形态学方法提取连通分量的方法如下。假设已知连通分量中的一个像素 p，则可以用下面的迭代表达式得到包含像素 p 的连通分量：

$$X_k = (X_{k-1} \oplus B) \cap A,\ k = 1,2,3,\cdots \tag{9.5.6}$$

其中，B 为一个对称的结构元素。取 $X_0 = \{p\}$。当 $X_k = X_{k-1}$ 时迭代算法停止。此时，取连通分量 $Y = X_k$。

图 9.31 显示了标记连通分量的过程。在图 9.31a 中，整个图代表图像 A，图中阴影部分为连通分量 Y，而其中颜色较浅的一个像素点为 Y 中已知像素 p。结构元素如图 9.31b所示。图 9.31c、d、e 分别为迭代结果。

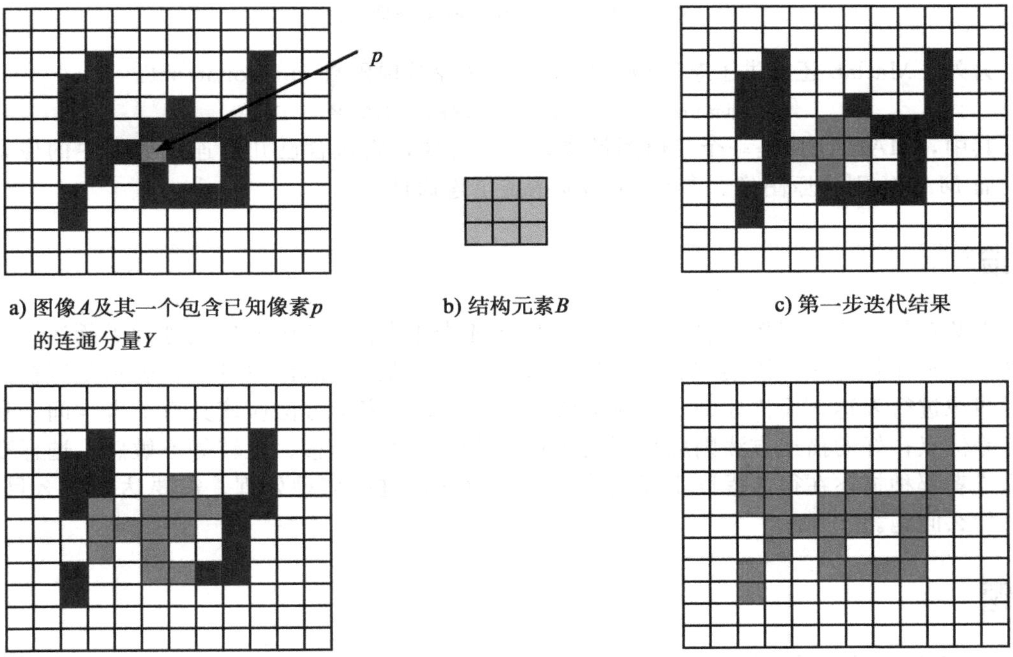

a) 图像A及其一个包含已知像素p的连通分量Y

b) 结构元素B

c) 第一步迭代结果

d) 第二步迭代结果

e) 最后结果

图 9.31　连通分量的标记

例 9.15 下面的代码段是对一幅血液细胞图像求连通分量的标记，连通分量的个数 N 为 36，其原图和标记图在图 9.32 中给出。

```
I=imread ('blood1.bmp');              % 载入血液细胞图
imshow (I)                            % 见图 9.32a
I2=im2bw (I);                         % 转化为二值图像
[I2, N]=bwlabel (I2,8);               % 标记图像的连通性
imshow (I2);                          % 见图 9.32b
```

Matlab 中标记连通分量的函数 bwlabel 的语法格式如下：

```
[L, NUM]=bwlabel(BW, N)
```

其中，输入 BW 为一幅二值图像，N 可以取 4 或者 8，表示是 4 连通或者 8 连通。输出 L 是一个与输入 BW 大小相同的标记矩阵，用于标记出图像中的连通分量；NUM 则是图像 BW 中连通分量的数目。

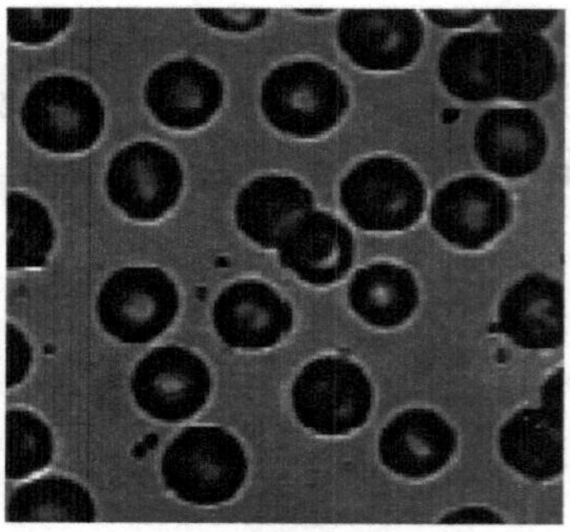
a) 细胞图

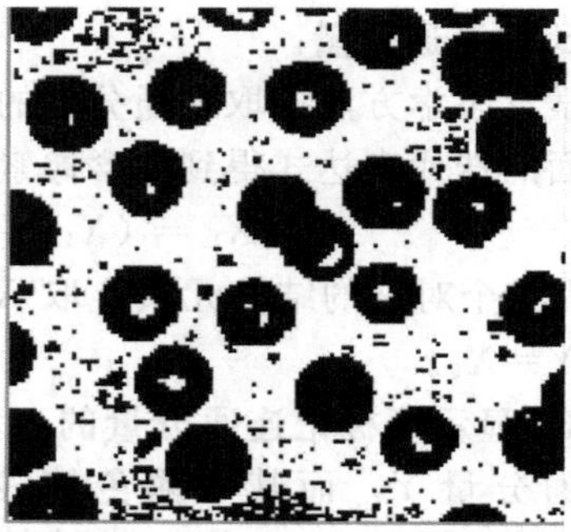
b) 细胞图的连通分量标记图

图 9.32 细胞图及其连通分量标记

另外，Matlab 还提供了基于数学形态学的图像重构函数 imreconstruct：

```
IM=imreconstruct(MARKER, MASK, CONN)
```

其中，MARKER 是一个二值图像或者灰度图像，它包含已知的连通分量中的像素集合。而 MASK 则是原图像。参数 CONN 指定了连通性。

小结

本章首先介绍了图像的表示方法，接着分别对边界描述和区域描述进行了阐述。最后讨论了一种比较特殊的描述方法：数学形态学描述。从上面的论述可见，表示是直接具体地对图像进行表达，而描述则是比较抽象的表达。好的表示方法应该具有节省空间、易于计算等优点；好的描述方法则应尽可能地对区域的尺度、平移、旋转等不敏感。选择哪种表示或者哪种描述在很大程度上还是依赖于要对图像进行何种处理、需要达到什么目的、解决什么问题。

习题

9.1 什么是图像表示？图像表示主要有哪些方法？

9.2 如图 9.33 所示的矩阵表示了一幅图像，其中 0 表示背景，1 表示目标区域，请分别计算目标边界的 4 链码和 8 链码。

0	0	1	1	1	0	0	0
0	0	1	1	1	1	0	0
0	1	1	1	1	1	0	0
0	1	1	1	1	1	0	0
1	1	1	1	1	1	0	0
0	1	1	1	1	1	1	0
0	1	1	1	1	1	1	0
0	0	0	1	1	1	0	0

图 9.33 题 9.2 图

9.3 什么是凸包？如何利用凸包来实现边界分段？

9.4 试简述多边形近似中的最小周长多边形法。

9.5 如何解决标记图的旋转改变问题？

9.6 画出如图 9.34 所示图形的骨架。

9.7 计算图 9.34 的形状数。

9.8 试说明傅里叶描述子与傅里叶变换的关系。

9.9 求图 9.35 中区域的面积和重心(1 表示目标)。

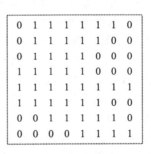

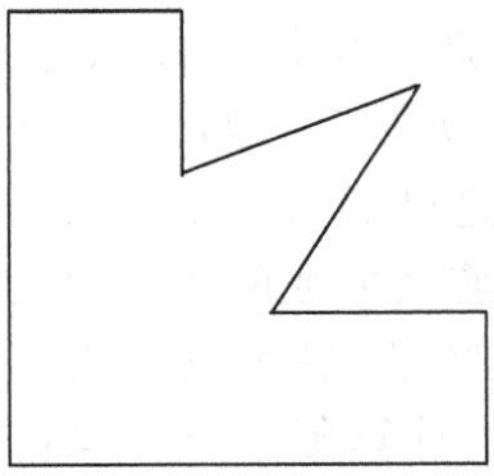

图 9.34 题 9.6 图

0	1	1	1	1	1	1	0
0	1	1	1	1	1	0	0
0	1	1	1	1	0	0	0
1	1	1	1	1	0	0	0
1	1	1	1	1	1	1	1
1	1	1	1	1	1	0	0
0	0	1	1	1	1	1	0
0	0	0	0	1	1	1	1

图 9.35 题 9.9 图

9.10 图像的纹理特征一般有哪两种描述方法？常用的统计纹理度量有哪些？

9.11 用图 9.36b 中的结构元素对图 9.36a 中的目标进行膨胀(0 为背景)。

0	0	1	1	1	1	1
0	1	1	1	1	1	0
0	1	1	1	1	1	0
1	1	1	1	1	0	0

a) 目标

0	0	1
0	1	0
1	0	0

b) 结构元素

图 9.36 题 9.11 图

CHAPTER 10

第 10 章

图像特征优化

10.1 概述

图像特征优化是指对图像实施特征抽取之后，从大量的原始特征中挑选出对图像分类识别有效的、计算机能够处理和学习的“量少而质精”的特征子集的过程。随着互联网和数码技术的高速发展，网络上的图像信息呈海量涌现，如何缩短存在于图像底层视觉特征和高层语义内容之间的“语义鸿沟”，如何充分地分析和理解图像隐藏的含义，已成为当前图像分析与理解研究的一个热点。图像特征优化的目的是用最少的特征来最好地表现图像的特性，它实质上是对存在于高维空间中的特征维数的压缩。如今，图像特征优化已越来越受到研究者的关注，并逐渐成为图像识别系统中一个必不可少的环节，主要原因如下：

1)为了提高图像识别的准确率，系统不仅要利用图像内容的视觉特征(如颜色、纹理、形状等)，还要挖掘与图像语义相关的文本信息(如主题、主体、标识等)，使得累加后的原始特征的维数可达 $10^2 \sim 10^3$。高维数据引发的“维数灾难”问题，使得如何在确保不丢失图像的主要特性的前提下，尽可能缩减特征的维数，这已成为一个亟待解决的问题。

2)图像的原始特征往往包含大量的冗余信息，目前大多数的机器学习算法的性能会受到无关特征(特征之间的变化比噪声还小)或高度相关特征(特征之间有线性组合或其他函数依赖关系)的影响。这些特征的存在既增加了系统的计算复杂度，又降低了后续分类识别的准确率。因此有必要消除无关特征与高度相关特征，构造新的不相关特征。

从直观上可知，在图像特征空间中，若同类样本点的分布比较密集，而异类样本点的分布比较疏远，则图像识别的准确率就较高。然而，在实际应用中，经特征抽取环节得到的原始特征往往没有使图像数据集呈现出上述的显著分布，或得到的图像特征的数目过多。特征优化实现了从高维特征空间中挑选出对分类识别有用的、低维的特征子集的过程。从数学的角度，图像特征优化就是依据某种评价准则，在确保不丢失图像的主要特性的前提下，为图像数据寻找一种在低维空间中的表现形式。图像特征优化可定义为一个三元组：

$$FO = (\boldsymbol{x}, \boldsymbol{y}, f) \tag{10.1.1}$$

其中，$\boldsymbol{x}$ 是输入数据，是经特征抽取环节得到的 n 维的原始特征，表示为 $\boldsymbol{x}=(x_1, x_2, \cdots, x_n)^{\mathrm{T}}$，$\boldsymbol{x}$ 是高维空间 $\mathbf{R}^n$ 中的特征向量；$\boldsymbol{y}$ 是输出数据，是经特征优化后得到的 $m(m \ll n)$ 维特征，表示为 $\boldsymbol{y}=(y_1, y_2, \cdots, y_m)^{\mathrm{T}}$，$\boldsymbol{y}$ 是低维空间 $\mathbf{R}^m$ 中的特征向量；f 是模型 FO 的核心，是实现图像数据从高维到低维的空间变换的映射函数，表示为 $f: \boldsymbol{x} \rightarrow \boldsymbol{y}$。构造映射函数 f 等价于建立变换矩阵 $\mathbf{A}$，即

$$\boldsymbol{y}_{m\times 1} = \boldsymbol{A}_{m\times n}\boldsymbol{x}_{n\times 1} \tag{10.1.2}$$

可见，图像特征优化的实质就是寻找到一个变换矩阵 $\mathbf{A}$，将经特征抽取环节得到的 n 维的特征向量 $\boldsymbol{x}$ 映射到 m 维的低维空间中，并且新的特征向量 $\boldsymbol{y}$ 将替代原有的特征向量

$\boldsymbol{x}$，用于后续的分类识别中。

根据变换矩阵 $\boldsymbol{A}$ 获取途径的不同，图像特征优化大致可分为直接选择法和间接变换法两大类。直接选择法需要依据领域专家的经验知识或简单的数学分析方法，在满足可分离性判据值最大的前提下，直接从原始特征中选取一组特征子集。该类方法实现简单，且为减少计算量可求次优解。然而，由于直接选择法缺乏充分的理论依据，并且较大地依赖于经验知识，因而仅适用于对图像分类识别任务要求不高的场合中。基于选择的特征优化属于直接选择法。

间接变换法即通过建立某种特定的映射(变换)关系，将处于高维空间中的原始特征映射到一个维数较低的特征空间中。该类方法通过坐标变换产生新的坐标系，用原始特征在新的坐标系上的全部或部分投影作为新的特征。相比于直接选择法，用间接变换法实现的特征优化包含了再次抽取并选择特征的过程，是真正意义上的特征优化。而直接选择法只是从原有坐标系中挑选出少量的特征子集，可能会丢失部分有用信息。值得一提的是，间接变换法改变了原有特征的物理意义，经过优化后的特征是纯数学意义上的概念，因此，在直观上是难以认识和理解的。基于统计分析和基于流形学习的特征优化都属于间接变换法。

直接选择法和间接变换法并不是截然分开的，两者还可以采取组合优化的方式。例如，先将原始特征空间映射到一个较低维数的特征空间中，然后在这个特征空间中进行特征子集的选择。也可以先经过挑选，剔除一部分明显无用的特征，若特征维数仍很高，则再进行映射。

10.2 基于选择的特征优化

基于选择的特征优化通常由四个基本步骤组成，即子集生成、子集评价、停止准则和结果验证。子集生成可看作一个搜索过程，即基于某种搜索策略生成所需的特征子集。子集评价为依据特定的评价准则，对每一个候选的特征子集进行评价，并与前一个最优的特征子集进行比较，若新的特征子集更好，则替代原有最优的特征子集。不断地重复子集生成和评价过程，直到满足给定的停止准则为止。最后，依据先验知识对挑选出来的最优的特征子集进行验证。可见，对性能影响最大的是评价准则和搜索策略的确定。

10.2.1 可分离性判据

基于选择的特征优化中一个重要的问题是：如何评价经过优化后的特征子集是最优的。在分类中，通常用分类器的错误概率作为评价准则，也即使分类器的错误概率最小的一组特征就是最优的特征子集。然而，即使在类条件分类密度已知的前提下，错误概率的计算也很复杂，更何况样本的分布在实际问题中往往是未知的，这就使得直接用错误概率作为评价准则来判别特征子集是不可靠的。所幸的是，在有两个或更多模式类的情况下，特征子集的选择就变成了挑选出对于类别可分离性而言是最有效的一组特征。因此，可分离性判据可作为特征子集是否最优的评价准则。

目前，主要有基于类内/类间距离、基于概率分布和基于熵函数三种可分离性判据。基于类内/类间距离的可分离性判据，根据类内距离小、类间距离大的特点，可以采用反映类内类间距离的函数进行判定；基于概率分布的可分离性判据，根据散度越大分类错误率越小的特点，可以采用度量类间概率分布不一致性的散度进行判定；基于熵函数的可分离性判据，根据信息论中熵越小类别划分越准确的特点，可以采用刻画类内异样性的总体熵进行判定。由于基于类内/类间距离的方式具有概念清楚、计算方便和直观性好的特点，因而得到广泛的应用。

假定用类内散度矩阵 $\boldsymbol{S}_W$ 和类间散度矩阵 $\boldsymbol{S}_B$ 的迹来度量类内距离与类间距离，则基于类内/类间距离的可分离性判据可定义为：

$$J_D = tr(\boldsymbol{S}_W^{-1}\boldsymbol{S}_B) \tag{10.2.1}$$

$$\boldsymbol{S}_B = \sum_{i=1}^{K} p_i(\boldsymbol{M}_i - \boldsymbol{M})(\boldsymbol{M}_i - \boldsymbol{M})^{\mathrm{T}} \tag{10.2.2}$$

$$\boldsymbol{S}_W = \sum_{i=1}^{K} p_i \frac{1}{N_i}\sum_{k=1}^{N_i}(\boldsymbol{x}_k^{(i)} - \boldsymbol{M}_i)(\boldsymbol{x}_k^{(i)} - \boldsymbol{M}_i)^{\mathrm{T}} \tag{10.2.3}$$

其中，$tr(\cdot)$为矩阵的迹；K 为模式的类别数；$\boldsymbol{x}_k^{(i)}$ 为 ω_i 类中某个样本点对应的 n 维的特征向量；$\boldsymbol{M}_i$ 表示 ω_i 类中样本点的均值向量，即 $\boldsymbol{M}_i = \frac{1}{N_i}\sum_{k=1}^{N_i}\boldsymbol{x}_k^{(i)}$；$\boldsymbol{M}$ 表示样本点的总体均值向量，即 $\boldsymbol{M} = \sum_{i=1}^{K} p_i\boldsymbol{M}_i$；$N_i$ 为 ω_i 类中的样本点数目；p_i 为 ω_i 类的先验概率。

除了上述定义的距离准则之外，基于类内/类间距离的可分离性判据的特征优化还可以在最大散度准则或最小熵准则的指导下进行(有关散度和熵的定义详见第 11 章)。

10.2.2 搜索选择策略

在子集生成的搜索过程中，首先必须确定搜索的起始点，如为空集、整个特征集或随机地选择一个子集；其次，必须确定某种合理的搜索策略，以便在允许的时间内寻找到最优的特征子集。传统的搜索策略包括全局最优搜索法和局部次优搜索法。全局最优搜索法可以得到对于给定的评价准则是最优的特征子集，穷尽搜索和分支定界法都属于该类方法。但是，考虑到对于一个 n 维的特征集，可能会存在 2^n 个候选的特征子集，因此，在实际应用中，穷尽搜索是不可行的。局部次优搜索法每一次向特征子集中增加或删除一个特征直至最终得到结果，也称为“序列选择法”。它根据起始点的不同，又可分为“序列前向选择法”和“序列后向选择法”。由于局部次优搜索法的计算量较小，且采用了启发式的评价函数，因而可以实现快速的搜索过程。然而，局部次优搜索法无法保证得到的特征子集是最优的。

1. 分支定界法

分支定界法采用了某些启发式的评价函数，不但可减少原有搜索空间，而且可以保证得到的特征子集是全局最优的。该方法的执行效率比穷尽搜索要高，但它要求评价函数是单调的，即要求满足：

$$J_D(\boldsymbol{x}_i + x_j) \geqslant J_D(\boldsymbol{x}_i) \tag{10.2.4}$$

其中，J_D 表示某种可分离性判据；$\boldsymbol{x}_i$ 为由若干个特征组成的特征子集，x_j 为某个特征。

在实际应用中，图像的原始特征可能来自于多个不同的体系，因而并不是每次增加或删除一个特征就可使特征子集的性能提高或保持。此外，该方法的计算复杂度是特征维数的指数级。因此，无法解决高维特征的图像分类识别问题。

2. 序列前向选择法

序列前向选择(Sequential Forward Selection，SFS)法是一种自下而上的搜索方法。该方法首先把特征子集初始化为一个空集，然后每一次从候选的特征子集中选择一个特征，使得它与已入选的特征组合后的 J_D 值最大，直到特征的数目增加到 m 为止。假设已入选了 k 个特征，构成了特征子集 $\boldsymbol{x}_k$，从候选的特征子集中挑选出 $n-k$ 个特征，按照它与已入选的特征组合后的 J_D 值的大小排序，若

$$J_D(\boldsymbol{x}_k+x_1)\geqslant J_D(\boldsymbol{x}_k+x_2)\geqslant\cdots\geqslant J_D(\boldsymbol{x}_k+x_{n-k}) \tag{10.2.5}$$

则 $\boldsymbol{x}_{k+1}=\boldsymbol{x}_k+x_1$。

SFS 方法的缺点是一旦某个特征已入选，即使由于后加入的特征使它变为多余也无法将它删除；其次，各个特征之间的统计相关性并没有得到充分的考虑。解决的途径有两条，一条是每一次从候选的特征子集中挑选出 r 个特征，使得这 r 个特征与已入选的特征组合后的 J_D 值最大，即扩展为"广义序列前向选择法"。另一条是从所有的特征开始，每一次删除一个特征，要求删除后的特征子集仍保持 J_D 值最大，即为"序列后向选择法"。

3. 序列后向选择法

序列后向选择(Sequential Backward Selection，SBS)法是一种自上而下的搜索方法，是 SFS 的逆过程。假设已删除了 k 个特征，剩下的候选的特征子集为 $\boldsymbol{x}'_k$，再从特征子集中删除 $n-k$ 个特征，将删除后的特征子集按照 J_D 值的大小排序，若

$$J_D(\boldsymbol{x}'_k-x_1)\geqslant J_D(\boldsymbol{x}'_k-x_2)\geqslant\cdots\geqslant J_D(\boldsymbol{x}'_k-x_{n-k}) \tag{10.2.6}$$

则 $\boldsymbol{x}'_{k+1}=\boldsymbol{x}'_k-x_1$。

SBS 方法与 SFS 方法相比有两个特点：一是在计算过程中，可以估计每一次删除一个特征所造成的可分离性判据的减小量；二是充分考虑了特征之间的统计相关性。因此，当采用相同的评价函数时，前者的计算性能和算法鲁棒性都比后者要好。同样，若每一次删除 r 个特征，使得删除后的特征子集仍保持 J_D 值最大，则扩展为"广义序列后向选择法"。

10.2.3 基于遗传算法的特征选择

传统的搜索策略存在特征冗余多、性能较差、耗时较长等缺点。因此，基于选择的特征优化需要使用一种对评价函数的单调性要求较低，且在特征数目较多的情况下仍具有较高计算效率的搜索方法。随机多个解搜索方法弥补了上述不足，并能确保得到的特征子集是最优的。随机多个解搜索方法主要是指遗传算法(Genetic Algorithm，GA)。GA 是一种能够在复杂搜索空间中快速求出全局优化解的搜索技术，在本质上它也是一种不依赖具体问题的搜索方法。由于特征选择实质上是一个组合优化问题，而 GA 又几乎是所有优化方法的首选。因此，GA 在特征优化领域中有着广阔的应用前景。

GA 模仿生物的进化过程，结合达尔文的"适者生存"和随机信息交换的思想，通过简单的编码技术和繁衍机制(如选择、交叉、变异)，自适应地控制搜索过程，以求得最优解或近似最优解。该方法可以解决传统的搜索策略难以解决的复杂和非线性问题。图 10.1 给出了基于遗传算法的特征选择的流程图，主要步骤如下：

(1)初始特征群体 $P(0)$的生成

令染色体个体的位串长度为 n(原始特征的数目)，染色体个体的各个基因位对应一个特征，若基因位取 1，则选择相应的特征；若基因位取 0，则不选相应的特征。随机地将 0 或 1 赋值给染色体个体的各个基因位，得到候选的特征子集，由若干个染色体个体生成初始特征群体 $P(0)$。

(2)适应度函数的确定

假定染色体个体 $\boldsymbol{x}$ 的适应度函数采用基于类内和类间距离的可分离性判据，则

$$f_F(\boldsymbol{x})=tr(S_W(\boldsymbol{x})^{-1}S_B(\boldsymbol{x})) \tag{10.2.7}$$

其中，$f_F(\boldsymbol{x})$的值表示染色体个体 $\boldsymbol{x}$ 的区分能力。

(3)下一代特征群体 $P(t+1)$的获取

上一代特征群体 $P(t)$经过选择、交叉和变异算子作用后，得到下一代特征群体 $P(t+1)$。

1)选择算子(Select)。首先将 $P(t)$ 中最优的染色体个体保留，然后采用轮盘算法挑选出若干个染色体个体，并用这些染色体个体替代 $P(t)$ 中适应度评价较低的染色体个体。对特征群体中的每个染色体个体按照 p_S 选择，适应度评价高的染色体个体遗传到下一代的可能性就大，而适应度评价低的染色体个体遗传到下一代的可能性就小。

2)交叉算子(Crossover)。对用来繁衍下一代的染色体个体，先进行两两配对，然后随机地选择交叉点，并将交叉点后的基因位按照交叉概率 p_C 互换。交叉时，既可采用单点交叉，也可采用多点交叉。

3)变异算子(Mutation)。根据生物遗传中的“基因变异”原则，以变异概率 p_M 对部分染色体个体的若干个基因位变异。在变异时，将位串的对应位求反，即 0 变为 1，1 变为 0。

按照上述步骤进行多次迭代，直到每一代中最优的染色体个体的适应度评价保持一定的值未改变，最后一组被选中的特征将构成新的特征子集，用于后续的分类识别中。

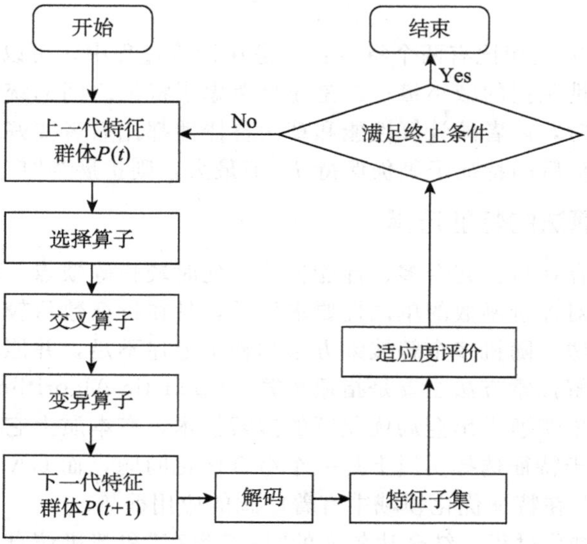

图 10.1　基于遗传算法的特征选择的流程图

基于遗传算法的特征选择既能对单一特征逐个地进行判别，又能对一个候选的特征子集进行优劣性能评价，因此可以保证得到的特征子集是最优的。然而，相对于传统的搜索策略，该方法在搜索空间中的执行速度较慢，且系统的计算压力较大。

10.3　基于统计分析的特征优化

基于统计分析的特征优化是指运用多元统计学领域中的统计特征方法及与分析对象有关的知识，从定量与定性的结合上实施特征优化，常用的有主成分分析(Principle Component Analysis，PCA)、独立分量分析(Independent Component Analysis，ICA)、线性判别分析(Linear Discriminant Analysis，LDA)和多维尺度分析(Multi-Dimensional Scaling,

MDS)。这些方法都可以实现观测数据的线性表示，都可以将样本点从高维空间投影到更有意义的低维空间，以达到降低特征维数和减少数据冗余的目的。

10.3.1 主成分分析

主成分分析(PCA)又称为 Karhunen-Loeve 变换(简称 KL 变换)，其基本思想是选择样本分布方差大的坐标轴进行投影，利用线性变换保留大方差分量，去掉小方差分量，以使特征的维数降低而信息量的损失最小。PCA 能够将多个特征转化为少数几个综合特征。通常把转化生成的综合特征称为主成分，其中每个主成分都是原始特征的线性组合，并且主成分之间互不相关，这就使得主成分比原始特征具有某些更为优越的性能。在解决复杂问题时，由于 PCA 只需要考虑少数几个主成分，而不至于损失太多的有用信息，从而可在简化问题的同时，更容易地抓住最重要的特征信息。

令 $\boldsymbol{x}=(x_1,x_2,\cdots,x_n)^{\mathrm{T}}$ 是一个 n 维的特征向量，其协方差矩阵为 $\boldsymbol{C}=\boldsymbol{x}^{\mathrm{T}}\boldsymbol{x}$，通过向量分解将 $\boldsymbol{C}$ 表示为 $\boldsymbol{A}\Sigma\boldsymbol{A}^{\mathrm{T}}$，其中 $\Sigma=\mathrm{diag}(\lambda_1,\lambda_2,\cdots,\lambda_n)$，是由 $\boldsymbol{C}$ 的特征值按降序排列得到的对角矩阵；$\boldsymbol{A}$ 是一个正交归一化矩阵(要求满足 $\boldsymbol{A}\boldsymbol{A}^{\mathrm{T}}=\boldsymbol{I}$)，由 $\boldsymbol{C}$ 的特征向量组成。通过奇异值分解，$\boldsymbol{x}$ 可表示为 $\boldsymbol{B}\Sigma\boldsymbol{A}^{\mathrm{T}}$，其中 $\boldsymbol{B}$ 和 $\boldsymbol{A}$ 是两个正交矩阵，分别由 $\boldsymbol{x}\boldsymbol{x}^{\mathrm{T}}$ 与 $\boldsymbol{x}^{\mathrm{T}}\boldsymbol{x}$ 的特征向量组成，Σ 是 $\boldsymbol{x}$ 的奇异值。因此，经过变换后的特征向量 $\boldsymbol{y}$ 可表示为 $\boldsymbol{y}=\boldsymbol{A}\boldsymbol{x}=\boldsymbol{A}\boldsymbol{B}\Sigma\boldsymbol{A}^{\mathrm{T}}=\boldsymbol{B}\Sigma\boldsymbol{y}$。

使用 PCA 进行特征优化时，首先需要考虑的是保留多少个特征。常用的准则有 Kaiser 准则(丢弃特征值小于 1 的特征)、Cattell 准则(从特征变化图中曲线变平缓的特征开始丢弃后面全部的特征)和最大信息保留准则(根据信息保留比例提取前 m 个主成分)。假设观测数据 X 中样本点的数目为 N，构成了 N 个 n 维的输入数据集 $X=\{\boldsymbol{x}_1,\boldsymbol{x}_2,\cdots,\boldsymbol{x}_N\}$，每一个样本点表示为 $\boldsymbol{x}_i=(x_{i,1},\ x_{i,2},\ \cdots,\ x_{i,n})(i=1,2,\cdots,N)$。

PCA 算法的主要步骤如下：

1) 计算输入数据集 X 中样本点的均值向量：

$$\boldsymbol{M}_i=\frac{1}{N}\sum_{i=1}^{N}\boldsymbol{x}_i \tag{10.3.1}$$

2) 计算 X 中样本点的总体均值向量：

$$\boldsymbol{M}=\sum_{i=1}^{N}\boldsymbol{M}_i \tag{10.3.2}$$

3) 计算 X 的协方差矩阵 $\boldsymbol{C}$：

$$\boldsymbol{C}=((\boldsymbol{x}_i-\boldsymbol{M})^{\mathrm{T}}(\boldsymbol{x}_i-\boldsymbol{M}))/(N-1),\ i=1,2,\cdots,N \tag{10.3.3}$$

4) 计算 $\boldsymbol{C}$ 的特征值 λ_1，λ_2，$\cdots$，λ_n，要求满足 $\lambda_1\geqslant\lambda_2\geqslant\cdots\geqslant\lambda_n$，对应的正交归一化特征向量为 $\boldsymbol{e}_1$，$\boldsymbol{e}_2$，$\cdots$，$\boldsymbol{e}_n$，则第 p 个主成分为：

$$\boldsymbol{y}_p=\boldsymbol{e}_p^{\mathrm{T}}\boldsymbol{x}=e_{p,1}x_1+e_{p,2}x_2+\cdots+e_{p,n}x_{n,\ p}=1,2,\cdots,n \tag{10.3.4}$$

第 p 个主成分对原始特征向量的方差贡献率定义为：

$$a_p=\frac{\lambda_p}{\lambda_1+\lambda_2+\cdots+\lambda_n},\quad p=1,2,\cdots,n \tag{10.3.5}$$

可见，第 1 个主成分 $\boldsymbol{y}_1$ 的方差贡献率最大，第 2 个主成分 $\boldsymbol{y}_2$ 次之，以此类推。则前 m 个主成分的累积贡献率计算为：

$$\Sigma_m=\sum_{p=1}^{m}\lambda_p\Big/\sum_{p=1}^{n}\lambda_p,\quad m<n \tag{10.3.6}$$

当累积贡献率 Σ_m 达到某个上限阈值 θ 时，即 $\Sigma_m\geqslant\theta$，取前 m 个主成分，即用 $\boldsymbol{y}=(y_1,y_2,\cdots,y_m)^{\mathrm{T}}$ 替代原有的 $\boldsymbol{x}=(x_1,x_2,\cdots,x_n)^{\mathrm{T}}$。这样，就可在确保不丢失原有特征的主

要信息的基础上，达到特征降维的目的。

下面是实现 PCA 算法的 Matlab 程序。

```
function [Y]=pca(X)
[Y]=pcaf(X,2);                    % 将特征维数降至二维
% 下面是实现 PCA 的子函数
function [Y]=pcaf(X,m)
[Y,D]=eigs(X* X',m,'lm');         % 调用 eigs 函数
```

程序中，eigs 函数的一般语法为[V,D]=edge(A,k,sigma)，其作用是计算矩阵的特征值和特征向量。其中，A 是稀疏矩阵；k 是返回的最大特征值个数；sigma 取值为 lm 表示最大数量的特征值，为 sm 表示最小数量的特征值；针对实对称问题，la 表示最大特征值，sa 为最小特征值；针对非对称和复数问题，lr 表示最大实部，sr 表示最小实部，li 表示最大虚部，si 表示最小虚部；D 是 k 个最大特征值的对角矩阵，V 的列向量是与 k 个最大特征值对应的特征向量。

10.3.2 独立分量分析

独立分量分析(ICA)是一种信号处理和分析对象方法。ICA 的基本思想是从多个源信号的线性混合信号(观测信号)中，按照信号之间相互统计独立性的原则，利用优化准则分离出各个分量。例如，在复杂背景环境下接收的观测信号通常是由不同信源产生的多路信号的混合信号；多传感器检测的观测信号通常是多个未知信号的混合叠加。因此，在很多实际应用场合中，采用 ICA 对高阶统计特性作分析比 PCA 更符合实际，且去噪效果更好。

ICA 的数学模型可表示为：

$$\boldsymbol{x} = \boldsymbol{As} + \boldsymbol{c} \tag{10.3.7}$$

其中，$\boldsymbol{x}=(x_1(t),x_2(t),\cdots,x_n(t))^{\mathrm{T}}$ 是 n 维的观测信号向量；$\boldsymbol{s}=(s_1(t),s_2(t),\cdots,s_n(t))^{\mathrm{T}}$ 是未知的 n 维的源信号向量；$\boldsymbol{c}=(c_1(t),c_2(t),\cdots,c_n(t))^{\mathrm{T}}$ 是 n 维的加性噪声向量；$\boldsymbol{A}$ 是混合矩阵；$\boldsymbol{x}$ 是 $\boldsymbol{s}$ 的瞬时线性组合。ICA 的目标是在 $\boldsymbol{A}$ 和 $\boldsymbol{s}$ 未知的前提下，寻找到一个分离矩阵 $\boldsymbol{W}$，使得 $\boldsymbol{x}$ 经过变换后得到的新的信号向量 $\boldsymbol{y}=(y_1(t),y_2(t),\cdots,y_m(t))^{\mathrm{T}}$ 的各个分量能够尽可能相互独立，这时 $\boldsymbol{y}(\boldsymbol{y}=\boldsymbol{Wx})$ 就是所需的分离信号向量，也就是 $\boldsymbol{s}$ 的估计值。

分离准则和优化准则是 ICA 的两大核心。分离准则是指依据独立性度量建立目标函数，使分离后的分量最大程度地逼近各个源信号；优化准则针对目标函数，它的性能直接影响到目标函数的收敛速度和计算的稳定性。近些年来，由于分离准则和优化准则设计的不同，得到了一些不同的 ICA 算法，如基于最大似然估计(Maximum Likelihood Estimation, MLE)的 ICA 算法、基于最大化输出熵的 ICA 算法和基于互信息最小的 ICA 算法等。

假定分离信号向量 $\boldsymbol{y}$ 的各个分量相互独立，即 $p(\boldsymbol{y})=p_{y_1}(y_1)p_{y_2}(y_2)\cdots p_{y_n}(y_n)$，其中，$p(\boldsymbol{y})$为特征向量 $\boldsymbol{y}$ 的联合概率，$p_{y_i}(y_i)$为 $\boldsymbol{y}$ 的 y_i 分量的边缘概率，则 KL 散度定义为：

$$\mathrm{KL}(\boldsymbol{y}) = \int p(\boldsymbol{y})\ln\left(p(y)\Big/\prod_{i=1}^{n} p_{y_i}(y_i)\right)\mathrm{d}\boldsymbol{y} \tag{10.3.8}$$

基于 MLE 的 ICA 算法就是利用已知的观测信号向量 $\boldsymbol{x}$，估计源信号向量 $\boldsymbol{s}$ 的真实概率，即给定参数 θ，通过估计的概率 $\hat{p}(\boldsymbol{x},\theta)$充分地逼近 $p(\boldsymbol{x})$，并采用基于 KL 散度的优化准则去评价两者之间的距离。目标函数可用对数形式的似然函数表示：

$$\varphi(W,\theta) = \sum_{i=1}^{n}\log p_i(W_i^{\mathrm{T}}x_i,\theta_i) + \log|\det W| \tag{10.3.9}$$

10.3.3 线性判别分析

线性判别分析(LDA)是一种有效且常用的统计分析方法。所谓判别分析就是指在给定的若干个模式类观测数据的基础上，构造出一个或多个判别函数，并由判别函数对未知类别的新的样本点作出判断，决定其属于哪一个模式类。LDA 的基本思想是寻找到一个线性变换，使得存在于高维空间中的原始特征经变换后映射到一个低维空间中，并保证样本点类内的分布尽可能聚合，类间的分布尽可能分散。

LDA 同样需要求解线性变换矩阵 $\boldsymbol{A}$，使得 n 维的特征向量 $\boldsymbol{x}$ 映射到 m 维的低维空间中仍保证可分离性判据 J_D 值最大。假定 X 是含有 N 个样本点的输入数据集，共分为 K 个模式类，每一个模式类中样本点的数目为 $N_i(i=1,2,\cdots,K)$，要求满足 $\sum_{i=1}^{K} N_i = N$，则

$$J_D = \max_{\boldsymbol{A}}(\mathrm{tr}(\boldsymbol{A}\boldsymbol{S}_W\boldsymbol{A}^{\mathrm{T}})^{-1}(\boldsymbol{A}\boldsymbol{S}_B\boldsymbol{A})) \tag{10.3.10}$$

其中，类内散度矩阵 $\boldsymbol{S}_W$ 和类间散度矩阵 $\boldsymbol{S}_B$ 分别定义为：

$$\boldsymbol{S}_W = \sum_{i=1}^{K} p_i \boldsymbol{S}_{W_i} = \sum_{i=1}^{K} p_i \left(\frac{1}{N_i}\sum_{j=1}^{N_i}(\boldsymbol{x}_j^{(i)} - \boldsymbol{M}_i)(\boldsymbol{x}_j^{(i)} - \boldsymbol{M}_i)^T\right) \tag{10.3.11}$$

$$\boldsymbol{S}_B = \sum_{i=1}^{K} p_i(\boldsymbol{M}_i - \boldsymbol{M})(\boldsymbol{M}_i - \boldsymbol{M})^{\mathrm{T}} \tag{10.3.12}$$

其中，$\boldsymbol{M}_i$ 为每一个模式类中样本点的均值向量；$\boldsymbol{M}$ 为样本点的总体均值向量；p_i 为 ω_i 类的先验概率。

LDA 算法的主要步骤如下：

1）根据式(10.3.11)计算输入数据集 X 的类内散度矩阵 $\boldsymbol{S}_W$。

2）根据式(10.3.12)计算输入数据集 X 的类间散度矩阵 $\boldsymbol{S}_B$。

3）利用特征值分解对角化 $\boldsymbol{S}_B$，令 $\boldsymbol{U}$ 为 $\boldsymbol{S}_B$ 的前 m 个非零特征值对应的特征向量，即 $\boldsymbol{U}^{\mathrm{T}}\boldsymbol{S}_B\boldsymbol{U}=\boldsymbol{D}_B$，其中 $\boldsymbol{D}_B$ 为对角矩阵。

4）令 $\boldsymbol{A}_1=\boldsymbol{U}\boldsymbol{D}_B{}^{-1/2}$ 且 $\boldsymbol{A}_1^{\mathrm{T}}\boldsymbol{S}_B\boldsymbol{A}_1=\boldsymbol{I}$，利用特征值分解对角化 $\boldsymbol{A}_1^{\mathrm{T}}\boldsymbol{S}_W\boldsymbol{A}_1$，$\boldsymbol{A}_2$ 为 $\boldsymbol{A}_1^{\mathrm{T}}\boldsymbol{S}_W\boldsymbol{A}_1$ 的前 m 个最小的特征值对应的特征向量。

5）计算线性变换矩阵 $\boldsymbol{A}=\boldsymbol{A}_1\boldsymbol{A}_2$，得到 m 维的输出数据集 $Y=\{\boldsymbol{y}_1,\boldsymbol{y}_2,\cdots,\boldsymbol{y}_N\}$，$\boldsymbol{y}_i=(y_{i,1},y_{i,2},\cdots,y_{i,m})(i=1,2,\cdots,N)$。

10.3.4 多维尺度分析

多维尺度分析(MDS)是一种传统的寻求保持观测数据之间相似性的分析对象方法。MDS 研究的问题是：假定存在 N 个样本点，每个样本点都可以表示为欧氏空间中的一个点，在已知样本点两两之间相似性度量的前提下，求出样本点在欧氏空间中的散布图，使散布图中的两点间的欧氏距离与已知的相似性度量匹配得尽可能好。

MDS 力求使存在于观测空间中的两个距离相近的样本点在低维空间中仍保持相近，而两个距离远离的样本点仍保持远离。令 $\boldsymbol{x}_i$ 和 $\boldsymbol{x}_j$ 是输入数据集 $X=\{\boldsymbol{x}_1,\boldsymbol{x}_2,\cdots,\boldsymbol{x}_N\}$中任意的两个样本点，相似性度量 $d_{i,j}$定义为 $\boldsymbol{x}_i$ 和 $\boldsymbol{x}_j$ 之间的欧氏距离。MDS 通过定义误差函数去评价输出数据集 Y 对于 X 的局部保形映射的程度，误差函数可定义为：

$$\varepsilon(Y) = \sqrt{\sum_{i,j=1}^{N}(f(d_{i,j}) - d'_{i,j})^2 \Big/ sf} \tag{10.3.13}$$

其中，$f(\cdot)$为相似性度量 $d_{i,j}$ 的评价函数；$d'_{i,j}$为 $\boldsymbol{x}_i$ 和 $\boldsymbol{x}_j$ 映射到低维空间中输出特征向

量 $\boldsymbol{y}_i$ 和 $\boldsymbol{y}_j$ 之间的相似性度量，即 $d'_{i,j}=d_{i,j}$；sf 为尺度因子，$sf=\sum_{i,j=1}^{N} d_{i,j}^2$。当误差函数确定后，就可寻找到最优的低维映射函数，从而得到输出数据集 Y。

MDS 算法的主要步骤如下：

1）计算输入数据集 X 中任意两个样本点 $\boldsymbol{x}_i$ 和 $\boldsymbol{x}_j$ 之间的相似性度量 $d_{i,j}(i,j=1,2,\cdots,N)$。

2）根据式(10.3.13)计算误差函数，得到输出数据集 Y 的初始值。

3）为得到最小化误差函数的 Y，利用梯度下降法进行求解，通过不断地调整 Y 的值，直到 Y 的值未发生明显的变化为止。

下面是实现 MDS 算法的 Matlab 程序。

```
function [Y]=mds(X)
D=L2_distance(X',X',1);          % 计算相似性度量
Y=mdsf(D, 2);                    % 将特征维数降至二维
% 下面是计算距离的子函数
function d=L2_distance(a,b,df);
if (size(a,1)==1)
    a=[a; zeros(1,size(a,2))];
    b=[b; zeros(1,size(b,2))];
end
aa=sum(a.*a);
bb=sum(b.*b);
ab=a'*b;
d=sqrt(repmat(aa',[1 size(bb,2)])+repmat(bb,[size(aa,2) 1])-2*ab);
d=real(d);
if (df==1)
    d=d.*(1-eye(size(d)));
end
% 下面是实现 MDS 的子函数
function [points]=mdsf(d,m)
[n, check]=size(d);
iterations=30;                   % 迭代次数
lr=0.05;                         % 学习效率
r=2;                             % 尺度
reshift=min(min(d));                         % 归一化距离
d=d-reshift; rescale=max(max(d));
d=d/rescale;
dbar=(sum(sum(d))-trace(d))/n/(n-1);         % 以下计算距离矩阵的方差
temp=(d-dbar*ones(n)).^2;
vard=.5*(sum(sum(temp))-trace(temp));
its=0;
p=rand(n,m)*.01-.005;
dh=zeros(n);
rinv=1/r;
kk=1:m;
while (its<iterations)                       % 执行迭代
    its=its+1;
    pinning_order=randperm(n);
    for i=1:n
        m1=pinning_order(i);
        indx=[1:m1-1 m1+1:n];
        pmat=repmat(p(m1,:),[n 1])-p;
        dhdum=sum(abs(pmat).^r,2).^rinv;
        dh(m1,indx)=dhdum(indx)';
        dh(indx,m1)=dhdum(indx);
        dhmat=lr*repmat((dhdum(indx)-d(m1,indx)').*(dhdum(indx).^(1-r)),[1 m]);
```

```
        p(indx,kk)=p(indx,kk)+dhmat.*abs(pmat(indx,kk)).^(r-1).*sign(pmat(indx,kk));
    end
end
points=p*rescale+reshift;
end
```

10.4 基于流形学习的特征优化

特征优化的目的就是建立观测数据从高维空间到低维空间的映射，实质上是一个降维的过程。因此，用降维方法求解特征优化问题是可行的。在间接变换法的两种方法中，基于统计分析的特征优化属于线性降维方法。该类方法通常假设观测数据存在于全局线性结构中，即各个分量之间是独立无关的。当观测数据确实满足全局线性时，这类方法往往是高效的。由于线性降维方法的理论成熟，算法快速，目前已广泛地应用于图像分类、识别和检索任务中。尽管当观测数据为非线性时，可用全局线性结构去近似非线性结构。但是，在现实世界中，观测数据的原始特征维数通常很高，一些存在于不同数据之间的局部非线性的结构会随着特征维数的剧烈骤减而丢失，导致后续分类判别的准确率大大降低。也就是说，当观测数据呈高度非线性或强属性相关时，用全局线性假设去近似非线性结构是不可行的。应用非线性降维方法实现针对大规模、高维数、非线性的图像数据的特征优化很有必要。

10.4.1 流形学习的基本原理

Seung 和 Lee 于 2000 年在国际著名期刊《Science》中的《The Manifold Ways of Perception》一文中指出：高维数据的属性之间常常存在着一定的规律性和相关性，这种现象直观上表现为高维空间中的样本点散布在低维空间中的一个流形上，这个流形揭示了样本点的特性，并且有着较低的固有维数。基于这种假设，理论上只要针对有限的、离散的样本点进行学习，展开高维空间中呈折叠状的弯曲面，发现并揭示样本点之间潜在的拓扑结构，便能挖掘出隐含在低维流形中的有用信息。

流形学习问题可描述为：假定 $Y=\{\boldsymbol{y}_1,\boldsymbol{y}_2,\cdots,\boldsymbol{y}_N\}$ 是存在于 m 维的欧氏空间 $\mathbf{R}^m$ 中的数据集，它由某个随机过程生成，且经过 f 映射($f:\boldsymbol{x}\rightarrow\mathbf{R}_n$，是一个光滑嵌入映射)将 Y 中的每个样本点 $\boldsymbol{y}_i(i=1,2,\cdots,N)$映射为观测空间($n$ 维的欧氏空间 $\mathbf{R}_n$，$n\gg m$)中的样本点 $\boldsymbol{x}_i=f(\boldsymbol{y}_i)$。流形学习的目的就是重构 $X=\{\boldsymbol{x}_1,\boldsymbol{x}_2,\cdots,\boldsymbol{x}_N\}$ 的低维嵌入映射和低维流形，也就是寻找 X 中样本点之间的内在联系。

流形学习为图像特征优化提供了一条新的途径。基于流形学习的特征优化基于以下假设：在许多实际应用中，观测空间不再是单纯的欧氏空间，而可能是嵌入到某个高维特征空间中的流形(线性空间的一种非线性扩展，因此，流形学习也被称为“非线性降维”)，图像数据可在视觉上被看作流形上的样本点。基于流形学习的特征优化以尽可能确保图像的主要特性不变为目标，能够在一定程度上最优地保持样本点分布的局部邻近信息，也即在高维空间中的两个相邻点通过局部保形映射后在低维空间中也是相邻的。近年来兴起的流形学习方法主要有：局部线性嵌入(Locally Linear Embedding，LLE)、拉普拉斯特征映射(Laplacian Eigenmap，LE)和等距映射(ISOmetric MAPping，ISOMAP)等。核主成分分析(Kernel Principle Component Analysis，KPCA)通常不归入流形学习方法，但它是一种常用的非线性降维方法。

10.4.2 核主成分分析

核(Kernel)方法是一种非线性的核映射技术。核主成分分析(KPCA)是一种具有代表性的核方法，即在 PCA 的基础上增加了核映射技术，使原有方法具有了非线性降维的能力。KPCA 的基本原理是：首先将观测空间中的输入数据集 $X=\{\boldsymbol{x}_1,\boldsymbol{x}_2,\cdots,\boldsymbol{x}_N\}$通过一个非线性映射函数映射到一个高维的特征空间中；然后，在这个特征空间中对 X 实施线性的 PCA，而相对于观测空间来说，就是进行了非线性的 PCA。令 $f(x_i)$是实现观测空间到特征空间的映射函数，即将样本点 $\boldsymbol{x}_i(i=1,2,\cdots,N)$ 变换为 $f(\boldsymbol{x}_i)$，要求满足 $f(\boldsymbol{x}_1)+f(\boldsymbol{x}_2)+\cdots+f(\boldsymbol{x}_N)=0$，则协方差矩阵 $\boldsymbol{C}$ 可定义为：

$$\boldsymbol{C}=\frac{1}{N}\sum_{i=1}^{N}f(\boldsymbol{x}_i)\cdot f(\boldsymbol{x}_i)^{\mathrm{T}} \tag{10.4.1}$$

求解 $\boldsymbol{C}$ 的特征值$\lambda(\lambda\geqslant0)$和特征向量 $\boldsymbol{v}$，即

$$\lambda(f(\boldsymbol{x}_i)\cdot\boldsymbol{v})=(f(\boldsymbol{x}_i)\cdot\boldsymbol{Cv}),\ i=1,2,\cdots,N \tag{10.4.2}$$

考虑到特征向量可由 $f(\boldsymbol{x}_1)$，$f(\boldsymbol{x}_2)$，…，$f(\boldsymbol{x}_N)$的线性组合表示，即 $\boldsymbol{v}=\sum_{i=1}^{N}a_i f(\boldsymbol{x}_i)$，其中 a_i 为线性系数，可得：

$$\lambda\sum_{i=1}^{N}a_i(f(\boldsymbol{x}_i)\cdot f(\boldsymbol{x}_i))=\frac{1}{N}\sum_{i=1}^{N}a_i(f(\boldsymbol{x}_i)\cdot\sum_{j=1}^{N}f(\boldsymbol{x}_j))(f(\boldsymbol{x}_j)\cdot f(\boldsymbol{x}_i)) \tag{10.4.3}$$

对式(10.4.3)求解，就可得到所需的特征值与特征向量。

10.4.3 局部线性嵌入

局部线性嵌入(LLE)是由 Roweis 和 Sauls 于 2000 年提出的一种非线性降维方法，也是一种流形学习方法。该方法试图寻求样本点之间内在的拓扑结构，将样本点从观测空间映射到特征空间中，并保持样本点之间的局部相似性。LLE 基于以下假设：高维空间中的数据集映射到低维空间，得到的嵌入流形在局部是线性的，确保了图像数据从高维空间向低维空间映射的局部保形性。LLE 的基本原理是利用线性结构去近似非线性结构的局部，从而将非线性降维分解成为局部的线性降维，即在观测空间中的每一个样本点都可以用它的近邻点线性表示，同样在特征空间中应仍保持这种样本点之间的近邻关系不变，最后通过重建误差最小在低维空间中重建样本点。

LLE 算法的主要步骤如下(如图 10.2 所示)：

1) 寻找输入数据集 $\mathrm{X}=\{\boldsymbol{x}_1,\boldsymbol{x}_2,\cdots,\boldsymbol{x}_N\}$中每一个样本点 $\boldsymbol{x}_i(i=1,2,\cdots,N)$的 k 个近邻点，即将相对于 $\boldsymbol{x}_i$ 距离最近的 k 个样本点作为 $\boldsymbol{x}_i$ 的近邻点(k 为一个预先给定的固定值)。

2) 由 X 中每一个样本点 $\boldsymbol{x}_i$ 的 k 个近邻点，计算局部重建权值矩阵 $\boldsymbol{W}$，误差函数最小化定义为：

$$\varepsilon(\boldsymbol{W})=\arg\min\sum_{i=1}^{N}\Big(\boldsymbol{x}_i-\sum_{j=1}^{k}\boldsymbol{W}_{i,j}\boldsymbol{x}_{i,j}\Big)^2 \tag{10.4.4}$$

其中，$\boldsymbol{x}_{i,j}(j=1,2,\cdots,k)$为 $\boldsymbol{x}_i$ 的第 j 个近邻点；$\boldsymbol{W}_{i,j}$是 $\boldsymbol{x}_i$ 与 $\boldsymbol{x}_{i,j}$之间的权值，要求满足 $\sum_{j=1}^{k}\boldsymbol{W}_{i,j}=1$。

3)由 $\boldsymbol{W}$ 和 X 中每一个样本点 $\boldsymbol{x}_i$ 的 k 个近邻点计算输出数据集 $Y=\{\boldsymbol{y}_1,\boldsymbol{y}_2,\cdots,\boldsymbol{y}_N\}$，需要定义损失函数，以使 Y 中的每一个样本点在低维空间中保持原有的拓扑结构，并且在映射过程中确保损失函数的值最小，损失函数最小化的定义为：

$$\varepsilon(Y) = \arg\min \sum_{i=1}^{N} \left(\boldsymbol{y}_i - \sum_{j=1}^{k} \boldsymbol{W}_{i,j} \boldsymbol{y}_{i,j} \right)^2 \tag{10.4.5}$$

其中，$\boldsymbol{y}_i$ 是 X 中样本点 $\boldsymbol{x}_i$ 在低维空间中对应的输出向量；$\boldsymbol{y}_{i,j}(j=1,2,\cdots,k)$是 $\boldsymbol{y}_i$ 的 k 个近邻点，要求满足 $\boldsymbol{y}_1+\boldsymbol{y}_2+\cdots+\boldsymbol{y}_N=0$ 和$(\boldsymbol{y}_1\boldsymbol{y}_1^{\mathrm{T}}+\boldsymbol{y}_2\boldsymbol{y}_2^{\mathrm{T}}+\cdots+\boldsymbol{y}_N\boldsymbol{y}_N^{\mathrm{T}})/N=\boldsymbol{I}$。损失函数可用矩阵形式重写为：

$$\varepsilon(\boldsymbol{Y}) = \arg\min \sum_{i=1}^{N} \sum_{j=1}^{N} \boldsymbol{M}_{i,j} \boldsymbol{y}_i^{\mathrm{T}} \boldsymbol{y}_j \tag{10.4.6}$$

其中，$\boldsymbol{M}$ 是一个 $N\times N$ 的对称矩阵，定义为：$\boldsymbol{M}=(\boldsymbol{I}-\boldsymbol{W})^{\mathrm{T}}(\boldsymbol{I}-\boldsymbol{W})$最小，必须取 $\boldsymbol{Y}$ 为 $\boldsymbol{M}$ 中最小的 m 个非零特征值对应的特征向量。

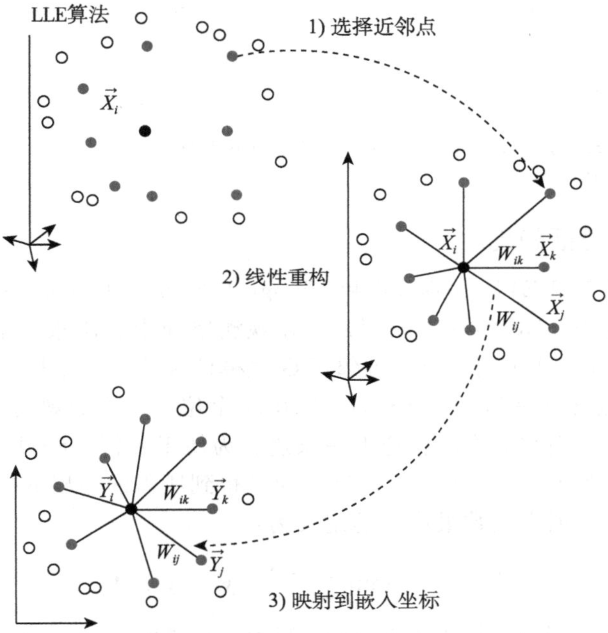

图 10.2 LLE 算法的流程图

下面是实现 LLE 算法的 Matlab 程序。

```
function [Y]=lle(X)
Y=llef(X',12,2)';                          % 近邻点个数为 12,特征维数降至二维
% 下面是实现 LLE 的子函数
function [Y]=llef(X,k,m)
[D,N]=size(X);
X2=sum(X.^2,1);
% 以下为计算点对间距离,用于寻找近邻点
distance=repmat(X2,N,1)+repmat(X2',1,N)-2*X'*X;
[sorted,index]=sort(distance);    % 实现排序
neighborhood=index(2:(1+k),:);
if(K>D)                            % 确定权值
    tol=1e-3;
else
    tol=0;
end
W=zeros(k,N);
for ii=1:N
```

```
    z=X(:,neighborhood(:,ii))-repmat(X(:,ii),1,k);
    C=z'*z;
    C=C+eye(k,k)*tol*trace(C);
    W(:,ii)=C\ones(k,1);
    W(:,ii)=W(:,ii)/sum(W(:,ii));
end
M=(I-W)'(I-W);    % 计算损失函数
M=sparse(1:N,1:N,ones(1,N),N,N,4*k*N);
for ii=1:N
    w=W(:,ii);
    jj=neighborhood(:,ii);
    M(ii,jj)=M(ii,jj)-w';
    M(jj,ii)=M(jj,ii)-w;
    M(jj,jj)=M(jj,jj)+w*w';
end
options.disp=0;
options.isreal=1;
options.issym=1;
[Y,eigenvals]=eigs(M,m+1,0,options);   % 调用 eigs 函数
Y=Y(:,1:m)'*sqrt(N);
```

10.4.4 拉普拉斯特征映射

拉普拉斯特征映射(LE)是由 Belinl 和 Niyogi 于 2002 年提出的一种非线性降维方法，也是一种流形学习方法。LE 的基本原理是：在观测空间中相距很近的两个样本点映射到低维空间中也相距很近。LE 用一个最近邻图 G 去模仿观测空间中样本点的局部拓扑结构，即在图 G 中，用顶点集 $X=\{\boldsymbol{x}_1,\boldsymbol{x}_2,\cdots,\boldsymbol{x}_N\}$表示 N 个位于 n 维的观测空间中的样本点，若两个样本点足够靠近，则它们之间就连上一条边。为便于分析，经过映射后的输出数据集用特征向量形式表示为$\boldsymbol{Y}=(\boldsymbol{y}_1,\boldsymbol{y}_2,\cdots,\boldsymbol{y}_N)^{\mathrm{T}}$。为了得到所需的输出数据集$\boldsymbol{Y}$，LE 同样需要使损失函数的值最小，损失函数最小化的定义为：

$$\varepsilon(Y)=\arg\min\sum_{i=1}^{N}\sum_{j=1}^{N}((\boldsymbol{y}_i-\boldsymbol{y}_j)^2\boldsymbol{W}_{i,j}) \tag{10.4.7}$$

其中，$\boldsymbol{W}$ 为权值矩阵，当两个样本点 $\boldsymbol{x}_i$ 和 $\boldsymbol{x}_j$ 互为 k 近邻时，$\boldsymbol{W}_{i,j}=1$；否则，$\boldsymbol{W}_{i,j}=0$。

LE 需要定义一个矩阵 $\boldsymbol{L}=\boldsymbol{D}-\boldsymbol{W}$，称为拉普拉斯矩阵，其中 $\boldsymbol{D}$ 是对角矩阵，分量是矩阵$\boldsymbol{W}$ 中每一列或每一行($\boldsymbol{W}$ 为对称矩阵)的和，即 $D_{i,j}=\sum_{j=1}^{N}\boldsymbol{W}_{j,i}$；$\boldsymbol{L}$ 是对称半正定矩阵，可被看作由图 G 的顶点定义的一个算子，因此，损失函数最小化问题可简化为求解：

$$\begin{cases}\arg\min\limits_{Y}\boldsymbol{Y}^{\mathrm{T}}\boldsymbol{L}\boldsymbol{Y}\\ \boldsymbol{Y}^{\mathrm{T}}\boldsymbol{D}\boldsymbol{Y}=1\end{cases} \tag{10.4.8}$$

注意：当相邻的两个样本点 $\boldsymbol{x}_i$ 和 $\boldsymbol{x}_j$ 映射后反而远离时，带有权值的损失函数会加上大的补偿，因为使损失函数最小化也就是保证：若 $\boldsymbol{x}_i$ 和 $\boldsymbol{x}_j$ 是相邻的，则它们在低维空间中的输出向量 $\boldsymbol{y}_i$ 和 $\boldsymbol{y}_j$ 也应该是相邻的。

LE 算法的主要步骤如下：

1）建立最近邻图 G，若输入数据集 X 中的两个样本点 $\boldsymbol{x}_i$ 和 $\boldsymbol{x}_j$ 互为 k 近邻，则在图 G 中对应的两个顶点之间用一条边相连接。

2）确定权值矩阵 $\boldsymbol{W}$，若图 G 中两个顶点 $\boldsymbol{x}_i$ 和 $\boldsymbol{x}_j$ 之间用一条边相连接，则它们之间的权值 $\boldsymbol{W}_{i,j}=1$，否则，$\boldsymbol{W}_{i,j}=0$。

3）若图 G 是完全连通的，应用 $\boldsymbol{Lv}=\lambda\boldsymbol{Dv}$ 计算特征值与特征向量，令 $\boldsymbol{v}_0$，$\boldsymbol{v}_1$，…，$\boldsymbol{v}_N$ 是根据按有序排列的特征值对应的特征向量，考虑到 $\lambda_0=0$ 时，$\boldsymbol{v}_0=(1,1,\cdots,1)^{\mathrm{T}}$，则剔除 λ_0，依次用后面 m 个特征向量作为特征空间中的 m 维映射，$\boldsymbol{y}_i=(v_{i,1},v_{i,2},\cdots,v_{i,m})^{\mathrm{T}}$，其中 $\boldsymbol{v}_{i,j}(i=1,2,\cdots,N,j=1,2,\cdots,m)$是特征向量 $\boldsymbol{v}_i$ 的第 j 个分量。

下面是实现 LE 算法的 Matlab 程序。

```
function [Y]=le(X)
[E,V]=lef(X, 'nn', 12, 2+1);              % 近邻点个数为 12,特征维数降至二维
Y=E(:,1:2);
% 下面是实现 LE 的子函数
function [E,V]=lef(DATA, TYPE, PARAM, NE)
n=size(DATA,1);
A=sparse(n,n);
step=2;
for i1=1:step:n
    i2=i1+step-1;
    if (i2>n)
        i2=n;
    end
    X1=DATA(i1:i2,:);
    dt=L2_distance(X1',DATA',0);          % 调用计算距离子函数
    [Z,I]=sort(dt,2);                      % 实现排序
    for i=i1:i2
        for j=2:PARAM+1
            A(i,I(i-i1+1,j))=Z(i-i1+1,j);
            A(I(i-i1+1,j),i)=Z(i-i1+1,j);
        end
    end
end
W=A;
[A_i, A_j, A_v]=find(A);
for i=1: size(A_i)
    W(A_i(i), A_j(i))=1;
end
D=sum(W(:,:),2);
L=spdiags(D,0,speye(size(W,1)))-W;
[E,V]=eigs(L,NE,'sm');
% 下面是实现计算距离的子函数
function d=L2_distance(a,b,df)
if (size(a,1)==1)
    a=[a; zeros(1,size(a,2))];
    b=[b; zeros(1,size(b,2))];
end
aa=sum(a.*a);
bb=sum(b.*b);
ab=a'*b;
d=sqrt(repmat(aa',[1 size(bb,2)])+repmat(bb,[size(aa,2) 1])-2*ab);
d=real(d);
if (df==1)
    d=d.*(1-eye(size(d)));
end
```

在上述程序中，spdiags 函数的一般语法为[A]=spdiags(B,d,m,n)，作用是产生一个 $m\times n$ 的稀疏矩阵 $\boldsymbol{A}$，其元素是矩阵 $\boldsymbol{B}$ 中的列元素放在由 d 指定的对角线位置上。

10.4.5　等距映射

等距映射(ISOMAP)来源于 MDS 算法。ISOMAP 的基本原理是：利用输入数据集 $X=$

$\{\boldsymbol{x}_1,\boldsymbol{x}_2,\cdots,\boldsymbol{x}_N\}$中的两个样本点 $\boldsymbol{x}_i$ 和 $\boldsymbol{x}_j$ 之间的欧氏距离 $d_O(\boldsymbol{x}_i,\boldsymbol{x}_j)$计算测地距离 $d_G(\boldsymbol{x}_i,\boldsymbol{x}_j)$，用以真实再现高维数据集内在的拓扑结构。在 ISOMAP 中，需要应用 MDS 算法构造一个新的 m 维的欧氏空间，并能够最大程度地保证 $\boldsymbol{x}_i$ 和 $\boldsymbol{x}_j$ 的两个距离度量即 $d_O(\boldsymbol{x}_i,\boldsymbol{x}_j)$与 $d_G(\boldsymbol{x}_i,\boldsymbol{x}_j)$之间的误差最小。ISOMAP 的关键在于估计输入数据集中任意两个样本点之间 $\boldsymbol{x}_i$ 和 $\boldsymbol{x}_j$ 的测地距离。一般可分成两种情况：距离较近的样本点之间的测地距离用欧氏距离去近似；距离较远的样本点之间的测地距离用最短路径去逼近。

ISOMAP 算法的主要步骤如下：

1) 建立输入数据集 X 的邻接图 G，即首先计算 X 中两个样本点 $\boldsymbol{x}_i$ 和 $\boldsymbol{x}_j$ 之间的欧氏距离($i,j=1,2,\cdots,N;i\neq j$)，然后将图 G 中的每一个顶点用与距离它最近的 k 个样本点用一条边相连接，用 $d_O(\boldsymbol{x}_i,\boldsymbol{x}_l)(l=1,2,\cdots,k)$作为相邻的两个样本点之间边的权值。

2) 计算 X 中任意两个样本点 $\boldsymbol{x}_i$ 和 $\boldsymbol{x}_j$ 之间的最短路径，即在图 G 中，令顶点 $\boldsymbol{x}_i$ 和 $\boldsymbol{x}_j$ 之间的最短路径为 $d_G(\boldsymbol{x}_i,\boldsymbol{x}_j)$，则若两者之间存在一条边，则 $d_G(\boldsymbol{x}_i,\boldsymbol{x}_j)$的初始值设为 $d_O(\boldsymbol{x}_i,\boldsymbol{x}_j)$，否则，设为$\infty$；然后，用 $\min\{d_G(\boldsymbol{x}_i,\boldsymbol{x}_j),d_G(\boldsymbol{x}_i,\boldsymbol{x}_l)+d_G(\boldsymbol{x}_l,\boldsymbol{x}_j)\}$依次替代所有的 $d_G(\boldsymbol{x}_i,\boldsymbol{x}_j)(i,j=1,2,\cdots,N;i\neq j)$，图 G 中所有顶点之间最短路径的图距矩阵为 $D_G=\{d_G(\boldsymbol{x}_i,\boldsymbol{x}_j)\}$。

3)将 MDS 算法应用到图距矩阵 $\boldsymbol{D}_G$ 上，在 m 维的低维空间中，定义误差函数为：

$$\varepsilon(Y)=\left(\sum_{i,j=1}^{N}(d_G(\boldsymbol{y}_i,\boldsymbol{y}_j)-d_O(\boldsymbol{y}_i,\boldsymbol{y}_j))^2\right)^{1/2} \tag{10.4.9}$$

当式(10.4.9)值减少到最小时，得到的 m 维特征向量就是高维观测空间中输入数据集 X 在低维特征空间中的输出数据集 Y。

下面是实现 ISOMAP 算法的 Matlab 程序。

```
function [Y]=isomap(X)
D=L2_distance(X',X',1);                    % 调用计算距离子函数
[Y1, R]=isomapf(D, 12, 2);                 % % 近邻点个数为 12,特征维数降至二维
Y=Y1.coords{1}';
% 下面是实现 ISOMAP 的子函数
function [Y1, R]=isomapf(D, k, m);
N=size(D,1);
INF=1000* max(max(D))* N;
dims=m;
comp=1;
Y1.coords=cell(length(dims),1);
R=zeros(1,length(dims));
[tmp, ind]=sort(D);
for i=1:N
    D(i,ind((2+k):end,i)=INF;
end
D=min(D,D');
for j=1:N
    D=min(D,repmat(D(:,j),[1 N])+repmat(D(j,:),[N 1]));
end
n_connect=sum(~(D==INF));
[tmp, firsts]=min(D==INF);
[comps, I, J]=unique(firsts);
size_comps=n_connect(comps);
[tmp, comp_order]=sort(size_comps);
comps=comps(comp_order(end:-1:1));
size_comps=size_comps(comp_order(end:-1:1));
n_comps=length(comps);
```

```
if (comp>n_comps)
    comp=1;
end
Y1.index=find(firsts==comps(comp));
D=D(Y1.index, Y1.index);
N=length(Y1.index);
[vec,val]= eigs(-.5* (D.^2-sum(D.^2)'* ones(1,N)/N-ones(N,1)*sum(D.^2)/N+sum(sum(D.^2))/
          (N^2)), max(dims), 'LR');
h=real(diag(val));
[foo,sorth]=sort(h);
sorth=sorth(end:-1:1);
val=real(diag(val(sorth,sorth)));
vec=vec(:,sorth);
D=reshape(D,N^2,1);
for di=1:length(dims)
    if (dims(di)<=N)
        Y1.coords{di}=real(vec(:,1:dims(di)).*(ones(N,1)*sqrt(val(1:dims(di)))'))';
        r2=1-corrcoef(reshape(real(L2_distance(Y.coords{di}, Y.coords{di},0)),N^2,1),D).^2;
        R(di)=r2(2,1);
    end
end
```

二维可视化是指将高维空间中的样本点直接映射到一个二维子空间中，从而可以直观地观察到观测空间中的样本点经过降维处理后，在低维空间中的数据分布情况。Swiss Roll 数据集是一种较为常用的实验数据集，具有很好的实验对比性。Swiss Roll 数据集是一个三维坐标的集合，即数据集中的每一个样本点均用一个三维空间点坐标加以表示。从数据集上均匀地采样 1000 个样本点组成输入数据集，并假定该数据集无噪声。要求分别用 PCA 算法、LLE 算法、LE 算法和 ISOMAP 算法对输入数据集实施基于间接变换法的特征优化，特征维数降低到二维。为了方便实验对比，所有算法中近邻点个数均设为 12，δ 取值为 10，α 取值为 1，实验结果如图 10.3 所示。

图 10.3a 是 Swiss Roll 数据集作为输入数据集的三维显示，图 10.3b～e 分别是经过 PCA 算法、LLE 算法、LE 算法及 ISOMAP 算法降维后的二维可视化显示结果。由图 10.3b～e 可见，属于非线性降维方法的 LLE 算法、LE 算法和 ISOMAP 算法在降维后，仍能在低维空间中呈现出输入数据集中样本点之间的内在拓扑结构。由于 PCA 算法是一种线性降维方法，它为了实现全局方差最大，导致样本点之间的时序关系受到破坏。因此，线性降维方法对于非线性数据集的特征优化而言，是不可能有效地发现输入数据集的全局低维结构的。

以上三种非线性降维方法性能也有所不同。LLE 算法是一种局部优化方法，能够较好地保持样本点之间的局部拓扑结构的特性，即高维空间中的近邻点映射到低维流形中也互为近邻点，但由于它是局部最优的，因而低维流形发生了一定程度的扭曲。LE 算法能够较好地保持了输入数据集的整体低维流形，在将互为近邻点的两个样本点映射到低维流形中，为了尽可能接近原有数据集的拓扑结构，反而出现了样本点聚集的现象。ISOMAP 算法是一种全局优化方法，能够完好地保存输入数据集的拓扑结构特性，即在高维空间中存在的两个相距较近的样本点，映射到低维空间中它们之间的距离仍较近；同样，两个相距较远的样本点映射到低维空间中，它们之间的距离仍较远。

为了比较以上四种基于间接变换法的特征优化方法的性能，在各个算法中增加计时。例如，在 PCA 算法中，在“[Y]=pcasf(X，2)；”语句的前面添加“tic”；在“[Y]=pcasf(X，2)；”后面添加“runTime=toc;”，其他算法类同。得到的结果分别为：PCA 算法(0.203 秒)、LLE 算法(1.75 秒)、LE 算法(0.813 秒)和 ISOMAP 算法(76.078 秒)。可见，PCA

算法的执行时间明显比另外三种非线性降维方法的执行时间要短很多，使得 PCA 算法成为当前应用最为广泛的一种降维方法。在非线性降维方法中，ISOMAP 算法由于在执行过程中需要 MDS 算法的参与，因而较为费时；而 LLE 算法与 LE 算法的执行时间都较短。

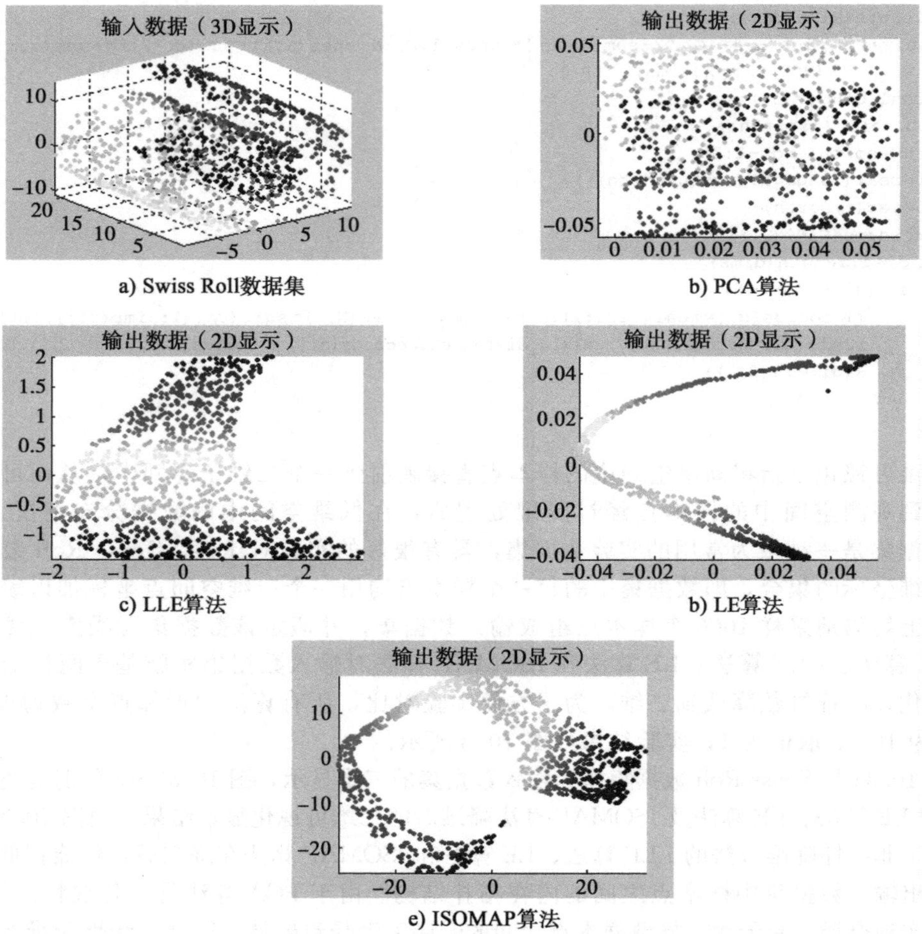

图 10.3　基于间接变换法的特征优化方法的比较

小结

在图像识别系统中，特征优化是特征抽取后的一个重要的环节。由于图像数据在抽取过程中获得的原始特征的维数通常很高，如果把全部的原始特征都作为后续用于分类判别的特征送往分类器，不但事先要将分类器设计得比较复杂，而且系统的时间复杂度会很大，导致分类的错误概率也会增大，甚至可能大大地降低分类器的效果。因此，有必要在图像特征被送入分类器之前，先减少原始特征的维数。特征优化是实现此目标的一个途径。

特征优化可以从两个方面提高图像识别系统的性能：一是分类速度，经过特征优化这一环节，可以大大地减少原始特征的维数，简化处理的计算量，有效地提高系统的运行速度；二是识别准确率，通过应用适当的特征优化算法，不但可以防止原有数据过度拟合，而且会使系统的识别精度得以提高。然而，到目前为止，特征优化还没有一种解析的方法给予指导。

在近期涌现的一些特征优化方法中，线性降维的理论简单、技术成熟，已成功地应用于许多研究领域。由于非线性降维(流形学习)的理论复杂、实现难度较大，目前只在部分图像处理任务中开展了一些研究工作，实际的应用实例还不多，但它具有深远的研究意义与应用价值。图像分析和理解是当前的一个研究热点，如何处理网络上大规模的“海量”数据集，如何解决存在于底层特征与高层语义之间的“语义鸿沟”问题，阻碍了该领域研究取得突破性的进展。基于流形学习的特征优化具有的优势正好可以用来解决这些问题。

随着图像处理技术的不断发展，图像特征优化面临着新的挑战，特别是在实现算法上急需取得突破：

1)智能选择。研究者通常将焦点放在特征优化算法的技术细节上，而没有真正从用户的角度出发，因而无法对如何挑选出适合于当前问题的算法给出指导。如果能够设计出一种算法，按照不同的图像分类识别任务，自适应地从原始特征中挑选出最优的特征子集，将具有非常深远的理论研究和实际应用价值。

2)快速执行。现有的大多数特征优化算法比较耗时，效率也不高，不能满足日益增长的分类识别任务的需求，因而急需解决算法的时效性问题。如何生成快速算法，一是从算法本身出发，降低算法的时间复杂度；二是调整现有算法的结构，使用并行处理技术，加快算法的执行速度。

习题

10.1 假设有两类模式，模式 ω_1 中样本点的特征向量分别为 $\boldsymbol{x}_1^{(1)}=(0,0,0)^{\mathrm{T}}$，$\boldsymbol{x}_2^{(1)}=(1,0,0)^{\mathrm{T}}$，$\boldsymbol{x}_3^{(1)}=(1,0,1)^{\mathrm{T}}$，$\boldsymbol{x}_4^{(1)}=(1,1,0)^{\mathrm{T}}$；模式 ω_2 中样本点的特征向量分别为 $\boldsymbol{x}_1^{(2)}=(0,0,1)^{\mathrm{T}}$，$\boldsymbol{x}_2^{(2)}=(0,1,0)^{\mathrm{T}}$，$\boldsymbol{x}_3^{(2)}=(0,1,1)^{\mathrm{T}}$，$\boldsymbol{x}_4^{(2)}=(1,1,1)^{\mathrm{T}}$，试利用基于类内/类间距离的可分离性判据优化特征维数。

10.2 类别可分离性判据在特征优化中得到了有效的应用，除了依据距离度量定义可分离性判据之外，还可以在最大散度准则和最小熵准则的指导下进行，试分别给出相应的推导步骤。

10.3 在本章中，公式 $J_D=tr(\boldsymbol{S}_W^{-1}\boldsymbol{S}_B)$被用来作为基于类内/类间距离的可分离性判据，试根据变换后“类间散度尽量大、类内散度尽量小”的原则，给出另外三个类似的可分离性判据公式。

10.4 为了避免序列前向选择(SFS)法和序列后向选择(SBS)法中，一旦被选入(或删除)的特征就不能再次删除(或选入)的不足，可以在选择过程中加入局部回溯过程。例如，在第 k 步先用 SFS 法一个个地选入 l 个特征，然后再用 SBS 法一个个地删除 r 个特征，这种方法称为序列增 l 减 r 选择法(l-r 法)，试给出 l-r 法的具体步骤。

10.5 基于遗传算法的特征选择包含哪些步骤？相对于传统的特征选择方法，它有什么优缺点？

10.6 LLE 算法有两种近邻点的选择方法，一种是 k 近邻，另一种是 r 近邻。r 近邻是指不固定当前样本点的近邻点个数，而是将包含在以 r 为半径的球内的所有样本点作为当前样本点的近邻点。试给出基于 r 近邻的 LLE 算法。

10.7 KPCA 是在传统 PCA 的基础上，增加了核映射技术，从而使原有的线性方法具有了非线性降维的能力，试给出 KPCA 算法。

10.8 ISOMAP、LLE 和 LE 是三种目前最为常用的流形学习方法，它们都可以用来降低图像特征的原有维数，试分别简述它们的主要步骤，并比较三种方法之间的异同点。

CHAPTER 11

第 11 章 图像识别

11.1 概述

图像识别(Image Recognition)是模式识别(Pattern Recognition)的重要内容，而模式识别又是人工智能(Artificial Intelligence)的重要分支之一。模式识别技术是用机器来模拟人的各种识别能力，当前主要是模拟人的视觉与听觉能力，即用机器来做图像的识别和理解工作，用机器来做语言或各种声音的识别和理解工作。因此，图像识别的目的是对文字、图像、图片、景物等模式信息加以处理和识别，以解决计算机与外部环境直接通信这一重要问题。可以说，图像识别的研究目标是为机器配置“视觉器官”，让机器具有视觉能力，以便直接接收外界的各种视觉信息。

随着计算机技术与信息技术的发展，图像识别技术获得了越来越广泛的应用。例如医疗诊断中各种医学图片(如 X 光片、脑电图、心电图等)的分析与识别、天气预报中的卫星云图识别、遥感图片识别、指纹识别、脸谱识别、虹膜识别、手势鉴别、商业自动售货机、邮件分拣、汉字识别、签名鉴别、钱币鉴别、各种产品质量监测、机器人视觉等。总而言之，图像识别技术不仅在工业、农业、国防和高科技产业中普遍使用，而且越来越多地渗透到我们的日常生活中。

图 11.1 给出了图像识别系统框图。由图可见，图像识别系统由三个环节组成。

图 11.1 图像识别系统框图

(1)数据获取(Data Acquisition)

来自现实世界的模拟数据，如图片、照片、图像、景物等由一个传感器(如扫描仪、传真机、数字摄像机、数码照相机等)收集，且被转换成适合计算机处理的形式，即将物理量变成一组测量值。

(2)数据处理(Data Processing)

数据处理包括预处理、特征抽取和特征选择。预处理技术包括本书第 2～6 章介绍的各种图像处理技术，其目的是改善图像质量、清除图像中的噪声、减轻或消除因传感器与传输介质本身不完善而引起的退化现象、便于机器分析处理等。特征抽取就是从图像中提取一组反映图像特性的基本元素或数字值。特征选择则是从已经抽取的特征中选择能够更好地完成分类识别任务的特征来表示原图像。本书第 7～10 章已经从图像本身的特点出发，介绍了部分特征抽取、特征选择与特征优化的方法。

(3)判别分类(Decision Classification)

判别分类就是采用一定的准则或机制建立分类规则，并用来对未知图像模式进行分类识别。

用于解决图像识别的方法可以概括成三种一般性的处理方法，即统计法(Statistical Approach)、句法法(Syntactic Approach)和模糊法(Fuzzy Approach)。本章主要介绍这三种图像识别方法，最后介绍一种实用的图像识别系统——Web图像过滤系统。

11.2 统计图像识别

11.2.1 统计模式识别方法

统计法又称为决策理论方法(Decision-theoretic Approach)或判别式方法(Discriminant Approach)。统计法是模式识别研究中开展得最早并获得最成功的课题。统计法以概率统计理论为基础，其基本思想是：无论输入的对象是什么，它都被表示为一个数组。这组数不是任意的，而是适当选择的、对原始数据进行各种测量的结果且刻画了输入对象的特性，故称之为对象的特征向量(Feature Vector)。如果用 n 个特征来表示模式，则模式的机器表示就是 n 维特征向量，即

$$\boldsymbol{x}=\begin{pmatrix}x_1\\x_2\\\vdots\\x_n\end{pmatrix} \tag{11.2.1}$$

特征向量 $\boldsymbol{x}$ 的第 i 个分量 x_i 就是对象的第 i 个特征的测量值。

对于每一个确定的对象或模式，都有一个特征向量与之对应。特征向量的全体就构成模式的特征空间。一个特征向量是特征空间中的一点，一个输入模式就与特征空间中一点相对应。尽管来自同一类模式的对象的特征向量往往是不同的(即随机的)，但就空间几何距离而论，它们在特征空间中的对应点总是互相接近的。于是，统计模式识别问题就变成寻找空间中一些区域来识别每一输入对象的问题。换言之，统计模式识别是将特征空间划分为若干个(比如 K 个)子空间，每个子空间就对应一个模式类，则将所有模式分为 K 类。当未知模式的特征向量落在代表第 l 类模式的子空间中，则断定该未知模式属于第 l 类。

图11.2给出二维特征空间划分示意图。二维平面上三个椭圆形子空间分别对应三个模式类 ω_1、ω_2 和 ω_3，而平面上的其他区域则可能对应其他模式类。对于未知模式 x 来说，由于落在代表 ω_2 类模式的子空间中，故应将 x 归入 ω_2 类。

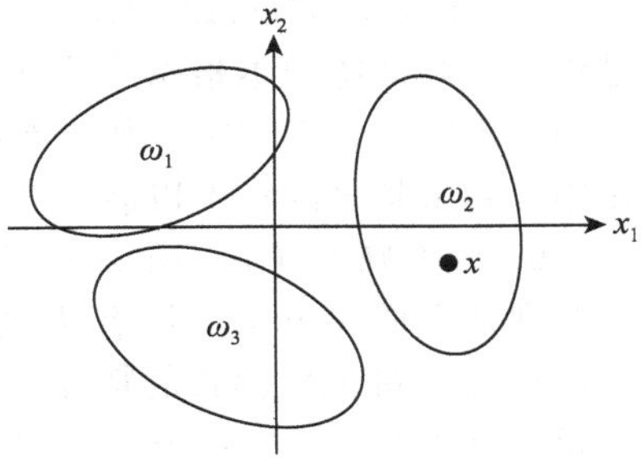

图11.2 特征空间划分示意图

统计模式识别系统框图如图11.3所示。由图可见，识别系统由两个连贯的阶段，即分析阶段和识别阶段所组成。图中上半部分是识别阶段，即对未知类别的样本进行分类；下半部分为分析阶段，即对已知类别的样本制定出判决函数及判决规则，以便对待识样本进行分类识别。

1) 待识别样本是从未知模式类中随机抽取的一个样本。训练样本是由人工判识的用于制定分类判别函数的已知类别的模式。

2) 预处理(Preprocessing)包括清除噪声和干扰，过滤、复原和增强，模式的编码和近似以及数据压缩等。对于不同的模式有不同的要求，常选择不同的预处理方法。预处理是

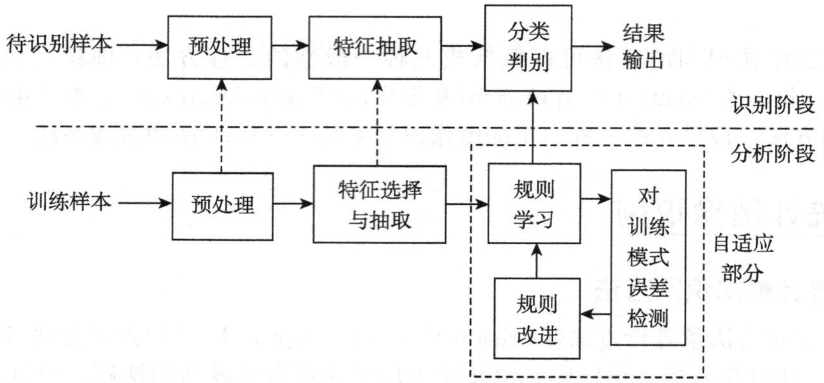

图 11.3 统计模式识别系统结构图

一个非常重要的环节。如果不能得到良好的预处理结果，模式识别就不会得到好的结果，有时甚至无法进行。

3）特征抽取(Feature Extraction)是将识别对象的某些特性，无论是物理的还是形态的都加以数字化的过程，即将一个客观实体模式转换为数字特征集。

4）特征选择(Feature Selection)是从经过预处理的模式中挑选一批样本进行分析，选取对完成分类要求来说最可能达到目的的特征集。换言之，选取的特征对不同类别的模式来说，应明显地表示出它们之间的距离，即不同类别的模式样本之间的距离应远大于同一类别模式样本间的距离，即

$$d_{ij} \gg d_{i_1 i_2} \qquad d_{ij} \gg d_{j_1 j_2} \tag{11.2.2}$$

其中 d_{ij} 表示第 i 类与第 j 类模式之间的距离，$d_{i_1 i_2}$ 表示第 i 类中两个样本 i_1 与 i_2 之间的距离，$d_{j_1 j_2}$ 表示第 j 类中两个样本 j_1 与 j_2 之间的距离。

特征抽取与特征选择是模式识别的关键。当已知某一个特征集可以区分模式时，实际上模式识别任务已接近完成。当选定某一组特征后，并按该特征对模式进行抽取以至分类，如果得不到满意结果，还要回过头来重新选取特征，改进特征抽取方法，如此反复多次，直到得到满意结果为止。

5）自适应部分(Adaptive Part)是根据训练样本集找出一个有效的分类规律。其基本过程是：当训练样本根据某些准则制定出一些判决规则以后，再对这些训练样本逐个进行检测，观察是否有误差，如果有的话，就需要进一步改善判决规则，直到满意时止。设想在用了越来越多的样本以后，分类器的性能将可以得到改善。

6）分类判别(Classification Decision)是将待识别样本按分析阶段获得的分类判别规则分配到某个模式类中。设有 K 个 n 维参考向量 $\boldsymbol{r}_1$，$\boldsymbol{r}_2,\cdots,\boldsymbol{r}_K$ 分别代表 K 个模式类 ω_1，$\omega_2,\cdots,\omega_K$，待识别模式的特征向量为 $\boldsymbol{x}=(x_1,x_2,\cdots,x_n)^{\mathrm{T}}$。为了确定待识别模式的类别，首先计算 $\boldsymbol{x}$ 与 $\boldsymbol{r}_1$，$\boldsymbol{r}_2$，…，$\boldsymbol{r}_K$ 之间的距离：

$$d(\boldsymbol{x},\boldsymbol{r}_i) \qquad i=1,2,\cdots,K$$

最小距离判别法指出，如果有

$$d(\boldsymbol{x},\boldsymbol{r}_c)=\min_{1\leqslant i\leqslant K} d(\boldsymbol{x},\boldsymbol{r}_i) \tag{11.2.3}$$

则认为 $\boldsymbol{x}\in\omega_c$。

11.2.2 线性分类器

如前所述，统计图像识别是用一定的分类判别规则将待识别图像模式指派到某个已知

的模式类中。采用不同的分类判别规则，可以得到不同类型的分类器。采用线性判别函数的分类器就称为线性分类器，采用贝叶斯判别函数的分类器就是贝叶斯分类器。本小节介绍线性分类器，下一小节介绍贝叶斯分类器。

设有两类模式 ω_1 和 ω_2 在二维($n=2$)模式特征空间可用一直线将这两类模式划分开来，如图 11.4 所示，其直线方程为

$$d(\boldsymbol{x}) = w_1x_1 + w_2x_2 + w_3 = 0 \tag{11.2.4}$$

或

$$d(\boldsymbol{x}) = (w_1 \quad w_2 \quad w_3)\begin{pmatrix} x_1 \\ x_2 \\ 1 \end{pmatrix} = \boldsymbol{w}^{\mathrm{T}}\boldsymbol{x} = 0 \tag{11.2.5}$$

其中 $\boldsymbol{w}^{\mathrm{T}}=(w_1 \quad w_2 \quad w_3)$是权向量，$\boldsymbol{x}=(x_1 \quad x_2 \quad 1)^{\mathrm{T}}$ 是增 1 模式向量。直线 $d(\boldsymbol{x})=0$ 将 ω_1 和 ω_2 分开，故称 $d(\boldsymbol{x})$ 为判别函数，而 $d(\boldsymbol{x})=0$ 为判别边界。

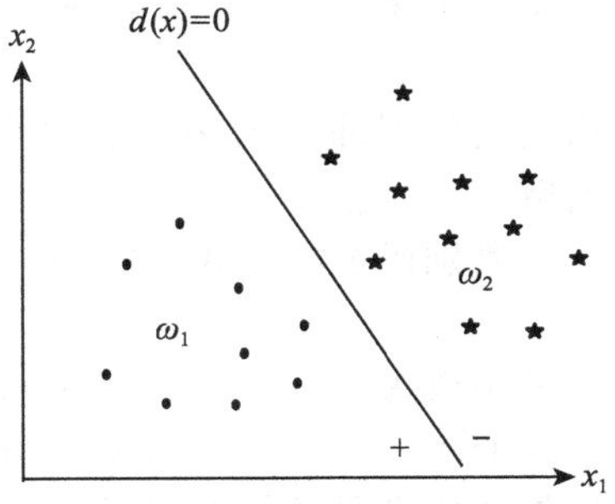

图 11.4 $n=2$ 维模式

当

$$d(\boldsymbol{x})\begin{cases} >0 & \boldsymbol{x} \in \omega_1 \\ <0 & \boldsymbol{x} \in \omega_2 \end{cases} \tag{11.2.6}$$

在 n 维模式空间中，判别函数为

$$d(\boldsymbol{x}) = (w_1 \ w_2 \ \cdots w_n \ w_{n+1})\begin{pmatrix} x_1 \\ x_2 \\ \vdots \\ x_n \\ 1 \end{pmatrix} = \boldsymbol{w}^{\mathrm{T}}\boldsymbol{x} \tag{11.2.7}$$

且当

$$\begin{aligned} \boldsymbol{x} \in \omega_1 \quad d(\boldsymbol{x}) > 0 \\ \boldsymbol{x} \in \omega_2 \quad d(\boldsymbol{x}) < 0 \end{aligned} \tag{11.2.8}$$

判别边界为

$$d(\boldsymbol{x}) = \boldsymbol{w}^{\mathrm{T}}\boldsymbol{x} = 0 \tag{11.2.9}$$

即

$$\begin{Bmatrix} n=1 \\ n=2 \\ n=3 \\ n=4 \end{Bmatrix}\text{判别边界为}\begin{Bmatrix} \text{一点} \\ \text{直线} \\ \text{平面} \\ \text{超平面} \end{Bmatrix}$$

现在的问题是如何得到线性判别函数 $d(\boldsymbol{x})$，这可通过“学习”来解决，其基本步骤为：

1) 从待识别模式中挑选一批有代表性的样本，经过人工判别成为已知类别的样本，这样的样本集合就称为训练样本集。

2) 把训练样本集中的样本逐个输入到计算机的“学习”算法中，通过反复迭代，最后得到正确的判别函数。所谓“正确”就是能将训练样本集中的样本正确分类。以下讨论线性分类器的“学习”算法。

在训练样本集中，设 ω_1 类有 N_1 个样本 $\boldsymbol{x}_i^{(1)}(i=1,\cdots,N_1)$，满足 $\boldsymbol{w}^{\mathrm{T}}\boldsymbol{x}_i^{(1)}>0$；$\omega_2$ 类有 N_2 个样本 $\boldsymbol{x}_i^{(2)}(i=1,\cdots,N_2)$，满足 $\boldsymbol{w}^{\mathrm{T}}\boldsymbol{x}_i^{(2)}<0$。为讨论方便，将 ω_2 类中 N_2 个增 1 模式向量 $\boldsymbol{x}_i^{(2)}$ 都换成 $-\boldsymbol{x}_i^{(2)}$，则全体训练样本集记作

$$E = \{x_1^{(1)}, x_2^{(1)}, \cdots, x_{N_1}^{(1)}, -x_1^{(2)}, x_2^{(2)}, \cdots, x_{N_2}^{(2)}\}$$
$$= \{x_1, x_2, \cdots, x_N\} \quad N = N_1 + N_2 \tag{11.2.10}$$

如果 ω_1 和 ω_2 线性可分，必存在权向量 w，使得

$$w^T x_i > 0 \quad (i = 1, \cdots, N) \tag{11.2.11}$$

线性分类器的“学习”算法实际上就是确定上式中的权向量 w。这是一个线性联立不等式的求解问题，其解不一定是单值的，因为一共有 N 个方程，而 N(即训练样本数目)通常选择特征向量维数(n)的十倍以上，即方程个数远大于变量个数。正因为如此，就有一个按不同条件取得最优解的问题，因而出现了多种不同的算法。其中奖惩算法是最常用的学习算法之一，下面予以详细介绍。

奖惩算法的基本思想是将联立不等式求解问题转化为求函数最小值问题。设有函数 $J(w,x)$，在 $w^T x>0$ 时，有

$$J(w,x) = J_{\min} \tag{11.2.12}$$

由给定的训练样本集，求出满足上式的 w 就是对上述不等式方程组求解的一个最优化的解。

判别函数的形式可以是

$$J(w,x) = k(|w^T x| - w^T x) \tag{11.2.13}$$

其最小值为 $J_{\min}=0$。当 $J=0$ 时，$|w^T x|-w^T x=0$，故有 $w^T x>0$。因此，就将求解不等式方程 $w^T x_i>0(i=1,\cdots,N)$转化为求 $J(w,x)$的最小值。此时，可以采用梯度下降算法通过反复迭代来寻求使判别函数 J 达到最小的权向量 w，即

$$w(k+1) = w(k) - c\frac{\partial J}{\partial w}\bigg|_{w=w(k)} \tag{11.2.14}$$

其中 $\frac{\partial J}{\partial w} = \left(\frac{\partial J}{\partial w_1}\ \frac{\partial J}{\partial w_2} \cdots \frac{\partial J}{\partial w_{n+1}}\right)^T$ 为判别函数 J 的梯度向量，c 为有助于收敛的校正系数，或称学习率。

为方便起见，令 $J(w,x)=\frac{1}{2}(|w^T x|-w^T x)$，则

$$\frac{\partial J}{\partial w} = \begin{cases} 0 & w^T x > 0 \\ -x & w^T x \leqslant 0 \end{cases}$$
$$= \frac{1}{2}[x\,\mathrm{sgn}(w^T x) - x] \tag{11.2.15}$$

其中

$$\mathrm{sgn}(w^T x) = \begin{cases} 1 & w^T x > 0 \\ -1 & w^T x \leqslant 0 \end{cases} \tag{11.2.16}$$

则有

$$w(k+1) = w(k) + \frac{c}{2}\{x(k) - x(k)\mathrm{sgn}[w^T(k)x(k)]\}$$
$$= w(k) + c\begin{cases} 0 & w^T(k)x(k) > 0 \\ x(k) & w^T(k)x(k) \leqslant 0 \end{cases} \tag{11.2.17}$$

即

$$w^T(k)x(k) > 0 \text{ 时，} \quad w(k+1) = w(k)$$
$$w^T(k)x(k) \leqslant 0 \text{ 时，} \quad w(k+1) = w(k) + cx(k)$$

可见，正确分类时“奖”(即不惩)，错误分类时“惩”，故称为奖惩算法。

11.2.3 贝叶斯分类器

假设有一模式 $\boldsymbol{x}$，$\boldsymbol{x}$ 属于 ω_i 类的概率为 $p(\omega_i/\boldsymbol{x})$。如果 $\boldsymbol{x}$ 实际属于 ω_i 类，而分类器却将它分到 ω_j 类，于是就产生损失，记作 L_{ij}。由于模式 $\boldsymbol{x}$ 可能属于 K 类中的任何一类，于是分配 $\boldsymbol{x}$ 到 ω_j 类所发生的可能损失为

$$r_j(\boldsymbol{x}) = \sum_{i=1}^{K} L_{ij} p(\omega_i/\boldsymbol{x}) \tag{11.2.18}$$

在判别理论中常把 $r_j(\boldsymbol{x})$称为条件平均风险。

为了确定输入模式 $\boldsymbol{x}$ 的类别，只要计算将 $\boldsymbol{x}$ 分到每一类中的条件平均风险，即 $r_1(\boldsymbol{x})$，$r_2(\boldsymbol{x}),\cdots,r_K(\boldsymbol{x})$。如果有

$$r_i(\boldsymbol{x}) = \min\{r_1(\boldsymbol{x}),r_2(\boldsymbol{x}),\cdots,r_K(\boldsymbol{x})\} \tag{11.2.19}$$

则认为 $\boldsymbol{x}\in\omega_i$，即将模式 $\boldsymbol{x}$ 分到条件平均风险最小的那一类，这样的分类器就称为贝叶斯分类器。

由贝叶斯公式，

$$p(\omega_i/\boldsymbol{x}) = \frac{p(\omega_i)p(\boldsymbol{x}/\omega_i)}{p(\boldsymbol{x})} \tag{11.2.20}$$

可将条件平均风险写成

$$r_j(\boldsymbol{x}) = \frac{1}{p(\boldsymbol{x})}\sum_{i=1}^{K} L_{ij} p(\omega_i) p(\boldsymbol{x}/\omega_i) \tag{11.2.21}$$

式中的 $p(\boldsymbol{x}/\omega_i)$也称为 ω_i 类似然函数。由于在计算 $r_j(\boldsymbol{x})$，$j=1,\cdots,K$ 时，$\dfrac{1}{p(\boldsymbol{x})}$为公因子，故可以从上式中略去，于是上式简化为

$$r_j(\boldsymbol{x}) = \sum_{i=1}^{K} L_{ij} p(\omega_i) p(\boldsymbol{x}/\omega_i) \tag{11.2.22}$$

1. 两类问题($K=2$)

如果将输入模式分到 ω_1 或 ω_2，则条件平均风险 r_1、r_2 分别为

$$r_1(\boldsymbol{x}) = L_{11} p(\boldsymbol{x}/\omega_1)p(\omega_1) + L_{21} p(\boldsymbol{x}/\omega_2)p(\omega_2) \tag{11.2.23}$$

$$r_2(\boldsymbol{x}) = L_{12} p(\boldsymbol{x}/\omega_1)p(\omega_1) + L_{22} p(\boldsymbol{x}/\omega_2)p(\omega_2) \tag{11.2.24}$$

由贝叶斯判别准则，当 $r_1(\boldsymbol{x})<r_2(\boldsymbol{x})$时，则将 $\boldsymbol{x}$ 判别为 ω_1 类。

由于

$$L_{11} p(\boldsymbol{x}/\omega_1)p(\omega_1) + L_{21} p(\boldsymbol{x}/\omega_2)p(\omega_2) < L_{12} p(\boldsymbol{x}/\omega_1)p(\omega_1) + L_{22} p(\boldsymbol{x}/\omega_2)p(\omega_2)$$

$$(L_{21}-L_{22})p(\boldsymbol{x}/\omega_2)p(\omega_2) < (L_{12}-L_{11})p(\boldsymbol{x}/\omega_1)p(\omega_1)$$

一般假定 $L_{ij}>L_{ii}$，于是上式又可写成

$$\frac{p(\boldsymbol{x}/\omega_1)}{p(\boldsymbol{x}/\omega_2)} > \frac{p(\omega_2)}{p(\omega_1)}\frac{L_{21}-L_{22}}{L_{12}-L_{11}} \tag{11.2.25}$$

令

$$l_{12}(\boldsymbol{x}) = \frac{p(\boldsymbol{x}/\omega_1)}{p(\boldsymbol{x}/\omega_2)} \tag{11.2.26}$$

$$\theta_{12} = \frac{p(\omega_2)}{p(\omega_1)}\frac{L_{21}-L_{22}}{L_{12}-L_{11}} \tag{11.2.27}$$

$l_{12}(\boldsymbol{x})$是两个似然函数之比，θ_{12}称为阈值。因此，$K=2$ 的贝叶斯判别准则为

1) 当 $l_{12}(\boldsymbol{x})>\theta_{12}$时，分配 $\boldsymbol{x}$ 到 ω_1 类；

2）当 $l_{12}(\boldsymbol{x})<\theta_{12}$时，分配 $\boldsymbol{x}$ 到 ω_2 类；

3）当 $l_{12}(\boldsymbol{x})=\theta_{12}$时，可作出任意判决。

2. 多类问题

当 $r_i(\boldsymbol{x})<r_j(\boldsymbol{x})$，$j=1,2,\cdots,K$ 且 $j\neq i$ 时，模式 $\boldsymbol{x}$ 应分配到 ω_i 类。换言之，如果将 $\boldsymbol{x}$ 分配到 ω_i 类，则有

$$r_i(\boldsymbol{x}) = \min_j\{r_j(\boldsymbol{x})\} \tag{11.2.28}$$

通常假设对于正确的判别，损失函数为零，错误判别有相同的损失，损失函数可表示为

$$L_{ij} = 1-\delta_{ij} \tag{11.2.29}$$

$$\delta_{ij} = \begin{cases}1 & i=j\\ 0 & i\neq j\end{cases} \tag{11.2.30}$$

上式表明当模式分类不正确时具有值等于 1 的归一化损失，而在分类正确时无损失。将上述两式代入式(11.2.22)，得

$$\begin{aligned} r_j(\boldsymbol{x}) &= \sum_{i=1}^{K}(1-\delta_{ij})p(\boldsymbol{x}/\omega_i)p(\omega_i)\\ &= \sum_{i=1}^{K}p(\boldsymbol{x}/\omega_i)p(\omega_i)-p(\boldsymbol{x}/\omega_j)p(\omega_j) \end{aligned} \tag{11.2.31}$$

由全概公式 $p(\boldsymbol{x}) = \sum_{i=1}^{K}p(\boldsymbol{x}/\omega_i)p(\omega_i)$，有

$$r_j(\boldsymbol{x}) = p(\boldsymbol{x})-p(\boldsymbol{x}/\omega_j)p(\omega_j) \tag{11.2.32}$$

由式(11.2.28)，当 $j=1,2,\cdots,K$ 且 $j\neq i$ 时，有

$$p(\boldsymbol{x})-p(\boldsymbol{x}/\omega_i)p(\omega_i) < p(\boldsymbol{x})-p(\boldsymbol{x}/\omega_j)p(\omega_j) \tag{11.2.33}$$

贝叶斯分类器将 $\boldsymbol{x}$ 分到 ω_i 类。

或者说，当 $j=1,2,\cdots,K$ 且 $j\neq i$ 时，有

$$p(\boldsymbol{x}/\omega_i)p(\omega_i) > p(\boldsymbol{x}/\omega_j)p(\omega_j) \tag{11.2.34}$$

贝叶斯分类器将 $\boldsymbol{x}$ 分配到 ω_i 类。

令

$$d_i(\boldsymbol{x}) = p(\boldsymbol{x}/\omega_i)p(\omega_i) \tag{11.2.35}$$

则有当 $d_i(\boldsymbol{x})>d_j(\boldsymbol{x})$，$\forall j\neq i$ 时，模式 $\boldsymbol{x}$ 属于 ω_i 类。图 11.5 给出贝叶斯分类器的结构。

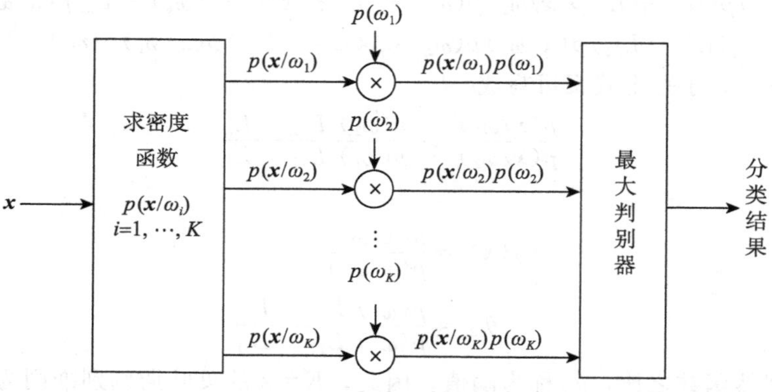

图 11.5　贝叶斯分类器

由贝叶斯公式，式(11.2.35)又可以写成

$$d_i(\boldsymbol{x}) = p(\omega_i/\boldsymbol{x})p(\boldsymbol{x}) \tag{11.2.36}$$

由于 $p(\boldsymbol{x})$ 与 i 无关，可将它忽略，有

$$d_i(\boldsymbol{x}) = p(\omega_i/\boldsymbol{x}) \tag{11.2.37}$$

在处理同一问题时，式(11.2.35)和式(11.2.37)是等效的，只是前者用到密度函数 $p(\boldsymbol{x}/\omega_i)$，后者用到密度函数 $p(\omega_i/\boldsymbol{x})$ 而已。

11.2.4 人工神经网络分类器

1. 人工神经网络简介

人工神经元模型如图 11.6 所示，其中

$$\sigma = \sum_{i=1}^{n} w_i x_i - \theta \tag{11.2.38}$$

$$y = f(\sigma) \tag{11.2.39}$$

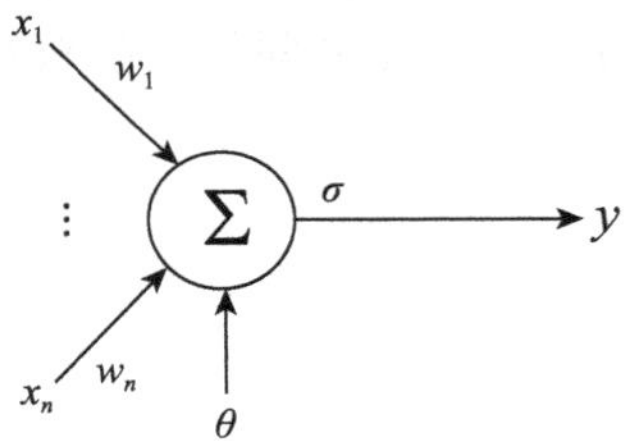

图 11.6 人工神经元模型

由图 11.6 可见，人工神经元是多输入单输出的非线性器件。常用的神经元的非线性特性有：

1）阈值型：

$$y = f(\sigma) = \begin{cases} 1 & \sigma \geqslant 0 \\ 0 & \sigma < 0 \end{cases} \tag{11.2.40}$$

2）符号型：

$$y = f(\sigma) = \begin{cases} 1 & \sigma \geqslant 0 \\ -1 & \sigma < 0 \end{cases} \tag{11.2.41}$$

3）S 型：

$$y = f(\sigma) = \frac{1}{1 + \mathrm{e}^{-\sigma}} \tag{11.2.42}$$

人工神经网络(Artificial Neural Network，ANN)是由大量人工神经元广泛互连而成的网络。ANN 是在现代神经科学研究成果的基础上提出来的，是大脑认知活动的一种数学模型。ANN 从脑的神经系统结构出发来研究脑的功能，研究大量简单的神经元的集团处理能力及其动态行为。ANN 的研究重点在于模拟和实现人的认知过程中的感知过程、形象思维、分布式记忆和自学习、自组织过程。特别是对并行搜索、联想记忆、时空数据统计描述的自组织以及从一些相互关联的活动中自动获取知识，更显示出其独特的能力。ANN 的信息处理由神经元之间的相互作用来实现；知识与信息的存储表现为互连的网络元件间分布式的物理联系；网络的学习和识别决定于各神经元连接权的动态演化过程。

人工神经网络是一个具有高度非线性的大规模连续时间动力学系统，其主要特征为：

1）大规模并行分布式信息处理。

2）分布式信息存储。

3）高度的鲁棒性和容错性。

4）很强的自学习联想能力。

5）具有非线性动力学系统的一切特征，如不可预测性、吸引性、耗散性、非平衡性、高维性、不可逆性、广泛连接性与自适应性等。

目前，人工神经网络的应用已经渗透到各个领域，在智能控制、模式识别、计算机视觉、自适应滤波和信号处理、非线性优化、自动目标识别、连续语音识别、知识处理、传

感技术与机器人、生物医学工程等方面取得了令人满意的进展。

模式识别是 ANN 最早且最成功的应用领域之一。例如，1957 年由 F. Rosenblatt 提出来的感知机就是典型的线性模式分类器，目前广泛应用的多层前向网络就是典型的有教师非线性模式分类器，而自组织特征映射网络是用于模式聚类的无教师模式分类器等。以下重点介绍前向网络分类器及其在图像模式识别中的应用。

2. 前向网络的结构

图 11.7 给出一个三层前向网络的结构，其中输入层 L_A 有 n 个单元(即神经元)接收输入模式向量，隐含层 L_B 有 p 个单元，输出层 L_C 有 q 个单元输出分类结果。输入层 L_A 到隐含层 L_B 之间的连接权矩阵为 $\boldsymbol{V}$，隐含层 L_B 到输出层 L_C 之间的连接权矩阵为 $\boldsymbol{W}$，即

$$\boldsymbol{V}=\begin{bmatrix} v_{11} & v_{12} & \cdots & v_{1p} \\ v_{21} & v_{22} & \cdots & v_{2p} \\ \vdots & \vdots & \cdots & \vdots \\ v_{n1} & v_{n2} & \cdots & v_{np} \end{bmatrix} \tag{11.2.43}$$

$$\boldsymbol{W}=\begin{bmatrix} w_{11} & w_{12} & \cdots & w_{1q} \\ w_{21} & w_{22} & \cdots & w_{2q} \\ \vdots & \vdots & \cdots & \vdots \\ w_{p1} & w_{p2} & \cdots & w_{pq} \end{bmatrix} \tag{11.2.44}$$

其中 v_{hi} 为输入节点 h 与隐节点 i 之间的连接权，w_{ij} 为隐节点 i 与输出节点 j 之间的连接权。

必须指出，尽管图 11.7 中只给出一个隐含层，但是前向网络隐含层的数目可以根据需要设置多层。

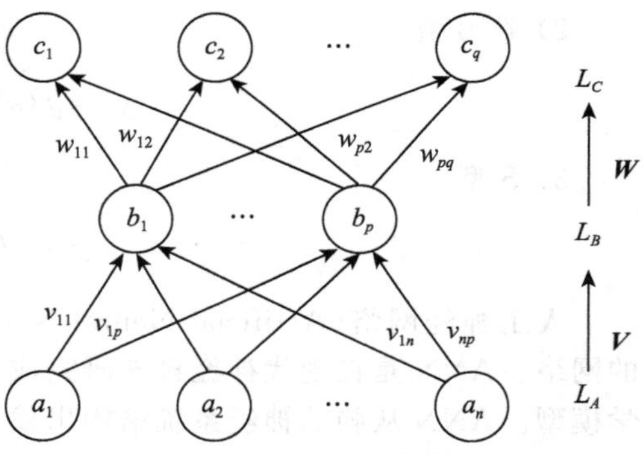

图 11.7 三层前向网络

3. 前向网络的工作过程

隐节点 i 的加权输入为

$$\text{net } b_i=\sum_{h=1}^{n} v_{hi}a_h+\theta_i \tag{11.2.45}$$

隐节点 i 的输出函数(或激活函数)为

$$b_i=f(\text{net } b_i) \tag{11.2.46}$$

输出节点 j 的加权输入为

$$\text{net } c_j=\sum_{i=1}^{P} w_{ij}b_i+\gamma_j \tag{11.2.47}$$

输出节点 j 的输出函数(或激活函数)为

$$c_j=f(\text{net } c_j) \tag{11.2.48}$$

其中，$f(\cdot)$ 为 S 型函数；θ_i、γ_j 分别是隐节点 i 和输出节点 j 的阈值。

可见，前向网络分类器就是将输入模式 $(a_1,\cdots,a_h,\cdots,a_n)^{\mathrm{T}}$ 映射为分类结果 $(c_1,\cdots,c_j,\cdots,c_q)^{\mathrm{T}}$。

令 $v_{n+1,i}=\theta_i$，$a_{n+1}=1$ 则

$$\text{net } b_i=\sum_{h=1}^{n+1} v_{hi}a_h=\boldsymbol{V}_i^{\mathrm{T}}\boldsymbol{A} \tag{11.2.49}$$

$$b_i=f(\boldsymbol{V}_i^{\mathrm{T}}\boldsymbol{A}) \tag{11.2.50}$$

其中 $\boldsymbol{V}_i^{\mathrm{T}}=(v_{1i}\ v_{2i}\cdots v_{n+1,i})$，$\boldsymbol{A}^{\mathrm{T}}=(a_1\ a_2\cdots a_{n+1})$。

令 $w_{p+1,j}=\gamma_j$，$b_{p+1}=1$ 则

$$\text{net } c_j=\sum_{i=1}^{p+1}w_{ij}b_i=\boldsymbol{W}_j^{\mathrm{T}}\boldsymbol{B} \tag{11.2.51}$$

$$c_j=f(\boldsymbol{W}_j^{\mathrm{T}}\boldsymbol{B}) \tag{11.2.52}$$

其中 $\boldsymbol{W}_j^{\mathrm{T}}=(w_{1j}\ w_{2j}\cdots w_{p+1,j})$，$\boldsymbol{B}^{\mathrm{T}}=(b_1\ b_2\cdots b_{p+1})$。

4. 前向网络的学习

前向网络的性能与连接权矩阵 $\boldsymbol{V}$ 和 $\boldsymbol{W}$ 密切相关，特别是当网络的节点数(n,p,q)和节点的作用函数确定之后尤其如此。那么，如何来确定网络的权矩阵 $\boldsymbol{V}$ 和 $\boldsymbol{W}$ 呢？这就需要通过学习来解决。设有训练样本对$(\boldsymbol{A}_k,\boldsymbol{C}_k)$，$k=1,\cdots,M$，其中

$$\boldsymbol{A}_k=(a_1^k,\cdots,a_n^k)^{\mathrm{T}}\quad \boldsymbol{C}_k=(c_1^k,\cdots,c_q^k)^{\mathrm{T}}$$

即当输入向量 $\boldsymbol{A}=\boldsymbol{A}_k$ 时，期望的输出向量为 $\boldsymbol{C}_k$。在模式识别中，期望输出向量为 $\boldsymbol{C}_k$ 实际上就是人工对输入模式 $\boldsymbol{A}_k$ 的判识结果。

令 E_k 为给网络提供样本对$(\boldsymbol{A}_k,\boldsymbol{C}_k)$时，输出层上的代价函数，则整个训练集上的全局代价函数为

$$E=\sum_{k=1}^{m}E_k \tag{11.2.53}$$

如果代价函数取误差平方和形式，则有

$$E_k=\sum_{j=1}^{q}\frac{1}{2}(c_j^k-c_{jk})^2 \tag{11.2.54}$$

其中 c_j^k、$c_{jk}(j=1,\cdots,q)$分别为当网络的输入样本为 $\boldsymbol{A}=\boldsymbol{A}_k$ 时的期望输出和实际输出，故 E_k 就是输入样本为 $\boldsymbol{A}=\boldsymbol{A}_k$ 时的误差平方和。

将式(11.2.54)代入式(11.2.53)，得

$$E=\frac{1}{2}\sum_{k=1}^{m}\sum_{j=1}^{q}(c_j^k-c_{jk})^2 \tag{11.2.55}$$

在 $\boldsymbol{A}_k$ 的作用下，隐节点 i 和输出节点 j 的输出分别为

$$b_{ik}=f(\text{net } b_{ik}) \tag{11.2.56}$$

$$c_{jk}=f(\text{net } c_{jk}) \tag{11.2.57}$$

对输出单元定义一般化误差

$$d_{jk}=-\frac{\partial E_k}{\partial \text{net } c_{jk}}=-\frac{\partial E_k}{\partial c_j}\frac{\partial c_{jk}}{\partial \text{net } c_{jk}}=-\frac{\partial E_k}{\partial c_{jk}}f'(\text{net } c_{jk}) \tag{11.2.58}$$

对隐节点定义一般化误差

$$\begin{aligned}
e_{ik}&=-\frac{\partial E_k}{\partial \text{net } b_{ik}}=-\frac{\partial E_k}{\partial b_{ik}}\frac{\partial b_{ik}}{\partial \text{net } b_{ik}}=-\frac{\partial E_k}{\partial b_{ik}}f\ (\text{net } b_{ik})\\
&=\left(-\sum_{j=1}^{q}\frac{\partial E_k}{\partial \text{net } c_{jk}}\frac{\partial \text{net } c_{jk}}{\partial b_{ik}}\right)f'(\text{net } b_{ik})=\left(\sum_{j=1}^{q}d_{jk}\frac{\partial \text{net } c_{jk}}{\partial b_{ik}}\right)f(\text{net } b_{ik})\\
&=\left[\sum_{j=1}^{q}d_{jk}\frac{\partial\left(\sum_{i=1}^{p}w_{ij}b_{ik}+\theta_{ik}\right)}{\partial b_{ik}}\right]f'(\text{net } b_{ik})=\left(\sum_{j=1}^{q}w_{ij}d_{jk}\right)f(\text{net } b_{ik})
\end{aligned} \tag{11.2.59}$$

e_i 可看作输出节点误差 d_j 反向传播到隐层单元的误差。因此，前向网络的这种学习算法就称为误差反传播算法，简称为 BP 算法。

在现有连接权 w_{ij} 和 v_{hi} 下，为减少代价函数 E_k，我们需要决定如何改变连接权。这可由梯度下降规则来完成，因此有

$$\Delta w_{ij} = -\alpha \frac{\partial E_k}{\partial w_{ij}} = -\alpha \frac{\partial E_k}{\partial \text{net } c_{jk}} \frac{\partial \text{net } c_{jk}}{\partial w_{ij}} = \alpha d_{jk} \frac{\partial \text{net } c_{jk}}{\partial w_{ij}}$$
$$= \alpha d_{jk}\left[\frac{\partial(\sum_i w_{ij} b_{ik} + \gamma_j)}{\partial w_{ij}}\right] = \alpha d_{jk} b_{ik} \tag{11.2.60}$$

同理

$$\Delta v_{hi} = -\beta \frac{\partial E_k}{\partial v_{hi}} = -\beta \frac{\partial E_k}{\partial \text{net } b_i} \frac{\partial \text{net } b_i}{\partial v_{hi}}$$
$$= \beta e_{ik}\left[\frac{\partial(\sum_h v_{hi} a_h + \theta_i)}{\partial v_{hi}}\right] = \beta e_{ik} a_h^k \tag{11.2.61}$$

上式中 $0<\alpha<1$，$0<\beta<1$ 为学习率。令

$$E_k = \sum_{j=1}^{q} \frac{1}{2}(c_j^k - c_{jk})^2$$
$$f(x) = \frac{1}{1+\mathrm{e}^{-x}} \tag{11.2.62}$$

则

$$d_{jk} = -\frac{\partial E_k}{\partial c_{jk}} f'(\text{net } c_{jk}) = (c_j^k - c_{jk}) c_{jk}(1 - c_{jk}) \tag{11.2.63}$$

其中

$$c_{jk} = f(x) \tag{11.2.64}$$

$$f'(x) = \left(\frac{1}{1+\mathrm{e}^{-x}}\right) = \frac{\mathrm{e}^{-x}}{(1+\mathrm{e}^{-x})^2} = \frac{1}{1+\mathrm{e}^{-x}}\left[1 - \frac{1}{1+\mathrm{e}^{-x}}\right] = c_{jk}(1 - c_{jk}) \tag{11.2.65}$$

同理

$$e_{ik} = f(\text{net } b_{ik}) \sum_{j=1}^{q} w_{ij} d_{jk} = b_{ik}(1 - b_{ik}) \sum_{j=1}^{q} w_{ij} d_{jk} \tag{11.2.66}$$

下面给出三层网络的 BP 算法：

1）给 v_{hi}，w_{ij}，θ_i，$\gamma_j(h=1,\cdots,n;i=1,\cdots,p;j=1,\cdots,q)$ 赋$[-1, +1]$区间的随机值。

2）对每个样本对 $(\boldsymbol{A}_k, \boldsymbol{C}_k)k=1,\cdots,m$ 进行下列操作：

- 将 $\boldsymbol{A}_k$ 送到 L_A 层单元，再将 L_A 层单元的值通过连接矩阵 $\mathbf{V}$ 送到 L_B 层单元，产生 L_B 层单元新的激活值

$$b_{ik} = f\left(\sum_{h=1}^{n} v_{hi} a_h^k + \theta_i\right)$$
$$i = 1,\cdots,p \quad f(x) = (1+\mathrm{e}^{-x})^{-1}$$

- 计算 L_C 层单元的激活值

$$c_{jk} = f\left(\sum_{i=1}^{p} w_{ij} b_{ik} + \gamma_j\right) \quad j = 1,\cdots,q$$

- 计算 L_C 层单元的一般化误差

$$d_{jk} = c_{jk}(1 - c_{jk})(c_j^k - c_{jk})$$

- 计算 L_B 层单元相对于每个 d_j 的误差

$$e_{ik} = b_{ik}(1 - b_{ik}) \sum_{j=1}^{q} w_{ij} d_{jk}$$

● 调整 L_B 层单元到 L_C 层单元的连接权

$$\Delta w_{ij} = \alpha b_{ik} d_{jk} \quad i = 1, \cdots, p; j = 1, \cdots, q; 0 < \alpha < 1$$

● 调整 L_A 层单元到 L_B 层单元的连接权

$$\Delta v_{hi} = \beta a_h^k e_{ik} \quad i = 1, \cdots, p; h = 1, \cdots, n; 0 < \beta < 1$$

● 调整 L_C 层单元的阈值

$$\Delta \gamma_j = \alpha d_{jk} \quad j = 1, \cdots, q$$

● 调整 L_B 层单元的阈值

$$\Delta \theta_i = \beta e_{ik} \quad i = 1, \cdots, p$$

注意：上述计算公式中的 Δw_{ij}、Δv_{hi}、$\Delta \gamma_j$、$\Delta \theta_i$ 都与 k 有关，此处为表达清晰而省略了。

3）重复步骤 2 直到对于 $j=1, 2, \cdots, q$ 和 $k=1, 2, \cdots, m$ 误差 d_j 变得足够小或变为零为止。

如果考虑使整个训练集上的全局代价函数最小，则

$$\Delta w_{ij} = -\alpha \frac{\partial E}{\partial w_{ij}} = \sum_{k=1}^{m} \left(-\alpha \frac{\partial E_k}{\partial w_{ij}} \right) \tag{11.2.67}$$

$$\Delta v_{hi} = -\beta \frac{\partial E}{\partial v_{hi}} = \sum_{k=1}^{m} \left(-\beta \frac{\partial E_k}{\partial v_{hi}} \right) \tag{11.2.68}$$

这种学习算法称为累积误差反传播算法。

例 11.1 用 $n=2$，$p=2$，$q=1$ 的 BP 网络学习解决“异或”问题，如图 11.8 所示。

输入	希望输出	实际输出	误差
0 0	0	0.5	E=0.5
0 1	1	0.5	
1 0	1	0.5	
1 1	0	0.5	

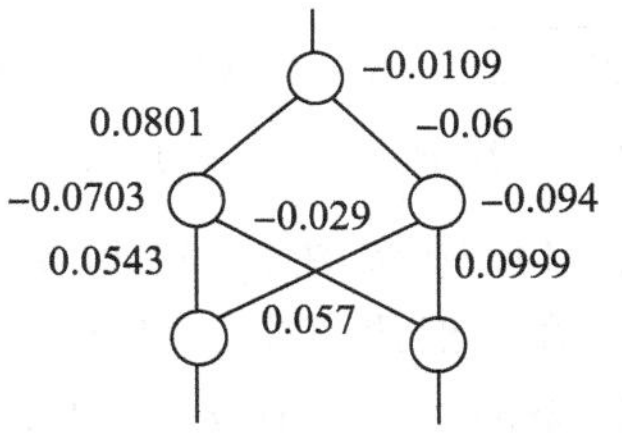

a) 学习开始时的网络及其误差

输入	希望输出	实际输出	误差
0 0	0	0.119	E=0.166
0 1	1	0.727	
1 0	1	0.734	
1 1	0	0.415	

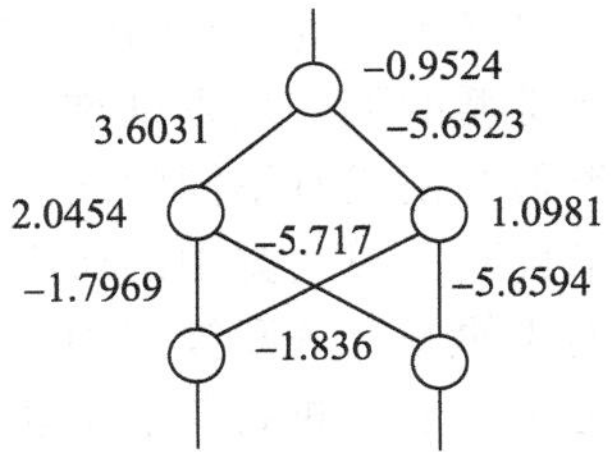

b) 迭代8000次后的网络及其误差

输入	希望输出	实际输出	误差
0 0	0	0.050	E=0.008
0 1	1	0.941	
1 0	1	0.941	
1 1	0	0.078	

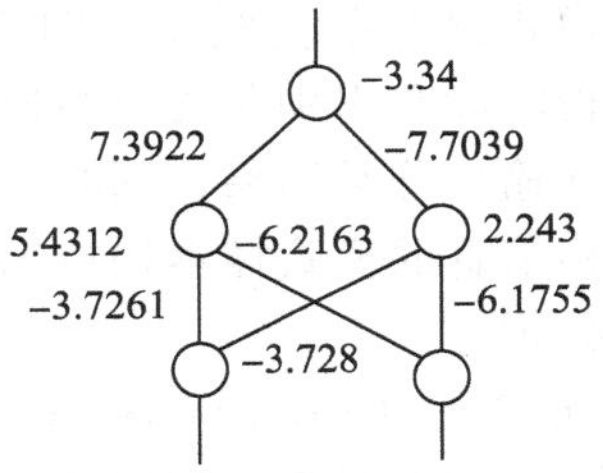

c) 迭代11050次后的网络及其误差

图 11.8 实现“异或”运算的 BP 网络

11.3 句法图像识别

11.3.1 句法模式识别方法

句法法又称为结构法(Structural Approach)。结构法的识别过程不仅能够把模式进行分类，而且还可以描述模式的结构形态，而统计法只有模式分类的能力。因此，句法法特别适合用来解决图片识别(Picture Recognition)和景物分析(Scene Analysis)问题。结构法以形式语言理论为基础，其基本思想是：一个复杂的模式可以由一些简单的模式递归地描述。换言之，对于每个复杂的模式，可以用一些较简单的子模式来描述，而每一个比较简单的子模式再用一些更为简单的子模式来描述……最后用一些最简单的、识别起来比模式本身容易得多的称为模式基元(Pattern Primitive)的子模式来表示。

图 11.9 所示的图片 P 可以用图 11.10 的句法结构加以描述。而图 11.11 给出了英文句子“The boy runs quickly”的导出树。

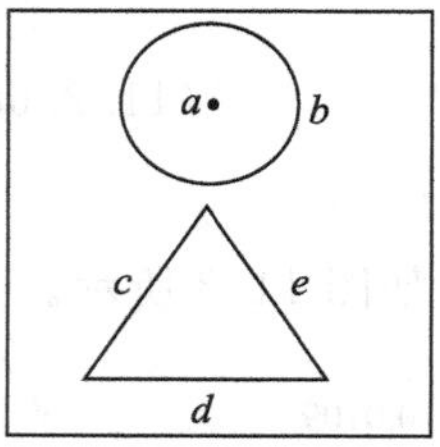

图 11.9 图片 P

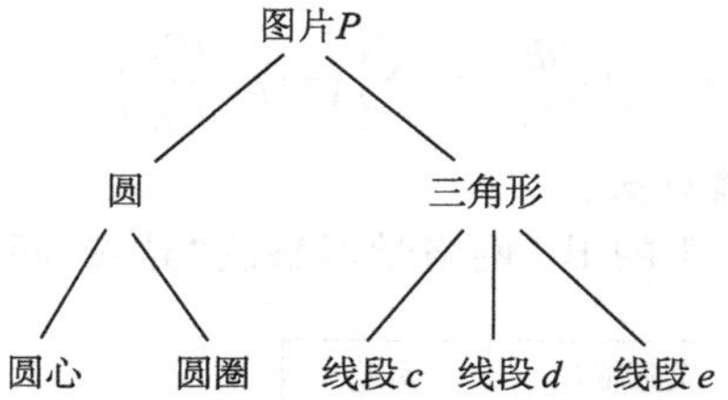

图 11.10 图片 P 的多级结构描述

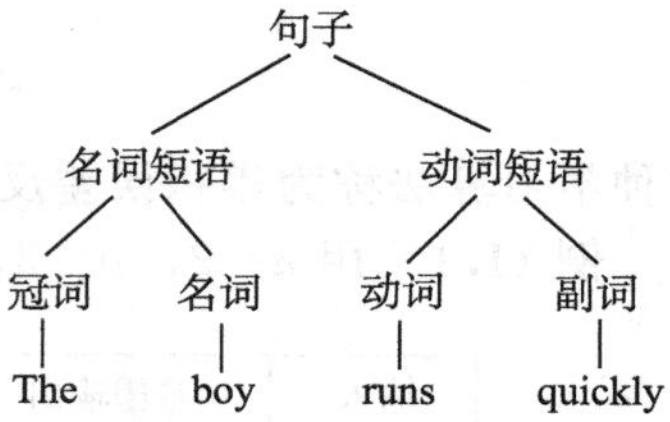

图 11.11 英文句子的导出树

比较图 11.10 和图 11.11 可见，模式的多级结构描述与日常所用的句子分析有明显的相似之处。在自然语言中，单词由语法规则连接起来构成短语，短语最后再根据语法规则构成一个完整的句子。在模式的多级结构描述方法中，模式基元按一定的规则构成子模式，子模式再按照一定的规则构成一个完整的模式。因此，在句法模式识别中，模式是用一种类似于自然语言的“模式描述语言”(Pattern Description Language)来描述的。由基元组成模式所遵循的那些规则则称为模式文法(Pattern Grammar)或简称文法。

不同类别的模式有不同的文法，不同的文法产生不同的句子，一个句子就代表一个模式。描述来自同一模式类中的所有模式的句子均由相应的描述该类模式的同一文法产生。在待识别模式的每个基元被识别出来以后，并获得了描述该模式的句子(或字符串)x，识别过程就是对句子 x 进行句法分析的过程。如果句子 x 对于指定的文法来说，在文法上是正确的，则认为待识别模式属于该类文法对应的模式类。

句法模式识别系统框图如图 11.12 所示。由图可见，识别系统也是由两个连贯的阶段，即分析阶段和识别阶段所组成。图中上半部分是识别阶段，即对未知类别的样本进行句法分析并输出分类结果，同时给出待识别样本的结构描述；下半部分为分析阶段，用一些已知结构信息的模式样本构造出一些文法规则，以便用这些文法对描述未知模式的句子进行句法分析。

1) 基元选择(Primitive Selection)是对所考虑的模式集选取那些能够通过一定的结构关系紧凑而方便地对模式结构加以描述，并且容易用统计方法加以抽取和识别的基本元素作为模式基元。

2) 基元抽取(Primitive Extraction)由两部分组成：模式分割和基元及关系识别。图像模式分割已经在第8章介绍过了，这里不再重述。考虑到基元是一个模式的基本组成部分，所包含的结构信息很少，因而它们的识别通常是基于少量特征的简单分类问题。模板匹配和多重阈值操作可以用来识别基元。其中模板匹配是对每一种类型的基元设计一个模板，分割模式的一部分与机器中存储的模板进行匹配，当该部分某一模板很好匹配时，则该部分就被识别为该模板所对应的基元。

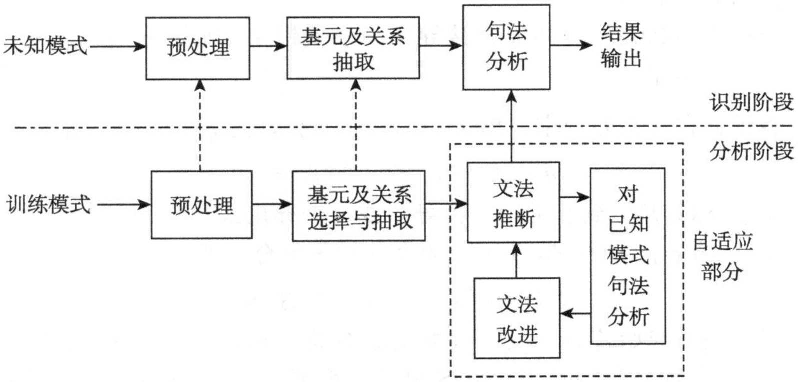

图 11.12　句法模式识别系统结构图

3) 文法推断(Grammar Inference)是根据相当数量的已知结构信息的模式样本，推论出分类的文法规则。然后，再用训练样本对获得的分类文法进行检测，并改进文法规则。待研究的模式类的结构描述是根据该模式类中实际样本通过学习获得并具有文法的形式，随后就用于未知模式样本的句法分析和结构描述。

4) 句法分析(Syntax Analysis)的任务是判断输入模式是否属于给定的文法描述的模式类。设有 K 类模式 ω_1，ω_2，…，ω_K，分别由 K 类文法 G_1，G_2，…，G_K 来描述。G_i 是由第 i 类中若干样本由文法推断环节获得。$L(G_i)$是由文法 G_i 产生的句子的集合，其中每一个句子代表 ω_i 类模式中的一个样本。待识别样本的结构描述链即句子 x 是通过基元抽取环节获得的。如果

$$x \in L(G_l) \tag{11.3.1}$$

则确定待识别样本属于 ω_i 类。

11.3.2　形式语言简介

一个短语结构文法 G 是一个四元组

$$G = (V_N, V_T, P, S) \tag{11.3.2}$$

其中：1) V_N 和 V_T 分别是非终止符和终止符的有限集(词汇表)，满足

- $V_N \cup V_T = V$ 为 G 的总词汇表(或称字母表)。
- $V_N \cap V_T = \varnothing$，表示 V_N 和 V_T 是不相交的集合。

2) P 是重写规则(或造句规则、再写规则)，是以 $\alpha \to \beta$ 表示的产生式的有限集。α 和 β 是由 V 中的符号组成的符号串(或链)，而 α 中至少包含 V_N 中的一个符号，重写符号“$\to$”读为“可重写为”。

3) S 是起始符，$S \in V_N$。

我们还要用到下列符号：

1) V^* 表示由 V 中的符号构成的全部句子(包括空句子 ε)的集合，而把 V^* 中除 ε 之外

的句子的集合记为 $V^+=V^*-\{\varepsilon\}$。

2) 如果 x 是一字符串，则 x^n 为将 x 重写 n 次而得到的字符串。

3) $|x|$ 为字符串 x 的长度，即 x 中含有的字符数。

4) 非终止符用大写字母表示，终止符用小写字母表示，终止符组成的字符串用字母表中尾部小写字母(如 v, w, x, y, z)表示，终止符和非终止符混合组成的字符串用小写希腊字母(α, β, γ, η)表示。

5) $\eta \underset{G}{\Rightarrow} \gamma$ 表示能根据文法 G 由 η 直接导出另一条链 γ，如果 $\eta=\omega_1\alpha\omega_2$，$\gamma=\omega_1\beta\omega_2$，而且又有重写规则 $\alpha\rightarrow\beta\in P$。

6) $\eta \overset{*}{\Rightarrow} \gamma$ 表示存在一系列的字符串 γ_1，γ_2，…，γ_n，使 $\eta=\gamma_1$，$\gamma=\gamma_n$，$\gamma_k \underset{G}{\Rightarrow} \gamma_{k+1}$，即

$$\eta = \gamma_1 \underset{G}{\Rightarrow} \gamma_2 \underset{G}{\Rightarrow} \cdots \underset{G}{\Rightarrow} \gamma_n = \gamma \tag{11.3.3}$$

则 γ_1，γ_2，…，γ_n 称为从 η 到 γ 的一个推导，或一个导出式。

由文法 G 产生的语言 $L(G)$是 G 生成的全部句子集合，即

$$L(G) = \{x \mid x \in V_T^* \text{ 且 } S \overset{*}{\Rightarrow} x\} \tag{11.3.4}$$

显然，“句子”是由起始符 S 出发，根据文法 G 推导出的由终止符(即 V_T 中的符号)组成的字符串；$L(G)$中每一个句子都是由 S 出发，根据 G 推导出的句子。而下文即将出现的“句型”是从起始符 S 开始进行推导而得到的由字母表 V 中的符号组成的任意字符串。

乔姆斯基根据对文法中产生式的不同限制将文法分为如下四种类型：

(1) 0 型文法(无限制文法)

产生式的一般形式为

$$\alpha \rightarrow \beta,\ \alpha \in V^+,\ \beta \in V^* \tag{11.3.5}$$

由 0 型文法产生的语言称为 0 型语言。

(2) 1 型文法(上下文敏感文法)

产生式的一般形式为

$$\alpha_1 A \alpha_2 \rightarrow \alpha_1 \beta \alpha_2 \tag{11.3.6}$$

其中 $A\in V_N$，α_1，$\alpha_1\in V^*$，$\beta\in V^+$。该产生式读作“在上下文为 α_1，α_2 的情况下，A 可以用 β 来替换”。上述产生式还包含下述含义

$$|\alpha_1 A \alpha_2| \leqslant |\alpha_1 \beta \alpha_2| \text{ 或 } |A| \leqslant |\beta| \tag{11.3.7}$$

由 1 型文法产生的语言称为 1 型语言或上下文敏感型语言。

(3) 2 型文法(上下文无关文法)

产生式的一般形式为

$$A \rightarrow \beta \tag{11.3.8}$$

其中 $A\in V_N$，$\beta\in V^+$。即允许非终止符 A 用链 β 来替换，而与 A 出现的上下文无关。

由 2 型文法产生的语言称为 2 型语言或上下文无关语言。

对于上下文无关文法中的产生式都可以写成乔姆斯基标准形或格雷巴赫标准形。乔姆斯基标准形中产生式为

$$A \rightarrow BC \text{ 或 } A \rightarrow a,\quad A,B,C \in V_N \quad a \in V_T \tag{11.3.9}$$

而格雷巴赫标准形中的产生式为

$$A \rightarrow a\beta,\quad A \in V_N,\quad a \in V_T,\quad \alpha \in V_N^* \tag{11.3.10}$$

例 11.2 $G=(V_N, V_T, P, S)$

$$V_N = \{S,A,B\},\ V_T = \{a,b\}$$

$$
\begin{aligned}
P:\quad &(1)S \rightarrow aB \quad &(2)S \rightarrow bA \quad &(3)A \rightarrow aS \\
&(4)A \rightarrow bAA \quad &(5)A \rightarrow a \quad &(6)B \rightarrow bS \\
&(7)B \rightarrow aBB \quad &(8)B \rightarrow b &
\end{aligned}
$$

则 $L(G)$是由相同数目的 a 和 b 组成的字符串的集合。句子的典型产生方式有：

$$S \overset{(1)}{\Rightarrow} aB \overset{(8)}{\Rightarrow} ab$$

$$S \overset{(1)}{\Rightarrow} aB \overset{(6)}{\Rightarrow} abS \overset{(2)}{\Rightarrow} abbA \overset{(5)}{\Rightarrow} abba$$

$$S \overset{(2)}{\Rightarrow} bA \overset{(5)}{\Rightarrow} ba$$

$$S \overset{(2)}{\Rightarrow} bA \overset{(4)}{\Rightarrow} bbAA \overset{(5)}{\Rightarrow} bbaA \overset{(5)}{\Rightarrow} bbaa$$

在上下文无关文法中，可以用导出树来描述其导出式。上下文无关文法的导出树满足：

① 每个节点有一个标号，该标号是 V 中的一个符号。

② 根的标号是 S。

③ 如果节点 n 至少有一个异于其本身的后代，并有标号 A，那么 A 必定是 V_N 中的符号。

④ 如果标号分别为 A_1，A_2，…，A_k 的节点 n_1，n_2，…，n_k 是节点 n(标号为 A)从左到右排列的直接后代，那么 $A \rightarrow A_1A_2 \cdots A_k$ 必是 P 中的产生式。

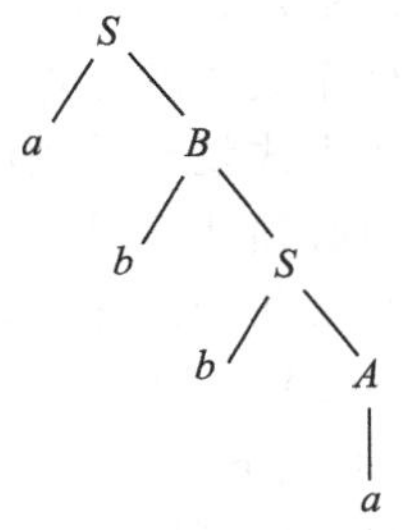

图 11.13　$S \overset{*}{\Rightarrow} abba$ 的导出树

图 11.13 给出 $S \overset{*}{\Rightarrow} abba$ 的导出树。

(4) 3 型文法(正则文法、有限状态文法)

产生式的一般形式为

$$A \rightarrow aB \quad 或 \quad A \rightarrow b \tag{11.3.11}$$

其中 A，$B \in V_N$，a，$b \in V_T$，A，B，a，b 都是单个符号。

由 3 型文法产生的语言称为 3 型语言或正则语言或有限状态语言。

例 11.3　$G = (V_N, V_T, P, S)$

$$V_N = \{S, A\}, V_T = \{a, b\}$$

$$P: \quad S \rightarrow aA \quad A \rightarrow aA \quad A \rightarrow b$$

$$L(G) = \{a^n b \mid n = 1, 2, \cdots\}$$

句子的典型产生方式有：$S \Rightarrow aA \Rightarrow aaA \Rightarrow aaaA \Rightarrow aaab$

由乔姆斯基四类文法所产生的语言类一般满足

$$0 型 \supset 1 型 \supset 2 型 \supset 3 型 \tag{11.3.12}$$

一般来说，0 型和 1 型文法主要用于计算技术理论，模式识别中多数运用 2 型和 3 型文法。

11.3.3　模式文法

1. 模式基元

在句法模式识别中，输入模式用一个句子(字符串)来描述。句子的基本单位就是文法中的终止符，而终止符对应模式的基元。基元是一个模式的基本成分。所以在用句法法处理模式识别问题时，首先要选好基元、抽取基元和识别基元。

基元选择无一般化的解决方法，要根据具体的模式而定。但一般应注意如下两点：

1）基元应该是基本的模式元素，能够通过一定的结构关系(如连接关系、位置关系等)紧凑地、方便地对模式加以描述。

2）基元用现有的非句法方法(如统计方法)加以抽取、识别。

例如手写汉字的识别采用笔画作为基元比较方便。对于一般的图像、图形模式，基元有两种类型：

1）着眼于边界(轮廓)和骨架的基元，如 Freeman 链码。

2）着眼于区域的基元，如帕夫里迪斯多边形。

2. 程序文法

一个程序文法 G_p 是一个五元组

$$G_p = (V_N, V_T, J, P, S) \tag{11.3.13}$$

其中 V_N、V_T 和 P 分别是非终止符、终止符和产生式的有限集，S 是起始符，J 是产生式的标号集。P 中产生式的形式为

$$(r)\alpha \rightarrow \beta,\ S(u),\ F(u) \tag{11.3.14}$$

其中，$r \in J$ 是产生式的标号；$\alpha \rightarrow \beta$ 是产生式的核；$S(u)$表示使用产生式(r)成功后的去向范围，$S(u) \subset J$；$F(u)$表示使用产生式(r)失败后的去向范围，$F(u) \subset J$。

程序文法的特点是在一个导出式中，对中间句型使用了一个产生式以后，下一次再用什么产生式就要受到限制。程序文法的推导规则是：

1)必须从标号为(1)的产生式开始。

2)目前的链 η 中包含子链 α，如果可以用产生式$(r)\alpha \rightarrow \beta$来重写子链 α，而下一个产生式从 $S(u)$中选取；如果目前的链 η 中不包含子链 α，则不能用产生式$(r)\alpha \rightarrow \beta$(即链 η 不变)，那么下一个产生式从 $F(u)$中选取。

3)如果可用的转移区包含空集$\varnothing$，则导出过程停止。

例 11.4 $G_p = (V_N, V_T, J, P, S)$，其中，$V_N = \{S, B, D\}$，$V_T = \{a, b, c\}$，$J = \{1, 2, 3, 4, 5, 6\}$。

$$\begin{aligned} P:\quad & (1) S \rightarrow aB, && \{(2), (3)\}, \varnothing \\ & (2) B \rightarrow aBB, && \{(3), (3)\}, \varnothing \\ & (3) B \rightarrow D, && \{(4)\}, \{(5)\} \\ & (4) D \rightarrow bD, && \{(3)\}, \varnothing \\ & (5) D \rightarrow c, && \{(5)\}, \varnothing \end{aligned}$$

句子的典型产生方式有：$S \overset{(1)}{\Rightarrow} aB \overset{(3)}{\Rightarrow} aD \overset{(4)}{\Rightarrow} abD \overset{(3)\text{失败，做}(5)}{\Rightarrow} abc \overset{(5)\text{失败，因}F(u)=\phi}{\Rightarrow}$ 停止

3. 属性文法

在句法模式识别中，可将一些属性加给模式基元和关系，这样就可以把语义信息包括到模式描述中。于是就能用赋以属性的串、图或树来描述模式，用属性文法来表征模式类的特性。

在属性文法中，每一个模式基元都有一个符号名称和一个属性向量，而每一条产生式都有一条语义或属性规则与之相联系。具备了属性文法工具，就能用一套句法规则构成的文法来描述一组结构上全同的模式，模式在这一组范围内的变异可以用不同的属性值来描述。

值得注意的是：一个非属性文法可以变换成一个句法复杂性较低的属性文法，这样一

种句法和语义的折中应能使一个模式识别系统具备恰当地调节句法和语义的相对复杂性以获得计算效果的灵活性。在这种情况下，句法规则往往十分简单，而语义信息或属性规则在一定程度上被作为一种控制策略（或语义约束），用来选择和解释适用于这种分析的句法规则。

例 11.5 描述一组大小不等的等边三角形的语言 $L=\{a^nb^nc^n \mid n=1,2,\cdots\}$ 是一个上下文敏感语言 $L(G_1)$，$G_1=(\{S,A,B\},\{a,b,c\},P,S)$

$$P:\quad S\rightarrow aSBA \quad S\rightarrow aBA$$
$$AB\rightarrow BA \quad aB\rightarrow ab$$
$$bB\rightarrow bb \quad bA\rightarrow bc \quad cA\rightarrow cc$$

将下列属性加到模式基元和连接关系中：

1）模式基元的长度——l_a，l_b，l_c。

2）左右连接的角度——θ。

设 CAT(a, b)表示 a 和 b 之间的连接关系，则 a 和 b 之间成 θ 角的连接表示为

$$\mathrm{CAT}(a,\ b)=(+,\ \theta)$$

于是可用一有限状态的属性文法 G_2 来产生 L。

$$G_2=(\{S,A,B\},\{a,b,c\},P,S)$$
$$P:\quad (1)S\rightarrow aA \quad \mathrm{CAT}(a,b)=(+,120°) \quad l_s=l_a+l_A$$
$$(2)A\rightarrow bB \quad \mathrm{CAT}(b,c)=(+,120°) \quad l_A=l_b+l_B$$
$$(3)B\rightarrow c \quad \mathrm{CAT}(c,a)=(+,120°) \quad l_B=l_c$$
$$l_a=l_b=l_c=n \quad n=1,2,\cdots$$

4. 文法推断

在句法模式识别中，用文法 G 来描述模式类，那么如何来获得文法 G 呢？如同统计模式识别一样，可以通过句子的训练样本集合来学习文法，这就是文法推断。

设有 c 类模式 ω_1，ω_2，…，ω_c，其描述文法分别为 G_1，G_2，…，G_c，其训练样本集为

$$R_i=\{x_1^i,x_2^i,\cdots,x_{N_i}^i\} \quad i=1,\cdots,c \tag{11.3.15}$$

则文法 $G_i(i=1,2,\cdots,c)$可以借助 R_i 推断出来，如图 11.14 所示。

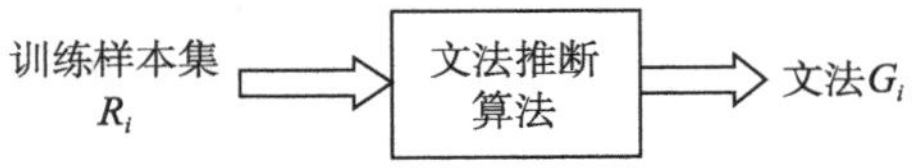

图 11.14 文法推断示意图

必须指出，理想的情况是文法推断算法能够从一个给定的句子集合中推断出文法，而句子集合和文法描述的是同一类模式。不幸的是到目前为止还没有一种这样可用的算法。大多数情况下是由设计者从可得到的先验知识和他的经验作为基础来构造文法，或者是通过人机交互的方式获得文法。对于给定的模式类，构造一种合适的文法来描述它，通常要注意以下几点：

1）在语言的描述能力和分析的效率之间进行权衡。一种语言的描述能力的增加是以增加分析系统（即识别器）的复杂性作为代价的。如有限状态语言的描述能力比上下文无关语言弱，而识别有限状态语言的有限状态自动机比识别上下文无关语言的下推自动机简单。一方面，为了得到好的分析识别效率，可以用一种有限状态语言进行模式描述。另一方面，为了有效地描述模式，又可以选择能产生上下文敏感语言的上下文无关程序文法。

2）在基元选择和构成的文法之间进行折中。基元不同，文法必定不同。基元选择与文法的构成可能需要同时进行，而不是处于两个不同的阶段。基元简单，文法便复杂；基

元复杂，文法就简单，二者之间需要折中。

3）对于选定的基元，尽量用一个经济、有效、合理的文法来描述模式。经济合理的标准是：①文法中是否有循环存在；②文法中是否存在无用的符号或无用的产生式。建议先用一个粗糙的文法来描述模式，然后通过文法的等价变换，得到一个经济合理的文法。

设文法 G 的训练样本集为 $R=\{s_i \mid s_i \in L(G), i=1,\cdots,n\}$，$R \subset L(G)$，则由 R 推断 G 的方法为：

1）写出终止符集 V_T。

2）对于每一个句子 $s_i(i=1,\cdots,n)$逐个写出能生成此句子的文法 $G_i(i=1,\cdots,n)$。

3）构成文法 $G=\bigcup_{i=1}^{n} G_i$。

4）合并重复的产生式和非终止符，其规则为：

①如果 G 中任何产生式出现多次，则保留一个，去除其他。

②找出这样一对变量(即非终止符)，如果在 G 中到处以其中一个替换另一个，就会使某些产生式多次出现，进行代换并用规则①进行简化。

③找出这样一对变量(A,a)，如果在 G 中补充产生式 $A \rightarrow a$，并在某些有选择的情况下以 A 代替 a，将导致产生式的数目由于消去出现多次的产生式而减少。

例 11.6 设有样本集 $R=\{caaab, bbaab, caab, bbab, cab, bbb, cb\}$，试推断出能生成这些样本的文法。

解：

1）选 $V_T=\{a,b,c\}$。

2）对 $s_1=caaab$ 得语法 G_1

$$G_1-P_1: S \rightarrow cA, A \rightarrow aB, B \rightarrow aC, C \rightarrow ab$$

类似地，有

$$G_2-P_2: S \rightarrow bbD, D \rightarrow aE, B \rightarrow ab$$
$$G_3-P_3: S \rightarrow cF, F \rightarrow aG, G \rightarrow ab$$
$$G_4-P_4: S \rightarrow bbH, H \rightarrow ab$$
$$G_5-P_5: S \rightarrow cI, I \rightarrow ab$$
$$G_6-P_6: S \rightarrow bbb$$
$$G_7-P_7: S \rightarrow cb$$

3）$G=\bigcup_{i=1}^{7} G_i$

4）合并重复的产生式和非终止符。

按规则②将非终止符 C，E，G，H，I 合并成 C，得

$$\begin{array}{lll} S \rightarrow cA & S \rightarrow bbD & S \rightarrow bbC \\ A \rightarrow aB & D \rightarrow aC & S \rightarrow cC \\ B \rightarrow aC & S \rightarrow cF & S \rightarrow bbb \\ C \rightarrow ab & F \rightarrow aC & S \rightarrow cb \end{array}$$

再将 B，D，F 合并成 B，得

$$\begin{array}{lll} S \rightarrow cA & S \rightarrow bbB & S \rightarrow bbC \\ S \rightarrow bbb & A \rightarrow aB & S \rightarrow cB \\ S \rightarrow cb & B \rightarrow aC & C \rightarrow ab \\ S \rightarrow cC & & \end{array}$$

引入 $B\to b$，进一步简化为：

$$S\to cA\quad S\to bbB\quad S\to bbC$$
$$A\to aB\quad B\to b\quad S\to cB$$
$$B\to aC\quad C\to ab\quad S\to cC$$

又因为 $C\to ab$，而 $A\to aB$ 与 $B\to b$ 也可以导出 ab，故将 C 代换为 A，去掉 $C\to ab$，同时去掉由于代换而产生的重复的产生式 $S\to cA$，得

$$S\to cA\quad S\to bbB\quad S\to bbA\quad B\to b$$
$$S\to cB\quad B\to aA\quad A\to aB$$

将 A，B 合并成 A，得

$$S\to cA\quad S\to bbA\quad A\to aA\quad A\to b$$

最后得到文法 $G=(V_N,V_T,P,S)$，其中：

$$V_N=\{S,A\}\quad V_T=\{a,b,c\}$$
$$P:S\to cA\quad S\to bbA\quad A\to aA\quad A\to b$$

11.3.4 句法分析

设有 c 类模式 ω_1，ω_2，…，ω_c，其描述文法分别为 G_1，G_2，…，G_c。对于由句子 x 所描写的一个未知模式，其识别问题实质上就由“未知模式是否属于 ω_i?”简化为“$x\in L(G_i)$?”。

回答上述问题的过程总称为“句法分析”或“剖析”。除了回答“是”或“否”之外，此过程还能提供 x 的产生树或导出树，即相应模式的结构信息。

已知一句子(字符串)x 和上下文无关文法 G 构成一个三角形，并以一个自身相容的导出树将三角形内部填满，如图 11.15所示。如果成功，则 $x\in L(G)$，否则 $x\notin L(G)$。将三角形内部填满的方法有自上而下的剖析和自下而上的剖析两种，下面分别予以介绍。

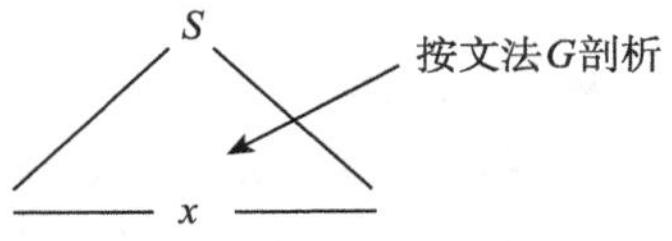

图 11.15　句法剖析三角形

1. 自上而下的剖析

给定 $x\in V_T^+$ 和上下文无关文法 G，自上而下的剖析从 S 开始，应用重写最左非终止符的产生式，推导得句型 y，

$$y\in V^+\quad S\overset{*}{\underset{G}{\Rightarrow}}y \tag{11.3.16}$$

直到串 x，并找到 x 的最左推导。因为上下文无关文法中 $\alpha\to\beta$，$|\beta|\geqslant|\alpha|$，因此应用产生式时，句型中的符号数不可能被减少，故而可废弃所有长度超过 x 的句型，需要研究的只是长度等于或小于 x 的句型的有限集合。

2. 自下而上的剖析

自下而上的剖析从串 x 本身开始，应用反向的产生式，试图将 x 归结到起始符 S。自下而上的剖析从 x 到 S，以 x 的最右推导反推出产生式序列。

给定 $x\in V_T^+$ 和上下文无关文法 G，从 x 着手构成$(V_T\cup V_N)^+$中的一些符号串，这些符号串是应用可能出现在 x 的推导过程中的产生式的反向推演而得到的。但在推导过程中不知道哪些序列的串可能是正确的，因此必须同时研究所有可能的序列。

3. CKY 剖析算法

采用树结构的剖析算法本质上是穷举试探，它对任意上下文无关文法所需的剖析时间

可能按字符串长度呈指数增加，而 CKY 剖析算法的时间则正比于输入串长度的三次方。CKY 算法要求文法是一个上下文无关文法，其产生式必须是乔姆斯基标准形。

假设待剖析的输入串 $x=a_1a_2\cdots a_n$，$|x|=n$。CKY 算法关键在于构造一个三角形剖析表，其元素用 t_{ij} $[1\leqslant j\leqslant n,1\leqslant i\leqslant(n-i+1)]$表示，如图 11.16 所示。

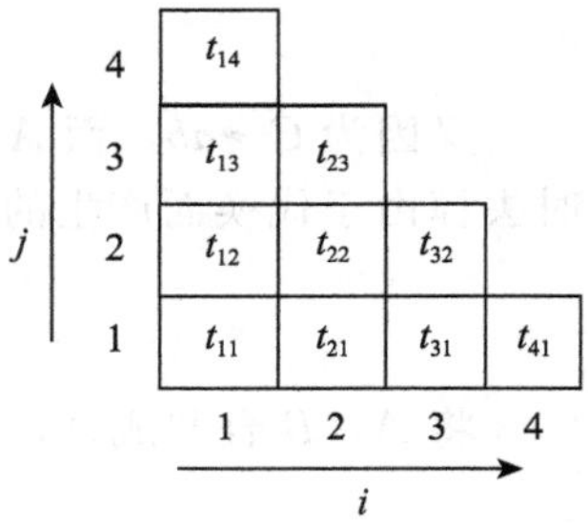

图 11.16 三角形剖析表

构表原则：仅当 $A\Rightarrow a_ia_{i+1}\cdots a_{i+j-1}$，$t_{ij}=A$。其中 A 为非终止符，$a_ia_{i+1}\cdots a_{i+j-1}$是 x 的子串。自左到右、从下到上地建立表格。当完成表格后，仅当 S 在 t_{1n}中，才有 $x\in L(G)$。

构表步骤：

1) $j=1$，对 $1\leqslant i\leqslant n$ 中的每个 i，若 P 中有 $A\rightarrow a_i$ 的产生式，则 $t_{i1}=\{A\}$。

2) $j=j+1$，假设已形成 $1\leqslant i\leqslant n$ 的每个 $t_{i,j-1}$。对任意的 k $(1\leqslant k<j)$，如果 B 在 t_{ik} 中，C 在 $t_{i+k,j-k}$中，且 P 中有 $A\rightarrow BC$，则 $t_{ij}=\{A\}$。这是因为：

$$t_{ik}=B,\ B\Rightarrow a_ia_{i+1}\cdots a_{i+k-1} \tag{11.3.17}$$

$$t_{i+k,j-1}=C,\ C\Rightarrow a_{i+k}\cdots a_{i+j-1} \tag{11.3.18}$$

再由 $A\rightarrow BC$，故有 $A\Rightarrow a_ia_{i+1}\cdots a_{i+j-1}$。

3) 重复步骤 2，直到求出所有的 t_{ij}，即完成三角形表。

例 11.7 设有上下文无关文法 $G=(V_N,V_T,P,S)$，其中

$$V_N=\{S,D\},\qquad V_T=\{d,e\}$$

$$P:\quad S\rightarrow DD \quad S\rightarrow DS \quad S\rightarrow e$$

$$D\rightarrow SD \quad D\rightarrow DS \quad D\rightarrow d$$

剖析 $x=dedde\in L(G)$？

解：$x=dedde=a_1a_2a_3a_4a_5$

1) $j=1$，计算 $t_{i1}(i=1,\cdots,5)$

$$t_{11}=\{D\mid D\rightarrow d=a_1\in P\}$$
$$t_{21}=\{S\mid S\rightarrow e=a_2\in P\}$$
$$t_{31}=\{D\mid D\rightarrow d=a_3\in P\}$$
$$t_{41}=\{D\mid D\rightarrow d=a_4\in P\}$$
$$t_{51}=\{S\mid S\rightarrow e=a_5\in P\}$$

2) $j=2$，计算 $t_{i2},1\leqslant i\leqslant 4,1\leqslant k<j(k=1)$

$i=1$，$a_1a_2=de$，由 $t_{11}=D$，$t_{21}=S$，因 P 中有 $S\rightarrow DS$，$D\rightarrow DS$，故 $t_{12}=\{S,D\}$

$i=2$，$a_2a_3=ed$，由 $t_{21}=S$，$t_{31}=D$，因 P 中有 $D\rightarrow SD$，故 $t_{22}=\{D\}$

$i=3$，$a_3a_4=dd$，由 $t_{31}=D$，$t_{41}=D$，因 P 中有 $S\rightarrow DD$，故 $t_{32}=\{S\}$

$i=4$，$a_4a_5=de$，由 $t_{41}=D$，$t_{51}=S$，因 P 中有 $S\rightarrow DS$，$D\rightarrow DS$，故 $t_{42}=\{S,D\}$

3) $j=3$，计算 $t_{i3},1\leqslant i\leqslant 3,1\leqslant k<3(k=1,2)$

$i=1$，$a_1a_2a_3=ded$

$k=1$，由 $t_{11}=D$，$t_{22}=D$，因 P 中有 $S\rightarrow DD$，有 $S\in t_{13}$

$k=2$，由 $t_{12}=\{D,S\}$，$t_{31}=D$，因 P 中有 $S\rightarrow DD$，$D\rightarrow SD$，有 S，$D\in t_{13}$

综合之可得 $t_{13}=\{S,D\}$

$i=2$，$a_2a_3a_4=edd$

$k=1$，由 $t_{21}=S$，$t_{32}=S$，因 P 中无 $Y\rightarrow SS$

$k=2$，由 $t_{22}=D$，$t_{41}=D$，因 P 中有 $S\rightarrow DD$，得 $t_{23}=\{S\}$

$i=3$，$a_3a_4a_5=dde$

$k=1$，由 $t_{31}=D$，$t_{42}=\{D, S\}$，因 P 中有 $S\rightarrow DS$，$D\rightarrow DS$，得 $t_{33}=\{D,S\}$

4）$j=4$，计算 t_{i4}，$1\leqslant i\leqslant 2, 1\leqslant k<4(k=1,2,3)$

$i=1$，$a_1a_2a_3a_4=dedd$

$k=1$，由 $t_{11}=D$，$t_{23}=S$，因 P 中有 $S\rightarrow DS$，$D\rightarrow DS$，得 $t_{14}=\{S,D\}$

$i=2$，$a_2a_3a_4a_5=edde$

$k=1$，由 $t_{21}=S$，$t_{33}=D$，S，因 P 中有 $D\rightarrow SD$，有 $D\in t_{24}$

$k=2$，由 $t_{22}=D$，$t_{42}=D$，S，因 P 中有 $S\rightarrow DD$，$D\rightarrow DS$，有 S，$D\in t_{24}$

综合之可得 $t_{24}=\{S, D\}$

5）$j=5$，计算 t_{15}，$k=1$，2，3，4

$k=1$，由 $t_{11}=D$，$t_{24}=D$，S，因 P 中有 $S\rightarrow DD$，有 $S\in t_{15}$

$k=2$，由 $t_{12}=S$，$t_{33}=D$，S，因 P 中有 $D\rightarrow SD$，有 $D\in t_{15}$

综合之可得 $t_{15}=\{S, D\}$

由于 S 在 t_{15} 中，故 $x=dedde\in L(G)$

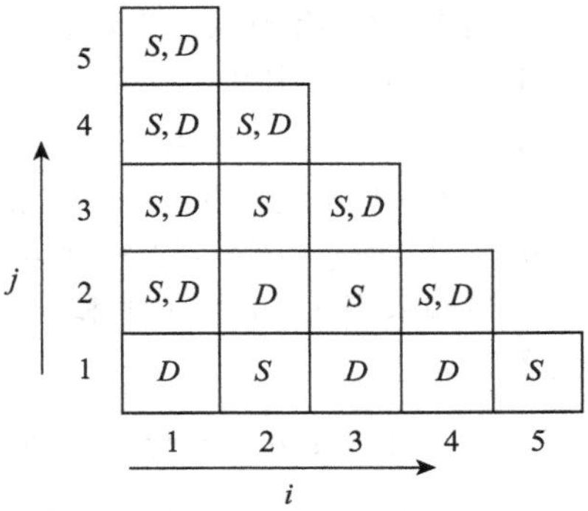

图 11.17　例 11.7 的三角形剖析表

11.3.5　句法结构的自动机识别

回答问题"$x\in L(G_i)$?"的另一种方法是采用自动机来检验输入的字符串 x，从而识别该字符串是否语言 $L(G_i)$中的句子。其基本方法是：对于文法 G_i 构造一个相应的自动机 M_i，使自动机 M_i 接受的语言等于文法 G_i 产生的语言，即

$$T(M_i) = L(G_i) \tag{11.3.19}$$

然后将字符串 x 作为自动机的输入链，如果 x 被自动机接受，则 $x\in L(G_i)$，否则 $x\notin L(G_i)$。

1. 有限状态自动机

一个有限状态自动机是一个五元组

$$M = (\Sigma, Q, \delta, q_0, F) \tag{11.3.20}$$

其中：

Σ——输入字母表，$\Sigma=\{a_i \mid i=1,2,\cdots,n\}$。

Q——内部状态有限集，$Q = \{q_j \mid j = 1,2,\cdots,m\}$。

q_0——自动机的起始状态，$q_0 \in Q$。

F——终止状态集，$F \subseteq Q$。

δ——映射 $Q\times\Sigma\rightarrow Q$，$Q\times\Sigma=\{(q_j,a_i)\mid(q_j\in Q)\wedge(a_j\in\Sigma)\}$，或称状态转移函数 $\delta(q,a)$。$\delta(q,a)=q'$表示自动机 M 处于状态 q 时，扫描符号 a，然后向右移动一个单元，同时将状态改变到 q'，如图 11.18 所示。

图 11.19 为有限状态自动机的结构示意图。这个自动机的操作是从起始状态 q_0 开始，以顺序方式从输入带上读取字符串中的字符，然后根据状态转移函数 δ 来改变其内部状态。如果读完字符串时，状态是 F 中的状态，就接受此字符串，否则就拒绝。

可以把映射 δ 从一个输入符号推广到字符串，有

$$\delta(q,xa) = \delta(\delta(q,x),a) \quad x \in \Sigma^*, a \in \Sigma \tag{11.3.21}$$

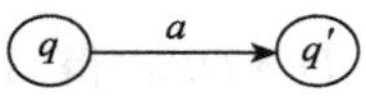

图 11.18 $\delta(q,a)=q'$的状态图

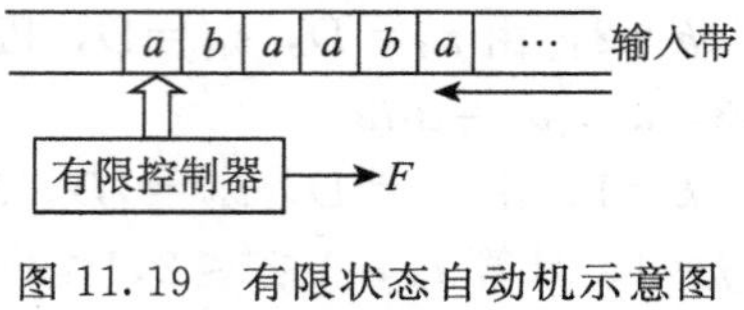

图 11.19 有限状态自动机示意图

则 $\delta(q_0,x)=q'$就表示自动机 M，开始处于状态 q_0，扫描了输入带上的字符串 x，将状态转移到 q'，且读数头从输入带上包含 x 的部分向右移动。一个句子被 M 接受的条件是

$$\delta(q_0,x) = p \in F \tag{11.3.22}$$

有限状态自动机 M 接受的句子集合 $T(M)$为

$$T(M) = \{x \mid \delta(q_0,x) \in F\} \tag{11.3.23}$$

例 11.8 有限状态自动机 $M=(\Sigma,Q,\delta,q_0,F)$的状态图如图 11.20 所示，其中

$\Sigma = \{0,1\}$ $\quad$ $Q = \{q_0,q_1,q_2,q_3\}$ $\quad$ $F = \{q_0\}$

$\delta = \{\delta(q_0,0) = q_2,\delta(q_1,0) = q_3,\delta(q_2,0) = q_0,\delta(q_3,0) = q_1,$
$\delta(q_0,1) = q_1,\delta(q_1,1) = q_0,\delta(q_2,1) = q_1,\delta(q_3,1) = q_2\}$

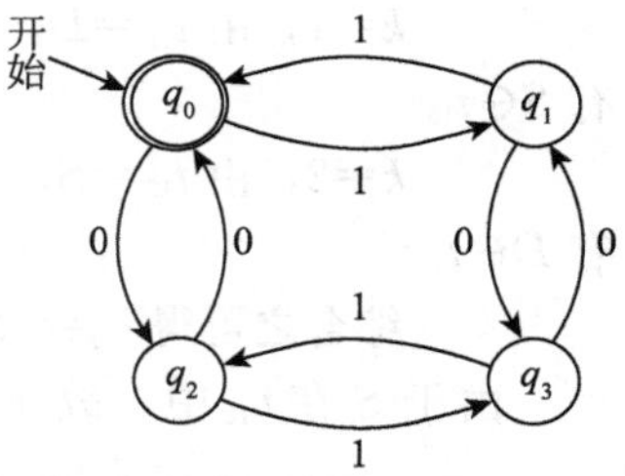

图 11.20 有限状态自动机状态图

当输入串为 $x_1=0101$ 和 $x_2=1011010$ 时，自动机的检查过程为：

对 x_1：$q_0 \xrightarrow{0} q_2 \xrightarrow{1} q_3 \xrightarrow{0} q_1 \xrightarrow{1} q_0 \in F$

对 x_2：$q_0 \xrightarrow{1} q_1 \xrightarrow{0} q_3 \xrightarrow{1} q_2 \xrightarrow{1} q_3 \xrightarrow{0} q_1 \xrightarrow{1} q_0 \xrightarrow{0} q_2 \notin F$

故自动机接受 x_1，拒绝 x_2。

设 $G=(V_N,V_T,P,S)$是一有限状态文法，则存在一个有限状态自动机 $M=(\Sigma,Q,\delta,q_0,F)$，满足 $T(M)=L(G)$，其中

1) $\Sigma = V_T$。
2) $q_0=S$。
3) $Q=V_N\cup\{T\}$，T 是附加状态。
4) $F=\{T\}$。
5) 如果 $B\to a$，$B\in V_N$，$a\in V_T$ 在 P 中，那么状态 T 在$\delta(B,a)$中。
6) 如果 $B\to aC$，B，$C\in V_N$，$a\in V_T$ 在 P 中，那么状态 C 在$\delta(B,a)$中。

例 11.9 给定有限状态文法 $G=(\{S\},\{a,b\},\{S\to aS,S\to b\},S)$，由文法 G 生成的语言为$L(G)=\{a^nb \mid n\geqslant 0\}$，试构造一有限状态自动机 M，使 $T(M)=L(G)$，则

$$M = (\Sigma,Q,\delta,q_0,F)$$

其中：

$\Sigma = V_T = \{a,b\}$
$Q = V_N \cup \{T\} = \{S,T\}$
$q_0 = S$
$F = \{T\}$
δ：$\delta(S,b)=\{T\}$；由于 $S\to b$ 在 P 中
$\quad\delta(S,a)=\{S\}$；由于 $S\to aS$ 在 P 中

2. 下推自动机

一个下推自动机是一个七元组

$$M = (\Sigma, Q, \Gamma, \delta, q_0, z_0, F) \tag{11.3.24}$$

其中：

Σ——输入字母表。

Q——内部状态有限集。

Γ——下推符号有限集或下推字母表。

q_0——自动机的起始状态，$q_0 \in Q$。

z_0——最初出现在下推存储中的起始符，$z_0 \in \Gamma$。

F——终止状态集，$F \subseteq Q$。

δ——映射 $Q \times (\Sigma \cup \{\lambda\}) \times \Gamma \to Q \times \Gamma^*$。

下推自动机实际上是附加下推存储的有限状态自动机，其结构如图 11.21 所示。下推存储是一个"先进后出"的堆栈。自动机起始状态为 q_0，下推存储的顶上符号为 z_0，从上到下逐个扫描输入串中的符号，对于三元的组合(即当前状态、当前输入字符、下推表顶上的符号)，由 δ 映射来确定下一个状态及下推表顶上的符号。在 δ 映射中，

$$\delta(q, a, z) = \{(q_1, \gamma_1), (q_2, \gamma_2), \cdots, (q_m, \gamma_m)\} \quad a \in \Sigma,\ z \in \Gamma$$
$$q, q_1, q_2, \cdots, q_m \in Q \quad \gamma_1, \gamma_2, \cdots, \gamma_m \in \Gamma^* \tag{11.3.25}$$

表示下推自动机在状态为 q，输入符号为 a、下推表顶上符号为 z 的情况下，把状态 q 变为 q_i，用 γ_i 代替 z，并使读数头前进一个符号。当 z 由 γ_i 代替时，γ_i 最左边符号处于栈顶，而最右边符号处于最低处。

$$\delta(q, \lambda, z) = \{(q_1, \gamma_1), (q_2, \gamma_2), \cdots, (q_m, \gamma_m)\} \tag{11.3.26}$$

表示下推自动机在状态为 q，下推表顶上符号为 z，且与所扫描的输入符号无关时，将进入状态 q_i，并用 γ_i 代替 z，此时读数头不再前进。这是操纵下推表内容的一种运算，常称为"λ 移动"。

下推自动机接受语言的方式有两种：

1) 由终止状态接受的语言为

$$T(M) = \{x \mid x \in \Sigma^+, \delta(q_0, x, z_0) = (q_f, \gamma), q_f \in F\} \tag{11.3.27}$$

其含义是：对于来自 Σ^+ 的输入串 x，M 从 q_0 开始，下推表顶上的符号为 z_0，按照 δ 映射的序列，扫描完整个符号串 x，若机器停止在终态 $q_f \in F$，则串 x 为 M 所接受。

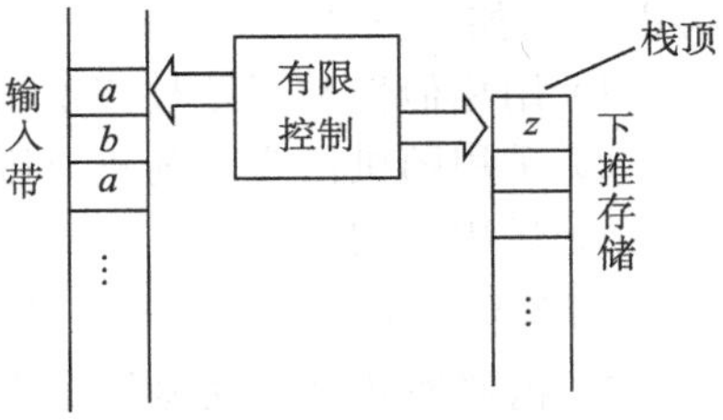

图 11.21 下推自动机示意图

2) 下推表变空接受的语言为

$$T_\lambda(M) = \{x \mid x \in \Sigma^+, \delta(q_0, x, z_0) = (q_i, \lambda)\} \tag{11.3.28}$$

此时 F 没有意义，$F = \varnothing$。其含义是对于来自 Σ^+ 的输入串 x，M 从 q_0 开始，下推表顶上的符号为 z_0，按照映射 δ 的序列，扫描完整个符号串 x，若下推表变空，则串 x 为 M 所接受。

设 $L(G)$是由文法 $G=(V_N, V_T, P, S)$以格雷巴赫标准形产生的上下文无关语言，则存在一个下推自动机 $M=(\Sigma, Q, \Gamma, \delta, q_0, z_0, F)$，使得 $T_\lambda(M)=L(G)$，其中

1) $\Sigma = V_T$。

2) $Q = \{q_1\}$。

3) $\Gamma = V_N$。

4) $q_0 = q_1$。

5) $z_0=S$。

6) $F=\varnothing$。

7) 每当 $A\to a\alpha$ 在 P 中时，$(q_1,\alpha)\in\delta(q_1,a,A)$。

例 11.10 设有上下文无关文法 $G=(V_N,V_T,P,S)$，$V_N=\{S,A,B\}$，$V_T=\{a,b\}$

$$P:\quad (1)S\to aB\quad (2)S\to bA\quad (3)A\to aS\quad (4)A\to bAA$$
$$(5)A\to a\quad (6)B\to bS\quad (7)B\to aBB\quad (8)B\to b$$

可以构造一个下推自动机 $M=(\Sigma,Q,\Gamma,\delta,q_0,z_0,F)$，使 $T_\lambda(M)=L(G)$，其中

$$\Sigma=V_T,\ \Gamma=V_N,\ Q=\{q_1\},\ q_0=q_1,\ z_0=S$$

δ：$\delta(q_1,a,S)=\{(q_1,B)\}$ 由 P 中(1)$S\to aB$

$\delta(q_1,b,S)=\{(q_1,A)\}$ 由 P 中(2)$S\to bA$

$\delta(q_1,b,A)=\{(q_1,AA)\}$ 由 P 中(4)$A\to bAA$

$\delta(q_1,a,B)=\{(q_1,BB)\}$ 由 P 中(7)$B\to aBB$

$\delta(q_1,a,A)=\{(q_1,S),(q_1,\lambda)\}$ 由 P 中(3)$A\to aS$，(5)$A\to a$

$\delta(q_1,b,B)=\{(q_1,S),(q_1,\lambda)\}$ 由 P 中(6)$A\to bS$，(8)$B\to b$

对于 $x=abba$ 的检查过程如下：

$$(q_1,S)\xrightarrow{a}(q_1,B)\xrightarrow{b}(q_1,S)\xrightarrow{b}(q_1,A)\xrightarrow{a}(q_1,\lambda)$$

由于下推表变空，故 M 接受输入串 x。

11.3.6 有噪声、畸变模式的句法识别

前面所讨论的识别方法，包括句法分析和自动机识别，一般只能接受正常的输入串，而拒绝任何由于某些原因而畸变的输入串。实际上，在模式预处理过程中经常会遇到噪声或干扰的影响，使待识别模式发生畸变。同时，在基元抽取及其识别过程中也存在分割误差以及对基元的误识别，从而使得到的句子有误差。对于有噪声、畸变句法模式的识别，可以采用如下方法：

1) 用相似性和误差校正剖析。

2) 采用随机语言与随机有限状态自动机。

3) 运用模糊技术。

此处先讨论前两种方法，而模糊技术在 11.4 节中讨论。

1. 相似性测度和误差校正剖析

当一个有噪声模式不能被任何文法所接受时，可以用相似性准则或误差校正剖析来识别。

(1)相似性测度

对于两个符号串 x，$y\in V_T^*$，可以定义转换 $T:V_T^*\to V_T^*$，使得 $y\in T(x)$。引入如下三种转换：

1) 代换误差转换 T_S：

$$\omega_1 a\omega_2 \stackrel{T_S}{\longmapsto} \omega_1 b\omega_2\quad a,b\in V_T\quad a\neq b\quad \omega_1,\omega_2\in V_T^* \tag{11.3.29}$$

2) 删除误差转换 T_D：

$$\omega_1 a\omega_2 \stackrel{T_D}{\longmapsto} \omega_1\omega_2\quad a\in V_T \tag{11.3.30}$$

3) 插入误差转换 T_I：

$$\omega_1\omega_2 \stackrel{T_I}{\longmapsto} \omega_1 a\omega_2\quad a\in V_T \tag{11.3.31}$$

两个符号串 x，$y\in V_T^*$ 之间的 Levenshtein 距离定义为从 x 导出 y 所需的最小转换数

目，即

$$d^L(x,y)=\min_J(k_j+m_j+n_j) \tag{11.3.32}$$

其中 J 是从导出所用到的转换序列，k_j，m_j，n_j 分别表示 J 中的代换、删除和插入转换的数目。

加权 Levenshtein 距离定义如下：

$$d^w(x,y)=\min_J(\sigma k_j+\gamma m_j+\delta n_j) \tag{11.3.33}$$

其中 σ，γ，δ 非负，分别是赋予代换、删除、插入误差的权重。

例 11.11 $x=cbabdbb$，$y=cbbabbdb$，求 $d^L(x,y)$

解：$x=cbabdbb \overset{T_S}{\longmapsto} cbabbbb \overset{T_S}{\longmapsto} cbabbdb \overset{T_I}{\longmapsto} cbbabbdb=y$

$$k_j=2,n_j=1,d^L(x,y)=3$$

(2)误差校正剖析

设 $L(G)$ 是一个给定的语言，y 是一个待剖析的句子，最小距离误差校正剖析的实质就是在 $L(G)$ 中寻找一个句子 $x\in L(G)$，使其满足下述最小距离准则：

$$d(x,y)=\min_z\{d(z,y)\mid z\in L(G)\} \tag{11.3.34}$$

则称 x 是 y 的最小距离校正。

显然，如果 $y\in L(G)$，那么 y 的最小距离校正就是 y 本身。

现在考虑输入的句子 x，x 受到干扰而产生畸变得到 y。要判断 $x\in L(G)$？由于 x 畸变为 y，即使 $x\in L(G)$，y 也不一定属于 $L(G)$。为了能对 y 进行剖析，需要加入一些由上述三种误差所引起的产生式，则得到扩展文法 $G'=(V'_N,V'_T,P',S')$，再用 G' 来剖析 y。构造扩展文法的算法如下：

输入：一个上下文无关文法 $G=(V_N,V_T,P,S)$

输出：一个上下文无关文法 $G'=(V'_N,V'_T,P',S')$

方法：

1) 在文法 G 的产生式集 P 中，将终止符 $a\in V_T$ 用新的非终止符 E_a 来代替，并将这些新的产生式作为 P' 中的产生式。

2) 在 P' 中加入生成规则

$$S'\rightarrow S \quad S'\rightarrow SH \quad H\rightarrow HI \quad H\rightarrow I$$

3) 对每一个 $a\in V_T$，在 P' 中加入生成规则

$$E_a\rightarrow a \quad E_a\rightarrow Ha \quad E_a\rightarrow\lambda(\lambda\ \text{是空链})$$

$$I\rightarrow a \quad E_a\rightarrow b \quad (b\neq a \quad b\in V'_T)$$

4) 令 $V'_N=V_N\cup\{S', H, I\}\cup\{E_a\mid a\in V_T\}$，$V'_T=V_T\cup b$

设 y 是一个句子，$L(G)$ 是一类语言，y 与 $L(G)$ 之间的距离由下式给出：

$$d_k[L(G),y]=\min\left\{\frac{1}{k}\sum_{j=1}^{k}d(z_j,y)\mid z_j\in L(G)\right\} \tag{11.3.35}$$

其中 k 是一个正整数。如果 $k=1$，则

$$d_1[L(G),y]=\min\{d(z,y)\mid z\in L(G)\} \tag{11.3.36}$$

是 y 与其在 $L(G)$ 中的最小距离校正之间的距离。

有了一个句子(代表一个模式)与一类语言(代表一个模式类)之间的距离定义，就可以如同统计模式识别中那样，用最小距离分类准则对由句子描述的未知模式进行分类。

设有 c 类模式 ω_1，ω_2，…，ω_c，其描述文法分别为 G_1，G_2，…，G_c。对于由句子 y

所描写的一个未知模式，计算

$$d_k[L(G_i),y] \quad i=1,\cdots,c \tag{11.3.37}$$

如果

$$d_k[L(G_l),y]=\min_{1\leqslant i\leqslant c}\{d_k[L(G_i),y]\} \tag{11.3.38}$$

则判定 $y\in\omega_l$。

2. 随机语言和随机有限状态自动机

如果属于两个或更多个不同类别的模式具有相同的噪声变形，即相同的句子，此时可以用随机文法来描述模式，而模式的分类则采用随机句法分析或随机有限状态自动机来实现。

(1)随机语言

一个随机文法是一个四元组

$$G_s=(V_N,V_T,P_s,S) \tag{11.3.39}$$

其中 V_N 和 V_T 分别是非终止符和终止符的有限集，$S\in V_N$ 是起始符，P_s 是随机产生式的有限集，每个产生式的形式如下：

$$\alpha_i \xrightarrow{p_{ij}} \beta_{ij} \quad j=1,\cdots,n_i,i=1,\cdots k \tag{11.3.40}$$

$\alpha_i\in V^+$，其中至少有一个非终止符，$\beta_{ij}\in V^*$，p_{ij} 是与使用这个产生式相联系的概率，满足

$$0\leqslant p_{ij}\leqslant 1 \quad \sum_{j=1}^{n_i}p_{ij}=1 \tag{11.3.41}$$

假如 $\alpha_i \xrightarrow{p_{ij}} \beta_{ij}$ 在 P_s 中，于是链 $\xi=\gamma_1\alpha_i\gamma_2$ 能够以概率 p_{ij} 被 $\eta=\gamma_1\beta_{ij}\gamma_2$ 所代换，这个导出式写成：

$$\xi \overset{p_{ij}}{\Rightarrow} \eta \tag{11.3.42}$$

并且说 ξ 以概率 p_{ij} 产生 η。如果存在一个链的序列 ω_1，…，ω_{n+1}，使得

$$\xi=\omega_1,\eta=\omega_{n+1},\omega_1 \overset{p_i}{\Rightarrow} \omega_{i+1}(i=1,\cdots,n) \tag{11.3.43}$$

则说 ξ 以概率 $p=\prod_{i=1}^{n}p_i$ 产生 η，这个导出式表示为

$$\xi \underset{*}{\overset{p}{\Rightarrow}} \eta \tag{11.3.44}$$

与这个导出式相联系的概率等于与导出式中所用到的随机产生式序列相联系的概率的乘积。

如果对于输入串 x 有 n_x 条推导路径，其生成概率分别为 $p_1(x)$，$p_2(x)$，…，$p_{n_x}(x)$，那么生成 x 的概率为

$$p(x)=\sum_{i=1}^{n_x}p_i(x) \tag{11.3.45}$$

由随机文法 G_s 产生的随机语言是 $L(G_s)$：

$$L(G_s)=\left\{(x,P(x)) \mid x\in V_T^+,S \underset{*}{\overset{p_i(x)}{\Rightarrow}} x(i=1,\cdots,n_x),p(x)=\sum_{i=1}^{n_x}p_i(x)\right\} \tag{11.3.46}$$

因为一个随机文法的产生式除了指派的概率以外，实际上与非随机的文法一样，故由

一个随机文法所产生的语言的集合和以非随机的方式产生的相同。

例 11.12 随机上下文无关文法 $G_s=(V_N,V_T,P_s,S)$，其中：

$$V_N=\{S\}\quad V_T=\{a,b\}$$

$$P_s:\quad S\xrightarrow{p}aSb\quad S\xrightarrow{1-p}ab$$

句子的典型产生方式有：

$$S\overset{1-p}{\Rightarrow}ab\qquad p(ab)=(1-p)$$

$$S\overset{p}{\Rightarrow}aSb\overset{1-p}{\Rightarrow}aabb=a^2b^2\qquad P(a^2b^2)=p(1-p)$$

$$S\overset{p^{t-1}}{\Rightarrow}a^{t-1}Sb^{t-1}\overset{1-p}{\Rightarrow}a^tb^t\qquad P(a^tb^t)=p^{t-1}(1-p)$$

故有

$$L(G_s)=\{(a^tb^t,p^{t-1}(1-p))\mid t\geqslant 1\}$$

(2)随机有限状态自动机

随机有限状态自动机是一个六元组

$$M_s=(\Sigma,Q,\delta,q_0,F,D)\tag{11.3.47}$$

其中 Σ、Q、δ、q_0、F 与前面的非随机的有限状态自动机相同，这里只加入了有限集 D，它是赋予 δ 映射的一组概率值。设当前状态为 q，当前输入符号为 a，它的下一状态为$\{q_1, q_2,\cdots, q_n\}$，即

$$\delta(q,a)=\{q_1,q_2,\cdots,q_n\}\tag{11.3.48}$$

令选择状态 q_i 的概率为 $p(q_i\mid a,q)$，如果

$$\sum_{i=1}^{n}p(q_i\mid a,q)=1\tag{11.3.49}$$

则 M_s 是正确的随机有限状态自动机。

如果 M_s 从 q_0 开始，扫描完串 x 以后停在终止状态 F，它可能有 n_x 条不同的状态转换序列来接受输入串 x，如果分别用 $p_1(x)$，$p_2(x)$，…，$p_{n_x}(x)$来表示 M_s 通过 n_x 条不同路径来识别输入串 x 的概率，则 M_s 识别输入串 x 的总概率为

$$p(x)=\sum_{i=1}^{n_x}p_i(x)\tag{11.3.50}$$

M_s 可以接受的语言为

$$T(M_s)=\left\{(x,p(x))\mid x\in\Sigma^+,p(x)=\sum_{i=1}^{n_x}p_i(x)\right\}\tag{11.3.51}$$

例 11.13 一个四状态的随机有限状态自动机 $M_s=(\Sigma,Q,\delta,q_0,F,D)$，其中

$$\Sigma=\{a,b\}\qquad Q=\{q_0,q_1,q_2,q_3\}\qquad F=\{q_2\}$$

δ 和 D 定义的随机状态转换如下：

$$\delta(q_0,a)=\{q_0,q_1,q_3\}\quad p(q_0\mid a,q_0)=p_1,p(q_1\mid a,q_0)=p_2,p(q_3\mid a,q_0)=p_3$$

$$\delta(q_0,b)=\{q_1\}\quad p(q_1\mid b,q_0)=1$$

$$\delta(q_1,a)=\{q_3\}\quad p(q_3\mid a,q_1)=1$$

$$\delta(q_1,b)=\{q_1,q_2\}\quad p(q_1\mid b,q_1)=p_4,p(q_2\mid b,q_1)=p_5$$

$$\delta(q_2,a)=\{q_3\}\quad p(q_3\mid a,q_2)=1$$

$$\delta(q_2,b)=\{q_3\}\quad p(q_3\mid b,q_2)=1$$

$$\delta(q_3,a)=\{q_3\}\quad p(q_3\mid a,q_3)=1$$

$$\delta(q_3,b)=\{q_3\}\quad p(q_3\mid b,q_3)=1$$

要求随机有限状态自动机是正确的，则

$$p_1+p_2+p_3=1,\quad p_4+p_5=1$$

图 11.22 给出该随机有限状态自动机的状态转移图。

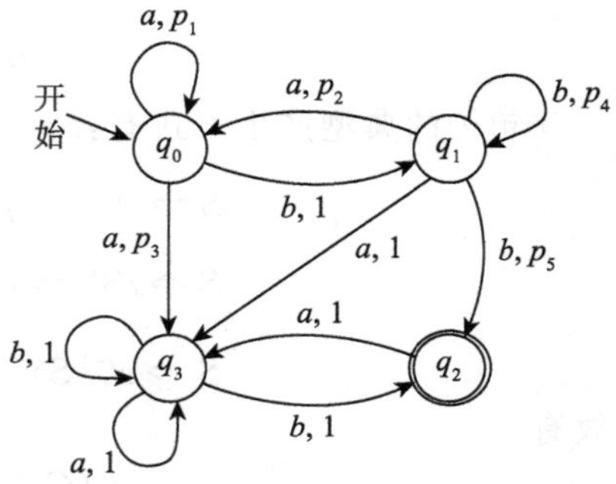

图 11.22 随机有限状态自动机状态图

当输入串为 $x=aabb$ 时，M_s 检查 x 的过程为：

$$q_0 \xrightarrow{a,p_1} q_0 \xrightarrow{a,p_1} q_0 \xrightarrow{b,1} q_1 \xrightarrow{b,p_5} q_2 \quad p_1(x)=p_1p_1p_5$$

$$q_0 \xrightarrow{a,p_1} q_0 \xrightarrow{a,p_2} q_1 \xrightarrow{b,p_4} q_1 \xrightarrow{b,p_5} q_2 \quad p_2(x)=p_1p_2p_4p_5$$

$$p(x)=p_1(x)+p_2(x)=p_1p_5(p_1+p_2p_4)$$

则 M_s 接受 x 的概率为 $p(x)$，M_s 拒绝 x 的概率为 $1-p(x)$。

需要指出的是：随机有限状态自动机中的 δ 映射和有限集 D 可以用状态转移矩阵 $\boldsymbol{M}$ 来表示，则随机有限状态自动机可以表示为五元组

$$M_s=(\Sigma,Q,\boldsymbol{M},\boldsymbol{\pi}_0,\boldsymbol{\pi}_F) \tag{11.3.52}$$

其中 $\boldsymbol{\pi}_0$ 是一个行向量，在起始状态的位置上，其分量等于 1，其他位置等于零；$\boldsymbol{\pi}_F$ 是一个列向量，在终止状态的位置上，其分量等于 1，其他位置等于零。对于例 11.13 来说，$\boldsymbol{\pi}_0=(1\quad 0\quad 0\quad 0)$，$\boldsymbol{\pi}_F=(0\quad 0\quad 1\quad 0)^{\mathrm{T}}$，其状态转移矩阵为

$$\boldsymbol{M}(a)=\begin{bmatrix} p_1 & p_2 & 0 & p_3 \\ 0 & 0 & 0 & 1 \\ 0 & 0 & 0 & 1 \\ 0 & 0 & 0 & 1 \end{bmatrix} \qquad \boldsymbol{M}(b)=\begin{bmatrix} 0 & 1 & 0 & 0 \\ 0 & p_4 & p_5 & 0 \\ 0 & 0 & 0 & 1 \\ 0 & 0 & 0 & 1 \end{bmatrix}$$

显然，状态转移矩阵 $\boldsymbol{M}(a)$ 的第 i 行第 j 列元素为自动机当前状态 q_i，读入字符 a 以后将状态转移到 q_j 的概率，即 $p(q_j|a,q_i)$。

设 $G_s=(V_N,V_T,P_s,S)$ 是一个随机有限状态文法，则存在一个随机有限状态自动机 $M_s=(\Sigma,Q,\boldsymbol{M},\boldsymbol{\pi}_0,\boldsymbol{\pi}_F)$，使得 $T(M_s)=L(G_s)$，其中

1) $\Sigma=V_T$。

2) $Q=V_N\cup\{T,R\}$，其中 T 是终止状态，R 是拒绝状态。如果 $V_N=\{A_1,\cdots,A_k\}$，则可令 $A_{k+1}=T,A_{k+2}=R$。

3) $\boldsymbol{\pi}_0$ 在起始状态 S 的位置上其分量为 1，其余为 0。

4) 最终状态只有一个元素，$F=\{T\}$，则 $\boldsymbol{\pi}_F$ 在状态 T 的位置上分量为 1，其余为 0。

5) 对于状态转移矩阵 $\boldsymbol{M}$：

- 如果 P_s 中有产生式 $A_i\rightarrow a_lA_j$ 且有概率 p_{ij}^l，则状态转移矩阵的 $\boldsymbol{M}(a_l)$ 的第 i 行第 j 列元素就是 p_{ij}^l。
- 对于一个具有概率为 p_{i0}^l 的产生式 $A_i\rightarrow a_l$，则状态转移矩阵的 $\boldsymbol{M}(a_l)$ 的第 i 行第 $(k+1)$ 列元素就是 p_{i0}^l。
- 第 $(k+2)$ 列元素值的确定是使得状态转移矩阵符合正确的随机有限状态自动机的条件。

例 11.14 设有随机有限状态文法 $G_s=(V_N,V_T,P_s,S)$，其中

$$V_N=\{S,A,B\} \qquad V_T=\{0,1\}$$

$$P_s:\quad S\xrightarrow{1}1A \quad A\xrightarrow{0.8}0B \quad A\xrightarrow{0.2}1$$

$$B\xrightarrow{0.3}0 \quad B\xrightarrow{0.7}1S$$

则可构造 $M_s=(\Sigma,Q,\boldsymbol{M},\boldsymbol{\pi}_0,\boldsymbol{\pi}_F)$，使得 $T(M_s)=L(G_s)$，其中

1) $\Sigma=\{0,1\}$。

2) $Q=\{S,A,B,T,R\}$。

3) $\boldsymbol{\pi}_0=(1\quad 0\quad 0\quad 0\quad 0)$。

4) $\boldsymbol{\pi}_F=(0\quad 0\quad 0\quad 1\quad 0)^{\mathrm{T}}$。

5) 状态转移矩阵 $\boldsymbol{M}$ 为

$$\boldsymbol{M}(1)=\begin{pmatrix}0 & 1 & 0 & 0 & 0\\ 0 & 0 & 0 & 0.2 & 0.8\\ 0.7 & 0 & 0 & 0 & 0.3\\ 0 & 0 & 0 & 0 & 1\\ 0 & 0 & 0 & 0 & 1\end{pmatrix}\qquad \boldsymbol{M}(0)=\begin{pmatrix}0 & 0 & 0 & 0 & 1\\ 0 & 0 & 0.8 & 0 & 0.2\\ 0 & 0 & 0 & 0.3 & 0.7\\ 0 & 0 & 0 & 0 & 1\\ 0 & 0 & 0 & 0 & 1\end{pmatrix}$$

M_s 接受 x 的概率为

$$p(x)=\boldsymbol{\pi}_0\boldsymbol{M}(x)\boldsymbol{\pi}_F$$

如果 $x=10111$，则有

$$p(x)=\boldsymbol{\pi}_0\boldsymbol{M}(1)\boldsymbol{M}(0)\boldsymbol{M}^3(1)\boldsymbol{\pi}_F=0.112$$

11.4 模糊图像识别

统计图像识别和句法图像识别方法不仅在理论上得到逐步完善，而且在许多领域中取得了实际的应用成果，如文字识别、目标检测、医疗诊断、生物医学信号分析、图像分析与识别、语音识别和理解、指纹鉴别以及天气预报等。然而，人脑的重要特点之一就是能对模糊事物进行识别和判断，模式识别的核心问题也就是如何使机器模拟人脑的思维方法，从而对客观事物进行更为有效的分类与识别。一方面，目前已广泛使用的统计方法与人脑的识别机理有较大的差异；另一方面，待识别的客观事物或多或少地存在某些模糊性。因此，在图像识别中引入模糊数学方法，用模糊技术来设计图像识别系统，可简化识别系统的结构，可更广泛、更深入地模拟人脑的思维过程，从而提高计算机的智能，提高系统的实用性和可靠性。

11.4.1 模糊集合及其运算

设 A'是论域 U 上的普通集合，$u\in U$，称下述映射 $X_{A'}$ 为 A'的特征函数

$$X_{A'}:\quad U\rightarrow\{0,1\} \tag{11.4.1}$$

$$u\mapsto X_{A'}(u)=\begin{cases}1 & u\in A'\\ 0 & u\notin A'\end{cases} \tag{11.4.2}$$

A'的特征函数在 u 处的值 $X_{A'}(u)$叫做 u 对 A'的隶属程度。显然，就 U 的某一个元素 u 而言，只能有 u 属于 $A'(X_{A'}(u)=1)$或者 u 不属于 $A'(X_{A'}(u)=0)$，二者必居其一。因此，给定了一个特征函数，就等于给定了一个普通集合。

然而，在现实世界中大量存在着内涵和外延都不分明的模糊现象或模糊概念，如“多云”、“小雨”、“胖”、“瘦”、“高”、“低”等。这些模糊现象或模糊概念不能用普通集合来刻画，而需要 L. A. Zadeh 创立的模糊集合。

设在论域 U 上，若给定了从 U 到[0，1]的一个映射：

$$\mu_A:\quad U\rightarrow[0,1] \tag{11.4.3}$$

$$u\mapsto\mu_A(u) \tag{11.4.4}$$

则说确定了 U 上的一个模糊集，并称 $\mu_A(u)$为 u 对 A 的隶属度，$\mu_A(u)$为 A 的隶属函数。

正如普通集合完全由特征函数所刻画一样，模糊集合也完全由隶属函数所刻画。$\mu_A(u)$的值越接近于 1，u 就越属于 A；反之，$\mu_A(u)$的值越接近于 0，u 就越不属于 A。当 $\mu_A(u)$的值域变为{0，1}时，$\mu_A(u)$就演化为特征函数 $X_A(u)$，于是，模糊集合就演化为普通集合。因此可以说，普通集合是模糊集合的特例，模糊集合是普通集合的扩展。

U 上所有模糊集合构成的集合类用 $F(U)$表示，即

$$F(U) = \{A \mid A \text{ 为 } U \text{ 上的模糊集合}\} \tag{11.4.5}$$

模糊集合有各种各样的表示方法，常用的表示方法有序偶法、Zadeh 法和向量法。

(1)序偶法

$$A = \{(u, \mu_A(u)), u \in U\} \tag{11.4.6}$$

这种方法明确地显示了 U 中每个元素 u 对 A 的隶属度。

(2) Zadeh 法

1) 当 $U=\{u_1, u_2, \cdots, u_n\}$为有限集时，则 U 上的模糊集 A 可表示为

$$A = \mu_A(u_1)/u_1 + \mu_A(u_2)/u_2 + \cdots + \mu_A(u_n)/u_n$$
$$= \sum_{i=1}^{n} \frac{\mu_A(u_i)}{u_i} \tag{11.4.7}$$

式中加号“+”并不表示普通的加法求和，横线也不是分数的意义，其中的分母表示元素，分子表示相应的隶属度，$\sum$表示对于这 n 个带有隶属度的元素的一个总概括。

2) 当 U 为无限集时，A 可记为

$$A = \int_U \mu_A(u)/u \tag{11.4.8}$$

这里的“$\int$”已没有积分的意义，而是表示论域 U 上的各元素 u 与其对应的隶属度 $\mu_A(u)$的总体。

(3) 向量法

对于有限论域 $U=\{u_1, u_2, \cdots, u_n\}$，当不特别强调论域 U 的元素时，$\boldsymbol{A}$ 也可表示为一个 n 维行向量，即

$$\boldsymbol{A} = (\mu_A(u_1), \mu_A(u_2), \cdots, \mu_A(u_n)) \tag{11.4.9}$$

例 11.15 设 $U=\{1,2,3,4,5,6,7,8,9\}$，A 表示“靠近 5 的自然数”，并且已确认 U 中各元素对 A 的隶属度如表 11.1 所示。

表 11.1 例 11.15 的隶属度

元素 u_i	1	2	3	4	5	6	7	8	9
隶属度 $\mu_A(u_i)$	0	0.1	0.45	0.85	1	0.85	0.45	0.1	0

则 A 可表示为：

1) 序偶法：

$$A = \{(1,0),(2,0.10,(3,0.45),(4,0.85),(5,1),(6,0.85),(7,0.45),(8,0.1),(9,0)\}$$

2) Zadeh 法：

$$A = 0/1 + 0.1/2 + 0.45/3 + 0.85/4 + 1/5 + 0.85/6 + 0.45/7 + 0.1/8 + 0/9$$

3) 向量法：

$$\boldsymbol{A} = (0, 0.1, 0.45, 0.85, 1, 0.85, 0.45, 0.1, 0)$$

例 11.16 取年龄作为论域 $U=[0, 100]$，以模糊集 Y 和 O 分别表示“年轻”和“年

老”这两个模糊概念。L. A. Zadeh 给出它们的隶属函数(如图 11.23 所示)如下：

$$\mu_Y(u)=\begin{cases}1 & 0\leqslant u\leqslant 25\\ \left[1+\left(\dfrac{u-25}{5}\right)^2\right]^{-1} & 25<u\leqslant 100\end{cases}\tag{11.4.10}$$

$$\mu_O(u)=\begin{cases}0 & 0\leqslant u< 50\\ \left[1+\left(\dfrac{u-50}{5}\right)^{-2}\right]^{-1} & 50\leqslant u\leqslant 100\end{cases}\tag{11.4.11}$$

设 A，$B\in F(U)$，若对 $\forall u\in U$，则模糊集合的常见运算有

1) $\mu_A(u)=\mu_B(u)$ 则称 A 和 B 相等，记为 $A=B$，即

$$A=B\Leftrightarrow\mu_A(u)=\mu_B(u)\tag{11.4.12}$$

2) $\mu_A(u)\leqslant\mu_B(u)$ 则称 B 包含 A，或称 A 是 B 的子集，记为 $A\subseteq B$，即

$$A\subseteq B\Leftrightarrow\mu_A(u)\leqslant\mu_B(u)\tag{11.4.13}$$

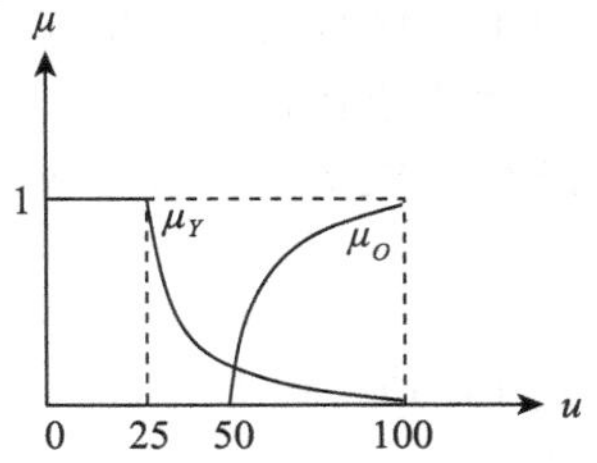

图 11.23 “年轻”和“年老”的隶属函数

3) A 与 B 的并集 $A\cup B$ 的隶属函数为：

$$\mu_{A\cup B}(u)=\mu_A(u)\vee\mu_B(u)=\max(\mu_A(u),\mu_B(u))\tag{11.4.14}$$

4) A 与 B 的交集 $A\cap B$ 的隶属函数为：

$$\mu_{A\cap B}(u)=\mu_A(u)\wedge\mu_B(u)=\min(\mu_A(u),\mu_B(u))\tag{11.4.15}$$

5) A 的余集 A^C 的隶属函数为：

$$\mu_{A^C}(u)=1-\mu_A(u)\quad\forall u\in U\tag{11.4.16}$$

11.4.2 隶属函数确定方法

隶属函数是模糊集合论所赖以建立的基石，合理地确定出模糊子集的隶属函数就成为一个非常重要的问题。那么，如何建立隶属函数呢？至今仍无统一方法可循。目前常用的方法有模糊统计法、二元对比后总体排序法、经验权重法、模糊插值法以及用常用的模糊分布逼近给定模糊集合的隶属函数等。

1. 模糊统计法

如前所述，隶属函数是描写事物一种不确定性的度量，它在[0，1]闭区间取值，这与也在[0，1]中取值的概率有着本质的区别。概率论所研究的是随机现象，其事物本身有着明确的含义，只是由于条件不充分，因而在事件出现与否的问题上表现出不确定性，即随机性。而模糊集合所研究的是模糊现象，其概念本身就没有明确的外延，由于客观事物的确存在着中介过渡状态，因而造成划分上的不确定性，这就是模糊性。随机性的量度是概率，而模糊性的量度是隶属度。

一事件是否出现的概率可以通过大量的随机实验，用统计的方法求得。如果事件 B 在 n 次实验中出现了 k 次，则事件 B 出现的概率 p 为

$$p=\lim_{n\to\infty}\frac{k}{n}\tag{11.4.17}$$

实际上当然不能做无穷次实验，只要 n 充分大就足够使 p 值处于一个稳定的[0，1]区间。随机实验的最基本的一项要求是在每一次实验下，事件 B 究竟发生与否必须是确定的。

隶属函数也可以通过模糊统计而得到。模糊统计实验有四个要素：

1) 论域 U。

2) U 中的一个固定元素 u_0。

3) U 中一个可运动的普通集合 A'，A'联系于一个模糊集 A（相应的模糊概念为 α），A'的每一次固化都是对 α 进行的一次确切划分，它表示 α 的一个近似的外延。

4) 条件 S，它联系着对概念 α 所进行的划分过程的全部客观或心理因素，制约着 A' 的运动。

模糊性产生的根本原因是：S 对划分过程没有限制死，A'可以变异，它可以覆盖 u_0，也可以不覆盖 u_0，致使对 A'的隶属关系是不确定的。

简单模糊统计实验的基本要求是在每次实验下，要对 u_0 是否属于 A'作一个确切的判断。这就要求在每一次实验下，A'必须是一个取定的普通集合。

进行 n 次实验，计算 u_0 对模糊集合 A 的隶属频率

$$u_0 \text{ 对 } A \text{ 的隶属频率} = \frac{\text{“}u_0 \in A'\text{” 的次数}}{n} \tag{11.4.18}$$

例 11.17 设 $U=(0,100)$（单位：岁），$A=$“青年人”是 U 上的模糊集合，求 A 的隶属函数。

引用张南纶和蔡训武同志的做法。他们在武汉建材学院选择了 129 位合适人选，请他们独自认真考虑了“青年人”的含义之后，报出他们认为青年人最适宜的年龄区间，如[18，25]，[20，30]，[14，25]，…共 129 个区间。年龄 u_0 的人对于“青年人”这个模糊集合 A 的隶属度为

$$\mu_A(u_0) = \frac{\text{包含 } u_0 \text{ 的区间数}}{\text{总区间数}(129)}$$

例如，当 $u_0=27$，包含 27 的区间有 101 个，则

$$\mu_A(27) = \frac{101}{129} = 0.78$$

又如，当 $u_0=34$，包含 34 的区间有 26 个，则

$$\mu_A(34) = \frac{26}{129} = 0.20$$

为建立“青年人”的隶属函数，他们用同样的方法还在武汉大学调查了 106 人，在西安工业学院调查了 93 人，得到的两个隶属函数曲线都有明显的相似性。这说明他们建立的“青年人”的隶属函数曲线，在较大范围内客观地反映了人们对于“青年人”这一模糊概念的心理观念。

他们这一工作的重要意义在于，用实例说明了建立隶属函数虽然含有人们的主观因素，但本质上是客观规律的反映。

必须指出，就人类自然语言中的模糊概念进行模糊统计时，必须要求被调查者理解此模糊概念的意义；有用数量近似表达这一概念的能力，能较贴切地利用普通集合来表达自己对模糊概念的理解。

2. 二元对比后总体排序法

人们对于客观事物的认识往往是从二元对比开始的，即先将总体中各元素两两对比，从而确定其对于某种特性的相对隶属的顺序，然后再按照一定的方法转化为总体的顺序，由此便可得到各元素对于某模糊集合的隶属度。常用的方法有择优比较法、相对比较法、对比平均法等。

(1) 择优比较法

例 11.18 生产乒乓球拍用什么颜色最好？设被选择的颜色论域为 $U=\{$红 R，橙 O，

黄 Y，绿 G，蓝 B｝，A=“颜色好”。从乒乓球爱好者中随机抽取 500 人，每人被试 20 次。每次从 U 中选两种颜色对比。被试者从两种颜色中择优一种作为喜爱的颜色。试验记录于表 11.2 中。

表 11.2 择优次序表

	R	O	Y	G	B	Σ	%
R		517	525	545	661	2248	22.48
O	483		841	477	576	2377	23.77
Y	475	159		534	614	1782	17.82
G	455	523	466		613	2087	20.87
B	339	424	386	357		1506	15.06

例如在 1000 次红橙两色对比中，认为红比橙优的共 517 次，橙比红优的共 483 次。其中“Σ”列的 2248 表明在 10000 次两个不同颜色的对比中，认为红色好的共为 2248 次，占 22.48%。根据表 11.2 中“%”列的统计数字，我们可规定：

$$\mu_A(\mathrm{R}) = 22.48\% \quad \mu_A(\mathrm{Y}) = 17.82\% \quad \mu_A(\mathrm{B}) = 15.06\%$$
$$\mu_A(\mathrm{O}) = 23.77\% \quad \mu_A(\mathrm{G}) = 20.87\%$$

（2）相对比较法

设 $U=\{u_1,u_2,\cdots,u_n\}$ 上的模糊集合 A 代表某种特性，则 A 的隶属函数可按下述步骤确定：

1）建立 U 中任意两元素关于 A 的二元相对比较级 $(f_j(i),f_i(j))$，使满足

$$0 \leqslant f_j(i),\ f_i(j) \leqslant 1 \tag{11.4.19}$$

其中 $f_j(i)$ 表示相对于 u_j 而言，u_i 具有特性 A 的程度；$f_i(j)$ 表示相对于 u_i 而言，u_j 具有特性 A 的程度。即如果将 u_i 具有特性 A 的程度定为 $f_j(i)$，那么，u_j 具有特性 A 的程度就为 $f_i(j)$。

2）建立相及矩阵 $\boldsymbol{C}=(c_{ij})_{n\times n}$

$$c_{ij} = \frac{f_j(i)}{\max(f_j(i),f_i(j))} \quad c_{ii} = 1 \tag{11.4.20}$$

3）取相及矩阵中各行的最小值作为各行对应元素的隶属度，即

$$\mu_A(u_i) = \min_{1\leqslant j\leqslant n} c_{ij} \tag{11.4.21}$$

从而建立了 U 上的模糊集合 A 的隶属函数。

例 11.19 设 $U=\{$樱花(x),菊花(y),蒲公英$(z)\}$，$A=$“美”，求 A 的隶属函数。

1）建立二元相对比较级。可通过某小组各成员对 U 中元素两两相对评分后取平均值的方法得到如下各数对的值：

$$(f_y(x),\quad f_x(y)) = (0.8,0.7)$$
$$(f_z(y),\quad f_y(z)) = (0.8,0.4)$$
$$(f_x(z),\quad f_z(x)) = (0.5,0.9)$$

2）建立相及矩阵

$$c_{xy} = \frac{f_y(x)}{\max(f_y(x),f_x(y))} = \frac{0.8}{0.8} = 1$$
$$c_{xz} = \frac{f_z(x)}{\max(f_z(x),f_x(z))} = \frac{0.9}{0.9} = 1$$

$$c_{yx}=\frac{f_x(y)}{\max(f_x(y),f_y(x))}=\frac{0.7}{0.8}=\frac{7}{8}$$

$$c_{yz}=1,\quad c_{zx}=\frac{5}{9},\quad c_{zy}=\frac{1}{2}$$

于是得

$$\boldsymbol{C}=\begin{bmatrix}1 & 1 & 1\\ \frac{7}{8} & 1 & 1\\ \frac{5}{9} & \frac{1}{2} & 1\end{bmatrix}\begin{matrix}x\\ y\\ z\end{matrix}$$
$$\quad x\quad y\quad z$$

3）各行取小后得 A 的隶属函数为

$$A=\frac{1}{x}+\frac{\frac{7}{8}}{y}+\frac{\frac{1}{2}}{z}$$

据此，我们可以说：樱花最美，菊花稍次，蒲公英更次。

（3）对比平均法

对于有限论域 $U=\{u_1,u_2,\cdots,u_n\}$ 上的模糊集合 A：

1）如同相对比较法中的步骤 1，建立 U 中任意两元素关于 A 的"二元相对比较级$(f_j(i),f_i(j))$，$i,j=1,\cdots,n$，得到相对比较矩阵 $\boldsymbol{F}$

$$\boldsymbol{F}=(f_{ij})_{n\times n}$$
$$f_{ij}=f_j(i)\quad f_{ii}=1 \tag{11.4.22}$$

2）按下式确定各元素的隶属度

$$\mu_A(u_i)=\sum_{j=1}^{n}w_j f_{ij}\quad i=1,\cdots,n \tag{11.4.23}$$

其中 $w_j(j=1,\cdots,n)$为权重，满足 $\sum_{1}^{n}w_j=1$。

3. 模糊插值法

设论域 $U=\{u_1,u_2,\cdots,u_n\}$上有 m 个模糊概念 $FC_i(i=1,\cdots,m)$。模糊概念 FC_i 所具有的范例集合为 E_i。所谓模糊概念 FC_i 的范例 u_j 就是元素 u_j 完全隶属于 FC_i，即

$$\mu_{FC_i}(u_j)=1 \tag{11.4.24}$$

因此，FC_i 的范例集合 E_i 是一个普通子集，即

$$E_i=\{u_j\,|\,\mu_{FC_i}(u_j)\equiv 1\} \tag{11.4.25}$$

其特征函数为

$$x_{E_i}(u_j)=\begin{cases}1 & \mu_{FC_i}(u_j)=1\\ 0 & \text{其他}\end{cases} \tag{11.4.26}$$

显然，E_i 是模糊概念 FC_i 的核。如果用行向量 $\boldsymbol{e}_i$ 表示范例集合，则有

$$\boldsymbol{e}_i=(e_{i1},\cdots,e_{ij},\cdots,e_{in}) \tag{11.4.27}$$

其中

$$e_{ij}=x_{E_i}(u_j) \tag{11.4.28}$$

于是，m 个范例集合就组成了范例矩阵 $\boldsymbol{E}$

$$E = \begin{pmatrix} e_1 \\ e_2 \\ \vdots \\ e_m \end{pmatrix} \tag{11.4.29}$$

令 m 个模糊概念的隶属矩阵为 **MBS**，有

$$\boldsymbol{MBS} = (\boldsymbol{mbs}_1, \cdots, \boldsymbol{mbs}_i, \cdots, \boldsymbol{mbs}_m)^{\mathrm{T}} \tag{11.4.30}$$

其中 $\boldsymbol{mbs}_i$ 为模糊概念 FC_i 的隶属向量，即

$$\boldsymbol{mbs}_i = (m_{i1}, \cdots, m_{in})^{\mathrm{T}} \tag{11.4.31}$$

$$m_{ij} = \mu_{FC_i}(u_j) \tag{11.4.32}$$

而确定 m_{ij} 的方法为：

1）如果 $\mu_{FC_i}(u_j)=1$，则 $\overline{m}_{ij}=1$，否则令

$$\overline{m}_{ij} = \frac{1}{t}\sum_{e_{ik}=1} S(u_j, u_k) \tag{11.4.33}$$

其中

$$t = \sum_{k=1}^{n} e_{ik} = |E_i| \tag{11.4.34}$$

为模糊概念 FC_i 中的范例数；$S(u_j, u_k)$为 U 中元素 u_j 与范例集 E_i 中元素 u_k 的相似度，可取 $S(u_j,u_k)=1-d(u_j,u_k)/d_{\max}$，$d_{\max}=\max\limits_{j,k} d(u_j,u_k)$，而 $d(u_j,u_k)$为 u_j 与 u_k 的距离。显然，$\overline{m}_{ij}$ 是元素 $u_j \in U$ 与 FC_i 中所有范例的相似度的平均值。

2）对 $\overline{m}_{ij}$ 进行模糊滤波就得到了 FC_i 隶属向量 $\boldsymbol{mbs}_i$ 中的第 j 个分量 m_{ij}，使之更符合实际。因此，可令 $m_{ij}=(\overline{m}_{ij})^2$。

由此可见，上述确定 FC_i 的隶属向量的方法实际上就是由 FC_i 的核 E_i，借助元素之间的相似度对 $\boldsymbol{mbs}_i$ 进行内插，从而获得整个隶属向量。

例 11.20 设论域 $U=\{2,1,0,-1,-2\}$上有如下 3 个模糊概念：

$FC_1=$ “Good”

$FC_2=$ “Normal”

$FC_3=$ “Bad”

其模糊概念的范例矩阵为

$$E = \begin{pmatrix} 1 & 0 & 0 & 0 & 0 \\ 0 & 1 & 0 & 0 & 0 \\ 0 & 0 & 1 & 0 & 0 \\ 0 & 0 & 0 & 1 & 0 \\ 0 & 0 & 0 & 1 & 0 \end{pmatrix}$$

则按上述方法确定的隶属矩阵为

$$\boldsymbol{MBS} = \begin{pmatrix} 1.000 & 1.000 & 0.391 & 0.141 & 0.016 \\ 0.250 & 0.562 & 1.000 & 0.562 & 0.250 \\ 0.016 & 0.141 & 0.391 & 1.000 & 1.000 \end{pmatrix}$$

则 FC_1、FC_2 和 FC_3 的隶属向量 $\boldsymbol{mbs}_1$、$\boldsymbol{mbs}_2$ 和 $\boldsymbol{mbs}_3$ 分别为

$$\boldsymbol{mbs}_1 = \begin{pmatrix} 1.000 \\ 1.000 \\ 0.391 \\ 0.141 \\ 0.016 \end{pmatrix} \quad \boldsymbol{mbs}_2 = \begin{pmatrix} 0.250 \\ 0.562 \\ 1.000 \\ 0.562 \\ 0.250 \end{pmatrix} \quad \boldsymbol{mbs}_3 = \begin{pmatrix} 0.016 \\ 0.141 \\ 0.391 \\ 1.000 \\ 1.000 \end{pmatrix}$$

4. 常见的模糊分布

在处理实际问题时，常常选择一些典型的模糊分布函数逼近所研究的模糊集合的隶属函数，可使计算更为简便。典型的模糊分布函数有偏小型、中间型和偏大型，详细内容请见模糊集合与模糊数学类相关文献。

11.4.3 模糊识别原则

目前常用的模糊识别原则有最大隶属原则、最大关联隶属原则与择近原则。

1. 最大隶属原则

设论域 U 上有 n 个模糊集合

$$A_i(i=1,\cdots,n) \tag{11.4.35}$$

分别描述 n 个模式类 ω_1，ω_2，…，ω_n，而模糊集合 A_i 又完全由其隶属函数 $\mu_{A_i}(u)$ 所刻画。记 $u_i(u\in U)$ 对模糊集合 A_j 的隶属度 $\mu_{A_j}(u_i)$ 为 b_{ij}，即

$$b_{ij}=\mu_{A_j}(u_i) \tag{11.4.36}$$

于是，u_i 对这 n 个模糊集合的隶属向量为 $\boldsymbol{B}_i$

$$\boldsymbol{B}_i=(b_{i1},b_{i2},\cdots,b_{in})^{\mathrm{T}} \tag{11.4.37}$$

最大隶属原则指出：若有 $s\in\{1,2,\cdots,n\}$，使

$$b_{is}=\max[b_{i1},b_{i2},\cdots,b_{in}] \tag{11.4.38}$$

则认为 u_i 隶属于 A_s，即未知模式 u_i 隶属于 ω_s 类。

最大隶属原则是最简单、最常用的模糊识别原则。

例 11.21 癌细胞识别。

对癌细胞的识别是一个比较复杂的问题，因为不仅涉及细胞本身，还与组织中周围的情况有关，这里所介绍的只是对细胞本身若干物理参数的量度。这些参数构成一个集合 U，

$$U=\{x\mid x=(NA,NL,A,L,NI,MI,ME)\}$$

其中 NA 为核(拍照)面积，NL 为核周长，A 为细胞面积，L 为细胞周长，NI 为核内总光密度，MI 为核内平均光密度，ME 为核内平均透过率。

根据某些临床经验，不正常的细胞大致有下列 6 种，它们是 U 上的模糊子集，其隶属函数为：

- 核增大 $$\mu_A=\left(\frac{1+a_1(NA_0)^2}{(NA)^2}\right)^{-1}$$
- 核增深 $$\mu_B=\left(\frac{1+a_2}{(NI)^2}\right)^{-1}$$
- 核浆比倒置 $$\mu_C=\left(\frac{1+a_3}{(NA)^2}\right)^{-1}$$
- 染色质不均 $$\mu_D=\left(\frac{1+a_4ME}{(ME+\lg MI)}\right)^{-1}$$
- 核畸形 $$\mu_E=\left(\frac{1+a_5}{(NL^2/NA-4\pi)^2}\right)^{-1}$$
- 细胞畸形 $$\mu_F=\left(\frac{1+a_6}{(L^2/A-L_0^2/A_0)^2}\right)^{-1}$$

其中 NA_0 为正常核面积，A_0、L_0 为正常值，a_1，…，a_6 为调整参数。

有人将上述诸因素通过运算构成如下的模糊子集：

- 癌　　$\mu_M = [(\mu_A \wedge \mu_B) \wedge \mu_C \wedge (\mu_D \vee \mu_E)] \vee \mu_F$
- 正常　　$\mu_K = \bar{\mu}_M \wedge \bar{\mu}_N \wedge \bar{\mu}_R$
- 重度核异质　　$\mu_N = \mu_A \wedge \mu_B \wedge \mu_C \wedge \bar{\mu}_M$
- 轻度核异质　　$\mu_R = \mu_A^{1/2} \wedge \mu_B^{1/2} \wedge \mu_C^{1/2} \wedge \bar{\mu}_M \wedge \bar{\mu}_N$

给出一个具体细胞，测出其各参数值，代入上述各隶属函数公式进行计算，按最大隶属原则取 μ_M、μ_K、μ_N、μ_R 中最大的一类，即为识别结果。

必须指出，由于最大隶属原则只考虑隶属向量 $\boldsymbol{B}_i$ 中的最大分量，即最大隶属度，其他分量均置之不理，丢失的信息较多。也就是说，最大隶属原则对隶属向量 $\boldsymbol{B}_i$ 中的非最大分量的信息没有充分利用，因此，在实际应用中可能会出现较大的误差，甚至得到反常的结论。为此，我们提出了最大关联隶属原则识别法。

2. 最大关联隶属原则

设 F_I 为离散函数集，r 为映射，

$$r: F_I \times F_I \rightarrow [0,1] \tag{11.4.39}$$

若有如下三条成立：

1）规范性：对任意 $f \in F_I$，有 $r(f,f)=1$；

2）对称性：对任意 f，$g \in F_I$，有 $r(f, g)= r(g, f)$；

3）传递性：对任意 f，g，$h \in F_I$，若 $r(f,f_0) \geqslant r(g,f_0)$，$r(g,f_0) \geqslant r(h,f_0)$，则必有 $r(f,f_0) \geqslant r(h,f_0)$；

则称 r 的值为关联度。

关联度是离散函数(或数列、向量)之间的接近测度。

设在论域 U 上有 n 个模糊集合

$$A_1, A_2, \cdots, A_n$$

$u_i \in U(i=1,\cdots,t)$，u_i 对于这些模糊集合的隶属向量为 $\boldsymbol{B}_i$

$$\boldsymbol{B}_i = (b_{i1}, b_{i2}, \cdots, b_{in})^{\mathrm{T}} \qquad i = 1,\cdots,t \tag{11.4.40}$$

其中 b_{ik} 为 u_i 对模糊集合 A_K 的隶属度，即

$$b_{ik} = \mu_{A_k}(u_i) \quad i = 1,\cdots,t; k = 1,\cdots,n \tag{11.4.41}$$

同时，不妨假设论域 U 中存在 n 个这样的元素 $u_j^0(j=1,\cdots,n)$，使得其隶属向量 $\boldsymbol{B}_j^0$ 如下所示

$$\boldsymbol{B}_j^0 = (b_{j1}^0, b_{j2}^0, \cdots, b_{jn}^0)^{\mathrm{T}} \quad j = 1,\cdots,n \tag{11.4.42}$$

其中

$$b_{jk}^0 = \begin{cases} 1 & j = k \\ 0 & j \neq k \end{cases} \tag{11.4.43}$$

换言之，u_j^0 对模糊集合 A_j 的隶属度为 1，对其余模糊集合的隶属度为 0。显然，可确定地(即毫不含糊地)认为 u_j^0 完全隶属于 A_j。

为了确定 $u_i(i=1,\cdots,t)$的归属，先计算其隶属向量 $\boldsymbol{B}_i(i=1,\cdots,t)$与 $\boldsymbol{B}_j^0(j=1,\cdots,n)$之间的关联度 r_{ij}，即

$$r_{ij} = \frac{1}{n}\sum_{k=1}^{n}\xi_{ij}(k) \tag{11.4.44}$$

$$i = 1,\cdots,t; \quad j = 1,\cdots,n$$

其中 $\xi_{ij}(k)$为 $\boldsymbol{B}_i$ 与 $\boldsymbol{B}_j^0$ 在第 k 分量的关联系数，

$$\xi_{ij}(k)=\frac{\min_i \min_k \Delta_{ij}(k)+\rho \max_i \max_k \Delta_{ij}(k)}{\Delta_{ij}(k)+\rho \max_i \max_k \Delta_{ij}(k)} \tag{11.4.45}$$

$\Delta_{ij}(k)$为 $\boldsymbol{B}_i$ 与 $\boldsymbol{B}_j^0$ 在第 k 分量的绝对差，

$$\Delta_{ij}(k)=\left|b_{ik}-b_{jk}^0\right| \tag{11.4.46}$$

ρ 是分辨系数，是 0 与 1 之间的数，一般取 $\rho=0.5$。

必须指出，上述关联度 r_{ij} 的计算式只是目前常用的一种形式。在实际使用过程中，设计者完全可以根据待解决问题的性质自行定义合适的关联度计算公式，只要满足关联度定义中的规范性、对称性和传递性即可。

最大关联隶属原则指出：

若有 $s\in\{1,2,\cdots,n\}$，使

$$r_{is}=\max\{r_{i1},r_{i2},\cdots,r_{in}\} \tag{11.4.47}$$

则认为 u_i 相对隶属于 A_s。

按最大关联隶属原则，如果元素 u_i 的隶属向量 $\boldsymbol{B}_i$ 与完全隶属于 A_s 的元素 u_s^0 的隶属向量 $\boldsymbol{B}_s^0$ 的关联度 r_{is} 最大，则认为 u_i 相对隶属于 A_s。

与最大隶属原则相比，最大关联隶属原则有如下特点：

1）在最大关联隶属原则下，隶属向量中非最大分量所提供的信息在判决过程中起着一定的作用，各非最大分量的大小影响判决结果。而在最大隶属原则下，一旦比较出最大隶属度，各非最大分量数据大小与否对决策结果毫无影响。

2）最大关联隶属原则通过计算元素 u_i 的隶属向量 $\boldsymbol{B}_i$ 与 n 个分别完全隶属于 n 个类别的参考元素的隶属向量 $\boldsymbol{B}_j^0(j=1,\cdots,n)$ 的关联度，并根据最大关联度来确定元素 u_i 的归属，因而充分利用该元素隶属向量中各分量所提供的信息，避免出现不完全正确甚至错误的结论。

3）通过引进加权关联度，以适应各种实际应用的需要，因而更合理、更有效，更符合人的心理特性。

下面简要说明最大关联隶属原则识别法。

设论域 U 上有 n 个模糊子集

$$A_1,A_2,\cdots,A_n$$

分别代表 n 个模式类 ω_1，ω_2，…，ω_n。若对每一个 A_i 都根据训练样本集建立起了隶属函数 $\mu_{A_i}(u)$，则对于任一未知模式 $u_i\in U$ 都可以根据最大关联隶属原则来确定其类别。

设 r_{ij} 为样本 u_i 的隶属向量 $\boldsymbol{B}_i$ 与 $\boldsymbol{B}_j^0(j=1,\cdots,n)$ 的关联度，若有

$$r_{is}=\max\{r_{i1},r_{i2},\cdots,r_{in}\}$$

则认为 u_i 隶属于 A_s，即样本 u_i 应属于模式类 ω_s。

3. 择近原则

在实际的图像识别问题中，被识别的对象有时不是论域 U 中的一个确定元素，而是 U 上的一个子集。这时所讨论的对象不是一个元素对集合的隶属程度，而是两个模糊子集之间的贴近程度。

设 A，B，$C\in F(U)$，若映射

$$\sigma: F(U)\times F(U)\rightarrow[0,1] \tag{11.4.48}$$

满足：

1）$\sigma(A,A)=1$；

2) $\sigma(A,B)=\sigma(B,A)$；

3) 对于 $\forall u\in U$，恒有 $\mu_A(v)\leqslant\mu_B(v)\leqslant\mu_C(v)$ 或 $\mu_A(v)\geqslant\mu_B(v)\geqslant\mu_C(v)$ 时，就有

$$\sigma(A,C)\leqslant\sigma(B,C) \tag{11.4.49}$$

则称 $\sigma(A,B)$ 为 A 与 B 的贴近度。

设在论域 U 上有 n 个模糊子集

$$A_1,A_2,\cdots,A_n$$

若有 $s\in\{1,2,\cdots,n\}$，使

$$\sigma(B,A_s)=\max[\sigma(B,A_1),\sigma(B,A_2),\cdots,\sigma(B,A_n)] \tag{11.4.50}$$

则称 B 与 A_s 最贴近。

其中，$\sigma(B,A_s)$ 为模糊子集 B 与模糊子集 A_s 的贴近度。

若 A_1，A_2，…，A_n 代表 n 个已知模式，B 代表未知模式，当 B 与 A_s 最贴近时，则可断言模式 B 应归入模式 A_s 所在的类别，这个原理称为择近原则。

必须指出，不同的贴近度计算式适用于不同的模式识别情况，在运用时应根据具体问题做出不同的选择。

11.4.4 模糊句法识别

1. 模糊文法及其类型

一个模糊文法 G_f 是一个四元组：

$$G_f=(V_T,V_N,P_f,S) \tag{11.4.51}$$

其中：

1) V_T 是终止符的有限集。

2) V_N 是非终止符的有限集，有 $V_T\cap V_N=\varnothing$。

3) $S\in V_N$ 为起始符号，表示造句类型。

4) P_f 是模糊产生式(或造句规则，或生成规则)的有限集合：

$$r_i:\ \alpha\xrightarrow{f(r_i)}\beta \tag{11.4.52}$$

这里，α，β 是属于 $(V_T\cup V_N)^*$ 的串，r_i 是产生式的标号，f 是映射，

$$f:\ P_f\rightarrow[0,1] \tag{11.4.53}$$

$f(r_i)$ 表示由 α 产生 β 的隶属程度。

对于任意的终止符号串 $x\in V_T^+$，当存在如下的 $(V_T\cup V_N)^*$ 的串：α_1，α_2，…，α_{n-1}，且

$$S\underset{r_1}{\overset{f(r_1)}{\Rightarrow}}\alpha_1\underset{r_2}{\overset{f(r_2)}{\Rightarrow}}\alpha_2\underset{r_3}{\overset{f(r_3)}{\Rightarrow}}\alpha_3\cdots\alpha_{n-2}\underset{r_{n-1}}{\overset{f(r_{n-1})}{\Rightarrow}}\alpha_{n-1}\underset{r_n}{\overset{f(r_n)}{\Rightarrow}}x \tag{11.4.54}$$

$$0\leqslant f(r_i)\leqslant 1\quad i=1,\cdots,n \tag{11.4.55}$$

时，则称 x 为由 S 导出。$(S,\alpha_1,\alpha_2,\cdots,\alpha_{n-1},x)$ 叫做导出链。这个导出链的强度为：

$$\rho=\min[f(r_1),f(r_2),\cdots,f(r_n)]=f(r_1)\wedge f(r_2)\wedge\cdots\wedge f(r_n) \tag{11.4.56}$$

如果由 S 导出 x 只有一种方式，则称模糊文法是不含糊的，此时，上述导出过程可简记为：

$$S\underset{*}{\overset{\rho}{\Rightarrow}}x\quad 0<\rho\leqslant 1 \tag{11.4.57}$$

如果由 S 导出 x 有 m 种方式，即有 m 条导出链：

$$(S,\alpha_{1i},\alpha_{2i},\cdots,\alpha_{(n-1)i},x)\quad i=1,\cdots,m \tag{11.4.58}$$

每条导出链的强度为 ρ_i，则由 S 导出 x 的过程仍可用前述公式表示，只不过式中的 ρ 应为

$$\rho = \max[\rho_1, \rho_2, \cdots, \rho_m] = \rho_1 \vee \rho_2 \vee \cdots \vee \rho_m \tag{11.4.59}$$

此时，称模糊文法为含糊的。

由模糊文法 G_f 产生的语言是 V_T^* 的模糊子集 $L(G_f)$：

$$L(G_f) = \{x \mid x \in V_T^* \quad 且 \quad S \overset{\rho}{\underset{*}{\Rightarrow}} x, \quad 0 < \rho \leqslant 1\} \tag{11.4.60}$$

其中 ρ 称为句子 x 对模糊子集 $L(G_f)$ 的隶属度，即

$$\mu_L(x) = \rho \tag{11.4.61}$$

例 11.22 考虑模糊文法 $G_f = (V_T, V_N, P_f, S)$，其中

$$V_T = \{a, b\} \qquad V_N = \{A, B, S\}$$

$$\begin{aligned} P_f:\ & 1: S \xrightarrow{0.5} AB & \quad 5: A \xrightarrow{0.6} b \\ & 2: S \xrightarrow{0.8} A & \quad 6: S \xrightarrow{0.8} B \\ & 3: A \xrightarrow{0.5} a & \quad 7: B \xrightarrow{0.4} aA \\ & 4: AB \xrightarrow{0.4} BA & \quad 8: B \xrightarrow{0.2} a \end{aligned}$$

现在看句子(即终止符串) $x = a$ 的所有可能导出链：

$$S \underset{2}{\overset{0.8}{\Rightarrow}} A \underset{3}{\overset{0.5}{\Rightarrow}} a$$

$$S \underset{6}{\overset{0.8}{\Rightarrow}} B \underset{8}{\overset{0.2}{\Rightarrow}} a$$

$$S \underset{6}{\overset{0.8}{\Rightarrow}} B \underset{7}{\overset{0.4}{\Rightarrow}} aA \underset{3}{\overset{0.5}{\Rightarrow}} a$$

则：

$$\begin{aligned} \mu_L(x) = \mu_L(a) &= (0.8 \wedge 0.5) \vee (0.8 \wedge 0.2) \vee (0.8 \wedge 0.4 \wedge 0.5) \\ &= \max[\min(0.8, 0.5), \min(0.8, 0.2), \min(0.8, 0.4, 0.5)] \\ &= \max[0.5, 0.2, 0.4] \\ &= 0.5 \end{aligned}$$

两个模糊文法 G_{f1} 和 G_{f2} 等价是指它们产生相同的模糊集合，即

$$L(G_{f1}) = L(G_{f2}) \tag{11.4.62}$$

根据对造句规则附加的限制，模糊文法可以分成四类：

(1) 0 型模糊文法

0 型模糊文法对造句规则不加任何限制。由 0 型模糊文法产生的模糊语言就称为 0 型模糊语言。

(2) 1 型模糊文法

在造句规则 $r_i: \alpha \xrightarrow{f(r_i)} \beta$ 中，α，β 属于 $(V_T \cup V_N)^*$，$\alpha \neq \lambda$（空串），此外要限制 $|\beta| \geqslant |\alpha|$。这里 $|\alpha|$ 表示串的长度，即右边 β 的长度等于或大于左边 α 的长度。例如，$AB \xrightarrow{0.5} BA$，$A \xrightarrow{0.8} ab$ 就属此类型，而 $BA \xrightarrow{0.5} B$ 就不属于此类型。换言之，若模糊文法的造句规则全部具有如下形式，

$$r_i: \beta A \gamma \xrightarrow{f(r_i)} \beta \alpha \gamma \tag{11.4.63}$$

其中 $A \in V_N$，α，β，$\gamma \in (V_T \cup V_N)^*$，$\alpha \neq \lambda$，就称为 1 型模糊文法。

由 1 型模糊文法的造句规则知，A 出现在所谓 $\beta A \gamma$ 的上下文之中，这个 A 可以用 α 来

置换。因此，1 型文法又叫做上下文敏感模糊文法。

由 1 型模糊文法产生的模糊语言就称为 1 型模糊语言，或上下文敏感模糊语言。

(3) 2 型模糊文法

2 型模糊文法的造句规则具有

$$r_i:\ A\xrightarrow{f(r_i)}\alpha \tag{11.4.64}$$

的形式。这里 $A\in V_N$，$\alpha\in(V_T\cup V_N)^*$，它无论何时都与上下文无关，所以 A 能用 α 来置换，因此，2 型文法又叫做上下文无关模糊文法。

例如，$AB\xrightarrow{0.5}aAb$，$B\xrightarrow{0.8}CA$ 等都是 2 型模糊文法中的造句规则，而 $AB\xrightarrow{0.5}BA$ 则不是。

由 2 型模糊文法产生的模糊语言就称为 2 型模糊语言，或上下文无关模糊语言。

(4) 3 型模糊文法

3 型模糊文法的造句规则全部具有如下形式：

$$r_i:\ A\xrightarrow{f(r_i)}aB \tag{11.4.65}$$

或

$$r_i:\ A\xrightarrow{f(r_i)}a \tag{11.4.66}$$

其中 A，$B\in V_N$，$a\in V_T$。3 型模糊文法又叫做正则模糊文法。

由 3 型模糊文法产生的模糊语言就称为 3 型模糊语言，或正则模糊语言。

2. 模糊有限状态自动机

前面从产生(即文法)的角度对模糊语言作了某些方面的说明。另一种说明模糊语言的方法是用称为模糊自动机的装置检验输入的符号串，识别该符号串属于语言 $L(G_f)$ 的程度。已知模糊文法有四大类型，相应于这四类文法可有四类模糊自动机。模糊图灵机可识别 0 型模糊语言，模糊线性界限自动机可识别 1 型模糊语言，模糊下推自动机可识别 2 型模糊语言，模糊有限状态自动机可识别 3 型模糊语言。在句法模糊模式识别中应用得最多的是 2 型模糊文法和 3 型模糊文法。因此，这里只介绍模糊有限状态自动机。

一个模糊有限状态自动机是一个五元组：

$$A_f=(\Sigma,Q,\boldsymbol{M}_f,\boldsymbol{\pi}_0,F) \tag{11.4.67}$$

其中，Σ 和 Q 分别是输入符号和内部状态的有限集；$\boldsymbol{M}_f$ 是 Σ 到 $n\times n$ 阶(n 为 Q 中状态的数目)模糊状态转移矩阵集的映射；$\boldsymbol{\pi}_0$ 是一个 n 维的行向量，且指派为初始状态的分布；$F\subseteq Q$ 是最终状态的有限集。

关于 $\boldsymbol{M}_f(a)$，$a\in\Sigma$ 的解释如下：令 $\boldsymbol{M}_f(a)=[m_{ij}(a)]_{n\times n}$，其中 $m_{ij}(a)$ 是从状态 q_i 在输入 a 的情况下进入状态 q_j 的程度，且满足

1) $0\leqslant m_{ij}(a)\leqslant 1$。

2) $\sum\limits_{j=1}^{n}m_{ij}(a)=1,\quad i=1,\cdots,n$。

同时规定：

1) $\boldsymbol{M}_f(\lambda)=\boldsymbol{I}$，其中 λ 是空链，I 是 $n\times n$ 恒等矩阵。

2) $\boldsymbol{M}_f(a_1a_2\cdots a_k)=\boldsymbol{M}_f(a_1)\circ\boldsymbol{M}_f(a_2)\circ\cdots\circ\boldsymbol{M}_f(a_k)$，其中 $a_i\in\Sigma(i=1,\cdots,k)$。

一个模糊有限自动机接受的语言 $L(A_f)$ 为：

$$L(A_f)=\{(x,\mu(x)\mid x\in\Sigma^*,\mu(x)=\boldsymbol{\pi}_0\circ\boldsymbol{M}_f(x)\circ\boldsymbol{\pi}_F\} \tag{11.4.68}$$

其中，$\boldsymbol{\pi}_F$ 是一个 n 维列向量，如果 $q_i \in F$，则 $\boldsymbol{\pi}_F$ 的第 i 个分量等于 1，否则为 0；$\mu(x)$ 为输入句子(或符号串)x 对模糊集 $L(A_f)$ 的隶属度。$L(A_f)$ 就称为模糊有限状态语言。

例 11.23 设有模糊有限状态自动机 $A_f=(\Sigma,Q,\boldsymbol{M}_f,\boldsymbol{\pi}_0,F)$，其中 $\Sigma=\{0,1\}$，$Q=\{q_1,q_2,q_3\}$，$\boldsymbol{\pi}_0=(1\quad 0\quad 0)$，$F=\{q_3\}$，$\boldsymbol{\pi}_F=(0\quad 0\quad 1)^{\mathrm{T}}$。

$$\boldsymbol{M}_f(0)=\begin{bmatrix}0 & 0.1 & 0.9\\ 0 & 0.4 & 0.6\\ 0 & 0 & 1.0\end{bmatrix}\qquad \boldsymbol{M}_f(1)=\begin{bmatrix}1.0 & 0. & 0\\ 0.5 & 0 & 0.5\\ 0 & 1.0 & 0\end{bmatrix}$$

则当 $x=001$ 时，

$$\begin{aligned}\mu(x)&=\mu(001)=\boldsymbol{\pi}_0\boldsymbol{M}_f(001)\boldsymbol{\pi}_F\\ &=(1\quad 0\quad 0)\circ\begin{bmatrix}0 & 0.1 & 0.9\\ 0 & 0.4 & 0.6\\ 0 & 0 & 1.0\end{bmatrix}\circ\begin{bmatrix}0 & 0.1 & 0.9\\ 0 & 0.4 & 0.6\\ 0 & 0 & 1.0\end{bmatrix}\circ\begin{bmatrix}1.0 & 0 & 0\\ 0.5 & 0 & 0.5\\ 0 & 1.0 & 0\end{bmatrix}\circ\begin{bmatrix}0\\0\\1\end{bmatrix}\\ &=(1\quad 0\quad 0)\circ\begin{bmatrix}0.1 & 0.9 & 0.1\\ 0.4 & 0.6 & 0.4\\ 0 & 1.0 & 0\end{bmatrix}\circ\begin{bmatrix}0\\0\\1\end{bmatrix}=0.1\end{aligned}$$

对于给定的正则模糊文法 G_f，有可能构成一个模糊有限状态自动机 A_f，使 A_f 接受的语言 $L(A_f)$ 等于 G_f 产生的语言 $L(G_f)$，即 $L(A_f)=L(G_f)$。

设 $G_f=(V_T,V_N,P_f,S)$，$A_f=(\Sigma,Q,\boldsymbol{M}_f,\boldsymbol{\pi}_0,F)$，有：

1) $\Sigma=V_T$。

2) $Q=V_N\cup\{T,R\}$，T 和 R 分别为终止状态和拒绝状态。如果 $V_T=\{A_1,A_2,\cdots,A_k\}$，可设 $A_{k+1}=T$，$A_{k+2}=R$。

3) $\boldsymbol{\pi}_0$ 是一个行向量，在 S 状态的位置上，分量等于 1，其他位置等于 0。

4) $F=\{T\}$。

5) 模糊状态转移矩阵是在文法的模糊产生式 P_f 的基础上形成的。如果 P_f 中有一个产生式 $A_i\xrightarrow{m_{ijl}}a_lA_j$，则对于模糊状态转移矩阵 $\boldsymbol{M}(a_l)$ 中的第 i 行第 j 列的元素是 m_{ijl}；对于产生式 $A_i\xrightarrow{m_{il}}a_l$，则对于模糊状态转移矩阵 $\boldsymbol{M}(a_l)$ 中的第 i 行第 $k+1$ 列的元素是 m_{il}；而第 $k+2$ 列元素的确定使得模糊状态转移矩阵满足 $\sum_{j=1}^{n}m_{ij}(a)=1$。

3. 模糊句法识别过程

设有 c 类待分类模式 ω_1，ω_2，…，ω_c，则对它们进行模糊句法识别的一般过程如下：

(1) 建立模糊文法

根据训练样本集(即已知类别的模式样本的集合)为每一类模式构造一个模糊文法来描述它。例如，设 ω_i 类的训练样本集为 $S_i=\{x_1^i,x_2^i,\cdots,x_{ni}^i\}$，其中每一个样本 $x_j^i(j=1,\cdots,ni)$ 都是 ω_i 类的一个模式，且用模糊句子表示之。有了这个训练样本集 S_i，就可以依据一定的准则构造出描述 ω_i 类模式的模糊文法 G_{fi}。一共有 c 类模式，就可构造出 c 种模糊文法，即

$$G_{fi}(i=1,\cdots,c)$$

从而产生 C 种模糊语言 $L(G_{fi})(i=1,\cdots,c)$。

(2) 分类判别

有了描述模式类的模糊文法，确定未知模式 x 的类别有两种方法。

方法一：自动机判别。

该方法为每一种模糊文法 $G_{fi}(i=1,\cdots,c)$ 构造一个相应的模糊自动机 $A_{fi}(i=1,\cdots,c)$，使得

$$L(A_{fi}) = L(G_{fi}) \quad (i = 1,\cdots,c) \tag{11.4.69}$$

然后将 x 作为 c 个自动机的输入（如图 11.24 所示），从而产生 c 个输出 $\mu_i(x)(i=1,\cdots,c)$。这 c 个输出再经过最大判别器就可确定未知模式 x 的类别。最大判别器既可以采用最大隶属原则，也可以采用最大关联隶属原则进行最后的分类识别。例如，当采用最大隶属原则时，若有 $k\in\{1,\cdots,c\}$，使得

$$\mu_k(x) = \max_{1\leqslant i\leqslant c}\{\mu_i(x)\} \tag{11.4.70}$$

则将输入模式归入 ω_k 类。

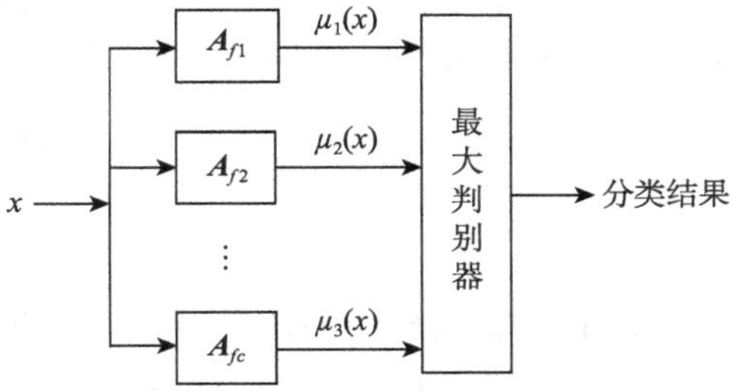

图 11.24　模糊自动机识别框图

方法二：句法分析。

对于未知模式 x，直接采用分析的方法来确定 x 对模糊语言 $L(G_{fi})(i=1,\cdots,c)$ 的隶属度 $\mu_i(x)(i=1,\cdots,c)$。常用的分析方法有自上而下的剖析和自下而上的剖析。自上而下的剖析从 S 开始，通过中间句型（即由起始符 S，运用模糊文法 G_{fi} 中一系列的模糊产生式 $r_j(j=1,\cdots,l)$ 而推导出来的符号串），直至得到串 x。而自下而上的剖析从 x 入手，应用反向的模糊产生式 $r_j(j=1,\cdots,l)$，试图把 x 归结到起始符 S。综合 $f(r_j)(j=1,\cdots,l)$，就可获得 $\mu_i(x)$，即

$$\mu_i(x) = f(r_1) \wedge f(r_2) \wedge \cdots f(r_l) \tag{11.4.71}$$

对于 c 种模糊文法，通常可得到 c 个隶属度 $\mu_i(x)(i=1,\cdots,c)$。

运用最大隶属原则，如果有 $k\in\{1,\cdots,c\}$，使得

$$\mu_k(x) = \max_{1\leqslant i\leqslant c}\{\mu_i(x)\} \tag{11.4.72}$$

即输入模式 x 对 $L(G_{fk})$ 的隶属度最大。由于 G_{fk} 代表 ω_k 类模式，因此，可将输入模式 x 归入 ω_k 类。

模糊模式识别的应用实例请参见本书最后列出的相关文献，此处从略。

11.5　Web 图像过滤系统

Web 图像过滤技术主要有三种，即基于 URL 的过滤方式、基于文本的过滤方式和基于图像内容的过滤方式。而基于图像内容的过滤方式比其他过滤方式具有更广泛的适应性，是一种更彻底、更有效的过滤方式。此处介绍的 Web 图像过滤系统由皮肤检测、基于人脸肤色的自动白平衡校正、特征提取和 Web 图像分类四部分组成。

11.5.1　皮肤检测

皮肤检测的作用是利用皮肤检测器从图像中检测出皮肤区域，将无关的背景清除，从而方便后续处理。皮肤检测的准确性直接影响到后续处理的精度。

1. SPM 方法

颜色是图像最基本的低级特征之一。与纹理、形状等特征相比，颜色既具有特征稳定、区别性强、易于描述的特点，又有旋转、平移、尺度不变性的优点。肤色是人体表面

最为显著的特征之一，利用颜色特征检测皮肤是直接而有效的方法。为了进行肤色检测，需要建立肤色模型，肤色模型是为了描述颜色空间中颜色的分布而建立的模型。统计直方图模型是比较有代表性的肤色模型之一。

虽然不同的人种、不同的光照，使得皮肤颜色有很大的多样性和变化性，但肤色在颜色空间中的分布只是聚在一定的范围内。研究表明，给定皮肤和非皮肤颜色的统计直方图后，颜色 rgb 属于肤色和非肤色的概率为

$$P(\boldsymbol{rgb} \mid skin) = \frac{s[\boldsymbol{rgb}]}{T_s}$$

$$P(\boldsymbol{rgb} \mid \neg skin) = \frac{n[\boldsymbol{rgb}]}{T_n} \tag{11.5.1}$$

其中，$\boldsymbol{rgb}$ 表示 RGB 空间中三个颜色分量值分别为 r、g、b 的颜色向量，$s[\boldsymbol{rgb}]$是皮肤颜色直方图中 $\boldsymbol{rgb}$ 仓中的像素个数，$n[\boldsymbol{rgb}]$是非皮肤颜色的直方图中 $\boldsymbol{rgb}$ 仓中的像素个数。T_s 和 T_n 分别是皮肤和非皮肤直方图中的总像素个数。给定颜色 $\boldsymbol{rgb}$，由贝叶斯公式得到其属于皮肤的概率为

$$P(skin \mid \boldsymbol{rgb}) = \frac{P(\boldsymbol{rgb} \mid skin)P(skin)}{P(\boldsymbol{rgb} \mid skin)P(skin) + P(\boldsymbol{rgb} \mid \neg skin)P(\neg skin)} \tag{11.5.2}$$

其中先验概率 $P(skin)$和 $P(\neg skin)$可以从已标记皮肤和非皮肤的数据集中估计出来，常用的估计公式为

$$P(skin) = \frac{T_s}{T_s + T_n}$$

$$P(\neg skin) = 1 - P(skin) \tag{11.5.3}$$

对于颜色 $\boldsymbol{rgb}$，利用公式(11.5.2)计算出 $P(skin \mid \boldsymbol{rgb})$后，如果它大于设定的阈值，则将它判定为皮肤像素。然而在实际使用时，不必用公式(11.5.2)计算出 $P(skin \mid \boldsymbol{rgb})$的真实值，只需要利用下式计算出颜色 $\boldsymbol{rgb}$ 属于皮肤的似然比：

$$L(\boldsymbol{rgb}) = \frac{P(\boldsymbol{rgb} \mid skin)}{P(\boldsymbol{rgb} \mid \neg skin)} \tag{11.5.4}$$

如果有

$$L(\boldsymbol{rgb}) \geqslant \theta \tag{11.5.5}$$

则将颜色 $\boldsymbol{rgb}$ 的像素点归类到皮肤区域。其中 θ 为设定的阈值。

利用统计直方图模型进行皮肤检测的方法称为 SPM(Skin Probability Map)方法，其过程如下：

1）收集训练图像，人工标记出皮肤和非皮肤像素，建立训练数据集。

2）将颜色空间量化，分别计算出皮肤和非皮肤颜色的直方图统计，相当于建立了两个查找表(Look Up Table，LUT)。

3）对于任意输入的像素值 $\boldsymbol{rgb}$，以它为索引，分别从两个查找表中取出 $P(\boldsymbol{rgb} \mid skin)$和 $P(\boldsymbol{rgb} \mid \neg skin)$，按公式(11.5.4)计算似然比 $L(\boldsymbol{rgb})$。

4）通过实验确定最佳阈值 θ，当 $L(\boldsymbol{rgb})$满足公式(11.5.5)时，将该像素判断为皮肤像素，否则判断为非皮肤像素。

SPM 方法的思想是很直观的，其优点是检测速度很快，对每个像素的识别只要执行两个查找表的查找操作、一个除法运算和一个判断就可以了。SPM 方法的主要问题是需要一个比其他模型更大的训练集，而且要求训练集有广泛的多样性和代表性，这样才能较好地接近皮肤颜色在颜色空间中的实际分布。此外，其阈值 θ 的确定也需要人工凭经验或

通过实验来确定。

2. 综合颜色、纹理和邻域信息的皮肤检测

针对 SPM 方法存在的缺陷，已经提出了多种改进方案。图 11.25 给出一种综合颜色、纹理和邻域信息的皮肤检测方案。

图 11.25　皮肤检测系统结构图

其中颜色过滤以相对较低的似然比阈值 θ 使用 SPM 方法得到初步的皮肤区域，这个结果具有正检率和错检率都高的特点。

纹理过滤利用 Gabor 小波对图像进行多尺度($m=0,1,2$)和多方向($n=0,1,2,3$)滤波，把每个像素点各次滤波结果的平方和的平方根作为该像素点的特征值，即

$$T(x,y)=\left(\sum_{m=0}^{2}\sum_{n=0}^{3}W_{mn}^{2}(x,y)\right)^{1/2} \tag{11.5.6}$$

其中 W_{mn} 为图像 $I(x,\ y)$ 的 Gabor 小波变换，

$$W_{mn}(x,y)=\int I(x_1,y_1)g_{mn}^{*}(x-x_1,y-y_1)\mathrm{d}x_1\mathrm{d}y_1 \tag{11.5.7}$$

$$g_{mn}(x,y)=a^{-m}g(x',y'),\quad a>1,m,n\text{ 为整数}$$

$$x'=a^{-m}(x\cos\theta+y\sin\theta)$$

$$y'=a^{-m}(-x sin\theta+y cos\theta)$$

$$\theta=n\pi/k,k\text{ 为整数}$$

$$g(x,y)=\frac{1}{2\pi\sigma_x\sigma_y}\exp\left(-\frac{1}{2}\left(\frac{x^2}{\sigma_x^2}+\frac{y^2}{\sigma_y^2}\right)+2\pi\mathrm{j}wx\right)$$

g^{*} 为 g 的复共轭。然后将颜色过滤结果中纹理特征值大于某个阈值的像素点过滤掉。纹理过滤可以降低错检率。

邻域扩散利用邻域信息将纹理过滤的结果作为种子点进行扩散操作，得到的结果作为最终输出的皮肤区域。其扩散操作的过程为：

1) 将所有的种子点推入队列。

2) 对每一个种子点，执行步骤 3。

3) 对种子点的每个连通邻域像素，执行步骤 4。

4) 如果该点不在队列里，则执行步骤 5。

5) 判断该点和种子点的相似性是否小于给定的阈值，如果是则将该点推入队列，并以该点为种子点，转向步骤 3。

扩散操作过程结束时，队列中的像素点即为最后的皮肤像素点。邻域扩散可以提高正检率。

将上述皮肤检测方案应用于各种类型的 Web 图像，其实验结果表明，该方案可以将正检率由原来的 92.7%提高到 95.2%，将错检率由原来的 20.1%降到 4.3%。

11.5.2　基于人脸肤色的自动白平衡校正

互联网上的图像来源不一，存在复杂的背景和照明条件差别。同时互联网上有相当部分的图像是以人脸为重点的图像。以人脸肤色作为白平衡校正的参照颜色对图像进行白平衡校正，然后重新对图像进行皮肤检测，可以减轻肤色模型下因图像颜色偏差而导致检测

精度的下降。

1. 人脸检测

基于精度和速度的综合考虑，可以采用基于 Adaboost 学习算法的人脸检测方案，即在 Adaboost 学习算法的基础上，增加肤色验证和几何验证，其结构如图 11.26 所示。

图 11.26 人脸检测系统结构

设有 n 个训练样本$(x_1,y_1),\cdots,(x_n,y_n)$，$y_i\in\{0,1\}$分别对应于负的和正的训练样本。Adaboost 学习算法的目标是通过对正负样本的学习，选择错误率最低的 T 个弱分类器，最后优化组合成一个强分类器。学习过程如下：

1）初始化误差权重，设 $w_{t,i}$为第 t 次循环中第 i 个样本的误差权重，对于正样本 $w_{1,i}=\frac{1}{2l}$，对于负样本 $w_{1,i}=\frac{1}{2m}$，l，m 为正、负样本数，$l+m=n$。

2)对于 $t=1,\cdots,T$，执行如下操作：

①权重归一化：

$$w_{t,i} \leftarrow \frac{w_{t,i}}{\sum\limits_{i=1}^{n} w_{t,i}}$$

②对于每个特征 j，训练弱分类器 h_j：

$$h_j(x)=\begin{cases}1 & p_j f_j(x) < p_j\theta_j \\ 0 & \text{其他}\end{cases} \tag{11.5.8}$$

其中，x 为矩形区域，θ_j 为阈值，p_j 表示不等号的方向，取值为±1，$f_j(x)$表示特征值。

训练的具体过程就是确定阈值 θ_j 和方向 p_j，使其加权误差达到最小，即

$$e_j=\sum_{i=1}^{n} w_{t,j}\left|h_j(x_i)-y_i\right| \tag{11.5.9}$$

③将具有最小误差 e_t 的弱分类器 h_t 加入到强分类器中，更新每个样本所对应的权重，即 $w_{t+1,i}=w_{t,i}\beta_t^{1-e_i}$，其中 $\beta_t=\frac{e_t}{1-e_t}$，如果 x_i 被 h_t 正确分类，则 $e_i=0$，否则 $e_i=1$。

3）最后求得的强分类器是

$$h(x)=\begin{cases}1 & \sum\limits_{t=1}^{T}\alpha_t h_t(x) \geqslant \frac{1}{2}\sum\limits_{t=1}^{T}\alpha_t \\ 0 & \text{其他}\end{cases} \tag{11.5.10}$$

其中 $\alpha_t=\log\left(\frac{1}{\beta_t}\right)$。

基于 Adaboost 学习算法的人脸检测可以采用由多个强分类器串联而成的组合分类器来实现。排在前边的分类器简单快速，其目的是用较少的计算量去除大量的非人脸窗口。串联的级数依赖于系统对正确识别率和识别速度的要求。

基于 Adaboost 学习算法的人脸检测只利用了灰度特征。因而某些在灰度变化上具有人脸特征的目标也会被识别成人脸。为了纠正这种错误，可以利用肤色特征和几何特征来验证算法检测出的人脸区域。

肤色验证的过程是利用皮肤检测阶段的结果，计算出矩形区域内皮肤像素的面积，如

果皮肤像素的面积小于矩形区域面积的一半，则认为该矩形区域不是人脸区域。而几何验证的基本考虑是，在理想情况下，一张正面人脸至少存在3个空洞，分别代表两只眼睛和一张嘴巴。考虑到成像角度、遮挡等问题，我们假定如果区域内一个空洞也没有，那么认为该区域不属于人脸区域。

2. 自动白平衡校正

物体在不同的光源照射下呈现的颜色是不同的。由于人类视觉系统具有适应性调节功能，因而可以在不同色温光源照明下，象纯白光下一样来分辨物体的颜色。但是摄像设备则不具备人的智能调节功能，它的感光元件只是忠实地采集物体在给定光源下的反射光，这就导致同一个物体在不同的光源下，所采集到的图像表现出颜色上的偏差。为了补偿不同光源引起的颜色偏差，去除摄像环境中光源色温的影响，正确地还原物体原来的真实色彩，需要进行白平衡(White Balance)校正。

自动白平衡需要找到一个已知其真实色彩的参照物，此处利用人脸作为白平衡校正的参照物，人脸肤色作为白平衡校正的参照颜色。

实验研究发现，在YCbCr颜色空间的CbCr平面上，一个像素的颜色如果落入如公式(11.5.11)所表示的矩形区域内，则被认为属于肤色像素。

$$\begin{aligned} 133 &\leqslant Cr \leqslant 177 \\ 77 &\leqslant Cb \leqslant 127 \end{aligned} \tag{11.5.11}$$

而由RGB颜色空间到YCbCr颜色空间的转换公式为

$$\begin{aligned} Y &= 0.257R + 0.504G + 0.098B + 16 \\ C_b &= -0.148R - 0.291G + 0.439B + 128 \\ Cr &= 0.439R - 0.368G - 0.071B + 128 \end{aligned} \tag{11.5.12}$$

自动白平衡首先需要求出人脸皮肤像素R、G、B分量的平均值$\overline{R}$、$\overline{G}$、$\overline{B}$，接下来需要在RGB颜色空间中求出对R、B颜色通道进行校正的增益因子。令Mr和Mb分别表示皮肤颜色在YCrCb空间中Cr及Cb分量的中心：

$$\begin{aligned} M_r &= (133 + 173)/2 = 153 \\ M_b &= (77 + 127)/2 = 102 \end{aligned} \tag{11.5.13}$$

假设K_r和K_b分别表示RGB空间中R及B分量的增益因子。通过白平衡校正后，希望人脸区域肤色Cr、Cb分量的平均值$\overline{C'r}$、$\overline{C'b}$等于皮肤颜色的Cr、Cb分量的中心，即

$$\begin{aligned} \overline{C'r} &= M_r \\ \overline{C'b} &= M_b \end{aligned} \tag{11.5.14}$$

根据式(11.5.12)、式(11.5.13)及式(11.5.14)可得

$$\begin{aligned} 0.439K_r\overline{R} - 0.368\overline{G} - 0.071K_b\overline{B} + 128 &= 153 \\ -0.148K_r\overline{R} - 0.291\overline{G} + 0.439K_b\overline{B} + 128 &= 102 \end{aligned} \tag{11.5.15}$$

由上式可解得

$$\begin{aligned} K_r &= \frac{0.439\overline{B}(28 + 0.368\overline{G}) - 0.071\overline{B}(26 - 0.291\overline{G})}{0.182213\overline{R}\,\overline{B}} \\ K_b &= \frac{0.148\overline{R}(28 + 0.368\overline{G}) - 0.439\overline{R}(26 - 0.291\overline{G})}{0.182213\overline{R}\,\overline{B}} \end{aligned} \tag{11.5.16}$$

则白平衡校正过程就是利用式(11.5.17)将增益因子应用于整幅图像的R和B分量，即

$$R' = K_rR$$

$$B' = K_b B \tag{11.5.17}$$

对整幅图像进行白平衡校正后，重新对这幅图像进行皮肤检测。虽然自动白平衡未必能恢复图像的真实色彩，但可以使得原来落在肤色范围外的皮肤像素在白平衡校正后落入肤色范围内，从而可以被正确地检测出来。因此，白平衡校正可以大幅度地提高皮肤检测精度。

11.5.3 特征提取

虽然裸体图像含有大量的裸露肌肤，但仅仅以皮肤区域的面积比例来判断裸体图像是不够的。为了更可靠地识别裸体图像，需要引入机器学习技术，为此需要从图像中提取能够区分裸体和非裸体图像的特征量。裸体图像的表现形式多种多样，很难用一个统一的模型将所有的特征都表示出来。因此需要从颜色、纹理及形状等信息中提取多种特征。

(1) 颜色特征

从皮肤检测器的输出中提取 7 个特征量，包括皮肤像素占的比例、皮肤像素属于皮肤的平均概率、在皮肤和非皮肤直方图中都没有值的颜色像素所占的百分比、以像素为单位的最大的连通皮肤区域的大小和连通的皮肤区域的数目等。在求取以像素为单位的最大的连通皮肤区域的大小和连通的皮肤区域数目这两个特征量时，采用一种改进的标记二值图像连通区域的方法，可以在一个扫描周期内同时求出这两个特征。由于皮肤检测器是利用颜色信息建立的，因此这 7 个特征是跟颜色有关的特征。

另外，从图像的颜色信息中提取 19 个特征，包括 6 个色度矩、9 个颜色矩和 4 个颜色相关图特征。

(2) 纹理特征

基于 Gabor 小波的纹理分析方法可以很好地刻画图像的纹理特征，但是它的运算速度比较慢，不适于实时应用。而小波变换存在快速算法，而且具有良好的多尺度的局部分析能力，同样能够很好地描述图像的纹理特征，因此改用具有快速算法的二进制小波包技术来提取纹理特征。我们用 DB4 小波对灰度图像进行三级树形小波分解后，得到 52 个子带，计算出每个 LH、HL 和 HH 子带的能量均值和标准差，可以得到 78 个特征量，选取能量均值比较大的前三分之一共 26 个作为纹理特征。

(3) 形状特征

Hu 不变矩是描述形状的有力工具，它是在物体的整个区域上计算形状特征的，而对物体的形状特征贡献大的是由灰度突变所形成的边缘，因此可以在 Hu 不变矩的基础上引入基于边缘信息的不变矩。即将图像用 DB4 小波分解为四个频带：LL、LH、HL 和 HH，在 LH、HL 和 HH 频带内用过零检测器检测出水平、垂直和对角方向的边缘，再用这 3 个边缘图像合成得到一个综合的边缘图像，在 4 个边缘图像上提取出 28 个 Hu 不变矩。此外，再用 Sobel 算子从皮肤检测的输出中检测出图像的边缘，然后在边缘上提取 7 个基于边缘的不变距。这样一共得到 35 个不变矩。

经过上述步骤，我们从图像的颜色、纹理和形状信息中提取了(26＋26＋35＝)87 个特征，加上 1 个人脸特征共有 88 个特征，这 88 个特征形成特征空间中的一个特征向量，作为 Web 图像分类器的输入。

11.5.4 Web 图像分类

图像分类器的任务是将 Web 图像识别为裸体图像或非裸体图像，这是一个二类分类问题。支持向量机(SVM)是一个在特征空间中构造最优分类超平面的二类分类器，因而特别适用于解决 Web 图像分类问题。

1. SVM 分类器

支持向量机(Support Vector Machine，SVM)是基于统计学习理论中结构风险最小化(Structural Risk Minimization，SRM)原则，通过最小化函数集的 VC 维来控制学习机器的结构风险，使其具有较强的推广能力。SVM 通过事先选择的非线性映射将输入向量映射到一个高维特征空间中，在这个特征空间中构造最优分类超平面，这样可使在原始空间非线性可分的问题变为高维空间中线性可分的问题。所谓最优就是要求分类面不仅能将两类数据正确分开，而且使分类间隔最大。由统计学习理论的相关定理可知，类间隔最大化保证了低的 VC 维，从而使分类器具有较好的推广能力。利用 SVM，不需要特定问题的先验知识，在有限的训练样本情况下可以很好地控制学习机器的推广能力。

SVM 在高维空间求得最优分类函数，在形式上类似于一个神经网络，其输出是中间层节点的线性组合，而每一个中间层节点对应于输入样本与一个支持向量的内积。作为一种新的机器学习方法，支持向量机克服了神经网络方法的一些缺点。在神经网络的应用中，通常需要使用者结合自己的经验和相关领域的先验知识来选择网络的结构以及学习参数，以避免欠学习、过学习、陷入局部极值、算法不收敛以及推广性差等问题。因而作为一种学习机器，神经网络是不易控制的。而这些问题对于 SVM 来说，都在理论上证明了可以通过对 VC 维数的控制自动地得到解决。

SVM 的构造是通过在特征空间中构造最优分类超平面：

$$\langle w,x\rangle + b = 0, \qquad w \in \mathbf{R}^n, b \in \mathbf{R} \tag{11.5.18}$$

得到相应的决策函数为：

$$f(x) = \operatorname{sign}(\langle w,x\rangle + b) \tag{11.5.19}$$

假设(x_i,y_i)，$y_i \in (-1,1)$ $(i=1,2,\cdots,m)$是线性可分的学习样本，那么存在一个超平面使得：

$$\begin{aligned}\langle w,x_i\rangle + b &\geqslant 1, \text{如果 } y_i = 1\\ \langle w,x_i\rangle + b &\leqslant -1, \text{如果 } y_i = -1\end{aligned} \tag{11.5.20}$$

其中，位于决策函数边界，也就是满足：

$$y_i(\langle w,x_i\rangle + b) = 1 \qquad (i = 1,2,\cdots,m) \tag{11.5.21}$$

的样本称为支持向量(Support Vector，SV)，如图 11.27 所示。

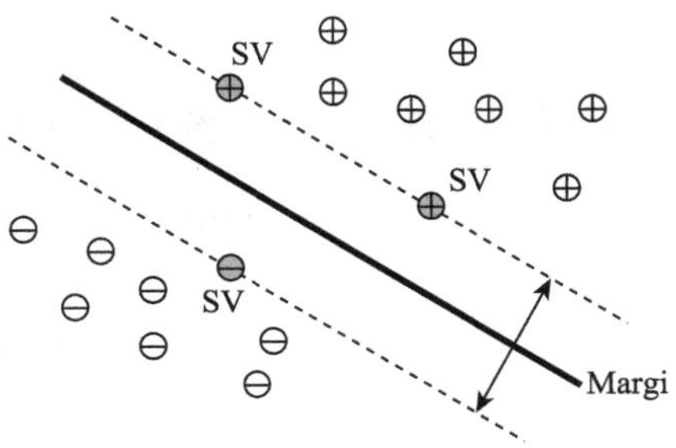

图 11.27 特征空间中的 SVM 最优分割平面

由于分类间隔为 $2/\|w\|$，最大化分类超平面间隔等价于在约束

$$y_i(\langle w,x_i\rangle + b) \geqslant 1 \quad (i = 1,2,\cdots,m) \tag{11.5.22}$$

下最小化

$$\|w\|^2 = \langle w,w\rangle \tag{11.5.23}$$

利用拉格朗日乘子法及对偶原理，这个问题的求解可以转化为对偶的约束二次优化问题：

$$\text{maximize} \quad W(\alpha) = \sum_{i=1}^{m}\alpha_i - \frac{1}{2}\sum_{i,j=1}^{m}\alpha_i\alpha_j y_i y_j \langle x_i,x_j\rangle$$

$$\text{subject to} \quad \sum_{i=1}^{m} \alpha_i y_i = 0$$

$$\alpha_i \geqslant 0 \quad (i = 1,2,\cdots,m) \tag{11.5.24}$$

其中 $\alpha_i \geqslant 0$ 是拉格朗日乘子，最优分类面的法向量是训练样本向量的线性组合

$$w_{\text{opt}} = \sum_{i=1}^{m} y_i \alpha_i x_i \tag{11.5.25}$$

只有与支持向量对应的系数 α_i 不为 0，所以 w_{opt} 可表示为：

$$w_{\text{opt}} = \sum_{i=1}^{m} y_i \alpha_i x_i = \sum_{i \in sv} y_i \alpha_i x_i \tag{11.5.26}$$

它表明支持向量携带了分类器的所有信息。相应的决策函数为

$$f(x) = \operatorname{sign}\Big(\sum_{i \in sv} \alpha_i y_i \langle x_i, x \rangle + b_{\text{opt}} \Big) \tag{11.5.27}$$

$$b_{\text{opt}} = \frac{1}{2}[\langle w_{\text{opt}}, x(1) \rangle + \langle w_0, x(-1) \rangle] \tag{11.5.28}$$

其中 $x(1)$表示来自支持向量的正样本，$x(-1)$表示来自支持向量的负样本。

对于在输入空间中线性不可分的样本，支持向量机的基本思想是通过非线性变换，把训练样本从输入空间 $\mathbf{R}^n$ 映射到一个高维特征空间 F 中，Φ：$\mathbf{R}^n \to F$，希望通过这种映射，在输入空间中线性不可分的样本在特征空间中变成线性可分的，然后在特征空间中构造一个具有最大间隔的分类超平面。在高维特征空间中，内积$\langle \Phi(x), \Phi(y) \rangle$的计算代价是非常高的，通过引入核函数可以在输入空间中计算高维特征空间中的内积：

$$K(x_i, x_j) = \langle \Phi(x_i), \Phi(x_j) \rangle \tag{11.5.29}$$

从而避免了维数灾难。在特征空间中，相应的决策函数形式为：

$$f(x) = \operatorname{sign}\Big(\sum_{i \in sv} \alpha_i y_i K(x_i, x) + b_0 \Big) \tag{11.5.30}$$

$$b_0 = \frac{1}{2}[K(w_0, x(1)) + K(w_0, x(-1))] \tag{11.5.31}$$

在高维特征空间中，训练样本也可能是线性不可分，此时引入松弛变量 ξ_i，式(11.5.22)中的约束条件被修改为：

$$y_i(\langle w, x_i \rangle + b) \geqslant 1 - \xi_i \quad (i = 1,2,\cdots,m) \tag{11.5.32}$$

式(11.5.23)被修改为：

$$\langle w, w \rangle + C \sum_{i=1}^{m} \xi_i \tag{11.5.33}$$

其中 C 是用户指定的惩罚参数，用于减少训练误差，相应的约束二次优化问题为：

$$\text{maximize} \quad W(\alpha) = \sum_{i=1}^{m} \alpha_i - \frac{1}{2} \sum_{i,j=1}^{m} \alpha_i \alpha_j y_i y_j \langle x_i, x_j \rangle$$

$$\text{subject to} \quad \sum_{i=1}^{m} \alpha_i y_i = 0 \tag{11.5.34}$$

$$0 \leqslant \alpha_i \leqslant C \qquad (i = 1,2,\cdots,m)$$

与线性可分的情况相比，除了对 α_i 的约束不同之外，其他的都一样。

核函数的选取在 SVM 方法中是一个较为困难的问题，核函数的作用除了避免维数灾难外，还希望将样本映射到一个高维特征空间中，使得在输入空间中线性不可分的样本在特征空间中变成线性可分的，因此核函数的选取直接影响到分类器的分类精度和泛化能力。然而，如何根据不同的实际应用选取最佳的核函数，至今尚缺乏有效的理论指导。一

个可行的做法是尝试采用不同的核函数并进行比较，然后选取分类性能最优者。一种核函数 $K(x,y)$，只要满足 Mercer 条件，它就对应某一变换空间中的内积。常用的核函数有线性、多项式、高斯和 Sigmoid 四种：

1）线性函数：

$$K(x,y)=x^{\mathrm{T}}\cdot y \tag{11.5.35}$$

2）多项式函数：

$$k(x,y)=(\gamma x^{\mathrm{T}}y+r)^{d},\gamma>0 \tag{11.5.36}$$

3）高斯函数：

$$K(x,y)=\exp(-\|x-y\|^{2}/\sigma^{2}) \tag{11.5.37}$$

4）Sigmoid 函数：

$$K(x,y)=\tanh(\gamma x^{\mathrm{T}}y+r) \tag{11.5.38}$$

高斯核也称径向基函数（Radius Basis Function，RBF）核，我们采用的就是 RBF 核，理由主要有三点：一是 RBF 函数可以将样本非线性地映射到高维的空间中，从而解决类标签和属性间非线性的关系问题，这是线性核函数无法解决的。二是 Sigmoid 核函数取某些特定参数时性能和 RBF 相近。三是多项式核函数的数目比 RBF 核函数多，模型选择更为复杂。

2. SVM 直推式增量主动学习算法

基于网络图像复杂多变的特点，在分类器训练阶段就收集到完备的具有丰富代表性和多样性的训练样本是不实际的，因此我们希望找出一种机器学习方法，它可以在测试过程中长期主动地进行学习，不断提高自己的分类性能。通过对 SVM 主动学习、SVM 增量学习、SVM 增量式主动学习以及 SVM 直推式学习的分析，结合 SVM 增量式主动学习方法和 SMV 渐进直推式学习方法的优点，下面提出一个能够高效地进行长期主动学习的 SVM 学习算法。即 SVM 直推式增量主动学习算法，其算法描述如下：

1）收集图像，标记初始训练样本集 T。

2）对已标记样本使用归纳学习进行训练，得到一个初始 SVM 分类器 F，取得支持向量 T_{sv}。

3）在实际测试过程中，把满足 $-1<(\langle w,x_i\rangle+b)<1$ 的测试样本作为未标记样本保存起来，记为 T_u。条件满足时执行步骤 4 开始的学习算法。

4）用当前分类器对无标记样本进行学习，计算每一个无标记样本的输出类别，用成对标注法在当前边界区域内的无标签样本中标记出一个新的正样本 p 和一个新的负样本 n，$T_u=T_u-p-n$。

5）将新标记的两个样本加入到原来的训练样本中 $T_{sv}=T_{sv}+p+n$，重新训练 SVM，取得支持向量 T_{sv}，用新的 SVM 分类器计算所有无标签样本的类别。如果发现早期标记的样本的类值和当前判别函数输出值不一致，则用标记重置法取消对该样本的标注，记这些样本组成的集合为 X，重新将该样本放回到未标记样本 $T_u=T_u\cup X$ 中。

6）用成对标记法在当前边界区域内寻找符合条件的未标记样本，如果不存在这样的无标签样本，则用当前的 SVM 分类器对所有剩下的无标记样本进行分类，跳至步骤 7，否则标记出最靠近 SVM 边界的一个新的正样本 p 和一个新的负样本 n，$T_u=T_u-p-n$，跳至步骤 5。

7）输出分类器 F，将 T_u 清空，跳至步骤 3。

算法在步骤 3 中把满足 $-1<(\langle w,x_i\rangle+b)<1$ 的测试样本作为未标记样本保存起来，

以及在步骤 6 中在最靠近 SVM 分类超平面的未标记样本中标记新样本，体现了算法的主动性。在步骤 5 中重新训练 SVM 时，训练是在支持向量和新增加的样本上进行的，体现了算法的增量性。步骤 5 与步骤 6 的迭代方式体现了算法的直推式学习方法，在直推式学习过程中采用的成对标记法和标记重置法保证了 SVM 分类器的性能可以不断地得到提高。在步骤 7 中输出 SVM 后，将上一次保存起来的未标记样本清空，然后跳至步骤 3，收集新的未标记样本，准备下一轮的学习，体现了学习的长期性。

3. 实验结果

从互联网上收集了 300 幅裸体图像和 1200 幅各式各样的非裸体图像，这些图像经过皮肤过滤后，利用上述特征提取方法，从中提取了 88 个综合特征。特征提取后，选择了速度最快的 SMO 算法来训练 SVM。核函数选择的是径向基函数，利用网格搜索法和 m 重交叉验证方法选择核参数。训练出来的分类器在 2989 幅图像上进行测试，其中包括 338 幅裸体图像和 2651 幅非裸体图像。为了取得更快的测试速度，我们在皮肤过滤阶段放弃了纹理过滤，等将来找到快速且效果可以代替 Gabor 小波求取纹理图的方法时，再加上纹理过滤这一步骤。少了纹理过滤，皮肤检测的错检率会有所升高，但对正检率影响是很小的。由于我们的过滤系统并不单纯依靠皮肤检测器来检测裸体图像，整个过滤系统的性能所受的影响也非常小。

以正检率和错检率作为测试性能指标，图像检测系统的正检率可以达到 97.3%，错检率为 13.2%。表 11.3 给出了实验结果数据。

表 11.3 SVM 的分类性能数据

测试图像数目	正确分类图像数目	正检率	错检率
338 幅裸体图像	329	97.3%	13.2%
2651 幅非裸体图像	2302		

小结

图像识别是数字图像处理的高级课题。统计法、句法法、模糊法和神经网络识别法是目前常用的图像识别方法，它们各有所长，各自能在一定的范围内有效解决图像识别问题。必须指出的是，将图像识别方法进行分类只是为了讨论方便，而在解决实际问题时，这几种方法通常是结合在一起使用的，完全单独使用某一种方法是少见的。例如，为了提高识别率，可以在统计识别中引入模糊向量与模糊匹配，在句法识别法中引入模糊产生式，在神经网络识别中可以引入模糊学习机制等。两种或两种以上方法结合使用可以实现取长补短、优势互补，从而提高图像识别率。综合运用 Matlab 提供的诸如图像处理工具箱、小波工具箱、模糊逻辑工具箱和神经网络工具箱可以方便地解决图像识别问题。

习题

11.1 图像识别的统计方法和句法方法是如何描述图像模式的？并请各举一例说明之。

11.2 在统计图像识别中，特征选择的目的是什么？有哪些常用的准则用于特征选择？

11.3 何谓线性分类器的学习。

11.4 试比较线性分类器与贝叶斯分类器。

11.5 给定有限状态文法

$$G=(V_N,V_T,P,S)$$

其中$V_N=(S,A)$，$V_T=(a,b)$，$P=\{S\to aS,S\to bA,A\to bA,A\to b\}$，试确定

(1) $L(G)=?$

(2) 请构造一有限状态自动机A，使$T(A)=L(G)$。

11.6 给定上下文无关文法

$$G=(V_N,V_T,P,S)$$

其中$V_N=(S,A,B)$，$V_T=(0,1)$，$P=\{S\to 0A,A\to 1B,B\to 0A,A\to 1\}$，试确定：

(1) $L(G)=?$

(2) $x=abab\in L(G)$？若是，请给出x的导出树。

11.7 给定一随机有限状态文法

$$G_S=(V_N,V_T,P_S,S)$$

其中

$$V_N=(S,X,Y),\qquad V_T=(0,1)$$

$$P_S=\{S\xrightarrow{0.8}1Y,X\xrightarrow{0.6}1Y,Y\xrightarrow{0.2}0,Y\xrightarrow{0.8}1X,X\xrightarrow{0.2}1,X\xrightarrow{0.2}0X\}$$

请构造一随机有限状态自动机A_S，使$T(A_S)=L(G_S)$。

11.8 试述统计图像识别与结构图像识别的区别与联系。

11.9 事物或对象可以用模糊集合来表示，而模糊集合又完全由隶属函数来刻画。那么，如何合理地构造刻画模糊集合的隶属函数呢？

11.10 模糊识别有哪些常用的原则，各有什么特色和适用范围？

11.11 最大关联隶属原则的基本思想是什么？

11.12 试述模糊文法与随机文法的区别与联系。

11.13 试述训练前向神经网络的BP算法原理，同时分析BP的缺陷，并提出相应的改进措施。

11.14 试比较前向神经网络分类器与支持向量分类器。

11.15 模糊识别法和神经网络识别法各有哪些优势，你认为它们的发展前景如何？

CHAPTER 12

第 12 章 图像语义分析

12.1 概述

随着多媒体技术和计算机网络技术的迅速发展，图像信息与日俱增。图像信息的有效利用已经成为一个重要的课题。传统的图像信息利用大都是通过其底层视觉特征，如图像的颜色、纹理、形状等，而忽略了图像内容所包含的语义信息。然而，图像的底层视觉特征仅仅代表图像的视觉信息，与人类对图像的理解还存在一定的差异。图像的语义信息比图像视觉特征所能表述的要丰富得多。图像的底层视觉特征与高层语义特征之间存在很大的差距，即“语义鸿沟”，图像语义理解研究是解决“语义鸿沟”问题的重要技术。解决“语义鸿沟”的关键问题之一在于建立底层视觉特征与高层语义之间的映射。

因此，基于语义的图像挖掘研究是解决语义图像理解问题的一条重要途径，也是一个聚集了计算机视觉、图像处理、数据挖掘、机器学习等多个研究领域的交叉研究方向。如今，基于语义的图像分析研究已越来越受到国内外研究者的关注。

本章首先简要介绍一种面向图像语义分析的图像表示模型，然后分别介绍图像语义分割技术和图像区域语义标注方法，最后介绍图像语义分类。

12.2 图像表示模型

用适当的图像表示模型进行图像内容表达是图像语义分析的前提和基础。现有的图像表示模型主要有向量空间模型、句法(结构)模型和面向对象的图像内容描述模型。这几种模型各有所长。为了更有效地执行图像语义分析任务，在计算智能思想指导下，同时充分考虑人脑对图像的理解机制，包括认知心理学和视觉认知模型，设计一种混合模型，即吸取这三种图像表示模型的特点，将向量空间模型和面向对象的图像内容描述模型融入句法模型中，提高模型的表示能力。

图 12.1 正是在这种思路下提出的一种三级图像表示模型，即根据图像语义理解的自然过程将图像自底向上依次称为原始图像、特征图像和语义图像。其中特征图像又可分为视觉特征图像、对象特征图像和关系特征图像。而语义图像也可根据理解任务的特点分为场景语义图像、行为语义图像和情感语义图像。这三类图像所对应的空间自底向上依次分别为数据空间、特征空间和概念空间。

必须指出，这里的特征空间不是统计模式识别中的向量空间，而是一种广义空间。在这种特征空间中，视觉特征图像用向量空间模型表示，而对象特征图像与关系特征图像用结构(句法)法表示。为了更好地表示特征空间上的特征图像，我们在深入分析现有集合(如普通集合、模糊集合、粗糙集合、软集合)的基础上，提出一种广义集合来表示特征图像。这种广义集合表示法集向量、对象、句法等表示法于一体，因而具有更强的表示能力。

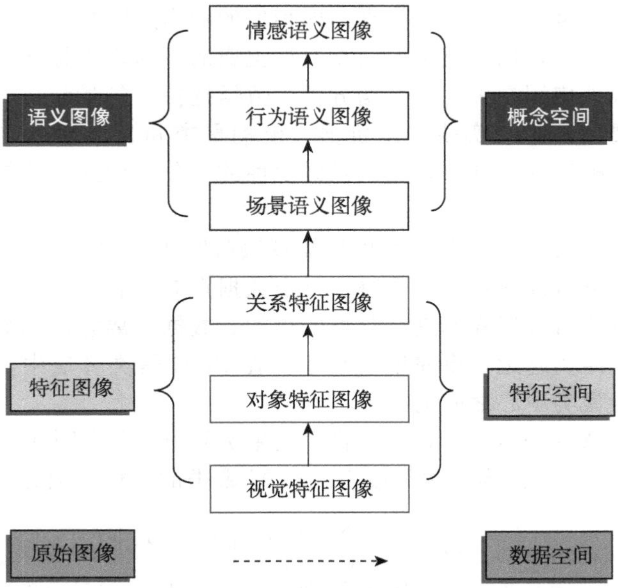

图 12.1 三级图像表示模型

传统的图像分类方法大多依赖于图像的底层视觉特征，然而，一幅图像胜过千言万语，图像所表达的语义信息远远比视觉特征所能表述的丰富得多。由于图像底层视觉特征和高层语义之间的"语义鸿沟"，基于底层特征的图像内容描述往往无法符合人类所理解的图像知识。相比之下，图像中的对象信息和图像上下文信息则能为图像语义理解与分析提供很好的语义信息。因此，它们能更好地满足用户对图像资源的处理及利用需求。

图像语义既包括人类对图像中包含的对象及其上下文关系的理解，也包括对蕴含在图像中更为丰富的概念的感知。其中，图像中的对象及上下文语义是推理更丰富高层语义的基础。通过建立基于图像对象与上下文融合的图像描述模型，能够有效地表述图像内容并推理分类图像语义，使用户从图像中获取高层语义信息，对深入理解并应用图像语义信息有着重要的意义。

12.3 图像语义分割

理解一幅图像的前提是识别图像中诸个对象。因此，为实现图像场景语义分类，首先需要进行图像分割以及对分割区域中对象的识别，根据图像局部语义信息进行全局场景语义分类。

图像分割是一种将图像分成若干个不重叠区域的技术。本书第 8 章中已经介绍了多种基本的图像分割方法，如阈值分割法、边缘检测法、区域生长法、区域分裂法、基于形变模型的方法，以及运动分割法等。此处介绍两种面向语义分析的基于数据挖掘的图像分割方法，一种是基于模糊 C 均值聚类的图像分割方法，另一种是基于空间上下文关系的图像分割方法。

12.3.1 基于模糊 C 均值聚类的图像分割

基于聚类的图像分割是一种无监督的学习方法。聚类算法根据数据点之间的相似性度量，将未标注的数据点聚类到若干个类别，即相似的数据点归类到同一个类别。模糊聚类作为无监督模式识别方法，用模糊理论建立数据类属的不确定性描述，能比较客观地反映现实世界，已经有效地应用在大规模数据分析、数据挖掘、矢量量化、图像分割、模式识别等领域，具有重要的理论与实践应用价值。模糊聚类和其他聚类方法之间的主要区别是，它将数据点进行模糊性的划分，而不是确定性的划分。因此，数据点可以属于多个类别，不过具有不同隶属度值。

在众多模糊聚类算法中，模糊 C 均值聚类算法(即 FCM 聚类算法)是应用最广泛且较成功的算法之一，它通过优化目标函数得到每个数据点对所有类中心的隶属度，从而决定数据点的类属，以达到对数据样本进行分类的目的。数据点离它们的聚类中心越接近，隶属度值越大；反之，距离越远，隶属度值越小。在 FCM 聚类算法中，隶属度依赖于在特征空间上数据点和各聚类中心之间的距离。

给定样本集合为 $X=\{x_1,x_2\cdots,x_n\}$，将它们聚类到 $|C|$ 个类别并求得每个聚类中心 C_i $(i=1,2,\cdots,|C|)$，使得目标函数达到最小。FCM 聚类的目标函数是

$$J=\sum_{i=1}^{|C|}J_i=\sum_{i=1}^{|C|}\sum_{j=1}^{n}\mu_{ij}^m\|C_i-x_j\|^2 \tag{12.3.1}$$

其中，μ_{ij} 是样本点 $x_j(j=1,2,\cdots,n)$ 属于类别 $c_i(i=1,2,\cdots,|C|)$ 的隶属度，$0\leqslant\mu_{ij}\leqslant 1$；$\|C_i-x_j\|$ 为类别 c_i 的聚类中心和数据点 x_j 之间的距离度量；$m(0\leqslant m<\infty)$ 是一个加权指数。

隶属度矩阵 $\boldsymbol{U}=[\mu_{ij}]_{n\times|C|}$ 的元素取值范围为[0, 1]。不过，一个数据点的隶属度总和等于 1，即

$$\sum_{i=1}^{|C|}\mu_{ij}=1,\forall j=1,\cdots,n \tag{12.3.2}$$

为了达到目标函数最小化，在算法迭代过程中，其聚类中心和隶属度的更新方程如下：

$$C_i=\frac{\sum_{j=1}^{n}\mu_{ij}^m x_j}{\sum_{j=1}^{n}\mu_{ij}^m} \tag{12.3.3}$$

$$\mu_{ij}=\frac{1}{\sum_{k=1}^{|C|}\left(\frac{\|C_i-x_j\|^2}{\|C_k-x_j\|^2}\right)^{1/(m-1)}} \tag{12.3.4}$$

FCM 聚类算法是一个简单的迭代过程，其算法步骤如下：

1) 给定聚类数目 $|C|$。

2) 初始化隶属度矩阵 $\boldsymbol{U}$。

3) 用式(12.3.3)计算聚类中心 $C_i,i=1,\cdots,|C|$。

4) 用式(12.3.1)计算目标函数值。若它小于某个阈值，或它相对前一次的目标函数值的改变量小于某个阈值，则算法停止。

5) 用式(12.3.4)计算新的隶属度矩阵，返回步骤 3。

在图像分割过程中，FCM 聚类算法利用模糊隶属度将像素点归类到不同类别。在传统的基于 FCM 聚类的图像分割算法中，特征向量被认为与像素点的空间位置相互独立。然而，在现实世界的图像中相邻像素之间通常有较强的相关性。图像中相邻的像素归类到同一个对象区域的频率比较高，且一个对象区域的相邻像素一般不是相互独立的。因此，

在聚类过程中，引入相邻像素之间的局部空间相互作用，可以产生更有意义的像素聚类，并有助于解决以不同类别的相似视觉特征而产生的模糊性和噪声等的干扰。据此，可以将图像像素的局部上下文信息引入 FCM 聚类算法，从而提高基于 FCM 聚类算法的图像分割性能。

式(12.3.1)所示的 FCM 聚类算法的目标函数中没有反映空间上与数据点 x_j 相邻的数据点的影响。考虑到图像中相邻像素点的影响，对于某一像素的归类，反映其相邻像素影响的因子必须能够结合像素空间上下文信息和视觉特征信息，而且必须反映其他像素与该像素的空间距离，使得保证分割的健壮性和抗噪声性。这样一个像素上下文影响因子可以定义如下：

$$IF_{ij} = \sum_{k \in N_j} (\exp(-d_{jk})(1-\mu_{ik})^m \| C_i - x_k \|^2) \tag{12.3.5}$$

其中，N_j 是像素 j 的相邻像素集合；d_{jk} 是像素 j 与其相邻像素 k 之间的空间距离；$\| C_i - x_k \|$ 是在视觉特征空间上，第 i 个聚类中心和像素点 k 之间的距离度量。像素上下文影响因子 IF_{ij} 反映相邻像素的影响，而且根据从考查像素到相邻像素的空间距离而变化，即距离越远的像素其影响越小。

利用像素上下文影响因子修改 FCM 算法的目标函数为

$$J = \sum_{i=1}^{|C|} \sum_{j=1}^{n} (\mu_{ij}^m \| C_i - x_j \|^2 + IF_{ij}) \tag{12.3.6}$$

此时，目标函数最小化必须满足如下两个必要条件，即

$$\mu_{ij} = \frac{1}{\sum_{h=1}^{|C|} \left(\frac{\| C_i - x_j \|^2 + IF_{ij}}{\| C_h - x_j \|^2 + IF_{hj}} \right)^{1/(m-1)}} \tag{12.3.7}$$

$$C_i = \frac{\sum_{j=1}^{n} \mu_{ij}^m x_j}{\sum_{j=1}^{n} \mu_{ij}^m} \tag{12.3.8}$$

利用式(12.3.7)和式(12.3.8)迭代地更新聚类中心和隶属度矩阵，直到收敛或到达预定的迭代次数为止，最后获得引入像素上下文信息的图像像素聚类。图像像素聚类后，每个像素将会对应每个聚类类别并具有相应的隶属度。通过对每个像素分配隶属度最高的类别而得到图像的分割结果。

12.3.2 基于空间上下文关系的图像分割

理想的图像分割是将图像划分成对应真实世界对象的语义对象区域，从而使得更高层的图像理解与分析得以顺利进行。然而，目前大多数的图像分割方法都只考虑图像底层视觉特征，因此分割结果通常也只是一些底层特征一致的区域，并不能分割出语义对象区域。而人类视觉感知系统能很好地从图像中分割出语义对象区域，因为它依据的不仅仅是视觉信息，更重要的是根据与图像及对象相关的知识进行识别。针对这一问题，将图像本身体现的知识引入到分割过程，才能实现符合人类感知的图像分割。

图像上下文信息是反映图像中对象及其关系的重要知识信息。据此，通过引入图像像素的局部空间上下文，可以提高基于 FCM 聚类算法的图像分割性能。同时可以根据图像中对象之间的空间上下文信息，对初始分割区域执行合并算法而得到语义图像区域。

1. 语义图像分割框架

图 12.2 给出基于空间上下文关系的语义图像分割框架。为了进行语义图像分割，首

先采用 FCM 聚类算法进行图像初始分割，然后从每个分割区域提取视觉特征，利用模糊 SVM 分类器进行初始分割区域的标注。

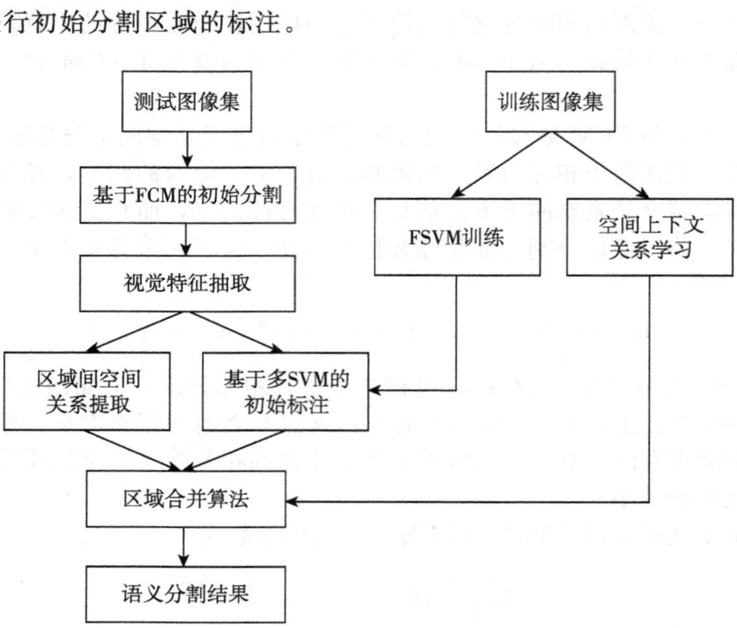

图 12.2　基于空间上下文关系的语义图像分割框架

另一方面，从训练数据中学习空间上下文关系，构建模糊上下文信息库来存储领域图像的空间上下文知识。最后，执行基于空间上下文信息的区域合并算法，该算法重复执行直到获得最终的语义图像分割为止，即直到没有可合并的区域或者达到先定的迭代次数为止。

2. 图像初始分割

图像场景一般由若干个对象组成，其视觉特征因照明、天气等因素影响而发生变化。因此，一般利用多种视觉特征的组合特征实施分割。此处利用 CIE Lab 颜色特征和基于小波变换的纹理特征进行图像的初始分割。为了加快分割速度，在图像初始分割阶段中利用多特征块聚类方法。

首先，将图像划分为非重叠的 $m\times m$ 像素块(如 $m=4$)，对每个图像块提取颜色特征和纹理特征。然后在视觉特征空间上结合图像块的空间上下文信息，采用 FCM 聚类算法实施图像块的聚类，将图像块归类到最高隶属度的类别。

接着利用数学形态学方法获得连通图像区域，即将聚类后属于同一类别的相互连通的图像块集合成图像区域。但这些区域并不都是有意义的语义图像区域，因此还要进行区域合并算法。

3. 分割区域初始标注

图像初始分割后，在每个分割区域提取视觉特征，然后采用模糊 SVM 分类器进行该区域的语义标注。

为了将图像区域 s_j 分类到 n 个语义类别 $c_i(i=1,2,\cdots,n)$，可采用基于 SVM 的区域标注方法。该方法训练 n 个 SVM 分类器，其中每个 SVM 分类器将分割区域分类到某一类。利用训练后的 n 个 SVM 分类器，对每个初始分割结果得到的区域进行分类。如果区域 s_j

的特征向量与第 i 个 SVM 分类器的超平面之间距离是正的最大，那么就将区域 s_j 分配到语义类别 c_i，即给区域 s_j 分配语义标签 c_i。

需要说明的是对于传统 SVM 分类器中存在的不可分数据的缺陷，可以采用模糊 SVM 分类器处理之。此时，需要通过计算各个测试图像区域的特征向量与每个 SVM 分类器的超平面之间的距离来确定图像区域属于每个类的隶属度，从而获得所有分割区域的初始语义标签及其模糊隶属度。

在初始标记阶段，一个图像区域拥有几个候选语义标签及其隶属度，该隶属度表述图像区域对语义标签的信任度。初始标签及其隶属度用于语义区域合并阶段，可以通过迭代合并算法将过分割的区域合并成语义区域。

4. 学习空间上下文关系

通常情况下，两个区域之间空间关系可以分为三大类，即方向关系 W^1、距离关系 W^2 和拓扑关系 W^3，如图 12.3 所示。

方向关系包括上边(ABOVE)、下边(BELOW)、左边(LEFT)和右边(RIGHT)关系，距离关系包括靠近(NEAR)和远离(FAR)关系，拓扑关系包括分离(disjointed)、邻接(bordering)、入侵(invaded by)和包含(surrounded by)关系。

两个区域 s_i 和 s_j 之间的空间关系 W 的模糊隶属函数表示为 $\mu_W(s_i, s_j)$，其中 $W \in \{$ ABOVE, BELOW, LEFT, RIGHT, NEAR, FAR, DIS, BOR, INV, SUR$\}$，对应于上边、下边、左边、右边、靠近、远离、分离、邻接、入侵和包含关系。

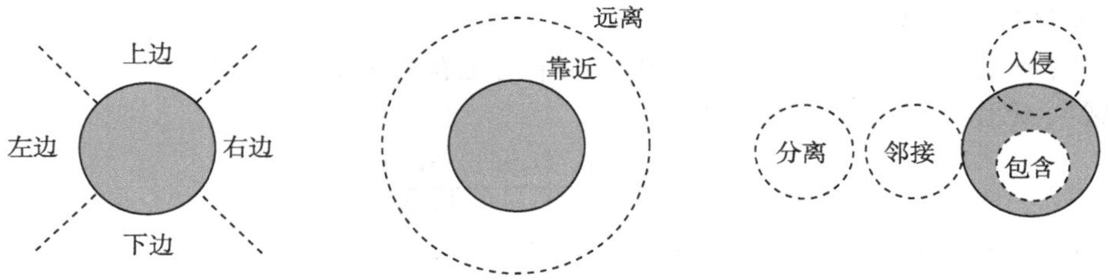

a) 方向关系　　b) 距离关系　　c) 拓扑关系

图 12.3　图像中对象之间空间关系

对象之间的空间上下文关系信息可以通过基于训练数据的学习获得。该空间上下文关系信息表征为模糊隶属度矩阵。

在图像区域合并阶段，由于只考查相互邻接的区域，故而不必考虑对象之间的距离关系，同时考虑自然场景图像的特点，方向关系中的左边和右边关系可以不区分，都认为是旁边关系。从而将空间上下文关系量化为 4 种关系：上边、下边、旁边和包含关系。图像中的区域对象 c_i 和 c_j 对应 4 种空间关系的隶属度是 $\mu_W(c_i, c_j)$，其中 $W=\{$ABOVE, BELOW, BESIDE, SUR$\}$。因此，模糊空间关系矩阵为

$$\boldsymbol{M}=\begin{bmatrix} \mu_{\text{ABOVE}}(c_1,c_2) & \mu_{\text{ABOVE}}(c_1,c_3) & \cdots & \mu_{\text{ABOVE}}(c_i,c_j) & \cdots \\ \mu_{\text{BELOW}}(c_1,c_2) & \mu_{\text{BELOW}}(c_1,c_3) & \cdots & \mu_{\text{BELOW}}(c_i,c_j) & \cdots \\ \mu_{\text{BESIDE}}(c_1,c_2) & \mu_{\text{BESIDE}}(c_1,c_3) & \cdots & \mu_{\text{BESIDE}}(c_i,c_j) & \cdots \\ \mu_{\text{SUR}}(c_1,c_2) & \mu_{\text{SUR}}(c_1,c_3) & \cdots & \mu_{\text{SUR}}(c_i,c_j) & \cdots \end{bmatrix} \tag{12.3.9}$$

其中，矩阵的每一行意味着上述的 4 种空间关系，矩阵的每一列意味着可能的语义对象概念对。例如，对于海滩图像来说，其语义对象概念有 $C=\{$天空，大海，沙滩，植物，

石头}，语义对象概念对有天空和大海、大海和沙滩、天空和植物等。

5. 区域合并算法

基于上下文信息的图像区域合并算法用来合并从初始分割阶段得到的区域。由于算法基于图像区域的标注概念的信任度和语义区域的空间上下文的信息，因而可以称之为基于高层语义的图像分割。

语义区域合并算法如下：

1）输入初始分割区域 s_j 对于语义标签 $c_i(i=1,2,\cdots,n)$的隶属度 $\mu_{ci}(s_j)$。

2）对于图像分割区域，以最大隶属原则确定最佳候选语义概念。例如对于区域 s_j 和 s_k，其最佳候选语义概念如下：

$$\begin{aligned} c(s_j) &= \arg\max_i \mu_{c_i}(s_j) \\ c(s_k) &= \arg\max_i \mu_{c_i}(s_k) \end{aligned} \tag{12.3.10}$$

3）对于每对相邻的区域 s_j 和 s_k，若 $c(s_j)=c(s_k)$，则区域 s_j 和 s_k 合并成新区域 $\hat{s}_j$ 并转到步骤 6。

4）利用语义概念之间的空间上下文关系，计算两个区域的相异度：

$$dsm(s_j,s_k) = \sum_{i=1}^{n}\sum_{l=1}^{n}\mu_{c_i}(s_j)\cdot\mu_{c_l}(s_k)\cdot\mu_W(c_i(s_j),c_l(s_k)),\ i\neq l \tag{12.3.11}$$

其中，$\mu_W(c_i(s_j),c_l(s_k))$是 $c_i(s_j)$和 $c_l(s_k)$之间空间关系 W 的隶属度。

5）若 $dsm(s_j,s_k)<\varepsilon$，则区域 s_j 和 s_k 合并成新区域 $\hat{s}_j$ 并转到步骤 6，否则转到步骤 7。其中，ε 是区域合并阈值。

6）对于所有合并的新区域 $\hat{s}_j$，利用加权平均更新其隶属度 $\mu_{c_i}(\hat{s}_j)(i=1,2,\cdots,n)$，并将新区域 $\hat{s}_j$ 记作区域 s_j 并转到步骤 2。

$$\mu_{c_i}(\hat{s}_j) = \frac{|s_j|\cdot\mu_{c_i}(s_j)+|s_k|\cdot\mu_{c_i}(s_k)}{|s_j|+|s_k|} \tag{12.3.12}$$

其中，$|\cdot|$表示某区域占有的像素数目(区域的大小)。

7）输出最终分割区域。

6. 实验结果与分析

为了验证上述图像分割方法，即基于空间上下文关系的图像分割(简称为 SCR)方法的有效性，对海滩和街道图像进行了实验。实验数据来自 LabelMe 图像数据库。从图像集中抽取 200 幅已标注好区域的图像(100 幅海滩图像和 100 幅街道图像)作为训练数据集，用于训练模糊 SVM 分类器以及学习图像空间上下文关系。在训练模糊 SVM 分类器的时候，将高斯函数作为核函数，将 CIE Lab 颜色特征和基于小波的纹理特征作为视觉特征，采用 FCM 聚类算法进行图像初始分割。接着，使用训练好的模糊 SVM 分类器，对测试图像分割区域进行标注，结果得到对于每个区域的候选语义标签的模糊隶属度。然后，执行基于空间上下文关系的区域合并算法，得到语义图像最终分割结果。

图 12.4 和图 12.5 给出海滩和街道图像的语义分割结果：a 是原始图像；b 是 FCM 聚类算法的分割结果，它明显包含错误分割区域，如大海区域在天空的上边，沙滩区域被大海包围，建筑区域在公路的里边等；c 是基于空间上下文关系的图像分割方法的分割结果；d 是用来进行分割准确性定量评价的手工分割结果。

为了比较基于 FCM 聚类算法的图像分割方法与基于空间上下文关系的图像分割方法，采用如下分割准确性度量：

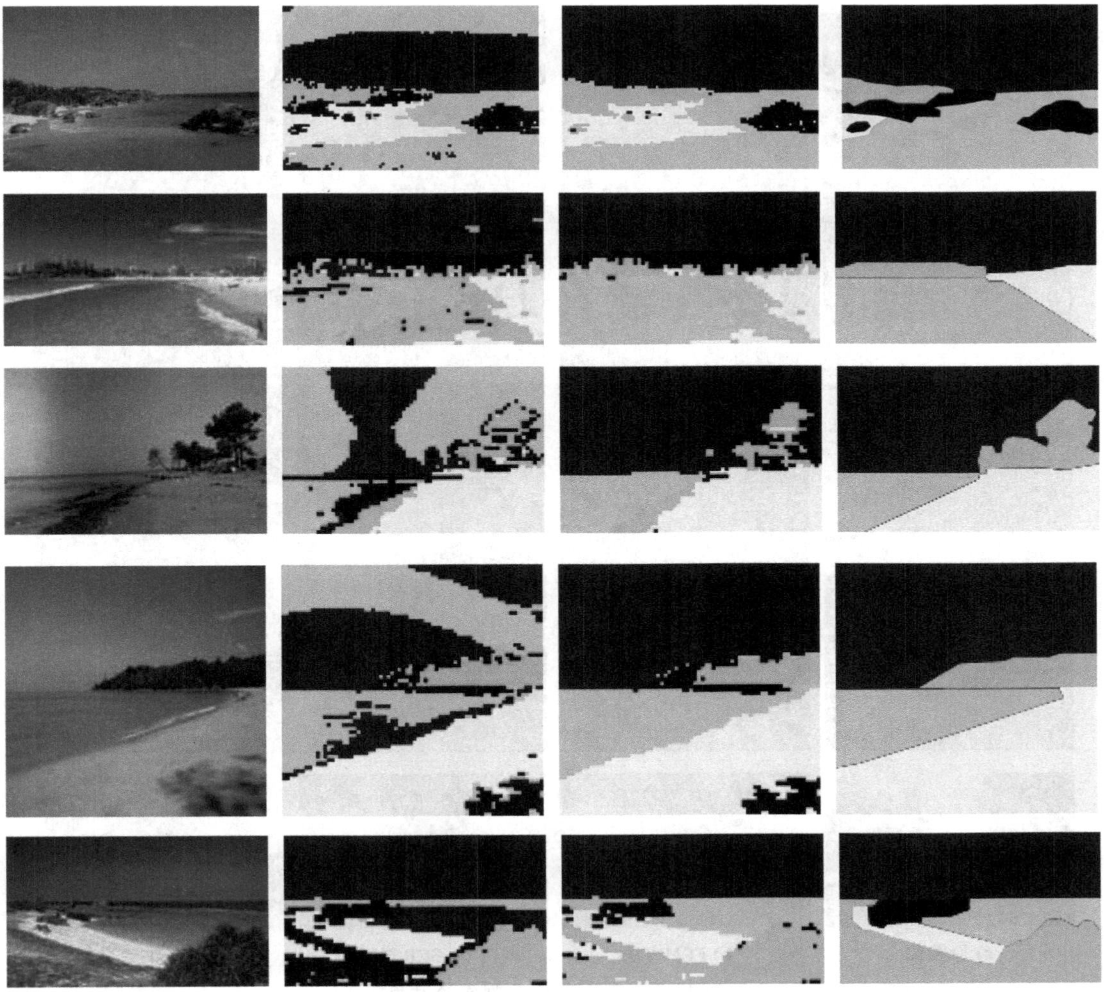

a) 原图像　　b) FCM方法　　c) SCR方法　　d) 手工正确分割

图 12.4　海滩图像分割实验结果

$$accuracy = \frac{1}{|I|}\sum_{i=1}^{k}|s_i \cap g_i| \tag{12.3.13}$$

其中，$|I|$表示整幅图像的像素总数，s_i 是实验得到的分割区域，k 是分割区域的总数，g_i 是具有标签 $c(s_i)$的手工正确分割区域。

表 12.1 给出 FCM 方法和 SCR 方法对于海滩和街道图像的分割准确度。对于海滩图像，FCM 方法和 SCR 方法的平均分割准确度分别为 57.21 和 82.21，而对于街道图像，分别为 68.05 和 74.67。由此可见，SCR 方法即基于空间上下文关系的图像分割方法的分割准确度有所提高。

图 12.6 中给出初始聚类数与对应分割结果的曲线。在实验中利用的海滩和街道图像数据集中，每幅图像一般包含 5 个左右的对象。由此可知，在聚类数等于图像场景内包含的语义对象数的时候得到最好的分割结果。

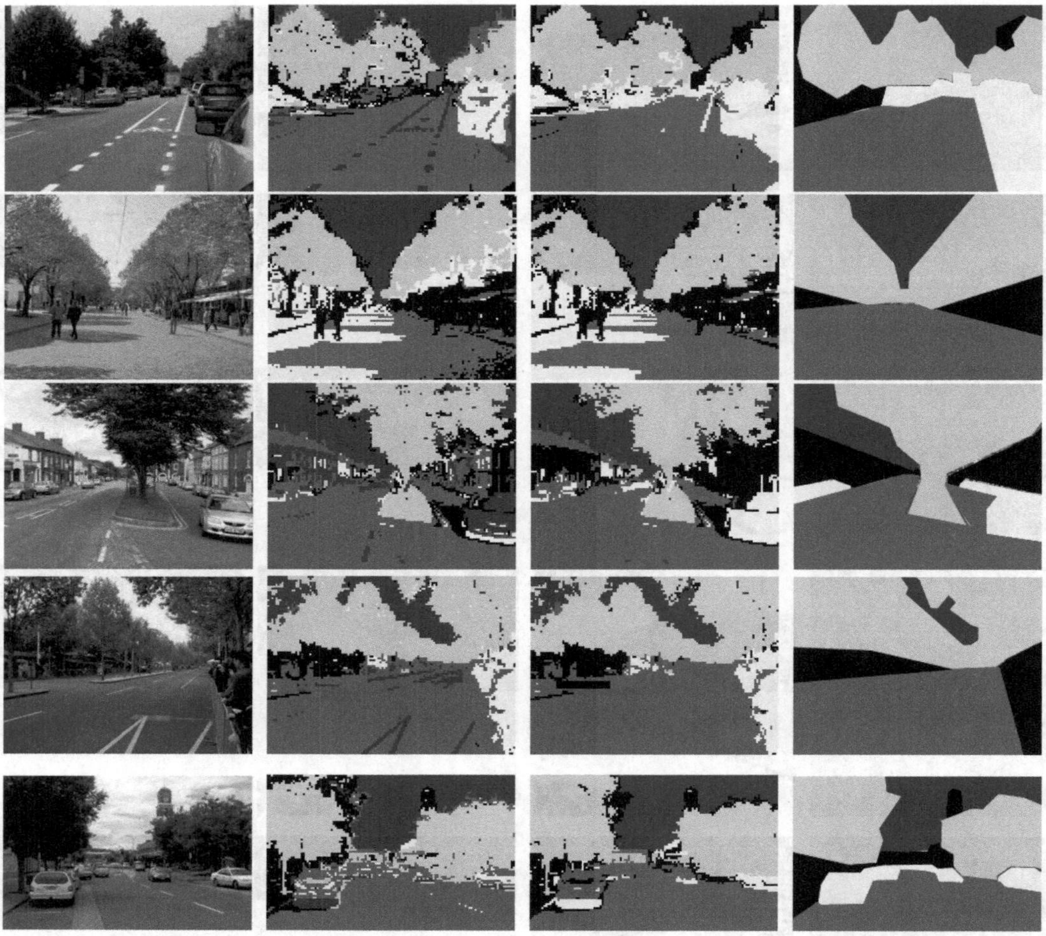

a) 原图像　　b) FCM方法　　c) SCR方法　　d) 手工正确分割

图 12.5　街道图像分割实验结果

表 12.1　利用 FCM 与 SCR 方法的平均图像分割准确度比较

		FCM 方法	SCR 方法
海滩图像	Image1	63.91	82.77
	Image2	56.28	76.73
	Image3	42.33	83.29
	Image4	61.43	86.90
	Image5	62.09	81.37
	平均分割准确度	**57.21**	**82.21**
街道图像	Image1	67.15	77.07
	Image2	62.62	67.89
	Image3	64.36	74.98
	Image4	74.07	76.23
	Image5	72.06	77.17
	平均分割准确度	**68.05**	**74.67**

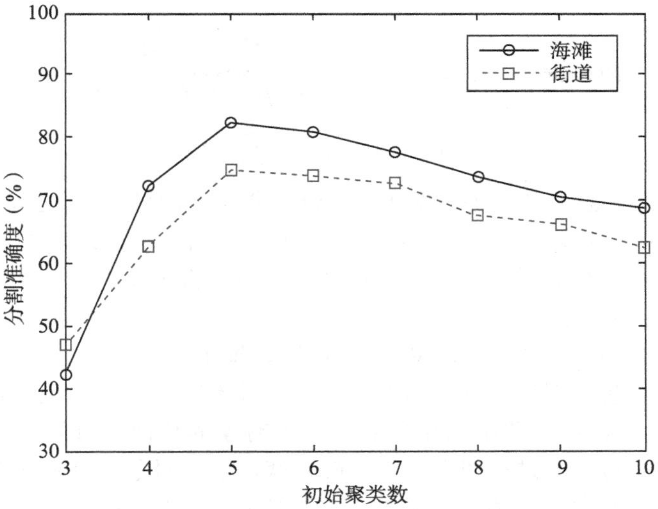

图 12.6　初始聚类数对分割结果的影响曲线

12.4　图像区域语义标注

图像分割后需要对分割区域进行对象标注，对象标注质量直接影响到场景语义理解及分类的准确性。目前的对象标注工作大都是利用图像区域的底层视觉特征进行的。然而，人类对图像场景的认识不但依靠对象的外观特征，而且还利用对象之间的上下文信息，从而正确地识别及分类出各种对象。因此，图像中对象之间上下文特征是一种有助于对象识别和分类的重要信息源。换言之，图像中对象之间上下文信息是一种关于图像的重要知识。

本节介绍一种基于上下文信息的图像区域标注方法。该方法综合利用图像区域的视觉信息和图像上下文信息，从而实施稳定的对象标注并提高其准确性。该方法首先利用模糊空间关系，包括方向关系、距离关系和拓扑关系，来解决对象之间空间关系信息的利用问题。然后通过基于能量的模型解决对象视觉信息、共生信息与空间关系信息的融合问题。

12.4.1　基于条件随机场的上下文模型

条件随机场(CRF)模型是由 Lafferty 等人于 2001 年提出的。该模型是在给定需要标记的观察序列的条件下，计算整个标记序列的联合概率，而不是在给定当前状态条件下，定义下一个状态的分布。标记序列的条件概率依赖于观察序列中非独立的、相互作用的特征，并通过赋予特征以不同权值来表示特征的重要程度。

CRF 模型能够将不同类型的信息合并在同一个模型当中，而根据上下文关系能够提高对象标注的一致性。在 CRF 模型中，势函数是进行编码图像像素/区域的标签之间的特定约束。由于每个像素或区域被认为是在图上的节点，因此模型的参数估计和推理的计算量一般很大。

给定图像 I，对应的分割区域有 s_1，s_2，…，s_k，k 表示图像 I 的分割区域的数目。每个区域对应标签的概率为 $p(c_i|s_i)$，其目标是找出符合区域视觉内容和上下文相互作用的区域标签 c_1，c_2，…，$c_k \in C$。这些相互作用可以模拟为一个概率分布，即

$$P(c_1,\cdots,c_k|s_1,\cdots,s_k)=\frac{B(c_1,\cdots,c_k)\prod_{i=1}^{k}p(c_i|s_i)}{Z(\phi_0,\cdots,\phi_r,s_1,\cdots,s_k)} \tag{12.4.1}$$

$$B(c_1,\cdots,c_k)=\exp\Big(\sum_{i,j=1}^{k}\sum_{r=0}^{q}\alpha_r\phi_r(c_i,c_j)\Big) \tag{12.4.2}$$

其中，Z 是分配函数，α_r 是从训练数据估计得到的参数，q 是区域对之间空间关系类别的数目。上式中，对于从上下文相互作用势 ϕ_r 中分开区域-语义概念之间的相互作用 $p(c_i|s_i)$，它是由基于底层视觉特征的对象识别系统提供的。为了将语义上下文和空间上下文信息融合到 CRF 框架，需要构建上下文矩阵。

其中空间上下文是通过所有区域对的 4 种关系(即上面、下面、内部和包围)的频率矩阵来获取的。该矩阵包含训练数据中的对象对在 4 种不同空间结构上的出现频率。矩阵的 (i,j)元素指标标签为 c_i 的对象出现在标签为 c_j 的对象的某种空间关系的次数。

而语义上下文是可以通过空间上下文矩阵来获取的，对象对共同出现次数等于 4 个空间上下文矩阵的对应元素的总和。语义上下文矩阵的(i,j)元素计算标签为 c_i 的对象在训练图像中同标签为 c_j 的对象一起出现的次数。

最后，一组标签的概率给定为如下模型

$$p(l_1\cdots l_{|C|})=\frac{1}{Z(\phi)}\exp\Big(\sum_{i,j\in C}\sum_{r=0}^{q}l_il_j\cdot\alpha_r\cdot\phi_r(c_i,c_j)\Big) \tag{12.4.3}$$

其中，l_i 用来表示标签 c_i 的存在或不存在的指示函数。

在上述模型中，可以通过观测标签共生的对数似然最大化来寻找 $\phi(\cdot)$。但是，直接进行共生似然的最大化是很难的，因为为此必须评估分配函数，而分配函数估计是在无向图模型中经常遇到的难题。因此，可采用蒙特卡洛方法来进行分配函数的近似。每次进行分配函数估计时，从建议分布中采取 40000 个点的样本，利用简单的梯度下降法寻找 $\phi(\cdot)$。由于估计分配函数存在噪声，很难保证收敛。

由此可见，空间上下文会提高语义内容描述的表现力，但也会带来计算成本的升高。因此，可以利用基于能量的方法来模拟上下文模型，从而松弛严格的概率假设，并且避免分配函数估计问题。另外，在上述的模型中，对象之间的空间关系只是 4 种确定性关系。但是在很多情况下，它不是确定性关系而是模糊性关系。因此，可以利用模糊空间关系获得有效的上下文信息描述，从而提高分割对象的识别性能。

12.4.2 基于能量模型的区域标注方法

图 12.7 给出基于上下文信息的图像区域标注框架。图中 s_1，s_2，…，s_k 是图像分割得到的 k 个分割区域集合，c_1，c_2，…，c_n 是对于每个图像区域的 n 个候选概念，c_1^*，c_2^*，…，c_k^* 表示对于整个图像的最终区域语义概念集合。

图像区域标注框架分为两个阶段。第一阶段为基于视觉特征的对象分类，即初始标注。该阶段首先进行图像分割(手工和自动分割)，然后从每个分割区域提取视觉特征，利用对象分类器获得图像区域的候选概念及其信任度。同时提取分割区域之间的空间关系。

第二阶段为基于上下文信息的初始标注的精炼。该阶段利用无向图结构(即 CRF 模型)来实现对象视觉特征与对象之间语义上下文和空间上下文信息的融合，然后通过基于能量的模型(Energy Based Model，EBM)方法得到最终的区域标注集合，因此可以克服在 CRF 模型中遇到的分配函数估计问题。同时，利用对象之间模糊空间关系为空间上下文

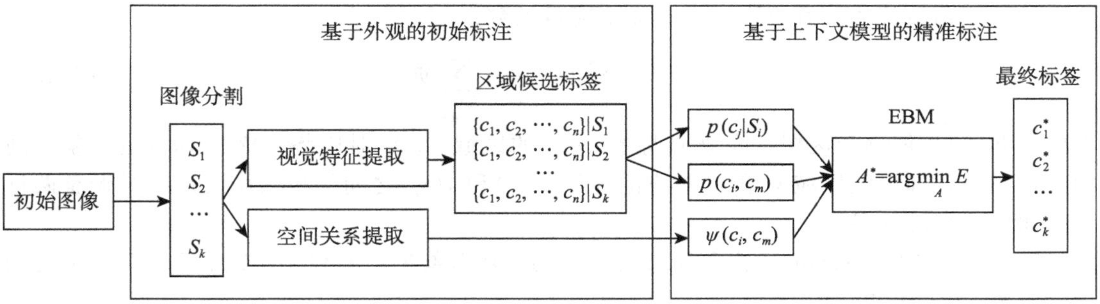

图 12.7　基于上下文信息的分割区域的对象识别框架

矩阵，确保充分利用图像中对象之间的空间关系信息。

EBM 是结构化的预测模型，其对于每个结构分配一个能量来编码随机变量之间的依赖关系。EBM 可以估计每个可能的随机变量值组合的全能量值，推理的目标是估计给出最小全能量的随机变量值组合。EBM 提供一种公用的理论框架，有助于计算无向图模型。EBM 不需要计算分配函数，并不限于严格的概率建模，因此 EBM 提供更灵活有效的建模。

EBM 将区域标注问题转换为图像全能量的最小化问题，其中能量函数是从对象区域的视觉特征、对象之间的语义上下文和空间上下文信息中获取。在该模型中，一幅包含 k 个区域的图像 I 描述为一个无向图，图中每个节点对应于图像的区域，图中的每条边表示区域之间的依赖关系。模型节点之间的所有可能的连接都被考虑。

通过基于视觉特征的区域分类，图像的每个分割区域 $s_i \in I$ 对应 n 个候选标签 $Q_i=\{c_1, c_2, \cdots, c_n\}_i$，图像区域的候选标签都具有相应的信任度，该信任度表示为 $M_i=\langle \mu_{c_1}(s_i), \mu_{c_2}(s_i), \cdots, \mu_{c_n}(s_i)\rangle$。每个区域 s_i 分配到概念 c_l 称为关联(或对应)变量，表示为 $a(s_i)=c_l$，或者简记为 $a_i=c_l$。因此，整个图像的区域标注可表示为 $A=\{a_1, a_2, \cdots, a_k\}$，其中每个区域唯一对应其候选标签集合中的一个，即关联变量的一个具体的值。形式上，a_i 是对应区域 s_i 的随机变量，其取值为 $c_l \in Q_i$(即 $a(s_i)$是一个标签)。图 12.8 显示在本文中采用的图模型，其中 $k=5$。图中区域-对象对应势定义在垂直线上，而对象之间相互作用势定义在水平线上。从而，图像区域标注的目标是通过 EBM 找出关联变量的最佳值集 A^*，即图像 I 的最佳标签配置，使得其所有区域对应于正确的标签。

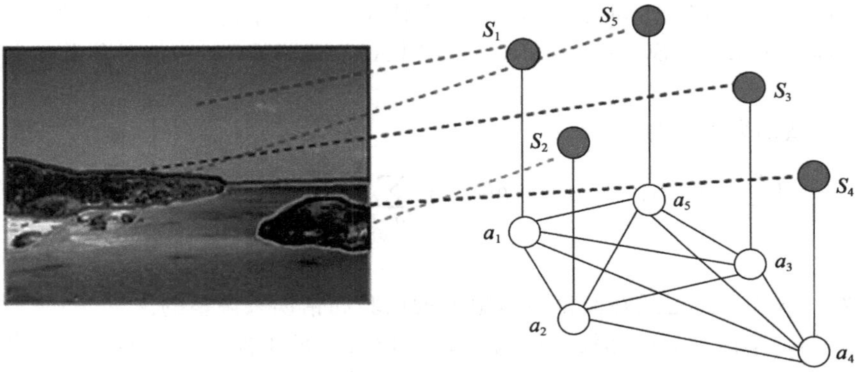

图 12.8　采用能量模型的图像区域标注

为了刻画最佳的配置方案，定义如下能量函数：

$$E(A) = -\left(\lambda_1 \sum_{i=1}^{k} \Phi(a_i) + \sum_{\substack{i,j=1 \\ (i \neq j)}}^{k} \Psi(a_i, a_j)\right) \tag{12.4.4}$$

其中，$\Phi(a_i)$是依赖于区域 s_i 的候选标签 $a(s_i)$的区域-对象对应势；$\Psi(a_i,a_j)$是对象之间相互作用势，即反映区域 s_i 和 s_j 对应的标签 $a(s_i)$和 $a(s_j)$之间的相互作用；λ_1 是调整两种势之间影响程度的参数。

区域-对象对应势 $\Phi(a_i)$由基于视觉特征的区域分类的后验概率 $p(c_l|s_i)$和对象出现的先验概率 $p(c_l)$来决定：

$$\Phi(a_i) = \lambda_2 \cdot p(c_l|s_i) + p(c_l) \tag{12.4.5}$$

其中，参数 λ_2 调整两个因子对 $\Phi(a_i)$值的影响程度。

后验概率 $p(c_l|s_i)$是基于视觉特征的区域对象分类器的输出。利用模糊 SVM 分类器进行基于视觉特征的区域分类后，每个区域 s_i 的所有候选标签 c_l 是具有其相应的隶属度 $\mu_{c_l}(s_i)$的，该隶属度表示该区域属于相应对象类别的信任程度。因此，基于视觉特征的后验概率选择为 $p(c_l|s_i)=\mu_{c_l}(s_i)$。

先验概率 $p(c_l)$由对于训练图像集中所有区域的对象概念出现频率来获取。

相互作用势 $\Psi(a_i,a_j)$反映区域 s_i 和 s_j 对应的标签 $a(s_i)$和 $a(s_j)$之间的相互关系。区域标注过程中考虑的标签是对象语义概念，因此 Ψ 是对象概念之间的上下文相互作用势。上下文相互作用势由对象之间空间上下文信息和语义上下文(共生)信息构成：

$$\Psi(a_i, a_j) = \lambda_3 \cdot \psi_r(c_l, c_m) + p(c_l, c_m) \cdot p(c_l|s_i) \tag{12.4.6}$$

其中，空间上下文和语义上下文的影响程度通过参数 λ_3 来调整；$p(c_l|s_i)$是为了估计对象标签信任度的影响而添加的。

空间上下文相互作用 $\psi_r(c_l,c_m)$表示对象对(c_l,c_m)之间的空间约束，可以通过利用两个对象之间模糊空间关系的隶属度来计算。对象 c_l 和 c_m 之间模糊空间关系描述为以隶属度 $\mu_r(c_l,c_m)$为成分的特征向量，因此对象 c_l 和 c_m 之间空间上下文相互作用可通过利用欧氏距离形式来计算：

$$\psi(c_l, c_m) = 1 - |\bar{\boldsymbol{r}}_{lm} - \boldsymbol{r}_{ij}| \tag{12.4.7}$$

其中，$\bar{\boldsymbol{r}}_{lm}$是对象概念对 c_l 和 c_m 之间空间关系在整个训练图像集上的平均向量；$\boldsymbol{r}_{ij}$是区域 s_i 和 s_j(其相关对应为对象概念 c_l 和 c_m)之间空间关系的特征向量。

语义上下文相互作用 $p(c_l,c_m)$由对象概念对在所有训练集内的图像中共同出现(共生)的频率来获取。对于标签 c_l 和 c_m，$p(c_l,c_m)$值越大这两个标签的相关度越高。对于 4 种图像数据集，即 LabelMe、SCEF、MSRC v2 和 PASCAL VOC2010，对象共生频率矩阵如图 12.9 所示。

总之，能量函数可写为：

$$E(A) = -\left(\sum_{i=1}^{k} \alpha \cdot p(c_l|s_i) + \beta \cdot p(c_l) + \sum_{\substack{i,j=1 \\ (i \neq j)}}^{k} \delta \cdot \psi(c_l, c_m) + p(c_l, c_m) \cdot p(c_l|s_i)\right) \tag{12.4.8}$$

其中，参数 α、β 和 δ 是通过在验证数据集上的试验和错误来调整的。

通过 EBM，图像区域的标注问题简化为寻找给出最少能量值的对象概念集合，将基于视觉特征的对象分类结果和对象区域之间的模糊空间关系转换为能量模型的输入。然后将具体的对象概念分配给每个图像区域，从而保证全能量的最小值。

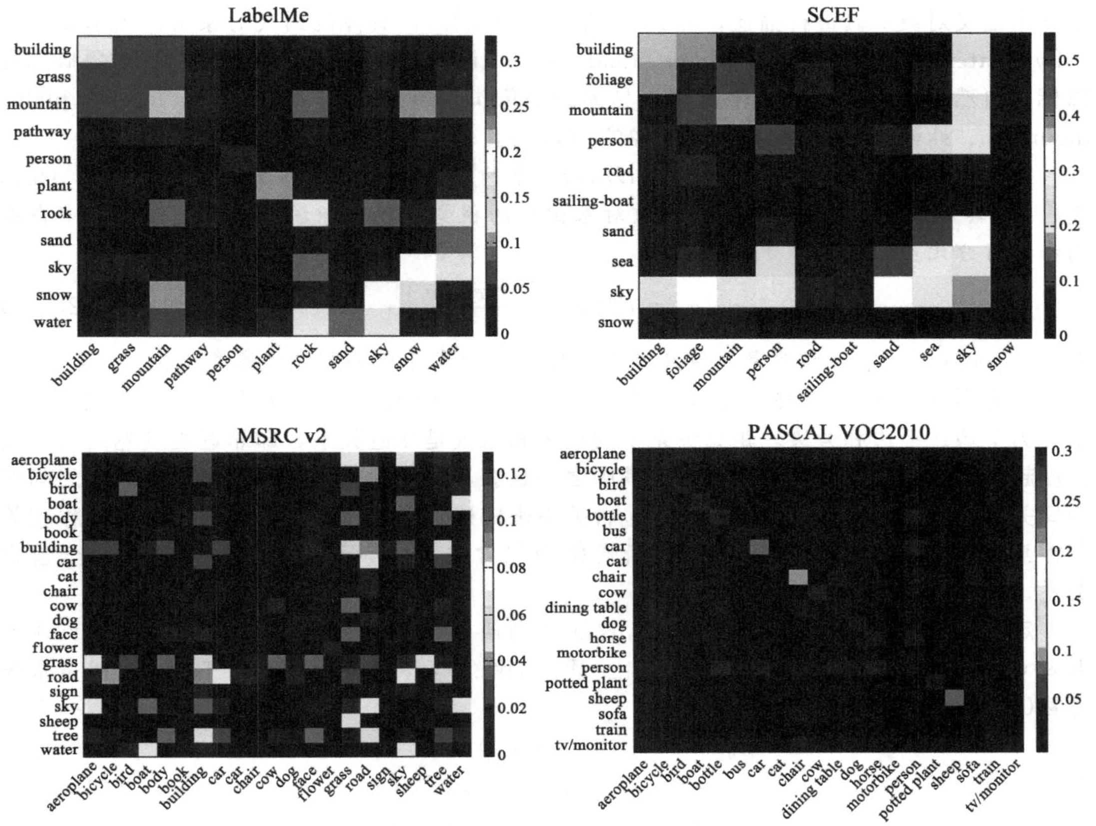

图 12.9 实验中利用的图像集中对象之间共同出现的频率

12.5 图像语义分类

图像语义分类是图像挖掘的热点之一。为了克服图像底层视觉特征和高层语义之间的语义鸿沟，通过建立底层视觉特征和高层语义之间的映射，利用高层语义特征对场景建模，使得比较符合人们对图像的直观理解，并进行基于语义信息的图像理解及分类。

本节首先介绍一种基于属性关系图的图像语义描述方法，并给出基于属性关系图模型的图像之间语义距离度量方法。同时，针对稀少训练样本问题，采用 SVM 分类器获得贝叶斯网络的条件概率。通过贝叶斯网络，将图像上下文信息有效地利用在图像分类问题中，从而提高图像场景语义分类的准确性。

12.5.1 基于属性关系图的图像语义描述

定义 12.1 一幅图像可以模型化为如下四元组属性关系图：

$$I = \langle V, E, a, w \rangle \tag{12.5.1}$$

其中，V 为图 I 的顶点集合，表示图像中语义对象集合；E 为图 I 的边集合，表示图像中语义对象之间的空间关系，即 $V \times V \rightarrow E$；a 为图 I 中顶点对象的属性集合，F^A：$V \rightarrow a$；w 为图 I 中语义对象空间关系的属性集合，F^W：$E \rightarrow w$。

一个领域图像中所包含的对象通常是有限的。例如，面向户外自然场景图像，可以通过 9 个语义对象对其进行描述，即 $A=\{A_1,A_2,\cdots,A_9\}$。具体的语义对象可以表示为 $A=$ {sky，water，grass，trunks，foliage，field，rocks，flowers，sand}。通过这 9 个对象概念可以标注自然场景图像中的 6 个类别，具体的图像类别有 coast、river/like、forest、plain、mountain、sky/clouds，约占这类图像的 99.5%。

定义 12.2 设一幅图像 $I=\langle V,E,a,w\rangle$ 中的对象 $v_i\in V$ 的语义标注为 $A_i=L^A(v_i)$，$A_i\in A$，其属性 $a_i\in a$ 定义为图像中该对象出现的视觉强度，即该对象在整幅图像中占有面积的百分比：

$$a_i=F^A(v_i)=\frac{|reg(v_i)|}{|I|} \tag{12.5.2}$$

其中，$|reg(\cdot)|$ 表示该对象占有的像素数目，$|\cdot|$ 表示整幅图像的像素总数。

考虑到自然场景图像的特点，如左右关系不太影响图像语义类别分类，可以把方向关系分为上边、下边和旁边。距离关系中的远离和靠近是互逆关系，即靠近程度越高则远离程度越低，因此关于距离关系只考虑其中之一足够，即靠近关系的程度来代表对象之间的距离关系。在拓扑关系上，可以利用包含关系来描述整个拓扑关系，即包含关系的程度等于零意味着邻接关系，接近 1 则逐渐转化为包含关系，等于 1 的时候是表示完全包含关系。

定义 12.3 设一幅图像 $I=\langle V,E,a,w\rangle$ 中的两个对象 v_i 和 v_j $(v_i,v_j\in V)$ 之间的空间关系 $e_{ij}\in E$ 的标注为 $W_{ij}=L^W(e_{ij})=(W_{1,ij},W_{2,ij},W_{3,ij})$，其属性 $w_{ij}\in w$ 可以由空间关系描述符 $(\theta_{ij},\ d_{ij},\ \rho_{ij})$ 来决定，即

$$\begin{aligned} w_{ij} &= (w_{1,ij},w_{2,ij},w_{3,ij}) \\ &= (F^{W_1}(e_{ij}),F^{W_2}(e_{ij}),F^{W_3}(e_{ij})) \\ &= (\mu_1(\theta_{ij}),\mu_2(d_{ij}),\mu_3(\rho_{ij})) \end{aligned} \tag{12.5.3}$$

实际上，两个对象之间的空间关系通常是一种模糊关系。式(12.5.3)中的 μ_R $(R=1,2,3)$ 就是两个对象 v_i 和 v_j 之间的空间关系属于方向关系、距离关系和拓扑关系的模糊隶属度。根据自然图像的特点，图像中对象之间空间关系可以简化到 5 种关系(上边、下边、旁边、邻近和包含关系)。下面给出 5 种模糊关系隶属度的计算方法。

定义 12.4 根据两个对象区域之间的空间关系描述符，语义对象之间的 5 种模糊关系的隶属度可以由下列公式来计算，即

$$\mu_{\mathrm{ABOVE}}(\theta_{ij})=\begin{cases}\sin^2\theta_{ij} & -\pi<\theta_{ij}<0\\ 0 & \text{其他}\end{cases} \tag{12.5.4}$$

$$\mu_{\mathrm{BELOW}}(\theta_{ij})=\begin{cases}\sin^2\theta_{ij} & 0<\theta_{ij}<\pi\\ 0 & \text{其他}\end{cases} \tag{12.5.5}$$

$$\mu_{\mathrm{BESIDE}}(\theta_{ij})=\cos^2\theta_{ij} \tag{12.5.6}$$

$$\mu_{\mathrm{NEAR}}(d_{ij})=\frac{1}{1+\mathrm{e}^{\alpha_1(d_{ij}-\beta_1)}} \tag{12.5.7}$$

$$\mu_{\mathrm{CLOSED}}(\rho_{ij})=\frac{1}{1+\mathrm{e}^{-\alpha_2(\rho_{ij}-\beta_2)}} \tag{12.5.8}$$

其中，α_1 是邻近程度的确定性参数，β_1 是距离关系靠近和远方的阈值。α_2 是包含程度的确定性参数，β_2 是包含关系的阈值。

最后，对象 v_i 和 v_j 之间的方向关系类别可以由最大隶属原则来确定，即

$$W_{1,ij}=L^{W_1}(e_{ij})=\underset{W\in\{\mathrm{ABOVE},\mathrm{BELOW},\mathrm{BESIDE}\}}{\arg\max}\mu_W(\theta_{ij}) \tag{12.5.9}$$

一幅图像描述为一个属性关系图，因此，若计算出两个属性关系图之间的距离度量，即可获得对应的两幅图像之间的语义距离。属性关系图之间的距离应该反映对应图像的语义信息之间的不匹配程度。因此，语义距离是由属性关系图的顶点属性集合上的距离和边属性集合上的距离构成。为了度量属性关系图之间的距离，首先定义两个属性关系图的“对应”关系。

定义 12.5 属性关系图 $I^{(1)}=\langle V^{(1)},E^{(1)},a^{(1)},w^{(1)}\rangle$ 与 $I^{(2)}=\langle V^{(2)},E^{(2)},a^{(2)},w^{(2)}\rangle$ 之间的“对应”记为 l：$I^{(1)}\rightarrow I^{(2)}$，并定义如下：

1）顶点对应：$\forall v_i^{(1)}\in V^{(1)}$，$v_i^{(1)}$ 对应于 $I^{(2)}$ 中的唯一定点 $v_i^{(2)}$（表示为 $l(v_i^{(1)})=v_i^{(2)}$），或者不对应于 $I^{(2)}$ 中的任何顶点（表示为 $l(v_i^{(1)})=\varnothing$）。若 $\forall v_i^{(1)}$，$v_j^{(1)}\in V^{(1)}$，$v_i^{(1)}\neq v_j^{(1)}$，$l(v_i^{(1)})\neq\varnothing$，$l(v_j^{(1)})\neq\varnothing$，则 $l(v_i^{(1)})\neq l(v_j^{(1)})$。

2）边对应：$\forall e_{ij}^{(1)}\in E^{(1)}$，$e_{ij}^{(1)}$ 的顶点 $v_i^{(1)}$，$v_j^{(1)}\in V(1)$，若 $l(v_i^{(1)})=v_i^{(2)}\neq\varnothing$，$l(v_j^{(1)})=v_j^{(2)}\neq\varnothing$，顶点 $v_i^{(2)}$ 和 $v_j^{(2)}$ 之间的边 $e_{ij}^{(2)}\in E^{(2)}$，则 $e_{ij}^{(1)}$ 对应于 $e_{ij}^{(2)}$（表示为 $l(e_{ij}^{(1)})=e_{ij}^{(2)}$），否则 $e_{ij}^{(1)}$ 不对应于 $I^{(2)}$ 中的任何边（表示为 $l(e_{ij}^{(1)})=\varnothing$）。

在一定的对应下，属性关系图的顶点属性集合和边属性集合表示为向量形式，因此，利用向量空间上的欧氏距离可以计算属性集合之间的距离。

定义 12.6 属性关系图 $I^{(1)}$ 和 $I^{(2)}$ 之间对应 l 上的顶点属性距离定义为：

$$\begin{aligned} d_V(I^{(1)},I^{(2)}\mid l) &= \left[\sum_{v_i^{(1)}\in V^{(1)}} \left|F^A(v_i^{(1)})-\lambda_1\cdot F^A(l(v_i^{(1)}))\right|^2\right]^{\frac{1}{2}} \\ &= \left[\sum_{\substack{v_i^{(1)}\in V^{(1)},v_i^{(2)}\in V^{(2)}\\ v_i^{(2)}=l(v_i^{(1)})}} \left|F^A(v_i^{(1)})-\lambda_1\cdot F^A(v_i^{(2)})\right|^2\right]^{\frac{1}{2}} \\ &= \left[\sum_{\substack{v_i^{(1)}\in V^{(1)},v_i^{(2)}\in V^{(2)}\\ v_i^{(2)}=l(v_i^{(1)})}} (a_i^{(1)}-\lambda_1\cdot a_i^{(2)})^2\right]^{\frac{1}{2}} \end{aligned} \tag{12.5.10}$$

其中，

$$\lambda_1=\begin{cases}1 & L^A(v_i^{(1)})=L^A(l(v_i^{(1)}))\\ 0 & \text{其他}\end{cases} \tag{12.5.11}$$

定义 12.7 属性关系图 $I^{(1)}$ 和 $I^{(2)}$ 之间对应 l 上的边属性距离定义为：

$$\begin{aligned} d_E(I^{(1)},I^{(2)}\mid l) &= \left[\sum_{e_{ij}^{(1)}\in E^{(1)}} \left|F^W(e_{ij}^{(1)})-\lambda_2\cdot F^W(l(e_{ij}^{(1)}))\right|^2\right]^{\frac{1}{2}} \\ &= \left[\sum_{\substack{e_{ij}^{(1)}\in E^{(1)},e_{ij}^{(2)}\in E^{(2)}\\ e_{ij}^{2}=l(e_{ij}^{1})}} \left|F^W(e_{ij}^{(1)})-\lambda_2\cdot F^W(e_{ij}^{(2)})\right|^2\right]^{\frac{1}{2}} \\ &= \left[\sum_{\substack{e_{ij}^{1}\in E^{1},e_{ij}^{2}\in E^{2}\\ e_{ij}^{(2)}=l(e_{ij}^{(1)})}} \left|w_{ij}^{(1)}-\lambda_2\cdot w_{ij}^{(2)}\right|^2\right]^{\frac{1}{2}} \end{aligned}$$

$$= \left[\sum_{\substack{e_{ij}^{(1)} \in E^{(1)}, e_{ij}^{(2)} \in E^{(2)} \\ e_{ij}^{(2)} = l(e_{ij}^{(1)})}} \begin{pmatrix} (w_{1,ij}^{(1)} - \lambda_2 \cdot \lambda_3 \cdot w_{1,ij}^{(2)})^2 + (w_{2,ij}^{(1)} - \lambda_2 \cdot w_{2,ij}^{(2)})^2 \\ + (w_{3,ij}^{(1)} - \lambda_2 \cdot w_{3,ij}^{(2)})^2 \end{pmatrix} \right]^{\frac{1}{2}} \tag{12.5.12}$$

其中，

$$\lambda_2 = \begin{cases} 1 & L^A(v_i^{(1)}) = L^A(l(v_i^{(1)})) \text{ 且 } L^A(v_j^{(1)}) = L^A(l(v_j^{(1)})) \\ 0 & \text{其他} \end{cases} \tag{12.5.13}$$

$$\lambda_3 = \begin{cases} 1 & L^{W_1}(e_{ij}^{(1)}) = L^{W_1}(l(e_{ij}^{(1)})) \\ 0 & \text{其他} \end{cases} \tag{12.5.14}$$

定义 12.8 属性关系图 $I^{(1)}$ 和 $I^{(2)}$ 之间的距离定义为 $I^{(1)}$ 和 $I^{(2)}$ 之间所有可能的对应 l_k：$I^{(1)} \to I^{(2)}$ 上的距离的最小值，即

$$d(I^{(1)}, I^{(2)}) = \min_{l_k} d_t(I^{(1)}, I^{(2)} \mid l_k), t \in \{V, E\} \tag{12.5.15}$$

若 $I^{(1)}$ 和 $I^{(2)}$ 之间的对应 l^* 满足如下条件：

1) $\forall v_i^{(1)} \in V^{(1)}$，$\exists v_i^{(2)} \in V^{(2)}$，$L^A(v_i^{(1)}) = L^A(v_i^{(2)}) \Rightarrow l^*(v_i^{(1)}) = v_i^{(2)}$，或者 $\forall v_i^{(2)} \in V^{(2)}$，$L^A(v_i^{(1)}) \neq L^A(v_i^{(2)}) \Rightarrow l^*(v_i^{(1)}) = \varnothing$；

2) $\forall e_{ij}^{(1)} \in E^{(1)}$，$\exists e_{ij}^{(2)} \in E^{(2)}$，$L^A(v_i^{(1)}) = L^A(v_i^{(2)})$，$L^A(v_j^{(1)}) = L^A(v_j^{(2)})$，$L^{W_1}(e_{ij}^{(1)}) = L^{W_1}(e_{ij}^{(2)}) \Rightarrow l^*(e_{ij}^{(1)}) = e_{ij}^{(2)}$；或者 $\forall e_{ij}^{(2)} \in E^{(2)}$，$L^A(v_i^{(1)}) \neq L^A(v_i^{(2)})$，或 $L^A(v_j^{(1)}) \neq L^A(v_j^{(2)})$，或 $L^{W_1}(e_{ij}^{(1)}) \neq L^{W_1}(e_{ij}^{(2)}) \Rightarrow l^*(e_{ij}^{(1)}) = \varnothing$；

则对应 l^* 上的距离是所有 l_k 上距离的最小值，因此将它当成属性关系图 $I^{(1)}$ 和 $I^{(2)}$ 之间的距离。l^* 称为 $I^{(1)}$ 和 $I^{(2)}$ 之间的最佳对应。

属性关系图之间的最佳对应意味着，在相对应的顶点具有相同的语义标注(或没有对应顶点)，并且相对应的边具有相同的标注(或没有对应边)的情况下的对应。

属性关系图之间距离度量的示意图如图 12.10 所示。顶点属性距离反映两幅图像在对象语义信息上的不匹配程度，而边属性距离反映在对象之间空间结构上的不匹配程度。属性关系图之间的距离度量方法是更一般的图像之间语义距离度量方法，它不但表述图像之间对象语义信息上的相似性，而且还反映对象之间空间结构信息上的相似性。

12.5.2 利用贝叶斯网络的图像分类

图 12.11 给出图像语义分类框架。由图可见，在训练阶段，首先把训练图像集描述为属性关系图，即得出图像中对象集合和空间关系集合及其属性。然后采用基于属性关系图的图像之间语义距离度量方法训练两种 SVM 分类器：一个是在属性关系图的顶点属性空间上的对象 SVM 分类器，另一个是在属性关系图的边属性空间上的结构 SVM 分类器。对象 SVM 分类器是根据图像中的对象语义信息，通过属性关系图之间顶点属性距离来构造的对象语义特征分类器。结构 SVM 分类器是根据图像中对象之间的空间结构信息，通过边属性距离来构造的空间结构特征分类器。利用训练好的两种 SVM 分类器，获得贝叶斯网络的联合条件概率分布，包括对象条件概率和空间结构条件概率。而在测试阶段，首先获得测试图像的属性关系图，然后利用贝叶斯网络的联合条件概率分布，通过贝叶斯推理，即在给定测试图像的属性关系图下寻找最大后验概率的图像语义类，从而得到测试图像的语义类别。

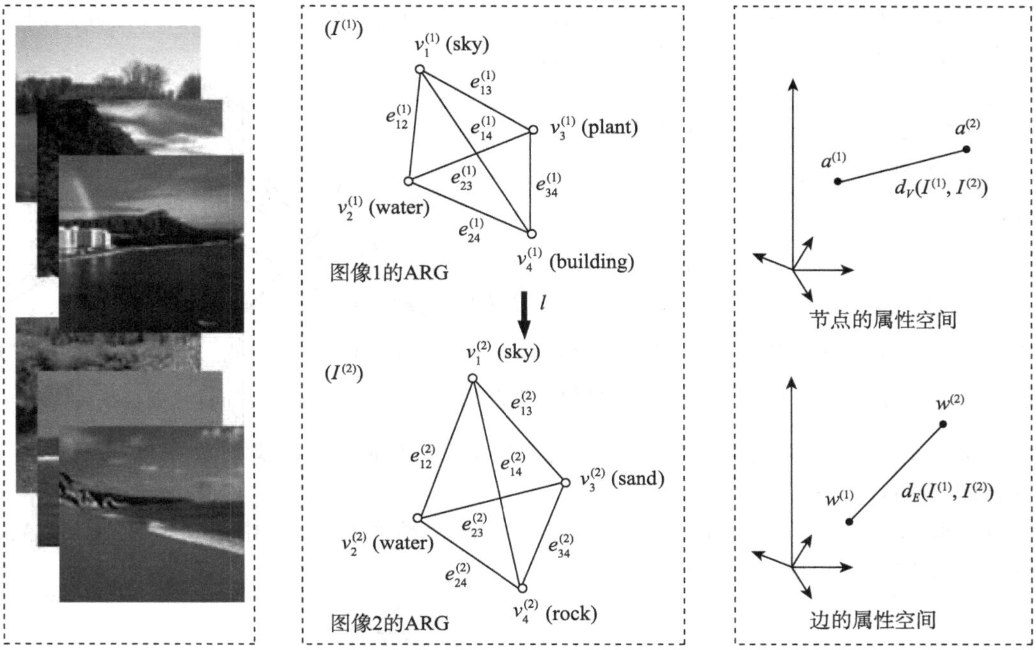

a）原始图像　　b）属性关系图（ARG）　　c）两个属性空间上的距离

图 12.10　基于属性关系图的图像描述及距离度量示意图

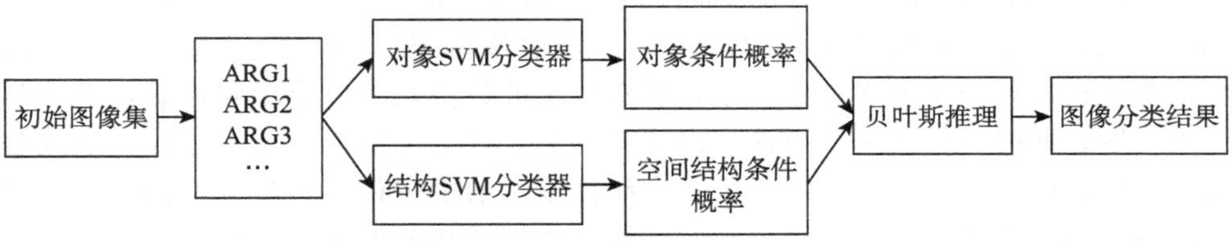

图 12.11　图像语义分类框架

针对面向图像语义分类的贝叶斯网络结构是根据场景元素之间关系的理解来构建的。构成一个图像场景的元素包括对象集合及其之间的关系集合。首先，定义一个根节点来表示图像的语义类别。然后，定义对象节点集合和对象之间关系节点集合，接下来决定节点之间的因果关系。图像中包含的对象及其之间关系的出现都受到图像类别的影响，因此图像语义类别节点是对象节点和关系节点的父节点。而且，图像中一个对象的出现不受另外对象出现的影响，因此对象节点是彼此条件独立的。同样，关系节点也是彼此条件独立的。另外，图像中对象之间的关系应当取决于对应的两个对象，因此每个成对的对象节点是其之间关系节点的父节点。

贝叶斯网络结构如图 12.12 所示。网络结构中根节点 C 表示图像语义类别，节点$\{A_1, A_2, \cdots, A_m\}$ $(A_i \in A)$和$\{W_{12}, W_{13}, \cdots, W_{m-1m}\}$表示描述图像语义内容的两个部分，即图像中的对象集合和空间关系集合。图像中的对象集合受到图像类别的影响，即贝叶斯网络中图像类别节点 C 和每个对象节点 A_i 之间存在父子关系。图像中对象之间空间关系受到图像类别和对象的双重影响，即图像类别节点 C 和对象节点 A_i、A_j 都是空间关系节点 W_{ij} 的父节点。图像类别节点 C 取值于图像类别的集合$\{C_1, C_2, \cdots, C_N\}$。对象节点 A_i 取值于对象属性集合 a，空间关系节点 W_{ij} 取值于关系属性集合 w。

在贝叶斯网络中获取条件概率矩阵的方法一般有两种：基于专家知识的方法和从训练数据中直接学习的方法。后者一般通过计算随机事件的出现频率来估计概率分布，即在图像语义分类中，条件概率 $p(A_i|C_n)$ 一般通过计算在语义类别 C_n 图像中出现的语义对象 A_i 的比率来计算概率分布：

$$\vartheta_{ni}^{A}=p(A_i|C_n)=\frac{\sum_{I\in C_n}a_i(I)}{\sum_{C_n}} \quad (12.5.16)$$

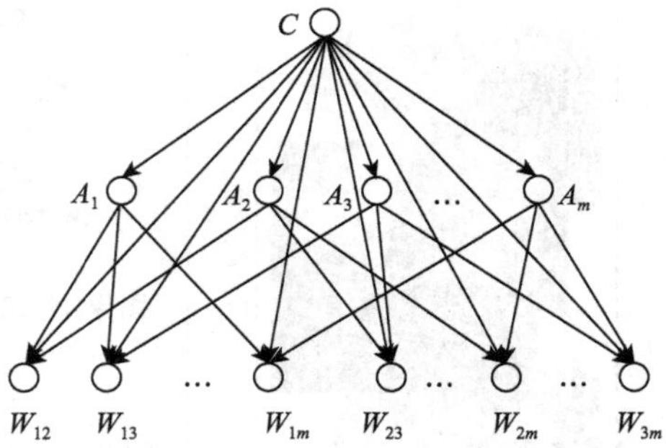

图 12.12 贝叶斯网络结构

其中 $\sum_{C_n}$ 表示训练图像集中属于语义类别 C_n 的图像数目。它满足 $\sum_i p(A_i|C_n)=1$。如果所考查的图像语义类别有 N 个、图像中出现的语义对象有 M 个的话，语义对象条件概率矩阵 $\boldsymbol{\Theta}^A$ 是 $N\times M$ 型的，即 $\boldsymbol{\Theta}^A=[\vartheta_{ni}^{A}]_{N\times M}$。

条件概率 $p(W_{k,ij}|C_n,A_i,A_j)$ 是通过计算在语义类别 C_n 图像中语义对象 A_i 和 A_j 之间空间关系 $W_{k,ij}$ 的出现比率来计算概率分布的：

$$\vartheta_{nk}^{W}=p(W_{k,ij}|C_n,A_i,A_j)=\frac{\sum_{I\in C_n}w_{k,ij}(I)}{\sum_{C_n}} \quad (12.5.17)$$

如果所考查的图像语义类别有 N 个、图像中出现的语义对象有 M 个的话，可能的(C_n,A_i,A_j)组合有 $R=N\cdot C_M^2$种，空间关系条件概率矩阵 $\boldsymbol{\Theta}^W$ 是 $R\times 3$ 型的，即 $\boldsymbol{\Theta}^W=[\vartheta_{nk}^{W}]_{R\times 3}$。

必须指出，通过计算随机事件的出现频率来估计概率分布，需要大量的真实观测数据。在训练数据有限或不够多的情况下，计算得出的条件概率可能不够准确，即遇到稀少训练样本问题。此时可以采用核方法解决这些问题。核方法依据的是通过核函数代替在高维空间上的内积函数，将非线性映射隐含在线性学习器中进行原始特征空间上的计算，从而避免维数灾难。本质上，核函数反映图像模型之间的相似性度量。因此，我们在样本数目有限的情况下，可训练 SVM 分类器获得属于某种图像语义类别的最佳分类样本，即支持向量。利用图像之间基于属性关系图的相似性，采用核方法得出条件概率。同时，训练 SVM 模型时我们不必利用原始特征模型，只需要计算图像描述之间的相似性度量。

在给定样本集 $\{(I^{(i)},C_n)|I^{(i)}=(V^{(i)},E^{(i)},a^{(i)},w^{(i)}),C_n\in C\}_{i=1}^{\Sigma}$ 情况下，训练 SVM 分类器结果获得划分图像类别 C_n 与非 C_n 的分类平面。首先将样本图像的语义特征分为对象语义特征和结构语义特征，即$\{((V^{(i)},a^{(i)}),C_n)\}_{i=1}^{\Sigma}$和$\{((E^{(i)},w^{(i)}),C_n)\}_{i=1}^{\Sigma}$。在两个不同特征空间训练两个 SVM 分类器，其核函数为

$$K_t(I^{(i)},I^{(j)})=\exp\left\{-\frac{d_t(I^{(i)},I^{(j)})}{2\sigma_t^2}\right\},t\in\{V,E\} \quad (12.5.18)$$

其中 σ_t 是核半径。设在两个 SVM 分类器中图像 $I=(V,E,a,w)$到各类 C_n 分类平面的距离为 $d_V(C_n|a)$和 $d_E(C_n|w)$，则用 S 型函数实现从特征空间到概率空间的转换，即

$$p(C_n|a)=1/(1+\exp(-\gamma\cdot d_V(C_n|a))) \quad (12.5.19)$$

$$p(C_n|w)=1/(1+\exp(-\gamma\cdot d_E(C_n|w))) \quad (12.5.20)$$

利用贝叶斯公式，若简单设定平坦先验分布，则联合条件概率 $p(A_1,\cdots,A_m|C_n)$为

$$p(A_1,A_2,\cdots,A_m|C_n)=p(A|C_n)=\frac{p(A)p(C_n|A)}{p(C_n)}\propto p(C_n|A) \quad (12.5.21)$$

因此，可以得到关于语义对象节点的联合条件概率如下

$$p(A_1,A_2,\cdots,A_m|C_n) \propto p(C_n|a) = 1/(1+\exp(-\eta \cdot d_V(C_n|a))) \quad (12.5.22)$$

同理，可以得到关于对象之间空间关系节点的联合条件概率 $p(W_{12},W_{13},\cdots,W_{m-1m}|C_n,A)$ 如下

$$p(W_{12},W_{13},\cdots,W_{m-1m}|C_n,A) \propto p(C_n|w) = 1/(1+\exp(-\eta \cdot d_E(C_n|w))) \quad (12.5.23)$$

上述方法不必一一计算得出条件概率，而直接获得联合条件概率，它能够推理最终的语义类别。在此利用最佳分类样本(支持向量)，实现反映图像语义内容的对象属性和空间结构属性属于某个图像类别的条件概率学习。因此，在训练样本数目有限的情况下能够保证获得条件概率分布的准确性。

为了进行图像语义分类，首先把未知类别的测试图像 I 分割到不同的图像区域，每个图像区域标注为预定义的 $m(m=9)$ 个对象概念之一，得到测试图像中的语义对象集合 $A=\{A_1,A_2,\cdots,A_m\}$。利用式(12.5.2)计算得到测试图像中的语义对象属性集合 a。然后，计算出图像中每两个对象之间的模糊空间关系隶属度，得到图像中所有对象之间的空间关系集合 $W=\{W_{12},W_{13},\cdots,W_{m-1m}\}$ 及其属性集合 w。然后利用对象属性集合 a 和空间关系属性集合 w 构造贝叶斯网络。

利用贝叶斯网络，对于测试图像的语义分类是通过在给定输入证据下寻找最大后验概率的图像类别的过程。设 $\{A, W\}$ 是从图像中提取的网络输入证据，则测试图像的语义分类是

$$C^* = \arg\max_{C_n} p(C_n|A,W) \quad (12.5.24)$$

利用贝叶斯公式得到

$$p(C_n|A,W) = \frac{p(C_n)p(A,W|C_n)}{p(A,W)} = \frac{p(C_n)p(A|C_n)p(W|C_n,A)}{p(A,W)} \quad (12.5.25)$$

这里证据 $\{A, W\}$ 是给定的，且与第 n 类别图像没有关系，即 $p(A,W)$ 不受 C_n 的影响。因此式(12.5.24)可改写为

$$C^* = \arg\max_{C_n} p(C_n)p(A|C_n)p(W|C_n,A) \quad (12.5.26)$$

利用马尔可夫独立条件，式(12.5.26)可改写为

$$\begin{aligned}
C^* &= \arg\max_{C_n} p(C_n)p(A|C_n)p(W|C_n,A) \\
&= \arg\max_{C_n} p(C_n)p(A_1,A_2,\cdots,A_m|C_n)p(W_{12},W_{13},\cdots,W_{m-1m}|C_n,A) \\
&= \arg\max_{C_n} p(C_n)\prod_{i=1}^{M} p(A_i|C_n) \prod_{\substack{i,j=1 \\ i\neq j,i<j}}^{M} p(W_{ij}|C_n,A_i,A_j) \\
&= \arg\max_{C_n} p(C_n)\prod_{i=1}^{M} p(A_i|C_n) \prod_{\substack{i,j=1 \\ i\neq j,i<j}}^{M} p(W_{1,ij},W_{2,ij},W_{3,ij}|C_n,A_i,A_j) \\
&= \arg\max_{C_n} p(C_n)\prod_{i=1}^{M} p(A_i|C_n) \prod_{\substack{i,j=1 \\ i\neq j,i<j}}^{M} \prod_{k=1}^{3} p(W_{k,ij}|C_n,A_i,A_j)
\end{aligned} \quad (12.5.27)$$

图像类别的先验分布 $p(C_n)$ 是通过计算在训练图像集中属于类别 n 的图像的出现频率来获得，即

$$p(C_n) = \frac{\sum_{C_n}}{\sum} \quad (12.5.28)$$

其中Σ表示训练图像集的图像数目，满足 $\sum_n p(C_n) = 1$。

条件概率 $p(A|C_n)$和 $p(W|C_n)$可由式(12.5.16)和式(12.5.17))获取，或者通过基于属性关系图的采用 *SVM* 的方法(式(12.5.22)和式(12.5.23))来获得。式(12.5.27)中第二行显示通过基于属性关系图的方法来获得的联合条件概率分布，而第五行显示从传统的计算频率的方法来获得对于每个事件的条件概率分布。

最终，利用贝叶斯网络推出测试图像的语义类别为

$$
\begin{aligned}
C^* &= \arg\max_{C_n} p(C_n) p(Val(A_1) = a_1, Val(A_2) = a_2, \cdots, Val(A_m) = a_m | C_n) \\
&\quad \cdot p(Val(W_{12}) = w_{12}, Val(W_{13}) = w_{13}, \cdots, Val(W_{m-1m}) = w_{m-1m} | C_n, A)) \\
&= \arg\max_{C_n} p(C_n) \prod_{i=1}^{M} p(Val(A_i) = a_i | C_n) \\
&\quad \cdot \prod_{\substack{i,j=1 \\ i\neq j, i<j}}^{M} \prod_{k=1}^{3} p(Val(W_{k,ij}) = w_{k,ij} | C_n, A_i, A_j)
\end{aligned}
\tag{12.5.29}
$$

小结

图像语义分析是智能信息处理的重要研究方向之一。合适的图像表示模型是图像语义分析的先决问题之一。本章介绍了基于上下文信息的图像语义内容描述方法，包括基于条件随机场和能量方法的图像上下文模型和基于属性关系图的图像语义内容描述模型。在图像语义表示模型的指导下，可以有效地实施图像语义分割、图像区域语义标注和图像语义分类。

基于语义的图像分割方法首先引入图像像素的局部空间上下文的模糊 C 均值聚类算法实施图像初始分割。然后，根据分割区域的空间上下文信息执行区域合并，修正过分割的区域并得到了符合空间上下文条件的语义对象区域。

图像区域语义标注方法可以通过图像区域的视觉信息和图像上下文信息的融合利用，进行稳定的对象标注。而基于能量的方法通过在节点集上定义合适的势函数，包括区域-对象对应势函数和对象之间相互作用势函数，并且通过全能量的最小化来得到最终区域标注结果，因而避免概率图模型中存在的分配函数估计问题。

基于上下文信息的图像分类方法有效地利用了图像中的语义对象信息及其空间关系信息。同时，根据本文提出的图像场景语义距离度量方法，采用 SVM 分类器获得贝叶斯网络的条件概率分布，可以很好地解决稀少训练样本下的概率分析问题，从而提高贝叶斯网络的分类准确性。

习题

12.1 谈谈图像语义分析的意义。

12.2 简述图像语义分析的主要内容。

12.3 图像语义分割的难点是什么？

12.4 简述基于能量模型的图像语义标注的过程。

12.5 基于属性关系图的图像语义分类有哪些特点？

12.6 图像语义分析的发展方向是什么？

CHAPTER 13

第 13 章

图像检索

13.1 概述

图像检索(Image Retrieval)是近年来的一个活跃的研究方向，也是信息检索领域的重要组成部分。早期传统的图像检索是基于文本的检索，它首先对图像进行标注，然后通过对输入的文本(或关键词)进行匹配得到检索结果。基于文本的图像检索方法简单直观，且关键词可以简单、清楚地描述图像的高层语义概念。目前，在 Internet 上，多数图像搜索引擎(网站)普遍采用此种方式。但是，基于文本的图像检索存在两大难题：一是对图像进行人工标注费时费力，尤其是面对海量的图像库时，人工标注工作量巨大；二是文本标注存在主观性和不精确性，直接影响到检索结果的准确性。

20 世纪 90 年代兴起了基于内容的图像检索(Content-Based Image Retrieval，CBIR)技术，因其具有直观、高效、通用等特点，逐渐成为图像检索技术研究的主流。基于内容的图像检索利用图像的底层视觉特征，包括颜色、纹理、形状等，进行图像的相似性匹配，输出特征相似的图像作为检索结果。图像的相似性体现在图像视觉特征的相似性上，这些视觉特征可以自动从图像中客观地提取出来，大大减少人工干预，避免了人工标注的主观性。基于内容的图像检索已在许多方面得到了应用。

然而，人类所理解的图像与用底层视觉特征来表达的图像之间存在着很大的差距。人们对图像相似性的判断并不仅仅依赖于图像视觉特征的相似性，更多的还包含了人们对图像内容的感知和理解，这是建立在图像所描述的对象、事件以及情感等含义上的。而这些感知和理解单凭图像的视觉特征是无法表述的，即在图像语义和视觉特征之间横亘着“语义鸿沟”。因此，必须给图像附加上包含语义在内的更高层的内容信息，才能使计算机图像检索系统更符合人类的思维习惯。因此，图像语义分类和检索成为与 CBIR 密切相关的研究热点。

本章首先介绍基于内容的图像检索系统的基本技术，然后介绍基于语义的图像检索，最后介绍基于多示例学习的语义图像检索。

13.2 基于内容的图像检索

13.2.1 CBIR 系统框架

基于内容的图像检索(CBIR)是一种综合集成技术，它主要采用图像底层视觉特征，如颜色、纹理、形状等来描述图像内容，建立图像索引库。用户在查询时，只要把自己对图像的模糊印象描述出来，就可以在大容量图像库中通过特征匹配算法找到想要的图像。在许多情况下，也引入相关反馈等交互式学习方法来提高图像检索的性能。CBIR 仅采用客观视觉特征来寻找视觉上相似的图片，图像相似性无需人的理解，从而无需或者仅需少量人工干预，故大量应用于自动化场合。

图 13.1 给出 CBIR 系统的通用框架。由图可见，整个系统由四大部分组成，即图像存储、特征提取、匹配机制和用户系统。

图像存储是将原始图像经过预处理后存储在图像数据库中。

特征提取就是从图像中提取视觉特征，包括颜色、纹理、形状、空间关系等，构成特征库。

匹配机制需要预先对系统中的特征库进行一定的高维索引机制处理，运行时则采用某种匹配算法将图像库中的图像与用户查询要求进行匹配，最后通过用户接口将检索结果返回给用户。

用户系统则是在用户与系统之间提供方便友好的可视化接口。通过用户接口，用户除了可以采用传统的结构化查询方法以外，还可以采用如下可视的示例查询方式。

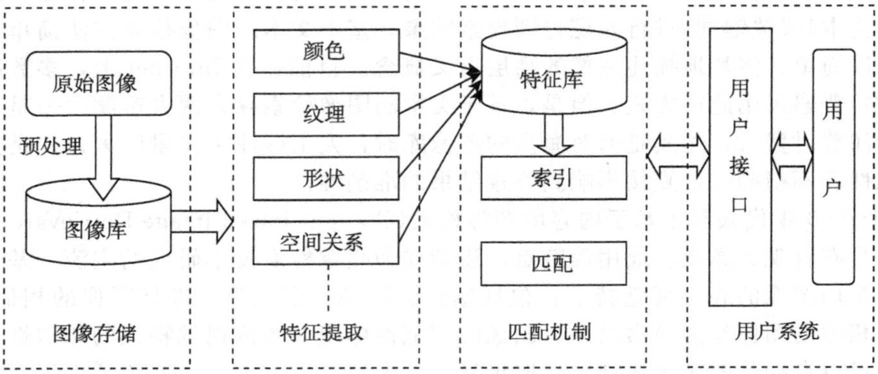

图 13.1 CBIR 系统框架图

1. 准确示例查询

针对用户给出的确切查询实例，如用户出示的某度假海滨的照片或图样，需查询有关该度假海滨的其他信息，这种查询称作完全的实例查询。由于用户可以给出要求查询的原图像，检索可以针对图像的任何特征进行，因此相对来说比较容易。

2. 模糊示例查询

在很多情况下，用户无法给出一个完全的例子，往往只能给出(或者说从一部分示例中选择出)一个想要检索的图像的例子。此时，系统只能按照这个例子查找与其相似的图像，并将相似结果返回给用户。用户可以在这些相似的结果中决定或再次选择更接近用户查询的图像，从而进行下一次相似性检索，以达到模糊检索的目的。

3. 描绘示例查询

这是一种针对用户给出的所需图像的粗略结构化描述进行检索处理的查询方式。此时，用户只提供一个(可能是画的)需查找图像的“形状”的粗略轮廓，因而系统只能利用一些局部特征进行匹配，并返回相应的图像集。

不论哪种查询方法，都需要针对图像的具体特征进行匹配检索。在实际应用中，用户一般对颜色、纹理、形状以及目标的空间关系等特征比较敏感。下面就常用的特征介绍几种基于内容的图像检索方法。

13.2.2 基于颜色特征的检索

颜色特征是图像最直观、最明显的特征。颜色特征通常用直方图描述。直方图的横轴表示颜色等级，纵轴表示在某一个颜色等级上具有该颜色的像素在整幅图像中所占的比例。

以直方图为特征的常用的匹配方法有：

1. 向量距离法

以图像的直方图在各个灰度级上的值构成特征向量，按照欧氏距离公式计算特征向量之间的距离，以这个距离值代表图像之间的差别程度。试验证明，如果选择合适的颜色空间，那么，欧氏距离与人感觉的颜色差别是一致的。

2. 直方图交叉法

取两幅图像的直方图在各个灰度级上的较小值，累加后即表示图像之间的相似程度。这种相似度实际上表示两幅图像的公共部分。

3. 直接差值法

把直方图在各个灰度级上的值对应相减，并进行归一化处理，用差值代表图像之间的差别。如果两幅图像内容一样，则相似度为 1。相似度值越小，表示图像间差别越大。

另外，根据图像的不同特点，可以采用不同的方法对图像进行预处理，然后用直方图进行匹配，以满足不同的检索要求。认知科学及视觉心理学证明，人类不能像计算机显示器那样只使用 RGB(红、绿、蓝)成分感知颜色。因此，选择一个适合于人类视觉特征的颜色空间可以改善检索效果。实验表明，HSV 模型是一种适合人眼分辨的颜色模型，在基于内容检索中用这种模型更适合用户的肉眼判断。这种颜色模型把彩色信号表示为三种属性：色调(Hue)、饱和度(Saturation)和亮度(Value)。色调 H 表示从一个物体反射过来或透过物体的光波长，色度或饱和度 S 指颜色的深浅，亮度 V 是颜色的明暗程度。例如，同样是红色，会因浓度不同而分为深红和浅红。通常，一幅图像的颜色非常多，尤其是真彩色图像。因此，直方图向量的维数也会非常高。如果对 HSV 空间进行适当的量化后再计算直方图，则计算量要少得多。所以，将 H、S、V 三个分量按照人的感知进行非等间隔量化，然后通过数学公式把 HSV 三维空间中的特征向量转换为一维空间中的特征向量。转换工作会带来误差，但对检索结果影响不大。

由于所采用的颜色空间与人的感知是一致的，因此，用转换后的直方图计算的差值对应于感知上的差别，这样可以比较明显地区分颜色上不相似的图像。

虽然直方图特征计算简单，但不能反映图像中对象的空间特征。颜色对(Color Pair)方法可以解决这个问题。该方法把图像分成相同大小的若干个小块。那么，每一个小块与相邻的小块构成颜色对。考虑每个小块与周围 8 个小块的颜色距离。距离越大，说明相邻小块的差别越明显。于是，可以认为这两个小块分别属于目标和背景。反之则属于同一目标或背景。这样，目标的空间特征就表现出来了。

有时，用户只想查找具有某种颜色的目标，而对背景并不感兴趣。此时，必须将图像目标标识出来，即对图像进行分割，将背景过滤掉。目前已有不少分割算法。在具体应用中，可以根据图像分割算法由计算机自动分割，也可以人工参与进行半自动分割。对分割后图像目标的颜色进行检索，可以满足用户基于色彩的模糊查询。

13.2.3 基于纹理特征的检索

纹理是图像中一个重要而又难以描述的特性。很多图像在局部区域内可能呈现出不规则性，而在整体上却表现出某种规律性。习惯上把图像中这种局部不规则而整体有规律的特性称为纹理。从人类的感知经验出发，纹理特征主要有粗糙性、方向性和对比度，这也是用于检索的主要特征。现有的纹理分析方法大致可分为如下两类。

1）统计方法：用于分析像木纹、沙地、草坪等细致而不规则的物体，并根据关于像素间灰度的统计性质对纹理规定出特征及特征与参数间的关系。

2）结构方法：适于像布料的印刷图案或砖瓦等一类元素组成的纹理及排列比较规则的图案，然后根据纹理基元及其排列规则来描述纹理的结构及特征、特征与参数间的关系。

由于纹理难以描述，因此，对纹理的检索都采用 QBE(Query By Example)方式。另外，为缩小查找纹理的范围，纹理颜色也作为一个检索特征。通过对纹理颜色的定性描述，把检索空间缩小到某个颜色范围内，然后再以 QBE 为基础，调整粗糙度、方向性和对比度三个特征，逐步逼近要检索的目标。

基于纹理特征检索时首先将一些大致的图像纹理（可采用 Brodatz 的纹理相簿）以小图像的形式全部显示给用户，一旦用户选中了其中某个与查询要求最接近的纹理形式，系统则以查询表的形式让用户适当调整纹理特征，如方向上“再偏西一点”，粗糙度上“再细致一些”，或对比度“再强一些”等，通过将这些概念转换为参数数值进行调整，并逐步返回越来越精确的结果。

13.2.4 基于形状特征的检索

形状特征是图像目标的一个显著特征。很多查询可能并不针对图像的颜色，因为同一物体可能有各种不同的颜色，但其形状总是相似的。如检索某辆汽车的图像，汽车可以是红的、绿的等，但形状决不会如飞机的外形。另外，对于图形来说，形状是它唯一重要的特征。

从图像中提取的目标边缘称为轮廓。基于形状或轮廓的检索是基于内容检索的一个重要方面，它能使用户通过勾勒图像的形状或轮廓，从图像库中检索出形状相似的图像。一个封闭的形状具有许多特征，如形状的拐点、重心、各阶矩，以及形状所包含的面积与周长比、长短轴比等。对于复杂的形状，还有孔洞数及各目标间的几何关系等。图形特征还包括其矩阵表示及向量特征、骨架特征等。

基于形状特征的检索方法有两种：

1）分割图像经过边缘提取后，得到目标的轮廓线，针对这种轮廓线进行的形状特征检索。

2）直接针对图形寻找适当的向量特征用于检索算法。处理这种结构化检索更为复杂，需进行更多的预处理。

基于形状的检索更多地用于当用户粗略地画出一个轮廓进行检索的情况。这种轮廓可以是用户凭借脑子中的印象徒手画出来的，也可以是通过系统提供的基本绘图工具“拼凑”的。这两种情况都有一个特点，即提供的形状只是欲检索形状的粗略描述，它从大小、方向或整体结构上都可能与真正要查的图形有较大出入。因此，基于形状的检索的难点在于寻找能够检索与大小、方向及扭曲伸缩无关的方法。因此，可同时采用三个特征作为形状特征，即长/短轴比、周长/面积比、最近与最远点的连线间的夹角。这三个特征对应形状的大小变化与旋转都不变。其中长/短轴分别定义为形状质心到形状边缘最远点或最近点的连线。

13.2.5 检索效果评价方法

图像检索系统的性能评价分为主观评价和客观量化评价两种。主观评价与人的视觉感受比较一致，但是由于其主观性和个体性，难于把握。客观量化评价采用量化的数据来说明效果，直观明了。

现有的系统一般是借鉴信息检索中召回率(recall)和准确度(precision)的方法。召回率又称为查全率，准确度又称为精度，定义如下：

$$\text{召回率} = \frac{\text{有关联的正确检索结果}}{\text{所有有关联的结果}} \tag{13.2.1}$$

$$\text{准确率} = \frac{\text{有关联的正确检索结果}}{\text{所有检索到的结果}} \tag{13.2.2}$$

MPEG-7 研究者采用一种检索评分方法对结果进行评价。假设对一个图像数据库进行了 q=1，2，…，Z 次查询，并假设在该图像库中，与第 q 次查询相对应的相关图像的数量为 G_q，其中最大值为 $G_{\max}$。该评分方法采用一个评分窗口 W_q 与第 q 次查询相对应，它包括的图像数为 T_q，$T_q > G_q$。将包含在窗口 W_q 中的返回图像根据索引 $m=1$，2，…，N 排序。定义一个阶跃函数，当在索引位置 m 检索出的图像和一幅图像 g 匹配时，该函数值为 1，即：

$$\theta(m-g) = \begin{cases} 1 & m \sim g \\ 0 & \text{其他} \end{cases} \tag{13.2.3}$$

则归一化的相对检索排序定义为

$$J_q^{NR} = \frac{J_q^R}{1 + T_q - 0.5 \cdot (1 + G_q)} \tag{13.2.4}$$

其中，J_q^R 为相对检索排序：

$$J_q^R = (U_q + \omega_q \cdot L_q)/G_q \tag{13.2.5}$$

其中，U_q 为相关图像的排序：

$$U_q = \sum_{m=1}^{N} m \cdot \theta(m-g) \tag{13.2.6}$$

L_q 为未返回的相关图像数：

$$L_q = G_q - \sum_{m=1}^{N} \theta(m-g) \tag{13.2.7}$$

ω_q 为权值，是对未返回图像的惩罚，一般取 $\omega_q = T_q + 1$。最终检索评分是对所有查询的归一化的平均排序：

$$D = \sum_{q=1}^{Z} J_q^{NR}/Z \tag{13.2.8}$$

13.3 基于语义的图像检索

13.3.1 图像语义描述方法

图像的语义是层次化的，也可以说图像的语义是有粒度的，不同层次的语义粒度不同，可以采用多层结构进行分析。图 13.2 给出了典型的图像语义层次模型及语义内容分层结构。

图 13.2a 将图像内容从传统的仅由视觉特征集合组成延伸至三层结构，即特征层、对象层和场景层。第一层为特征层，由图像的视觉特征集合组成，如颜色、纹理、边缘等特征。该层的语义主要对应于特征语义。第二层为对象层，是通过对图像中的对象的视觉特征分析理解得到的对对象的语义描述。这一层需要先获取图像中的对象，如帆船、树、水等，然后从对象的视觉特征、空间关系、位置等信息中推导出对象语义。该层主要对应于对象语义和空间关系语义。第三层是对多个对象和场景的语义描述，称为场景层，如城市、乡村等。该层是对一组对象语义进行分析得到整个场景的语义，对应于场景语义。从实质上而言，特征层对应的并非真正的图像语义，过去对图像的分析处理多集中在这个层次上。而对象层和场景层则真正利用了图像的语义，是图像语义研究关注的重点。

图 13.2b 给出的语义层次模型具有六个层次，自下而上依次为特征语义、对象语义、空间关系语义、场景语义、行为语义和情感语义。特征语义指底层视觉特征及其组合所得到的语义，如“蓝色方形”。对象语义是针对图像中的对象所给出的语义，如“岩石”。空间关系语义是指对象之间存在的空间关系，如“在山上的树”。场景语义是整幅图像所处的场景，如海滩。行为语义指图像所代表的行为或活动，如一场足球赛中的各种行为。情感语义是图像带给人的主观感受，如“让人喜悦”。每一个层次都比其下一个层次包含了更高级、更抽象的语义。

图 13.2c 把图像内容概括成五层，即区域(region)层、感知区域(perceptual-area)层、对象部件(object-part)层、对象(object)层以及场景(scene)层。其对象层和场景层的含义与图 13.2a 的类似。区域层是指图像中分割出来的连通的区域。感知区域层是相邻且感知相似的区域的集合。对象部件层由多个感知区域组成。该模型的前四个层次大致对应于对象语义和空间关系语义，而场景层则对应于场景语义。

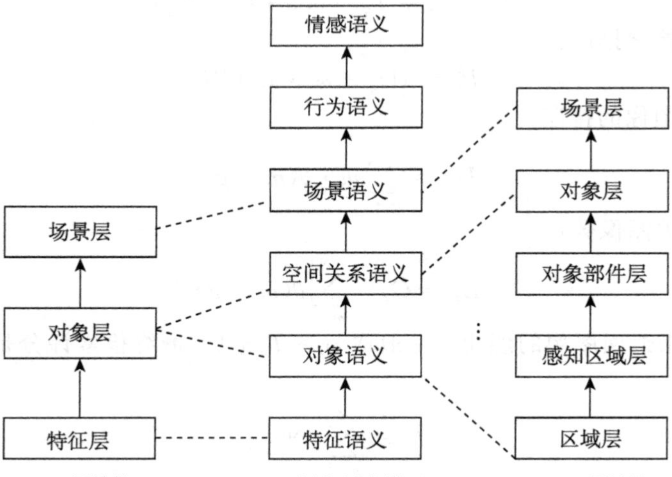

图 13.2 语义层次模型及语义内容分层结构

获取语义之后如何正确表示语义是一个重要问题。最简单直接的方法就是采用文本表示，即用文本对图像或图像区域进行解释。同时，可以利用 WordNet 将文本表示的相关语义概念联系起来，从而获得一定的模糊匹配能力。文本描述的优点是直观、易处理，且可以表达一些抽象概念。其缺点是文本描述自动获取困难，且对于概念之间的复杂关系缺乏足够的表达能力，难以独立完成语义描述的任务。

另一种表示方式是基于人工智能的知识表示方法，如语义网络、数理逻辑、框架和框架网、基于 Agent 表示等。这种方法能够表达较为复杂的关系，并且具备模糊匹配能力，但是还不存在通用的适于各种背景的知识表示模型。

13.3.2 图像语义提取方法

图像语义获取是有效利用图像语义信息的一个关键。图像语义提取方法主要有三类，即基于学习的方法、人工交互的方法和基于外部信息源的方法。

基于学习的语义提取方法包括基于概率的方法和基于统计学习的方法等，是通过一定的机器学习方法，获取图像语义。基于概率的方法关注模型的随机特征，用随机数学模型来描述对象的不同特性，从而建立概念模式分类器。不同于基于概率的方法是研究在样本数趋向无穷大时的状况，基于统计学习的方法是在样本数目足够多的状态下对样本进行学习并获取语义的方法。

人工交互的语义提取方法包括对图像的预处理和反馈学习两个方面。早期的对图像库中的图像进行人工标注就是一种简单的图像预处理方式。然而这种方式费时费力，具有一定的缺陷。反馈学习是在提取语义的过程中加入人工干预，常见的有相关反馈方法。相关反馈方法既可以通过用户的相关反馈来调整每幅图像对应的关键词的权值，即用户反馈的过程在语义上就是修改权值的过程，也可以根据用户的反馈来构造语义矩阵。

基于外部信息源的语义提取方法则是根据图像外部的相关信息，获取与图像相关的语义信息。其中最简单的方法是将图像的标题作为图像的注解。也可以提取网页中的文本内容作为该网页中图像的潜在内容描述。基于外部信息源的方法利用外部信息来获取图像语义，具有一定的优越性。但是当图像的外部信息不易得到，或者外部信息非常少的时候，采用这种方法来提取图像语义就比较困难了。

13.3.3 语义相似性测度

目前图像相似性度量通常是对底层特征的相似性的描述，与人类的理解有一定的差距，不能很好地反映图像的语义相似性。因此，研究图像在语义上的相似性度量方法更有利于对图像在高层语义上的理解。

构建语义相似性度量时，可以采用计算底层特征与高层语义的加权平方和的方法，即：

$$\text{Dist} = \sqrt{\omega_1 D_s^2 + \omega_2 D_F^2} \tag{13.3.1}$$

其中 ω_1 和 ω_2 分别为权值，D_s 和 D_F 分别为语义特征距离和底层特征距离。

语义相似性的度量常常还需要借助于专家系统，并涉及语言学、心理学等多方面的研究，因此是一个十分困难、极具挑战性的研究问题。

13.3.4 语义检索系统设计

设计图像语义检索和分类系统是图像语义检索和分类技术能够得到有效应用的一个重要步骤。针对不同的应用领域、不同的场合的需求，需要采用不同的系统设计以达到不同的目的。下面对图像语义检索和分类系统的设计和应用进行概述。

语义检索系统的设计主要关注两个方面的问题：

1）用户界面：如何提交用户的语义需求及如何返回检索结果；

2）系统处理语义的方式。

目前检索系统中用户界面主要分成如下三类：

1）基于查询语言的方法，包括关键词和 SQL。在该方法中，用户只需要输入语义关键词或者 SQL 语句，系统处理便捷，但是要求用户对数据库模式和查询语言等方面的知识有一定的了解。

2）采用可视化界面，即用户可以通过提交范例图像或者草图的方式来向系统提出检索要求，然后系统对用户提交的范例图像或者草图进行语义提取，再进行检索。在这类方法中，系统需要具备有效的语义提取方法，但是由于图像含有丰富的语义信息，这无疑增加了系统提取语义的难度，使得要准确把握用户真正的语义要求十分困难。

3）面向对象的方法，即用户将自己绘制的结构图作为检索请求提交给系统，该结构图表明对象以及对象之间的关系。该方法可以较为清楚细致地让系统获得用户需要的图像语义，以及图像中各个对象的相互关系，然而难以表述更高级和更抽象的语义。

在不少情况下，一个检索系统具有多种类型的用户界面。例如，用户可以在一个系统中通过如下四种方式进行浏览或者检索：①关键词检索；②图像库随机浏览；③图像库分类浏览；④客户端提交用户查询。将多种种类的用户检索和浏览方式相结合来设计检索系统，可以扬长避短，更好地适应多种场合的需求。

系统进行语义匹配的方式大致可以分为两类：

1）真正的语义匹配方式：无论是对用户提交的查询请求，还是对图像库中的图像，系统均提取其语义，然后根据查询请求的语义和图像库中图像的语义之间的相关性，得到与查询请求相关的图像。

2）语义模板匹配：系统利用 CBIR 技术将图像库中的图像与语义模板进行匹配，系统对用户提交的语义需求也与系统的语义模板进行匹配，从而得到检索结果。例如，Chang 等提出的视觉语义模板，要求用户设计一个颜色、纹理或者形状特征的草图，并指定参数变化范围，以此作为用户要求提交给系统。系统根据草图及参数，生成多个满足条件的查询请求，然后由用户反馈来不断修正查询要求，最终得到满意结果。

13.4 基于多示例学习的语义图像检索

13.4.1 多示例学习简介

多示例学习是由 Dietterich 等人于 20 世纪 90 年代提出的。在多示例学习问题中，训练集中每一项是一个包(bag)，每个包由一组示例(instance)组成，每个包有一个训练标记而每个示例并没有标记。如果一个包有负标记，则包中所有示例都认为是负例；如果一个包有正标记，则包中至少有一个示例被认为是正例。学习算法需要生成一个分类器，能对未知的包(unseen bag)进行正确分类。

多示例学习问题可以具体描述如下。

假设训练集为 $T=\langle B,L\rangle=\{\langle B_1,l_1\rangle,\langle B_2,l_2\rangle,\cdots,\langle B_m,l_m\rangle\}$，它由示例空间 $B=\{B_1,B_2,\cdots,B_m\}$，以及标签集 $L=\{l_1,l_2,\cdots,l_m\}$组成。设第 i 个包 B_i 由 $a(i)$个示例组成，即 $B_i=\{B_{i1},B_{i2},\cdots,B_{ia(i)}\}$，其中 $B_{ij}=\{B_{ijk}\mid k=1,\cdots,n\}$是第 i 个包的第 j 个示例。标签空间 $\phi=\{\text{positive},\text{nagative}\}$。如果已知

$$f_M:\{B_1,B_2,\cdots,B_N\}\rightarrow\phi$$

则多示例学习问题可定义为寻找一个映射 $\hat{f}_M$，作为真实未知映射 f_M 的最佳逼近。多示例学习的框架如图 13.3 所示。

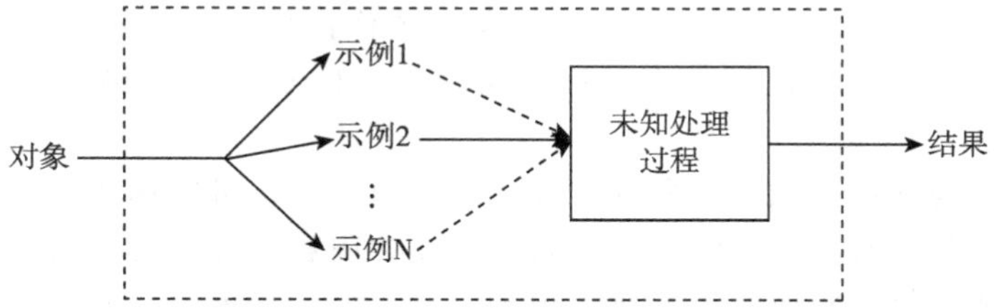

图 13.3　多示例学习状况描述

目前多示例学习方法已得到越来越多的关注，不少研究者对该学习方法给予了关注，并提出多种学习算法。基于多样性密度(Diverse Density，DD)的学习算法是较早提出的重要的多示例学习算法之一。DD 算法定义了一个多样性密度，认为可通过最大化多样性密度来获取正包减去负包的并的交点，从而得到多示例学习问题的解，其原理如图 13.4 所示。

在图 13.4 中，空心点表示正包中的示例，实心点表示负包中的示例。理想点被认为是距离所有实心点远而距离来自不同正包的空心点近的点。该点所处的位置其多样性密度最大。

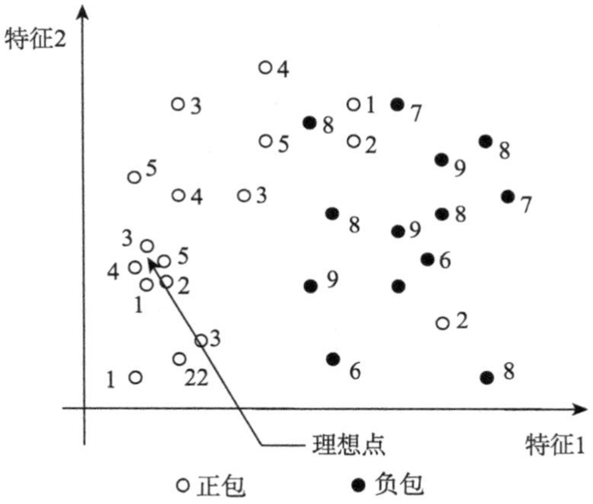

图 13.4　多样性密度(DD)算法示意图

将 DD 算法和期望最大值(Expectation Maximization，EM)算法相结合，可以形成一种 DD 算法的改进算法，称为 EM-DD 算法。该算法首先从正包中选取某几个示例作为初始假设 h，然后循环执行两个步骤。在 E 步骤(E-step)中，利用当前假设 h 从每个包中选取最能代表该包标签的示例。在 M 步骤(M-step)中，采用梯度下降法搜索最大化多样性密度的新假设 h'。重复这两个步骤直至算法收敛。实验表明，EM-DD 算法在正确率和速度上要好于 DD 算法。

13.4.2　分层语义模型

如前所述，图像的语义是层次化的，也可以说图像的语义是有粒度的，不同层次的语义粒度不同。图 13.2a 把语义内容分成三层。第一个层次为特征语义，描述图像的颜色、纹理以及形状等视觉特征。第二层涉及由视觉特征推导得到的特征，对应于对象语义和空间关系语义。第三层则更为抽象，是对对象和场景进行更高层推理而得到的语义，包括场景语义、行为语义以及情感语义。第一层与第二层之间的差距称作“语义鸿沟”，是语义和非语义之间的真正差异所在。在不同的语义层次研究不同粒度的图像内容有利于提高研究性能。

分层语义模型为如下七元组：

$$HSM = (I, B, SS, CS, IS, M1, M2)$$

其中，I 为原始图像集，B 为图像区域集，SS 为简单语义集，CS 为复合语义集，IS 为图像分割，$M1$ 为从图像区域到简单语义的第一层映射，$M2$ 为从简单语义到复合语义的第二层映射。

该分层语义模型包括 4 个层次，即图像层、图像区域层、简单语义层以及复合语义层，以及 3 个映射，即图像区域获取、第一层映射，以及第二层映射，其结构如图 13.5 所示。

简单语义是指与图像区域相关联的、描述内容单一的、可以用于构造复合语义的语义单元。简单语义首先具有单一性特点，即它所表述的内容明确，往往与图像中的具体对象或者现实中的具体事物相对应，如岩石、树木、草、雪、房屋等。其次，简单语义还能够构造复合语义，可以通过多个简单语义的组合来得到复合语义。例如，“岩石”、“雪”和“植被”这三个简单语义可以构成“山脉”这个复合语义。

简单语义的获取，即第一层映射 $M1$，是从图像底层特征映射到高级语义特征的一个重要步骤。通常，这个步骤可以采用人工标注的方法，也可以采取学习等自动/半自动方法。人工标注的方法比较直接，但是需要耗费较多的人力和时间。自动/半自动的方法则可以省去或者减少人的参与，但通常要比人工标注更为复杂。我们提出一种基于多示例学习的自动/半自动的简单语义提取方法，利用多示例学习方法，通过对少量样本进行学习，来提取简单语义，实现从图像底层特征到高层语义特征的映射。

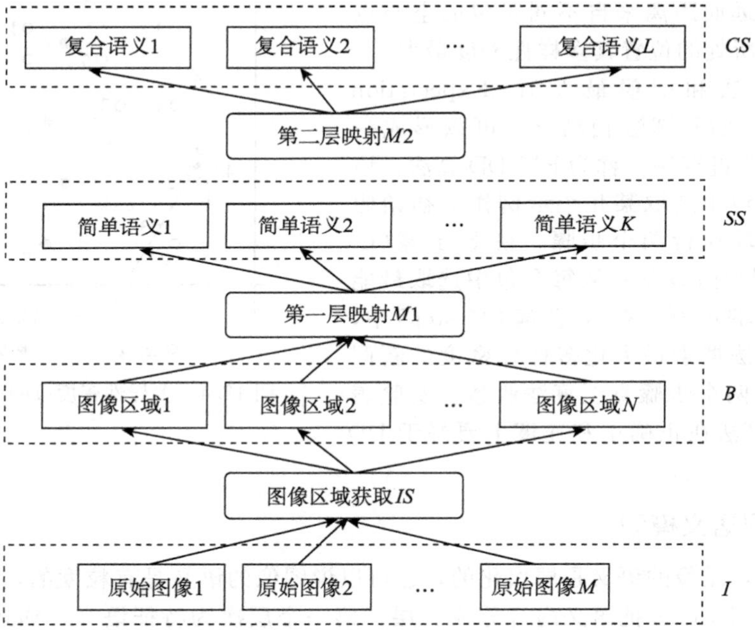

图 13.5 分层语义模型框架

所谓复合语义是指那些描述图像场景语义、行为语义或者情感语义的非单一语义。复合语义具有非单一性，一般由简单语义组合描述。这些复合语义均可由简单语义复合而成。图 13.6 描述了复合语义和简单语义之间的关系。

从图 13.6 中可以看出一个复合语义可以由一个简单语义构成，或者由多个简单语义组合构成。例如，复合语义“海滩”是由“水”、“沙滩”、“岩石”、“帆船”、“树木”和“云彩”等简单语义构成。而一个简单语义可以用来描述一个或者多个复合语义。例如“岩石”这一个简单语义既用来描述复合语义“海滩”，又是语义“山脉”的组成成分。

从简单语义到复合语义的映射我们称为第二层映射 $M2$。我们仍然采用多示例学习方

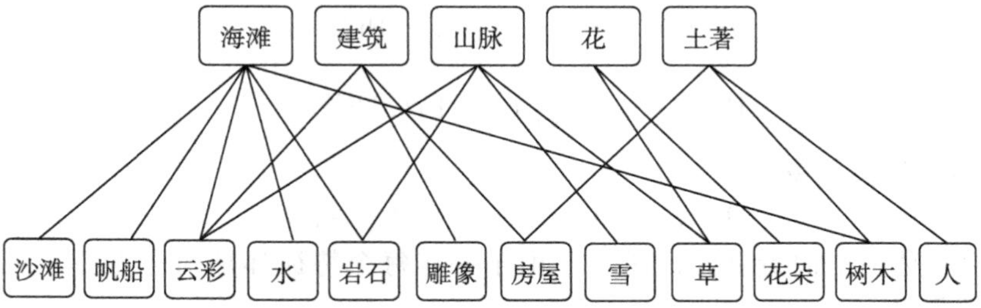

图 13.6　图像中的简单语义和复合语义的一个例子

法来建立简单语义和复合语义之间的对应关系，完成从简单语义到复合语义的映射。

第一层映射 $M1$ 和第二层映射 $M2$ 实现了语义鸿沟的跨越，是解决语义鸿沟问题的关键。跨越语义鸿沟的方法通常是对图像进行语义分类和语义标注。通过引入图像语义分层模型，可以采用基于多示例学习的方法对图像进行语义提取和检索。

13.4.3　基于粗糙集的图像包生成

在多示例学习中，训练样本是由包含多个示例的包(bag)构成，每个包具有正或者负的标签，而包中的每个示例不具备标签。因此，为了将图像检索问题转化成一个多示例学习问题，首先必须将图像生成图像包，来适应多示例学习的要求。可以设计一种基于粗糙模糊集的包生成器(bag generator)，该包生成器采用粗糙模糊集的方法对图像进行分割，识别出图像中的语义对象，进而生成图像包。该方法首先模糊化图像特征，构造模糊立方体，然后通过粗糙模糊集进行约简，接着聚类图像像素，得到图像分割区域。通过这种方法，可生成图像包，用于多示例图像检索。

13.4.4　图像语义提取

图像语义提取包括简单语义提取和复合语义提取。下面分别予以介绍。

1. 简单语义提取

我们把图像的简单语义特征提取看作一个学习问题，用多示例学习方法来处理。一幅图像作为一个包，图像中的每个区域作为该图像对应的包中的一个示例。当图像中至少有一个区域具有某种简单语义 SS_i，那么我们就把这幅图像标记为具有该简单语义 SS_i。这样，简单语义提取的问题就转化为一个多示例学习问题，其任务是检测示例的分布情况，然后寻找一个示例，它与每个正包中的示例十分接近而与负包中的示例相距甚远，即在特征空间中寻找具有最大多样性密度的点。

在第一层映射中，对于给定的简单语义 SS_l，在一幅图像 I_i 所包含的所有图像区域 $B_{ij}(j=1,2,\cdots,N)$ 中，只要有一个区域与该简单语义 SS_l 相对应，则将该图像标记为正包，记作 I_i^+，其第 j 个示例为 B_{ij}^+，其第 k 维特征记为 B_{ijk}^+。类似的，如果一幅图像中任何区域都与该语义无关，则标记为负包，记作 I_i^-，而 B_{ij}^- 表示负包中的一个示例。因此，目标就是要寻找特征空间中的某点 t，它的多样性密度最大，即：

$$\arg\max_t \Pr(t \mid I_1^+,\cdots I_n^+,I_1^-,\cdots,I_m^-) \tag{13.4.1}$$

假设这些包都是条件独立的，应用贝叶斯准则，式(13.4.1)变为：

$$\arg\max_t \prod_i \Pr(t \mid I_i^+) \prod_i \Pr(t \mid I_i^-) \tag{13.4.2}$$

假设概率满足“noisy-or”模型，即：

$$\Pr(t|I_i^+)=1-\prod_j(1-\Pr(t|B_{ij}^+)) \tag{13.4.3}$$

$$\Pr(t|I_i^-)=\prod_j(1-\Pr(t|B_{ij}^-)) \tag{13.4.4}$$

并且采用距离来计算概率，即

$$\Pr(t|B_ij)=\exp(-\|B_{ij}-t\|^2) \tag{13.4.5}$$

其中 $\|B_{ij}-t\|$ 是两个向量之间的距离。由于并非每个特征都是同样重要，所以将距离定义为加权欧氏距离：

$$\|B_{ij}-t\|^2=\sum_k s_k^2(B_{ijk}-t_k)^2 \tag{13.4.6}$$

其中，B_{ijk} 是 B_{ij} 的第 k 个分量，s_k^2 是非负权值。

可以采用 Point-wise 多样性密度(Point-wise Diverse Density，PWDD)方法来寻找最大化多样性密度的解。给定一组正包和一组负包，该方法对每个正包返回一个示例。它分别测量每个正包中属于该包的示例的多样性密度，找出属于该包中的能够代表该包的示例 B_{ij}^+，称为“真的正示例”(true positive instance)。这个所谓的真的正示例 B_{ij}^+ 在该包中具有最大多样性密度，即 $DD(B_{ij}^+)=\max_k\{DD(B_{ik}^+)\}$。然后根据找出的示例来计算所有包的概率，找出最大值，即理想解。对单个概念来说，PWDD 方法具体如下：

1) $\forall i=1,2,\cdots,N$，$j=1,2,\cdots,M_i$，计算 $DD(t|B_{ij}^+)$；其中 N 为正包的个数，M_i 为第 i 个正包中示例的个数。

2) 对每个正包 B_i^+，返回示例 B_{ij}^+，其具有最大多样性密度：

$$DD(B_{ij}^+)=\max_k\{DD(B_{ik}^+)\} \tag{13.4.7}$$

3) 对所有正包 B_i^+，$i=1,2,\cdots,N$，寻找具有最大多样性密度的包 B_k^+，得到理想解：

$$DD(B_j^+)=\max_i\{DD(B_i^+)\}=\max_i\{\max_k\{DD(B_{ik}^+)\}\} \tag{13.4.8}$$

该算法需要计算 M(M 为正包中示例的个数)次多样性密度，比 maxDD 算法大大降低了计算复杂度，尤其是在高维问题的处理上，计算效率的提高十分明显。更有意思的是，PWDD 算法可以返回正包中最能表达某个概念的示例，从而可以更好地将概念与示例的特征对应起来。

2. 复合语义提取

第二层映射 $M2$ 的目的是要将在第一层映射中提取出来的简单语义映射为复合语义。设复合语义集为 $CS=\{CS_1,CS_2,\cdots,CS_L\}$，简单语义集为 $SS=\{SS_1,SS_2,\cdots,SS_K\}$。对一幅测试图像 I_i，假设其各个区域对简单语义的隶属度集为 $rp^i=\{rp_1^i,rp_2^i,\cdots,rp_K^i\}$，依据最大概率准则，当该图像属于某个复合语义 CS_j 的概率大于某个阈值时，称该图像具有该复合语义，即：

$$P(CS_j|I_i)>\theta \tag{13.4.9}$$

根据贝叶斯定理，上式变为：

$$\max\{P(rp_k^i|CS_j)P(CS_j)\}>\theta' \tag{13.4.10}$$

对上式中的后验概率，采用式(13.4.11)来计算：

$$P(rp_{kl}^i|CS_j)=\exp\Big(-\sum_k\alpha_{jl}^*(rp_{kl}^i-rp_{jl}^*)\Big) \tag{13.4.11}$$

其中，$\alpha_j^*=\{\alpha_{j1}^*,\alpha_{j2}^*,\cdots,\alpha_{jK}^*\}$ 为权值，$\boldsymbol{rp}_j^*=\{rp_{j1}^*,rp_{j2}^*,\cdots,rp_{jK}^*\}$ 为最能表示复合语义 CS_j 的相对简单语义的隶属度的向量。

可以通过多示例的学习算法来获取向量 $\boldsymbol{rp}_j^*$ 和权值 $\boldsymbol{\alpha}_j^*$。仍然将一幅图像看作一个包，而图像中每个区域作为包中的示例，用各个区域相对简单语义的概率来构造特征空间。对于给定的复合语义，如果一幅图像 I_i 中的一个或者一些区域所对应的简单语义是构成该复合语义的成分，则将该图像 I_i 标记为正包，记作 I_i^+；而当所有区域对应的简单语义与该复合语义无关时，则将 I_i 标记为负包，记作 I_i^- 。类似地，可以采用前面的公式(13.4.11)来计算得到特征空间中具有最大多样性密度的点以及缩放尺度向量，即 $\boldsymbol{rp}_j^*$ 和权值 $\boldsymbol{\alpha}_j^*$ 。

13.4.5 语义图像检索

基于多示例学习的语义图像检索方法如图 13.7 所示。首先对图像库中的图像进行语义对象识别和底层特征提取，生成图像包。然后采用多示例学习算法在语义层次模型的基础上对图像进行语义特征提取，最后进行图像检索。

图像包生成：包括语义对象识别和底层特征提取两个部分。可以采用 13.4.3 节的基于模糊粗糙集的方法生成图像包。

图像语义提取：依据提出的语义层次模型，分成基于多示例学习(MIL)的简单语义提取和复合语义提取两个步骤，完成从底层特征到简单语义的映射，以及从简单语义到复合语义的映射。

图像检索：可以允许两种形式的检索方式。一是用户给出语义词，根据该语义词检索图像库中包含该语义的图像。二是用户给出示例图像，对该图像进行语义提取，然后从图像库中检索包含相同语义的图像。

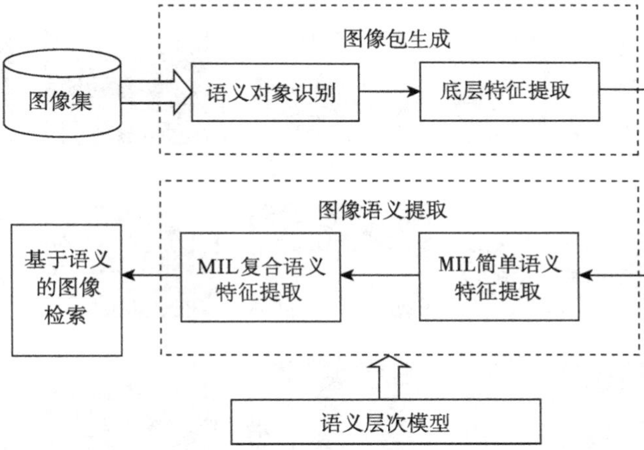

图 13.7 基于多示例学习的图像检索方法

整个过程如下：

1) 底层特征提取：提取图像库中图像的底层特征。

2) 语义对象识别：采用基于模糊粗糙集的方法识别语义对象。

3) 对象底层特征提取：对生成的包中的每个对象(区域)提取对象的底层特征。

4) 标记图像：针对简单语义提取步骤，将图像标记为正包或者负包。

5) 简单语义提取：利用多示例学习算法，将提取的对象的底层特征映射为简单语义。

6) 隶属度计算：采用多示例学习算法计算每一幅图像所包含的简单语义以及图像中的对象相对每个简单语义的隶属度。

7) 用隶属度重新构造包。

8) 重新标记图像为正包或者负包。

9）复合语义提取：利用多示例学习算法，将简单语义映射为复合语义。

10）检索：对用户提供的语义词或者示例图像，检索图像库中具有相同或者相似语义的图像。

11）输出结果。

13.4.6 检索效果

对包含 400 幅图像的图像数据集进行实验。该图像数据集共 4 个语义类别，包括建筑、花朵、山脉和狗，每个类别各有 100 幅图像。实验采用召回率(recall)(见式(13.2.1))和准确度(precision)(见式(13.2.2))作为评价标准。

实验采用了两种不同的训练机制。一种是 $5p5n$ 机制，即初始训练样本包含 5 个正例和 5 个反例。另一种是 $10p10n$ 机制，即由 10 个正例和 10 个反例组成初始训练样本。

图 13.8 是采用 $5p5n$ 机制检索建筑物得到的部分结果。图 13.8a 采用的是训练正例，图 13.8b 采用的是训练负例，图 13.8c 为部分检索结果。表 13.1 和表 13.2 分别给出了两种训练机制下的检索效果。

a) 选取的正例

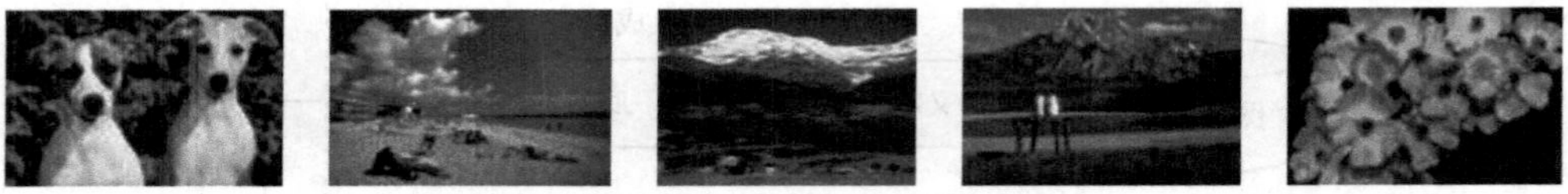

b) 选取的反例

c) 部分检索结果

图 13.8 采用 $5p5n$ 机制对“建筑物”的检索结果

表 13.1 $5p5n$ 检索效果

	建筑物	花朵	山脉	狗	平均值
准确度	0.586±0.044	0.703±0.056	0.0501±0.119	0.589±0.087	0.595±0.063
召回率	0.592±0.045	0.701±0.037	0.468±0.076	0.538±0.081	0.575±0.060

表 13.2 $10p10n$ 检索效果

	建筑物	花朵	山脉	狗	平均值
准确度	**0.636±0.225**	**0.746±0.006**	**0.649±0.007**	0.656±0.008	**0.672±0.062**
召回率	**0.642±0.227**	0.719±0.064	0.645±0.086	0.663±0.009	0.706±0.097

图 13.9 则给出了对建筑物、花朵、山脉和狗这 4 种类别检索得到的准确度-召回率曲线图。其中，图 13.9a 采用的是 $5p5n$ 机制，图 13.9b 采用的是 $10p10n$ 机制。

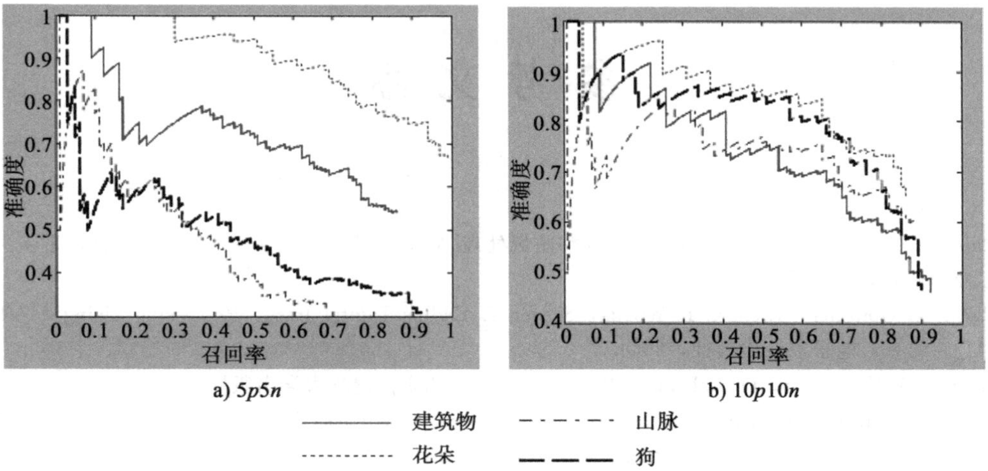

图 13.9 Precision-recall 曲线图

小结

图像检索是信息检索领域的重要组成部分。基于内容的图像检索利用图像的底层视觉特征，包括颜色、纹理、形状等，进行图像的相似性匹配，输出特征相似的图像作为检索结果，因而具有直观、高效、通用等特点，已经成为图像检索技术研究的主流，并且在许多方面得到了应用。基于语义的图像检索已成为解决图像简单视觉特征和用户检索丰富语义之间存在的“语义鸿沟”问题的关键，是更合理的图像检索方式。

基于多示例学习的图像语义检索方法的主要特点如下：1)定义了一个语义层次模型。该模型依据图像语义的粒度，将图像语义用一个层次模型来表示，包括图像层、图像区域层、简单语义层和复合语义层这四个层次，以及三个映射，即图像区域获取、第一层映射以及第二层映射。这样可以在不同粒度更为清晰地表示图像语义。2)采用一种多示例学习的方法，实现从底层特征到简单语义的映射，以及从简单语义到复合语义的映射。由于语义通常与图像中的区域相关联，因此，采用多示例学习的方法可以很好地处理这类问题。

习题

13.1 谈谈图像检索的意义与现状。
13.2 简述基于内容的图像检索系统原理。
13.3 基于语义的图像检索的基本思想是什么？
13.4 简述基于多示例学习的图像语义检索的过程及其特点。
13.5 结合日常生活谈谈图像检索的具体应用。
13.6 图像检索的发展方向是什么？

参 考 文 献

[1] Rafael C Gonzalez，Richard E Woods. 数字图像处理[M]. 阮秋琦，阮宇智，等译．2 版．北京：电子工业出版社，2005.

[2] Rafael C Gonzalez，Richard E Woods，Steven L Eddins. Digital Image Processing Using MATLAB [M]. 北京：电子工业出版社，2004.

[3] Kenneth R Castleman. Digital Image Processing[M]. 北京：清华大学出版社，1998.

[4] William K Pratt. Digital Image Processing[M]. 3rd ed. New York：John Wiley and Sons，Inc.，2001.

[5] 阮秋琦．数字图像处理学[M]. 北京：电子工业出版社，2001.

[6] 章毓晋．图像工程(上册)——图像分析和处理[M]. 北京：清华大学出版社，1999.

[7] 章毓晋．图像工程(下册)——图像理解与计算机视觉[M]. 北京：清华大学出版社，1999.

[8] 黄贤武，王加俊，李家华．数字图像处理与压缩编码技术[M]. 成都：电子科技大学出版社，2000.

[9] 夏良正．数字图像处理[M]. 南京：东南大学出版社，1999.

[10] W K 普拉特．数字图像处理学[M]. 高荣坤，等译．北京：科学出版社，1984.

[11] K R Castleman. 数字图像处理[M]. 朱志刚，林学訚，石定机，等译．北京：电子工业出版社，1998.

[12] 崔屹．数字图像处理技术与应用[M]. 北京：电子工业出版社，1997.

[13] 赵荣椿，等．数字图像处理导论[M]. 西安：西北工业大学出版社，1995.

[14] 王新成．多媒体实用技术(图像分册)[M]. 成都：电子科技大学出版社，1995.

[15] 余成波．数字图像处理及 MATLAB 实现[M]. 重庆：重庆大学出版社，2003.

[16] 张兆礼，等．现代图像处技术及 Matlab 实现[M]. 北京：人民邮电出版社，2001.

[17] 周长发．精通 Visual C＋＋.NET 图像处理编程[M]. 北京：电子工业出版社，2002.

[18] 罗军辉，等．Matlab 7.0 在图像处理中的应用[M]. 北京：机械工业出版社，2005.

[19] 张旭东，等．图像编码基础和小波压缩技术[M]. 北京：清华大学出版社，2004.

[20] 姚庆栋，等．图像编码基础[M]. 北京：人民邮电出版社，1984.

[21] 高文．多媒体数据压缩技术[M]. 北京：电子工业出版社，1994.

[22] 黎洪松．数字图像压缩编码技术及其 C 语言程序范例[M]. 北京：学苑出版社，1994.

[23] 程正兴．小波分析算法与应用[M]. 西安：西安交通大学出版社，1997.

[24] 秦前清，杨宗凯．实用小波分析[M]. 西安：西安电子科技大学出版社，1994.

[25] 陈武凡．小波分析及其在图像处理中应用[M]. 北京：科学出版社，2002.

[26] 杨福生．小波变换的工程分析与应用[M]. 北京：科学出版社，2000.

[27] 王润生．图像理解[M]. 长沙：国防科技大学出版社，1994.

[28] R C Gonzalez，M G Thomason. 句法模式识别[M]. 濮群，徐凤家，徐光佑，译．北京：清华大学出版社，1984.

[29] 程民德．图像识别导论[M]. 上海：上海科学技术出版社，1983.

[30] 蔡元龙．模式识别[M]. 西安：西北电讯工程学院出版社，1986.

[31] 郭桂蓉．模糊模式识别[M]. 长沙：国防科技大学出版社，1992.

[32] 黄振华，吴诚一．模式识别原理[M]. 杭州：浙江大学出版社，1991.

[33] 陈尚勤，魏鸿骏．模式识别理论及应用[M]．成都：成都电讯工程学院出版社，1985.

[34] 黄德双．神经网络模式识别系统理论[M]．北京：电子工业出版社，1996.

[35] Zeidenberg M. Neural Network Models in Artificial Intelligence[M]. London: Ellis Horwood, 1990.

[36] Simpson P K. Artificial Neural Systems: Foundations, Paradigms, Applications and Implementations [M]. New York: Pergamon Press, 1990.

[37] Kosko B. Neural Networks And Fuzzy Systems[M]. Englewood Cliffs, NJ: Prentice Hall, 1992.

[38] Pal S K. Fuzzy Mathematical Approach to Pattern Recognition[M]. Wiley Eastern Limited, 1986.

[39] 汪培庄．模糊集合论及其应用[M]．上海：上海科学技术出版社，1983.

[40] 汪培庄，李洪兴．模糊系统理论与模糊计算机[M]．北京：科学出版社，1996.

[41] 姚敏．计算机模糊信息处理技术[M]．上海：上海科学技术文献出版社，1989.

[42] Sklansky J, Chazin R L, Hansen B J. Minimum-Perimeter Polygons of Digitized Silhonettes[J]. IEEE Trans. Computers, 1972, C-21(3): 260-268.

[43] Bribiesca E. Arithmetic Operations Among Shapes Using Shape Numbers[J]. Pattern Recognition, 1980, 13(2): 123-138.

[44] Bribiesca E, Guzman A. How to Describe Pure Form and How to Measure Differences in Shape Using Shape Numbers[J]. Pattern Recognition, 1980, 12(2): 101-112.

[45] Cheng H D, Jiang X H, Sun Y, et al. Color Image Segmentation: Advances and Prospects[J]. Pattern Recognition, 2001(34): 2259-2281.

[46] Pedrycz W. Fuzzy Sets in Pattern Recognition: Methodology and Methods[J]. Pattern Recognition, 1990, 23(12): 121-146.

[47] Kak S. On Quantum Neural Computing[J]. Information Sciences, 1995(83): 143-160.

[48] Sutton J P. Neuroscience and Computing Algorithms[J]. Information Sciences, 1995(84): 199-208.

[49] Mallat S G. A Theory for Multiresolution Signal Decomposition: the Wavelet Representation[J]. IEEE Trans. Pattern Analysis and Machine Intelligent, 1989, 11(7): 674-693.

[50] Daubechies Ingrid. Orthonormal Bases of Compactly Supported Wavelets[J]. Communication Pure Appl. Math, 1989 (7): 909-996.

[51] Freeman H. On the Encoding of Arbitrary Geometric Configuration[J]. IEEE Trans. Electronics and Computers, 1961, EC-10: 260-268.

[52] Sklansky J, Chazin R L, Hansen B J. Minimum-Perimeter Polygons of Digitized Silhonettes[J]. IEEE Trans. Computers, 1972, C-21 (3): 260-268.

[53] Kaukoranta T, Franti P, Nevalainen O. A Fast Exact GLA Based on Code Vector Activity Detection [J]. IEEE Transaction Image Processing, 2000, 9(8): 1337-1342.

[54] Helsingius M, Kuosmanen P, Astola J. Image Compression Using Multiple Transforms[J]. Signal Processing: Image Communication, 2000, 15(6): 513-530.

[55] Cheng F, Nvenetsanopoulos. Adaptive Morphological Operators, Fast Algorithms and Their Applications[J]. Pattern Recognition, 2000, 33(6): 917-934.

[56] Clausen C, Wechsler H. Color Image Compression Using PCA and Backpropagation Learning[J]. Pattern Recognition, 2000, 33(9): 1555-1560.

[57] Campisi P, Hatzinakos D, Neri A. A Perceptually Lossless, Model-Based Texture Compression Technique[J]. IEEE Trans Image Processing, 2000, 9(8): 1325-1336.

[58] Wang C Y, Liao S J, Chang L W. Wavelet Image Coding Using Variable Blocksize Vector Quantization with Optical Quadtree Segmentation[J]. Signal Processing: Image Communication, 2000, 15 (10): 879-890.

[59] Egger O, Li W. High Compression Image Coding Using an Adaptive Morphological Subband Decomposition[C]. Proceedings of IEEE, 1995, 83(2): 272-287.

[60] Cierniak R, Rutkowski L. On Image Compression by Competitive Neural Networks and Optimal Linear

Predictors[J]. Signal Processing: Image Communication, 2000, 15(6): 559-566.

[61] Bologna G, Calvagno G, Mian G A, et al. Wavelet Packets and Spatial Adaptive Intraband Coding of Images[J]. Signal Processing: Image Communication, 2000, 15(10): 891-906.

[62] Aiazzi B, Alba P, Alparone L, et al. Lossless Compression of Multi/Hyper-Spectral Imagery Based on a 3-D Fuzzy Prediction[J]. IEEE Trans Geoscience and Remote Sensing, 1999, 37(5): 2287-2294.

[63] Fukuda S, Hirosawa H. A Wavelet-Based Texture Feature Set Applied to Classification of Multifrequency Polarimetric SAR Images[J]. IEEE Trans Geoscience and Remote Sensing, 1999, 37(5): 2282-2286.

[64] Arnavut Z. Permutations and Prediction for Lossless Compression of Multispectral TM Images[J]. IEEE Trans Geoscience and Remote Sensing, 1998, 36(3): 999-1003.

[65] Abousleman G P, Marcellin M W, Hunt B R. Compression of Hyperspectral Imagery Using the 3-D DCT and Hybrid DPCM/DCT[J]. IEEE Trans Geoscience and Remote Sensing, 1995, 33(1): 26-35.

[66] Ryan M J, Arnold J F. The Lossless Compression of AVIRIS Images by Vector Quantization[J]. IEEE Trans Geoscience and Remote Sensing, 1997, 35(2): 546-550.

[67] Franceschetti G, Iodice A, Maddaluno S, et al. A Fractal-Based Theoretical Framework for Retrieval of Surface Parameters from Electromagnetic Backscattering[J]. IEEE Trans Geoscience and Remote Sensing, 2000, 38(2): 641-650.

[68] Niu Y P, Ozsu M T, Li X B. 2D-h Trees: An Index Scheme for Content-Based Retrieval of Imges in multimedia Systems[C]. Proceedings of the 1997 IEEE International Conference on Intelligent Processing Systems, 1997: 1710-1714.

[69] Yao M. Research on Generalized Computing Model[C]. Proceedings of the 1998 International Conference on Neural Networks and Brain Science, 1998: 425-428.

[70] Yao M, Song Z H. A Kind of Generalized Learning Model[J]. Journal of Systems Science and Systems Engineering, 1999, 8(4): 451-456.

[71] 闫敬文，沈贵明，胡晓毅．基于 KLT/WT 和谱特征矢量量化三维谱象数据压缩[J]. 遥感学报，2000，4(4)：290-294.

[72] 江志伟．基于内容的 Web 图像过滤技术研究[D]. 杭州：浙江大学，2007.

[73] 易文晟．图像语义检索和分类技术研究[D]. 杭州：浙江大学，2007.

[74] 李昌英．基于上下文信息的语义图像分类研究[D]. 杭州：浙江大学，2014.

[75] Kass M, Witkin D. Snake: Active Contour Models[C]. International J. Computer Vision, 1987, 1(4): 321-331.

[76] Cohen L D, Cohen L. Finite Element Methods for Active Contour models and Balloons for 2D and 3D Images[J]. IEEE Trans on Pattern Analysis and Machine Intelligence, 1993, 15(11): 1131-1147.

[77] Xu C, Prince J L. Gradient Vector Flow Deformable Models[M]. Handbook of Medical Imaging, 2000.

[78] Caselles V, Kimmel R, Sapiro G. Geodesic Active Contours[C]. Proceedings of 5th Int'l Conf. Comp. Vis., Cambridge, 1995: 694-699.

[79] Caselles V, Kimmel R, Sapiro G. Geodesic Active Contours[J]. Int'l J. Comp. Vis, 1997, 22(1): 61-79.

[80] Chan T, Vese L. Active Contours without Edges[C]. IEEE Trans. on Imag. Proc., 2001, 10(2): 266-272.

[81] 边肇祺，张学工，等．模式识别[M]. 北京：清华大学出版社，2000.

[82] Hyvärinen A. Fast and Robust Fixed-point Algorithm for Independent Component Analysis[J]. Neural Networks , 2000, 10(3): 623-634.

[83] Su Z, Li S, Zhang H J. Extraction of Feature Subspace for Content-based Retrieval Using Relevance Feedback[C]. Proceedings of ACM International Conference on Multimedia , 2001.

[84] Turk M A, Pentand A P. Face Recognition Using Eigenfaces[C]. Proceedings of IEEE Conference on

Computer Vision and Pattern Recogntion , 1991: 586-591.

[85] Belbumeur P N, Hespanha J P, et al. Eigenfaces vs. Fisherfaces: Recognition Using Class Specific Linear Projection[J]. IEEE Trans. Pattern Anal. Mach. Intell, 1997(19): 711-720.

[86] Sweis D L, Weng J. Using Discriminant Eigenfeatures for Image Retrieval[J]. IEEE Trans. Pattern Anal. Mach. Intell, 1996, 18(3): 831-836.

[87] Rowis S T, Saul L K. Nonlinear Dimensionality Reduction by Locally Linear Embedding[J]. Science, 2000, 290: 2323-2326.

[88] Belkin M, Niyogi P. Laplacian Eigenmaps for Dimensionality Reduction and Data Representation[J]. Neural Computation, 2003, 15(6): 1373-1396.

[89] Tenenbaum J B, De Silva V, Langford J C. A Global Geometric Framework for Nonlinear Dimenality Reduction[J]. Science, 2000, 290: 2319-2323.

推荐阅读

面向CS2013计算机专业规划教材
从问题到程序
用Python学编程和计算
From Problems to Programs
Abstract Computing and Programming using Python

面向CS2013计算机专业规划教材
数据结构与算法
Python语言描述
Data Structures and Algorithms in Python

面向CS2013计算机专业规划教材
数据结构
C语言描述
第2版
Data Structure in C
Second Edition

普通高等教育"十一五"国家级规划教材
教育部普通高等教育精品教材
"十二五"江苏省高等学校重点教材
程序设计教程
用C++语言编程
第3版
Fundamentals of Programming with C++
Third Edition

普通高等教育"十一五"国家级规划教材
教育部普通高等教育精品教材
计算机图形学
第3版
Computer Graphics
Third Edition

面向CS2013计算机专业规划教材
计算机组成基础
第2版
Foundations of Computer Organization
Second Edition

面向CS2013计算机专业规划教材
分布式数据库系统
大数据时代新型数据库技术
第2版
Distributed Database Systems
Second Edition

面向CS2013计算机专业规划教材
嵌入式系统基础教程
第2版
Fundamentals of Embedded Systems
Second Edition

推荐阅读

OpenCV 3计算机视觉：Python语言实现（原书第2版）

作者：乔・米尼奇诺 等 译者：刘波 等

ISBN：978-7-111-53975-9 定价：49.00元

计算机与机器视觉：理论、算法与实践（英文版・第4版）

作者：E. R. Davies

ISBN：978-7-111-41232-8 定价：128.00元

深入理解机器学习：从原理到算法

作者：沙伊・沙莱夫-施瓦茨 等 译者：张文生 等

ISBN：978-7-111-54302-2 定价：79.00元

模式识别原理及工程应用

作者：周丽芳 等

ISBN：978-7-111-41863-4 定价：39.00元

推荐阅读

教育部-阿里云产学合作协同育人项目成果

大数据分析原理与实践

书号：978-7-111-56943-5 作者：王宏志 编著 定价：79.00元

大数据分析是大数据产生价值的关键，也是由大数据到智能的核心步骤，因而成为当前快速发展的“数据科学”和“大数据”相关专业的核心课程。这本书从理论到实践，从基础到前沿，全面介绍了大数据分析的理论和技术，涵盖了模型、算法、系统以及应用等多个方面，是一部很好的大数据分析教材。

——李建中（哈尔滨工业大学教授，973首席科学家，哈尔滨工业大学国际大数据研究中心主任）

作为全球领先的云计算技术和服务提供商，阿里云在数据智能领域已经进行了多年的深耕和研究工作，不管是在支撑阿里巴巴集团数据业务上，还是大规模对外提供大数据计算服务能力上都取得了卓有成效的成果。该教材内容覆盖全面，从理论基础到案例实践，并结合了阿里云平台完成应用案例分析，系统展现了业界在数据智能方面的最新研究成果和先进技术。相信本书可以很好地帮助读者理解和掌握云计算与大数据技术。

—— 周靖人（阿里云首席科学家）

大数据分析可以从不同维度来解读。如果从“分析”的角度解读，是把大数据分析看作统计分析的延伸；如果从“数据”的角度解读，则是将大数据分析看作数据管理与挖掘的扩展；如果从“大”的角度解读，就是将大数据分析看作数据密集的高性能计算的具体化。因此，大数据分析的有效实施需要不同领域的知识。从分析的角度，需要统计学、数据分析、机器学习等知识；从数据处理的角度，需要数据库、数据挖掘等方面的知识；从计算平台的角度，需要并行系统和并行计算的知识。本书尝试融合这三个维度及相关知识，给读者一个相对广阔的“大数据分析”图景，在编写上从模型、技术、实现平台和应用四个方面安排内容，并结合以阿里云为代表的产业实践，使读者既能掌握大数据分析的经典理论知识，又能熟练使用主流的大数据分析平台进行大数据分析的实际工作。